Der Mensch, das wundersame Wesen

Rolf Oerter

Der Mensch, das wundersame Wesen

Was Evolution, Kultur und Ontogenese
aus uns machen

 Springer Spektrum

Rolf Oerter
München
Deutschland

ISBN 978-3-658-03321-7 ISBN 978-3-658-03322-4 (eBook)
DOI 10.1007/978-3-658-03322-4

Die Deutsche Nationalbibliothek verzeichnet diese Publikation in der Deutschen Nationalbibliografie;
detaillierte bibliografische Daten sind im Internet über http://dnb.d-nb.de abrufbar.

Springer Spektrum
© Springer Fachmedien Wiesbaden 2014

Gedruckt auf säurefreiem und chlorfrei gebleichtem Papier

Springer Spektrum ist eine Marke von Springer DE. Springer DE ist Teil der Fachverlagsgruppe Springer
Science+Business Media
www.springer-spektrum.de

Vorwort

In jahrzehntelanger Beschäftigung mit dem Thema Mensch, das meine berufliche Laufbahn in Forschung und Lehre als Psychologe bestimmt hat, wuchs das Bedürfnis, über den Zaun zu schauen und die Sichtweise anderer Disziplinen, die sich mit dem Menschen beschäftigen, kennenzulernen. Es erschien mir zunehmend wichtig, diese unterschiedlichen Erkenntnisse und Sichtweisen miteinander zu verbinden. Dies wird im vorliegenden Buch versucht. Freilich ist das ein Unterfangen, das sich angesichts der Fülle des Materials bescheiden muss. Die Auswahl, die hier getroffen wird, richtet sich nach dem Ziel aus, ein Menschenbild zu vermitteln, das unser Verständnis des Zusammenwirkens von Evolution, Kultur und individueller Entwicklung (Ontogenese) vertieft. Obwohl einerseits versucht wurde, den neuesten Stand der Forschung zu berücksichtigen, geht es in dem Buch vor allem darum, gesicherte Grundlagen aus Evolution, Kultur und Entwicklungspsychologie darzustellen und aufeinander zu beziehen. Als Einzelinformation zählen viele Inhalte zu Selbstverständlichkeiten und mögen sogar manchmal einem breiteren Leserkreis bekannt sein. Aber die Zusammenführung dieser Inhalte und ihre Kombination ergeben ein neues, und wie ich meine, tieferes Verständnis vom Menschen.

Durch die rasante Entwicklung der Forschung driften die einzelnen Disziplinen immer weiter auseinander. Sie haben weder großes Interesse, noch die Zeit, sich zu interdisziplinärer Diskussion zusammen zu finden. Geschieht dies dennoch, so erkennt man rasch, dass man verschiedene Sprachen spricht und gibt das Unterfangen kopfschüttelnd auf.

Angesichts dieser Situation mag es vermessen erscheinen, den Versuch zu unternehmen, vorhandenes Wissen aus verschiedenen Disziplinen, vor allem aus der Evolutionsbiologie und -psychologie, der Soziologie und Kulturanthropologie und – last not least – der Entwicklungspsychologie, zu vereinen. Die Kritik der Kolleginnen und Kollegen ist vorprogrammiert. Mein Wunsch ist es, dass Leserinnen und Leser durch die in diesem Buch dargestellten Ideen zum Nachdenken angeregt werden und vielleicht manches davon für ihr eigenes Leben im privaten wie im öffentlichen Bereich umsetzen können. Sollte das Buch darüber hinaus zu einer interdisziplinären Diskussion führen, so würde es eine Aufgabe erfüllen, die heute dringend angegangen werden muss.

Das Buch wendet sich an interessierte Laien, an Studierende, die über ihre verschulte Ausbildung hinaus mehr wissen wollen, und schließlich an Fachleute, die prüfen mögen, ob die dargestellten Thesen und Ideen brauchbar und weiterführend sind. In allen Studiengängen, die ein *Studium generale* vorsehen, bietet sich der Inhalt dieses Buches als interessantes übergreifendes Stoffgebiet an.

Die griechischen Götter begleiten jedes Kapitel kritisch und fügen Ergänzungen aus ihrer Sicht an, die nicht selten allzu menschlich sind.

Ich danke dem Verlag Springer Spektrum für die Bereitschaft, dieses Buch zu publizieren und ihm eine gediegene äußere Form zu geben. Besonderen Dank verdienen Frau Grit Zacharias für Ihr sorgfältiges Lektorat sowie die Bearbeitung und Formatierung des Textes und der Abbildungen sowie Frau Eva Kohler und Frau Kerstin Hoffmann für ihre Mithilfe bei der Endredaktion.

München, Oktober 2013   Rolf Oerter

Inhaltsverzeichnis

Einleitung

In einer Zeit, in der täglich neue wissenschaftliche Befunde über den Menschen vorgestellt werden, schwankt man als Leser zwischen Extrempositionen. Der Mensch ist nichts als ein nackter Affe, nichts als ein Produkt der Gesellschaft, oder aber: der Mensch ist frei und selbstbestimmt, er ist ein Geistwesen mit einer Seele, die nach seinem Tod weiterexistiert. Wir erfahren auch, dass wir uns falsch ernähren, wenn man die evolutionäre Vergangenheit des Menschen betrachtet, dass wir länger leben, wenn wir religiös und kunstbeflissen sind, dass eine glückliche Ehe das Leben verlängert und Depression oder Ärger das Leben verkürzen. Das eine Mal wird also die Evolution bemüht, das andere Mal die individuelle Freiheit der Lebensgestaltung. Wer hat nun Recht, die Evolutionsbiologen, die Psychologen oder die Soziologen und Kulturwissenschaftler? Die Antwort lautet, sie haben alle Recht, aber nicht einzeln, sondern nur zusammen. Jede Sichtweise vom Menschen, die mit „der Mensch ist nichts als" beginnt, ist falsch und irreführend. Es scheint daher an der Zeit, die drei unterschiedlichen und doch fruchtbaren Sichtweisen von Evolution, Kultur und individueller Entwicklung zusammenzuführen.

Dies wird im vorliegenden Buch versucht. Dabei werde ich eine Argumentation nutzen, die auf einem Modell basiert, das im Folgenden als EKO-Modell bezeichnet wird: E für Evolution, K für Kultur und O für Ontogenese. Es wird zu zeigen sein, dass jede einzelne Handlung und Erfahrung eines Menschen oder einer Gruppe von Menschen sich aus dem Zusammenwirken von Evolution, Kultur und Ontogenese erklären lässt. Oft handelt es sich um einen wohlabgestimmten Dreiklang, oft aber stehen die drei Säulen menschlichen Daseins auch im Widerspruch zueinander und führen deshalb zu gesellschaftlichen und individuellen Problemen und Störungen.

In den ersten Kapiteln wird die Entstehung des Menschen in der Evolution dargestellt, wobei der Tenor bereits auf dem Besonderen, dem Wunderbaren menschlichen Daseins liegt und dem generellen Pessimismus, dass wir nur eine vorübergehende kurze Episode in der Erdgeschichte bilden, widersprochen wird. Es folgt die Herausarbeitung eines Kulturverständnisses, das die Verknüpfung von Evolution und Kultur von Anfang an zugrunde legt, Kultur als evolutionäre Beigabe menschlichen Daseins versteht und sie als Rahmen betrachtet, der es uns sogar ermöglicht hat, die Schranken der Evolution zu überwinden.

Bestimmtheit, festgelegt

Auf dieser Grundlage wird später das EKO-Modell konkretisiert. In den folgenden Kapiteln wird anhand der individuellen Entwicklung gezeigt, dass trotz unserer Biologie und soziokulturellen Determination Freiheitsgrade der Selbstgestaltung bestehen, die zum einen prinzipiell von jedem Menschen genutzt werden können, zum andern individuell und kulturell variieren, sodass sich Menschen und Kulturen hinsichtlich der Nutzung persönlicher Freiheitsgrade unterscheiden.

Danach wird das EKO-Modell auf einzelne ausgewählte Bereiche angewandt, zu denen Spiel, Ästhetik, Religion und Wissenschaft zählen. Kreativität ist in einer durch Evolution und Kultur determinierten Welt ein besonderes Phänomen, sie ist der entscheidende Motor des Fortschritts in der wissenschaftlichen und technischen Entwicklung und doch geheimnisumwittert. Deshalb verdient sie ein eigenes Kapitel, das eine Einordnung des Phänomens in das EKO-Modell versucht.

Die Darstellung schreitet zu tieferen und schwierigeren Problemen weiter, der Frage, was Bewusstsein ist und wie es entsteht, dem derzeit vieldiskutierten Problem der Willensfreiheit und schließlich dem Problem der Ethik. Es zeigt sich auch hier, dass das EKO-Modell hilfreich und weiterführend ist. In allen drei Bereichen lassen sich die evolutionären Wurzeln gut aufzeigen, wobei auch tabuisierte Bereiche nicht ausgeklammert werden können. Zu ihnen gehört vor allem die Auseinandersetzung mit der Kennzeichnung des Menschen als bösartigem und gefährlichem Tier, der notwendigen kulturellen und zivilisatorischen Zähmung antisozialer Tendenzen, der vom Menschen erzeugten Umweltvernichtung und der gegenwärtigen totalen Ausbeutung von in Millionen Jahren entstandenen Ressourcen. Als Konsequenz wird eine neue Ethik gefordert, die zwar auf der bisherigen Ethik fußt, aber zu neuen Ufern vorstoßen muss, die wir noch nicht kennen.

Durch alle Kapitel zieht sich eine optimistische Position, deren Tenor ist: Wir sind besondere Lebewesen, vielleicht einmalig im gesamten Universum, wir haben es in der Hand, unsere Zukunft zu gestalten. Unser oberstes Ziel muss es sein, das Leben auf diesem Planeten zu schützen und zu erhalten, solange dies möglich ist. Der Mensch kann gar nicht so dumm sein, dass er sich selbst seine Lebensgrundlagen entzieht.

Vorspiel auf dem Olymp

Athene: Es hat sich viel getan auf der Erde in den letzten zweitausend Jahren. Ich bin neugierig, was die Menschen schon alles herausgefunden haben.

Aphrodite: Ich dachte, als Göttin der Weisheit und der Wissenschaften weißt du schon alles?

Athene: Nachdem wir Projektionen der Menschen sind, kann ich nicht mehr wissen als die Menschen, allerdings weiß ich dann so viel, wie alle Menschen zusammen, wenn ich mir Mühe gebe.

Dionysos: Mich interessiert vor allem, was die Menschen über die Natur wissen und wie sie sich als Naturwesen verstehen.

Apoll: Mich interessiert natürlich ihre Kultur: die Kunst, die Musik und die Dichtung.

Aphrodite: Dazu zählt auch die Liebeskunst!

Athene: Zur Kultur gehört noch viel mehr. Die Wissenschaft, die Ethik der Menschen, wie sie denken und welche Ziele sie haben. All das ist auch Kultur.

Aphrodite: Welche Sprache wollen wir wählen? Ich möchte, dass uns möglichst viele verstehen.

Athene: Ich denke, wir brauchen uns nicht mehr hinter der pompösen altgriechischen Sprache verbergen. Die verstehen die wenigsten, nicht mal die Griechen selber. Also reden wir einfach so, wie man heute spricht.

Apoll (naserümpfend): Also die Sprache der Bild-Zeitung.

Athene: Nicht ganz, vielleicht eine gehobene Zeitungs-Sprache.

Aphrodite: Mir ist es recht. Über Liebe und Schönheit kann man auch mit einfachen Worten reden.

Dionysos: Ob man damit die Geheimnisse der Natur beschreiben kann, bezweifle ich.

Athene: Es ist einen Versuch wert. Lasst uns sehen, was die Menschen über sich und die Natur herausgebracht haben.

Wo kommen wir her? Das Leben als Glücksfall

1

Die Suche nach unserer Herkunft beginnt mit der Entstehung des Lebens. Wäre es nicht vor ca. 3,8 Mrd. Jahren in einer ganz primitiven Form entstanden, gäbe es uns nicht. Wir werden bei unserer Zeitreise bis zu den Anfängen des Lebens erfahren, dass die Chancen für unseren Auftritt in der Geschichte des Lebens äußerst gering waren. Mehrfach in der Erdgeschichte stand das Leben vor seiner völligen Auslöschung, und wenn andere Lebewesen uns nicht unfreiwillig Platz gemacht hätten, wäre unsere Entwicklung nicht möglich gewesen.

1.1 Die Bausteine des Lebens

Aus abiotisch-anorganischen Molekülen bildeten sich unter Einwirkung von Energie zunächst organische Verbindungen und präbiotische Moleküle, aus denen später erste Lebewesen hervorgingen.

In den heutigen Lebensformen spielen DNA (deutsch DNS: Desoxyribonukleinsäure) und RNA (deutsch RNS: Ribonukleinsäure) die entscheidende Rolle. Wenn heutige Zellen ein Protein bilden, kopieren sie das entsprechende Gen von der DNA in die RNA. Danach benutzen sie die RNA-Information als Bauanleitung für das Protein. Die DNA besteht bekanntlich aus zwei Strängen, die sich spiralförmig umeinander winden und die berühmte Doppelhelix bilden. Die Stränge bestehen aus Tausenden oder gar Millionen von Bausteinen – den Nukleotiden. Diese wiederum setzen sich aus den drei Komponenten: Zucker, einer Phosphatgruppe und einer Nukleinbase (einer stickstoffreichen Verbindung) zusammen. Für die Erbinformation sind ausschließlich die Nukleinbasen zuständig. Es gibt nur vier verschiedene Nukleinbasen, die das Alphabet der Erbinformation für alle Lebensformen bilden: Adenin (A), Guanin (G), Cytosin (C) und Thymin (T). Bei der RNA steht Uracil (U) anstelle von T. Die vier Nukleinbasen paaren sich nach einer einfachen Regel: A verbindet sich immer mit T (bzw. U), G immer mit C. Diese Basenpaare bilden die Sprossen der spiralförmigen Leiter der DNA, der Doppelhelix (Abb. 1.1). Nur wenn diese

R. Oerter, *Der Mensch, das wundersame Wesen*,
DOI 10.1007/978-3-658-03322-4_1, © Springer Fachmedien Wiesbaden 2014

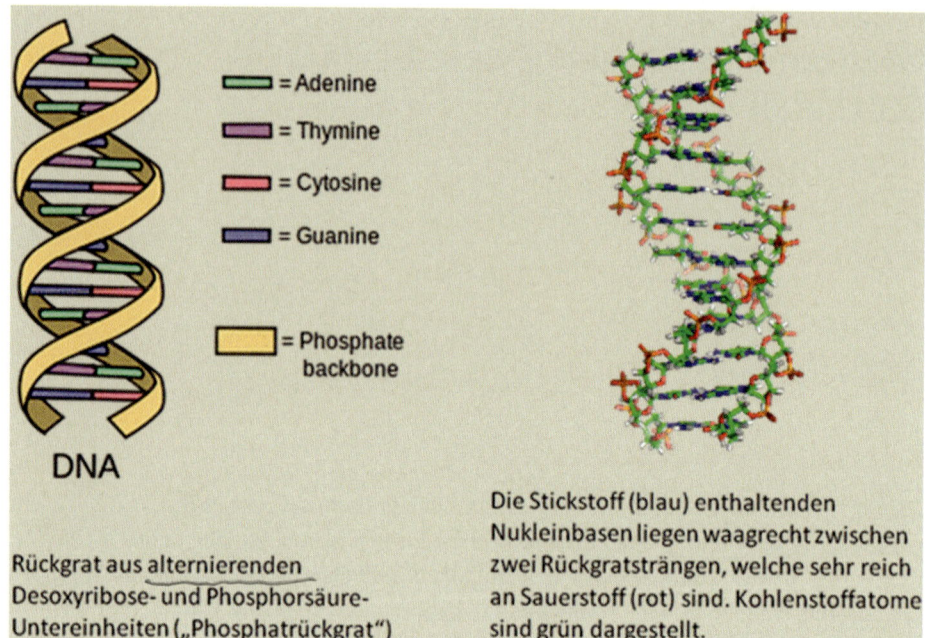

Abwech-
seln
Ablösen

Abb. 1.1 Aufbau der Doppelhelix. *Links* die Anordnung der Basenpaare, die sich gegenüberstehen, *rechts* die bunt gekennzeichneten Nukleinbasen und dazwischen das aus Zucker und einer Phosphorgruppe bestehende Gerüst (Übernommen aus: http://commons.wikimedia.org/wiki/File:DNA_simple.svg).

Paarung korrekt erfolgt, entstehen exakte Kopien. Die beiden anderen Komponenten, Zucker und Phosphat, bilden das Rückgrat, das Gerüst der beiden Stränge. Die Weitergabe allen Lebens auf unserem Planeten erfolgt durch die vier Nukleinbasen. Abbildung 1.1 zeigt die Doppelhelix mit den Nukleinbasenpaaren und dem Gerüst, das die Basen trägt.

Die beiden Stränge trennen sich vor der Zellteilung und lagern in der neuen Zelle jeweils frische DNA-Bausteine in der richtigen Reihenfolge an, bis wieder eine neue Doppelhelix entsteht, die mit dem Original übereinstimmt. Nun kann die DNA für die neue Zelle wieder Proteine nach dem oben genannten Muster aufbauen.

Das Problem für eine Erklärung der Entstehung dieser heutigen Art von Leben besteht darin, dass die DNA-Doppelhelix zu ihrer Verdopplung eine Reihe von Proteinen benötigt: eine Klasse von großen Molekülen, die aus 20 Aminosäuren bestehen. Proteine sind gewissermaßen Handwerker der Zellen mit einer Vielfalt von Aufgaben. Bekannte Vertreter der Proteine sind die Enzyme. Unter anderem beschleunigen sie als Katalysatoren chemische Prozesse. Die Bauanleitung für die Proteine steht aber in der DNA. So erhebt sich die Frage nach der Henne und dem Ei (Shapiro 2007). Die DNA benötigt die Proteine, muss sie aber erst selbst erzeugen, weil nur sie die Bauanleitung für Proteine besitzt.

Die spontane Bildung einer DNA-Doppelhelix ist so unwahrscheinlich, dass die Forscher nach anderen Erklärungen suchen. Der Zoologe und Evolutionswissenschaftler Thorpe (zitiert nach Schätzing 2007, S. 65) meint zum Beispiel, dass die Chance zur

Entstehung des Lebens der Wahrscheinlichkeit entspricht, dass ein Affe beim zufälligen Herumschlagen auf der Schreibmaschine ein Werk William Shakespeares zustande bringt.

1.2 Wie entstand Leben?

Zur Definition von Leben

Bevor wir der Frage nachgehen, wie das Leben entstanden sein könnte, gilt es zu klären, was Leben überhaupt ist. Ein Lebewesen ist ein sich selbst erhaltendes chemisches System. Es ist in der Lage, sich selbst zu reproduzieren. Würden wir einen Computer konstruieren, der sich selbst reproduzieren kann, also aus vorhandenen Materialien einen neuen völlig gleichen Computer baut, so fiele diese Leistung dennoch nicht unter die Definition von Leben, so wie wir sie im Folgenden verstehen wollen. Leben ist an organische Moleküle gebunden, die einen hohen Komplexitätsgrad aufweisen. Darüber hinaus lässt sich Leben als Prozess auffassen, der gegen die Entropie gerichtet ist. Hierzu bedarf es einer Erläuterung. Das zweite thermodynamische Grundgesetz besagt, das sich der gesamte Kosmos in Richtung auf wachsende Entropie, das heißt auf wachsende Unordnung hin bewegt. Energetisch verläuft die Richtung von höherer Energieform zu niedrigerer, also etwa von Elektrizität zu Wärme. Entropie als wachsende Unordnung kann man mit Greene (2004) durch ein Bild veranschaulichen. Stellen Sie sich vor, Sie hätten ein Buch mit 1.000 Seiten vor sich, dessen Blätter aber nicht gebunden sind, sondern lose aufeinanderliegen. Nun werfen Sie den Stoß auf den Boden. Die Wahrscheinlichkeit, dass sich die Blätter der Reihe nach geordnet am Boden wiederfinden, ist nahezu gleich Null. Wenn Sie die Blätter ungeordnet einsammeln und wieder zu Boden flattern lassen, wird sich die Unordnung nicht verringern, sondern noch vergrößern. Im Großen gesehen, bewegen sich die Prozesse analog im Universum in Richtung wachsender Unordnung. Dennoch stemmen sich manche Vorgänge gegen dieses eherne Gesetz. Dazu gehört auch das Leben. Durch Energiezufuhr erreicht es einen Zustand hoher Ordnung. Aber dadurch, dass lebende Organismen höhere Formen von Energie aufnehmen und niedrige Formen der Energie abgeben, z. B. Muskelkraft und Wärme, gehorchen sie letztlich dennoch dem Entropiegesetz.

Schritte auf dem Weg zum Leben

Kehren wir nun zur ersten Definition des Lebens zurück. Das Leben ist an organische Moleküle gebunden. So lautet die erste Frage: Wie haben sich chemische Prozesse, die das Leben bestimmen, also zur Reproduktion der Zelle führen, entwickeln können? Man kann drei Stufen unterscheiden:

1. die chemische Evolution,
2. die Evolution chemischer Systeme mit Replikation und Stoffwechsel sowie Weitergabe von Information und schließlich

3. die Evolution von Zellen oder Bakterien mit den Merkmalen von Stoffwechsel, Fortpflanzung und Informationsweitergabe.

Die spontane Bildung von DNA gleicht der Wahrscheinlichkeit, dass sich die losen Seiten eines umfangreichen Buches durch Zufall wieder richtig zusammen ordnen. Deshalb sucht man nach Alternativerklärungen. Es gibt zwei von ihnen, die wir etwas näher kennenlernen wollen, nämlich die Annahme „RNA zuerst" oder die Hypothese „Stoffwechsel zuerst".

Stoffwechsel zuerst

Das Modell „Stoffwechsel zuerst" wird unter anderen von Shapiro (2007) vertreten. Er hält die zufällige Entstehung eines reproduktionsfähigen Moleküls für extrem unwahrscheinlich und nimmt stattdessen an, dass das Leben seinen Anfang bei natürlicherweise vorhandenen Molekülen hat. Diese können sich zu energiegetriebenen Netzwerken chemischer Reaktionen zusammenschließen. Frühe Lebensformen hatten zwar Stoffwechsel, aber noch keinen Mechanismus der Vererbung. Dieser hat sich erst auf dem Weg über komplexere Zyklen zu Polymeren (langen Molekülketten) gebildet, sodass der Replikator erst am Ende, nicht am Anfang der Entstehung des Lebens steht.

Eine interessante Hypothese zum Übergang zwischen chemischer Evolution und biotischer Evolution stammt von dem Nobelpreisträger Manfred Eigen, der mit Ruthild Winkler (1976) und Peter Schuster (1979) die Idee der Entstehung von Hyperzyklen vorstellte. Bei einem Hyperzyklus, so die Annahme, sind RNA-Moleküle und Proteinmoleküle beteiligt. Die RNA-Moleküle wirken als Katalysatoren bei der Bildung von Proteinen, und die Proteine wirken als Katalysatoren bei der Bildung von RNA-Molekülen. Es gibt also eine Rückkoppelung zwischen beiden Molekülarten. Man sagt auch, sie kooperieren. Nun kann es bei der Replikation der RNA Fehler geben, also Mutationen. Auf diese Weise können neue RNA-Moleküle geboren werden und eine Art neuer Spezies bilden, die Quasispezies genannt wird, weil es ja noch nicht um Zellen geht, die durch Mutation neue Arten bilden. Hyperzyklen weisen bereits Eigenschaften von Lebewesen auf: Selbstvermehrung, Weitergabe von Information und Stoffwechsel. Mathematisch beschrieben ist dieser Erklärungsansatz in der Theorie der Quasispezies.

RNA zuerst

Das Modell „RNA zuerst" vertritt z. B. der Nobelpreisträger Walter Gilbert. Er schrieb 1986 in der Zeitschrift Nature: „Man kann sich eine Lebenswelt vorstellen, in der es nur RNA-Moleküle gibt. Diese katalysierten die Synthese ihrer eigenen Kopien. Der erste Schritt wäre also eine Entstehung von RNA-Molekülen mit der Fähigkeit, aus einer Nukleotid-Suppe Abbilder ihrer selbst zusammenzubauen."

Auch dieses Modell kann sich auf experimentelle Daten stützen. Ricardo und Szostak vom Howard Hughes Medical Institute in Harvard (2010) gehen wie viele andere Forscher davon aus, dass nicht die DNA, sondern die RNA zuerst auftrat und meinen, dass das Erb-molekül RNA aus Chemikalien entstehen konnte, die auf der Erde vor fast vier Milliarden Jahren vorhanden waren. Experimente legen die Hypothese nahe, dass primitive Zellen am Ursprung des Lebens standen, die sich selbst reproduzieren konnten. Zunächst waren diese „Zellen" nichts anderes als wassergefüllte Bläschen, die entstehen, wenn Fettsäuren spontan eine Membran bilden. Manche enthielten, so die Forscher, RNA-ähnliche Mole-küle, die sich unter günstigen Bedingungen als Polymere aus einer Kette von Nuklotiden bildeten. Entscheidend war dabei der Wechsel dieser Zellen vom kalten ins heiße Wasser und wieder zurück ins kalte. Dies könne in der Frühzeit der Erdgeschichte, in denen ein Gewässer an einer Stelle mit Eis bedeckt war und an anderen Stellen durch vulkanische Tä-tigkeit auf mehrere hundert Grad erhitzt wurde, eine durchaus häufige Bedingung gewesen sein. Den Weg dieser Entwicklung schildern Ricardo und Szostak in fünf Schritten:

1. Nukleotide dringen auf der kalten Wasserseite in die Protozelle ein (oder werden von der Zelle bei ihrer Bildung eingeschlossen);
2. es entsteht ein RNA-Doppelstrang;
3. wenn die Zelle (das Bläschen) ins heiße Wasser gelangt, spaltet sich der Doppelstrang in zwei Einzelstränge auf;
4. die Membran nimmt neue Fettsäuren auf und wächst;
5. die Protozelle teilt sich in zwei Tochterzellen, diese wiederholen den Zyklus von (1) bis (4).

Wie aber konnten sich überhaupt RNA-Stränge bilden, die Zehntausende oder Millionen von Nukleotiden enthalten, wie konnte es zu so langen Ketten kommen? Als eine Möglich- *Anhangs-kraft* keit sehen die Forscher die Adhäsionsbildung an, die z. B. zwischen mikroskopisch dünnen Tonschichten die Nukleotide aneinander kettete. Einige RNA-Sequenzen mutierten zu Ri-bozymen, die dann die RNA auch ohne äußere Hilfe (Wechsel vom kalten ins heißes Wasser und zurück) kopieren konnten. Die Bezeichnung Ribozym setzt sich zusammen aus Ribonukleinsäure (RNA) und Enzym. Ribozyme sind RNA-Moleküle, die wie Enzyme chemische Reaktionen katalysieren. Irgendwann wirken komplexe RNA-Systeme also als Katalysatoren und beginnen, Gene (RNA-Nukleoditsequenzen) in Proteine (Ketten von Aminosäuren) zu übersetzen. Proteine dominieren allmählich, Enzyme aus Proteinen wir-ken als bessere Katalysatoren, und andere Enzyme beginnen, DNA herzustellen. Damit erhält die Zelle nun einen robusten Träger von Erbinformation. Die Autoren versuchen übrigens gegenwärtig, auf dieser Basis Leben künstlich (chemisch) herzustellen.

Leben aus der Tiefsee

Was den optimalen Ort der Bildung von Leben anlangt, findet die größte Sympathie der-zeit die Annahme, dass das Leben in der Tiefsee entstanden ist. Den Ausgangspunkt für diese Theorie lieferte in den achtziger Jahren die Entdeckung von „schwarzen Rauchern". Dabei handelt es sich um noch heute existierende Schlote in der Nähe von auseinander driftenden Kontinentalplatten in den Ozeanen, die mineralhaltiges heißes Wasser aus dem Erdinneren entweichen lassen. Obwohl das Wasser bis 350 °C heiß ist und ein sehr hoher Druck herrscht, fand man gerade hier völlig unerwartet kleinste primitive Lebensformen in Gestalt von Bakterien, die nur in dieser Umgebung gedeihen können. Es handelt sich um die Archäbakterien. Im Atlantik nördlich von Island spürte der Regensburger Mikrobiologe Karl Stetter mit seinem Forscherteam (Huber et al. 2006) das kleinste bisher bekannte Lebewesen auf: das Nanoarchaeum equitans, ein Archäbakterium. So ähnlich muss das erste Lebewesen vor 3,8 oder 3.5 Mrd. Jahren (die Zeitschätzungen sind verschieden) ausgesehen haben. In Laborversuchen wurden nun durch hohe Drücke und Temperaturen die Tiefseebedingungen in der Nähe von schwarzen Rauchern nachgestellt. Dabei entstanden Molekülverbindungen, die entfernte Ähnlichkeit mit einer Zelle hatten, eine zellartige Membran besaßen und eine Art von Wachstum und Vermehrung zeigten. Obwohl es für heutiges Leben an den heißen Tiefseeschloten sehr unwirtlich zugeht, waren die ersten Lebensformen in der Tiefsee vor der damals viel intensiveren UV-Strahlung, vor Blitzeinschlägen und selbst vor Meteoriteneinschlägen weitgehend geschützt. William Martin von der Universität Düsseldorf und Michael Russell vom Scottish Universities Environmental Research Centre in Glasgow (2003) schlagen eine Reihe von Teilschritten für die Entstehung des Lebens an heißen Schloten vor. Irgendwann, so ihre Vermutung, habe sich aus den Biomolekülen eine erste eigenständige Zelle gebildet. Sie nehmen an, dass sich das Leben in mineralischen „Brutzellen" aus Eisen und Schwefel entwickelt hat, die sich zu Milliarden an den hydrothermalen Quellen der Schlote sammelten Mit einer festen Zellmembran konnten sie die Schlote verlassen und ins Meer hinaus vordringen. Mittlerweile ist diese mögliche Quelle des Lebens versiegt. Das Eisen, das zur Bildung der Steinzellen gebraucht wird, hat sich mit der Ausbreitung des Sauerstoffs in der Welt zu großen Teilen chemisch verändert, aus zweiwertigen Eisenionen wurden dreiwertige.

War nun die Entstehung des Lebens ein Zufall, der sich trotz extrem geringer Wahrscheinlichkeit ereignet hat, oder tritt Leben zwangsläufig auf, wenn es die dafür nötigen Bedingungen des Vorhandenseins von chemischen Stoffen, der Verkettung von Molekülen, der Energiezufuhr und chemischer Reaktionen gibt? Christian de Duve (1995) und Shapiro (2007) meinen, dass das Leben zwangsläufig früher oder später im Kosmos entstehen muss.

Wer auch immer recht hat, nach jetzigem Wissen entstand das Leben in der uns bekannten Form nur in der Frühzeit der Erdgeschichte und dann nicht mehr. So sehr wahrscheinlich kann also die Entstehung des Lebens nicht sein, denn später gab es nach heutigem Wissen die Bedingungen, die zum Leben geführt haben, auf der Erde nicht mehr. Daher müssen wir gegenwärtig davon ausgehen, dass die Entstehung von Leben nur damals geschah und sich nicht wiederholt hat, ein Geschehen, das trotz seiner sehr geringen Wahrscheinlichkeit erfolgreich war. Es ist schier unbegreiflich, dass am Ende der langen Evolutionskette der Mensch steht. Wer wollte da trotz der vielen Kränkungen, die das Menschenbild angeblich durch die Wissenschaft erfahren hat, nicht in Staunen verfallen?

1.3 Die Entwicklung höherer Lebensformen – ein Streifzug

Vom Einzeller zum Mehrzeller

Höhere Lebensformen bedeuten die Vergesellschaftung von Einzellern zu einem gemeinsamen Lebenssystem, den Mehrzellern. Mehr als 700 Mio. Jahre nach Entstehung der Erde gab es kein Leben, wohl aber schon organische Moleküle, die die Voraussetzung von Leben bilden. Die Entwicklung komplexer organischer Moleküle bezeichnet man auch als chemische Evolution. Sie kam vor der biologischen Evolution. Zwischen der chemischen und biologischen Evolution werden die oben beschriebenen Hyperzyklen als Erklärungsmöglichkeit für die Entstehung sich selbst replizierender chemischer Systeme angeboten. Danach kam es, wie bereits erläutert, zur Bildung von sich replizierenden Zellen. 1,3 Mrd. Jahre gab es nur einzellige Lebewesen bzw. Bakterien. Sie erwiesen sich als sehr robust und vermehrten sich in einem ungeheuren Ausmaß, sodass sie die Erde und ihre Atmosphäre veränderten. Die Cyanobakterien ernährten sich von Wasserstoff und produzierten Sauerstoff, der für das bisherige Leben giftig war. Also mussten sich die Lebewesen den neuen Bedingungen anpassen.

Dennoch ist die Tatsache der Entstehung des höheren Lebens immer noch ein Rätsel. Es lohnt, die wunderbare und verschlungene Entwicklung des Lebens etwas näher in Augenschein zu nehmen. Die Prokarioten (Archäen und Bakterien) scheinen die frühesten Zellen zu sein. Sie besaßen noch keinen Zellkern. Die bereits genannten Archäen gehören zu dieser Lebensform. Dennoch gab es bei ihnen auch schon Zellen, die zur Photosynthese fähig waren: die Cyanobakterien. Sie sind heute noch als Stromatholiten vorhanden. Die Eukarioten besaßen bereits einen Zellkern und wurden tausendmal so groß wie die Archäen. Zu ihnen gehören die als Rädertierchen und Geißeltierchen bekannten Einzeller. Schließlich folgen die Mehrzeller, aus denen das gesamte Tier- und Pflanzenreich hervorgeht. Dabei ist anzumerken, dass die Pilze neben den Tieren und Pflanzen eine eigenständige Lebensform darstellen.

Abbildung 1.2 kennzeichnet in einer schematisierten Darstellung nach Doolittle (2000) den Stammbaum des Lebens. Aus einer kleinen Zelle ohne Zellkern (Urgemeinschaft primitiver Zellen, s. am Stammbaum unten) entstehen zwei kernlose (prokariotische) Gruppen, die Bakterien und die Archäen. Aus den Archäen und Bakterien (die zu den Mitochondrien in der Zelle werden) entwickeln sich die Eukarioten, das sind bereits Zellen mit Zellkern. Diese bilden die Ausgangsbasis für die Vielzeller, die Pflanzen, Pilze und Tiere. Doolittle versucht, die dabei noch auftauchenden Widersprüche durch eine Erweiterung des Modells zu kompensieren. Nicht von einem einzigen Urzellentyp stammt seiner Meinung nach das Leben ab, sondern es entspringt aus einer Urgemeinschaft primitiver Zellen. Damit wird der Stammbaum des Lebens zu einem Pilzgeflecht. Seine Wurzeln bildet eine Vielzahl von Arten primitiver Zellen (Abb. 1.2).

Alles schön und gut. Aber wenn sich die einzelligen Lebewesen 1,3 Mrd. Jahre wohlgefühlt haben, warum entwickelten sich dann überhaupt Vielzeller, also Pilze, Tiere und

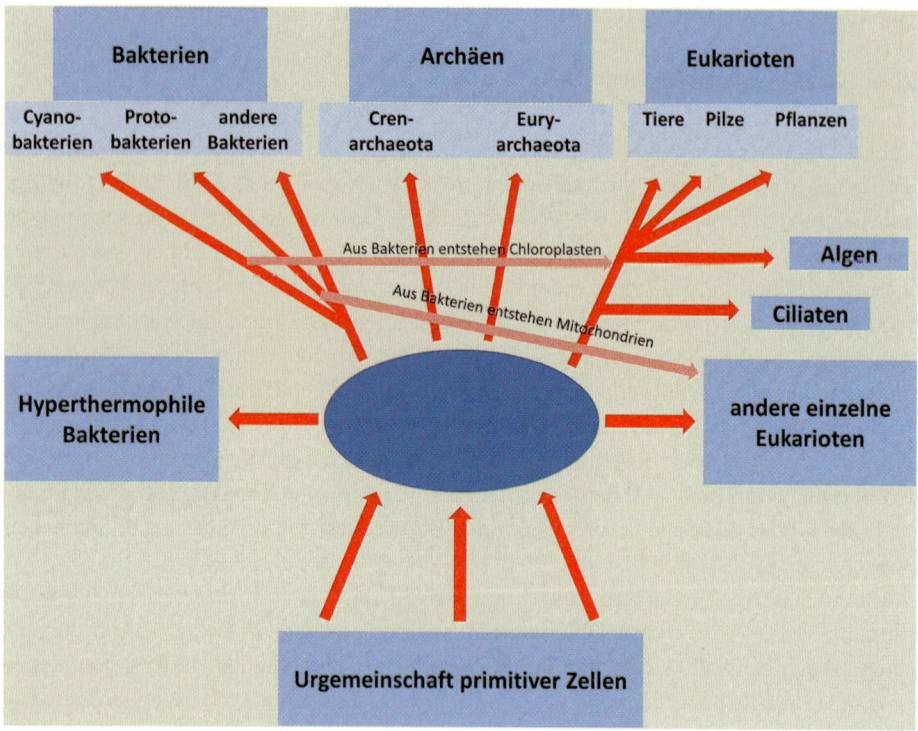

Abb. 1.2 Stammbaum des Lebens aus einer Urgemeinschaft primitiver Zellen. (Oerter, verändert nach Doolittle 2000, S. 57)

Pflanzen? Warum ging das Leben nicht einfach so weiter wie bisher? Was trieb die Evolution voran?

Evolutionsbiologen erklären die Entstehung vielzelliger Lebewesen als Ergebnis eines Selektionsvorteils. Im Verbund ist man stärker als allein. Außerdem müssen natürlich Voraussetzungen für die Bildung von Zellverbänden gegeben sein. So benutzen die Mehrzeller einzellige Lebewesen als Nahrung, und wenn sie zu großen Zellverbänden zusammenwachsen, auch kleinere mehrzellige Lebewesen. Pflanzliches Leben braucht diese Nahrungskette nicht, es wandelt bekanntlich CO_2 und Wasser, das in Wasserstoff und Sauerstoff aufgespalten wird, mit Hilfe des Lichtes in Zucker um.

Ein Streifzug durch die Entwicklung von Organismen

Wenden wir uns nun der Entwicklung des mehrzelligen Lebens im Laufe der Erdgeschichte zu. Tabelle 1.1 präsentiert einen Überblick, in dem die Erdzeitalter den jeweiligen Lebensformen, die in ihnen entstanden und dort vorherrschten, gegenübergestellt sind. (Zur genaueren Information s. Dawkins 2009). Im Proterozoikum, der letzten Phase der Erdurzeit (Präkambrium) entstehen im Laufe von mehr als einer Milliarde Jahren die ersten

Tab. 1.1 Überblick über die Erdzeitalter und die Lebensformen, die sich in ihnen entwickelten

Erdzeitalter	Dauer in Millionen Jahren vor der Jetztzeit[a]	Lebensformen (Auswahl)
ERDNEUZEIT (Känozoikum oder Neozoikum)		
Quartär	1,8 bis heute	Eiszeitliche Tier- und Pflanzenwelt, heutige Flora und Fauna
Paläogen und Neogen (Tertiär)	65–1,8	Radiation der Säugetiere; erste Primaten und Hominiden, Blütenpflanzen
ERDMITTELALTER (Mesozoikum)		
Kreide	137–65	Entwicklung der Bedecktsamer, Ammoniten sterben aus; am Ende der Epoche Aussterben der Dinosaurier; erste Vögel, erste Blütenpflanzen (Gräser, Eichen, Pappeln)
Jura	195–137	Radiation der Dinosaurier, Ammoniten, Belemniten, Palmfarne
Trias	230–195	Erste Säugetiere, Dinosaurier und Flugsaurier, Ammoniten; Nadelbäume
ERDALTZEIT (Paläozoikum)		
Perm	285–250	Radiation der Reptilien, säugetierähnliche Reptilien; Samenfarne
Karbon	350–295	Radiation der Amphibien, erste geflügelte Insekten; Bildung der großen Kohlelager
Devon	405–355	Farne, Schachtelhalme und Bärlapp; Arthropoden und Wirbeltiere erobern das Land
Silur	440–405	Erste Landpflanzen, Radiation der Fische
Ordovizium	500–440	Kopffüßler, erste kiefertragende Fische
Kambrium	570–500	„Burgess-Fauna", Arthropoden, Chordaten, Wirbeltiere (kieferlose Fische)
PRÄKAMBRIUM (Erdurzeit)		
Proterozoikum	2500–570	Pilze, erste vielzellige Tiere: Hohltiere, Bilateria (Ediacara-Fauna)
Archaikum	3800–2500	Einzelliges Leben entsteht: Prokarionten (Archäen, Bakterien, Cyanobakterien), Eukarionten (Zellen mit Zellkern)
Hadaikum	4600–3800	Kein Leben, aber chemische Evolution (Entstehung organischer Verbindungen)

[a] Die Zeitangaben schwanken stark von Autor zu Autor und von Lehrbuch zu Lehrbuch, da die Einteilung sich hauptsächlich nach großen Erdkatastrophen richtet, die eine Ära beenden und eine neue beginnen lassen

vielzelligem Lebewesen, unter anderem die Pilze und eine Fauna, die zum größten Teil später wieder ausgestorben ist: die sogenannte Ediacara-Fauna, benannt nach dem Erdzeitalter Ediacarium, das seinen Namen von den Ediacara-Hügeln in den Flinders Range in Südaustralien erhalten hat. Besonders Aufregendes ereignete sich dann im Kambrium, in dem es geradezu eine Explosion von Tierarten gab. Da das Kambrium 70 Mio. Jahre währte, darf man sich die Explosion allerdings nicht zu wörtlich vorstellen. Den sensationellen Fund dieser vielen neuen Tierarten machte der Paläologe Charles Walcott im Burgess-Schiefer in Kanada. Es gibt die Anekdote, dass das Pferd seiner Frau über einen Felsbrocken stolperte. Als Charles Walcott den Felsbrocken zerschlug, um damit den Pfad sicherer zu machen, legte er ein unbekanntes Fossil frei.

Whittington begann, zusammen mit seinen Studenten Derek Briggs und Simon Conway Morris von der University of Cambridge, eine gründliche Neuuntersuchung der Fossilien des Burgess-Schiefers und entdeckte, dass die damalige Tierwelt deutlich diverser und ungewöhnlicher war, als Walcott angenommen hatte (s. Briggs et al. 1995). Viele der gefundenen Fossilien besaßen sonderbare anatomische Eigenschaften und kaum Ähnlichkeiten mit modernen Tieren. Beispielsweise ist Opabinia mit fünf Augen und einer rüsselartig verlängerten Kopfpartie ausgestattet. Das Buch Wonderful Life, veröffentlicht 1989 von Stephen Jay Gould, machte die Fossilien des Burgess-Schiefers einer breiten Öffentlichkeit bekannt. Gould war der Überzeugung, dass die kambrische Umwelt weitaus formenreicher war als die heutige, und dass viele der einzigartigen Abstammungslinien evolutionäre Experimente darstellen, die später verloren gingen. Heute sieht man die sensationellen Funde allerdings etwas nüchterner. Hallucigenia wurde ursprünglich mit der Oberseite nach unten rekonstruiert und lief auf seinen beidseitig-symmetrisch angeordneten Stacheln. Mittlerweile meint man, dass das Tier sich auf am Rumpf befestigten fleischigen Fortsätzen fortbewegte und so den heutigen Stummelfüßlern ähnelt. Nectocaris hatte man zunächst Flossen und Schale zugedacht, inzwischen wurde es als früher Kopffüßler identifiziert. Da man neuerdings ähnliche Fossilienlager in weit entfernten Teilen der Welt gefunden hat, lässt sich auch die Metapher von der „kambrischen Explosion" nicht mehr halten. Eine solch weite Verbreitung spricht dafür, dass sich die Artenvielfalt dcs Kambrium bereit zuvor entwickelt und ausgebreitet haben muss.

Dennoch zeigt sich hier, dass die Evolution keine geradlinige Entwicklung darstellt, sondern aufgrund der klimatischen Bedingungen und des jeweiligen Kampfes ums Dasein vielfältige und verschlungene Wege geht. Es starben im Laufe der Erdgeschichte mehr Tierarten aus als neue hinzutraten.

Im Silur erscheinen die ersten Landpflanzen, es kommt zu einer großen Ausbreitung und Artenvermehrung (Radiation) der Fische. Im Devon gedeihen Farne, Schachtelhalme und Bärlapp; Arthropoden und Wirbeltiere erobern das Land. Im Karbon, in dem sich die großen Kohlelager bildeten, treten die Amphibien die Herrschaft an, und es gibt die ersten geflügelten Insekten. Im Perm findet man die Radiation der Reptilien sowie der besonderen Form säugetierähnlicher Reptilien.

Erst im Erdmittelalter, in der Trias finden sich die ersten Säugetiere, die aber noch eine sehr untergeordnete Rolle spielen. Die Dinosaurier und Flugsaurier treten auf den Plan, und die großen Schalentiere, die Ammoniten erobern das Meer. In der darauffolgenden Epoche, dem Jura, erlangen die Dinosaurier ihre große Verbreitung. Aus den Flugsauriern entwickeln sich bereits die ersten Vögel. Es ist dies auch die große Zeit der Ammoniten und Belemniten, deren Versteinerungen wir heute noch bestaunen.

In der nächsten Epoche, der Kreidezeit entwickeln sich die Bedecktsamer, und am Ende dieser Epoche sterben die Dinosaurier aus. Es gibt die ersten Blütenpflanzen und Laubbäume wie Eichen und Pappeln können Fuß fassen. Die Ammoniten sterben aus, was weniger Beachtung findet als das große Sterben der Saurier. Vielleicht verdanken wir diesem Massensterben vor ca. 65 Mio. Jahren unser Dasein, denn in der nächsten Epoche, dem Terziär (heute in Paläogen und Neogen unterteilt), kommt die große Zeit der Säugetiere. Gegen Ende dieser Epoche treten die Primaten auf und später die Hominiden, auf die wir selbstredend noch genauer zu sprechen kommen. Die Blütenpflanzen breiten sich aus. Schließlich und endlich kommen wir zur heutigen Epoche, die sich seit 1,8 Mio. Jahren bis zur Jetztzeit erstreckt. Es entwickelt sich die eiszeitliche Tier- und Pflanzenwelt in Anpassung an veränderte klimatische Verhältnisse und danach die heutige Flora und Fauna.

Britische Geologen plädieren dafür, ein neues Erdzeitalter beginnen zu lassen: das „Anthropozän". Den Forschern zufolge soll damit dem massiven Einwirken des Menschen auf die Umwelt Rechnung getragen werden, das inzwischen eine den natürlichen Einflüssen vergleichbare Dimension erreicht hat. Tabelle 1.1 bringt die Erdzeitalter und die jeweils vorherrschende Fauna und Flora im Überblick.

Erdkatastrophen und Eiszeiten

In den letzten 10.000 Jahren hat die Menschheit eine erdgeschichtlich friedliche Zeit erlebt. Es gab keine extremen Klimaschwankungen, keine Einschläge von großen Meteoren, und die grimmige Eiszeit, in der wir uns eigentlich noch befinden, gewährt uns eine Pause. Diese im Vergleich zu den großen Erdkatastrophen geradezu paradiesische Zeit ist wohl auch dafür verantwortlich, dass die menschliche Kultur ab da rasche Fortschritte machte und in den letzten beiden Jahrhunderten mit der wissenschaftlichen und technischen Entwicklung geradezu einen explosionsartigen Zuwachs an Wissen und Umweltbeherrschung erreicht hat. Solange die früheren Katastrophen der Erdgeschichte sich nicht noch mal in ähnlicher Form wiederholen, können wir relativ getrost in die Zukunft schauen. Wenn wir allerdings die von uns selbst verursachte Klimakatastrophe nicht in den Griff bekommen, zerstören wir eigenhändig die Bedingungen, die unsere kulturelle Entwicklung erst ermöglicht haben. Wir wollen uns einen kurzen Überblick über vergangene Erdkatastrophen und Eiszeiten verschaffen, weil sich dadurch eine bessere Bewertung unserer heutigen Situation ergibt.

Vor ca. 4,2 Mrd. Jahren rammte Theia, ein riesiger Meteor, die Erde. Sie erfährt dadurch eine Zunahme an Masse und aus dem Trümmerring entsteht unser Mond. Diese Katastrophe erwies sich als großer Vorteil! Die Zunahme an Masse und das Geschenk eines Trabanten bewirkten eine Stabilisierung der Erdumdrehung, wodurch erst die bereits geschilderte Entwicklung des Lebens möglich wurde.

Tab. 1.2 Eiszeiten und ungefähre Angabe ihrer Dauer. (Die Zeitangaben schwanken je nach Autor und Lehrbuch)

Name	Dauer (Mio. Jahre)	Erdzeitalter	Ära
Huronische Eiszeit	2400–2100	Siderium und Hyacium	Paläoproterozoikum
Voranger-Eiszeit	800–635	Cryogenium	Neoproterozoikum
Anden-Sahara-Eiszeit	450–420	Ordovizium und Silur	Paläozoikum
Karoo-Eiszeit	360–260	Karbon und Perm	Paläozoikum
Letzte Eiszeit	30 bis heute	Neogen und Quartär	Känozoikum

Eine über 165 Mio. Jahre während Katastrophe bildete die Voranger-Eiszeit. Vor ca. 800–635 Mio. Jahren war die gesamte Erde (eventuell mit Ausnahme eines schmalen Streifens am Äquator) mit Eis bedeckt. Nahezu alles Leben wurde vernichtet. Vor ca. 440 Mio. Jahren, nach dem Ende des Kambrium und zu Beginn des Ordoviziums, kam es dann zum zweitgrößten Artensterben der Erdgeschichte. Ursache hierfür war vermutlich der Gammablitz einer Supernova und dazu noch ein Asteroideneinschlag. Vor 360 Mio. Jahren, am Ende des Devon, starb die Hälfte des marinen Lebens aus, in tropischen Regionen sogar drei Viertel. Vermutlich war daran wieder ein Meteoriteneinschlag schuld, verbunden mit einer Vereisung großer Teile der Erdoberfläche (Karoo-Eiszeit). Danach setzte das Karbon ein. Vor 250 Mio. Jahren, am Ende des Perm, starben 95 % der Makroorganismen aus, Bakterien vergifteten die Atmosphäre. Dies war nach Ansicht der meisten Forscher das größte Massensterben der Erdgeschichte. Die vermutete Ursache: sibirischer Vulkanismus zusammen mit einem weiteren großen Meteoriteneinschlag.

Vor 65 Mio. Jahren, am Ende der Kreidezeit, trifft wieder ein Meteor die Erde (der Krater ist auf Yukatan nachweisbar). 5–10 Jahre gab es kein Sonnenlicht, 2.000 Jahre war es bitterkalt, ein globaler Winter brach ein. Diese Katastrophe war für das Aussterben der Saurier verantwortlich. Nur kleine Lebewesen konnten an Land überleben. Auch zwei Drittel der hochentwickelten Insekten sterben aus. Danach setzt der Siegeszug der Säugetiere ein.

Die Einteilung der Erdzeitalter ist mit den Erdkatastrophen verbunden: fast jede Ära beginnt nach einer Katastrophe und endet mit einer Katastrophe.

Tabelle 1.2 vermittelt einen Überblick über die Eiszeiten in der Erdgeschichte. Wie man aus der Tabelle ersieht, dauerten sie jeweils viele Millionen Jahre. Die gewaltigste unter ihnen war, wie oben erläutert, die Voranger-Eiszeit.

Von der Zelle zur Zivilisation

Das Anliegen dieses Buches ist es, Evolution, Kultur und individuelle Entwicklung zusammenzuführen. Daher interessieren Versuche um Prinzipien, die für alle drei Bereiche gelten. Enrico Coen (2012) hat einen solchen Versuch unternommen. Seine sieben Grundprinzipien gelten seiner Meinung nach gleichermaßen für Biologie und Evolution sowie für Kultur und Gesellschaft. Sie lassen sich aber genauso auf die Ontogenese des Menschen anwenden; eine Möglichkeit, die Coen nicht nutzt, aber für unsere Fragestellung von Be-

deutung ist. Die Prinzipien lauten: Variabilität, kombinatorischer Reichtum, Persistenz, *[handschriftlich: forcl- clauern]*
Verstärkung, Wettbewerb, Kooperation sowie Rekurrenz. *[handschriftlich: Wiederholung – verbessern]*

Variabilität bezieht sich zunächst auf biologische Merkmale, die in einer Population in verschiedenen Versionen auftritt. Gleiches gilt für Merkmale in der Gesellschaft und für die Varianz von Verhaltensmerkmalen in der individuellen Entwicklung. Der *kombinatorische Reichtum* ergibt sich aus der Tatsache, dass mehrere verschiedene Merkmale außerordentlich viele Kombinationen ermöglichen. Dieser Aspekt wirkt sich in allen komplexen Systemen aus, so auch in Gesellschaft und Ontogenese. *Persistenz* wirkt der Beliebigkeit solcher Kombinationsmöglichkeit durch ein gewisses Beharrungsvermögen entgegen. Die DNA wird in der Regel genau kopiert, gesellschaftliches Wissen und kulturelle Traditionen werden aufrechterhalten, und in der Ontogenese bildet die Identität, die sich als immer die gleiche im Lebenslauf begreift, einen stabilisierenden Faktor. *Verstärkung* bezieht sich bei Coen auf die Durchsetzung neuer Merkmale, die durch Mutation entstanden sind. Analog verstärken sich in der Gesellschaft und bei Individuum abweichende Merkmale, wenn die jeweilige Umwelt einen geeigneten Nährboden für die neuen Merkmalale bildet. *Wettbewerb* zeigt sich als „Kampf ums Dasein" auf der rein biologischen Ebene, zwischen Gesellschaften und gesellschaftlichen Gruppen als normierte Interaktion oder als Krieg und Revolution und schließlich zwischen Individuen in Form der Karriere-Biografie des Gewinnens oder Verlierens. *Kooperation* als Gegenstück zum Wettbewerb ermöglicht das Zusammenleben von Organismen in Biotopen, das Zusammenleben großer Populationen in Gesellschaften und die Koordination einzelner Merkmale zu einem übergeordneten Ziel in der Ontogenese. Das Prinzip der *Rekurrenz* besagt zunächst, dass es in der Evolution immer etwas gibt, das verbessert werden kann. Auf Dauer setzen sich nur Systeme durch, die sich in der Evolution optimieren. Auch menschliche Gesellschaften können nur überleben, wenn sie Merkmale weiterentwickeln, die dem Erhalt dienen und feindlichen Einflüssen widerstehen können. In der individuellen Entwicklung sprechen wir von Pathogenese, wenn Rekurrenz versagt, und von Salutogenese, wenn Rekurrenz sich durchsetzt.

Diese sieben Prinzipien beschreiben zunächst einmal nur einheitlich die drei Säulen menschlichen Daseins. Ob sie Gesetze sind, nach denen die Natur, die Gesellschaft und das Individuum funktionieren, ist damit nicht gesagt. Wir werden in den weiteren Darstellungen eher auf die Eigengesetzlichkeiten von Evolution, Kultur und Ontogenese Wert legen, und nur hin und wieder solche gemeinsamen Prinzipien bemühen.

1.4 Resümee

Die Spekulationen über Entstehung des Lebens und die experimentelle Forschung dazu sind noch im Fluss. Fest steht für alle rivalisierenden Theorien jedoch, dass alles Leben auf der Erde nur einmal entstanden ist, und zwar unter Bedingungen, wie sie in der Frühzeit der Erdgeschichte vor etwa 3 ½ Mrd. Jahren herrschten. Das Leben auf unserer Erde baut sich ausnahmslos auf vier Nukleinbasen auf. Es gibt kein Lebewesen, das andere Grundkomponenten enthält und sich auf der Basis einer anderen Chemie reproduziert.

Weiterhin gilt festzuhalten, dass das Leben im Laufe der Erdgeschichte infolge großer Katastrophen immer wieder vom Aussterben bedroht war. Es ist als Glücksfall anzusehen, dass Leben heute überhaupt existiert. Gonzales et al. (2001) meinen, dass es außer der Erde womöglich keinen anderen Planeten mit höheren Lebensformen gibt. Die meisten Forscher sind jedoch der Überzeugung, dass sich das Leben unter erdähnlichen Bedingungen zwangsläufig entwickeln würde, zum Beispiel Christian de Duve (1995). Paul Davis (2008) meint, das Leben auf unserem Planeten könnte mehrfach entstanden sein. Dann müsste man allerdings exotische Mikroorganismen finden, z. B. an heißen Quellen der Tiefsee. Bislang gibt es keine solchen Funde fremdartigen Lebens. Betrachtet man vor diesem Hintergrund die Entstehung des Menschen, so grenzt es an ein Wunder, dass sich aus dem vielzelligen Leben ein Lebewesen mit Ichbewusstsein und mit Denkfähigkeit entwickeln konnte, das sich jetzt anschickt, die Evolution selbst in die Hand zu nehmen. Alle Forscher sind sich wohl darin einig, dass bei einer Wiederholung der Evolution mit den vielen beteiligten Zufallsprozessen der Homo sapiens nicht noch einmal entstehen würde. Vielleicht käme es auch dann zu intelligentem Leben, aber uns gäbe es jedenfalls nicht. Die ans Wunderbare grenzende Existenz des Menschen veranlasst viele, die gesamte Entwicklung vom Ende her zu betrachten und dem Evolutionsgeschehen Zielgerichtetheit und Entelechie im aristotelischen Sinne zu unterlegen. Dem muss an in dieser Stelle entschieden widersprochen werden. Die Evolution verläuft nicht auf ein Ziel hin, sie ist blind gegenüber der Zukunft. Die Gesetze der Selektion und das Überleben der „Fittesten" (gut Angepassten), aber auch die reine Zufallsmutation beherrschen das Geschehen. Wir werden zu zeigen haben, dass unser Denken natürlicherweise, d. h. vor aller Lernerfahrung, dazu neigt, hinter einem Prozess eine Intention zu vermuten, und Intention bedeutet, auf ein Ziel hin handeln. Diesen „Denkfehler" müssen wir unterdrücken.

Von diesem Wissensstand her, dass Leben eine wunderbare Geschichte hinter sich hat, die schließlich Lebewesen hervorbrachte, die das Universum beobachten, leitet sich schon jetzt die ethische Maxime ab, dass vor allen anderen Prinzipien die Erhaltung des Lebens auf diesem Planeten das wichtigste Prinzip darstellt. Auf diese Maxime werden wir in den folgenden Kapiteln zwangsläufig immer wieder stoßen.

Gespräch der Himmlischen

Athene: Ich gratuliere der Menschheit zu ihrem Erkenntnisfortschritt. Jetzt wissen wir schon etwas mehr über die Entstehung des Lebens. Ich mag kluge Menschen, seit Odysseus mag ich sie. Natürlich bleiben viele Fragen offen, aber lasst uns sehen, was die Menschen noch alles herausbringen.

Aphrodite: Ich verstehe nicht ganz, was all dieses primitive Leben mit dem Menschen zu tun hat. Gewinnen wir eine Erkenntnis damit? Was hat das alles mit der Schönheit des Menschen, dessen Ideal ich ja schließlich bin, und mit seinem Streben nach Vollkommenheit zu tun?

Athene: Das hat viel damit zu tun. Stell dir vor, deine Schönheit verdankst du nur der Kombination von vier Bausteinen, die sich zu Milliarden in einer festgelegten Reihenfolge anordnen.

Aphrodite: Na ja, das trifft für mich nicht zu, denn ich bin ja nur ein Idealbild der Menschen und nicht aus Fleisch und Blut. Aber natürlich gefällt es mir, dass ich so kompliziert bin.

Athene: Hat es nicht auch mit Schönheit zu tun, dass sich die vier Grundbausteine so genau abgestimmt in der Doppelhelix anordnen?

Aphrodite: Schönheit im Kleinen wie im Großen, das gefällt mir. Aber meine Schönheit – will sagen die Schönheit meiner menschlichen Repräsentanten – besteht aus der Information von zigtausend Genen, deswegen ist sie eine viel größere Schönheit.

Athene: Freu dich nicht zu früh, ich habe neulich gelesen, dass der Wasserfloh fast genauso viel Gene hat wie der Mensch. Ob der auch so schön ist wie du?

Dionysos: Nun mach' mir mal die Tiere nicht so herunter. Jedes Tier ist ein Wunderwerk und jedes Tier ist schön. Das meinen zumindest die Sexualpartner voneinander. Übrigens ganz ohne Alkohol und andere Drogen.

Aphrodite: Apropos Sexualpartner. Das interessiert mich natürlich. Warum kam es denn überhaupt zur geschlechtlichen Vermehrung, wo doch die Einzeller die größten Überlebenschancen haben?

Dionysos: Das ist wirklich eine interessante Frage, denn vom Vermehrungspotenzial her sind Einzeller total überlegen. (Nimmt einen Papyrus zur Hand und zeichnet folgende Skizze (Abb. 1.3).

Der Einzeller produziert in der dritten Generation bereits acht Nachkommen. In der geschlechtlichen Vermehrung jedoch hat das Weibchen bei gleicher Ausgangslage von zwei Nachkommen in der dritten Generation wieder nur ein einziges fortpflanzungsfähiges Lebewesen hervorgebracht. Warum war die geschlechtliche Fortpflanzung seit etwa einer Milliarde Jahren so erfolgreich? Ich weiß es, weil ich – natürlich unsichtbar – einem klugen Menschen namens Milinski vom Max-Planck-Institut Plön zugehört habe, der darüber einen Vortrag in der Siemens-Stiftung in München gehalten hat. Er behauptet, es gäbe drei Bedingungen, unter denen geschlechtliche Fortpflanzung vorteilhafter sei als einfache Zellteilung. Die erste Bedingung ist ein rascher Umweltwechsel.

Athene: Der findet ja gerade in der Evolution meist nicht statt. Umweltveränderungen vollziehen sich, das habe ich begriffen, in Jahrtausenden oder Jahrzehntausenden.

Dionysos: Es gibt aber eine Umweltveränderung, die rasch vonstatten geht: Parasiten.

Aphrodite: Pfui, Parasiten, die sollte man doch gar nicht erwähnen. Sie verletzen meinen Schönheitssinn.

Dionysos: Parasiten verändern ihre Genstruktur rasch, und Lebewesen, die für eine neue Parasitenart kein Gegenmittel gefunden haben, können sich gegen sie nicht wehren. Sie gehen zugrunde.

Aphrodite: Und die geschlechtliche Vermehrung hilft gegen Parasiten?

Athene: Ah, jetzt begreife ich! Zwei genetisch verschiedene Partner erzeugen Nachkommen mit einer größeren Genvielfalt. Dadurch erhöht sich die Chance, mit neuen Parasiten fertig zu werden.

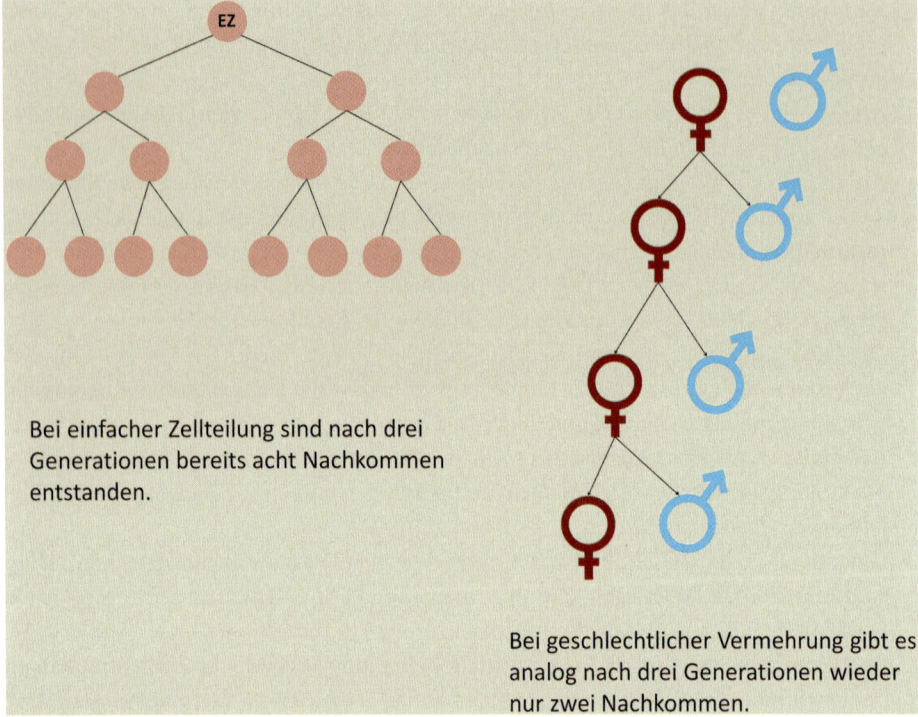

Bei einfacher Zellteilung sind nach drei Generationen bereits acht Nachkommen entstanden.

Bei geschlechtlicher Vermehrung gibt es analog nach drei Generationen wieder nur zwei Nachkommen.

Abb. 1.3 Vergleich von Zellteilung und geschlechtlicher Vermehrung. Bei nur zwei Nachkommen, die sich der Wahrscheinlichkeit nach in ein männliches und ein weibliches Exemplar aufteilen, gibt es nach drei Generationen immer noch nur ein fortpflanzungsfähiges Individuum

Aphrodite: Das ist mir alles zu rational. Paaren sich die Geschlechtspartner nur, weil sie auf diese Weise größere Überlebenschancen haben? Menschen paaren sich, weil sie Spaß haben, besser noch, weil sie sich lieben.

Athene: Das bilden sich die Menschen ein. In Wahrheit haben sie diese Gefühle nur, weil sie ihre Gene weitergeben und möglichst viele Nachkommen haben wollen.

Aphrodite: Da bleibe ich lieber bei meiner Version.

Athene: Da hast du vielleicht gar nicht so Unrecht. Wir werden später wieder darüber sprechen.

Aphrodite: Ich halte fest: So wurde die schönste Nebensache zur wichtigsten Waffe des Überlebens. Ich werde dafür sorgen, dass die Menschen diese Waffe möglichst oft benutzen und Spaß dabei haben.

Dionysos: Du vergisst schon wieder die Tiere! Die haben auch Spaß dabei. Wenigstens die höheren Tiere. Vielleicht ist geschlechtliche Vermehrung ein Grund, warum sich Bewusstsein entwickelt hat? Ohne Bewusstsein ist Geschlechtsverkehr etwas rein Mechanisches.

Athene: Es ist noch zu früh, das zu beantworten. Warten wir ab, was es noch zu lesen gibt. Schluss für heute.

Alle: Und immer noch gibt's, sieh' da – Nektar und Ambrosia.

Literatur

Briggs, D. E. G., Erwin, D. H., & Collier F. J. (1995). *Fossils of the Burgess Shale*. Washington, DC: Smithsonian Inst. Press.

Coen, E. (2012). *Formen des Lebens. Von der Zelle zur Zivilisation*. München: Hanser.

Davis, P. (2008). Aliens auf der Erde? *Spektrum der Wissenschaft, 4*, 42–49.

Dawkins, R. (2009). *Geschichte vom Ursprung des Lebens*. Berlin: Ullstein.

de Duve, C. (1995). *Aus Staub geboren. Leben als kosmische Zwangsläufigkeit*. Heidelberg: Spektrum Akademischer Verlag.

Doolittle, W. F. (2000). Neue Theorien vom Stammbaum des Lebens. *Spektrum der Wissenschaft, 4*, 52–57.

Eigen, M., & Winkler, R. (1976). *Das Spiel – Naturgesetze steuern den Zufall*. München: Piper-Verlag.

Eigen, M., & Schuster, P. (1979). *The hypercycle – A principle of natural self-organization*. Berlin: Springer.

Gonzales, G., Brownlee, D., & Ward, P. D. (2001). Lebensfeindliches All. *Spektrum der Wissenschaft, 12*, 38–45.

Gould, S. J. (1989). *Wonderful life*. New York: Norton.

Greene, B. (2004). *The fabric of the cosmos*. New York: Alfred A. Knopf.

Huber, H., Hohn, M. J., Rachel, R., & Karl, O. (2006). Stetter: Nanoarchaeota. *The Prokaryotes, 3*, 274–280.

Martin, W., & Russel, J. M. (2003). On the origins of cells: A hypothesis for the evolutionary transitions from abiotic geochemistry to chemoautotrophic prokaryotes, and from prokaryotes to nucleated cells. *Philosophical Transactions of the Royal Society of London, 358*(1429), 59–85.

Ricardo, A., & Szostak, J. W. (2010). Der Ursprung irdischen Lebens. *Spektrum der Wissenschaft, 3*, 44–51.

Schätzing, F. (2007). *Nachrichten aus einem unbekannten Universum*. Frankfurt a. M.: Fischer Taschenbuch Verlag.

Shapiro, R. (2007). Ein einfacher Ursprung des Lebens. *Spektrum der Wissenschaft, 11*, 64–72.

Der verzweigte Weg zum Menschen

2

Zur Evolution des Menschen gibt es zahlreiche gute Darstellungen. Zu ihnen gehören Sawyer und Deak (2008), Schrenk (1997) und Henke und Rothe (1998). Die folgende Darstellung fußt zum großen Teil auf diesen Werken.

2.1 Was ist anders? Einige Besonderheiten des Menschen

Wir, der Homo sapiens, sind das vorläufig Endglied in einer verzweigten Entwicklung, bei der sich die Hominiden, die Menschenähnlichen, von den Affen getrennt haben. Dies geschah bereits vor sechs bis acht Millionen Jahren oder sogar noch früher. Die Entwicklung der Hominiden bis hin zum Menschen bezeichnet man als Hominisation (Menschwerdung). Während dieses langen Prozesses kam es zur Ausbildung charakteristischer Merkmale. Zu ihnen gehören:

- Der aufrechte Gang
- Die Entwicklung der menschlichen Hand
- Die Vergrößerung des Gehirns
- Die Veränderung des stimmlichen Apparats zur Fähigkeit des Singens und Sprechens
- Die Veränderung des Gebisses zum parabolischen Zahnbogen
- Der späte Eintritt der Geschlechtsreife
- Die Verlangsamung der Entwicklung bis zum Erwachsenen
- Nacktheit (Haarlosigkeit)

Erst das glückliche Zusammentreffen all dieser Merkmale macht die Besonderheit des Menschen und seine Überlegenheit aus. Wir wollen im Folgenden die genannten Merkmale und ihr Zusammenspiel etwas genauer kennenlernen. Zuvor müssen wir uns aber einen Überblick über die Hominidenarten im Laufe von viereinhalb Millionen Jahre verschaffen.

R. Oerter, *Der Mensch, das wundersame Wesen*,
DOI 10.1007/978-3-658-03322-4_2, © Springer Fachmedien Wiesbaden 2014

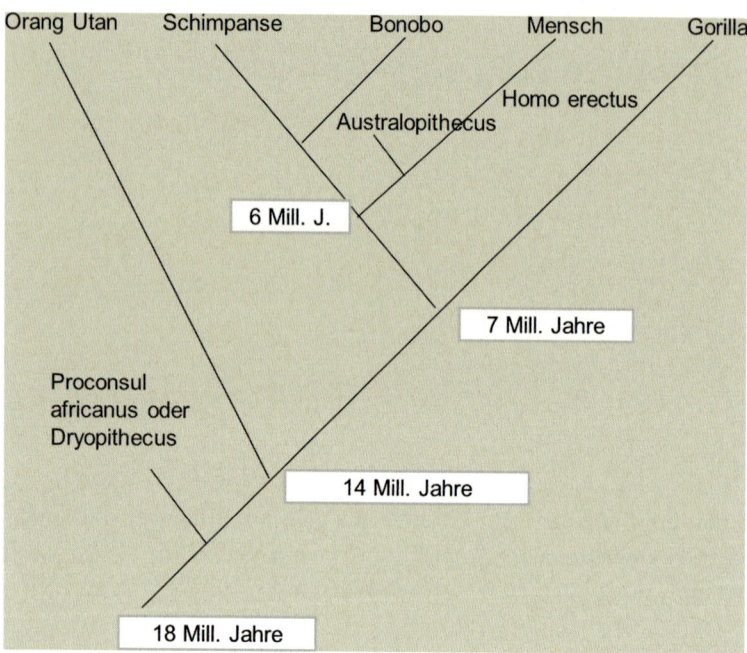

Abb. 2.1 Stammbaum der Menschenaffen (Hominidae). (Oerter, Zeitangaben aus Dawkins (2009))

Biologisch ist der Mensch als Art der Ordnung „Primaten", diese als Klasse der „Mammaliae" (Säugetiere) und die Säugetiere als Unterstamm der Vertebraten (Wirbeltiere) einzustufen.

Man kann heute aufgrund der Fundlage bereits gut nachvollziehen, wie sich die einzelnen Hominidenarten zeitlich verteilten und wie die möglichen Abstammungslinien verlaufen (Welsch, 2007). Nach wie vor gilt es festzuhalten, dass wir Menschen uns nicht linear aus den Vorformen des Homo ableiten lassen, sondern dass die Funde Verzweigungen darstellen, deren Kreuzungspunkte noch nicht belegt sind. Andererseits gibt es sowohl hinsichtlich physiologischer Merkmale als auch in Bezug auf die kulturellen Leistungen der Hominiden viele Ähnlichkeiten, und es zeigen sich bereits früh erstaunliche Intelligenzleistungen.

2.2   Von den gemeinsamen Primatenvorfahren zum Australopithecus

Abbildung 2.1 zeigt zunächst den Stammbaum der Menschenaffen (Hominidae), zu denen wir biologisch zählen. Der Proconsul africanus liegt dem gemeinsamen Ursprung von Menschenaffen und Hominiden[1] am nächsten. Die Graphik zeigt, dass an den Ver-

---

[1] Beachte: Statt Hominiden verwendet man in der Fachsprache häufig die präzisere Bezeichnung "Hominine". Wir werden aber wegen des landläufigen Sprachgebrauchs im Folgenden meist die Bezeichnung Hominiden für alle Arten des Menschen einschließlich der Australopithecinen beibehalten.

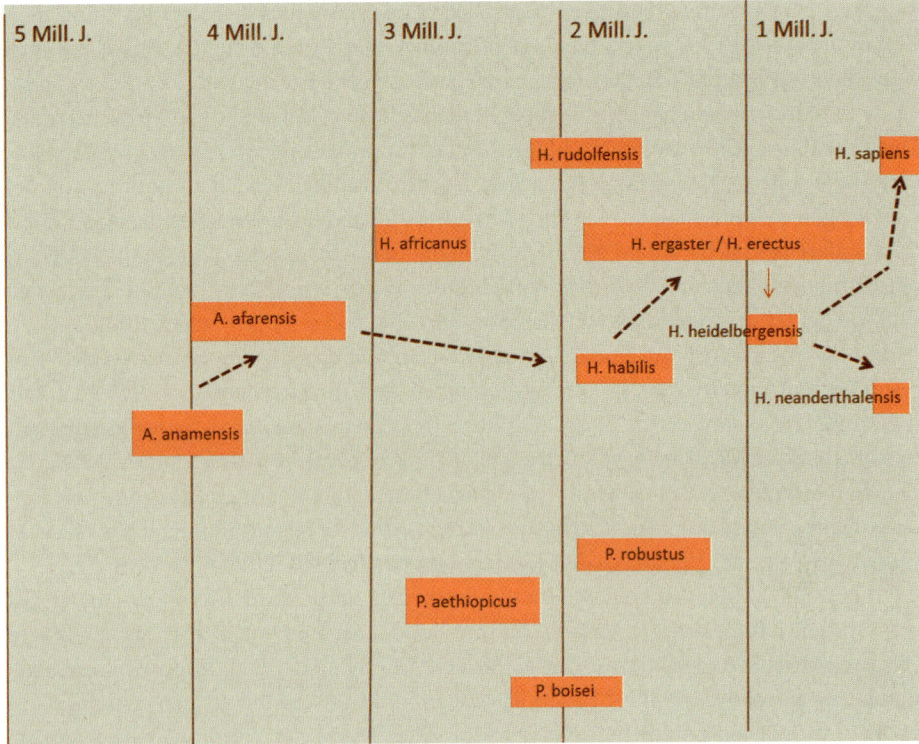

Abb. 2.2 Der Stammbaum der Hominiden. Die Rechtecke, in die die jeweilige Bezeichnung des Hominiden eingetragen ist, kennzeichnen die Dauer der Existenz einer Hominidenart. Die getrichelten Pfeile deuten die von Harmon (2013) vermuteten direkten Abns-
tammungslinien an. Die Angaben richten sich nach der gegenwärtigen Fundlage und dürften sich permanent beim Auftauchen neuer Funde ändern. Legende: *A* Australopithecus, *P*
Paranthropus, *H* Homo. (http://www.philipphauer.de/info/bio/evolution-mensch-stammbaum/;
mitfreundlicherGenehmungdesAutorsPhillipHauer;andenaugenblicklichenStand angepasst)

zweigungspunkten noch keine Fossilienbelege vorliegen. Der Stammbaum demonstriert
auch die größere Ähnlichkeit zwischen den Schimpansen und Menschen im Vergleich
zum Orang Utang und Gorilla, die sich schon vor den gemeinsamen Vorfahren von Menschen und Schimpansen abgespalten haben. An der in der Abbildung durch einen Kreis
gekennzeichneten Verzweigung trennt sich endgültig die Entwicklung des Menschen von
den gemeinsamen Primatenvorfahren, und die Hominiden durchlaufen in Verzweigungen
ihre eigene Weiterentwicklung. Diese ist in Abb. 2.2 näher gekennzeichnet.

Der Stammbaum des Menschen ist an keiner Stelle wirklich linear nachgewiesen. Vielmehr gibt es permanent Verzweigungen und Nebenlinien, sodass der Stamm„baum" eher
einem Busch als einem Baum ähnelt. Andererseits ist die Fundlage zusammen mit den
durch die raffinierten Auswertungsmethoden ermittelten Ergebnissen so evident, dass
sich die Entwicklung der Hominiden gut nachvollziehen lässt. Man unterscheidet dabei

zwischen zwei Hominidengruppen, dem Australopithecus und dem Homo. Unter dem Begriff der Australopithecinen fasst man Gruppen von Hominiden zusammen, die noch keine Steinwerkzeuge herstellten, aber bereits den aufrechten Gang hatten und in morphologischer Hinsicht dem heutigen Menschen mehr glichen als den übrigen Menschenaffen. Demgegenüber waren die Hominiden, die man unter dem Begriff „Homo" zusammenfasst, bereits geschickte Werkzeugmacher. Auch hinsichtlich der Hand und der Art des Gehens gibt es Unterschiede. 3,5 Mio. Jahre alte Fußspuren zeigen, dass der Australopithecus afarensis (siehe unten) beim Gehen die Füße flach aufsetzte und somit sein Gang dem äffischen Gehen noch ähnelte, während der Homo vor 1,5 Mio. Jahren bereits den Fuß wie der moderne Mensch von der Ferse über den Ballen zu den Zehen abrollte.

Der bis jetzt älteste Fund eines Hominiden ist ein weibliches Exemplar des Ardipithecus „Ardi" genannt, das man erst kürzlich in Äthiopien fand. Ihr Alter beträgt ca. 4,4 Mio. Jahre, die Größe 1,20 m, ihr Gewicht 50 kg. Sie hatte extrem lange Arme, die sich sowohl zum Klettern als auch zum Werkzeuggebrauch eigneten, und sie besaß bereits den aufrechten Gang. Dies ist insofern bemerkenswert, als das Habitat dieses Hominiden keine Savanne war, sondern dichtes Buschland. Damit steht die bislang vermutete Herausbildung des aufrechten Ganges als Folge des Verlassens der Wälder und des Wechsels in die Savanne in Frage.

Abbildung 2.2 zeigt als weitere Hominidenart den Australopithecus afarensis, der fast eine Million Jahre existierte. Zwei berühmte Funde machten von sich reden: Lucy und Selam. Lucy lebte ungefähr vor 3,2 Mio. Jahren, Aus versteinerten Fußspuren dieses Arthipithecus afarensis lässt sich belegen, dass er sich mit Geschwindigkeiten zwischen 2,16 bis 4,68 km/h in völlig aufrechtem Gang fortbewegte. Das Skelett wurde nach dem Beatles-Song „Lucy in the sky with diamonds" benannt. „Selam" ist der Name, den die Forscher dem ca. 3,3 Mio. Jahre alten Skelett eines dreijährigen Kindes gaben. Es ist das derzeit älteste kindliche Fossil in der menschlichen Ahnenreihe (Wong 2007). Der Fund wurde in der entlegenen Afar-Region von Äthiopien gemacht, die dem Australopithecus afarensis auch seinen Namen gab.

Nach dem bislang ausschließlich aus Ostafrika nachgewiesenen Australopithecus afarensis trennt sich vor 3–2,5 Mio. Jahren die Linie Homo von den Australopithecinen. Die Linien der Australopithecinen und der Paranthropidecinen (s. Abb. 2.2) bleibt auf Afrika beschränkt. Beide Arten sterben vor ca. einer Million Jahren aus.

Abbildung 2.3 zeigt eine andere Darstellung des menschlichen Stammbaums, die einen wichtigen Aspekt gut veranschaulicht, nämlich dass sich die menschliche Abstammung nicht als „Baum", sondern eher als Busch darstellen lässt. Es gibt nirgends eine direkte Verbindung zwischen den einzelnen Hominidenarten. An den jeweiligen Verzweigungsstellen fehlen die Bindeglieder. Katherine Harmon (2013) fasst den derzeitigen Stand der Forschung zusammen, indem sie ebenfalls diesen letzten Punkt hervorhebt und darauf hinweist, dass sich manche Merkmale, wie der aufrechte Gang, mehrmals unabhängig voneinander entwickelt haben könnten und dass selbst dann, wenn ein Fossil gut in unsere Abstammungslinie passt, es nicht zwangsläufig zu ihr gehören muss.

Wie aber kam es zu der Trennung von Mensch und den übrigen Primaten? Sicherlich führte eine Vielfalt von Bedingungen zur Entstehung der ersten menschenähnlichen

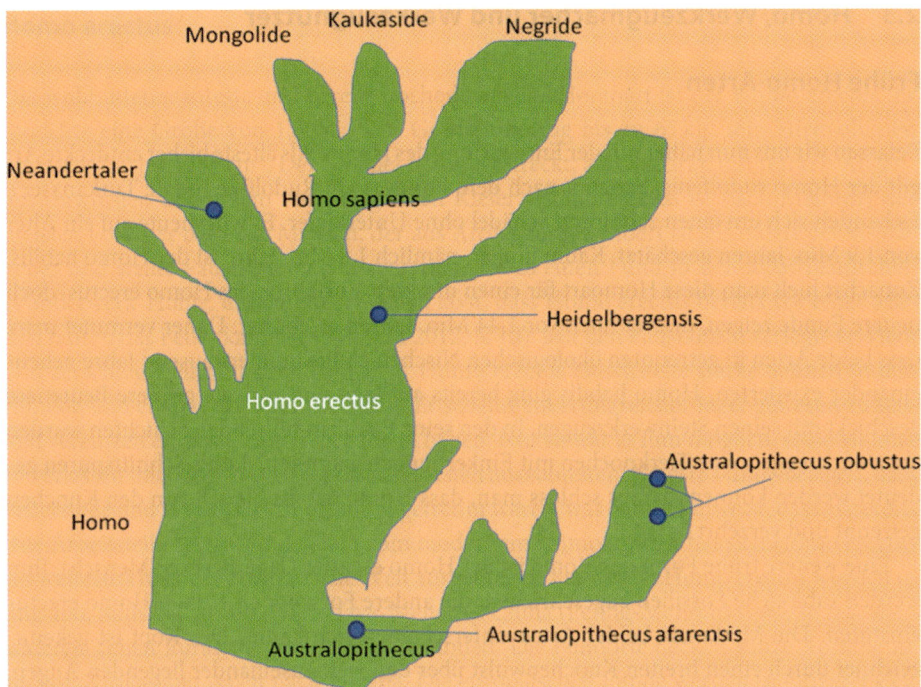

Abb. 2.3 Abstammnung des Menschen. (Rolf Oerter, vereinfachter Ausschnitt nach: Abb. 428.1 in: Linder „Biologie", 19. Aufl., Metzlersche Verlagsbuchhandlung, Stuttgart)

Lebewesen. Coppens (1994), ein Paläontologe am Collège de France in Paris, liefert eine plausible Erklärung: Vor acht Millionen Jahren gab es eine Verwerfung im großen ostafrikanischen Grabensystem, das sich vom Roten Meer nach Süden längs durch den Kontinent zieht. Diese Verwerfung trennte den westlichen Teil Afrikas vom östlichen Teil. Klimatisch bedeutete das, dass der Westen weiterhin vom Atlantik mit Niederschlägen reichlich versehen wurde und die Regenwälder erhalten blieben, während der Osten versteppte und zur Savanne wurde. Nun zeigt sich, dass im östlichen Teil während der Zeit der Australopithecinen niemals ein Vertreter der Schimpansengattung Pan gelebt hat und nicht einmal ein enger Vorfahr dieser Primaten. Andererseits lebten alle mehr als drei Millionen Jahre alten Hominiden östlich des Grabens. Die Verwerfung war eine Barriere, die beide Gruppen trennte (auch die Gorillas lebten nur im westlichen Teil). Es spricht einiges dafür, so Coppens, dass die Primatengruppe, die zunächst genetisch gleich war, durch diese Ereignisse in eine größere westliche und eine kleinere östliche Population getrennt wurde. Die westliche passte sich immer besser dem Regenwald an (Paniden), die östliche passte sich den neuen Bedingungen der Steppe und Savanne an (Australopithecinen). Die weiter unten folgenden Erklärungen über die Entstehung des aufrechten Gangs sollten in diesem Rahmen gesehen werden.

zwischen Australopithecus und der Homo-Gattung ein. Damit aber wäre die Out-of-africa-Hypothese in Frage gestellt. Da aber Homo erectus in Afrika mindestens 1,9 bis 2 Mio. Jahre alt ist, Homo Dmanisi 1,7 bis 1,8 Mio. Jahre, kann er nicht den Vorläufer oder eine Frühform des Homo erectus bilden. Bislang neigt man dazu, ihn deshalb als eigene Spezies zu klassifizieren (Gibbons 2007, Gabunia et al. 2000).

2.4 Der Neandertaler (Homo neanderthalensis) – die höchste Entwicklungsstufe vor dem Erscheinen des Homo sapiens

Der Neandertaler ist unser nächster Verwandter, und seine Gene decken sich mit den unsrigen zu 99,95 %. Allerdings haben wir auch mit dem Schimpansen schon 99 % gemeinsam. Dazu wird später noch Stellung zu beziehen sein. Der Neandertaler taucht vor ca. 300.000 Jahren auf. Da das erste Skelett, das bei Neandertal gefunden wurde, rachitisch verformt war, führte dies zunächst zu einer falschen Rekonstruktion des Neandertalers, nämlich der gebückten Haltung. Dieses Missverständnis wurde erst im 20. Jahrhundert korrigiert. Der Neandertaler lebte 270.000 Jahre und starb vor etwa 28.000 Jahren aus.

Die Knochenfunde lassen auf eine Körpergröße von ca. 1,55 bis 1,65 m schließen (Henke und Rothe 1999). Die Neandertaler waren demnach etwas kleiner als die heutigen Europäer. Ihr Körpergewicht entsprach jedoch ungefähr dem der heute lebenden Europäer. Es wird auf 60–80 kg geschätzt. Das in Relation zur Körpergröße höhere Gewicht geht auf die Muskulatur und den Knochenbau zurück. Die Neandertaler hatten im Vergleich zum Jetztmenschen eine ungewöhnlich starke Brust- und Rückenmuskulatur, sodass die Arme einen starken Kraftgriff ausüben konnten. Die Handknochen lassen außerdem auf einen Präzisionsgriff schließen (Henke und Rothe 1999). Die Stirn ist flach und fliehend. Die Region über den Augen zeigt typischerweise einen deutlichen Überaugenwulst (Torus supraorbitalis). Das Gebiss ist wesentlich kräftiger als das des modernen Menschen, der Unterkiefer springt hervor. Funde aus wärmeren Gegenden (zum Beispiel dem Nahen Osten) zeigen größere und schlankere Individuen. Möglicherweise besaß der Neandertaler bereits Sprache. Bar-Yosef und Vandermeersch (1993) schließen aufgrund eines 60.000 Jahre alten Fundes in der Kebara-Höhle (Israel) aus der Form des Zungenbeins, dass sich Neandertaler bereits sprachlich artikulieren konnten. Außerdem fand man 2007 das für die Sprache wichtige Gen FOXP2, das auch wir Menschen besitzen (Krause et al. 2007). Die Neandertaler entwickelten eine Kultur, die der des Homo sapiens sehr ähnlich war. Sie benutzten nicht nur eine Vielfalt von Werkzeugen und Waffen, z. B. Speere und Keilmesser, sondern verzierten Geräte und zeigten Anfänge eines Symbolverständnisses. So fand man in zwei Höhlen im Südosten Spaniens mehrere 45 bis 50 tausend Jahre alte Muschelschalen mit Löchern, eine davon auf der Außenseite mit Farbe verziert. Eine Austernschale weist auf der Innenseite rote und schwarze Pigmente auf. In der Nähe befanden sich zudem Reste von roter und gelber Farbe. Man kann mit einiger Sicherheit annehmen, dass die Muscheln als Schmuck auf einer Schnur aufgereiht waren und dass die Bemalung auf ästhetisches Empfinden hindeutet. Möglicherweise hatte die Farbgebung auch noch symbolische Bedeutung (Zauber, Schutz, Talisman) (Zilhao et al. 2010; Balter 2010). Weitere künstlerische Äußerungen des Neandertalers sind unter anderem in Frankreich zu finden, z. B. die Maske von Roche-Cotard und Pigmentklumpen in Pech de l'Azé (Zilhao et al. 2010).

Neandertaler aus dem Harz stellten offenbar bereits Klebstoff aus Birkenpech her, eine erstaunliche Leistung, wenn man bedenkt, dass die Destillation von Birkenpech eine konstante Temperatur von 350 °C erfordert. Der Neandertaler war nach heutigem Wissen die erste Menschenart, die Kleider anfertigte. Aus Untersuchungen der Isotopenverhältnisse von Knochenproteinen schließt man, dass sich die Neandertaler fast ausschließlich von Fleisch ernährt haben.

Wynn und Coolidge (2013) versuchen, aufgrund der Befundlage die psychischen Leistungen des Neandertalers abzuschätzen und bescheinigen ihm ein hervorragendes Langzeitgedächtnis für gute Ressourcenstandorte und für Jagdgebiete, sprechen ihm aber die Theory of Mind ab, also die Erkenntnis, dass andere verschiedenes Wissen und unterschiedliche Überzeugungen haben können (zur Theory of Mind s. Kap. 4 und Kap. 9). Es ist nicht ganz ersichtlich, wie die Autoren zu dieser Meinung kommen.

Aus den zahlreichen Funden lassen sich auch Schlussfolgerungen über die soziale Organisation der Neandertaler ziehen. Sie waren fähig, planmäßig bei Beutezügen vorzugehen. So jagten sie Herden von Wildeseln, zerlegten die Beute an Ort und Stelle, transportierten aber einen Großteil des Fleisches zu ihren Wohnstätten. Sie kannten schon eine deutliche Arbeitsteilung. Es gab Plätze, wo Werkzeug hergestellt wurde, solche, wo Wild zerlegt wurde, und Wohnstätten, an denen man sich länger aufhielt. Auch jahreszeitlich bestimmte Arbeitsteilung scheint es gegeben zu haben. Besonders interessant, aber auch umstritten, ist die Frage, ob Neandertaler bereits Totenbestattung mit religiösem Hintergrund kannten. In der Schweizer Drachenloch-Höhle fand man Knochen von Höhlenbären, die zwischen Steinplatten angeordnet waren, woraus ein Höhlenbär-Kult abgeleitet wurde. Die Anordnung könnte aber auch auf natürliche Weise, z. B. durch Wirkung des Wassers zustande gekommen sein. Ob es eine Bestattungskultur gegeben hat, ist aus Mangel an Funden nach wie vor fraglich. Die Bestattungsfunde lassen nach Meinung von Bar-Yosef und Vandermeersch (1993) die Existenz religiöser Vorstellungen vermuten.

Interessant ist aber auch ein anderer Sachverhalt, nämlich die Frage nach der Konstanz bzw. Weiterentwicklung einer Kultur. Glücklicherweise gibt es auf der Krim sehr umfangreiche Funde, die es ermöglichen, die Kulturentwicklung der Neandertaler über einen sehr langen Zeitraum zu verfolgen. Danach blieben die Artefakte über etwa 100.000 Jahre ziemlich unverändert! Erst mit dem allmählichen Absinken der Temperaturen zum Höhepunkt der letzten Eiszeit vor etwa 60.000 Jahren änderte sich die Kultur.

In einer Zeit wie heute, in der sich die Kultur schneller entwickelt als das Individuum, das in ihr lebt, kann man sich nicht leicht vorstellen, dass eine Kultur über Tausende von Jahren unverändert bleibt. Es gab so etwas aber auch beim heutigen Menschen bis in die jüngste Zeit hinein. So lebten die Yamana auf Feuerland in einer Kultur, die sich über ca. 5.000 Jahre nicht veränderte, bis die Weißen kamen und diese Kultur in wenigen Jahren zerstörten. Ähnliches gilt für die Jäger- und Sammlerkulturen in Afrika und Neu-Giunea. Eine immer wieder diskutierte Frage bezieht sich auf die Möglichkeit der Vermischung von

Homo sapiens und Neandertaler. Während man früher mit dieser Möglichkeit liebäugelte, schloss man später aufgrund des Vergleichs des Genmaterials in den Mitochondrien eine Vermischung aus. Auch gegenwärtig wird davon ausgegangen, dass sich der Neandertaler vom modernen Menschen vor 400.000 Jahren getrennt hat (Degioanni et al. 2010). Allerdings behaupten Wall und Mitarbeiter (2013) aufgrund der Genanalyse in Zellkernen (zuvor hatte man nur Genmaterial aus den Mitochondrien), dass zumindest Spuren der Neandertaler in uns weiterleben. Asiaten haben mehr genetische Gemeinsamkeit mit dem Neandertaler als Europäer. Bei den Massai in Ostafrika fanden die Autoren einen kleinen aber signifikanten Abschnitt der Neandertal-DNA. Zuvor schon hatten Pääbo et al. (2010) das Neandertaler-Genom vier Jahre lang sequenziert und mit dem Erbgut des heutigen Menschen verglichen. Danach soll es einen Genaustausch zwischen beiden Hominidenarten vor ca. 60.000 Jahren im östlichen Mittelmeer gegeben haben. Wall et al. (2013) behaupten aufgrund ihres weltweiten Genvergleichs, dass die gegenseitige Befruchtung vor der Spaltung der Menschheit in außerafrikanische Gruppen stattgefunden haben muss. Warum aber starben die Neandertaler aus und wir nicht? Im Nahen Osten hatten Neandertaler und Homo sapiens rund 60.000 Jahre lang nebeneinander existiert. Doch damit war ziemlich genau vor 40.000 Jahren Schluss, als dort die ersten jungpaläolithischen Werkzeuge aufkamen. Jetzt plötzlich musste der Homo neanderthalensis – wie dann in Europa auch – einem modernen Menschen weichen, der vermutlich zu einer höherwertigen Kultur gefunden hatte. Man hat eine Reihe von Spekulationen über das Aussterben des Neandertalers angestellt. Wong (2009) fasst die Befundlage und die Meinung der Paläontologen zu dieser Frage in wenigen Punkten zusammen. Ein Grund mag in der Klimaveränderung vor ca. 60.000 Jahren zu sehen sein. Die Neandertaler konnten die damals einsetzenden raschen Wechsel zwischen warm und kalt nicht gut bewältigen. Sie zogen sich in Europa an die Südküste von Spanien, vor allem nach Gibraltar, zurück. Weiterhin lebten sie in kleinen Splittergruppen weit voneinander getrennt und waren im Fall einer Krise oder Katastrophe auf sich allein gestellt. Eine Krankheit oder Schwächung konnte rasch zum Aussterben der kleinen Populationen führen. Im Vergleich zum Homo sapiens war die Ernährung des Neandertalers einseitig auf den Verzehr von Großwild gerichtet, bei der Jagd mussten auch Frauen und Kinder mithelfen. Homo sapiens verfügte dagegen über eine breite Palette von fleischlicher und pflanzlicher Nahrung. Die damit verbundene höhere Lebenserwartung des Homo sapiens sorgte für eine raschere Vermehrung, der Nachwuchs konnte durch die Großeltern mit betreut werden, die zugleich als Arbeitskräfte und Wissensvermittler fungieren mochten. Szenarien, in denen der Homo sapiens dem Neandertaler kriegerisch zu Leibe rückt und ihn ausrottet, sind eher unwahrscheinlich.

2.5   Die Entstehung des aufrechten Ganges

Man kann mit Fug und Recht behaupten, dass am Anfang der Menschwerdung der aufrechte Gang steht (und nicht der Lehmklumpen bzw. die Rippe Adams). Er ereignete sich lange vor der Vergrößerung des Gehirns und bedeutete in vieler Hinsicht eine tiefgreifende Veränderung der Lebensform der Hominiden. Wir wollen zunächst die anatomischen Veränderungen bei der Entwicklung des aufrechten Ganges kennenlernen und uns dann mit den vielfältigen Entstehungshypothesen befassen.

Der Umbau des Körpers: Anatomische Veränderung

Der Körper des Hominiden erforderte einige anatomische Veränderung, um die neue Fortbewegungsart zu ermöglichen:

- Das Becken/die Beckenschaufel verkürzt und verbreitet sich. Die inneren Organe müssen fortan nicht mehr aufgehängt werden, sondern werden wie in einer Schüssel getragen.
- Die Wirbelsäule erhält eine S-Form, während sie bei den Vierfüßlern gebogen und bei den Hanglern gestreckt ist. Die S-förmige Wirbelsäule federt den aufrechten Gang ab.
- Der Fuß wird nun zum Geh- und Standwerkzeug. Die Zehen verkürzen sich, die Ferse verlagert und vergrößert sich, sie wird runder, um das Abrollen des Fußes beim Laufen zu verbessern. Die Mittelfußknochen entwickeln sich zum Fußgewölbe, um das Gewicht des Körpers besser abfedern zu können.
- Außerdem erfordert der aufrechte Gang Kraft, weshalb sich vor allem im Oberschenkel zusätzliche Muskeln bilden.

Napier und Napier (1967) kennzeichnet das Gehen als einen rhythmischen Balanceakt, der aus sieben eng koordinierten Bewegungen besteht. Es kann als gesichert gelten, dass der aufrechte Gang in der menschlichen Entwicklung als erste Leistung auftrat, wodurch die Entwicklung der Hand und ihre Nutzung für die Werkzeugherstellung angeregt wurden, was gleichzeitig zur Vergrößerung des Gehirns führte. Zeitlich gibt es in der Tat ein Auseinanderfallen beim Auftreten des aufrechten Ganges und der Vergrößerung des Gehirns. So besaßen die Australopithecinen bereits den aufrechten Gang, aber ihr Gehirn war nicht größer als das der Schimpansen (s. Kap. 3, Tab. 3.1 in Abschn. „Entwicklung des Gehirns"). Fußabdrücke, die man bei Ausgrabungen in Tansania (Laetoli) fand, beweisen, dass Hominiden schon vor 3,6 Mio. Jahren aufrecht gingen. Die Wissenschaftler ordneten die Fußspuren dem Australopithecus afarensis zu.

Dennoch kann man davon ausgehen, dass aufrechter Gang, Nutzung der Hand als Werkzeug und Vergrößerung des Gehirns sich frühzeitig wechselseitig beeinflusst haben. Ein monokausaler Zusammenhang vereinfacht aber den komplexen Evolutionsprozess zu sehr.

Wie kam es zum aufrechten Gang?

Eine Reihe von Hypothesen stehen für das Zustandekommen des aufrechten Ganges zur Verfügung, doch keine kann für sich einen Alleinanspruch erheben. Die populärste Annahme ist die

Savannenhypothese   Sie geht davon aus, dass die Vormenschen den Wald verlassen und in der Savanne einen neuen Lebensraum gefunden haben. Ursache für diese Umsiedlung sei ein Klimawandel gewesen, der vor ca. 2,5 Mio. Jahren stattgefunden und der die Waldbestände drastisch reduziert habe. So mussten die Vormenschen ihren Lebensraum in das baumbestandene Grasland verlegen.

Das *thermoregulatorische Modell* geht davon aus, dass die intensive Sonneneinstrahlung den Körper in der freien Savanne dann am wenigsten schädigt, wenn er aufrecht steht, da er so der Sonne die geringste Oberfläche bietet. Zudem ist der Kopf weiter vom erhitzten, Wärme abstrahlenden Boden entfernt und wird durch den Wind besser gekühlt. Die Fähigkeit des Schwitzens, die den Körper durch Verdunstung kühlt, könnte sich ebenfalls in der Savanne entwickelt haben, denn die übrigen Primaten haben keine Schweißdrüsen.

Gemäß der *Energieeffizienzhypothese* waren Nahrungsmittel in der Savanne dünner verteilt als in den Wäldern. So mussten die Hominiden lange Strecken zurücklegen, die bei vierbeiniger Fortbewegung mehr Energie erfordert hätte. Folglich habe sich die Bipedie als energiesparende Fortbewegung entwickelt.

Die *Wasserwathypothese* schlägt vor, dass die Menschen die Bipedie als ein Ergebnis des zweibeinigen Watens entwickelt hätten. Wenn beispielsweise Menschenaffen ins Wasser gehen müssen, richten sie sich in der Regel auf und bewegen sich auf den Hinterbeinen. Zweibeiniges Waten ermöglicht, den Kopf zum Atmen über Wasser zu halten. Niemitz (2004) nimmt an, dass die Uferzone von Flüssen die Hauptnahrungsquelle für tierische Proteine darstellte. Für das Waten am Ufer sind lange Beine von großem Vorteil. Sie bieten weniger Fließwiderstand als der breite Körper. Dadurch, dass mehr vom Körper aus dem Wasser herausschaut, wird das Gewicht auf den Füßen erhöht und das Gehen erleichtert.

Das *Verhaltensmodell* von Lovejoy (2009, 2009b) stellt eine ganze Fülle von angepassten Verhaltensänderungen als Folge des aufrechten Ganges vor. So seien monogame Familienstrukturen entstanden. Die freigewordenen Hände konnten effizienter Nahrung sammeln, tragen und sie den anderen Familienmitgliedern überbringen. Beide Elternteile konnten sich um den Nachwuchs kümmern. Der Mann schaffte Nahrung aus einem weiteren Umkreis herbei, so dass die Mutter jeden Säugling besser nähren, beschützen und auch (im Vergleich zu den großen Menschenaffen) mehr Kinder gebären konnte.

Die *Postural-Feeding-Hypothese* (Körperhaltungshypothese) weist auf die Vorteile des aufgerichteten Körpers bei der Nahrungsbeschaffung hin (Kevin und Hunt, 1996). Bereits Schimpansen sind beim Essen zweibeinig. Auf dem Boden greifen sie nach oben, um an Früchte zu gelangen. Diese zweibeinigen Bewegungen könnten sich zur Gewohnheit entwickelt haben, da sie bequem bei der Beschaffung von Nahrung waren. Beeren an höheren Büschen waren für Vierbeiner schlechter zu erreichen. Der bereits beschriebene Fund eines weiblichen Exemplars des Ardipithecus („Ardi") belegt, dass es den aufrechten Gang schon vor ca. 4,4 Mio. Jahren gab. Die extrem langen Arme eigneten sich sowohl zum Klettern als auch zum Werkzeuggebrauch. Da aber die Umwelt von Ardi dichtes Buschland war und keine freie Savanne, kann der Wechsel in die Savanne nicht der eigentliche Grund für die Entstehung der Bipedie sein. Ob die Postural-Feeding-Hypothese damit die bessere Erklärung ist, bleibt dahingestellt.

Sexuelle Selektion   Schon Darwin führte immer wieder die sexuelle Selektion als Erklärung für die Entstehung neuer Merkmale an. Nachdem dieser Gedanke lange Zeit in den Hintergrund getreten ist, feiert er wieder fröhliche Urstände. Dawkins (2009) stellt erneut zur Diskussion, dass Evolution unabhängig von ihrer Nützlichkeit vonstatten gehen kann. Wie andere Primaten auch, habe der Vorläufer des Menschen hin und wieder in Hockstellung auf den Hinterbeinen „gestanden" und sich zur Nahrungsaufnahme beim Früchtepflücken aufgerichtet. Den Wendepunkt zum aufrechten Gang könne man sich so vorstellen, dass Weibchen diese besondere Haltung attraktiv, „schick", fanden und Männchen mit dieser Haltung bevorzugten. Daraufhin hätten viele Männchen dieses Verhalten imitiert, um Eindruck zu schinden. Auf diese Weise sei es zur Selektion des aufrechten Ganges gekommen. Natürlich könne man das Ganze auch umgekehrt sehen: die Männchen fanden Weibchen mit aufrechter Haltung besonders attraktiv. Solche Überlegungen sind nicht von der Hand zu weisen, erklären aber nicht, warum anderen Primaten nicht ähnliche Präferenzen entwickelt haben.

2.6   Zur Entwicklung weiterer Merkmale und ihrer Bedeutung

Wir haben eingangs auf weitere Merkmale des Homo aufmerksam gemacht, die bislang noch nicht zur Sprache kamen. Zu ihnen gehören:

- Nacktheit, Verlust des Haarkleides,
- die Verlangsamung der Entwicklung bis zum Erwachsenenalter und das späte Eintreten der Geschlechtsreife,
- die Veränderung des stimmlichen Apparats zur Fähigkeit des Singens und Sprechens,
- die Veränderung des Gebisses zum parabolischen Zahnbogen.

Mit Ausnahme der Veränderung des Gebisses, mit dem wir uns im Weiteren nicht mehr beschäftigen werden, sollen die anderen Merkmale näher in Augenschein genommen werden.

Verlust des Haarkleides (Fells)

Beginnen wir mit der Nacktheit des Menschen. Welchen Vorteil soll in aller Welt der Verlust des Affenfells bringen? Was hat den Menschen zum „nackten Affen" gemacht? Auch hier gibt es natürlich viele Hypothesen und Spekulationen. Darwin nahm an, dass sich bei den Vormenschen die Männchen die Weibchen aussuchten und nicht umgekehrt wie sonst meist üblich im Tierreich. Dabei bevorzugten sie Weibchen mit geringer Behaarung. Auf diese Weise, so Darwin, hätte sich eine Selektion in Richtung auf haarlose Weibchen und im Gefolge natürlich auch auf nackte Männchen ergeben, da ihnen das

Erbgut der haarlosen Weibchen weitergegeben wurde. Dawkins (2009) meint, dass es auch hier umgekehrt abgelaufen sein könnte: Die Weibchen bevorzugten haarlose Männchen. Das erscheint aber weniger wahrscheinlich, denn auch heute noch fühlen sich manche Frauen durch stärker behaarte Männer angezogen. Außerdem sind auch beute noch viele Männer leicht oder stärker behaart.

Pagel und Bodmer (in Dawkins 2009) vertreten die Auffassung, Haarlosigkeit habe sich entwickelt, weil sie von Läusen und anderen Parasiten befreit. Außerdem sieht man Parasiten auf der nackten Haut leichter und kann sie gut entfernen. Dann kann auch wieder die sexuelle Selektion greifen. Männchen (oder Weibchen) ohne Parasiten sind gesünder und damit die besseren Partner für den Nachwuchs. Pagel und Bodmer setzen die zunehmende Haarlosigkeit auch mit der Erfindung der Kleidung und der Nutzung des Feuers in Verbindung. Beides verhilft zum besseren Überleben bei ungünstigen Klimaverhältnissen. Ein vergleichender Blick in die Gegenwart: Bis vor etwa hundert Jahren lebten die Yamana auf Feuerland trotz der dort vorherrschenden relativ niedrigen Temperaturen nackt und schützten ihre Heut durch das Fett der Seelöwen, manchmal auch durch das Fell dieser Tiere.

Schließlich könnte die Entstehung der Nacktheit auch mit dem Leben in der offenen Savanne zusammenhängen. Nackte Haut verdunstet den Schweiß schneller und sorgt so für Abkühlung. Die Hominiden waren ja seit langem guten ausdauernde Läufer. Das konnten sie nur sein, weil der Wärmehaushalt gut reguliert wurde.

Warum aber haben sich die Haare auf dem Kopf, unter der Achsel und an den Genitalien bis heute gehalten? Da unser Ursprung in Afrika liegt, ist zumindest die Beibehaltung des Kopfhaares leicht zu erklären. Es schützte vor der senkrecht stehenden sengenden Sonne. Schwieriger wird die Erklärung der Achsel- und Schambehaarung. Dawkins meint, dass die Duftstoffe (Pheromone) dieser Regionen bedeutsam für das Sexualleben unserer Vorfahren waren (und natürlich auch heute noch eine Rolle spielen). Schlichter wäre die Annahme, dass die Schweißabsonderung in diesen Bereichen besonders stark ist und die Haare den Schweiß binden. Aber das klingt nicht so interessant wie „ich kann dich gut riechen".

Entwicklungsverlangsamung und später Eintritt in die Pubertät

Der Homo sapiens hat im Vergleich zu anderen Tieren eine deutliche Entwicklungsverlangsamung und einen späteren Eintritt in die Geschlechtsreife. Diese Verlangsamung bedeutet biologisch eigentlich ein Risiko, da ein Lebewesen, das noch nicht ausgereift ist, größeren Gefahren ausgesetzt ist. Eine lange Entwicklungszeit bedeutet lange Pflege und Aufsicht über die heranwachsenden Nachkommen sowie eine Verzögerung des Nachwuchses. Der Mensch als Rekordmeister unter den Nesthockern muss in der Evolution von der Verlangsamung der Entwicklung profitiert haben. Der Gewinn liegt in der Verlängerung der Lernzeit. Sie wird notwendig, weil der Mensch kulturelles Wissen anhäuft, das weitergegeben werden muss. Die verlängerte Lernzeit ermöglicht, dass die jungen Experten auch Neues zur Kultur beitragen und neue Entwicklungen in Gang setzen können.

In den letzten Jahren konnte die neurowissenschaftliche Forschung viel zum Verständnis der Gehirnentwicklung während dieser Zeit beitragen. Für den vorliegenden Zusammenhang ist die nachgeburtliche Entwicklung bis zum Erwachsenenalter bedeutsam. Während dieser Zeit – vor allem in den ersten sechs Jahren – kommt es zu einer Überproduktion synaptischer Verbindungen. Wenn sie durch Lernen genutzt werden, bleiben sie erhalten, Diejenigen Synapsen, die nicht benötigt werden, sterben wieder ab. Daher der Wahlspruch: use it or loose it. Besonders das Frontalhirn erfährt noch Veränderungen bis zum Erwachsenenalter. Es entsteht schon phylogenetisch spät, nämlich erst mit den Säugetieren, ausgeprägter erst bei den Primaten, und entwickelt sich nach der Kindheit auch noch im Jugendalter (Keating 2004). Im Jugendalter gibt es eine Zunahme neuronaler Verschaltungen im Frontalhirn. Da dieser Teil des Gehirns neben der Kontrolle von Motivation, Emotion und Verhalten auch mit dem Ichbewusstsein zu tun hat, wäre die im Jugendalter verstärkt auftretende reflexive Auseinandersetzung mit der eigenen Identität und der Umwelt auch durch die Entwicklung korrespondierender neuronaler Netzwerke erklärbar. Allerdings wird zu zeigen sein, dass das Phänomen Jugendalter stark mit gesellschaftlich-kulturellen Einflüssen zusammenhängt (s. Kap. 8).

Die Chancen für Lernen hängen natürlich mit dem Umweltangebot zusammen, das die jeweilige Kultur zur Verfügung stellt. Jäger- und Sammlergesellschaften benötigen ein Wissen über Waffen, Pflanzen, brauchbare Baumaterialen aus der Natur und Fertigkeiten im Jagen und Sammeln. In unserer Kultur wird ein umfangreiches Wissen über die Gesetze der Natur und die Regeln der Gesellschaft sowie die Aneignung der Kulturtechniken des Lesens, Schreibens und Rechnens verlangt. Wenn eine Kultur wenig an Lernumfang fordert, werden mehr Synapsen absterben und das Gehirn wird weniger gut genutzt. Freilich sollte man nun nicht naturnahe. schriftlose Gesellschaften und komplexe Kulturen gegeneinander ausspielen, sondern zunächst bezogen auf unsere Gesellschaft argumentieren. Bei uns können viele Kinder das Lernangebot unserer Kultur nicht hinreichend nutzen und werden damit um die Chancen einer optimalen Entwicklung gebracht.

Die Veränderung des stimmlichen Apparats hin zur Fähigkeit des Singens und Sprechens

Seit 400.000 Jahren ermöglicht die Anatomie des menschlichen Innenohrs der Hominiden das Hören sprachtypischer Sequenzen. Dafür sprechen z. B. Funde zum Homo heidelbergensis auf Gibraltar. Durch Vergrößerung des hinteren Rachenraumes kam es zur verbesserten Resonanzbildung. In Abb. 2.4 ist die Entwicklung des Resonanzraumes im Mund dargestellt. Kehlkopf und Zungenbein sind beim Homo sapiens abgesenkt. Die Zunge erhält mehr Raum zur Produktion von Lauten (Kirschner et al. 2007). Hinzu kommt eine Veränderung der Atmung. Der aufrechte Gang erlaubt die Entkoppelung des Atemrhythmus vom Schreiten. Bei Vierbeinern ist der Atemrhythmus direkt an die Bewegung der Vorderbeine gekoppelt.

Die phylogenetische Analyse der für den Gesang erforderlichen organischen Funktionen deutet auf die allmähliche Entwicklung und Veränderung von Organen hin. Vergleiche

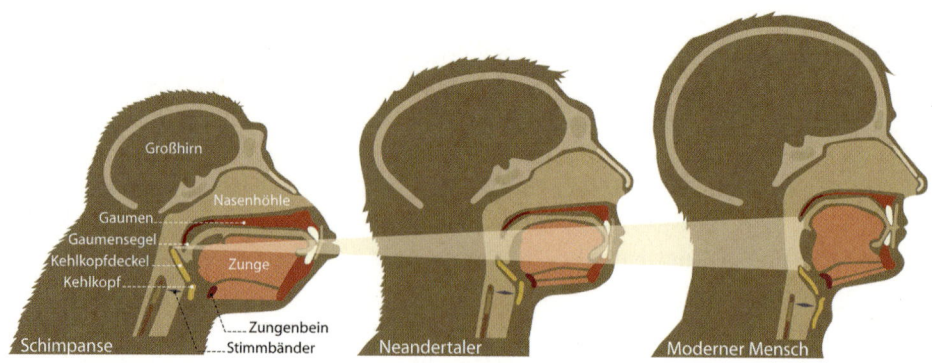

Abb. 2.4 Die Vergrößerung des Klangraumes und der Beweglichkeit der Zunge im Laufe der Evolution. Kehlkopf und Zungenbein sind beim Homo sapiens abgesenkt. So gewann die Zunge Raum für Sprechen und Singen. (mit Genehmigung von Picture Press Bild- und Textagentur GmbH). (übernommen aus: Kirschner et al. GEOWISSEN: Nr.: 40, 2007, S. 88. Mit Genehmigung von Picture Press Bild- und Textagentur GmbH)

mit Primaten zeigen beim modernen Menschen einen längeren vertebralen Kanal im Thorax. Weil die motorischen Neuronen in diesem Trakt des Rückenmarks die Atemmuskeln mitkontrollieren, könnte dies mit einer verbesserten Kontrolle der Atmung einhergehen (MacLarnon und Hewitt 1999). MacLarnon und Hewitt fanden diese Verlängerung schon beim frühen homo erectus, woraus man schließen kann, dass Sprache und Gesangsproduktion sehr frühe Wurzeln haben. Die feine Abstimmung von Tonfrequenz und Amplitude erfordert aber zusätzlich ein hohes Niveau an muskulärer Kontrolle, die offenkundig nur der Homo sapiens besitzt. Dieser Umstand wird uns im nächsten Kapitel nochmals beschäftigen, weil er auch auf die Entwicklung der Hand zutrifft. Daniel Jones (übernommen aus Keller 2007) hat das Vokaltrapez als Veranschaulichung der Lautbildung entwickelt. Aus ihm wird ersichtlich, wie der erweiterte Mund-Rachenraum die Vokalbildung ermöglicht. Komplizierter gestaltet sich die Bildung der Konsonanten, die zusätzlich durch das Öffnen und Verschließen des Nasenraum produziert werden können (s. Abb. 2.5).

An drei Beispielen lässt sich zeigen, dass Organe im Lauf der Evolution ihre Funktion geändert und so Singen und Sprechen ermöglicht haben (Fitsch 2004, 2006). Das erste Beispiel bilden die Gehörknöchelchen, die ursprünglich zur Verstärkung der Kauwerkzeuge genutzt wurden und allmählich die Funktion der Verfeinerung des Gehörs übernahmen. Das zweite Beispiel ist der Kehlkopf (die Larynx), der heute der Ton- und Sprachproduktion dient und sich aus dem laryngalen Knorpel der Wirbeltiere entwickelt hat. Schließlich wird die Lunge als homolog zur Schwimmblase der Fische angesehen. Diese diente und dient der Regulation der Schwimmhöhe. Sie hat sich bei den Landtieren zur Lunge weiter entwickelt.

Musik wird gerne mit der Sprache verglichen und als Sprache sui generis verstanden. Ist sie evolutionär eine Vorform von Sprache oder ist sie beim Menschen gleichzeitig mit der Sprache entstanden? Bis heute ist diese Frage nicht eindeutig geklärt. Aber es gibt Evidenz

Keines beweises bedürfend

Abb. 2.5 Das Vokaltrapez von Daniel Jones. Zu den vorderen Vokalen zählen i (in: liegen), e (in: Emil), ɛ (in: Ärger). Die hinteren Vokale sind u (in: Urban), o (in: ohne) und ɔ (in: offen). Die Varianten des a liegen dazwischen. (übernommen aus: Keller, 2007, S. 115. Mit Genehmigung von Picture Press Bild- und Textagentur GmbH)

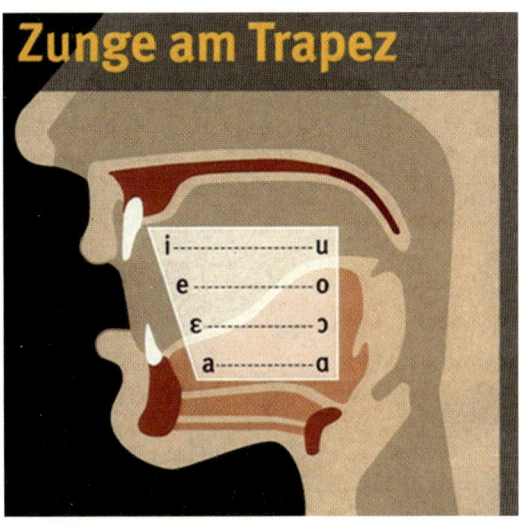

dafür, dass ein gesangsähnliches Kommunikationssystem der Sprache in der Evolution vorausging. Darwin (1871) stellte als erster die Vermutung auf, dass Sprache und Musik eine gemeinsame phylogenetische Wurzel in einer gesangsähnlichen Protosprache haben. Nach dieser Annahme haben die Menschen nach der Trennung vom Schimpansen seit ca. vier bis fünf Millionen Jahren ein zumindest vorlinguistisches Kommunikationssystem entwickelt (Arbib 2005; Fitch 2004).

Die Entwicklung einer gesangsartigen Protosprache ist gegenwärtig die beste Erklärung für die Entwicklung von Musik und Sprache des Homo sapiens. Zum einen erklärt sie die Gemeinsamkeiten von Sprache und Gesang, aber auch deren heutige funktionelle und strukturelle Verschiedenheit, zum anderen verweist sie auf die Einmaligkeit der menschlichen Sprache. Während sich musikalische oder musikähnliche Kommunikationssysteme mindesten dreimal unabhängig bei den Vögeln und dreimal bei den Säugetieren entwickelt haben, entstand die Fähigkeit, beliebige Bedeutungen zu kommunizieren, nur ein einziges Mal. Daher erscheint es plausibel anzunehmen, dass musikbasierte Kommunikation vor der Sprache und nicht gleichzeitig mit ihr auftrat (Fitch 2004; Marler 2000).

Der evolutionäre Vorteil der Sprache lässt sich in folgenden Punkten zusammenfassen:

- Das Zusammenleben in Gruppen, die in der offenen Savanne Schutz boten, wird durch sprachliche Kommunikation leichter regulierbar.
- Vor allem bedeutet Sprache eine gewaltige Verbesserung des Informationsaustausches. Während Tiere nur eine eng begrenzte Skala von Lauten zur Weitergabe von Information besitzen (Warnlaute, Lockrufe), erweitert sich das Bedeutungsspektrum durch Sprache nahezu unbegrenzt.
- Konkret erleichtert Sprache die Bereinigung von Konflikten, die nun nicht mehr nur durch Kampf oder beruhigende Gesten bzw. sexuelle Angebote bearbeitet werden müssen.

- Sprache ermöglicht die Weitergabe von Information an die nächste Generation und schafft neben der genetischen Weitergabe ein neues Prinzip der Transmission.
- Insgesamt lässt sich sagen, dass Sprache einen enormen Überlebensvorteil bietet.

Die Sprache wird uns in späteren Kapiteln immer wieder beschäftigen, in diesem Abschnitt ging es nur um die Entwicklung des stimmlichen Apparats.

Gespräch der Himmlischen

Athene: Für mich besteht der Erkenntnisgewinn dieses Textes darin, dass sich das Leben und seine verschiedenen Formen kontinuierlich entwickelt haben. So wie die Menschen uns als Höherentwicklung ihrer selbst konstruiert haben, so bilden sie selbst nur eine höhere Form von Menschenaffen, und diese wieder eine höhere Form der Primaten, und diese wieder . . . . und so weiter und so fort.

Aphrodite: Zwischen uns Göttern und sich selbst haben die Menschen noch Halbgötter, Nymphen und Faune erfunden, damit der Sprung zu uns nicht zu groß ist.

Dionysos: Das ist mir aus der Seele gesprochen. Wir gehören alle zusammen, alle Lebewesen bilden ein Ganzes. Wir sind zunächst und vor allem Naturwesen. Am 11.2.2013, ausgerechnet am närrischen Rosenmontag, war ein Bild in der Süddeutschen Zeit zu sehen, das den gemeinsamen Urahn der höheren Säugetiere darstellen soll. Es sieht so aus (Abb. 2.6):

Aphrodite: Und davon sollen auch die Menschen abstammen?

Dionysos: Davon, oder von etwas, das so ähnlich aussieht. Es hat sich erst nach der Katastrophe vor 65 Mio. Jahren entwickelt.

Aphrodite: Da hat sich ja wirklich viel getan, der Mensch als Schönheitsideal, wie ihn die Griechen darstellen, bedeutet auch von daher gesehen einen großen Fortschritt.

Dionysos: Da würde ich vorsichtig sein. Für eine Ratte oder eine Maus ist der Mensch nicht schön, sondern die Partnerin der gleichen Spezies. Über Ästhetik wird es ja noch ein eigenes Kapitel geben.

Aphrodite: Mir gefällt natürlich die Entwicklung der Haarlosigkeit beim Menschen. Es leuchtet mir sehr ein, dass sich die Männchen Weibchen ausgewählt haben, die weniger behaart waren als ihre Geschlechtsgenossinnen. Wo wären alle die wunderbaren Marmorstatuen von uns – vor allem von mir – wenn die Männer nicht schon immer Geschmack bewiesen hätten.

Dionysos: Vergiss nicht den aufrechten Gang. Stell dir nur vor, dein nackter Mensch würde gebückt auf allen Vieren daher kommen.

Aphrodite: Ja das stimmt. Die Schönheit der Statuen mit der aufrechten Haltung des Menschen, der gebogenen Wirbelsäule und den wohlgeformten langen Beinen wäre ohne den aufrechten Gang dahin.

Athene: Trotz allem, der aufrechte Gang hat sich nicht aus ästhetischen Gründen entwickelt, sondern aufgrund praktischer Vorteile. Für mich – und auch für euch – ist wichtig, dass der aufrechte Gang wohl die Voraussetzung für die Intelligenzentwicklung des Menschen, und damit auch für unsere Existenz war, denn sonst hätte der Mensch uns nicht erfunden.

Dionysos: Was hat der aufrechte Gang mit Intelligenz zu tun? Er hat sich doch lange vor der Vergrößerung des Gehirns entwickelt.

Athene: Aber dadurch sind die Hände frei geworden. Sie konnten Werkzeuge gebrauchen und selbst herstellen. Davon werden wir bald Genaueres erfahren.

Dionysos: Nicht zu vergessen: das Sehen. Durch den aufrechten Gang konnte sich der Mensch einen raschen Überblick über das Land verschaffen. Er sah mehr und erfuhr mehr als die anderen Tiere, konnte Gefahren schneller entdecken und ebenso eine etwaige Beute.

Aphrodite: Was ist mit Sprache und Gesang? Sind sie nicht noch wichtiger als der aufrechte Gang? Schade, dass Apoll nicht da ist, er könnte dazu sicher mehr sagen. (Apoll erscheint).

Apoll: Kein Problem, ich bin schon zur Stelle und weiß auch, worum es geht. Mir gefällt, dass am Anfang der menschlichen Kommunikation Sprache und Musik eins waren. Was gibt es Schöneres, als sich singend zu verständigen, so wie bei der „Musike" im griechischen Theater und bei der Oper in der abendländischen Musik?

Athene: Das mag ja alles richtig sein. Aber Sprache, auch ihre erste Form als Singsprache, hat sich entwickelt, weil sie eminente Vorteile für die Spezies homo sapiens mit sich brachte. Menschen müssen in Gruppen zusammenleben, nur in Gruppen können sie überhaupt überleben. Erst die Sprache ermöglichte eine gezielte planvolle Koordination gemeinsamen Handelns.

Apoll: Und in Gruppen beten sie uns an, in Gruppen haben sie uns erfunden, uns Namen und Eigenschaften gegeben. Bei all den praktischen Vorteilen der Sprache sollten wir nicht vergessen, dass der Mensch sicherlich mit Sprache gespielt hat. Wenn die Mutter mit ihrem Säugling Zwiegespräche führte, formte sie spielerisch neue Laute, imitierte ihr Kind und bereicherte durch dieses Spiel die menschliche Sprache.

Athene: Eine interessante Hypothese. Mich würde interessieren, ob das Spiel eine bedeutsame Rolle bei der kulturellen Entwicklung des Menschen ausübt.

Apoll: Da kannst du sicher sein. Ich werde dafür sorgen, dass wir uns über das Spiel noch genauer unterhalten.

Alle: Wir wären längst schon nicht mehr da – ohn' Nektar und Ambrosia!

Literatur

Arbib, M. A. (2005). From monkey-like action recognition to human language: An evolutionary framework for neurolinguistics. *Behavioral and Brain Sciences, 23*, 105–167.

Balter, M. (2010). Neandertal jewelry shows their symbolic smarts. *Science, 327*(5963), 255–256.

Bar-Yosef, O., & Vandermeersch, B. (1993). Koexistenz von Neandertaler und modernem Homo sapiens. *Spektrum der Wissenschaft, 6*, 32–39.

Berger, L. R., de Ruiter, D. J., Churchill, S. E., Schmid, P., Carlson, K. J., Dirks, P. H., & Kibii, J. M. (2010). Australopithecus sediba: A new species of Homo-like australopith from South Africa. *Science, 328*(5975), 195–204.

Coppens, Y. (1994). Geotektonik, Klima und der Ursprung des Menschen. *Spektrum der Wissenschaft, 12*, 64–71

Darwin, C. (1871). Die Abstammung des Menschen (2 Bd.). Leipzig: Stuttgart: Schweizerbart'sche Verlagsbuchhandlung.

Dawkins, R. (2009). *Geschichte vom Ursprung des Lebens*. Berlin: Ullstein.

Degioanni, A., Fabre, V., & Condemi, S. (2010). Gene der Neandertaler. *Spektrum der Wissenschaft, 6*, 54–59.

Fitch, W. T. (2004). The evolution of language. In M. Gazzaniga (Hrsg.), *The cognitive neurosciences III*. Cambridge: MIT Press.

Fitch, W. T. (2006). The biology and evolution of music. *Cognition, 100*, 173–215.

Gabunia, L., Vekua, A., Swisher, C. C., Ferring, R., Justus, A., Nioradze, M., et al. (2000). Earliest pleistocene hominid cranial remains from Dmanisi, Republic of Georgia: Taxonomy, geological setting, and age. *Science, 288*, 1019–1025.

Gibbons, A. (2007). A new body of evidence fleshes out Homo erectus. *Science, 317*, 1664.

Harmon, K. (2013). Wildwuchs im Stammbaum des Menschen. *Spektrum der Wissenschaft, 3*, 32–39.

Henke, W., & Rothe, H. (1998). *Stammesgeschichte des Menschen*. Heidelberg: Springer.

Henke, W., & Rothe, H. (1999). Zur phylogenetischen Stellung des Neandertalers. *Biologie in unserer Zeit (BiuZ), 29*, 320–329.

Henke, W., Rothe, H., & Alt, K. W. (1999): Dmanisi and the early Eurasian dispersal of the genus Homo. In: Ullrich, H. (Hrsg.), Hominid evolution. Lifestyles and survival strategies (S. 138–155). Edition Archaea: Gelsenkirchen.

Keating, D. P. (2004). Cognitive and brain development. In R. M. Lerner & L. Steinberg (Hrsg.), *Handbook of adolescent psychology* (2nd ed., S. 45–84). Hoboken: Wiley.

Keller, M. (2007). Dem Täter auf der Tonspur. *GEOWISSEN, 40*, 112–117.

Kevin, D., & Hunt, K. D. (1996). The postural feeding hypothesis: An ecological model for the evolution of bipedalism. *South African Journal of Science, 92*, 77–90.

Kirschner, S., Richter, J., & Wagner, B. (2007). Wie kam das Wort zum Menschen? *GEOWISSEN, 40*, S. 87–93.

Krause, J., Lalueza-Fox, C., Orlando, L., Enard, W., Green, R. E., Burbano, H. A., Hublin, J. J., Hänni, C., Fortea, J., de la Rasilla, M., Bertranpetit, J., Rosas, A., & Pääbo, S. (2007). The derived FOXP2 variant of modern humans was shared with Neandertals. *Current Biology: CB, 17*(21), 1908–1912.

Lordkipanidze, D., Jashashvili, T., Vekua, A., Ponce de Leon, M. S., Zollikofer, C. P., Rightmire, G. P., et al. (2007). Postcranial evidence from early Homo from Dmanisi, Georgia. *Nature, 449*, 305–310.

Lovejoy, C. O. (2009). Reexamining human origins in light of Ardipithecus ramidus. *Science, 326*, 74e1–74e8.

MacLarnon, A., & Hewett, G. (1999). The evolution of human speech: The role of enhanced breathing control. *American Journal of Physical Anthropology, 109*, 341–363.

Marler, P. (2000). Origins of music and speech: Insights from animals. In N. L. Wallis, B. Merker & S. Brown (Hrsg.), *The biology of learning*. Cambridge: MIT Press.

Napier, J. R., & Napier, P. H. (1967). *A handbook of living primates*. New York: Academic Press.

Niemitz, C. (2004). Das Geheimnis des aufrechten Gangs. Unsere Evolution verlief anders. *Sciences, 23*, 105–167.

Pääbo, S., Green, R. E., et al. (2010). A draft sequence of the Neandertal genome. *Science, 328*, 710–722.

Sawyer, G. J., & Deak, V. (2008). *Der lange Weg zum Menschen. Lebensbilder aus 7 Millionen Jahren Evolution*. Heidelberg: Spektrum Akademischer Verlag.

Schrenk, F. (1997). *Die Frühzeit des Menschen. Der Weg zu Homo sapiens*. München: C. H. Beck.

Wall, J., et al. (2013). Higher levels of Neanderthal ancestry in East Asians than in Europeans. February 14, 2013 as 10.1534/genetics.112.148213.

Welsch, U. (2007). Die Fossilgeschichte des Menschen. Teil 1: Wie aus den ersten Primaten Homo wurde. *Biologie in unserer Zeit, 1, 1*, 42–50.

Wong, K. (2007). Lucys baby. *Spektrum der Wissenschaft, 2*, 32–39.

Wong, K. (2009). Warum die Neandertaler ausstarben. *Spektrum der Wissenschaft, 11*, 68–73.

Wynn, T., & Coolidge, F. L. (2013). Denken wie ein Neandertaler. Darmstadt: Primus.

Zilhão, J., et al. (2010). Symbolic use of marine shells and mineral pigments by Iberian Neandertals. *Proceedings of National Academy of Sciences of the United States of America, 107*(3), 1023–1028.

Kopf und Hand arbeiten zusammen und bringen Erstaunliches zuwege

3

3.1 Die Entwicklung der Hand

Die Entwicklung der Hand, Geniestreich der Evolution, wie es Wilson (2000) nennt, zu einem komplexen Tast- und Greiforgan war eine wesentliche Voraussetzung für die überlegene Leistungsfähigkeit der Menschenarten. Die wachsende Annäherung an die heutige Hand im Laufe der Entwicklung zeigt sich sowohl in den Knochenfunden als auch in der Vergrößerung der entsprechenden Hirnareale. Die menschliche Hand ist wie bei den meisten Primaten durch die Fähigkeit gekennzeichnet, den Daumen der Handfläche und den übrigen Fingern gegenüberzustellen (opponierter Daumen). Dadurch wird die Hand zu einem Greifwerkzeug. Es gibt zwei grundsätzlich verschiedene Griffarten: den Kraftgriff und den Präzisionsgriff (Napier 1955). Beim Kraftgriff befindet sich der Daumen in Opposition zur Handfläche. In dieser Position kann man größere Gegenstände (z. B. Speere, Keulen) halten und führen. Beim Präzisionsgriff erfolgt die Haltung und Führung der Gegenstände (z. B. Bleistift, früher Knochennadel, Steinmesser) durch den Griff zwischen Daumen und Fingern. Die Kraft muss in Abstimmung von Gewicht mit der Rauigkeit des Objekts ausgeübt werden. Die Unabhängigkeit der Finger wird bei bestimmten Artefakten wichtig, z. B. beim Flötenspiel, das bereits vor 35.000 Jahren beim Homo sapiens nachweisbar ist. Bemerkenswerterweise hat die Evolution bei den Hominiden Handfertigkeiten vorgesehen, die erst zehntausende, vielleicht sogar hunderttausende von Jahren später genutzt wurden, wie etwa die unglaubliche Technik von Pianisten und Geigern.

Neben dem Kraftgriff und dem Präzisionsgriff kann die Hand als geballte Faust genutzt werden, sodass die Hand auch ohne Waffe zum Schlag dienen kann. Young (2003) meint, dass die früheste Nutzung des Kraftgriffes das aggressive Werfen und Keulenschwingen gewesen sei, weil es Überlebensvorteile bot. Diese Vorteile hätten wiederum zu weiteren Verbesserungen des Kraftgriffes bei der Handentwicklung geführt. In der Tat zeigen fossile Funde, dass die Hand sehr früh, also vor mehreren Millionen Jahren begann, sich in Richtung Verbesserung des Werfens und Keulenschwingens zu entwickeln (Hore et al., 1995, 1996). Im Laufe dieser langen Zeit entwickelte sich dann auch der Präzisionsgriff.

R. Oerter, *Der Mensch, das wundersame Wesen*,
DOI 10.1007/978-3-658-03322-4_3, © Springer Fachmedien Wiesbaden 2014

Das Skelett der menschlichen Hand hat seinen evolutionären Ursprung in den Vorder-
flossen der Fische. Die Vorderfußknochen der Säugetiere erfahren Spezialisierungen nach
der entsprechenden Tierart. Bei den gemeinsamen Vorfahren von Menschenaffen und
Menschen bilden sich bereits spezifische Merkmale der späteren Hand heraus. Die bislang
frühesten Handknochenfunde stammen von dem ca. 5,8 Mio. Jahre alten Ardipithecus
ramidus aus Äthiopien, den wir als „Ardi" bereits kennengelernt haben (Haile-Selassie
2001). Es handelt sich um einen mittleren und einen nahen Fingerknochen, die bereits
Veränderungen in Richtung auf die menschliche Hand zeigen. Sie ähneln der Hand des
Australopithecus afarensis, (z. B. bei „Lucy").

Vom Australopithecus anamensis aus Kenia (vor 3,8–4,2 Mio. Jahren) sind Teile des
Handgelenks und der Handfläche vorhanden. Das Handgelenk hat noch Züge des Affen-
gelenks, sodass die Hand noch nicht wie die moderne Hand gedreht werden konnte (Ward
et al. 1999). Aus Fossilien des Australopithecus afarensis, den wir durch Lucy und Salem
kennengelernt haben, zeigt sich, dass die Hand ebenfalls noch der des Schimpansen ähnelt und für das Baumklettern geeignet war (Johanson et al. 1994). Andererseits erlaubten
die Handgelenkknochen bereits die Daumenbewegung, die für beide Griffarten (Kraftgriff
und Präzisionsgriff) nötig ist (Marzke 1983), aber sie war noch nicht so perfekt entwickelt
wie beim modernen Menschen. Die Finger sind kürzer als die des Schimpansen, aber noch
länger im Vergleich zum Daumen als beim heutigen Menschen. Ricklan (1987) folgerte
aus der Untersuchung von Handknochen des Australopithecus africanus, dass dieser einen
starken Kraftgriff besaß und dass seine Elle für die Drehung der Handwurzeln, wie man sie
zum Keulenschlag benötigt, geeignet war. Gut entwickelte Muskeln scheinen das Handgelenk stabilisiert zu haben. Auch zum vor 2,3–1,2 Mio. Jahren lebenden Paranthropus,
der sich zeitlich mit dem jüngeren Australopithecus und dem älteren Homo überlagert
(s. Kap. 2), gibt es Funde von Handknochen (Klein 1999). Der Paranthropus robustus
verfügte von der Morphologie der Fingerknochen her über den Kraftgriff (Susman 1994).
Die Hand des Homo habilis, die von Napier (1962) erstmals beschrieben wurde, hat noch
affenähnliche Merkmale, aber die zwei Handgriffarten sind bereits gut entwickelt (Marzke
1997). Bei Homo erectus erscheint erstmals eine Verkleinerung der Armknochen (besonders des Unterarms), die ziemlich genau den modern-menschlichen Gliederverhältnissen
entsprechen. Die Hand besaß starke Sehnen und einen flexibleren Daumen als frühere Arten. Die Hände des Neandertalers sind fast identisch mit denen des modernen Menschen,
aber robuster.

Die ältesten Zeugnisse der menschlichen Hand finden sich in Höhlen und an Fels-
wänden, als sogenannte Handpositive oder -negative, je nachdem, ob die bereits mit Farbe
bedeckte Handinnenfläche auf den Stein gepresst oder das Pigment erst aufgetragen wurde,
nachdem die Hand schon zuvor auf dem Fels lag. Diese frühen, absichtsvoll hinterlasse-
nen Spuren – besser Signaturen – belegen, dass der Mensch schon vor langer Zeit die
Möglichkeiten nutzte, in seine Umwelt „einzugreifen" und sie nach seinem Willen zu
gestalten.

Die individuelle Entwicklung der Hand wird durch eine Gruppe sogenannter
Homeobox-Gene kontrolliert. Ähnliche Gene finden sich bei vielen anderen Tierarten. Die

genetischen Wurzeln reichen weit zurück, sodass die Homebox-Gene allein die Entwicklung der Hand nicht erklären. Zusammenfassend lässt sich festhalten: Die Hand verändert sich im Lauf von Millionen Jahren von einer affenähnlichen Gestalt und Funktion zu der Leistung des Kraftgriffes und Präzisionsgriffes. Die typisch menschlichen Merkmale sind bereits sehr früh angelegt. Die menschliche Hand tritt nicht plötzlich in der Evolution auf, sondern verändert sich sukzessive. Auch die Entwicklung der Hand belegt also, dass typische menschliche Merkmale nicht schlagartig auftreten, sondern sich allmählich und in vielen einzelnen Entwicklungsschritten herausbilden (zur Entwicklung von Hand und Fingern s. auch Susman, 1979, 1988, 1994; Susman & Creel, 1979).

Warum aber ist die Hand für die Entwicklung zum Menschen so wichtig? Delphine und Elefanten haben keine Hände und sind auch intelligent. Was bedeutet die Hand für den Menschen? Frank Wilson (2002) nennt die Hand einen Geniestreich der Evolution und weist ihr zentrale Bedeutung für Kultur, Sprache und Gehirnentwicklung zu. Marco Wehr und Martin Weinmann (2005) sehen in der Hand umfassend das Werkzeug des Geistes. Die wichtigste Funktion der Hand für den Aufstieg der Hominiden war ihre Fähigkeit, Werkzeuge und Geräte herzustellen. Dazu war der Präzisionsgriff nötig, den wir zeitlich beim Homo ansetzen können, denn ab da gibt es nachweislich Werkzeuge, als erstes Werkzeug das Hackmesser, die primitive Form des Faustkeils. Mittels der Hand wird eine Idee zu einem Objekt materialisiert. Das Gehirn erhält einen Handlanger für seine Vorstellungen und Ziele. Erst in zweiter Linie ist wohl Youngs (2002) Idee bedeutsam, dass sich die Hominiden den Kraftgriff zum Jagen und zum Kampf zunutze machten und dadurch Überlebensvorteile gewannen. In beiden Fällen aber entstand eine Wechselwirkung zwischen Gehirnentwicklung und Verbesserung der Handfunktion. Die motorischen und sensorischen Areale für die Hand im Gehirn vergrößerten sich mit zunehmender Nutzung und Verfeinerung der Hand. Diese entwickelte sich aufgrund des evolutionären Vorteils zu ihrer heutigen Geschicklichkeit.

Die besondere sensorische Empfindlichkeit der Fingerspitzen für taktile Reize befähigte die Hand zur Erkundung von Materialien und natürlich zur verfeinerten Werkzeugherstellung. Schließlich diente die Hand, wie noch heute, der Kommunikation. Gesten gehen der Sprache voraus, begleiten sie und bilden einen Spiegel kultureller und individueller Eigenart. Viele Forscher nehmen an, dass die Gestik nicht nur in der individuellen Entwicklung (Ontogenese) früher als die Sprache auftritt, sondern auch in der Menschheitsgeschichte vor der Sprache als Kommunikationsmittel diente. Später prägte die jeweilige Kultur gestischen und mimischen Ausdruck mit (man vergleiche die italienische mit der skandinavischen Gestik). Schließlich bildet die Gestik der Hand und der Arme auch ein Kennzeichen der individuellen Eigenart.

Sucht man nach besonders auffälligen Unterschieden der Leistungsfähigkeit zwischen unseren nächsten Verwandten, den Schimpansen, und dem Homo sapiens, so stößt man unweigerlich auf die Verfeinerung der Handmotorik und der Sprechfähigkeit. Die Feinmotorik ist beim Menschen so ungleich differenzierter ausgebildet als beim Schimpansen, dass man von einem großen qualitativen Sprung ausgehen muss. Die Leistungen eines Pianisten oder Geigers sind nur möglich, weil die Hand neurologisch in den motorischen Zentren stark überrepräsentiert ist (Abb. 3.1). Der Neurobiologe Gerhard Neuweiler von der

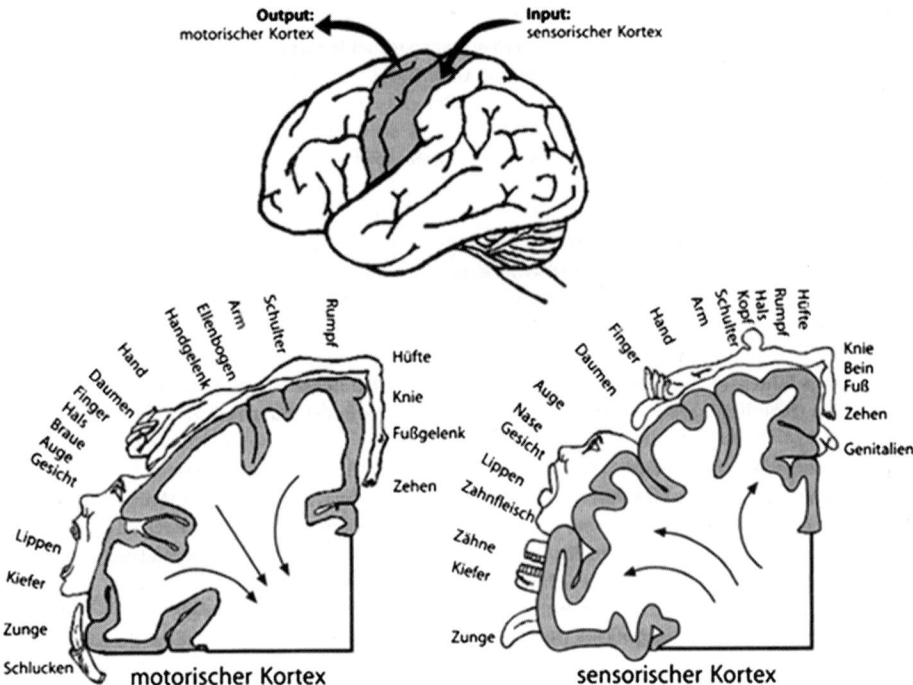

Abb. 3.1 Motorische und sensorische Repräsentation der Körperteile als Homunculus. (Myers 2005, S. 84 (mit freundlicher Genehmigung von Franz Petermann))

Ludwig-Maximilians-Universität München (2005) vermutet daher, dass die motorische Intelligenz der Ausgangspunkt für das Denken ist. Denken entstand aus der Bewegung, wobei Neuweiler sowohl das Handeln im direkten Sinn des Wortes als auch Sprachhandeln meint. Abbildung 3.1 stellt die sensorische und motorische Repräsentation der Körperteile im Gehirn dar. Die Veranschaulichung ergibt die bekannte Verzerrung des Homunculus mit einer stark vergrößerten Hand- und Fingerrepräsentation sowie einer großen Fläche für Mund und Lippen (Abb. 3.1). Die menschliche Sprechmotorik ist beim Schimpansen überhaupt nicht ausgebildet. Seine Lautbildung erfolgt über andere Gehirnzentren als beim Menschen. Die Hypothese: Motorik vor Denken oder besser noch: Handeln vor Denken findet einige Belege in der Ontogenese, also in der individuellen Entwicklung des Menschen.

3.2 Die Entwicklung des Gehirns

Es wächst und wächst

Die Vergrößerung und wachsende Leistungsfähigkeit des Gehirns in der menschlichen Evolution ist zweifellos die bedeutendste Veränderung gegenüber den (anderen) Tieren.

Tab. 3.1 Die Entwicklung des Gehirnvolumens bei den Hominiden

Typus	Volumen in cm^3	Durchschnitt Frau	Durchschnitt Mann
Menschenaffen	400–500		
Australo-pithecus	400–550		
Paranthropus boisei	475–545		
Homo rudolfensis	ca. 750		
Homo habilis	600–800		
Homo erectus	850–1100		
Neandertaler	ca. 1450 (1300–1750)		
Homo floresiensis	380		
Homo sapiens	1345 (900–1880)	245	1375

Bewusstsein und Ich-Bewusstsein sind, wie wir in Kap. 15 zeigen werden, untrennbar mit materiellen Vorgängen im Gehirn verbunden. Die Entstehung von Bewusstseinsvorgängen, Denkleistungen und Vorstellungen hängt unmittelbar mit der Größe, aber auch der spezifischen Leistungsfähigkeit des Gehirns zusammen. Tabelle 3.1 zeigt einen Vergleich der Gehirngröße verschiedener Hominiden. Sie sind in aufsteigender Reihenfolge dargestellt, mit Ausnahme des Homo floresiensis, einem zwergwüchsigen Hominiden (Homo erectus), der auf der indonesischen Insel Flores gefunden wurde. Das Gehirnvolumen des Neandertalers war größer als das des Jetztmenschen, was zu Spekulationen über die Intelligenz des Neandertalers Anlass gibt. Klix (1980) vermutet, dass die geistigen Leistungen des Neandertalers stärker als bei uns auf bildhaften Vorstellungen und weniger auf abstrakteren Repräsentationen beruhten. Die Informationsverarbeitung erforderte daher größeren Aufwand und ein größeres Hirnvolumen.

Obwohl das wachsende Gehirnvolumen beeindruckend ist, können absolute Zahlen in die Irre führen. Denn das Gehirn des Delphins und des Elefanten hat ein größeres Volumen als das des Menschen. Daher berechnet man einen Enzephalisationsquotienten (EQ), der das Gehirnvolumen zum Volumen des Gesamtkörpers in Beziehung setzt. Heute drückt man dieses Verhältnis als Logarithmus aus:

$$EQ = \text{log. Gehirnvolumen/log. Körpervolumen}$$

Nun kann man den EQ eines typischen Säugetieres mit denen verschiedener Vorfahren des Menschen und mit nichtmenschlichen Primaten vergleichen. Dabei zeigt sich aufsteigend eine Reihenfolge, die zum Menschen führt, der an einsamer Spitze steht. Sein EQ ist über sechsmal so groß wie der eines typischen Säugetiers (Tab. 3.2).

Wie aber kam es überhaupt zur Vergrößerung des Gehirns? In der Evolution sind monokausale Erklärungen gewöhnlich falsch, da stets eine Vielfalt von Faktoren wirksam ist.

Bei der Spitzmaus beträgt der Anteil des Gehirngewichtes beispielsweise 3,33–4 %, beim Menschen nur 2,33 %. Guppys (eine Fischart) mit großen Gehirnen pflanzen sich weniger fort als solche mit kleinen Gehirnen, und die Vögel haben kein Großhirn, weil es

Tab. 3.2 Der EQ im Vergleich (wobei der EQ des Säugetiers gleich 1 gesetzt wird)

Typische Gehirngröße eines Säugetiers	1
Frühe Halbaffen	1
Proconsul	~3,2
Australopithecus afarensis	~2,4
Australopithecus africanus	~2,8
Australopithecus robustus	~3,0
Australopithecus boisei	~3,0
Homo erectus	~4,5
Homo habilis	~4,5
Homo sapiens	~6,2

zu schwer zum Fliegen wäre. Beim menschlichen Gehirn muss es also von Anfang an einen Überlebensvorteil für die Verbesserung der Leistungsfähigkeit des Gehirns gegeben haben. Eine Reihe von Vorteilen liegt auf der Hand: raschere und umfassendere Informationsverarbeitung bezüglich

- drohender Gefahren und der Wahrnehmung von Nahrung,
- der Speicherung von Wissen vorausgegangener Erfahrung,
- der Werkzeugherstellung, die mit der gleichzeitigen Entwicklung der Hand einhergeht,
- des planvollen Handelns (bei der Jagd und anderweitigen Gewinnung von Nahrung sowie bei der Werkzeugherstellung),
- der Vorwegnahme von Handlungen und Handlungsketten, also des Probehandeln ohne Risiko oder wie es Popper formuliert: „Das erlaubt unseren Hypothesen, an unserer Stelle zu sterben".

Diese Vorteile gewinnen angesichts der im Vergleich zu anderen Tierarten geringeren Reproduktionsrate des Menschen zusätzlich an Bedeutung.

Ein kostspieliges Organ

Gehirnwachstum wird aber teuer erkauft. Das Hirn eines Menschen wiegt nur 2,33 % seines Körpergewichtes, verbraucht aber 20 % der Energie. Ein Kilo Hirnmasse benötigt 11,2 W. Das übrige Körpergewebe benötigt pro Kilogramm nur 1,25 W. Das Hirn eines Neugeborenen fordert sogar rund drei Viertel seiner Stoffwechselenergie. Es ist also viel Energie in Form von Nahrungszufuhr nötig, um das Gehirn auszubilden und es am Laufen zu halten.

An den Körpern unserer Vorfahren musste irgendwo gespart werden, damit die nötige Energiemenge für ein großes Gehirn freigesetzt werden konnte. Die Evolution hat schon vor der Entwicklung der Hominiden eine Lösung für dieses Problem gefunden: Die Verkleinerung des Verdauungstraktes, vor allem des Darmes. Der Darm des Menschen ist um 60 % kleiner, sein Hirn dafür um 60 % größer als das anderer Säugetiere. Das Hirn scheint sich in der Evolution der Säugetiere auf Kosten des Verdauungstraktes auszudehnen. Es kam nun darauf an, dass die Hominiden auch bei verkürztem Darm genügend proteinreiche Nahrung fanden, um das Gehirnwachstum zu fördern. In Gegenden mit proteinreichem Nahrungsangebot vergrößerte sich das Gehirn, in Gegenden mit proteinarmer Nahrung nicht. Eine Hypothese besagt, dass die Urmenschen in der Savanne Insekten verzehrt haben, die sie mit allergeringstem Aufwand und in erheblichen Mengen von Kadavern entnehmen konnten, die in der afrikanischen Savanne überall und allenthalben zu finden waren. 100 g afrikanische Termiten enthalten 610 kcal, 46 g Fett und 38 g Eiweiß. Ein Big Mac vom Mac Donalds bringt es gerade auf 238 Kcal, 12 g Fett und 12 g Eiweiß. 100 g äthiopische Fliegenlarven haben 60 g Eiweiß und 26 g Fett. Das entspricht der Eiweißmenge von 3 Steaks. Diese für uns wahrhaftig unappetitliche Nahrung wird denn auch von den meisten Forschern nicht als Ursache für das Gehirnwachstum angesehen.

Einen unbestritten entscheidenden Vorteil brachte die Zubereitung des Fleisches mit Hilfe des Feuers, das ja der Homo erectus bereits nutzte. Gekochtes Fleisch ist leichter als rohes zu kauen und zu verdauen. Hinzu kommen die Vorteile des aufrechten Ganges und die ausdauernde Laufleistung der Homininen, die ein Vorteil für die Nahrungsbeschaffung brachte.

Schließlich bedeutet die mit dem Homo einsetzende Herstellung von Werkzeugen einen Sprung in der Nahrungsbeschaffung. Die Werkzeugherstellung mit Hilfe der entwickelten Hand wirkt dann wieder selektiv auf die Entwicklung des Gehirns: Individuen mit größerem beziehungsweise effektiverem Gehirn haben größere Überlebenschancen und damit auch höhere Reproduktionsmöglichkeiten. Die Verlangsamung der Ontogenese, also der Entwicklung bis zum Erwachsenenalter, ermöglichte es, längere Zeit zu lernen und Wissen zu sammeln. Das wiederum brachte für diejenigen, die die lange Entwicklungszeit zum Lernen nutzten, Reproduktionsvorteile.

Eine Bedingung für Lernen in der verlängerten Jugend ist die Arbeitsteilung. Sie ermöglicht eine effizientere Bewältigung aller wichtigen Aufgaben, wie Nahrungsbeschaffung, Nahrungszubereitung und Werkzeugherstellung. Die Belehrung durch das Meister-Lehrlings-Verhältnis und vermutlich durch Großeltern wurde frühzeitig infolge von Arbeitsteilung möglich. Wie bereits erwähnt, zeigen Funde zum Homo erectus, dass es schon damals erste Formen der Arbeitsteilung gab.

Das Gehirn legt sich in Falten

Nun kann aber das Gehirn nicht beliebig wachsen, die Schädeldecke setzt Grenzen. Die Evolution hat sich einen Trick einfallen lassen, um das Gehirn und mit ihm die Zahl der Neuronen und synaptischen Verbindungen zu vergrößern: Die Faltung der Großhirnrinde. Wir alle kennen Aufnahmen vom Gehirn als Gebirge mit vielen Falten. Schon bei Tieren gibt es die Gehirnfaltung, so bei Walen, Hunden und Schimpansen. Beim Menschen ist die Faltung besonders ausgeprägt. Seine Großhirnrinde würde ohne Faltung das

Dreifache der Schädelinnenfläche benötigen (Hilgetag und Barbas 2009). In der Ontogenese können wir noch nachvollziehen, wie die Faltung in der Phylogenese wohl entstanden sein mag. In den ersten 25 Schwangerschaftswochen ist die Hirnrinde noch ziemlich glatt. Aber die jungen Neuronen senden Fasern aus und bilden ein Kommunikationsnetz. Durch das Wachsen der Hirnrinde geraten die Nervenfasern mehr und mehr unter Spannung, wodurch sie Zugkräfte ausüben. Kortexbereiche, in denen sich die Zugkräfte aufsummieren, werden zusammengezogen. So entstehen Aufwölbungen, die man als Gyri bezeichnet. Wo die Zugkräfte schwächer sind, bilden sich Einschnitte (Sulci). Der Mechanismus der Faltenbildung ist also recht einfach und bescherte uns eine Vergrößerung des Gehirns bei gleichbleibendem Platzangebot. Dadurch wird das Gehirn nochmals über die Zunahme des Gewichts (und damit der Anzahl von Neuronen und Verbindungen zwischen ihnen) hinaus leistungsfähiger.

3.3   Die Entwicklung des Werkzeuggebrauchs

Werkzeuge benutzen auch andere Tiere. Krähen legen Nüsse auf die Straße und lassen sie von vorüberfahrenden Autos knacken. Ist die Ampel rot und besteht somit keine Gefahr für Leib und Leben, holen sie sich das Futter in aller Ruhe. Schimpansen schleppen Steine auf ihrer Reise mit, um dann mit ihnen in entfernteren Regionen Kokosnüsse zu öffnen. Nach Gebrauch lassen sie sie allerdings achtlos fallen. Die Benutzung eines Steines, Holzstückes oder Steckens als Werkzeug gelingt also auch Tieren. Je mehr man den Werkzeuggebrauch bei Tieren untersucht, desto mehr Beispiele für clevere Werkzeugnutzung werden beobachtet.

Aber menschliche Werkzeuge, die uns hier interessieren, werden erst hergestellt. Sie liegen nicht bequem zur Hand oder zum Schnabel. Ohne die Aktivität des Herstellers existiert das Werkzeug nicht. Wiederum beobachten wir Ansätze der Werkzeugherstellung bereits bei Tieren. Am begabtesten ist hierbei die Neukaledonische Krähe. Sie angelt gerne nach verborgenem Futter in Spalten und Ritzen. Dazu stellt sie sich in mehreren Arbeitsschritten aus Blättern der Schraubenpalme ein Werkzeug mit einem Widerhaken her, mit dem sie gut stochern kann (Findeklee 2008). Die Krähe übertrifft dabei sogar die Schimpansen, die sich Geräte basteln, um Termiten aus ihrem Bau zu holen. Gut zu wissen, dass es auch bei der Werkzeugherstellung und nicht nur beim Werkzeuggebrauch Tier-Mensch-Übergänge gibt.

Der erste Faustkeil bedeutet also bereits eine hohe geistige Leistung, weil vor der Nutzung des eigentlichen Werkzeugs (behauener handlicher Stein) ein anderes Werkzeug zu seiner Herstellung verwendet werden muss. Dieser sekundäre Werkzeuggebrauch erforderte die Entkoppelung von Bedürfnis und Befriedigung. Der Werkzeugmacher muss vom aktuellen Hunger unabhängig sein, wenn er ein Werkzeug herstellen will, das seinen Hunger stillen hilft. Immerhin waren die Homininen schon vor 2,6 Mio. Jahren zum sekundären Werkzeuggebrauch in der Lage. An manchen Fundstellen liegen so viele Faustkeile

Tab. 3.3 Gegenüberstellung von Handlungsschritten beim Öffnen einer Nuss (Leistung von Affen) und bei der Herstellung von Kernstück und Abschlagwerkzeug der Oldowan-Kultur (nach Haidle 2010)

Handlungssequenz: Öffnen einer Nuss durch Hämmern	Handlungssequenz: Herstellung von Steinwerkzeugen
Phase I: Nüsse sammeln	*Phase I: Rohmaterial sammeln*
1. Auswahl des Baumes/Amboss	1. Suche nach Rohmaterial
2. Suche nach Stein zum Klopfen	2. Suche nach Stein zum Hämmern
3. Transport der Nuss zum Amboss	3. Transport zum Arbeitsplatz
4. Nüsse sammeln	
5. Transport zum Amboss	
Phase II: Nüsse öffnen	*Phase II: Werkzeug bearbeiten*
6. sich zum Hämmern positionieren	4. sich zur Bearbeitung positionieren
7. Nuss auf den Amboss legen	5. Positionierung von Material und Hämmer
9. Hämmern (mehrmals)	7. das Kernstück drehen
10. Hammer beiseitelegen (wenn Nuss offen, Phase III: essen)	8. Zurechtschlagen (Verfeinerung)
11. Nuss repositionieren	9. Abschlagen (Abschlagwerkzeug)
12. Hämmern	
13. Hammer beiseitelegen	
Phase III: Verzehr der Nuss	*Phase III: Gebrauch des Werkzeugs*
14. direkter Konsum	10. Gebrauch des Faustkeils/Hackmessers
15. Indirekter Konsum	11. Gebrauch des Abschlagwerkzeugs

herum, dass man den Eindruck gewinnt, die Homininen hätten sie aus Spaß am Werkeln und an der Vergegenständlichung hergestellt.

Haidle (2008, 2010) hat sogenannte Kognigramme entwickelt, in denen die einzelnen Handlungsschritte aufgelistet sind und aus denen man den Umfang der Planung erschließen kann. Das Kognigramm der Herstellung eines Steinwerkzeugs ist in Tab. 3.3 dem Aufschlagen einer Nuss mit Hilfe eines Steinhammers bei Schimpansen gegenübergestellt. Beim Öffnen der Nuss sind ebenfalls Handlungsschritte nötig, doch existieren die Werkzeuge (der Hammer und der Amboss) bereits. Das Tier benutzt sie und kann direkt danach zur Befriedigung seines Bedürfnisses gelangen. Bei der Herstellung des Steinzeitwerkzeugs richtet sich die Aktivität in den ersten beiden Phasen ausschließlich auf das Werkzeug, die zeitliche Tiefe bis zur Nutzung und zur Bedürfnisbefriedigung hat sich stark vergrößert. Letztendlich wird das Werkzeug in Phasen hergestellt, in denen der Werkzeugmacher nicht hungrig ist, also kein augenblicklicher Bedarf nach einem Werkzeug besteht. Das Werkzeug kann zudem von vielen benutzt werden, sodass sich das Werkzeug und sein Gebrauch zeitlich völlig voneinander trennen. Dies ist dann die Etablierung einer Werkzeugkultur, in der die Mitglieder ganz wie in unserer Kultur über vorhandene Werkzeuge verfügen können.

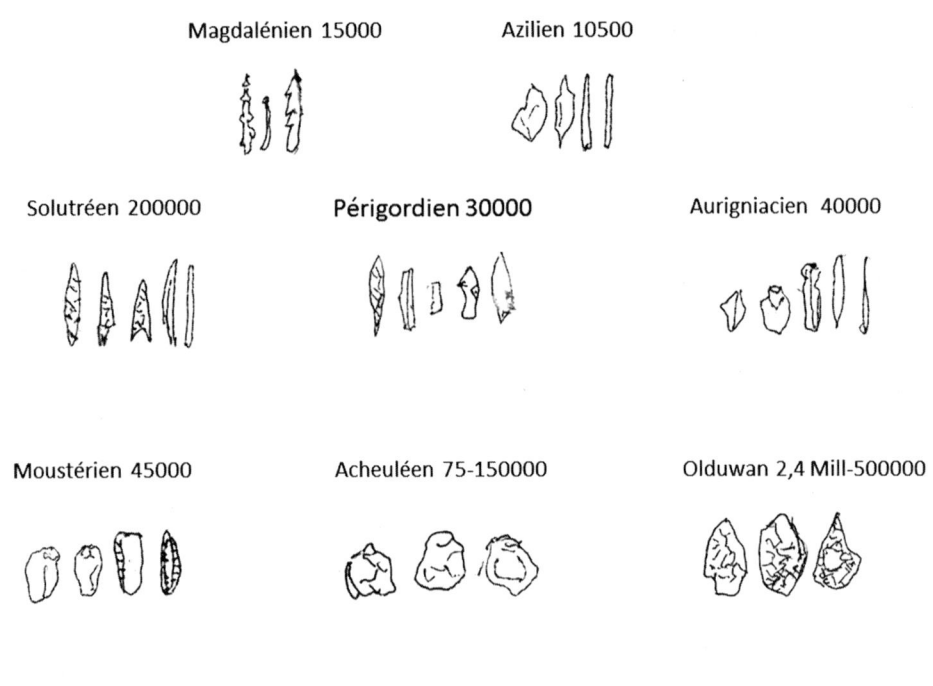

Zeitangaben nach Time Life

Abb. 3.2 Die wichtigsten Werkzeuge in der Entwicklung der Hominiden. (Oerter, Nachzeichnung nach TIME Life Wunder der Natur. Der Mensch der Vorzeit 1971, S. 103)

Die Art des Werkzeugs und die Zahl der Arbeitsgänge, die zu seiner Herstellung nötig sind, geben nicht nur Hinweise auf die erforderliche Handgeschicklichkeit, sondern auch auf die Denk- und Planungsleistung ihrer Hersteller. Die Entwicklung des Werkzeugs spiegelt also zugleich die Entwicklung des Geistes bei den Menschenarten wider.

Dies lässt sich an den sieben wichtigsten Werkzeugkulturen in Europa demonstrieren (Abb. 3.2). Diese Kulturen existieren jedoch auch außerhalb Europas. Die älteste unter ihnen ist die Oldowan-Kultur. Sie bestand mindestens eineinhalb Millionen Jahre. Das wichtigste Werkzeug dieser Zeit ist das sogenannte Hackmesser. Es wurde aus einem gerundeten Kieselstein hergestellt, wie er an Flussufern oder Stränden zu finden ist. Man schlug mit einem anderen Stein Splitter ab, bis man eine Kante oder Spitze hergestellt hatte. Die Splitter, die von dem Kernstück absprangen, waren schärfer und wurden zum Ritzen oder Schneiden benutzt. Es war also nur ein einziger Schritt, der gegebenenfalls mehrfach wiederholt wurde, zur Herstellung des Hackmessers nötig.

Im Acheuléen war zunächst der Faustkeil aus Flint das typische Werkzeug. Wie wurde ein Faustkeil hergestellt? Abbildung 3.3 zeigt das Prinzip. Wenn man einen Steinblock (z. B. Flintstein) in der Mitte trifft, erzeugt der Aufschlag eine Stoßwelle, die sich nach unten hin kegelförmig verbreitert. Das untere Bild zeigt, was passiert, wenn man den Block am Rand

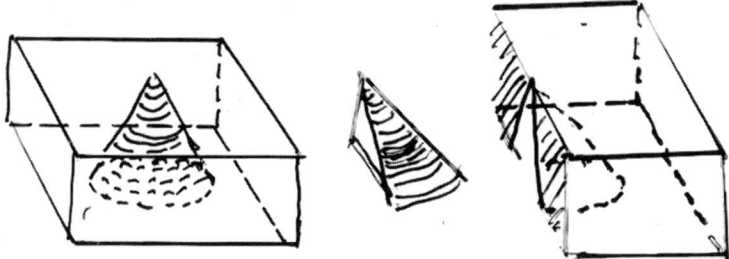

Abb. 3.3 Herstellung eines Faustkeils: Kernwerkzeug und Abschlagwerkzeug. (Rolf Oerter, nach: Time Life Wunder der Natur. Der Mensch der Vorzeit, 1971, S. 105)

anschlägt. Es bildet sich ein Halbkegel. Auf diese Weise kann man zwei Hauptgruppen von Werkzeugen herstellen, die Kern-Werkzeuge und die Abschlag-Werkzeuge. Letztere wurden ausschließlich durch den Abschlag am Rand des Steinblocks gewonnen. Der französische Prähistoriker Francois Bordes konnte einen Faustkeil in wenigen Minuten herstellen und bewies damit, dass geübte Hominiden keine Probleme gehabt haben, diese Technik anzuwenden. Allerdings war es notwendig, gute Kenntnisse über die Eigenschaften von Steinen zu besitzen, denn nur bestimmte Steine lassen sich gut behauen, und nur bestimmte Steine eignen sich als Schlagwerkzeug. Die Faustkeile waren meist birnenförmig oder zugespitzt. Sie erforderten schon deutlich mehr Planungsschritte bei der Herstellung als für das Hackmesser, denn die Herstellung einer zuvor geplanten Form (Birne oder schlankere Spitze) verlangte die Einhaltung einer bestimmten Reihenfolge, in der die Abschläge gehämmert werden mussten. Dazu waren auch feinere Hämmer aus Holz oder Knochen nötig. Nur der grobe Zuschlag des Steins erfolgte mit dem Steinhammer.

Die Mousterien-Industrie erschien vor ungefähr 200.000 Jahren und reichte bis vor etwa 40.000 Jahren. Sie entwickelte sich in den gleichen Gebieten, wo vorher schon die Acheuléen-Kultur entstanden war. In Europa werden diese Werkzeuge stark mit dem Neandertaler in Verbindung gebracht, wobei in anderen Gebieten der Erde diese Technik sowohl vom Neandertaler als auch vom frühen Homo sapiens genutzt wurde.

Mousterien-Techniken beinhalten das vorherige Bearbeiten eines Steinkerns, von dem dann die gewünschte Klinge abgeschlagen wird. Danach wird entweder ein keilförmiger Abschlag oder ein prismenförmiges Werkzeug mit mehreren dreieckigen Abschlägen gewonnen.

Die restlichen vier Werkzeugkulturen betreffen den Neandertaler und den Homo sapiens. Wir greifen davon nur eine Technik heraus, die Lavallois-Technik (Abb. 3.4). Vor etwa 150.000 Jahren waren die Arbeitsgänge schon so komplex, dass sich die Werkzeughersteller das Endergebnis vorstellen mussten. Sie sahen gewissermaßen in dem Rohmaterial des Feststückes schon das fertige Werkzeug. Die Lavallois-Technik stellte aus einer Flintknolle in mehreren Arbeitsschritten einen Abschlag oder eine Spitze her. Der Lavallois-*Abschlag* beginnt mit dem Herausschlagen aus einem Flintknollen zur Bildung von Ecken, diese werden mit seitlichen Abschlägen behauen, und schließlich wird das so zubereitete Kernstück gespalten, sodass als Abschlag das fertige Werkzeug entsteht.

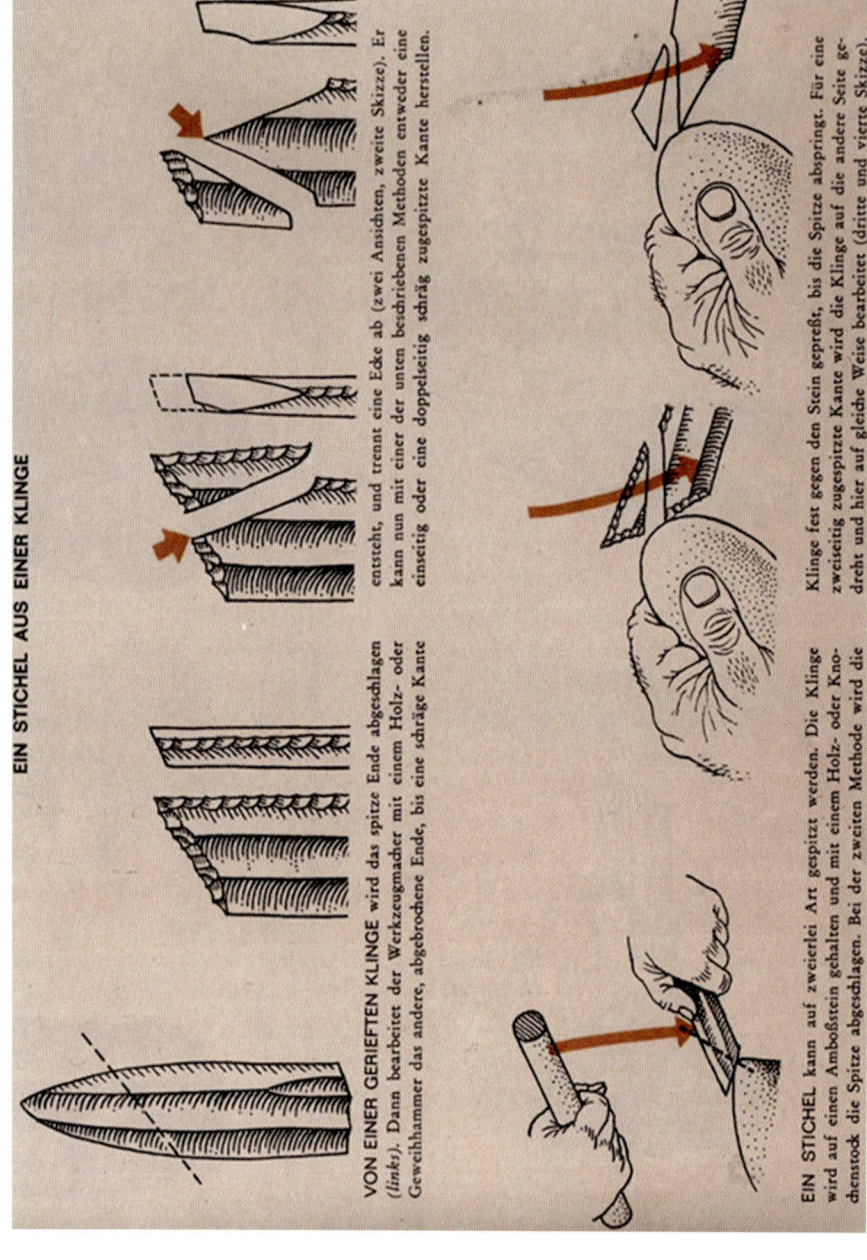

Abb. 3.4 Levallois-Technik: Herstellung eines Stichels aus einer Klinge. (F. Clark Howell: Der Mensch der Vorzeit. Time Life Wunder der Natur 1971, S. 113)

Die Herstellung der Lavallois-*Spitze* beginnt ebenfalls mit dem Behauen der Knolle zu Ecken. Danach wird die Knolle gespalten. Durch einen abgängigen Abschlag entsteht eine Spitze als fertiges Werkzeug. Noch komplizierter gestaltet sich die Herstellung eines Stichels, denn bei ihm wird zuvor eine Klinge gefertigt, diese wird abgeschrägt, danach auf der anderen Seite ebenfalls geschrägt und schließlich gespitzt. Abbildung 3.4 veranschaulicht diese Arbeitsgänge.

Die für die Planung und Herstellung erforderliche Denk- und Handlungsschritte nahmen also im Lauf der Zeit zu, womit sich auch die Zeittiefe vergrößert. Unter Zeittiefe versteht man die Fähigkeit, größere Zeiträume in der Vorstellung zu repräsentieren. Ohne diese Fähigkeit wäre die lange Handlungskette von der Planung eines Werkzeugs über seine Herstellung und Nutzung nicht möglich. Haidle (2010) demonstriert diese Leistung an der Herstellung und Nutzung von Speeren aus Fichtenstämmchen, hergestellt vom Homo heidelbergensis (gefunden im Schöninger Tagbau in Niedersachsen) vor 300 bis 400 Tausend Jahren (Tab. 3.4). Die eingeschobenen anderen Tätigkeiten, die nichts mit der Herstellung des Speers zu tun haben, sollen darauf hinweisen, dass die Waffe nicht am Stück hergestellt wurde, sondern dass immer wieder Phasen anderer Aktivitäten dazwischen lagen. Haidle schätzt die Herstellungsdauer eines solchen Speers auf eine Woche.

3.4 Einige Schlussfolgerungen

Am Ende der ersten drei Kapitel wollen wir kurz innehalten, um ein Resümee zu ziehen. Der Forschungsstand über die Entwicklung des Menschen und seiner Leistung ist voll im Fluss. Fast täglich gibt es neue, zum Teil sensationelle Funde und Erkenntnisse. Wenn dieses Buch erscheint, wird es bereits in diesem Punkt überholt sein. Nicht überholt wird es bezüglich der Schlussfolgerung sein, die wir ziehen wollen.

Evolution des Menschen als glückliches Zusammenspiel von Merkmalen

Die wichtigste Schlussfolgerung ist, dass die Menschwerdung durch ein Zusammenspiel verschiedener, zunächst eher unabhängiger Entwicklungsstränge erklärt werden muss. Der aufrechte Gang scheint relativ unabhängig von der Gehirnentwicklung eingetreten zu sein. Die Hand, die sich ja schon bei den gemeinsamen Vorfahren von Affe und Mensch herausbildete, konnte nun neue Aufgaben übernehmen, die aber zunächst noch nichts mit der Werkzeugherstellung zu tun hatten. Das Gehirn konnte sich nur weiter entwickeln, wenn genügend protein- und energiereiche Nahrung zur Verfügung stand. Zugleich aber traten die neuen Merkmale zueinander in Wechselwirkung, sie beeinflussten sich gegenseitig. Die durch den aufrechten Gang freigewordene Hand konnte Steine als Hämmer nutzen und, wenn die Steine spitz genug waren, sie als Schlitz- oder Schneidwerkzeuge einsetzen, wie wir das bei anderen Tieren, vor allem bei den Menschenaffen auch schon vorfinden. Die Vergrößerung des Gehirns ermöglichte den sekundären Werkzeuggebrauch. Von da

Tab. 3.4 Handlungsschritte bei Herstellung und Gebrauch eines Speers des Homo heidelbergensis (Haidle 2010; verkürzt und umgearbeitet)

Anfangszustand: Hunger (im Allgemeinen semi-akut)
Planungs- und Denkphase (Probehandeln)
Unterproblem 1 (im Allg. semi-akut): Jagdwild
Unterproblem 2 (semi-akut): Bedarf nach einem Speer (Werkzeug 1)
Unterproblem 3A (semi-akut): Bedarf nach einer Handaxt zum Holzabschlagen (Werkzeug 2) Qualität A
Unterproblem 3B (semi-akut): Handaxt zum Holzabschlagen (Werkzeug 2) Qualität B
Unterproblem 4 (semi-akut): Bedarf nach einem Schnitzwerkzeug zur Holzbearbeitung (Werkzeug 3)
Unterproblem 5 (akut): Bedarf nach einem harter Hammer (Werkzeug 4), um Werkzeug 2 und 3 herzustellen
Unterproblem 6 (semi-akut): Bedarf nach einem feinen Hammer (Werkzeug 5)
Ausführungsphase 1 (Werkzeugherstellung)
Suche nach Werkzeug 5 (feiner Hammer)
Transport von Werkzeug 5/Suche nach Werkzeug 4 ((harter Hammer)
Transport der Werkzeuge 4 und 5/Suche nach Rohmaterial für die Werkzeuge 2 und 3
Herstellung von Werkzeug 2 durch Werkzeug 4 (Rohbearbeitung der Handaxt)
Weitere Arbeit an Werkzeug 2 durch Werkzeug 5 (Verdünnung zur Beilklinge)
Weitere Arbeit an Werkzeug 2 durch Werkzeug 5 (Feinabschläge)
Subproblem 7 (akut): Werkzeuge am Arbeitsplatz sicherstellen
Transport der Werkzeuge 2, 4 und 5 und des Rohmaterials zum Arbeitsplatz
Andere Aktivitäten des Lebensalltags, die nicht auf die Herstellung des Werkzeugs bezogen sind
Ausführungsphase 2 (Speerherstellung)
Suche nach Material für Werkzeug 1 (Speer)/Transport von Werkzeug 2
Herstellung von Werkzeug 1 mit Werkzeug 2: Stamm abschlagen
Herstellung von Werkzeug 1 mit Werkzeug 3 (Axt): Entfernung der Zweige
Transport des Rohschaftes und des Werkzeugs 2 zum Lagerplatz
Herstellung des Werkzeugs 3 (Schnitzmesser) durch Werkzeug 4 (harter Hammer)
Feinbearbeitung des Speerschaftes durch Werkzeug 3 (Schnitzmesser)
Herstellung des Speerschaftes: Entfernung der Rinde mit Werkzeug 3
Andere Aktivitäten des Lebensalltags, die nicht auf die Herstellung des Werkzeugs bezogen sind
Arbeit am Speer (Werkzeug 1), Fertigstellung des Schaftes, Zuschneiden der Spitze
Nutzung der Werkzeuge
Suche nach Wild, Transport der Werkzeuge 1 (Speer), 2 (Handaxt) und 5 (feiner Hammer)
Jagd, Nutzung der Werkzeuge 1 (Speer), Transport der Werkzeuge 2 und 3
Beute zerlegen: Entfernen des Fells (Werkzeug 3)
Beute zerlegen: Heraustrennen von Fleisch und Knochen (Werkzeug 2 und 3)
Dabei Schärfen des Werkzeugs 2 (Beil) mit Werkzeug 5 (feiner Hammer)
Transport und Sicherstellung der Beute und der Werkzeuge
Bedürfnisbefriedigung: Essen, Hunger stillen

an setzte auch eine Selektion bezüglich leistungsfähigerer Gehirne ein, denn sie brachten einen Überlebens- und damit Reproduktionsvorteil. Damit lässt sich die Evolution durch eine systemische Wirkung des Zusammenspiels von Auge, Hand, aufrechter Gang und Gehirnfunktionen erklären. Nur durch den glücklichen Umstand des zeitlich nahen Auftretens der Merkmale des aufrechten Ganges, der Handentwicklung und der Gehirnveränderung kam es zum Homo sapiens. Diese Merkmale formten und förderten sich dabei wechselseitig. Die Bezeichnung systemische Wirkung solle verdeutlichen, dass es keine monokausale Ereigniskette gibt, sondern dass – wie bei anderen Systemen auch – zirkuläre Kausalität vorliegt. In dem Merkmalssystem beeinflussen sich die einzelnen Größen wechselseitig.

Was bei der Erklärung der Menschwerdung oft zu kurz kommt, ist die kulturhistorische Perspektive, die Wygotski eingeführt hat. Menschen können nur in Vergesellschaftung leben, sie sind ein animal sociale, wie es seit der Antike schon heißt. Sie helfen sich gegenseitig, bieten in der Gruppe Schutz vor Feinden und anderen Gefahren und lernen voneinander. Das erfordert allerdings effektive Kommunikation. Sie wird durch die Entwicklung der Sprache gewaltig verbessert. Wir können davon ausgehen, dass schon der Homo erectus sich durch Laute verständigt hat. Vermutlich handelte es sich dabei noch nicht um Sprache im modernen Sinn, sondern um ein gesangsähnliches Lautsystem. Werkzeugherstellung und -gebrauch funktionieren in einem effektiven Kommunikationsnetz viel besser. Erste Arbeitsteilung wird möglich. Der Werkzeugmacher wird wenigstens teilweise von anderen Aufgaben freigestellt. Dies scheint schon beim Homo erectus der Fall gewesen zu sein, denn bei einer Fundstätte in Niedersachsen lag die „Werkstatt" weit von dem Wohn- und Kochplatz entfernt. Zumindest vorsprachliche Kommunikation war nötig, um das Werkzeug als überdauerndes Objekt zu verstehen, das von vielen genutzt werden kann und sogar nach dem Tod des Urhebers seinen Zweck nicht verliert.

Stagnation und Progression

Wir sind gewohnt, die Entwicklungsgeschichte des Menschen und Vormenschen als eine Erfolgsgeschichte des permanenten Fortschritts zu sehen. Dies ist aber eine einseitige Betrachtungsweise, die mit unserem Fortschrittsglauben zusammenhängt. Einerseits wurde die Menschwerdung durch eine Reihe von Nachteilen erkauft, von denen später noch die Rede sein wird, andererseits stagnierte die menschliche Entwicklung über lange Zeitstrecken. Das Hackmesser als primitives Werkzeug regierte über eineinhalb Millionen Jahre. Es gab offensichtlich lange Zeit keinen Bedarf, diese Situation zu ändern. Auch danach kann man nicht gerade von einer stürmischen kulturellen Entwicklung sprechen. Die Kultur des Homo erectus, der seit mindestens 1,2 Mio. Jahre bis vor 250.000 Jahre lebte, dauerte länger, als es den Homo sapiens gibt. Wesentliche Züge der Werkzeugkultur blieben über diesen langen Zeitraum konstant. Wir wissen nicht, ob wir mit samt unserem Fortschritt das Alter der Spezies Homo erectus erreichen werden. Die Evolution zwingt eine Art nur dann zur Veränderung, wenn es die Lebensbedingungen erfordern oder wenn durch Veränderungen Vorteile erzielt werden können. Wenn also mehrere Arten von Vormenschen in gleichen oder getrennten Habitaten koexistieren können und wenn keine klimatischen Veränderungen auftreten, wird weder ein biologischer noch ein kultureller Wandel zu erwarten sein. Wenn verschiedene Hominidenarten aber miteinander konkurrieren müssen und die verfügbaren Ressourcen begrenzt sind, wird diejenige Art größere Chancen haben, die sich besser anpassen kann. Bei den Homininen bedeutet bessere Anpassung die Herstellung und Nutzung von Werkzeugen, den Gebrauch des Feuers und die Verbesserung von Handlungsplanung und Kommunikation in der Gruppe. Bis in die Moderne hinein gibt es Kulturen, die sich seit der Steinzeit nicht verändert haben. Das für mich eindrucksvollste Beispiel sind die bereits in Kap. 2 erwähnten Yamana auf Feuerland, die erst in den zwanziger Jahren des vorigen Jahrhunderts ihre Kultur verloren. Das Museum in Ushuaya zeigt ein Boot und Werkzeuge, die 5.000 Jahre alt sind und sich bis zum Untergang der Kultur unverändert gehalten haben. Die Kultur der Yamana war ökologisch sehr sinnvoll eingerichtet. Die einzelnen Familien lebten weit voneinander getrennt. Die Fischgründe des Nachbarn begannen erst in 30 km Abstand, sodass es keinen Ressourcenkonflikt geben konnte. Das zerbrechliche Boot aus Bast und Weiden fasste nur drei bis vier Personen, sodass die Familiengröße zwangsläufig begrenzt blieb. Die Yamanas hatten über Jahrtausende unverändert die gleiche Lebensführung, Werkzeugnutzung und Jagdgepflogenheiten. Aber sie besaßen eine differenzierte Religion sowie einen komplexe Sprache mit einem großen Wortschatz. Es war von der ökologischen Nische her, in der sie lebten, nicht nötig, ihre Kultur weiterzuentwickeln. Als dann die Weißen kamen, waren sie der neuen Technologie und Lebensweise natürlich hoffnungslos unterlegen. Dies gilt auch für die frühen Homininen. Klimatische Veränderungen oder Konkurrenz mit stärkeren Gruppen führten zum Aussterben. Da der Homo sapiens als einzige Homininenart überlebt hat, muss er über Merkmale und Strategien verfügen, die frühere Menschenarten einschließlich des Neandertalers nicht besaßen. Wir werden im nächsten Kapitel diese Merkmale und Überlebensvorteile näher kennenlernen.

Menschliche Gesellschaften pendeln immer zwischen dem Konflikt, das Bisherige bewahren zu wollen, und Neues einzuführen, das die Kultur verändert. Wir werden uns in diesem Buch immer wieder die Frage stellen, unter welchen Bedingungen das Bisherige erhalten werden sollte oder werden muss und inwieweit Innovation und Weiterentwicklung nötig sind.

Gespräch der Himmlischen

Aphrodite: Also, mich kränkt es, dass die Frauen dümmer sein sollen, weil sie ein geringeres Gehirnvolumen und -gewicht haben.
Athene: Davon kann gar nicht die Rede sein. Dafür hat man ja den EQ eingesetzt, der das Gehirnvolumen zum Körpervolumen in Beziehung setzt. Frauen haben zwar ein etwas geringeres Gehirnvolumen als Männer aber dafür auch ein geringeres Körpervolumen. Der Flores-Mensch, dessen Gehirnvolumen kleiner als das der heutigen Menschaffen war, stellte Werkzeuge her und besaß sicherlich bereits Kultur, ähnlich wie der Homo erectus.

Aphrodite: Das beruhigt mich. Im Übrigen haben die Menschen nie so recht an die intellektuelle Unterlegenheit der Frau geglaubt, sonst hätten sie nicht ein weibliches Wesen zur Göttin der Weisheit gemacht.

Athene (lächelt geschmeichelt)

Apoll: Mir gefällt das Zusammenspiel von Gehirn und Hand. Das passt alles so gut zusammen. Durch den aufrechten Gang wird die Hand frei, und zwar frei zu jeder Zeit. Sie steht nun dem Gehirn für dessen Knobelei zur Verfügung. Sie ist das ausführende Organ des Gehirns. Sie stellt nicht nur Werkzeuge her, sondern malt und zeichnet, meißelt Statuen, schreibt Gedichte, segnet, deutet und jongliert Bälle – und schlägt die Zither.

Aphrodite: Sie spielt Klavier und Geige, was in der Evolution nicht unbedingt vorgesehen war. Menschen haben für das Musizieren unglaubliche Fertigkeiten entwickelt. Die menschliche Hand ist zu einem Wunderwerk geworden.

Apoll: Ja, die musikalische Technik wird immer perfekter, je schneller desto besser. Aber Schnelligkeit ist nicht gleich Schönheit. Ich hoffe, die Musiker kommen von ihrem Tempo-Wahn wieder weg.

Athene: Leider ist der Mensch nicht nur Künstler, sondern auch Werkzeugmacher. Mit seinen Werkzeugen hat er die ganze Erde umgekrempelt, den Himmel erobert und uns auch noch Satelliten vor die Nase gesetzt. Alles fing harmlos an. Der Mensch stellte mit seiner Hand ein Werkzeug her und fertigte mit ihm erst das Werkzeug, das er brauchte. Dann wurde die Kette immer länger. Er entwarf ein Werkzeug, mit der das nächste baute, und dieses konstruierte wieder ein neues Werkzeug und so fort, bis er schließlich Geräte hatte, mit denen er das Kleinste und Größte beobachten kann, und Geräte, mit denen er Luft, Land und Wasser durchpflügt.

Dionysos: Wäre der Mensch nur bei der Kunst geblieben, könnte er auch heute noch in Einklang mit der Natur leben.

Apoll: Alles letztlich nur wegen des guten Zusammenspiels von Hand und Gehirn. Aber wenn Hand und Gehirn so gut zusammenarbeiten, wo ist denn dann eigentlich die Seele? Ist sie nur im Kopf oder nicht auch in der Hand? Man spricht ja vom beseelten Spiel des Pianisten. Ist da vielleicht die Hand beseelt?

Dionysos: Das klingt lächerlich, aber es ist gar nicht so lächerlich. Lächerlich ist vielmehr, wenn man sich die Seele als etwas Geistiges, Unkörperliches vorstellt, das im Gehirn haust. Die Seele ist eine Metapher für Leben. Die Menschen haben lange Zeit die Seele für sich allein in Anspruch genommen, das hat mich schon immer geärgert. Die ganze Natur ist beseelt. Die Metapher von der Seele macht nur Sinn, wenn wir sie auf alles Leben anwenden. Die Menschen haben die Seele mit Bewusstsein gleichgesetzt, aber Bewusstsein ist nur ein winziger Teil der Gehirnaktivität und erst recht ein winzig kleiner Teil des Lebens auf diesem Planeten. Der Mensch ist, wie alle anderen Lebewesen, ob Pflanze oder Tier, eine untrennbare Ganzheit, ein System, wie man heute sagt. In dieser Ganzheit sind alle Einzelteile aufeinander abgestimmt und wirken zusammen, damit das System am Leben bleibt.

Athene: Das hat schon unser Liebling Aristoteles herausgearbeitet mit seiner Unterscheidung von Form und Materie. Der Körper mit all seinen Zellen bildet die Materie. Das Leben in dieser Materie einschließlich der geistigen Tätigkeit des Gehirns wäre die Form.

Aphrodite: Eure Rede über die Seele erinnert mich an Prometheus, der den Menschen das Feuer brachte. Das Feuer war bei unseren griechischen Philosophen ja ein Urelement. Ist das Feuer auch eine Metapher für die Seele? Und wann hat Prometheus eigentlich den Menschen das Feuer gebracht?

Athene: Der Homo erectus hat bereits das Feuer benutzt, Prometheus brachte es also einer früheren Menschenart, als der, die jetzt auf unserem Planeten lebt. Aber das Feuer brachte den Hominiden in der Tat einen entscheidenden Fortschritt in ihrer Entwicklung.

Aphrodite: Er konnte sich wärmen und vor wilden Tieren schützen. Gut. Aber das bedeutet doch keinen entscheidenden Fortschritt.

Athene: Er konnte die Nahrung kochen. Dadurch war sie besser verdaulich, so konnten mehr Proteine in den Körper aufgenommen werden, und so gab es auch mehr Ressourcen für den Aufbau des Gehirns. Die Geschichte der Gehirnentwicklung des Menschen ist auch eine Geschichte seiner Ernährung.

Dionysos: Das gefällt mir. Vielleicht ist sie auch eine Geschichte des Trinkens.

Aphrodite: Oder des Drogenkonsums. Das würde dir so passen! Verbesserung der Gehirntätigkeit durch Drogen führte den Menschen zu ungeahnten Höhen!

Athene: Ich glaube, es ist Zeit, Schluss zu machen, sonst verfallen wir ins Blödeln. Auf zum Olymp!

Alle: Was gibt's denn Gutes da? – Nektar und Ambrosia!

Literatur

Findeklee, A. (2008). Eingelocht. *Spektrum – Die Woche,* 17.09.2008.

Haidle, M. N. (2008). Kognitive und kulturelle Evolution. *Erwägen – Wissen – Ethik, 19*(2), 149–159.

Haidle, M. N. (2009). How to think a simple spear? In S. A. de Beaune, F. L. Coolidge, & T. Wynn (Hrsg.), *Cognitive archaeology and human evolution* (S. 57–73). New York: Cambridge University Press.

Haidle, M. N. (2010). Working memory capacity and the evolution of modern cognitive capacities – Implications from animal and early human tool use. *Current Anthropology, 51,* 1. (Working memory: beyond language and symbolism, Wenner-Gren Symposium Supplement 1, 149–166).

Haile-Selassie, Y. (2001). Late Miocene hominids from the Middle Awash, Ethiopia. *Nature, 412*(6843), 178–181.

Hilgetag, C. C., & Barbas, H. (2009). Wie sich das Gehirn in Falten legte. *Spektrum der Wissenschaft, 10,* 60–65.

Hore, J., Watts, S., Martin, J., & Miller, B. (1995). Timing of finger opening and ball release in fast and accurate overarm throws. *Experimental Brain Research, 103*(2), 277–286.

Hore, J., Watts, S., & Tweed, D. (1996a). Errors in the control of joint rotations associated with inaccuracies in overarm throws. *Journal of Neurophysiology, 75*(3), 1013–1025.

Hore, J., Watts, S., Tweed, D., & Miller, B. (1996b). Overarm throws with the nondominant arm: kinematics of accuracy. *Journal of Neurophysiology, 76*(6), 3693–3704.

Johanson, D., Johanson, L., & Edgar, B. (1994). *Ancestors: In search of human origins.* New York: Villard Books.

Klein, R. G. (1999). *The human career.* Chicago: University of Chicago Press.

Klix, F. (1980). *Erwachendes Denken.* Berlin: VEB Deutscher Verlag der Wissenschaften.

Lewis, O. J. (1977). Joint remodelling and the evolution of the human hand. *Journal of anatomy, 123*(Pt 1), 157–201.

Marzke, M. W. (1983). Joint functions and grips of the Australopithecus afarensis hand, with special reference to the region of the capitate. *Journal of Human Evolution, 12,* 197–211.

Marzke, M. W. (1997). Precision grips, hand morphology and tools. *American Journal of Physical Anthropology, 102,* 91–110.

Myers, D. G. (2005). *Psychologie.* Heidelberg: Springer.

Napier, J. R. (1962). Fossil hand bones from Olduvai Gorge. *Nature, 196,* 409–411.

Napier, J. R. (1955). The form and function of the carpo-metacarpal joint of the thumb. *Journal of Anatomy, 89*(3), 362–369.

Neuweiler, G. (Januar 2005). Der Ursprung unseres Verstandes. *Spektrum der Wissenschaft, 1,* 24–31.

Ricklan, D. E. (1987). Functional anatomy of the hand of Australopithecus africanus. *Journal of Human Evolution, 16,* 643–664.

Sawyer, G. J., & Deak, V. (2008). *Der lange Weg zum Menschen. Lebensbilder aus 7 Millionen Jahren Evolution.* Heidelberg: Spektrum Akademischer Verlag.

Schrenk, F. (1997). *Die Frühzeit des Menschen. Der Weg zu Homo sapiens.* München: C. H. Beck.

Stern, J. T., & Susman, R. L. (1983). The locomotor anatomy of Australopithecus afarensis. *American Journal of Physical Anthropology, 60*(3), 279–317.

Susman, R. L. (1979). Comparative and functional morphology of hominoid fingers. *American Journal of Physical Anthropology, 50*(2), 215–236.

Susman, R. L. (1988). Hand of Paranthropus robustus from member 1, Swartkrans: fossil evidence for tool behavior. *Science, 240*(4853), 781–784.

Susman, R. L. (1994). Fossil evidence for early hominid tool use. *Science, 265*(5178), 1570–1573.

Susman, R. L., & Creel, N. (1979). Functional and morphological affinities of the subadult hand (O.H. 7) from. *American Journal of Physical Anthropology, 51*(3), 311–332.

Ward, C., Leakey, M., & Walker, A. (1999). The new hominid species. Australopithecus anamensis. *Evolutionary Anthropology, 7,* 197–205.

Washburn, S. (1979). Tools and human evolution. In G. Isaac, R. Leakey (Hrsg.), *Human ancestors.* San Francisco: W. H. Freeman.

Wehr, M., & Weinmann, M. (2005). *Die Hand. Werkzeug des Geistes.* Stuttgart: Spektrum Akademischer Verlag.

White, T. D., Suwa, G., Hart, W. K., Walter, R. C., WoldeGabriel, G., & de Heinzelin, J. (1993). New discoveries of Australopithecus at Maka in Ethiopia. *Nature, 366*(6452), 261–265.

Wilson, F. (2000). *Die Hand – Geniestreich der Evolution. Ihr Einfluss auf Gehirn, Sprache und Kultur des Menschen.* Stuttgart: Klett-Cotta.

Wilson, F. R. (2002). *Die Hand – Geniestreich der Evolution: ihr Einfluss auf Gehirn, Sprache und Kultur der Menschen.* Reinbek: Rowohlt Taschenbuch Verlag.

Der Homo sapiens erobert die Welt

4

4.1 Wachset und mehret euch: Wiege und Wege der Menschheit

Der legendäre Fossilien-Jäger Leaky fand 1967 zwei Fossilien am Omofluss in Äthiopien in der Nähe von Kibish. Er schätzte ihr Alter zunächst auf 130.000 Jahre. Neuere Messungen des umlagernden Materials mit Hilfe der Methode der Zerfallsrate radioaktiven Argons ergaben ein Alter von ca. 196.000 Jahren. Die Fossilien mit der Bezeichnung Omo I und II werden eindeutig dem Homo sapiens zugeordnet und gelten als die ältesten Exemplare des modernen Menschen (McDougall et al. 2005). Auch genetische Schätzungen, in denen man von der jetzigen Verbreitung auf die Zeitdauer schließt, die nötig war, um zur jetzigen genetischen Verteilung zu gelangen, weisen auf ein Alter des Homo sapiens von ca. 200.000 Jahren hin (Fleagle et al. 2008).

Dass Afrika die Wiege der Menschheit ist, wird heute kaum mehr bestritten. Alle Nachfahren des Menschen, so die These, stammen aus Afrika. Die Out-of-Africa-Theorie wird unter anderem auch durch die Analyse genetischer Vielfalt und der Schädelformen in 53 Populationen rund um die Welt gestützt. Ein Forscherteam aus Cambridge (s. Stix 2009) fand einen Zusammenhang zwischen der Entfernung der Population von Afrika und der Diversität der Gene innerhalb der Population. Je weiter die erfasste Population vom Ursprungskontinent entfernt war, desto weniger variierte ihre genetische Ausstattung. Der Grund für die schwindende genetische Variabilität ist einerseits die geringere Wahrscheinlichkeit von Genvariation mit fortschreitender Abzweigung, denn jede Abzweigung verfügt nicht mehr über den Pool der restlichen Populationen. Andererseits hängt die schwindende Variabilität mit der Populationsgröße zusammen. Je weiter sich der Mensch vom Ursprungsgebiet entfernte, desto kleiner wurde seine Population und desto einheitlicher blieb das genetische Outfit (s. hierzu Sykes 2002; Rohde et al. 2004).

Ob Omo I und II wirklich die ältesten Menschen sind, müssen spätere Funde zeigen. Es ist durchaus möglich, dass sich weiter südlich noch ältere Fossilien unserer Spezies finden werden.

R. Oerter, *Der Mensch, das wundersame Wesen*,
DOI 10.1007/978-3-658-03322-4_4, © Springer Fachmedien Wiesbaden 2014

Im Zusammenhang mit der Out-of Africa-Theorie steht die Eva-Theorie. Aus der DNA-Analyse der Mitochondrien werden dabei Schlussfolgerungen gezogen. Mitochondrien sind Organellen in der Zellflüssigkeit, welche unter anderem auch DNA enthalten, die allerdings nur durch die mütterliche Eizelle vererbt wird. Die mitochondriale Eva ist eine Frau, von deren mitochondrialer DNA (mtDNA) die mitochondriale DNA aller Menschen stammt. Diese Annahme beruht auf der sogenannten Gendrift, die darin besteht, dass neben der Selektion auch zufällige Varianten eines DNA-Allels in der Population zu- oder abnehmen. Stellen wir uns eine Population von 100 Frauen vor, von denen 50 ein Allel A der mtDNA besitzen und 50 ein Allel B. Durch eine zufällig höhere Geburtenrate der Frauen mit Allel B gibt es eine Verschiebung: wir finden 51 Mal Allel B und 49 Mal Allel A vor. In der darauffolgenden Generation gibt es 52 Mal Allel B und 48 Mal Allel A. Statistisch habe wir nach 100 Generationen nur noch Allel B, während Allel A infolge der Gendrift ausgestorben ist. Man sagt auch: Allel B wurde fixiert. Die mtDNA von Eva ist also die einzig übrig gebliebene DNA, alle übrigen sind ausgestorben. Die mtDNA von Eva ist also die einzig übrig gebliebene DNA alle übrigen sind ausgestorben.

Giles et al. (1980) extrahierten mtDNA aus der Plazenta von Frauen aus verschiedensten Teilen der Welt und ordneten sie entsprechend ihrer Ähnlichkeit auf einem Stammbaum an. Von der ermittelten Wurzel dieses Stammbaums zweigten zwei Hauptäste ab. Auf dem einen gab es nur Afrikaner, auf dem anderen Menschen aus anderen Erdteilen. Daraus folgerten die Forscher, dass die Stammmutter (mitochondriale Eva) in Afrika gelebt hat. Weiterhin versuchten sie, mit Hilfe einer molekularen Uhr das Alter von Eva zu bestimmen und schätzten ihr Alter auf ca. 200.000 Jahre. Es gab viel methodische Kritik und daher auch Kritik an voreiligen Schlüssen. Spätere, verbesserte Studien bestätigten und untermauerten jedoch die wichtigsten Aussagen von Giles et al. (1980). Zum Beispiel führten Ingman et al. (2000) eine neue, verbesserte Studie an 53 Frauen durch. Die Ergebnisse bestätigen die Out-of-Africa-Theorie (s. auch Endicott et al. 2009):

• Es ergab sich eine vollständige Trennung von Afrikanern und Nicht-Afrikanern.
• Die Autoren fanden vier Äste des Stammbaums. Drei davon führten nur zu Afrikanern, der vierte zu Afrikanern und Nicht-Afrikanern.
• Sie fanden lange Äste in Afrika, aber eine sternförmige Struktur außerhalb von Afrika, was auf eine jüngere Expansion hinweist.
• Die mitochondriale Eva aller Menschen (die in der Studie erfasst wurden) konnte auf ein Alter von 175.000 ± 50.000 Jahre geschätzt werden.
• Vor 52.000 ± 28.000 Jahren kam es zur Verzweigung zwischen der afrikanischen und nicht-afrikanischen Population, dem Zeitpunkt der mitochondrialen Eva aller nicht afrikanischen Menschen.
• Hinweise für eine rasche Expansion des nicht-afrikanischen Astes ergaben sich vor etwa 1925 Generationen, also vor 38.500 Jahren, wenn man als Generation 20 Jahre ansetzt.

Diese Befunde sagen aber nicht aus, dass wir, die heutigen Menschen, von einer einzigen Frau abstammen. Dazu muss man sich in Erinnerung rufen, dass die Berechnungen nur

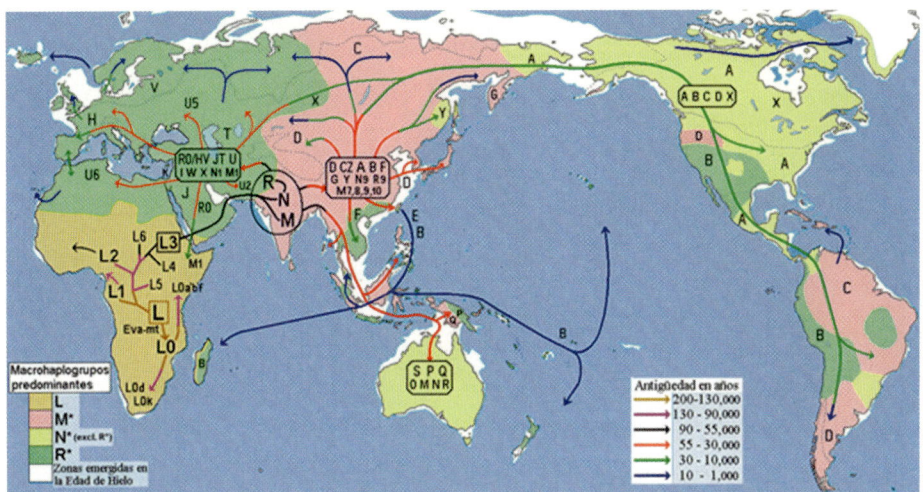

Abb. 4.1 Die Ausbreitung des Y-Chromosoms und vorherrschende Makrohaplogruppen. (Mauricio Lucioni: http://commons.wikimedia.org/wiki/File:Migraciones_humanas_en_haplogrupos_mitocondriales.PNG)

auf dem Gendrift der mitochondrialen DNA beruhen und der Genpool der Chromosomen unberücksichtigt bleibt. Somit können wir nicht nur auf eine, sondern vielleicht auf 1.000 oder auch 10.000 Mütter zurückblicken. Dennoch sind die Befunde interessant, weil sie zumindest für einen Genausschnitt die Reduktion auf eine Vorfahrin nachgewiesen haben (für einen Überblick zur mitochondrialen Eva siehe Oppenheimer, 2004).

Es gibt auch den „Adam des Y-Chromosoms". Wie bei der mitochondrialen DNA nur die weibliche Abstammung verfolgt werden kann, so liefert die Analyse des Y-Chromosoms nur die männlichen Ahnen. Wichtig sind sogenannte genetische Marker, nämlich DNA-Abschnitte, die als Varianten einzelne Abstammungslinien kennzeichnen und damit auch die Verbreitungswege des modernen Menschen erkennen lassen. Aus der Analyse von Y-DNA-Haplogruppen kann man die Ausbreitung und das Alter der jeweiligen Population auf der Erde schätzen (neuere Ergebnisse von Cruciani et al., 2011). In Abb. 4.1 sind die Ausbreitung des Y-Chromosoms und die geschätzte Zeiten des Auftretens in einzelnen Erdregionen angegeben.

Noch bedeutsamer ist die Analyse großer Nukleodit-Sequenzen in den Genen oder des gesamten Genpools an heute lebenden Menschen (Stix 2009). Wie schon dargestellt, belegen die Berechnungen eine Abnahme der Genvielfalt mit zunehmender Entfernung von Afrika, während in Afrika die größte genetischer Diversität existiert. Dies ist wohl der entscheidende Beleg für die Out-of-Africa-Theorie (s. auch Hopkin 2005). Es gibt aus heutiger Sicht daher auch keine menschlichen Rassen. Dazu ist die Genvariation zu gering.

Aus Sicht der Evolutionsbiologie ist die geringe Genvielfalt im restlichen Teil der Welt äußerst bedenklich, da wir im Falle von gesundheitlichem Stress wenig widerstandsfähig sind und als Population eigentlich schon ausgestorben sein müssten. Dass dies nicht der

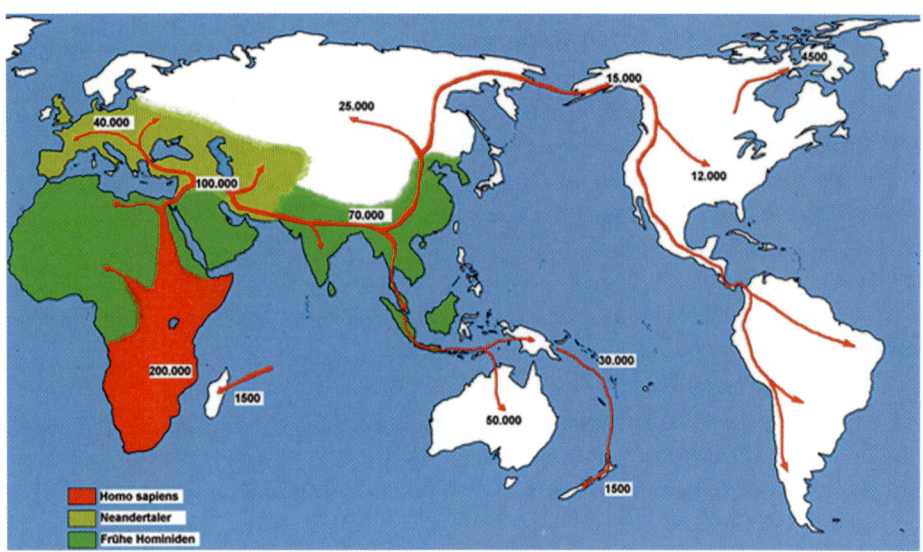

Abb. 4.2 Ausbreitung von Homo sapiens, Neandertaler und Homo erectus. (http://commons. wikimedia.org/wiki/File:Spreading_homo_sapiens.jpg)

Fall ist und wir im Gegenteil einen gewaltigen Siegeszug der Verbreitung über die Erde angetreten haben, verdanken wir gewiss nicht unserer mageren biologischen Ausstattung, sondern spezifischen Fähigkeiten und der Kultur. Zudem zeigen die menschlichen Populationen außerhalb Afrikas Genveränderungen, die als Anpassung an die neue Umgebung gewertet werden können.

Da man inzwischen davon ausgeht, dass der Homo sapiens im Nahen Osten bereits vor 80–100.000 Jahren Fuß gefasst hat, muss die Auswanderung aus Afrika spätestens um diese Zeit eingesetzt haben, also früher als die Schätzung der Y-Chromosomen-Ausbreitung. Abbildung 4.2 stellt die Ausbreitung des Homo sapiens des Neandertalers und der früheren Hominiden (Homo erectus) gegenüber. Aus der Abbildung geht auch hervor, dass Südostasien und Australien früher besiedelt wurden als das nördliche Asien und natürlich als Amerika.

Klein et al. (1994) nutzen zum Vergleich das äußerst vielfältige Erbmaterial für bestimmte Moleküle des Immunsystems, die MHC-Proteine (Abkürzung für Major Histocompatibility Complex). Diese Proteine sind so spezifisch, dass es kaum zwei Menschen mit identischem MHC gibt (hoher Polymorphismus). Diese außerordentliche Vielfalt ist nur möglich, wenn die Gründerpopulation groß war. Die Autoren schätzen sie auf mindestens 500, wahrscheinlich aber 10.000 sich fortpflanzende Individuen.

4.2   Was ist neu am Homo sapiens?

Wie wir schon gezeigt haben, ist eine Reihe von Merkmalen des Homo sapiens auch bei anderen Homoarten vorhanden. Dazu gehören der Werkzeuggebrauch, die wachsende Zeittiefe, Planungsleistungen und Sozialverhalten. Alle diese Merkmale lassen sich beim Menschen als ein Mehr bezeichnen, ein Mehr an Werkzeugentwicklung, an wachsender Zeittiefe und damit an Planungsleistung sowie ein Mehr an sozialer Kompetenz. Über diese eher kontinuierliche Entwicklung hinaus aber dürfte es auch qualitative Unterschiede geben. Zu den neuen Merkmalen kann man die Sprache, die Theory of Mind und die Fähigkeit zu symbolisch-abstraktem Denken rechnen.

Sprache

Von der Sprache war bereits in Kap. 2 die Rede, sodass hier nur nochmals die zwei Komponenten der Nutzung von Sprache diskutiert werden sollen. Die eine Funktion besteht darin, dass man Wörtern Begriffe, d. h. Klassen von Gegenständen oder einem bestimmten abstraktes Merkmalsmuster zuordnen kann. Die zweite Funktion beinhaltet die Nutzung der Sprache als Mittel zur Kommunikation.

Forschungen haben gezeigt, dass Schimpansen sehr wohl die begriffliche Seite der Sprache verstehen. Abbildung 4.3 zeigt eine Liste von Begriffen, die Schimpansen zur Zielerreichung nutzen können. Sie verstehen und nutzen sowohl symbolisierte Substantiva wie Rucksack, Nudel oder Namen (z. B Kanzi für einen der menschlichen Partner), als auch Verben (kommen, fühlen) und Adjektiva (gut). Schimpansen haben also eine Art begrifflichen Denkens. Da sie aber nicht über Sprechwerkzeuge verfügen, hat sich bei ihnen die Sprache nicht als Kommunikationsmittel entwickeln können. Während der Neandertaler vermutlich schon das Broca'sche und Wernicke'sche Sprachzentrum besaß, sind diese beiden Zentren beim Schimpansen noch nicht ausgebildet.

Theory of Mind

Dieser nur schwer übersetzbare Fachausdruck (Theorie des Verstandes) bezieht sich auf die Erkenntnis, dass andere Personen wie wir selbst ein Wissen über Sachverhalte habe, dass sie Gefühle und Motive besitzen. Wichtig dabei aber ist die Einsicht, dass andere ein unterschiedliches Wissen über ein und denselben Sachverhalt besitzen und dass sie in der gleichen Situation andere Gefühle und Motive haben können als man selbst. In der menschlichen Entwicklung taucht die Theory of Mind mit etwa vier Jahren auf (s. Kap. 9). Bis jetzt nimmt man an, dass Tiere nicht die Theory of Mind besitzen, da alle Versuche eines Nachweises bislang fehlgeschlagen sind. Freilich wissen wir auch nicht, ob frühere Hominiden schon über die Theory of Mind verfügten. Wie auch immer, diese Fähigkeit erweitert die Möglichkeiten der Verständigung und der Kooperation in der

Abb. 4.3 Symboltafel im Great-Ape-Trust-Sprachprojekt. Schimpansen können mit Symbolen, die Begriffe repräsentieren, kommunikativ umgehen. (Henschel 2007, GEOWISSEN Nr. 40, S. 97). (mit freundlicher Genehmigung von Picture Press GmbH Hamburg)

Gruppe gewaltig. Die Weitergabe einer Information ist effektiver, wenn der Sender weiß (oder eine „Theorie" darüber hat), welchen Kenntnisstand der Empfänger besitzt. Konflikte lassen sich besser bearbeiten, wenn man den emotionalen Zustand des anderen einschätzen kann.

4.3 Kunst und Religion als Kriterien des modernen Menschen

Wenn Homo sapiens schon 200.000 Jahre existiert, erhebt sich die Frage, wann, zu welchem Zeitpunkt er geistige Fähigkeiten erworben hat, die sich nicht mehr von denen des modernen Menschen unterscheiden. Dazu kann man zwei Annahmen treffen: Die eine unterstellt, dass Homo sapiens schon von Anfang seines Bestehens die gleichen intellektuellen Voraussetzungen besaß wie wir, sie aber nicht nutzte. Er würde dann einem ~~Mangel~~ *Verlust* modernen Menschen gleichen, der aufgrund seiner Lebensgeschichte (geringe oder keine Bildung, extreme Umweltdeprivation) seine Fähigkeiten nicht nutzt und als geistig zurückgeblieben eingestuft wird. Die andere Annahme postuliert eine evolutionäre und kulturelle Entwicklung, die das intellektuelle Niveau des Menschen sukzessive verändert. Bei der Festlegung auf einen ungefähren Zeitpunkt für das Niveau des modernen Menschen verlässt sie sich nur auf Funde, die den Beweis liefern, wann Homo sapiens unser heutiges intellektuelles Niveau erreicht hat.

Kulturelle Revolution im Aurignacien?

Beginnen wir mit der Fundlage. Welche Kennzeichen gibt es dafür, ab wann Homo sapiens der Altsteinzeit sich mental nicht mehr vom modernen Menschen unterschied? Da wäre zunächst als erstes die Sprache zu nennen. Hätten wir Beweise, dass Menschen vor 40.000 Jahren ein den unsrigen Sprachen ähnliches Kommunikationswerkzeug besessen und genutzt haben, so wäre dies ein hartes Kriterium. Wir können vermuten, dass Sprache noch älter als der Homo sapiens ist und dass der Mensch auch schon vor 200.000 Jahren der Sprache mächtig war. Aber wir können nichts über die Struktur dieser etwaigen Sprachen sagen. Ein zweites Kriterium wäre die Komplexität des Werkzeugbaus. Hier finden wir in der Tat eine deutliche Verbesserung, wie wir bereits an der Lavalois-Technik zeigen konnten (s. Abb. 3.4 in Kap. 3). Vor ungefähr 35.000 Jahren tauchen bis dahin unbekannte Werkzeugtypen und Geräte aus Stein, Knochen und Geweihen auf.

Doch ist kaum nachzuweisen, dass solche Leistungen relativ plötzlich auftraten. Auch lässt sich nicht sagen, warum ein bestimmtes Komplexitätsniveau des Werkzeugbaus dem intellektuellen Niveau des modernen Menschen entspräche. Die Größe des Gehirns als Indikator für intelligente Leistungen kann ebenfalls nicht herangezogen werden, denn das Gehirn hat sich in den letzten 200.000 Jahren nicht so abrupt verändert, dass man auf einen geistigen Sprung in der Entwicklung schließen könnte. So müssen wir nach anderen

Abb. 4.4 Die schwäbische
Venus, 35.000–40.000 Jahre alt
(Hohle Fels-Höhle in der
Schwäbischen Alb).
(http://commons.wikimedia.
org/wiki/File%
3AVenusHohlefels2.jpg. By
Ramessos (Own work)
[CC-BY-SA-3.0
(http://creativecommons.org/
licenses/by-sa/3.0)], via
Wikimedia Commons)

Artefakten Ausschau halten, die ein sicherer Beleg für die „Modernität" des frühen Homo
sapiens sind. Die Forscher sehen diesen Beleg in Gegenständen, die auf Kunst und religiöses Denken hinweisen. Das Jahr 2009 war diesbezüglich ein Glücksjahr. Man fand in
der Höhle Hohle Fels in der Schwäbischen Alb eine kleine Figur mit ausgeprägten weiblichen Merkmalen (s. Abb. 4.4), die als Venus bezeichnet wird und offenbar Fruchtbarkeit
symbolisiert. Sie mag als Gottheit oder magischer Gegenstand gedient haben. In der Nähe
hatte man schon zuvor das Mammut vom Vogelherd gefunden (Abb. 4.5). Beide Fund-
stücke sind 35 bis 40.000 Jahre alt. Im ehemaligen Donautal bei Geißenklösterle fanden
sich erste Musikinstrumente, nämlich Reste von Knochenflöten aus Mammutknochen, die
nach neuer Datierung 43.000 Jahre alt sind (Journal of Human Evolution online 2012).

Kunst, Musik und Religion sind Belege für „modernes" Denken. Warum? Symbolisches Denken meint, dass der Mensch Vorstellungen besitzt und dass er diese symbolisch

Abb. 4.5 Mammut vom
Vogelherd: 35000 Jahre alt
(Schwäbische Alb).
(http://commons.wikimedia.
org/wiki/File:Vogelherd_
Mammut_2006.jpg.
Attribution: Thilo Parg
[CC-BY-SA-3.0
(http://creativecommons.
org/licenses/by-sa/3.0)], via
Wikimedia Commons)

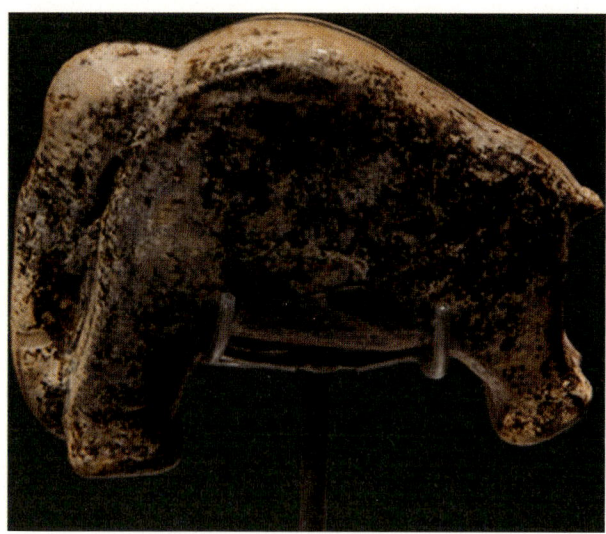

in Gegenständen manifestiert. Diese Gegenstände meinen etwas, dass über sie hinausweist. Sie stehen für etwas anderes: eine Idee, eine Vorstellung, eine Reflexion über die eigene Existenz. Das Vorhandensein von Musikinstrumenten belegt natürlich musikalische Praxis, eine kulturelle Praxis, die jenseits von der Beschaffung von Nahrung, Kleidung und Wohnung ästhetischen, emotionalen und wohl auch religiösen Ausdruck menschlicher Daseinserfahrung beinhaltet. Die Funde aus der Schwäbischen Alb beweisen, dass der Mensch damals bereits symbolisches Denken besaß und anwandte.

Da nun diese Funde auf die Zeit vor 35–40.000 datiert werden können, nehmen viele Paläontologen an, dass es damals einen geistigen Big Bang gegeben habe. Andere wiederum gehen von der Hypothese einer kontinuierlichen geistig-intellektuellen Entwicklung aus. Der Kulturanthropologe Randall White gehört zur ersteren Gruppe. Er spricht von einer kulturellen Evolution im Aurignacien, das ist die Epoche zwischen 40-30.000 Jahre vor unserer Zeit. White (1994) zeigt, dass die Verzierung von Gebrauchsgegenständen, mehr noch aber die Herstellung und das Tragen von Schmuck, die These von der relativ plötzlichen kulturellen Veränderung in Europa unterstützt. Das fast explosionsartige Auftreten von Schmuck deutet seiner Meinung nach darauf hin, dass Schmuck als Körperzier auch eine gesellschaftlich-soziale Funktion gehabt haben muss. So wie wir heute Schmuck und Körperbemalung bei manchen Völkern als Ausdruck von sozialem Status beobachten, so könnte Schmuck auch damals mit gesellschaftlichen Rollen, wie Alter, Ansehen, Geschlecht verbunden gewesen sein. In jedem Falle aber symbolisiert Körperschmuck etwas, das über den anschaulichen Charakter von Kette, Anhänger, Körperfarbe hinaus symbolische Bedeutung besitzt.

Inzwischen wurde die These von der plötzlichen kulturellen Evolution oder Revolution durch neue Funde aus dem Süden Afrikas in Frage gestellt. Jacobs und Roberts (2009) behaupten, dass Menschen, die vor über 70.000 Jahren in der Blombos-Höhle an der südafrikanischen Küste lebten, schon einen Verstand wie wir besaßen. Das würden symbolische Gegenstände beweisen, die von diesen Menschen angefertigt worden waren. Sie gravierten Ritzmuster auf Ockerbarren ein, fertigten feingearbeitete Spitzen und durchbohrten winzige Schneckenhäuser, die vermutlich zu Ketten aufgezogen wurden. Diese sogenannte Stillbay-Kultur fand sich an drei Stellen in Südafrika, aber sie dauerte nur kurze Zeit. Alle Funde konzentrieren sich nach heutigen, schon recht präzisen Altersschätzungen auf nur 1000 Jahre (vor 72–71.000 Jahren).

Eine zweite frühe Kultur mit ähnlichen Hochleistungen ist die Howleson's-Poort-Kultur. Von ihr existieren immerhin acht Fundorte. Die Funde datieren allesamt zwischen ca. 65.000 und 60.000 Jahren. Interessanterweise ist der Zeitraum beider Kulturen an den verschiedenen Fundstellen gleich. Die Kulturen entstanden relativ plötzlich und verschwanden nach kurzer Zeit auch wieder vollständig. Als Hauptgrund für den Untergang der Kulturen nehmen Jacobs und Roberts (2009) eine relativ geringe Populationsgröße an, weil Krankheiten oder Katastrophen kleine Populationen leicht zum Aussterben verurteilen können.

Die Höhlenmalerei, ein neuer Entwicklungsschritt?

Dennoch sind die Leistungen dieser Kulturen nicht mit den künstlerischen und symbolträchtigen Leistungen des Aurignac zu vergleichen. Bezieht man die Höhlenmalereien mit ein, so wird der kulturelle Sprung noch deutlicher. Sie stellen wesentlich größere Anforderung an die geistige Kapazität des Künstlers als Kleinplastiken. Hinzu kommen die Schwierigkeiten der Anfertigung solcher Gemälde unter extremen Bedingungen. Eine Vielfalt von Wissen über die Herstellung von Farbe und im Anbringen an den Wänden war nötig, um die Bilder fertigzustellen.

So wäre zu erwarten, dass die Höhlenmalerei deutlich später auftritt als die Fertigung von Kleinpastiken. Bis vor kurzem schien die Fundlage diese Annahme zu bestätigen. Die ältesten (einfarbigen) Höhlenmalereien stammten aus der Zeit vor 22.000 bis 24.000 Jahren (Südfrankreich: Rouffignac). Die ältesten mehrfarbigen Bilder waren 18.000 Jahre alt (aus der Höhle Les Trois Freres, Südfrankreich). In jüngerer Zeit hat sich die Situation grundlegend geändert. In der Grotte Le Chauvet in Südfrankreich fand man eine Fülle von reichhaltigen bunten Malereien, die den späteren berühmten Höhlenzeichnungen von Lascaux und Altamira in nichts nachstehen, aber wesentlich älter sind (bis 32.000 Jahre). Sie sind in dem Dokumentarfilm „Cave of Forgotten Dreams" in phantastischer Weise festgehalten und können dort in allen Details betrachtet werden. Schließlich fanden Forscher in der eingestürzten Höhle Abri Castanet in Südfrankreich Gravuren und ockerfarbene Zeichnungen von Tieren und geometrischen Formen, die möglicherweise noch älter sind als die von Le Chauvet (PNAS Media Summaries for May 14–May 18, 2012).

Marc Azéma (2013) glaubt belegen zu können, dass die Menschen jener Zeit auch schon versucht haben, Bewegungsabläufe filmartig darzustellen. Zum einen gibt es Bilder von Tieren, die mit mehr als vier Beinen dargestellt sind, um das Springen zu veranschaulichen. Im flackernden Feuer, bei dem die Beleuchtung hin und her schwankt, kann der Eindruck des Laufens oder Springens entstehen. So ist in der Chauvet-Höhle ein Wisent mit acht Beinen abgebildet. Die Herbeiführung einer Bewegungsillusion geht aber noch weiter. Im 19. Jahrhundert kam die sogenannte Wunderscheibe auf. Die eine Seite zeigte beispielsweise einen Käfig, die andere einen Vogel. Ließ man die Scheibe rotieren, sodass in rascher Folge beide Bilder zu sehen waren, entstand der Eindruck, der Vogel sitze im Käfig. Azéma beruft sich auf die Entdeckung seines Kollegen Florent Rivière, der zeigt, dass bei bislang als „Knöpfe" eingestuften Scheiben dieses Prinzip bereits vor 15.000 Jahren genutzt wurde. Auf der einen Seite der kleinen Scheibe ist eine stehende, auf der anderen Seite eine sitzende Gämse dargestellt. Bei Rotation ergibt sich der Eindruck, dass das Tier sich abwechselnd erhebt und hinlegt.

Niemand bezweifelt heute, dass es sich bei den Höhlenmalereien, vor allem in Le Chauvet, Lascaux und Altamira um Kunstwerke hohen Ranges handelt. Picasso äußerte im Anblick dieser Bilder, nach Altamira wirke alles dekadent.

Das Faktum, dass Höhlenmalerei und Anfertigung von Plastiken fast zur gleichen Zeit auftreten, unterstützt die Hypothese von der kulturellen Revolution oder dem Big Bang vor vierzigtausend Jahren.

Totenbestattung

Die Art der Totenbestattung lässt Rückschlüsse auf das Vorhandensein religiösen Denkens zu. Wenn Tote sorgsam bestattet werden, wenn sie darüber hinaus Schmuck am Leibe tragen und weitere Beigaben im Grab zu finden sind, und schließlich, wenn das Grab selbst sich als Denkmal deutlich aus dem Umfeld hervorhebt, ist die Annahme berechtigt, dass die Bestatter an ein Leben nach dem Tod glaubten und religiöses Denken ihr Tun bestimmte. Religiös ist hier in einem sehr weiten Sinne zu verstehen, da wir nichts über die Inhalte und Vorstellungen der damaligen Menschen wissen. Es meint zunächst nur ein Denken, das die Existenz des Menschen über den Tod hinaus annimmt. Die Zeittiefe als Dimension der Weltsicht weitet sich aus, entweder ins Unendliche oder doch beträchtlich über den biologischen Tod hinaus. Wir werden uns in Kap. 12 noch ausführlich mit Religiosität befassen. In vorliegendem Zusammenhang geht es nur um die Frage, ob und ab wann Totenbestattung auf einen Glauben an das Fortleben nach dem Tod hinweist.

Manche vermuten, dass schon der Neandertaler Totenbestattung kannte. Darauf haben wir in Kap. 2 bereits hingewiesen. Die Beweise für diese Annahme sind bislang aber noch dürftig. Beim Homo sapiens dagegen gibt es frühzeitig Funde von Totenbestattung. Es gibt Gräber mit reichgeschmückten Toten. So fand man bei Vladimir nördlich von Moskau ein etwa 25.000 Jahre altes Grab. Auf dem Körper des Toten befanden sich mehr als 30.000 Elfenbeinperlen. Grabbeigaben und Schmuck am Toten sind ein klarer Hinweis, dass man an ein Fortleben nach dem Tode glaubte. Wie dieser Glaube im Einzelnen ausgesehen hat, wissen wir nicht. Vielleicht ging es darum, das Leben nach dem Tode möglichst angenehm zu gestalten. Es ist auch möglich, dass man sich vor dem Geist des Verstorbenen fürchtete und ihn gnädig stimmen wollte. Der Vergleich mit isolierten schriftlosen Kulturen zeigt, dass auch heute noch Vorstellungen existieren, die den Ahnenkult als Zentrum des religiösen Verständnisses haben. So berichtet Hutchins (1983), dass die Trobriander (Südsee) glauben, die Toten würden sie als Geister besuchen. Die Kosi sind die jüngst Verstorbenen, die eine Woche lang nach dem Begräbnis ihr Unwesen treiben. Hutchins führt dies auf Schuldgefühle der (erwachsenen) Kinder gegenüber ihren Eltern zurück, diese würden ihre Nachkommen wegen vernachlässigter Pflichten bestrafen.

Die Rolle der Großeltern

Rachel Caspari (2012) weist darauf hin, dass Großeltern bei der kulturellen Revolution eine wichtige Rolle gespielt haben könnten. Sorgfältige Analysen von Knochenfunden des Homo erectus, des Neandertalers und des Homo sapiens haben ergeben, dass erst vor 30 bis 40 Tausend Jahren die Menschen älter als 30 Jahre wurden. Ältere Individuen gibt es also erst spät in der menschlichen Evolution. Da gleichzeitig mit der quasi sprunghaft auftretenden höheren Lebenserwartung ein deutlicher Schub in der Werkzeugentwicklung und der Herstellung von Kunst (Kleinplastiken, Höhlenmalerei) einher geht, vermutet Caspari, dass Großeltern dabei eine wichtige Funktion erfüllt haben. Dafür führt sie eine Reihe von Gründen an: Großeltern konnten sich an der Erziehung und Behütung der Enkelkinder beteiligen, sodass sich die Eltern anderen Aufgaben zuzuwenden vermochten. Weiterhin ergab sich aus der längeren Lebensdauer, dass Großeltern selbst noch Kinder bekamen, wodurch sich die Population deutlich erhöhte. In größeren Gruppen kann sich Kultur leichter weiter entwickeln, weil eine bessere Funktions- und Arbeitsteilung möglich wird. Nicht nur die Überlebenschancen wachsen mit der Gruppengröße, sondern auch die Sicherung und Nutzung des vorhandenen Wissens. Die Erhaltung und Weitergabe von Wissen ist durch Großeltern besser gewährleistet als in Gesellschaften mit nur zwei Generationen.

Allerdings kann man hier Ursache und Wirkung auch vertauschen. Das längere Überleben wurde erst durch den kulturellen Schub möglich, denn sonst wären die Menschen ja schon früher älter geworden. Wenn allerdings die Großeltern erst einmal als neue Altersgruppe etabliert waren, konnten sie die genannten Funktionen in der Tat gut erfüllen.

Resümee

Die derzeitige Wissenslage zur Modernität des Homo sapiens lässt keine sicheren Rückschlüsse zu. Einerseits scheint es vor 40.000 Jahren tatsächlich einen kulturellen Schub gegeben zu haben. Andererseits finden wir Gravuren und schmückende Ornamente schon viel früher. Die Möglichkeit, dass bereits Neandertaler sowohl Schmuck als auch Totenbestattung kannten, darf man nach der heutigen Fundlage nicht ausschließen. Wir können einerseits mit einem kontinuierlichen Fortschritt des symbolischen Verständnisses und der künstlerisch-religiösen Ausdrucksformen rechnen. Andererseits ist es denkbar, dass von einem bestimmten Niveau der kognitiven Entwicklung an zusammen mit bestimmten uns unbekannten Umweltbedingungen ein sprunghafter Fortschritt einsetzte. Diese Sprunghaftigkeit lässt sich in der individuellen Entwicklung als das Erreichen einer neuen Stufe zeigen (s. Kap. 8). Es liegt nahe, die Befunde individueller Entwicklung auch auf die Entwicklung der Gruppe und damit der Kultur anzuwenden. Beim Kind zeigen sich strukturelle Veränderungen, die nach einer langen Lern- und Explorationsphase relativ plötzlich auftreten. Analog könnte man annehmen, dass die Kultur des Homo sapiens tatsächlich einen relativ plötzlichen Schritt gemacht hat.

4.4 Born to be wild. Passen wir in unsere neue Umwelt?

Der Mensch als Mängelwesen

Arnold Gehlen hat vor vielen Jahren den Menschen als Mängelwesen gekennzeichnet (Gehlen 1940). Wir können diese Bezeichnung auch auf die Evolution des Homo sapiens übertragen.

Der Homo sapiens ist die einzige Menschenart, die bis heute überlebt hat. Dies ist gewiss nicht seiner biologischen Perfektion zu verdanken. Neben einigen bemerkenswerten Vorteilen, wie Ausdauer beim Laufen, Sprache, Denken und soziale Kompetenz, mussten wir eine Reihe von Nachteilen in Kauf nehmen. Einige dieser Nachteile haben nichts mit unserer heutigen naturfernen Lebensweise zu tun, die meisten jedoch schon. Unabänderlich sind zum Beispiel die Erschwerung der Geburt durch den aufrechten Gang und die „falsche" Anordnung von Luft- und Speiseröhre. Der Geburtskanal hat sich durch den aufrechten Gang verengt, sodass der Kopf des Kindes größer ist als der Kanaldurchmesser. Bei unserem nächsten Verwandten, dem Schimpansen, ist der Kanal größer als der Kopf des Kindes. Die Luftröhre befindet sich bei uns vor der Speiseröhre, was bekanntlich zum Sich-Verschlucken führt und im Falle, dass eine Fischgräte in die Luftröhre gerät, sogar tödlich ausgehen kann. Manche Biologen bemerken deshalb süffisant, der Kopf des Menschen sitze verkehrt herum auf dem Körper. Damit es nicht zum Verschlucken kommt und die Nahrung tatsächlich den richtigen Weg findet, sind Schluckvorgang und Atmung genau aufeinander abgestimmt. So verschließt der Kehldeckel die Luftröhre beim Schlucken, indem er sich nach unten bewegt und die Luftröhre abdichtet. Auf diese Weise kann nichts an Speisen oder Flüssigkeiten in die Luftröhre gelangen. Obwohl dieser Mechanismus reflexartig geschieht, passiert es manchmal, dass er etwas verspätet einsetzt, z. B. wenn die Koordination zwischen Schluckvorgang und Atmung durch Sprechen oder plötzliches Lachen aus dem Takt gerät. Man „verschluckt" sich. Dieses Sich-Verschlucken ereignet sich bei älteren Menschen häufiger, weil der Mechanismus nicht mehr perfekt funktioniert.

Die Kultur hat uns von der natürlichen Lebensweise entfernt

Die meisten biologischen Nachteile unserer evolutionären Anpassung hängen jedoch mit der von uns selbst geschaffenen Umwelt zusammen. Wir haben uns in der Wildnis entwickelt und sind für die Wildnis geschaffen: Born to be wild, wie der Pädiater Renz-Polster (2009) es ausdrückt. Dies zeigt sich am meisten aus der Vorliebe bei der Nahrungsaufnahme. Nahrungsmittel, die Fett und Zucker enthalten, schmecken uns besonders gut, und da wir sie in Überfluss zur Verfügung haben, nehmen wir sie auch im Übermaß. Einstmals waren Fett und Zucker wichtig, denn unser Gehirn ist ein Luxusorgan, das viel Energie benötigt, die kurzfristig von Zucker, langfristig vom Fett gespendet wird. In der Frühzeit des Menschen war diese Geschmackspräferenz sinnvoll, da es Zucker und Fett nicht im Überfluss gab und zudem die Menschen sich vielmehr bewegen mussten als heute. Deshalb müssten wir erstens die Nahrungsrationen verringern und zweitens uns wesentlich mehr bewegen, um der Biologie unseres Körpers gerecht zu werden.

Ein zweiter Faktor, den uns die Evolution beschert hat, ist die Adrenalinausschüttung bei Erregung und Stress. Sie diente der Aktivierung des Körpers zu Hoch- und Höchstleistungen angesichts von Gefahren, denen es zu entfliehen galt, oder bei der Jagd auf Wild, das verfolgt werden musste. Heute begegnen wir solchen Adrenalinausschüttungen nicht mit Bewegungsausgleich und körperlichen Anstrengungen, sondern sind gezwungen, im Auto, am Schreibtisch oder vor dem Vorgesetzten ruhig sitzen zu bleiben. Dieses sozial angepasste, aber biologisch dysfunktionale Verhalten rächt sich durch Magengeschwüre und andere Magendarmbeschwerden.

Evolutionsmediziner führen eine ganze Liste von Mängeln auf, die uns zu schaffen machen, weil wir uns nicht mehr so verhalten, wie es die Natur vorsieht: Falsche Zahnstellung durch Unterforderung des Kauens, Diabetes vom Typ 2 durch Bewegungsarmut und Nahrungsüberschuss, Überbelastung der unteren Lendenwirbel durch zu langes Sitzen (wir sind für den aufrechten Gang und nicht fürs Sitzen gebaut), Hämorrhoiden, ebenfalls durch vieles Sitzen, Abnahme der Knochendichte durch mangelnde Bewegung, Veränderung der Füße durch Tragen von Schuhwerk (Barfußgehen ist die natürliche Art des Gehens) und vieles andere mehr. Das einfachste Rezept der Mediziner ist auch das wirksamste: Diät (fett- und zuckerarme Nahrung) und Bewegung.

Die Mahnungen und Empfehlungen der Evolutionsmediziner haben nur einen kleinen Schönheitsfehler, sie unterschlagen, dass wir heute doppelt bis dreimal so alt wie die Steinzeitmenschen werden und dass die Lebenserwartung laut Hochrechnung immer noch ansteigt. Trotz unseres Fehlverhaltens sind wir gesundheitlich besser dran als unsere Vorfahren. Aus unserer höheren Lebenserwartung lässt sich schließen, dass das Potenzial für langes Leben schon damals vorhanden war, aber infolge der harten Lebensbedingungen nicht zum Zug kommen konnte.

Hier kommt erstmals die menschliche Kultur ins Blickfeld. Infolge der Krankheitsbekämpfung und der medizinischen Fortschritte generell findet die natürliche Selektion vielfach nicht mehr statt. Chronische Krankheiten werden weiter vererbt. Nicht mehr die biologische Fitness dient als Selektionskriterium, sondern Fähigkeiten, die in der jeweiligen Kultur wichtig sind. In unserer Kultur sind dies Intelligenz, Kreativität, soziales Geschick und Leistungsmotivation. In einer Überflussgesellschaft ist die Sterblichkeitsrate geringer und die Lebenserwartung höher, unabhängig von der durchschnittlichen biologischen Fitness, die in durch Mangel geprägten Kulturen frühzeitig durch Krankheitserreger und Ernährungsdefizite zerstört wird. Schon jetzt deutet sich an, was wir später noch ausführlich zu diskutieren haben, nämlich dass Kultur nicht auf evolutionäre Gesetzmäßigkeiten reduziert werden kann, sonst würde sie nicht – wie heute – antievolutionär Einfluss nehmen.

Ein Glücksfall für den Homo sapiens: Klima-Stabilität

Trotz der oben geschilderten immensen Errungenschaften der jüngeren Altsteinzeit vollzog sich die kulturelle Entwicklung immer noch langsam. Es dauerte Jahrzehntausende, bis die ersten Symbolfiguren auftauchten. Aber etwa 10.000 Jahre vor unserer Zeitrechnung beschleunigte sich die kulturelle Entwicklung dramatisch. Die Menschen wurden sesshaft, bauten Feldfrüchte an und hielten sich Haustiere. Es dauerte nicht lange, da entstanden die ersten Städte. Als älteste bislang entdeckte Stadt gilt Jericho, dessen Geschichte bis vor 13.000 Jahren zurückreicht. Zu den Funden zählen die ältesten Steinbauten der Menschheit, ebenso wie die älteste Treppe. Çatalhöyük in Ostanatolien wurde ca. 7.500 v. Chr. gegründet. Es folgten die Hochkulturen von Ur, Ägypten, Babylonien und Assyrien. Mit anderen Worten, es vollzog sich vor etwa zwölftausend Jahren ein Wandel, der eine Fülle neuen Wissens, komplexere gesellschaftliche Strukturen und eine Absicherung der Ernährung der Bevölkerung mit sich brachte, ein Wandel, der frühzeitig zu Hochkulturen führte. Was hat diese Veränderung bewirkt?

Ein entscheidender Faktor dürfte die Klimaerwärmung und die darauffolgende relative Stabilität des Klimas gewesen sein. Die starken Klimaschwankungen der vorausgehenden Jahrtausende machten Sesshaftigkeit, Ackerbau und Viehzucht unmöglich. Der Mensch konnte nur als Jäger und Sammler überleben. Vor allem das milde Klima im Nahen Osten und die günstigen Auswirkungen der Flusslandschaft (Euphrat und Tigris für die Hochkulturen des Nahen Ostens, der Nil für Ägypten) ermöglichten den kulturellen Aufschwung des Menschen. Hinzu kommt vielleicht noch, dass der Homo sapiens bereits vor 100.000 Jahren aus Afrika in die Halbinsel Arabien eingewandert ist und dort eine besonders lange Entwicklungsgeschichte hinter sich hat.

Heute wie damals bedeutet eine gravierende Klimaveränderung in Richtung Eiszeit oder – was weltweit wahrscheinlicher ist – in Richtung Erwärmung durch den Treibhauseffekt für den Homo sapiens eine Katastrophe großen Ausmaßes. Allerdings besitzt der Mensch heute andere technische Mittel zur Bewältigung einer Klimakatastrophe und damit größere Überlebenschancen als damals. Dennoch würde eine Klimakatastrophe eine gewaltige Menge an Opfern fordern und sicher auch gesellschaftliche Umwälzungen großen Ausmaßes mit sich bringen. Wir sind gerade dabei, das große Geschenk der Klimastabilität zu zerstören. Das ist Dummheit und Verbrechen in Potenz.

Erforschen wir unser evolutionäres Potenzial

Am Ende dieses Kapitels soll aber ein positiver Ausblick stehen. Man hat viel über Vor- und Nachteile unserer evolutionären Ausstattung geschrieben, dabei aber einen Aspekt, nämlich das Ausloten der unbekannten Potenziale des Homo sapiens, wenig ins Auge gefasst. Die Menschheitsgeschichte hat gezeigt, dass wir nur allmählich auf die Möglichkeiten gestoßen sind, die in uns stecken. Der Erwerb der Schriftsprache und die damit verbundene Geschwindigkeit des Lesens entwickelten sich relativ spät. Unsere Buchstabenschrift beispielsweise leitet sich nach Breckle (2005) aus den altsinaitischen Hieroglyphen her. Das phönizische Alphabet entsteht um 1000 v. Chr., das erste griechische Alphabet findet sich um 850 v. Chr. und die Rechtsläufigkeit der Schrift bei den Griechen im 4. Jahrhundert. Mit dem Aufkommen der Schriftsprache entsteht eine Fertigkeit, die ohne diese kulturelle Entwicklung verborgen geblieben wäre: die Lesefertigkeit. Die Lesegeschwindigkeit wurde in einer amerikanischen Studie gemessen. In der ersten Klasse beträgt die Anzahl der gelesenen Wörter immerhin schon 80, in der 6. Klasse bereits 185 und im College 280 pro Minute. Ähnlich verhält es sich mit grob- und feinmotorischen Leistungen. Die Voraussetzungen für handmotorische Fertigkeiten und die Geschwindigkeit der Informationsverarbeitung dürften seit Bestehen des Homo sapiens existiert haben. Ihre volle Nutzung erfolgt erst in der Neuzeit, z. B. beim Schreibmaschineschreiben und vor allem beim Klavier- und Violinspiel. Die Virtuosität bei der Beherrschung von Musikinstrumenten hat sich im 20. Jahrhundert noch drastisch gesteigert. Ähnliches gilt für den Sport, in dem die Geschwindigkeit (Lauf, Eislauf, Abfahrtslauf) und die Körperkraft (Gewichtheben, Kugelstoßen) ständig zunehmen. Das Potenzial zu diesen Leistungen ist vielleicht 100.000 Jahre alt, war aber lange unbekannt und wurde erst in den jeweiligen historischen Epochen, vor allem aber in der Neuzeit genutzt. Wir wollen uns die Problematik der modernen Rekordsucht für später aufsparen. Jetzt geht es nur um das Faktum, was der Mensch an körperlicher Geschicklichkeit zuwege bringt oder in früheren Zeiten zuwege gebracht hat. Die jeweilige Kultur, nicht die Natur, bietet Nischen, in denen evolutionäre Potenziale, die sonst verborgen blieben, genutzt werden.

Natürlich lässt sich diese Perspektive auch auf geistige Leistungen anwenden. In Griechenland konnte sich aus dem vorhandenen Wissen der Babylonier und Ägypter die abstrakte axiomatische Mathematik entwickeln, eine Leistung, die nur unter spezifischen Bedingungen der griechischen Kultur entstehen konnte (s. Kap. 13). Potenziell sind diese Denkleistungen im Homo sapiens grundgelegt, sonst könnten sie nicht irgendwann und unter günstigen Bedingungen auftreten. Wir werden uns mit der Mathematik noch in Kap. 13 und 15 genauer beschäftigen.

Es lässt sich also folgern, dass wir gar nicht wissen, was noch alles in uns steckt. Unsere Entwicklungsmöglichkeiten sind nicht bekannt und daher ist die menschliche Entwicklung offen. Die Idee, der Mensch entwickle sich in der Evolution erst zu dem, was aus ihm werden könnte, wurde bereits von Taillard de Chardin (1961) vertreten, der Evolution und Religion versöhnen wollte.

Gespräch der Himmlischen

Aphrodite: Dieser Text scheint mir wenig geordnet: erst die Ausbreitung des Menschen, dann etwas über Religion und Kunst in der Frühzeit, und schließlich eine Aufzählung von Mängeln, die der Mensch hat.

Athene: Jetzt geht es erstmals um den Menschen, mit dem wir ausschließlich zu tun haben, dem Menschen, der uns geschaffen hat. Das ist der Homo sapiens. Er ist aus Afrika ausgewandert und irgendwann mal auch nach Griechenland gekommen. Der zweite Teil über Kunst und Religion erzählt auch von uns. Er gibt Auskunft darüber, ab wann der Mensch sich Gottheiten geschaffen hat und an ein Fortleben nach dem Tode glaubt. Dabei geht es eigentlich um die Frage, ab wann der Mensch geistig dem heute lebenden Menschen gleichgestellt werden kann. Das scheint spätestens vor fünfunddreißig- bis vierzigtausend Jahren der Fall gewesen zu sein.

Dionysos: Ja, und dann darf natürlich nicht fehlen, dass der Mensch nicht die Krone der Schöpfung ist, sondern ein mit Mängeln und Nachteilen behaftetes Wesen. Das Gute und das Schlechte gehören zusammen.

Apoll: Das Gute und zugleich Höchste beim Menschen sind Religion und Kunst, da kann man schon einige körperliche Mängel in Kauf nehmen. Ich jedenfalls stelle Kunst – und in jeder Kunst steckt auch Religion – über die praktisch so hilfreichen Werkzeuge. Der Mensch als Künstler ist mir wichtiger als der Werkzeugmacher.

Athene: Vergiss die Wissenschaften nicht. Auch sie sind jenseits praktischer Werkzeuge, benutzen sie aber für Höheres: das Erkennen.

Aphrodite: Auch für mich ist der Künstler wichtig, obwohl die Venus von Willendorf und erst recht die von Hohle Fels nicht meinem Schönheitsideal entsprechen. Aber ich selbst bin vollendet schön, sowohl in der Vorstellung des Menschen als auch in den von ihm geschaffenen Statuen, und da ärgert mich das Gerede über die durch den aufrechten Gang erschwerte Geburt, die falsche Anordnung von Luftröhre und Speiseröhre, der überflüssige Blinddarm und was es sonst noch alles gibt. In ihrer Phantasie sind die Menschen vollkommen, und sie haben mich aus ihrer Sehnsucht nach Vollkommenheit heraus geschaffen.

Dionysos: Da muss ich doch einen Wermutstropfen in den süßen Wein gießen. Schau dir mal die fetten Bäuche, dicken Ärsche und Hängebacken der saturierten überernährten *[Wohl-standsbürger]* westlichen Menschen an, da kann ich von einer Manifestation der Schönheit nichts erkennen. Sie kümmern sich nicht um Bedingungen ihrer Evolution, essen zu viel Süßigkeiten, aber auch zu viel Fleisch, es gibt eben zu viel von allem. Die Menschen machen sich selbst zu hässlichen, ungesunden Wesen.

Athene: Die Menschen hören nicht mehr auf die Götter, allenfalls noch auf dich, Dionysos, denn du predigst ja den Genuss.

Dionysos: Aber nicht den schrankenlosen. Ich bin für den Wechsel von Arbeit und Genuss. Tages Arbeit, abends Gäste, saure Wochen, frohe Feste, so hat es der Pantheist Goethe, der uns wohl am allerbesten von allen Dichtern verstanden hat, formuliert.

Athene: Ich komme nochmals zurück auf den Menschen als Künstler und als Werkzeugmacher. Es ist das Spannungsverhältnis von Homo ludens und Homo faber, von Spiel und Arbeit.

Aphrodite: Gut, dass du das gleich übersetzt hast, Latein gehört zu Minerva, nicht zu Athene.

Athene: Als Verkörperung des Rationalen frage ich mich, warum der Mensch zur symbolischen Darstellung greift, während er doch mit seinen Werkzeugen bestens zurechtkommt. Mit ihnen beherrscht er die Welt. Wozu dann also Symbolik, die auf etwas anderes verweist? Wozu dann Magie und Zauber, wozu Religion?

Apoll: Du bist eben zu rational. Die Gehirnentwicklung hat es mit sich gebracht, dass der Mensch Selbstbewusstsein besitzt, mehr noch, dass er gedanklich in der Zeit nach rückwärts und vorwärts reisen kann. Bei der Reise zurück entsteht die Frage „Wo komme ich her?", bei der Reise in die Zukunft fragt sich der Mensch „Was wird aus mir? Was ist nach dem Tod mit mir?" Das heißt, der Mensch, jedenfalls der moderne Mensch, wie es ihn seit vierzigtausend Jahren gibt, geht über sich, über sein aktuelles Dasein hinaus, er transzendiert sich. Das ist die Wurzel der Transzendenz, der Religion, der Suche nach Sinn. Bei diesen existenziellen Fragen helfen bis heute alle die vielen Werkzeuge und Maschinen nicht, die er sich geschaffen hat.

Athene: Das heißt, er greift zur Magie. Magie bedeutet ja, ein Ziel, einen Wunsch zu verwirklichen, ohne den rationalen Weg über die Naturgesetze gehen zu müssen: Fliegen ohne Fluggerät, ewiges Leben ohne Genumwandlung, seine Zukunft durch irrationale Praktiken beeinflussen, sich andere Menschen durch Zauber gefügig machen. Ob dieses magische Denken jemals aufhört? Heute müsste doch jeder Mensch wissen, dass alles naturwissenschaftlichen Erkenntnissen gehorcht. Kein aufgeklärter Mensch dürfte mehr magisch denken.

Apoll: Psst! Nicht so laut! Wenn die Menschen nicht mehr magisch denken, gibt es uns auch nicht mehr. Du kannst selbst die Antwort auf deine Frage finden, wenn du dir vor Augen hältst, dass jede wissenschaftliche Erkenntnis neue Fragen aufwirft. Die Welt, das Universum im Großen und die Elementarteilchen im Kleinen, wird immer rätselhafter, je mehr man von ihr erfährt. Und der Mensch im Alltag sieht sich tausend Problemen ausgesetzt, die er nicht naturwissenschaftlich lösen kann. Da wird immer Raum bleiben für Magie und Religion.

Dionysos: Besonders für uns Götter, denn wir sind noch recht aus Fleisch und Blut, und den Menschen nahe mit unseren Fehlern von Liebe, Eifersucht, Zorn und Rache.

Aphrodite: Und wir haben nicht die Sorgen der Menschen mit ihrer Sterblichkeit. Wir sind unsterblich, zumindest solange der Mensch nicht nur Werkzeugmacher, sondern auch Künstler ist.

Alle: Denn wir haben ja – Nektar und Ambrosia!

Literatur

Azéma, M. (2013). Höhlenkino in der Eiszeit. *Spektrum der Wissenschaft, 4,* 66–73.
Breckle, H., E. (2005). Vom Rinderkopf zum Abc. *Spektrum der Wissenschaft, 4,* 44–51.
Caspari, R. (2012). Kultursprung durch Großeltern. *Spektrum der Wissenschaft, 4,* 24–29.

Cruciani, F., Trombetta, B., Massaia, A., Destro-Bisol, G., Sellitto, D., & Scozzari, R. (2011). A revised root for the human Y chromosomal phylogenetic tree: The origin of patrilineal diversity in Africa. *The American Journal of Human Genetics, 88*(6), 814–818.

de Chardin, T. (1961).The Phenomenon of Man, Harper Torchbooks, The Cloister Library, Harper & Row, Publishers,

Endicott, P., Ho, S. Y., Metspalu, M., & Stringer, C. (2009). Evaluating the mitochondrial timescale of human evolution. *Trends in Ecology and Evolution, 24*(9), 515–521.

Fleagle, J., Assefa, Z., Brown, F. H., & Shea, J. I. (2008). Paleoanthropology of the Kibish Formation, southern Ethiopia: Introduction. *Journal of Human Evolution, 55*(3), 360–365.

Gehlen, A. (1940). *Der Mensch. Seine Natur und seine Stellung in der Welt* (15. Aufl.). Berlin: Junker und Dünnhaupt. (Wiebelsheim: Aula 2009).

Giles, R., Blanc, E., Cann, H. M., & Wallace, D. C. (1980). Maternal inheritance of human mitochondrial DNA. *Proceedings of the National Academy of Sciences of the United States of America, 77*(11), 6715–6719.

Henschel, U. (2007). Gespräche unter Verwandten. *GEOWISSEN, 40,* 95–101.

Hopkin, M. (2005). Ethiopia is top choice for cradle of Homo sapiens. *Nature News.* doi:10.1038/news050214-10.

Hutchins, E. (1983). Myth and experience in the Trobriand Islands. *The Quarterly Newsletter of the Laboratory of Comparative Human Cognition, 3,* 18–25.

Ingman, M., Kaessmann, H., Pääbo, S., & Gyllensten, U. (2000). Mitochondrial genome variation and the origin of modern humans. *Nature, 408*(6813), 708–713.

Jacobs, Z., & Roberts, R. G. (2009). Kam die Kultur aus Afkrika? *Spektrum der Wissenschaft, 12,* 66–73.

Klein, J., Takahata, N., & Ayala, F. J. (1994). MHC-Polymorphismus und Ursprung des Menschen. *Spektrum der Wissenschaft, 2,* 56–62.

McDougall, I., Brown, F. H., & Fleagle, J. G. (2005). Stratigraphic placement and age of modern humans from Kibish, Ethiopia. *Nature, 433*(7027), 733–736.

Oppenheimer, S. (2004). *The real Eve: Modern man's journey out of Africa.* New York: Carroll & Graf.

Renz-Polster, H. (2009). *Kinder verstehen. Born to be wild: Wie die Evolution unsere Kinder prägt.* Stuttgart: Kösel Verlag.

Rohde, D. L., Olson, S., & Chang, J. T. (2004). Modelling the recent common ancestry of all living humans. *Nature, 431*(7008), 562–566.

Stix, G. (2009). Wie hat sich die Menschheit ausgebreitet? *Spektrum der Wissenschaft, 9,* 58–65.

Sykes, B. (2002). *The seven daughters of Eve: The science that reveals our genetic ancestry.* Worcester, Massachusetts: W. W. Norton & Company.

White, R. (1994). Bildhaftes Denken in der Eiszeit. *Spektrum der Wissenschaft, 3,* 62–69.

Zur biologisch-psychologischen Tiefenstruktur des Homo sapiens – Bindung, Geschlecht, Sexualität, Status, Aggression und prosoziales Verhalten

5

Ordnet man den Menschen in die Tierreihe unter Berücksichtigung evolutionärer Prinzipien ein, so ist seine Tiefenstruktur, d. h. seine biologische Natur, wie bei anderen Tieren auch, zunächst durch das Geschlecht und die Sexualität gekennzeichnet. Der evolutionäre Hauptzweck einer Spezies besteht ja darin, sich erfolgreich fortzupflanzen. Da der Mensch ein soziales Tier ist, wie schon Aristoteles erkannt hat, kommen Merkmale der Meisterung von Sozialbeziehungen hinzu. Zu sozialen Gruppierungen gehört beim Tier stets die Herausbildung einer Rangordnung, die jedem Mitglied des Sozialverbandes einen Status zuweist. Auch beim Menschen können wir daher die Bildung von Rangordnungen als natürlich-biologischen Vorgang und nicht nur als kulturelles Erzeugnis erwarten. Das Zusammenleben in sozialen Verbänden erfordert wechselseitig abgestimmtes Verhalten, das den Schutz und den Zusammenhalt des Verbandes sichert. Die ethologische Forschung belegt denn auch an einer Reihe von Beobachtungen in freier Natur und an experimentellen Arrangements das prosoziale Verhalten von Tieren, die in Verbänden leben. Auch der Mensch muss daher prosoziales Verhalten, Hilfeleistung und Unterstützung nicht erst lernen, sondern besitzt eine biologische Basis dafür.

Eine Spezies kann andererseits nur überleben, wenn sie sich gegen Angriffe wehren kann und Nahrungsbeschaffung, sofern dies nötig ist, durch aggressives Verhalten absichert. Aggression zeigen soziale Tiere gegenüber anderen Gruppen ihrer Art, die das eigene Revier bedrohen oder vorhandene Ressourcen streitig machen. Es wäre naiv zu glauben, der Mensch besäße dieses Aggressionspotenzial nicht. Er wäre ohne dieses Potenzial längst ausgestorben. Heute wird diese biologisch geprägte Aggression zu einem großen Problem. Sie gefährdet die Existenz des Menschen und führt dazu, dass Konflikte inadäquat angegangen werden.

In diesem Kapitel sollen die genannten Komponenten unserer biologisch-psychologischen Tiefenstruktur näher beleuchtet werden. Es bleibt aber schon an dieser Stelle festzuhalten, dass der Mensch nicht durch diese Tiefenstruktur vollkommen determiniert ist, sondern dass Kultur sowie individuelle Entwicklung diese Ausstattung modifizieren und sublimieren.

R. Oerter, *Der Mensch, das wundersame Wesen*,
DOI 10.1007/978-3-658-03322-4_5, © Springer Fachmedien Wiesbaden 2014

5.1 Bindung

Als das Ehepaar Harlow (Harlow und Harlow 1962) seine Untersuchung mit dem Verhalten von neugeborenen Rhesusäffchen publizierte und die Ergebnisse in einem Film festhielt, erregten sie großes Aufsehen. Die Harlows präsentierten dem Jungtier zwei Ersatzmütter, ein Drahtgestell, das dem Säugling Milch anbot, wenn er Hunger hatte und ein mit Fell und Haaren ausgestattetes Gestell, das zum Kuscheln einlud. Das Jungtier suchte, nachdem es sich bei der Drahtmutter gesättigt hatte, immer wieder die Stoffmutter auf, um sein Bedürfnis nach Zärtlichkeit und Geborgenheit zu stillen. Dieses Verhalten bildet die Grundlage von Bindung, die auch bei anderen Säugetieren zu beobachten ist. Katharina Braun und Mitarbeiter (2009) von der Universität Magdeburg trennten Babys von Degura-Ratten (Strauchratten) dreimal täglich eine Stunde von ihren Müttern. Die Jungtiere zeigten extremes Verhalten und reagierten schlecht auf die Lockrufe der Mutter. Die gestressten Tiere bildeten in Gehirnregionen, die für Angst, Sucht und Aggression zuständig sind, zusätzliche Verbindungen.

Bindung hat sich im Laufe der Evolution als vorteilhaftes Verhaltenssystem herausgebildet, das den Säugling und das Pflegetier (im Regelfall das Muttertier) miteinander verbindet. Das Jungtier erhält Schutz und Sicherheit, die Mutter sorgt für das Kind und bietet Zärtlichkeit und Nähe. Wie Bowlby (1969, 1973) gefunden hat, ist dieses Verhaltenssystem mit einem zweiten verknüpft, dem Erkundungssystem. Das Jungtier kann in der Nähe des Bindungstieres explorieren und die Welt erkunden. Beim Menschen hat sich diese Kombination von Bindung und Exploration nicht nur gehalten, sondern noch größere Bedeutung als bei anderen Tieren erlangt. Die heutige Bindungsforschung konnte zeigen, dass sich die Art der frühkindlichen Bindung auf das gesamte weitere Leben auswirken kann. Davon wird in späteren Kapiteln noch die Rede sein. Hier sei nur noch angemerkt, dass Bindungsverhalten eine Universalie ist, die in allen Kulturen auftritt. Kein Wunder, denn Bindung ist tief in unserer Evolution verankert.

5.2 Geschlecht

Lange Zeit wurde in der Psychologie die Auffassung favorisiert, dass Geschlechtsunterschiede bei Interessen, Persönlichkeitsmerkmalen und Handlungsmerkmalen nicht angeboren, sondern anerzogen bzw. sozialisiert seien. Die Geschlechtsrollen würden kulturell festgelegt, weil sie sich in der Gesellschaft als nützlich erweisen, und die Kinder würden durch Nachahmung und Verstärkungslernen (Belohnung des erwünschten Verhaltens) die jeweilige Geschlechtsrolle übernehmen. Evolutionsbiologen und -psychologen können aber zeigen, dass Geschlechtsunterschiede schon vor dem Homo sapiens bei den Vorfahren des Menschen etabliert sind, mehr noch, dass sie sich bei Tieren (z. B. Vögeln und Säugetieren) im Gehirn manifestieren. Die Gehirne der Geschlechter zeigen Unterschiede. Deshalb spricht man auch von Geschlechtsdimorphismus des Gehirns.

Tab. 5.1 Unterschiede in der männlichen und weiblichen Gehirnorganisation bei sprachlichen Leistungen (verkürzt nach Kimura, 1983; in Oerter & Montada, 1995, S. 753).

Funktion	Gehirnlokalisation		Ergebnis
	Männer	Frauen	
Sprachproduktion	Linke Hemisphäre		Ausgeprägte Fokalität bei Frauen
	Vorn und hinten	Meist vorn	
Wortschatz/ Wortdefinitionen	Linke Hemisphäre vorn und hinten	Beide Hemisphären vorn und hinten	Ausgeprägte Diffusion bei Frauen
Andere Sprachtests (Wortflüssigkeit, Beschreibung ange-messenen sozialen Verhaltens)	Linke Hemisphäre vorn	Linke Hemisphäre vorn	Keine geschlechts-spezifischen Unter-schiede

Dimorphismus beim menschlichen Gehirn

Geschlechtsspezifische Unterschiede gibt es auch beim menschlichen Gehirn. Tabelle 5.1 zeigt einige Beispiele bei sprachlichen Leistungen. Bei Sprachproduktion, Wortschatz und Wortdefinition gibt es deutliche Unterschiede in der Aktivierung von Gehirnpartien, während andere Sprachleistungen, wie Wortflüssigkeit und angemessene Beschreibung sozialen Verhaltens keine Unterschiede erbrachten.

Anatomische Unterschiede zwischen den Geschlechtern zeigen sich bei ausgewählten Volumina von Gehirnarealen im Vergleich zum Gesamtvolumen des Großhirns. Manche Bereiche sind bei den Frauen größer, z. B. Teile der Stirnrinde, dem Sitz höherer kognitiver Funktionen, und Teile des limbischen Cortex, der für emotionale Reaktionen zuständig ist. Bei Männern dagegen sind Bereiche des Schläfenlappens, der räumliche Fähigkeiten mit repräsentiert, und die Amygdala, die auf emotional erregende Information reagiert, stärker ausgeprägt (Cahill 2006, S. 28). In Abb. 5.1 sind Unterschiede bei den Gehirnregionen für Frauen und für Männer gekennzeichnet.

Sexualunterschiede gibt es bereits auf Zellebene. So weisen Teile der weiblichen Schläfenrinde, die für Sprachverarbeitung und Sprachverständnis zuständig ist, eine größere Dichte der Neuronenzahl auf. Das Gleiche gilt für den Stirnlappen. Die Hauptursache für das Zustandekommen der Gehirnunterschiede zwischen den Geschlechtern dürften die Geschlechtshormone sein, in denen das Gehirn des Fötus regelrecht „badet" (Cahill 2006, S. 30).

Evolutionsbiologische Geschlechtsunterschiede im Verhalten

Die neurologisch manifestierten Unterschiede zwischen den Geschlechtern wirken sich natürlich auch im Verhalten aus. Beginnen wir mit einem verblüffenden Experiment von

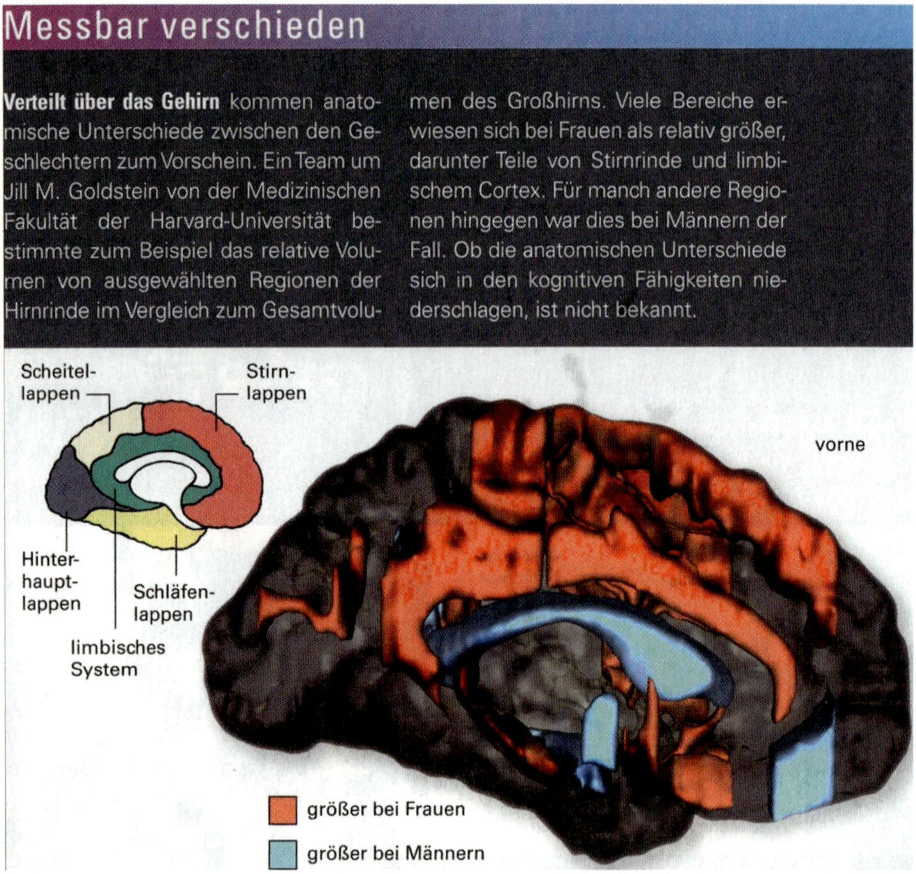

Messbar verschieden

Verteilt über das Gehirn kommen anatomische Unterschiede zwischen den Geschlechtern zum Vorschein. Ein Team um Jill M. Goldstein von der Medizinischen Fakultät der Harvard-Universität bestimmte zum Beispiel das relative Volumen von ausgewählten Regionen der Hirnrinde im Vergleich zum Gesamtvolumen des Großhirns. Viele Bereiche erwiesen sich bei Frauen als relativ größer, darunter Teile von Stirnrinde und limbischem Cortex. Für manch andere Regionen hingegen war dies bei Männern der Fall. Ob die anatomischen Unterschiede sich in den kognitiven Fähigkeiten niederschlagen, ist nicht bekannt.

Abb. 5.1 Unterschiede im Gehirn beider Geschlechter (Cahill, 2006, S. 32, mit freundlicher Genehmigung von Jill Goldstein)

Alexander und Hines (2002). Sie präsentierten Grünen Meerkatzen verschiedene Gegenstände und maßen bei Männchen und Weibchen die Häufigkeit der Kontaktnahme. Dabei stellte sich heraus, dass die Weibchen sich mehr für eine bunte Pfanne und eine Puppe, die Männchen mehr für einen Ball und ein Spielauto interessierten. Bei anderen Gegenständen, wie einem Stofftier und einem Buch, gab es keine Geschlechtsunterschiede bezüglich der Präferenz. Noch ausgeprägter sind solche geschlechtsspezifischen Präferenzen von menschlichen Gegenständen bei unseren nächsten Verwandten, den Schimpansen. Natürlich zeigen sich die gleichen Präferenzen auch bei kleinen Kindern. Die Jungen interessieren sich bekanntlich für Bagger, Kräne und Autos, die Mädchen mehr für Puppen, Kinderwagen und Essgeschirr. Die Ergebnisse der Untersuchungen an Meerkatzen sind verblüffend, denn in ihrem Ökosystem kommen Gegenstände wie Puppen und Autos nicht vor. Zudem gab es solche Gegenstände in der Vergangenheit nicht, in der sich diese Tiere entwickelt

haben. Die einfachste Erklärung ist die vormenschliche geschlechtsspezifische Arbeitsteilung bei Tieren. Die Aufgaben der Pflege und des Schutzes der Jungtiere liegen bei den
meisten Säugetieren beim Weibchen, während das Männchen sich im größeren Umfeld
bewegt und spätestens bei den Primaten Werkzeuge benutzt. Das „Werkzeugdenken" ist
vermutlich daher bei den Männchen stärker ausgeprägt als bei den Weibchen. Kein Wunder also, wenn sich männliche Meerkatzen für Werkzeuge interessieren, auch wenn sie
diese noch gar nicht kennen.

Bei Menschen finden sich erste Unterschiede in der Präferenz von Umweltausschnitten
bereits bei Säuglingen (Bischof-Köhler 2006). Manche Kinder bevorzugen Dinge, andere
Personen. Die Bevorzugung der Dingwelt findet sich häufiger bei männlichen, die der
sozialen Welt häufiger bei weiblichen Säuglingen. Schon im zweiten Lebensjahr zeigen
sich darüber hinaus die in obigen Beispielen gefundenen typischen geschlechtsspezifischen Interessen. Es lässt sich kaum leugnen, dass sich Geschlechtsunterschiede bezüglich
psychischer Merkmale und des Verhaltens in der Evolution herausgebildet haben. Es wäre
aber falsch zu behaupten, dass psychische Unterschiede zwischen den Geschlechtern ein
für alle Mal festgelegt und in der Natur der Geschlechter verankert seien. Dies wird uns
noch genauer in Kap. 8 und Kap. 9 zu beschäftigen haben.

Die neurologischen Geschlechtsunterschiede wirken sich über die Interessen hinaus
auch im sonstigen Erleben und Verhalten aus. Eine riesige Zahl von Untersuchungen zeigt
jedoch, dass sich kaum Geschlechtsunterschiede in geistigen Leistungen finden lassen. Am
ehesten gibt es noch Differenzen beim Sprachverständnis (Überlegenheit der Frau) und
bei Leistungen der Raumvorstellung (Überlegenheit des Mannes). Insgesamt ist jedoch die
Variation innerhalb der Geschlechter größer als die zwischen den Geschlechtern. Anders
verhält es sich mit der Auswahl von Reizmustern aus der Umwelt. Wie schon die Spiel-
zeugpräferenz gezeigt hat, scheint es von Anfang an Unterschiede in der Bevorzugung von
Reizmustern zu geben. Je früher solche Unterschiede beobachtet werden können, desto
wahrscheinlicher sind sie auf evolutionär-biologische Ursachen zurückzuführen. Baron-
Cohen und seine Mitarbeiter (zit. nach Cahill 2006) fanden, dass einjährige Mädchen ihre
Mütter länger und öfter anschauen als gleichaltrige Jungen. Mädchen schauen länger auf
ein Bild mit einem Gesicht, Jungen länger auf ein Auto. Baron-Cohen und Mitarbeiter
wollten es aber noch genauer wissen und filmten die Reaktionen von Babys, die erst einen
Tag alt waren. Man präsentierte ihnen entweder live das freundliche Gesicht einer Frau
oder ein farbiges Mobile, das Teile des gleichen Gesichts ungeordnet enthielt. Die Mädchen
verbrachten mehr Zeit damit, das weibliche Gesicht anzuschauen, die Jungen präferierten
das Mobile (Abb. 5.2).

Angesichts dieser Befunde, die sowohl neurologisch wie psychologisch Unterschiede
zwischen den Geschlechtern belegen, kann man leicht zu der Schlussfolgerung gelangen, Mädchen und Frauen besäßen eher sprachliche und soziale Kompetenzen, Männer
eher technisch-naturwissenschaftliche Fähigkeiten. Eben dies behauptete der Präsident
der Harvard-Universität Lawrence Summer auf einer Konferenz im Januar 2005 und
löste damit eine heftige Diskussion aus. Wir werden noch zeigen, dass diese plakative
Unterscheidung zu simpel ist.

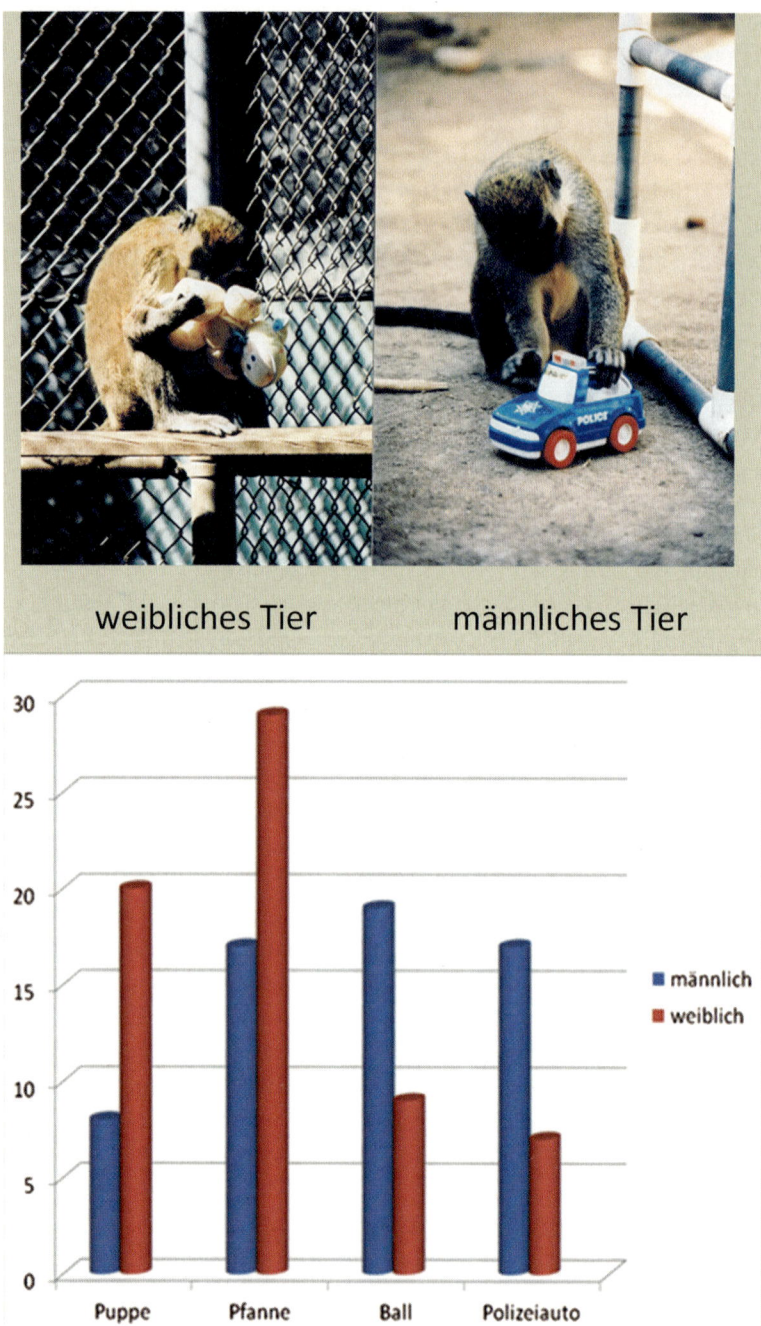

Abb. 5.2 Meerkatzen bevorzugen geschlechtsspezifisches Spielzeug. Darunter sind die Zeiten in Prozentzahlen angegeben, in der sich die Tiere mit dem Spielzeug beschäftigt haben. (Cahill 2006, S. 31, Bilder von Gerianne M. Alexander, mit freundlicher Genehmigung des Elsevhier Verlags). In der Grafik darunter sind die Zeiten in Prozentzahlen angegeben, in der sich die Tiere mit dem Spielzeug beschäftigt haben.)

Tab. 5.2 Selektionsprobleme von Männern und Frauen bei der Partnersuche für Kurz- und Langzeitstrategien. (Nach Buss und Schmidt 1993, S. 207)

Kurzzeitstrategien	1. Problem der Anzahl der Partnerinnen 2. Suche nach sexuell erreichbaren Frauen 3. Minimierung von Kosten 4. Problem der Schwangerschaft	1. Aspekt unmittelbarer Vorteile (materieller und ideeller Profit) 2. Chance der Einschätzung von Kurzzeitpartnern als mögliche Langzeitpartner 3. Problem der Qualität der Gene 4. Problem des Partnerwechsels und der Schaffung einer Reserve von Partnern
Langzeitstrategien	1. Suche nach sicherer Partnerschaft 2. Reproduktiver Wert der Frau 3. Problem der Verpflichtung 4. Qualität der Gene	1. Finden eines Partners, der über Ressourcen verfügt 2. Finden eines Partners, der auch willens ist zu investieren 3. Finden eines Partners, der Schutz gewährleistet 4. Problem der Verpflichtung 5. Suche nach einem guten Vater 6. Qualität der Gene

5.3 Sexualität

Heterosexualität

Bei den meisten Säugetieren ist das Sexualverhalten zeitlich sehr eingeschränkt. Ein oder zweimal im Jahr kommt es zum Paarungsverhalten. Sicherlich, Mäuse und Ratten haben häufiger Sex, aber sie können sich nicht mit dem Menschen messen, dessen Sexualität über Jahrzehnte ohne Pause aktiv bleibt. Die ständige sexuelle Bereitschaft und Potenz des Menschen hat Folgen für die Bildung von Sozialstrukturen, vor allem für die Gründung von familienähnlichen sozialen Gebilden.

Hierbei lassen sich aus evolutionärer Perspektive zwei Strategien des Paarungsverhaltens unterscheiden (Buss und Schmitt 1993). Die erste bezieht sich auf das Ziel, möglichst viele Nachkommen zu erzeugen und damit die eigene DNA weiterzugeben. Sie wird als Kurzzeitstrategie bezeichnet. Eine zweite Strategie bezieht sich auf die Tendenz, den eigenen Nachwuchs zu schützen und ihn am Leben zu erhalten. Dies erfordert eine Langzeitstrategie. In Tab. 5.2 sind die Selektionsaspekte beider Strategien für Männer und Frauen zusammengestellt. Zunächst scheint es für den Mann nahezuliegen, sich mit möglichst vielen Frauen zu paaren, weil die Beschränkung auf nur eine Partnerin, die Zahl der Nachkommen und damit die Weitergabe der eigenen DNA drastisch reduziert. Für die Frau hingegen ist es wichtiger, einen Partner zu finden, der gute (gesunde) Gene hat und damit das Optimum für die Weitergabe der eigenen DNA gewährleistet. Aber auch für den

Mann ist die Langzeitstrategie bedeutsam; denn auf diese Weise lässt sich sicherstellen, dass der eigene Nachwuchs wirklich die eigenen Gene enthält und dass er nur so sicher aufzuziehen ist. Dies würde monogame Familienstrukturen nahelegen. Der Widerspruch zwischen Kurz- und Langzeitstrategien löst sich auf, wenn man Risiken und Chancen beider Seiten abwägt. Dann nämlich erweist sich monogames Verhalten „unterm Strich" als vorteilhaft. Für die Partnerwahl eignen sich zunächst Kurzzeitstrategien, weil auf diese Weise die wechselseitige Partnersuche ausgeweitet wird. Der Vergleich mit heutigen Jugendlichen liegt dabei nahe. Jugendliche orientieren sich zunächst an Kurzzeitstrategien, sehen aber langfristig dauerhaft familiäre Beziehungen als wünschenswert an. Das Jugendalter entspricht dem Lebensabschnitt der Partnerselektion, während nach erfolgter Festlegung monogame Partnerbeziehungen die Aufzucht und das Überleben des Nachwuchses sicherstellen. Die Tabelle zeigt, dass für Frauen die Langzeitstrategie wichtiger aber auch schwieriger ist. Da sie die gute Genqualität und das Überleben der Nachkommen gewährleisten muss, hängt letztlich von den Langzeitbeziehungen alles ab. Dass monogame Beziehungen heute schon fast zu 50 % nur kurz halten, lässt sich aus evolutionärer Perspektive damit begründen, dass die Überlebenschancen des Nachwuchses in einer Überflussgesellschaft auch ohne dauerhafte Partnerschaft gesichert sind und der Mann für die erneute Weitergabe seiner Gene frei wird.

Die Überlagerung durch kulturelle Einflüsse ist jedoch so groß, dass dieses evolutionäre Argument etwas mager erscheint. Vor allem bereitet das Faktum Schwierigkeiten, dass heute Frauen häufig die Scheidung einreichen, auch wenn die Kinder noch nicht erwachsen sind. Hier liegt ein Fall vor, der auch sonst noch häufig auftauchten wird: wir können und sollten nicht alles auf die Evolution des Menschen reduzieren.

Manche Forscher vermuten, dass sich Monogamie bereits mit der Entstehung des aufrechten Ganges als Überlebensvorteil erwiesen hat (Lovejoy 2009). Die freigewordenen Hände konnten effizienter Nahrung sammeln, tragen und sie den anderen Familienmitgliedern überbringen. Beide Elternteile konnten sich um den Nachwuchs kümmern. Der Mann schaffte Nahrung aus einem weiteren Umkreis herbei, sodass die Mutter jeden Säugling besser nähren und beschützen und auch (im Vergleich zu den großen Menschenaffen) mehr Kinder gebären konnte. Zudem konnte der Mann nur bei monogamer Beziehung sicher sein, die eigenen Gene an den Nachwuchs weiterzugeben. Für die Frau waren monogame Beziehungen ohnedies vorteilhafter. Sie stand dem Mann zu sexuellen Kontakten zur Verfügung, was sich angesichts der permanenten sexuellen Bereitschaft des Homo sapiens (und vermutlich der übrigen Menschenarten) wohl als Vorteil erwies, da neue Partnersuche mit Konflikten in der Gruppe und mit Aufwand verbunden war, der das Überleben in der Savanne gefährdete. Monogame Beziehungen dauerten bis etwa vor vierzigtausend Jahre ohnedies höchstens zehn bis zwölf Jahre, denn die Menschen wurden nicht älter als dreißig Jahre.

Polygamie und Polyandrie dürften demgegenüber kulturelle Phänomene sein, die sich dann etablieren, wenn die wirtschaftliche Absicherung dies erlaubt, wenn also für das Zusammenleben mit mehreren Frauen (bei der Polygamie) oder mit mehreren Männern (bei der Polyandrie) genügend Ressourcen zur Verfügung stehen. Dies verlangt allerdings gewöhnlich das Vorhandensein einer gesellschaftlichen Schichtung, da nur Personen mit höherem Status über die nötigen Ressourcen verfügen. Dann erweisen sich solche Familienstrukturen evolutionär als Vorteil, weil sich die Zahl der Nachkommen und damit die Verbreitung der eigenen Gene erhöht.

Gruppenbildung vor Paar- und Haremsbeziehungen

Die eben beschriebenen Spekulationen über Monogamie mögen richtig sein, aber sie entbehren der empirischen Grundlage. Es gibt jedoch inzwischen Daten, die nahelegen, dass die Entstehung von Gruppenstrukturen vor Paarbeziehungen in der Evolution auf-tauchte und nicht umgekehrt Paarbeziehungen vor Gruppenbeziehungen auftraten. Joan Silk (2012) berichtet über Forschungsergebnisse der Anthropologen Susanne Shulz, Christopher Opie und Qeuntin D. Atkinson zur Entstehung fester Gruppen bei den Primaten. Die Forschergruppe stellte sich die Frage, wie sich Sozialstrukturen bei Primaten gebildet haben könnten. Auffällig ist zunächst schon einmal, dass die meisten Primaten in Gruppen leben und nicht als Einzelgänger. Shulz und Kollegen verglichen die Gruppenbildung von 217 heute lebenden Primatenarten hinsichtlich ihrer genetischen Verwandtschaft. Je enger die Arten verwandt sind, desto ähnlicher sind die Gruppenstrukturen. Gemäß ihren Analysen formten sich vor ca. 52 Mio. Jahren die als Einzelgänger lebenden Primaten zu losen Verbänden. Daraus entstanden festere Gruppierungen mit Mitgliedern beiderlei Geschlechts. Erst danach, nämlich vor etwa 16 Mio. Jahren bildeten sich Primatenarten heraus, die Paar- oder Haremsbeziehungen hatten (ein Männchen mit mehreren Weibchen). Die evolutionäre Entwicklung verläuft also von der Herausbildung fester Gruppen zu Paarbeziehungen und nicht umgekehrt in Form des Zusammenschlusses von Paaren zu Gruppen. Dieser Befund gilt aller Voraussicht nach auch für Homo sapiens, der sich vor fünf bis sieben Millionen Jahren vom Schimpansen getrennt hat. Wenn dem so wäre, müssten die obigen Überlegungen des evolutionären Vorteils monogamer Beziehungen modifiziert werden. Auch Homo sapiens lebte wohl in festen Gruppenbeziehungen, innerhalb derer sich erst dann Paarbeziehungen herausbildeten.

Homosexualität

Auf den ersten Blick ist Homosexualität für die Evolution einer Spezies dysfunktional, denn gemäß der Evolutionstheorie setzen sich nur Merkmale dauerhaft durch, die dem Träger helfen, sein Erbmaterial möglichst erfolgreich weiterzugeben. Dieses „Darwinsche Paradoxon" hat Evolutionsbiologen schon seit langem beschäftigt, hätte doch eine genetisch bestimmte Veranlagung für Homosexualität eigentlich im Lauf der Evolution verschwinden müssen. Da sie sich aber offensichtlich durchsetzen konnte, muss sie andere evolutionäre Vorteile besitzen. Bagemihl (2000) folgert aufgrund seiner Feldbeobachtungen und der Sammlung homosexueller Verhaltensweisen im Tierreich, dass der Sexualtrieb mit seinem Erzeugen von Lust und Entspannung in der Natur hauptsächlich dem Herstellen und Festigen von Sozialkontakten und dem natürlichen Abbau von Stress dient und nur eher sekundär auch die Fortpflanzung garantiert. Homosexualität ist nicht nur bei den meisten Säugetieren eine weitverbreitete Erscheinung, sie wird auch bei Vögeln, Reptilien, Fischen und sogar Insekten oft praktiziert. So stehlen beispielsweise manche männliche Trauerschwäne Australiens Eier aus den Nestern heterosexueller Paare, bauen größere Nester und schützen ihre Jungen besser vor Feinden, weil sie stärker sind. Der von homosexuellen Paaren aufgezogene Nachwuchs erreicht das Erwachsenenalter dabei häufiger als derjenige von gemischtgeschlechtlichen Paaren. Bei anderen Vogelarten gibt es weibliche Paare, die nach der Befruchtung das Männchen vertreiben und danach doppelt so viele Eier legen. Sie übernehmen nach dem Ausbrüten allein die Aufzucht. Homosexuelle Paare sind also bei manchen Tierarten erfolgreichere Eltern als heterosexuelle Paare. Bei ca. 1.500 Tierarten wurde gleichgeschlechtliches Sexualverhalten festgestellt, wobei ca. ein Drittel dieser Fälle gut dokumentiert ist.

Die Hauptfunktion von Homosexualität bei sozialen Tierarten scheint aber im Abbau von Spannungen und der Aufrechterhaltung des sozialen Friedens zu liegen. Unter Delphinarten gibt es zahlreiche Formen homosexuellen Verhaltens. Diese Verhaltensweisen festigen vermutlich die Beziehungen zwischen jungen Delphinen, treten aber auch bei Dominanzkämpfen auf und könnten hier die Funktion des Abbaus von Spannungen haben. Bekannt ist das reichhaltige Sexualverhalten der Bonobos, der Zwergschimpansen. Bonobos sind eine bisexuelle Tierart. Paarungsversuche und sexuelle Spiele dienen permanent als sozialer Ausgleich zur Lösung von Konflikten und schlicht auch als Lustgewinn.

Homosexualität ist also keine Ausnahme, sondern eher die Regel im Tierreich. Daher fügt sich menschliche Homosexualität gewissermaßen als Normalfall ein. Aber auch beim Menschen muss Homosexualität evolutionären Vorteil bieten. Claudio Capiluppi von der Universität Padua und seine Mitarbeiter (Camperio-Ciani et al. 2004) bieten aufgrund ihrer Untersuchungen eine erste Erklärung. Sie untersuchten die Verwandtschaft von homo- und heterosexuellen Männern auf die Anzahl der Nachkommen und ihre sexuelle Orientierung hin. Nach ihrer Erklärung wird Homosexualität bei Männern über die mütterliche Linie vererbt. Die gleichen genetischen Faktoren erhöhen aber die Fruchtbarkeit der weiblichen Verwandten. Auf diese Weise ist auch die Weitergabe des genetischen Materials der Brüder sichergestellt. Wenn dies generell gilt, setzt sich die genetische Basis für Homosexualität infolge der größeren Zahl von Nachkommen immer wieder durch. Aber immer noch ist die Diskussion, ob Homosexualität genetisch bedingt ist, in vollem Gange. Schon um die Mitte des vorigen Jahrhunderts untersuchte Kallmann eineiige und zweieiige männliche Zwillinge, bei denen mindestens einer von beiden sich selbst als schwul bezeichnete (zit. nach LeVay und Hamer 1994). 100 % der eineiigen Zwillinge hatten Brüder, die ebenfalls schwul waren, während bei den zweieiigen Zwillingen kein Unterschied zur allgemeinen männlichen Bevölkerung auftrat. Auch Schlegel fand damals Hinweise auf genetische Komponenten der Homosexualität. In den neunziger Jahren entdeckte Hamer einen Abschnitt auf dem X-Chromosom (ein genetischer Marker), den er als eine Bedingung für Homosexualität ansah (in: LeVay und Hamer 1994). Er fand denn auch, dass

Brüder, die diesen Marker hatten, beide schwul waren. In einer späteren Untersuchung an eineiigen männlichen Zwillingen wurde jedoch nur bei der Hälfte der einbezogenen Paare Homosexualität für beide Brüder festgestellt. Damit steht auch die früher von Kallmann und Schlegel gefundene genetische Komponente bei eineiigen Zwillingen in Frage, obwohl die Erbkomponenten auch bei 50 % der Fälle immer noch hoch ist.

Auch von Gehirnunterschieden wird berichtet. Nach den schwedischen Forschern Savic und Lindström (2008) weist das Gehirn von homosexuellen Frauen eine ähnliche Asymmetrie auf wie bei heterosexuellen Männern, während sich bei den Gehirnen von homosexuellen Männern und heterosexuellen Frauen keine diesbezüglichen Ähnlichkeiten finden ließen. Auch andere Unterschiede bezüglich der Dichte von Gehirnfasern konnten gefunden werden.

Die kanadischen Forscher Blanchard und Bogaert (1996) fanden in einer großen Erhebung, dass jüngere Brüder häufiger homosexuell werden als ältere Brüder. Bogaert (2006) belegte in einer Nachuntersuchung, dass es sich dabei um einen rein biologischen Effekt handelt, da Adoptivkinder von diesem statistischen Trend nicht betroffen waren. Der Autor nimmt an, dass biochemische Prozesse bei der Mutter während der Schwangerschaft mit dem ersten männlichen Kind ausgelöst werden, die sich bei jedem weiteren männlichen Nachkommen verstärken und so den Effekt des gehäuften Auftretens von Homosexualität bei jüngeren Brüdern hervorrufen.

Mit der evolutionstheoretischen Erklärung menschlicher Homosexualität tun sich die Forscher allerdings schwer. Man könnte annehmen, Homosexualität diene der Gesamtfitness der Sippe, weil sich bei Anwesenheit von Homosexuellen eine größere Anzahl von Menschen um ein neugeborenes Kind kümmern kann. Homosexuelle würden zwar weniger Kinder zeugen als Heterosexuelle, dafür aber ihr Erbgut bei der Betreuung von Nichten und Neffen sicherstellen. Diese Begründung überzeugt nicht sehr, da es sich dann um Gruppenselektion handelt, die Evolutionstheorie heute jedoch von der Individuumselektion ausgeht.

Plausibler erscheinen die Vorschläge von Camperio-Ciani und Mitarbeitern (2004), wonach die größere Fruchtbarkeit der Schwestern von homosexuellen Männern für Erhalt und Verbreitung des genetischen Materials sorgt. Auch die vielleicht nicht genetisch bedingte Tendenz des häufigeren Auftretens von Homosexualität bei jüngeren Brüdern mag für die Verbreitung der genetischen Basis mitspielen. Im ersteren Falle dient Homosexualität der Vermehrung der Nachkommenschaft, im letzteren Falle wäre sie eher ein Beiprodukt, dessen evolutionäre Nutzen allenfalls darin bestünde, dass zu viele männliche Nachkommen in der Sippe nicht genügend Ressourcen für ihre Nachkommen zur Verfügung haben, während Schwestern größere Chancen für das Überleben der Nachkommenschaft bieten.

Wiederum zeigt sich, dass evolutionäre Ursachen allein Homosexualität, wie auch sexuelles Verhalten generell, nicht hinreichend erklären. Wir benötigen zusätzliche Erklärungskomponenten und werden sie später in der Kultur und individuellen Entwicklung aufspüren.

5.4 Status

Status und Ranghierarchien als spontaner Prozess

Bei Tieren, die in Gruppen oder sozialen Verbänden leben, bildet sich gewöhnlich eine Ranghierarchie heraus. Schjelderup-Ebbe (1922–1924) fand die berühmte Hackordnung bei Hühnern. Primatenforscher untersuchten soziale Hierarchien beim Schimpansen, bei den Pavianen und anderen Affenarten. Immer zeigt sich das gleiche Bild: ein Tier, gewöhnlich ein Männchen, hat den höchsten Status und verteidigt ihn gegenüber Versuchen, ihm diesen Rang abspenstig zu machen. Da der Mensch auch ein soziales Tier ist, müsste man erwarten, dass auch bei ihm die Festlegung von Rangplätzen eine evolutionäre Basis besitzt. Nun ist allerdings der Status bei Erwachsenen durch kulturelle und gesellschaftliche Strukturen so weit festgelegt, dass man nicht unmittelbar auf biologische Wurzeln rückschließen kann. Bessere Hinweise erhält man, wenn sich einerseits Gehirnstrukturen ausmachen lassen, die auf Status anderer reagieren und wenn man andererseits Situationen aufsucht, in denen der Mensch wenig oder keinen kulturellen Rückhalt hat und sich nicht auf gesellschaftlich zugewiesenen Status berufen kann.

Letzteres ist am ehesten der Fall bei Kleinkindern, die noch wenig sozialisiert sind und eventuell bei Jugendlichen, die unter sich Rangplätze nicht nach gesellschaftlich sanktionierten Regeln verteilen. Bei Kleinkindern kristallisieren sich in der Tat in einer Gruppe (zwei oder mehr Kinder) innerhalb kurzer Zeit des Beisammenseins die Rangpositionen des Führers (der Führerin) und der Gefolgsleute heraus. In fast jeder Kindergruppe, wie sie vor allem in der Kinderkrippe gegeben ist, gibt es auch den Underdog, der von den Kindern mit nachtwandlerischer Sicherheit gefunden und malträtiert wird. Im Kindergarten bilden sich Rangordnungen noch klarer heraus. Dabei bleiben Rangordnungen im Vergleich zu späteren Gruppenstrukturen eindimensional. In Schulklassen gibt es dann bereits differenziertere Strukturen, so den dominanten Führer und den Beliebtesten der Klasse. Beide Positionen fallen meist nicht zusammen (Chapman und Smith 1985).

Im Jugendalter können sich ebenfalls natürliche Ranghierarchien bilden, vorausgesetzt, die Jugendlichen werden nicht von außen gesteuert oder gestört. Savin-Williams (1979, 1987) hatte Gelegenheit, solche Situationen zu beobachten. Er registrierte das Verhalten von Jugendlichen in Ferienlagern bei zehn Gruppen. Dabei gab es bei allen das gleiche Muster. In den ersten Tagen des Beisammenseins, also der Konsolidierungsphase der Gruppe, übernahm ein Mitglied die Führung und wurde danach auch weiterhin von den übrigen Mitgliedern anerkannt. Bemerkenswerterweise war der Alpha nicht ausgeprägt aggressiv, sondern zeigte im Gegenteil mehr als die anderen Mitglieder auch prosoziales Verhalten. Diese Verbindung von Dominanz und Hilfeleistung stabilisierte die Gruppe und hatte nach Beobachtungen des Autors eine stressmindernde Wirkung. Bei den Mädchengruppen gab es ein ähnliches Bild. Die Führerin galt in der Gruppe als attraktiv, intelligent und war sportlich-athletisch. Bei beiden Geschlechtern war die Führungsperson körperlich weiterentwickelt, aber nicht frühreif, größer und schwerer sowie etwas älter. Dass Körpermerkmale eine deutliche Rolle spielten, spricht dafür, dass wir hier eine

Statusentwicklung vor uns haben, die noch stark an die evolutionären Kriterien von Status im Tierreich erinnern. Dort sind die Alphatiere auch größer und stärker. Andererseits reichen beim Menschen offenkundig die Körpermerkmale nicht aus, es treten Fähigkeiten des sozialen Geschicks als unentbehrliche zusätzliche Anforderungen hinzu. Dies ist auch aus evolutionärer Sicht plausibel: in menschlichen Gruppen ist die Regulation nur durch Empathie und soziales Geschick möglich.

Ob sich Frauen und Männer prinzipiell im Statusstreben unterscheiden, ist nicht leicht nachzuweisen. Bischof-Köhler (2006) behauptet, dass der Kampf um Dominanz und Status eine typisch männliche Domäne sei. Bei Frauen stehe die „Geltungshierarchie" im Vordergrund, die aufgrund von gesellschaftlich nützlichen Eigenschaften zustande kommt. Die Strategie der Geltungshierarchie stünde auch den Männern offen, doch diese besäßen immer noch zusätzlich die Strategie des Kampfes um Macht und Vorherrschaft. Dass Frauen in unserer Gesellschaft weniger um Macht kämpfen als Männer, lässt sich aber nicht unbedingt aus der Evolution ableiten. Bei den Bonobos, den Zwergschimpansen, etablieren beispielsweise sowohl die Weibchen als auch die Männchen in einer Gruppe ihre Rangordnung (de Waal 1998). Innerhalb der Großgruppe bilden die Weibchen den Kern und übernehmen auch die Führungsrolle. Eine Dominanz der Männchen über die Weibchen ist kaum zu beobachten, es gibt sogar Berichte über ein ausgesprochen aggressives Verhalten der Weibchen gegenüber den Männchen. Generell sind die Beziehungen zwischen den Weibchen einer Gruppe viel enger als die zwischen den Männchen. Interessanterweise halten die Männchen zeitlebens einen engen Kontakt mit ihrer Mutter aufrecht – sie bleiben im Gegensatz zu den Weibchen dauerhaft in ihrer Geburtsgruppe. Die Stellung der Männchen in der Gruppenhierarchie dürfte daher auch vom Rang ihrer Mutter abhängen. Bei den Bonobos gibt es somit eine matriarchalische soziale Ordnung. Wenn schon so nahe Verwandte von uns wie die Zwergschimpansen weibliche Dominanzhierarchien aufweisen, erscheint die These von ausgeprägten Geschlechtsunterschieden hinsichtlich der Statusbildung unwahrscheinlich.

Hingegen dürfte sich in der Evolution ein Zusammenhang zwischen Status und Fortpflanzungserfolg herausgebildet haben. Man hat mehrmals längere Zeit Tüpfelhyänen in Tansania beobachtet. Dabei zeigte sich, dass statushöhere Weibchen Söhne hatten, die schneller wuchsen, sich früher fortpflanzten und mehr Nachkommen hatten als die Söhne niedrigrangiger Mütter. Dieser Nachweis gelang aufgrund langjähriger Beobachtung an über 5.000 Hyänen und anhand von DNS-Proben an 800 Tieren. Hyänen leben also in matriarchalisch geprägten Rudeln (Goymann et al. 2001; Glickman et al. 1997).

Historisch gesehen gab es auch beim Menschen Fortpflanzungserfolge von Statushöheren, doch sind hier kulturelle Entwicklung (z. B. Erbnachfolge bei Fürsten) und biologische Evolution (Recht des Stärkeren) vermengt. Heute beobachten wir in demokratischen Gesellschaften westlicher Prägung eine umgekehrte Entwicklung: statusniedrige Familien bzw. Schichten haben mehr Kinder als statushöhere Gruppierungen. Die biologische Tendenz zur Erzeugung eines möglichst zahlreichen Nachwuchses dominiert über die Tendenz zur Sicherung und Optimierung des Nachwuchses durch seine Reduzierung. Generell gibt es aber heute einen Zusammenhang zwischen Wohlstand und Kinderzahl. Gesellschaften mit größerem Wohlstand haben weniger Kinder, weil für eine geringe Anzahl von Kindern eine bessere Entwicklung und eine optimale Positionierung in der Gesellschaft möglich wird.

Sozialer Status aktiviert Gehirnpartien

Einen ganz anderen Hinweis, wie tief verwurzelt Statuswahrnehmung und Statusdenken sind, liefern gehirnphysiologische Untersuchungen. Meyer-Lindenberg und sein Team (2009) führten kontrollierte Experimente mit willkürlich zugewiesenem Status durch und erfassten dabei mit Hilfe der funktionellen Magnetresonanz-Tomographie (fMRT) gehirnphysiologische Prozesse. Die Probanden lösten Reaktionsaufgaben oder schätzten die Anzahl der Bildpunkte auf dem Bildschirm und erhielten dabei die Information über zwei Mitspieler, die allerdings fiktiv waren. Der eine war besser und wurde mit drei Sternen versehen, der andere schlechter und erhielt nur einen Stern, während der Proband mit zwei Sternen dekoriert wurde. Die Leistung wurde jedoch unabhängig von der Rangposition mit Geld honoriert. Obwohl also der zugewiesene Rangplatz der Spieler für den Gewinn keine Bedeutung hatte, beachteten die Probanden sehr wohl den Status. Vor Spielbeginn sahen sie nämlich ein Bild des fiktiven Mitspielers. War dieser ranghöher, so gab es eine Aktivierung des ventralen Striatums, das ein Zentrum für die Wichtigkeit von Reizmustern und deren Belohnungsqualität darstellt. Beim Anblick des rangniedrigeren Spielpartners traten diese Veränderungen nicht auf.

In einem zweiten Experiment lag die Rangposition nicht fest. Die Probanden, die zunächst wieder im Mittelfeld platziert wurden, konnten bei Erhöhung der Gewinne einen höheren Rangplatz erringen. Diese experimentell induzierte Unsicherheit wirkte sich auch auf die Aktivierung zusätzlicher Hirnareale aus. Während die Probanden wie im ersten Experiment auf die Wahrnehmung einer Person mit höherem Status mit der Aktivierung der gleichen Areale reagierten, zeigten sie zusätzlich eine erhöhte Aktivität der Amygdala (des Mandelkerns), die zuständig für emotionale Reaktionen ist. Diese Veränderung könnte mit dem Stresserlebnis zusammenhängen, denn je bedeutsamer für die Probanden das Gewinnen war, desto stärker reagiert auch die Amygdala. Abbildung 5.3 zeigt die gehirnphysiologischen Veränderungen bei der Wahrnehmung von Statushöheren.

Diese spektakulär zu nennende Untersuchung lässt zweierlei Thesen als wahrscheinlich erscheinen: (1) Ranghöhere werden unwillkürlich stärker beachtet als Rangniedrigere und (2) stabile Rangordnungen sorgen auch für emotionale Stabilität. In Gruppen des frühen Homo sapiens wie der Hominiden generell haben sich stabile Rangordnungen mit einem stabilen Alpha evolutionär durchgesetzt. Status- und Rangreihenbildung findet, wie die Sozialpsychologie gezeigt hat, in jeder Gruppe gewissermaßen naturgesetzlich statt. Die empirische Evidenz, die wir zusätzlich ins Feld geführt haben, untermauert die evolutionäre Basis dieses sozialen Phänomens.

Van Vugt (2009) versucht zu zeigen, wie sich Führer und Gefolgschaft im Laufe der Menschheitsgeschichte geändert haben. Der Rückschluss auf die Zeit vor 13.000 Jahren

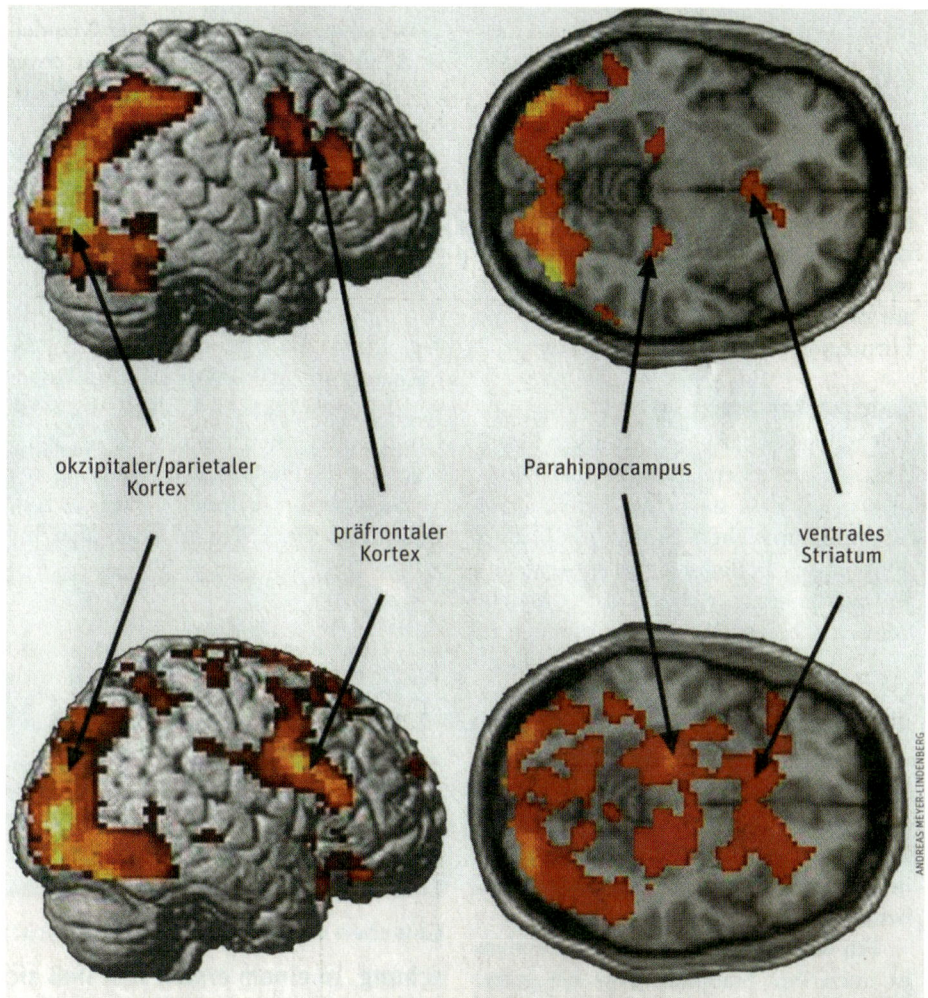

okzipitaler/parietaler
Kortex

Parahippocampus

präfrontaler
Kortex

ventrales
Striatum

ANDREAS MEYER-LINDENBERG

In einem festgefügten hierarchischen System führt allein schon der Anblick einer rang-höheren Person zu einer erhöhten Aktivierung von Hirnregionen, die an der Bewertung von Wichtigkeit, der Handlungssteuerung und der visuellen Aufmerksamkeit beteiligt sind (oben). Bei instabilen Hierarchien kommen zusätzlich Regionen ins Spiel, die mit Emotionen zu tun haben (unten). Die Anwesenheit rangniederer Individuen wirkt sich dagegen nicht auf die Hirnaktivität aus.

Abb. 5.3 Neurologischer Beleg für die evolutionäre Basis: Personen mit höherem Status schenkt man mehr Aufmerksamkeit. (Meyer-Lindenberg 2009, S. 19, mit freundlicher Genehmigung des Autors).

Tab. 5.3 Führung aus evolutions- und kulturhistorischer Perspektive. (Rolf Oerter, nach: Spektrum der Wissenschaft 9/2009, S. 74)

	Zeitalter	Gesellschaft	Gruppen-größe	Führungs-struktur	Anführer	Verhältnis Anführer – Geführter
	Vor mehr als 2,5 Mio. Jahren	Vormenschen	Klein	Situations- oder Dominanzhie-rarchie	Individuum, Alphamann, Alphafrau	Demokratisch oder despotisch
1	Vor 2,5 Mio. Jahren bis vor 13.000 Jahren	Gruppen, Klans, Stämme	Dutzende bis Hunderte	Informell, situativ, prestige-gestützt	Big Man Anführer	Egalitär und konsens-orientiert
2	Vor 13.000 Jahren bis vor 250 Jahren	Stammes-fürstentümer, Königreiche	Tausende	Formalisiert, zentralisiert, erblich	Häuptlinge, Könige, Kriegsherren	Hierarchisch und unilateral
3	Vor 250 Jahren bis heute	Nationen, Staaten, Un-ternehmen	Tausende bis Millionen	Gegliedert, zentralisiert, demokratisch	Staatsober-häupter, Politiker, Manager	Hierarchisch, aber partizipativ

erfolgt bei ihm durch Vergleich mit jetzt noch lebenden Jägern und Sammlern. Der für unsere Fragestellung entscheidende Schritt vollzog sich seiner Meinung nach beim Über-gang von der Jäger- und Sammler-Gesellschaft zur Sesshaftigkeit. Während zuvor eher egalitäre Beziehungen vorherrschten und der Anführer eher Primus inter pares war, bil-deten sich in sesshaften Gesellschaften aufgrund der reichlich vorhandenen Ressourcen Führer heraus, die Macht anhäufen und zentralisiert regieren konnten. Ihre Macht wurde dann vielfach erblich. Tab. 5.3 zeigt seine Auffassung und bietet einen Überblick über die von ihm vermutete Entwicklung. Sie soll hier aber noch nicht weiter diskutiert werden. Was jedoch aus der Tabelle deutlich wird, ist die enge Verflechtung zwischen Evolution und Kultur. Es zeigt sich auch, dass die kulturelle Entwicklung die Evolution überla-gert. Führer werden kulturell definierte Personen, wobei Vererbung der Führungsposition auf die nächste Generation bedeutsam sein kann. Sowohl genetische Führungsdispo-sition als auch Machtweitergabe an genetisch Verwandte haben evolutionäre Wurzeln, aber die Führungsaufgaben und die Gruppengröße bestimmen sich durch die kulturelle Entwicklung.

Man kann festhalten, dass sich die Herausbildung natürlicher Rangordnungen im Laufe der Menschheitsgeschichte mehr und mehr überlagert hat durch Positionszuwei-sungen, die in der jeweiligen Kultur die Gesellschaftsstruktur diktieren. Waren anfangs Körpergröße, Körperkraft und Geschicklichkeit bestimmende Merkmale für die Führungs-persönlichkeit, so traten sie später in den Hintergrund, wenn andere Fähigkeiten wichtiger wurden. Aber auch heute noch gibt es eine Korrelation zwischen Merkmalen körperlicher Fitness und Führungspositionen: viele Großbetriebe stellen nur Führungskräfte mit Übergröße ein. Doch zeigt die Geschichte, dass das Äußere, vor allem die Körpergröße gerade bei exzeptionellen Führern nicht entscheidend war. Napoleon war sehr klein, ebenso eine Reihe von Königen und Fürsten, wie Pippin der Kurze (wohl nicht nur der Jüngere, sondern auch der Kleine gemeint), Dschingis-Khan, Alexander der Große (zumindest nach damaligen Berichten) und viele andere mehr. Fast grotesk mutet es uns heute an, dass der kleine und schmächtige, wenig attraktive Adolf Hitler eine so mächtige totalitäre Führungsposition erringen konnte.

5.5 Aggression

Evolutionspsychologische Ableitung

Der Terminus Aggression hat viele Bedeutungen. Da man unter evolutionärer Perspektive auch tierische Aggression einbeziehen muss, begnügen wir uns mit einer Verhaltensdefinition. Wir wollen im Folgenden Aggression eingrenzen als Verhalten, das gegen Individuen der gleichen Spezies gerichtet ist und in einer Zerstörung oder Verletzung des Opfers resultiert. Beginnen wir mit Aggressionen bei Tieren.

Sigmund Freud (1938) nahm an, dass Sexualität und Aggression die beiden Grundkräfte der menschlichen Psyche seien, aus denen sich das gesamte Seelenleben entwickelt. Evolutionsbiologisch sind Aggression und Sexualität in der Tat zwei zentrale Verhaltensmodi, die für die Weitergabe der Gene sorgen. Bei den meisten Säugetierarten und auch bei anderen Tiergattungen erkämpft sich das Männchen in der Dominanzhierarchie seinen Platz. Will es nämlich seine Gene weitergeben, muss es gegen Konkurrenten antreten. Das dominantere Tier ist aggressiver als das dominanzniedrigere Tier. Bei Tierarten, in denen die Weibchen den höheren Aufwand für die Pflege des Nachwuchses betreiben, ist aggressives Verhalten geschlechtsspezifisch verschieden. Die Männchen können ihre Gene am besten verbreiten, wenn sie sich mit mehreren Weibchen oder infolge ihrer Dominanzposition mit einem Weibchen ihrer Wahl paaren können. Im Gegensatz dazu wird die weibliche DNA-Weitergabe nicht durch eine Dominanzhierarchie unter den Weibchen begünstigt. Zur Sicherung des Nachwuchses sind Ressourcen nötig, die weniger durch Aggression, als durch risikoarme und indirekte Strategien erreichbar sind. Vor allem ist das Weibchen zeitlich durch das Austragen der Nachkommen und die Aufzucht stärker als das Männchen gebunden und würde während dieser kritischen Zeit durch offenes aggressives Verhalten, also durch Kampf, das Überleben des Nachwuchses gefährden.

Übertragen auf den Menschen sollte man erwarten, dass Frauen weniger Wert auf Dominanzhierarchien legen. Während der menschlichen Entwicklung zeigen in der Tat Jungen mehr und mehr offene Aggression, die sich auf Status und Selbstwert bezieht, während Mädchen eher verdeckte Formen indirekter Aggression entwickeln (Campbell 1984, 1995). So einleuchtend diese evolutionäre Ableitung des aggressiven Verhaltens ist, würde man sich doch bessere Belege, vor allem für geschlechtsspezifische Ausprägung von Aggression, wünschen. Junge weibliche Hyänen beispielsweise sind regelrechte Kampfmaschinen und verhalten sich durchaus „unweiblich". Der Grund für diese Merkwürdigkeit liegt darin, dass die weiblichen Föten während der Schwangerschaft einen hohen Testosteronspiegel haben (Goymann et al. 2001).

Lorenz (1965) glaubte noch, dass es zwischen Artgenossen eine Tötungshemmung gibt und belegte dies an den Scheinkämpfen des Damwildes und an der Reaktion des Aggressors auf die Demuthaltung des Angegriffenen. Volker Sommer (2008) beschrieb einen Schimpansenkrieg am Ufer des Tanganjika-Sees. Die Kasaleka-Männchen siegten über die Kahamas und besetzten deren Gebiet. Die Kahama-Männchen wurden auf grausame Weise umgebracht. Sommer folgert aufgrund seiner Studien über wild lebende Schimpansen, dass es bei Kämpfen nicht nur um Verteidigung des eigenen Territoriums, sondern um Verletzung, Schwächung und zum Teil sogar um Vernichtung des Gegners geht. Was Primatenforscher früher noch allein den Menschen zuschrieben, nämlich einen Krieg zwischen Gruppen mit dem Ziel der Vernichtung oder zumindest Schwächung des Gegners, gibt es auch bei unseren nächsten Verwandten, den Schimpansen. Die Tötung von Kindern ist im Tierreich weitverbreitet. Bei den Berggorillas wird ein Drittel der Kinder bis zum Alter von drei Jahren getötet (Sommer und Ammann 1998).

Die menschliche Geschichte lehrt, dass der Homo sapiens den Schimpansen in nichts nachsteht. Der Neuropsychologe Thomas Elbert berichtet aus eigenen Beobachtungen vom Genozid in Ruanda. Dort wurden am 16. April 1994 20.000 Tutsi von den Hutus erschlagen. Nach seiner Rekonstruktion war das nur unter der Voraussetzung möglich, dass sich alle überfallenden Hutus am Morden beteiligt hatten (SZ-Interview vom 28./29. August 2010).

Kennedy und seine Mitarbeiterin Couppis (2008, Bericht der Vanderbilt-Universität in Nashville) konnten an Experimenten mit Mäusen zeigen, dass Aggression das Glückshormon Dopamin freisetzt. Aggression wirkt auf das Belohnungssystem ähnlich wie andere glücksstimulierende Reize. Bei Ausschaltung des Glückshormons reagierten die Männchen nicht aggressiv. Kennedy folgert, dass auch beim Menschen Aggression das Lustzentrum aktiviert, da die Belohnungspfade bei Mensch und Maus ähnlich seien.

In seinem Buch „Das sogenannte Böse" von 1965 überträgt Konrad Lorenz die Hauptelemente seiner Instinkttheorie auf den Menschen. Demnach hat der Mensch im Wesentlichen vier Triebe, die Lorenz als Nahrungs-, Fortpflanzungs-, Flucht- und Aggressionstrieb bezeichnet. Laut Lorenz sind diese Triebe wichtige Schutzmechanismen, die das Überleben des Individuums und den Fortbestand der Art sichern. Die individuelle Selbstverteidigung, die Verteidigung von Nahrungsrevieren und die Ausbildung von Hierarchien bezeichnete Lorenz als Funktionen des Aggressionstriebs. Er deutete Aggressionen also als „Urinstinkt", der sich naturwüchsig seine Bahn breche und allenfalls durch geeignete kulturelle Rahmenbedingungen in bestimmte – ungefährliche und gesellschaftlich akzeptierte – Bahnen gelenkt werden könne. Lorenz empfahl zum Abreagieren (Ausagieren) des Aggressionstriebs unter anderem die Teilnahme an sportlichen Großveranstaltungen.

Es tauchen immer mehr Funde auf, die darauf hinweisen, dass die Menschen der Vorzeit (auch) hochaggressiv waren. Es gibt Massengräber, abgenagte Menschenknochen und andere Hinweise auf Kannibalismus (White 2001). Fry und Söderberg (2013) untersuchten 21 Jäger- und Sammler-Kulturen aus Gegenwart und Vergangenheit, und eruierten die Mordfälle, die nachweislich dort verübt wurden. Dabei zeigte sich, dass in 85 % aller Todesfälle Mörder und Opfer zur gleichen Gruppe gehörten. Die Autoren folgern daraus, dass Kriege in Form von Gruppenüberfällen auf fremde Gruppe erst eine Errungenschaft von sesshaften Kulturen sei. Dagegen spricht die oben beschriebene Kriegführung der Schimpansen, denn sie belegt, dass Gruppenkriege evolutionär früh auftreten. Die Funde des Thalheimer Massengrabs bei Heidelberg, das 34 Skelette enthält und 7.100 Jahre alt ist, weisen ebenfalls in eine andere Richtung. Bentley und Mitarbeiter (2008) vermuten aufgrund ihrer Analysen, dass eine durchreisende, also nicht sesshafte Gruppe den Überfall ausgeübt hat und dass der Zweck des Überfalls der Raub der Frauen war, denn es befand sich keine einzige erwachsene Frau im dem Massengrab.

Biochemische und neurologische Faktoren von Aggression

Da Testosteron stark das männliche Geschlecht mitbestimmt, könnte man annehmen, dass es auch aggressives Verhalten fördert. Hierzu gibt es in der Tat eine Reihe von empirischer Evidenz. Besonders aggressive (und kriminelle) Männer weisen einen erhöhten Testosteronspiegel (Konzentration des Bluttestosterons) auf (Berman et al. 1993). Mit zunehmendem Alter verringern sich der Testosteronspiegel und die Aggressivität. Auch bei Mäusen korreliert der Testosteronspiegel mit Aggressivität (Mazur und Booth 1998). Andere Untersuchungen fand dagegen einen solchen Zusammenhang bei Menschen nicht (Albert et al. 1993). Auch bei Frauen gibt es eine Entsprechung. Aggressive kriminelle Frauen hatten einen höheren Testosteronspiegel als normale Frauen. Der Testosteronspiegel steigt bei Athleten kurz vor dem Wettkampf an, und der Ausgang des Kampfes bestimmt danach das Hormonniveau. Der Verlierer hat ein niedriges, der Gewinner ein hohes Testosteronniveau. Bei Athletinnen zeigt sich diese Veränderung jedoch nicht (Mazur und Booth 1998).

Zusätzlich zur Testosteronhypothese gibt es das Modell der serotoninen Unterfunktion. Bei Aggressiven wurden in mehreren Untersuchungen ein niedrigerer Serotoninspiegel gefunden als bei wenig Aggressiven (Lesch und Merschdorf 2000), wobei aber nicht das aggressive Verhalten selbst, sondern die Impulsivität der Aggression und die herabgesetzte Kontrolle ausschlaggebend zu sein scheint. Serotonin gilt als Neurotransmitter des Hemmungssystems. Niedrige Serotoninfunktion bewirkt also, dass die Hemmung und Kontrolle von Aggressionen wegfällt.

Gibt es ein Aggressionszentrum im Gehirn? Wohl kaum, denn Aggression entsteht aus recht unterschiedlichen situativen Bedingungen. Im Daseinskampf war Aggression gegenüber dem Rivalen bei einer Frau angebracht, aber genauso bei der Auseinandersetzung mit

Angehörigen einer Außengruppe, die den eigenen Sozialverband angriff. Untersuchungen an Säugetieren haben gezeigt, dass bei aggressivem Verhalten die Amygdala, der Hypothalamus, der präfrontale Kortex, der dingulate Kortex, der Hippocampus und weitere Bereiche des Mittelhirns beteiligt sind.

Resümee

Heute ist offene Aggression als Schädigung oder Vernichtung von Menschen evolutionär dysfunktional geworden, da wir das Potenzial zur Vernichtung der Menschheit und des meisten Lebens auf der Erde entwickelt haben. Aggressive Gesellschaften werden zur Gefahr für die gesamte Menschheit, aggressive Einzelpersonen zur Gefahr für die Familie, die Gruppe, das Gemeinwesen. In zukünftigen Gesellschaften werden nicht die offen Aggressiven, sondern diejenigen, die intelligent genug sind, ihre Aggression zu unterdrücken, überleben. Nur wenn wir uns vergegenwärtigen, dass Aggression zur menschlichen Ausstattung gehört und immer im Hintergrund darauf lauert, zum Durchbruch zu kommen, können wir ihr angemessen begegnen. Die entscheidende Aufgabe besteht darin, die Aggression hemmen zu können und unter Kontrolle zu halten. Drei Wege gibt es für die Kontrolle menschlicher Aggression: Kanalisierung, neuronale Kontrolle aggressiver Impulse und gesellschaftliche Schutzmechanismen. Alle drei greifen ineinander. Die zivilisatorische Entwicklung kann Aggression kanalisieren, z. B. in Form von sportlichen Wettkämpfen, sie kann offene Aggression durch moralische Regeln tabuisieren und durch Sozialisationsagenturen, wie die Schule, die mentale Kontrolle aggressiver Impulse fördern. Wenn eine Gesellschaft schon Kindern Schusswaffen in die Hand drückt, handelt sie nicht nur kriminell, sondern auch dumm. In den meisten Gesellschaften wurden bis in die jüngste Zeit hinein Kinder und Jugendliche zu Kampf und Krieg erzogen, die dem Schutz und der Verteidigung des eigenen Landes dienten. Selbst der Präventivschlag wird noch bis heute legitimiert. Auch in der Ontogenese gibt es Aggression als anerzogene unerwünschte Nebenwirkung. Mein Kollege Lutz von Rosenstiel pflegte zur Illustration folgende Geschichte zu erzählen:

> Der Vater sieht, wie Fritzchen einen kleinen Jungen prügelt. Er ruft streng: Fritzchen, komm sofort her! Komm sofort her! Als Fritzchen erscheint, legt der Vater ihn übers Knie, versohlt ihn und ruft dabei: Wie oft habe ich dir schon gesagt, dass man kleine Kinder nicht prügeln darf.

Wichtig bleibt festzuhalten, dass wir alle oder fast alle in Situationen geraten können, in denen unsere Aggression zum Durchbruch kommt: in Kriegen, bei Massenveranstaltungen, kurzum in allen Lebenslagen und gesellschaftlichen Konstellationen, in denen Regulationsmechanismen unserer Zivilisation außer Kraft gesetzt werden.

5.6 Prosoziales Verhalten

Der Homo sapiens gehört nach Meinung vieler Evolutionsbiologen zu den aggressivsten Spezies dieser Erde, aber auch zu den Spezies mit hoher Empathie und Hilfsbereitschaft. Aus evolutionsbiologischer Sicht dient prosoziales Verhalten genau wie Aggression dem Erhalt und der Verbreitung der Spezies. Die Evolutionstheorie geht heute davon aus, dass der individuelle Egoismus, also das individuelle Interesse an der Weitergabe von Genen, und nicht die Erhaltung der Gruppe (Gruppenegoismus) die Evolution steuert. Daher mag man zunächst bezweifeln, ob prosoziales Verhalten für die Weitergabe der eigenen Gene nützlich ist. Dann aber wäre „gutes" Handeln ein Erzeugnis menschlicher Kultur. Wilson (2013), der Altmeister der Soziobiologie, macht allerdings Schluss mit dem Genegoismus und behauptet, dass die menschliche Evolution im Gegensatz zur Bildung von Ameisenstaaten, aus einem Wechselspiel von Merkmalen individueller Gruppenmitglieder und der Gruppe als Gesamtheit vor sich geht. In menschlichen Gruppen belohnt die Selektion normalerweise den Altruismus zwischen den Gruppenmitgliedern.

Altruismus nach Verwandtschaftsgrad

Nun gibt es aber im Tierreich ebenfalls eine riesige Palette prosozialen Verhaltens. Besonders bei den staatenbildenden Insekten sind Kooperation, „aufopferndes" Verhalten und Dienstleistung für das Ganze bestimmend. Aus evolutionärer Sicht gibt es keinen uneigennützigen Altruismus. Hilfeleistung muss sich auszahlen. Diese Annahme wurde in der Hamilton-Ungleichung (1963) als mathematische Beziehung präzisiert:

$$K < rN \tag{5.1}$$

K: Kosten des altruistischen Akts
r: Verwandtschaftsgrad zwischen Helfer und Empfänger
N: Nutzen auf Seiten des Empfängers

Ein Individuum verhält sich dann altruistisch, wenn die Kosten K des Verhaltens geringer sind als der Nutzen für den Empfänger, gewichtet mit dem Verwandtschaftsgrad.
   Altruistisches Verhalten dient also zunächst der Weitergabe der eigenen Gene. Die Hamilton-Ungleichung stimmt beispielsweise bei staatenbildenden Insekten. Die Weibchen verfügen dort nämlich über einen doppelten Chromosomensatz (sie sind diploid, wie wir auch), aber die Männchen haben nur einen Chromosomensatz, sie sind haploid. Das bedeutet, dass die Arbeiterinnen im Insektenstaat enger miteinander verwandt sind als mit ihren Brüdern. Sie sollten, sofern die Altruismusrechnung zutrifft, ihren Schwestern dreimal mehr an Nahrung und Hilfeleistung zukommen lassen als ihren Brüdern. Untersuchungen an 21 Ameisenstaaten erbrachten, dass das Gewicht der Männchen nur ein

Drittel des Gewichts der Weibchen betrug (weitere Beispiele s. Schmidt-Salomon 2009). Bei Mensch und Tier gibt es daher den Nepotismus, die Unterstützung anderer nach dem Verwandtschaftsgrad. Nepotismus in heutigen Gesellschaften wird zwar als Korruption angeprangert, dürfte aber ein Relikt unserer Evolution sein und ist deshalb nur durch die Etablierung des Wertes menschlicher Gleichheit und Gleichberechtigung unter Kontrolle zu bringen.

Die Hamilton-Ungleichung reicht aber nicht mehr aus, um das altruistische Verhalten der Primaten zu erklären. Boesch und Mitarbeiter (2010) von der Abteilung Primatologie am Leipziger Max-Planck-Institut für evolutionäre Anthropologie berichten von 18 Fällen bei freilebenden Schimpansen, in denen verwaiste Jungtiere von Gruppenmitgliedern im Taï-Nationalpark (Elfenbeinküste) adoptiert wurden. Die Hälfte der Waisen wurde von Männchen adoptiert, die außer in einem Fall nicht die Väter der Kinder waren. Erwachsene Tiere nahmen sich der Waisen für mehrere Jahre an und kümmerten sich während dieser Zeit intensiv um die Jungtiere. Diese Beobachtungen zeigen, dass Schimpansen unter den geeigneten sozio-ökologischen Bedingungen durchaus für das Wohl anderer nicht verwandter Gruppenmitglieder Sorge tragen und dass Altruismus bei frei lebenden Schimpansen sehr viel weiter verbreitet ist, als es Studien mit im Zoo lebenden Tieren bisher nahegelegt hatten. Schon zuvor wurde beobachtet, dass wild lebende Schimpansen ihr Essen teilen. Bei in Gruppen lebenden Tieren zählt der Schutz der Artgenossen über die Weitergabe der eigenen Gene hinaus, denn der Schutz der Gruppe bedeutet auch eigene Sicherheit.

Neben der Erweiterung altruistischen Verhaltens auf nichtverwandte Artgenossen spielt die Kommunikation zwischen Hilfsbedürftigen und Helfern eine Rolle. Eine japanische Forschergruppe (Yamamoto et al. 2009) führte eine experimentell kontrollierte Studie an im Zoo lebenden Schimpansen durch. Sie stellte den Tieren Werkzeuge zur Verfügung, die diese einem Tier im Nachbarkäfig reichen konnten, wenn es das Werkzeug zur Erlangung von Nahrung benötigte. Während der 24 Versuche, bei denen die Rollen immer wieder getauscht wurden, beobachteten die Forscher, dass die Tiere das benötigte Werkzeug herüberreichten, um ihren Partnern zu helfen. Diese Übergaben erfolgten jedoch erst, nachdem der Partner aktiv um Hilfe nachgesucht hatte, in dem er beispielsweise die Hand durch ein Loch streckte oder in die Hände klatschte. Die Tiere halfen auch dann, wenn keine Gegenleistung durch den Partner zu erwarten war, und Hilfe wurde auch bei nicht verwandten Paaren beobachtet. Da die Hilfe vorwiegend nur auf die Bitten des Partners gewährt wurde, dürfte die Kommunikation bei altruistischem Verhalten eine wichtige Rolle spielen. Im Falle des Experiments bestand die Kommunikation in artgerechten Signalen der Anforderung von Hilfe.

Empathie

Es gibt aber eine tieferliegende und unmittelbare Form der Kommunikation: die Empathie. Unter Empathie versteht man die Fähigkeit, die Gefühle anderer nachzuvollziehen und so zu fühlen wie sie. Empathie entsteht beim Menschen in der zweiten Hälfte des zweiten Lebensjahres und ist offenkundig mit der Entstehung des Ichbewusstseins verknüpft (Bischof-Köhler 1989). Man bringt Empathie mit den Spiegelneuronen in Verbindung, die ein verzweigtes System im menschlichen Gehirn bilden. Spiegelneuronen wurden zuerst bei Affen entdeckt und daraufhin auch beim Menschen genauer untersucht (im Überblick: Rizzolatti und Sinigaglia 2008). Dort ist das System der Spiegelneuronen vor allem im posterioren Bereich des inferioren frontalen Gyrus inklusive des Broca-Areals, dem ventralen Bereich des Gyrus praecentralis und der rostrale Lobulus parietalis repräsentiert. Den Spiegelneuronen schreibt man folgende Funktionen zu (Rizzolatti und Sinigaglia 2008): Verständnis der Bedeutung beobachteter Handlungen, Grundlage für das Durchführen motorischer Imitationen, Verständnis innerer kognitiver, emotionaler und motivationaler Zustände und Handlungsabsichten, Grundlage der Entwicklung von interindividueller Kommunikation und Sprache. Für unsere Fragestellung ist nur die Funktion des Verständnisses für Emotionen anderer Personen wichtig. „Verständnis" bedeutet hier allerdings nur, dass man ähnlich oder gleich fühlt wie der andere, bei dem man die Emotionen wahrnimmt oder aus dem Geschehen folgert. Eineinhalb- bis zweijährige Kinder beispielsweise erkennen, wenn Erwachsene traurig sind und Hilfe benötigen. Bischof-Köhler (1989) arrangierte eine Szene, in der dem Erwachsenenpartner ein zuvor präparierter Löffel zerbrach. Die Kinder versuchten, dem Trauer zeigenden Erwachsenen zu helfen und ihn zu trösten. Der Motivationszustand, der durch Empathie erzeugt wird, kann also aus zwei Wurzeln gespeist werden: zum einen kann es sich um eine mit Hilfe des Spiegelneuronensystems direkt erzeugtes Gefühl des Mitleids oder der Mitfreude handeln, ohne dass die situativen Zusammenhänge bedeutsam wären; zum anderen kann die Motivation aber auch aus der Erkenntnis des Zusammenhangs entstehen, der zu dem betreffenden Emotionszustand beim wahrgenommenen Partner geführt hat, wie dies im obigen Beispiel der Fall ist.

Der Mechanismus der „Gefühlsansteckung" ist sicherlich der grundlegendere von beiden Möglichkeiten und fast immer bei altruistischen Handlungen beteiligt. Nicht nur der andere leidet, sondern man selbst leidet mit. Hilfeleistung bedeutet, dass man auch das eigene Leid, den eigenen Schmerz reduziert, wenn man das Leid des anderen mildert. Es geht einem selbst besser, wenn es anderen besser geht. Empathie auf dieser primitiven Basis gibt es sicherlich auch bei nichtmenschlichen Primaten. Schließt man das erstaunliche prosoziale Verhalten der von Boesch und Mitarbeitern beobachteten Schimpansen im Taï-Nationalpark mit ein, so kann als sicher gelten, dass sich menschliches altruistisches Verhalten während der Evolution entwickelt hat, weil es dem Fortbestand der Spezies diente. Aus evolutionärer Sicht erscheint es allerdings höchst fragwürdig, ob es uneigennütziges altruistisches Verhalten gibt. Bei Tieren, die im sozialen Verband leben und durch ihn Vorteile erhalten, bildet sich altruistisches Verhalten aus, es dient dem Erhalt der Gruppe und damit auch dem Individuum, das seine Gene weitergeben will. Wir werden uns am Ende dieses Buches mit ethischen Fragen auseinandersetzen und prüfen, wie Kultur und individuelle Entwicklung dazu beitragen, eine heute notwendige, aber auch modifizierte und erweiterte Ethik zu entwickeln.

Das Wechselspiel von Aggression und Altruismus

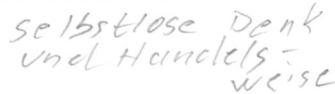

Wie aber verhält sich die ebenfalls aus unserer Evolution stammende Aggression zu dem zugleich vorhandenen Altruismus? Beide Kräfte existieren nebeneinander, bei den Menschenarten offenbar schon mindestens eine halbe Million Jahre (und natürlich noch länger bei anderen Primaten, siehe unser Beispiel des Schimpansenkrieges). Aggression tritt bei Rivalenkämpfen um sexuelle Vorrechte, bei der Fortpflanzung, als Kampf um Status in der Gruppe und als Verteidigung des eigenen Reviers gegenüber Eindringlingen auf. Diese letzte Form der Aggression, die Schwächung oder Vernichtung von Außengruppen, ist ein Erbe, mit dem wir heute in große Schwierigkeiten geraten. Die vielen kriegerischen Auseinandersetzungen in der Menschheitsgeschichte, aber auch die gottlob harmlose Rivalität zwischen Städten (Köln – Düsseldorf), Landstrichen und Bevölkerungsgruppen (Preußen – Bayern) belegen unsere tiefliegende Neigung zur Ablehnung und zu aggressiven Tendenzen gegenüber Außengruppen. Die sozialpsychologische Forschung hat sich seit den dreißiger Jahren des vorigen Jahrhunderts intensiv mit diesem Phänomen beschäftigt, das seine Wurzeln in unserer Evolution und in der unserer Verwandten, den gruppenbildenden Primaten, hat.

Das prosoziale Verhalten auf der anderen Seite dient der Innengruppe (Ingroup). Ohne Altruismus könnte sie nicht bestehen, und wenn die Gruppe durch altruistisches Handeln bessere Überlebenschancen hat, dann hat auch das Individuum größere Chancen, sich fortzupflanzen und seine Gene weiterzugeben. Aggression nach außen und Altruismus nach innen sind evolutionäre Grundmechanismen. Menschliche Kulturen rechtfertigen bis in die jüngste Zeit hinein den moralischen Widerspruch zwischen Aggression und Altruismus. Auch die Bibel und der Koran halten an der moralischen Zweiteilung des Altruismus in der Ingroup und der Aggression gegenüber der Außengruppe fest. Hier zwei Beispiele aus der Bibel.

> Jakob zog mit seiner großen Familie in die Nähe der Stadt Sichem. Ein junger Mann aus der Stadt verliebt sich in Dina, eine Tochter Leas, und schläft mit ihr. Der junge Mann liebt Dina und will sie heiraten. Er sucht mit seinem Vater Jakob auf, und sie halten um die Hand seiner Tochter an. Verhandlungsergebnis: Wenn alle Männer der Stadt sich beschneiden lassen, darf der Liebhaber Dina heiraten. Die Männer Sichems beschneiden sich, aber am dritten Tag, als der Schmerz und das Jammern der Männer am größten ist, dringen zwei Brüder Dinas, Simeon und Levi, in Sichem ein „und sie erwürgten alles, was männlich war". . . . „Da kamen die Söhne Jakobs über die Erschlagenen und plünderten die Stadt, darum dass sie hatten ihre Schwester geschändet. . . und nahmen . . . all ihre Habe; alle Kinder und Weiber nahmen sie gefangen." (Genesis, 34). Jakob rügt zwar dieses Verbrechen, aber nur aus Angst, die Feinde könnten sich gegen ihn verbünden und ihn und seine Familie vernichten.
>
> Der Gott des Mose gebietet sogar regelrecht den Genozid. Beim Angriff auf eine Stadt gebiet er:
>
> „Wenn der Herr, dein Gott, sie in deine Gewalt gibt, sollst du alle männlichen Personen mit scharfem Schwert erschlagen. Die Frauen aber, die Kinder und Greise, das Vieh und alles, was sich sonst in der Stadt befindet, alles, was sich darin plündern lässt, darfst du dir als Beute nehmen. Was du bei deinen Feinden geplündert hast, darfst du verzehren; denn der Herr, dein Gott, hat es dir geschenkt. . . . Aus den Städten dieser Völker jedoch, die der Herr, dein

Gott, dir als Erbbesitz gibt, darfst du nichts, was Atem hat, am Leben lassen. Vielmehr sollst du die Hetiter und Amoniter, Kanaaniter und Perisiter, Hiwiter und Jebusiter der Vernichtung weihen" (Dtn, 20; 13–17).

Aggression und Altruismus, böse und gut, sind in der Kulturgeschichte als Projektion in gute und böse Götter, in Gott und Teufel, aber auch in gute und bösen Menschen vergegenständlicht worden. Brauchen wir solche falschen Manifestationen? Werden wir auch weiterhin etwas nach außen projizieren, was in uns ist, auch wenn wir nun wissen, dass diese Projektionen irreal sind? Vermutlich schon, denn unsere Neigung zu projizieren dürfte ebenfalls tief in uns verankert sein. Also muss Aufklärung auch zusätzlich die Kenntnis psychologischer Gesetzmäßigkeiten vermitteln, mit deren Hilfe wir Projektionsmechanismen kontrollieren können. Doch davon wird erst später die Rede sein.

Welcher Weg bietet sich an, die Aggression gegenüber Außengruppen zu neutralisieren? Es ist das Verständnis, dass die gesamte Menschheit zur gleichen Gruppe gehört, also zur Ingroup wird. Nach sozialpsychologischen Gesetzmäßigkeiten würde das am besten gelingen, wenn es eine Bedrohung von außen gäbe, welche die gesamte Menschheit betrifft. In Science-Fiction-Darstellungen sind dies Aliens, die den Planeten angreifen. Aber wir sind zumindest von unserem Erkenntnisstand auch ohne Bedrohung in der Lage, die Gleichheit aller Menschen und ihr Recht auf Glück anzuerkennen. Der wohl bedeutendste Schritt zur Überwindung des auf den Verwandtschaftsgrad gegründeten Altruismus ist in der Ethik des Neuen Testaments zu sehen, die den „Nächsten" nicht mehr durch die Nähe der biologischen Verwandtschaft und auch nicht durch die freundschaftliche Verbundenheit, sondern durch dessen Hilfsbedürftigkeit definiert. Das Gleichnis des barmherzigen Samariters, der im Gegensatz zum achtlos vorbeiziehenden gläubigen Juden dem ausgeraubten und verletzten Opfer eines Überfalls hilft, drückt diese kulturelle Wende treffend aus.

Es gibt auch noch andere triftige Gründe für den Zusammenhalt der Menschheit. Unser genetisches Potenzial weist mit Ausnahme einiger afrikanischer Gruppen eine so geringe Varianz (Diversivität) auf, dass wir sehr verletzlich und wenig widerstandsfähig sind. Dies könnte sich verhängnisvoll bei Pandämien auswirken. Die Globalisierung sorgt dafür, dass sich Krankheitserreger rasch über die ganze Welt verbreiten. Gemeinsame Aktionen zum Gesundheitsschutz sind daher unerlässlich. Vielleicht führt auch die drohende Klimakatastrophe doch noch zu einem vernunftgeleiteten Handeln der Menschheit.

Uneigennützigen Altruismus gibt es nicht, und das ist gut zu wissen

Aus psychologischer Sicht gibt es keinen selbstlosen Altruismus. Wir belohnen uns selbst, sei es, dass wir unser eigenes (Mit)Leid reduzieren, sei es, dass wir Mitfreude empfinden, wenn wir den anderen glücklich machen, sei es, dass wir soziale Anerkennung und Geborgenheit in der Gruppe erfahren oder sei es, dass wir durch Altruismus unsere Gene besser weitergeben können. Immer findet sich ein Motiv für Altruismus, das uns selbst auch Belohnung verschafft. Sogar wenn wir den Wert der uneigennützigen Hilfe oder den Kantschen Imperativ als oberstes Prinzip ansetzen, belohnen wir uns bei prinzipiengerechtem Verhalten in erster Linie selbst: wir befinden uns im Einklang mit unseren Wertvorstellungen. Aber daran ist ja auch nichts Schlimmes, im Gegenteil: wünschenswertes Verhalten kommt auch uns zugute und ist damit von der Idee her als handlungsleitendes Prinzip durchsetzungsfähig.

Unsere Wertvorstellungen haben sich schon jetzt auf das Wohlergehen aller Menschen ausgedehnt, auch wenn wir noch weit davon entfernt sind, die Verwirklichung dieses Ziels in greifbare Nähe zu rücken. Im Gegenteil, die Kluft zwischen Privilegierten und Benachteiligten wächst. Aber Recht auf ein glückliches Leben aller Menschen geht heute mehr denn je auf Kosten anderer Lebewesen, auf Kosten der Tiere und Pflanzen. Die Erhaltung unserer Spezies wird so zu einem egoistischen Altruismus größten Ausmaßes. Wir vernichten täglich Urwaldregionen, verursachen ein gewaltiges Artensterben und experimentieren mit Mäusen, weil sie wegen ihrer Ähnlichkeit mit uns besonders viel Information über uns liefern. Wir wären empört, würden die Mäuse uns als Versuchstiere benutzen, um mehr über sich zu erfahren. Wir halten uns Tiere in industrieller Produktionsweise und missachten ihre artgerechte Haltung. Wir vernichten Zehntausende von ihnen, wenn sie uns gesundheitlich gefährlich werden könnten. Was ist das für eine Moral? Es ist die Moral einer überheblichen Spezies, in deren ethische Überlegung noch kaum die Erkenntnis eingedrungen ist, dass wir sehr egozentrisch denken und immer noch den Menschen als Maß aller Dinge ansetzen.

Gespräch der Himmlischen

Athene: Aha, da kommt Ares. Der darf heute nicht fehlen.

Ares: Das kannst du zweimal sagen. Ich bin empört, wie hier die Aggression des Menschen behandelt wird. Ein schlimmes Erbe der Evolution? Unsinn! Kampf, Sieg und Niederlage bestimmen die Menschheitsgeschichte und die Mythen der Menschen. Schaut euch doch die Tempelfriese an, die sie uns gemeißelt haben. Geschichten vom Kampf, vom Heldentum.

Athene: Und von unsäglichem Leid.

Ares: Das Leid und der Tod gehören zum Helden, sie gehören zum Menschen. Wie Richard Wagner in seinem gewaltigen Opus „Der Ring des Nibelungen" thematisiert, gibt es drei Grundkräfte, die den Menschen antreiben: die Liebe, den Kampf, also die Aggression, wenn ihr so wollt, und das Gold, die Gier nach Geld und Besitz. Wer dem Menschen die Aggression nimmt, macht aus ihm ein sanftes Täubchen, das zu nichts zu gebrauchen ist, als hinter dem Herd zu sitzen oder in beschaulichen, komfortablen Reisen sich kopfschüttelnd die Zeugnisse früherer Kriege und Eroberungen anzusehen.

Aphrodite: Ich bin in dieser Frage zerrissen. Einerseits gefällt es mir schon, dass Männer um uns Frauen kämpfen und unseretwegen gar ihr Leben lassen. Andererseits hasse ich die Aggressivität der Männer und natürlich erst recht die der Frauen.

Athene: Du spielst sicher auf den Trojanischen Krieg an, in dem wegen einer Frau so viele Menschen sterben mussten, eine prächtige Stadt zerstört wurde und die Trojerinnen in Gefangenschaft und Sklaverei gerieten. In diesem Punkt wenigstens kann ich dich beruhigen. Der Trojanische Krieg war ein Wirtschaftskrieg, er ging um die Vorherrschaft des Handels in Vorderasien. Aber so etwas Unromantisches will niemand hören. Die meisten Kriege waren übrigens mehr oder minder auch Wirtschaftskriege. Aber zurück zum Kampf um die Frauen. Natürlich kämpfen die Männchen in der Evolutionsgeschichte um die Weibchen. Manchmal ist es nur ein Scheinkampf, wie bei den Hirschen, manchmal ist es aber auch ein echter Kampf, bei dem sich die Männchen schwer verletzen können.

Apoll: Ares hat in einem Punkt Recht. Die griechische Kunst, die uns in Tempeln und Statuen verherrlicht, wäre nichts ohne Kampf, Heldentum, Sieg und Niederlage. Aber wir haben schon damals eine Lösung gefunden, wie man mit Kampf und Heldentum umgehen kann, ohne die Grausamkeit des Tötens, des Schmerzes, ohne Rache und Leid: die olympischen Spiele. Sie standen von Anfang an unter unserem Schutz und sind der Prototyp für symbolisierte Kämpfe. Sieg und Niederlage enden nicht mit Tod und Leid, man kann erneut kämpfen mit einem anderen Ausgang, jeder kann gewinnen. Vertreter aus schwachen Regionen können denen aus starken überlegen sein. Bei dem Fußballspiel, das die Menschen heute so lieben, kann ein winziger Staat, wie die Niederlande gegen eine Weltmacht wie die USA siegen.

Athene: In der Tat sprechen die Soziologen von ritualisierten Kriegen bei sportlichen Wettkämpfen. Nur manchmal funktioniert das nicht. Da gibt es die Hooligans, die den sportlichen Wettkampf als echten Krieg nehmen und die Gegenpartei tätlich angreifen.

Ares: Das hat nichts mehr mit heldenhaftem Kampf zu tun, das ist abartig. Ich verstehe die heutige Welt sowieso nicht. Einerseits wollen alle den Frieden, andererseits vernichten sich die Menschen. In Afrika sind schon Millionen getötet worden, ohne ehrenhaften Kampf, ohne Heldentum. Das ist nicht mehr meine Welt. (Geht ab.)

Athene: Ich begrüße es jedenfalls, dass Intelligenz höher gewertet wird als Körperstärke und Aggressivität. Meine Lieblinge unter den Menschen sind die Schlauen, die Intelligenten, die Forscher, die Erfinder. Was hat der menschliche Geist schon alles hervorgebracht: Autos, Flugzeuge, Satelliten, Computer, Handys!

Apoll: Wieder kein Wort von der Kunst. Du siehst Atomkraftwerke, ich dagegen Museen. Du erfreust dich am Flugzeuglärm, ich an der Musik der Menschen. Du genießt die Glasfassaden der Wolkenkratzer, ich die Bilder und Statuen, auch wenn sie heute seltsame Formen annehmen. Du schaust auf die 95.000 Seiten von Verordnungen, die die Europäische Gemeinschaft sich ausgedacht hat, ich erfreue mich mehr an zehn Zeilen einer guten Lyrik.

Athene: Beides gehört zusammen. Maschinen und Verordnungen erleichtern das Leben, Kunst überhöht es.

Aphrodite: Wir haben ja noch andere Themen heute zu besprechen. Da wird endlich einmal laut ausgesprochen, dass sich Mann und Frau aufgrund ihrer Evolution von Anfang an unterscheiden. Sie sind eben verschieden, und das macht es ja auch so interessant, mit dem anderen Geschlecht in Kontakt zu kommen. Mit der Hypothese, dass Monogamie für den Nachwuchs Vorteile hätte, kann ich mich allerdings nicht anfreunden. Das gefällt sicherlich Hera, Hüterin der Ehe, weil sie nun auch noch evolutionäre Unterstützung für ihren Kampf erhält. Aber man kann genauso gut argumentieren, dass Vielweiberei und Vielmännerei Vorteile für den Nachwuchs bringt. Eine Frau, die sich mit vielen Männern paart, gibt ein breiteres Spektrum an Genvielfalt weiter als die monogame Frau, und der Mann, der viele Frauen hat, ist bezüglich seines Nachwuchses im Vorteil, weil er seine Gene viel häufiger weitergeben kann.

Athene: Bei der Frau stimmt dein Argument nicht, denn sie müsste daran interessiert sein, ihre eigenen Gene weiterzugeben, nicht die der Männer. Aber generell sind die Meinungen geteilt. Primatenforscher vertreten häufig die Ansicht, der Mensch sei auf Promiskuität angelegt. Es hängt wohl auch mit den Ressourcen zusammen, die zur Verfügung stehen. In menschlichen Gesellschaften hat sich Polygamie für diejenigen Männer durchgesetzt, die mehrere Frauen und deren Kinder ernähren können. Das Monogamie-Argument basiert auf einer Lebenssituation des frühen Homo sapiens, in der Mangel herrschte und nicht Überfluss. Bei knappen Ressourcen hat Monogamie Vorteile, zumindest bis der Nachwuchs aus dem Gröbsten heraus ist.

Dionysos: Du willst alles rational erklären. Der Mensch will aber zuallererst genießen, sich Lust verschaffen, ins Volle greifen – und immer dann kümmert er sich wenig um gesellschaftliche Vorschriften. Nicht umsonst gilt die Prostitution als das älteste Gewerbe.

Athene: Daran hat Goethe allerdings nicht gedacht, als er den Faust sagen ließ: Gefühl ist alles. Name ist Schall und Rauch.

Apoll: Nein, gewiss nicht, denn dort ging's um Religion. Ja, der Mensch ist dionysisch, rauschhaft, voller Schöpferdrang und soll es auch sein. Aber er ist auch apollinisch, auf Form und Ordnung bedacht. Die Künstler, Dichter, Musiker brauchen beides. Erst war es Schelling, dann Nietzsche, die dieses Begriffspaar eingeführt und uns beide so schön zusammengebracht haben.

Aphrodite: Jedenfalls wehre ich mich dagegen, dass Männer von Natur aus polygam und Frauen monogam veranlagt seien. Wenn schon Promiskuität, dann für beide Geschlechter. Wir Frauen lieben schließlich auch die Abwechslung.

Dionysos: Dabei wäre es für Männer so bequem zu sagen: Wir können nicht aus unserer Haut, wir sind von Natur aus polygam. Also lasst uns unsere Seitensprünge.

Athene: Menschliche Gesellschaften funktionieren nur, wenn auch – neben vielen anderen Dingen – das Sexualleben geregelt und bestimmten einschränkenden Normen unterworfen ist. Deshalb spielt es eigentlich keine Rolle, wie die Menschen von Natur aus angelegt sind. Die Kultur reguliert die Natur.

Dionysos: Menschen ertragen auf Dauer nicht, was gegen ihre biologische Natur ist: Askese, Einsamkeit, reine Geistigkeit führen zu seelischen und körperlichen Krankheiten. Wenn man schon immer wieder hervorhebt, dass der heutige Mensch nicht seinen evolutionären Wurzeln gemäß lebt, dann gilt das auch für sein Sexualleben.

Athene: Also müssten wir doch wissen, wie die Sexualität des Menschen beschaffen ist oder wir manipulieren die Gene, um einen besseren Menschen zu schaffen. Götter dürfen das. Auch die Menschen sind dabei, trotz aller ethischen Bedenken an sich herum zu basteln. Lasst uns abwarten, wie sie das anstellen.

Alle: Lasst uns warten, ja! – Bei Nektar und Ambrosia.

Literatur

Albert, D. J., Walsh, M. L., & Jonik, R. H. (1993). Aggression in humans: What is its biological foundation? *Neuroscience and Biobehavioral Reviews, 17*, 405–425.

Alexander, G. M., & Hines, M. (2002). Sex differences in response to children's toys in Nonhuman Primates (Cercopithecus aethiops sabaeus). *Evolution and Human Behavior, 23*, 467–479.

Bagemihl, B. (2000). *Biologoical exuberance: Animal homosexuality and natural diversity*. New York: St. Martin's Press.

Bentley, R. A., Wahl, J., Price, T. D., Tim, C., & Atkinson, T. C. (2008). Isotopic signatures and hereditary traits: Snapshot of a Neolithic community in Germany. *Antiquity, 82*, 290–304.

Berman, M., Gladus, B., & Taylor, S. (1993). The effects of hormone type A on behavior pattern and provocation on aggression in men. *Motivation and Emotion, 17*, 125–138.

Bischof-Köhler, D. (1989). *Spiegelbild und Empathie*. Bern: Verlag Hans Huber.

Bischof-Köhler, D. (2006). *Von Natur aus anders. Die Psychologie der Geschlechtsunterschiede* (3 Aufl.). Stuttgart: Kohlhammer.

Blanchard, R., & Bogaert, A. F. (1996). Homosexuality in men and number of older brothers. *The American journal of psychiatry, 153*(1), 27–31.

Boesch, C., Bolé, C., Eckhardt, N., & Boesch, H. (2010). Altruism in forest chimpanzees: The case of adoption. *PLoS ONE, 5*(1), e8901. doi:10.1371/journal.pone.0008901.

Bogaert, A. (2006). Biological versus nonbiological older brothersand men's sexual orientation. www.pnas.orgcgidoi10.1073pnas.051115.

Bowlby, J. (1969). *Attachment and loss: Vol. 1. Attachment*. New York: Basic Books.

Bowlby, J. (1973). *Attachment and loss. Vol. 2. Separation, anxiety, and anger*. New York: Basic Books.

Braun, K., Antemano, R., Helmeke, C., Büchner, M., & Poeggel, G. (2009). Juvenile separation stress induces rapid region- and layer-specific changes in S 100ß- and glial fibrillary acidic protein-immunoreactivity in astrocytes of the rodent medial prefrontal cortex. *Neuroscience, 160*, 629–638.

Buss, D. M., & Schmitt, D. P. (1993). Sexual strategies theory: An evolutionary perspective on human mating. *Psychological Review, 100*, 204–232.

Byne, W. (1994). Homosexualität: Ein komplexes Phänomen. Spektrum der Wissenschaft. *Heft, 7*, 43–51.

Cahill, L. (2006). Sein Gehirn – ihr Gehirn. Spektrum der Wissenschaft. *Heft, 3*, 28–35.

Campbell, A. (1984). *The girls in the gang: A report from New York city*. Oxford: Blackwell.

Campbell, A. (1995). *Zornige Frauen, wütende Männer. Geschlecht und Aggression*. Frankfurt/M: Fischer.

Camperio-Ciani, A., Corna, F., & Capiluppi, C. (2004). Evidence for maternally inherited factors favouring male homosexuality and promoting female fecundity. *Proceedings of Biological sciences/The Royal Society, 271*(1554), 2217–2221.

Chapman, T., & Smith, J. (Eds.). (1985). *Friendship and social relations in children*. New York: Wiley.

Freud, S. (1938). *Abriß der Psychoanalyse*. Frankfurt: Fischer taschenbuch (Ausg.1975).

Fry, D. P., & Söderberg, P. (2013). Lethal aggression in mobile Forager bands and implications for the origins of war. *Science, 19*(July 2013), 270–273.

Glickman, S. E., Zabel, C. J., Yoerg, S. I., Weldele, M. L., Drea, C. M., & Frank, L. G. (1997). Social facilitation, affiliation, and dominance in the social life of spotted hyenas. *Annals of the New York Academy of Sciences, 807,* 175–184.

Goymann, W., East, M. L., & Hofer, H. (2001). Androgens and the Role of Female "Hyperaggressiveness" in Spotted Hyenas (Crocuta crocuta). *Hormones and Behavior, 39,* 83–92.

Hamilton, W. D. (1963). The evolution of altruistic behavior. *The American Naturalist, 97,* 354–356.

Harlow, H. F., & Harlow, M. K. (1962). Social deprivation in Monkeys. *Scientific American, 207,* 136–146.

Lesch, K. P., & Merschdorf, U. (2000). Impulsivity, aggression, and serotonin: A molecular psychobiological perspective. *Behavioral Sciences and the Law, 18,* 581–604.

LeVay, S., & Hamer, D. H. (1994). Homosexualität: Biologische Faktoren. Spektrum der Wissenschaft. *Heft, 7,* 36–43.

Lorenz, K. (1965). *Das sogenannte Böse.* Wien: Borotha-Schoeler.

Lovejoy, C. O. (2009). Reexamining human origins in light of Ardipithecus ramidus. *Science, 326*(2009), 74, 74e1–74e8.

Mazur, A., & Booth, A. (1998). Testosterone and dominance in men. Behavioural and Brain. *Sciences, 21,* 353–397.

Meyer-Lindenberg, A. (2009). Tief verwurzeltes Statusdenken, Spektrum der Wissenschaft. *Heft, 3,* 19–20.

Oerter, R. & Montada, L. (Hg.) (1995). Entwicklungspsychologie. Weinheim: Beltz/PVU

Rizzolatti, G., & Sinigaglia, C. (2008). *Empathie und Spiegelneurone: Die biologische Basis des Mitgefühls.* Frankfurt a. M.: Suhrkamp.

Savic, I., & Lindström, P. (2008). PET and MRI show differences in cerebral asymmetry and functional connectivity between homo- and heterosexual subjects. In Proceedings of the National Academy of Sciences. doi:10.1073/pnas.0801566105.

Savin-Williams, R. C. (1979). Dominance hierarchies in groups of early adolescents. *Child Development, 50,* 923–935.

Savin-Williams, R. C. (1987). *Adolescence: An ethological perspective.* New York: Springer-Verlag.

Schjelderup-Ebbe, T. (1922–1924). Beiträge zur Sozialpsychologie des Haushuhns. *Z. F. Psychologie, 88,* 92, 95

Schmidt-Salomon, H. (2009). *Jenseits von Gut und Bös.* München: Piper.

Silk, J. (2012). Die Geburt der Paarbeziehung. Spektrum der Wissenschaft. *Heft, 7,* 15–18.

Sommer, V. (2008). *Schimpansenland. Wildes Leben in Afrika.* München: Beck.

Sommer, V., & Ammann, K. (1998). *Die Grossen Menschenaffen: Orang-Utan, Gorilla, Schimpanse, Bonobo.* München: BLV.

Van Vugt, M. (2009). Führen und Folgen. Spektrun der Wissenschaft. *Heft, 12,* 74–78.

de Waal, F. (1998). *Bonobos.* Basel: Birkhäuser Verlag.

White, T. D. (2001). Menschenfresser in der Altsteinzeit. Spektrum der Wissenschaft. *Heft, 11,* 15–17.

Wilson, E. O. (2013). *Die soziale Eroberung der Erde. Eine biologische Geschichte des Menschen.* München: Beck.

Yamamoto, S., Humle, T., & Tanaka, M. (2009). Chimpanzees help each other upon request. *PLoS ONE, 4*(10), e7416.

Menschliche Evolution und Kultur gehören zusammen

6

6.1 Was ist Kultur?

Es wäre völlig falsch, sich Menschwerdung zunächst als biologisches und danach als kulturelles Geschehen vorzustellen. Kultur entstand nicht erst, nachdem der Mensch seine für den Aufbau der Kultur nötige Ausstattung erlangt hatte, sondern war von Anfang an wesentlicher Bestandteil humanoider Evolution. Kulturelle Phänomene sind auch nicht auf den Menschen beschränkt, sondern in Ansätzen bereits bei anderen Tieren vorhanden. Schimpansen haben eine Kultur des sozialen Umgangs und des Werkzeuggebrauchs. Delphine haben eine Sprache mit einer <u>Syntax</u>, die schrittweise von den Jungtieren erworben wird, und Buckelwale haben eine Gesangskultur, die sich wandelt und Anregungen von anderen Gruppen übernimmt. Ein nettes Beispiel wurde bei japanischen Makaken beobachtet. Diese Primaten, die sich normalerweise nur im Wald aufhielten, gewöhnten sich daran, Süßkartoffeln, die man auf einer freien Sandfläche hinwarf, aufzuklauben und zu essen. Ein Jahr später wurde ein Weibchen beobachtet, wie es eine Süßkartoffel zum nahegelegenen Wasser trug, sie mit einer Hand ins Wasser tauchte und mit der anderen den Sand abrieb. In den darauffolgenden Jahren breitete sich diese Technik langsam auf die ganze Gruppe aus. Später wurde das Kartoffelwaschen ins Meer verlegt. Es ist zu einer festen Tradition der Makaken geworden, die die Kinder von ihren Eltern lernen (Kummer 1975).

Dennoch wird niemand bezweifeln, dass menschliche Kultur qualitativ etwas Neues in der Evolution darstellt. Es gilt nun herauszuarbeiten, worin dieses Neue besteht.

Camilleri (1985) kennzeichnet Kultur folgendermaßen: (a) Kultur umfasst die Gesamtheit der erlernten Bedeutungen, die in einer Population weitverbreitet sind, (b) sie bewerkstelligt, dass Werthaltungen und soziales Verständnis von allen (mehr oder minder) geteilt werden und (c) sie führt zu Verhaltensmustern, die diese gemeinsamen Wertüberzeugungen widerspiegeln. Aber dieses Verständnis greift zu kurz, weil es Kultur rein mentalistisch als etwas definiert, was sich in den Köpfen von deren Mitgliedern abspielt.

Schon im Alltagsverständnis gehören Kunstwerke, Gebäude und technische Errungenschaften zur Kultur. Solche materiellen Objekte regulieren das Alltagsleben bis in alle Einzelheiten. Man denke an Autos, Straßen, Computer, Mode etc. Daher beinhaltet Kultur in fast allen Definitionen die Produkte des Verhaltens anderer, besonders derjenigen, die vor uns lebten (Segall et al. 1990, S. 26). Solche Produkte können materielle Gegenstände, Ideen oder Institutionen sein. Mit Herskovits (1948) können wir Kultur daher präziser als den vom Menschen gemachten Anteil der Umwelt verstehen. Kultur ist eingebettet in Natur und bildet mit dieser zusammen ein Ökosystem. Biologisch gesehen bestehen Ökosysteme aus biotischen Gemeinschaften von aufeinander bezogenen Organismen, die in einem gemeinsamen Habitat leben. Ökosysteme haben die unterschiedlichste Größe (vom Wassertropfen bis zum Erdball) und können sich wechselseitig überschneiden. Menschliche Ökosysteme enthalten neben der Natur immer auch Kultur als Umwelt. Zum Habitat gehören daher nicht nur biologische Lebensräume (Biome), charakterisiert durch Klima, Bodenbeschaffenheit, Flora und Fauna, sondern auch materielle und geistige Güter und Einrichtungen der Kultur. Kultur ist adaptiv in dem Sinne, dass sie die wechselseitige Anpassung des Ökosystems und des Menschen bewerkstelligt. Insbesondere zeigen dies die materiellen Produkte der Kultur, wie Wohnung, Kleidung, Nahrungszubereitung und Werkzeuge. Kulturelle Gegenstände und Einrichtungen passen also einerseits die Natur an den Menschen an, andererseits sorgen sie für die Anpassung des Menschen an vorhandene natürliche Lebensbedingungen.

Im Sinne des Ökosystems bewerkstelligt die Kultur vor allem das Zusammenleben der Individuen in einer Gesellschaft. Unter dieser Perspektive bedeutet menschliche Entwicklung die Aneignung der Handlungskompetenzen, die für das Leben im menschlichen Ökosystem nötig sind. Man nennt diesen Prozess Enkulturation. Daher definiert Cole (1993, 1995) Kultur als Medium, das artspezifisch zur Gattung homo sapiens gehört und sich durch Artefakte konstituiert. Kultur als Medium ist dann einerseits das Vehikel, das Entwicklung ermöglicht: ohne Kultur keine menschliche Entwicklung. Andererseits beinhaltet Kultur als Medium die Vermittlerrolle zwischen biologischer Umwelt und Individuum. Menschen benötigen zum Überleben die Kultur. In der menschlichen Evolution haben sich menschliche Gemeinschaften die Kultur als neues Medium geschaffen, daher die Bezeichnung artspezifisches Medium.

Biologisch formuliert, ist der Mensch ein kulturschaffendes Tier, er kann auch biologisch nicht als kulturfreies Wesen leben, genauso wenig, wie Schwalben ohne Nest existieren können. Abbildung 6.1 illustriert diesen Zusammenhang. Der Mensch lebt wie jedes Lebewesen in einem biologischen Ökosystem. Innerhalb der Naturbedingung von Atmosphäre, Temperatur, Nahrung und Schutzzone befindet sich die Kultur als vom Menschen gemachte Umwelt. Sie besteht aus Objekten und Einrichtungen, die das menschliche Leben erst ermöglichen und es gleichzeitig erleichtern (Werkzeuge) oder auch erschweren (manche religiöse Vorschriften). Diese die Natur überlagernde Umwelt enthält neben materieller Ausstattung dann auch die Rollenvorschriften, Kontrollmechanismen und Werte, die das Zusammenleben regulieren.

Abb. 6.1 Kultur im
Ökosystem des Menschen

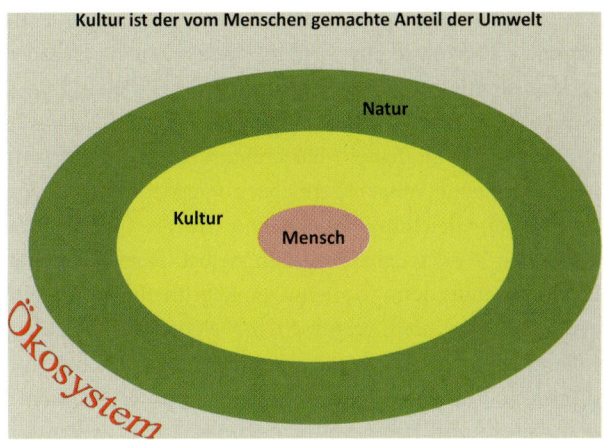

6.2   Der Gegenstand als Kernstück menschlicher Kultur

Die Definition von Kultur als der vom Menschen gemachte Anteil der Umwelt sagt noch wenig darüber aus, was nun spezifisch menschlich an der menschlichen Kultur ist und wie die kulturschaffende Tätigkeit des Menschen vor sich geht. In dieser Frage hilft uns der Gegenstandsbegriff weiter. Was ist ein Gegenstand? Wie der Name schon sagt, ist es etwas, das uns gegenübersteht. Gegenstände oder Objekte (von obicere: entgegenwerfen, -stellen; obiectus: das Gegenübergestellte) sind zeitlich überdauernde Entitäten, die vom Menschen konstruiert wurden und gewissermaßen allen zum Gebrauch zur Verfügung stehen. Dies ist bei materiellen Gegenständen leicht einsichtig. Der Hammer, den ein Individuum konstruiert hat, kann von vielen benutzt werden. Seine Funktion und sein Gebrauch bleiben erhalten, selbst wenn der Konstrukteur nicht mehr lebt. Der Gegenstand hat eine Bedeutung, die ihm vom Konstrukteur hineingelegt wurde. Er ist also nicht ein vom Menschen unabhängiges Ding, sondern erhält durch den Konstrukteur und die Benutzer eine bestimmte Bedeutung. Im Werkzeug stecken Ideen, die der Werkzeugmacher „hineingelegt" hat. Beim Hammer etwa ist die Idee die Nutzung der Hebelwirkung. Die Bedeutung des Gegenstandes, das Wissen um seine Funktion und das Wissen der zeitlich unbegrenzten Verfügbarkeit machen das Eigentliche des Gegenstandes aus. Unter diesem Aspekt gibt es in der menschlichen Umwelt nur Gegenstände, deren Bedeutungsgehalt vom Menschen konstruiert wurde. Seit die Hominiden Werkzeuge herstellten und nutzten, gab es auch bereits ein Verständnis des Gegenstandes als überdauerndem Objekt, mit dem ein bestimmter Nutzen verbunden ist. Selbst ferne Gegenstände wie der Mond erhalten ihre Bedeutung vom Menschen und werden dadurch erst zu Gegenständen. War der Mond im Altertum eine Göttin, so ist er heute ein lebloser Himmelskörper mit bestimmten physikalischen Eigenschaften.

Ähnlich müssen wir uns immaterielle Gegenstände als menschliche Konstruktionen vorstellen. Werte wie Ehre, Treue, Verlässlichkeit, Hilfsbereitschaft, sind mehr oder minder klar definierte Richtlinien für Handeln. Sie sind Gegenstände, Begriffe (also etwas, was wir „begreifen" können) und damit erst in der Kommunikation „handhabbar". Wissen, das sich im Laufe der Menschheitsgeschichte angesammelt hat, ist in „Gegenstände", nämlich einzelne Wissensbereiche, aufgegliedert. Mathematische Gegenstände wie Dreieck, Würfel, Gleichung, Beweis und Gesetze sind Werkzeuge, mit denen wir analog zu materiellen Werkzeugen umgehen. Selbst über unsere Gefühle und Motive sprechen wir als Gegenstände, denn wir benutzen Begriffe für sie. Damit wir bei dieser sehr grundlegenden Betrachtung nicht vergessen, in welcher Welt wir leben, sei ein Beispiel menschlicher Not angefügt. Jean Ziegler (2005) UN-Sonderberichterstatter für das Recht auf Nahrung, zitiert eine brasilianische Soziologin, die unter anderem mit ihrem Team Äußerungen der Ärmsten und Hungernden gesammelt hat. Es kamen Äußerungen, die den Hunger vergegenständlichten:

- „Der Hunger kommt von außen, von außerhalb des Körpers."
- Zahlreiche Befragte nennen den Hunger „das Ding" (a coisa).
- „Das Tier fällt über mich her, was soll ich tun?"

Der Hunger wird zu etwas Materiellem vergegenständlicht. Hoffen wir, dass solche Vergegenständlichungen in absehbarer Zeit verschwinden.

Evolutionär kann man die zentrale Rolle des Objekts oder Gegenstandes durch die wachsende Bedeutung des Werkzeuggebrauchs erklären. Wie wir bereits beschrieben haben, verfeinern und vermehren sich die Werkzeuge dramatisch, besonders in den letzten 40.000 Jahren. Hinzu treten Gegenstände besonderer Art, nämlich Figuren, Zeichnungen und Schmuck mit symbolischer Bedeutung. Solche Gegenstände bilden gemeinsame Bezugspunkte für die Gruppe und verleihen ihr eine gemeinsame Identität.

Abbildung 6.2 stellt in systematischer Form die zentrale Rolle des Gegenstandes in der menschlichen Kultur dar. Zunächst werden die Umgangsqualitäten des Gegenstandes erkundet und erprobt. Die Funktion des Gegenstandes erhält Nachhaltigkeit, man kann ihn immer wieder nutzen, und er kann von vielen Akteuren genutzt werden. Man denke an Werkzeuge wie Hammer, Messer, Speer, Pfeil und Bogen. Gegenstand und Funktion werden durch die Sprache gebannt und festgehalten: der Gegenstand erhält einen Namen. Die sprachliche Semantik kennzeichnet die Funktion des Gegenstandes und den Gegenstand selbst. Man kann also annehmen, dass Sprache nicht unabhängig vom Gegenstand entsteht, sondern gleichzeitig mit ihm, d. h. mit der menschlichen Konstruktion von überdauernden, vom Individuum unabhängig gewordenen Objekten.

Die Gebrauchsqualitäten des Gegenstandes, also der handelnde Umgang mit ihm, erzeugt Handlungsschemata, die vom Individuum gespeichert werden. Das Handy in Gestalt des Smartphone oder anderer wunderbarer Kommunikationsgeräte sind moderne Beispiele für die Interaktion eines Subjekts mit einem Gegenstand. Die Gebrauchsqualität eines modernen Handys ist so reichhaltig, dass der Benutzer mit seiner Exploration niemals zu

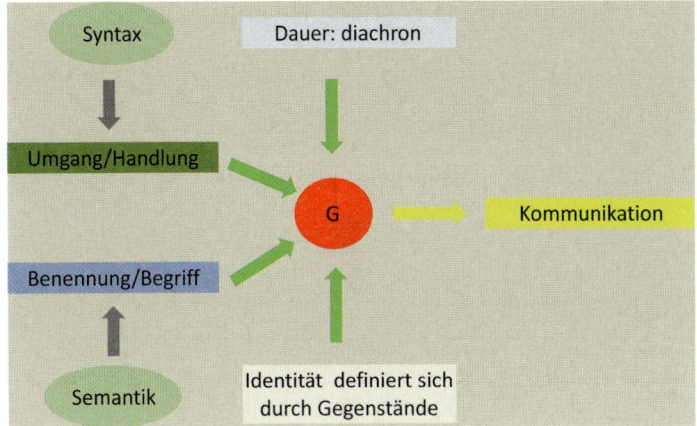

Abb. 6.2 Der Gegenstand als Kernstück menschlichen Handelns

Ende kommt. Einfache Handlungsschemata finden wir bereits beim Säugling. Er erwirbt eine Handlungsgrammatik, die der Sprachgrammatik vorausgeht und deren Grundlage darstellt (Bruner 1987). Wenn das Kind z. B. aktiv einen Gegenstand manipuliert, praktiziert es die Struktur Akteur-Handlung-Objekt. So erfährt es zunächst handelnd, was später die Sprachgrammatik ausdrückt. Nämlich die in den meisten Sprachen vorfindbare Relation Subjekt – Prädikat – Objekt (der Mann schwingt den Hammer, das Kind läutet die Glocke, der Jäger tötet das Wild). Semantik und Syntax sind also nicht unabhängig vom Gegenstandsbezug entstanden, sondern haben sich im Gegenteil aus ihm entwickelt.

Es gibt noch eine weitere Funktion des Gegenstandes: Er wird zum Bestandteil der Identität sowohl des Konstrukteurs als auch des Nutzers. Der Werkzeugmacher als Schöpfer des Gegenstandes definiert sich teilweise durch sein Werk. Der Werkzeugnutzer erkennt den Wert des Gegenstandes und definiert sich analog zumindest teilweise durch den Besitz des Gegenstandes mit. Im modernen Leben ist Besitz von Gegenständen ein Statussymbol, und wohl auch in der Steinzeit war der Besitz von Werkzeugen identitätsbildend und statuserhöhend.

Die meisten Gegenstände haben längere Zeit Bestand. Die Menschen, die mit ihnen umgehen, vergrößern daher ihre „Zeittiefe"; fortbestehende Objekte der Umwelt machen Vergangenheit lebendig, Vorwegnahme zukünftiger Objekte und Erhalt bestehender Objekte machen die Zukunft konkret und anschaulich. So entsteht die Abfolge: Fortdauer eines Gegenstands, Speicherung im Gedächtnis und Vorausplanen von Handlungsketten, in die entweder der Gegenstand eingebettet ist (Nutzung des Messer beim Zerlegen des Wildes) oder die zur Konstruktion neuer Gegenstände führt (Verbesserung eines Schabers).

Damit können wir nun die allgemeinere Definition von Herskovits (Kultur als vom Menschen gemachte Umwelt) präzisieren als: Kultur ist das Universum von Gegenständen, wobei Gegenstände menschliche Konstruktionen darstellen.

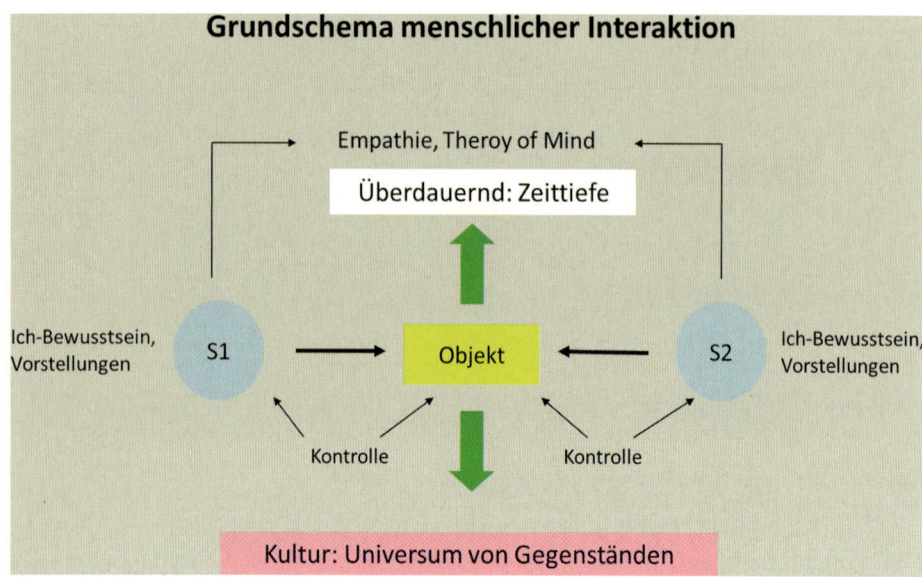

Abb. 6.3 Grundschema menschlicher Interaktion

Die Allgegenwart von Gegenständen erkennt man am deutlichsten an den Ausnahmen. Es gibt psychische Zustände und Situationen, in denen wir Verschmelzungserlebnisse oder „ozeanische Gefühle", wie Sigmund Freud es bezeichnet hat, erfahren. Ich und Umwelt sind eins. Dies kann als Erlebnis einer Landschaft, als Verschmelzungserlebnis bei Liebesbeziehungen oder als besonderer Bewusstseinszustand bei Meditation und Trance geschehen. Gerade die Ausnahmeerscheinung solcher Zustände macht deutlich, dass wir uns im Alltag immer etwas Bestimmtem gegenübersehen, eben den Gegenständen. Was wir wahrnehmen, sind Gegenstände (im weitesten Sinn), die wir benennen, ordnen und erklären. Wenn wir denken, beschäftigen wir uns in der Vorstellung mit Gegenständen. Denken als Probehandeln agiert immer mit einem Etwas.

6.3   Der gemeinsame Gegenstandsbezug als Prototyp sozialer Interaktion

Abbildung 6.2 weist auch auf die kommunikative Funktion des Gegenstandes hin. Die zwischenmenschlichen Kontakte, vor allem der Informationsaustausch verläuft über Gegenstände. Wenn wir miteinander sprechen, reden wir über Gegenstände, beginnend über das Wetter, bis hin zu komplexen politischen und wirtschaftlichen Zusammenhängen. In Abb. 6.3 ist dieser Sachverhalt genauer dargestellt. Er gilt spätestens für unsere Vorfahren der jungen Altsteinzeit. Zwei oder mehr Subjekte beziehen sich auf den Gegenstand. Sie verständigen sich über ihn (gute vs. unbrauchbare Nahrungsmittel), handeln seinen Gebrauch aus (gemeinsame Jagd auf ein Wild, abwechselnder Gebrauch eines Werkzeugs) und vereinbaren die Bedeutung von Gegenständen (etwa die symbolische Bedeutung einer Fruchtbarkeitsfigur).

Der Gegenstand bildet also das Kernstück der menschlichen Kommunikation und Interaktion. Zwei oder mehr Subjekte beziehen sich auf einen gemeinsamen Gegenstand. Sie können über ihn reden und Sachverhalte über ihn erzählen (was ist das für ein Gerät?), sie können ihn gemeinsam handhaben (Fällen und Ziehen eines Baumes), und sie können vereinbaren, dass einer ihn nutzt, um dem anderen zu helfen (reiche mir bitte das Trinkgefäß). Gewöhnlich handelt es sich um überdauernde Gegenstände. Durch sie vergrößert sich die *Zeittiefe*, die Umwelt bleibt stabil, man kann sich in ihr orientieren, weil sich nicht ständig alles verändert. Die vergrößerte Zeittiefe ermöglicht, wie wir schon früher gesehen haben, die *Planung* von Handlungen und damit auch die Planung der Herstellung von Gegenständen. Denken als vorgestelltes Handeln wird zum Probehandeln, so vermeidet man die Risiken des realen Handelns und etwaige negative Folgen.

Der gemeinsame Gegenstandsbezug benötigt allerdings noch weitere Fähigkeiten, die uns die Evolution mitgegeben hat. Zu ihnen gehört unsere Fähigkeit zur *Kontrolle*. Diese bezieht sich einerseits auf die Regulation der eigenen Bedürfnisse und Emotionen; denn nur, wenn wir sie zügeln können und ihnen nicht im Augenblick nachgeben, lässt sich eine gemeinsame Interaktion aufrechterhalten. Andererseits bezieht sich die Kontrolle auch auf den Umgang mit dem Objekt selbst. Die Organisation der Handlungs- oder Denkschritte beim gemeinsamen Gegenstandsbezug ermöglicht Abstimmung, Koordination und damit gemeinsames Handeln. Zwei weitere Geschenke der Evolution sind das Ich-Bewusstsein und unser Vorstellungsvermögen. Beide Fähigkeiten hängen miteinander zusammen und werden uns in späteren Kapiteln noch beschäftigen (s. vor allem Kap. 15). Für den gemeinsamen Gegenstandsbezug ist das *Ich-Bewusstsein* wichtig, weil sich Subjekte über den Gegenstand miteinander verständigen. Subjekte aber sind durch ihr Ich-Bewusstsein zu definieren, das über sich und die Welt reflektiert. Das *Vorstellungsvermögen*, die zweite Gabe der Evolution, ermöglicht die „gedankliche" Vergegenwärtigung des Gegenstandes, auch wenn er nicht sichtbar ist. Der gedankliche Umgang mit Objekten erleichtert und beschleunigt Lösungen von Zielsetzungen. Vorstellungsleistungen werden besonders dann beansprucht, wenn es sich um ideelle Gegenstände, also um Wissen, Werte und psychische Begriffe handelt.

Schließlich werden noch zwei soziale Komponenten wichtig: die Empathie und die sogenannte Theory of Mind. Will man sich mit jemand über etwas verständigen, so ist es gut, seinen/ihren Gefühlszustand zu kennen. Unsere Fähigkeit zur *Empathie* teilen wir mit unseren nächsten Verwandten, den Menschenaffen, die ebenfalls Mitleid und Mitgefühl zeigen. Die *Theory of Mind* ist dagegen nur beim Menschen anzutreffen. Sie beinhaltet die erkenntnistheoretische Trennung von äußerer Wirklichkeit und dem Wissen um diese Wirklichkeit. Ab etwa vier Jahren erkennt das Kind, dass andere Personen ein anderes Wissen, auch ein falsches Wissen, eine falsche Überzeugung haben können (Wimmer und Perner 1983; Perner 1991). Zur Prüfung der Theory of Mind erzählt man dem Kind

Geschichten, die konkret veranschaulicht werden. Wenn z. B. eine Tafel Schokolade in Abwesenheit von Max, dem Protagonisten der Geschichte, in ein anderes Schrankfach gelegt wird, wo wird Max nach seiner Rückkehr sie suchen? Ab etwa vier Jahren erkennen die Kinder, dass Max an dem ursprünglichen Ort suchen wird, während jüngere Kindern behaupten, er würde da suchen, wo jetzt die Schokolade ist. Für den gemeinsamen Gegenstandsbezug ist es von ausschlaggebender Bedeutung, das Wissen und die Überzeugung des Partners zu kennen (einen Überblick über die Theory of Mind bei Kindern vermittelt Sodian 2006).

Vor einiger Zeit habe ich in Ägypten eine Statuette erworben. Dem Kauf ging ein Feilschen um den Preis voraus. Dem Angebot des Händlers setzte ich meine Preisvorstellung entgegen, auf die der Händler mit Entsetzen reagierte. Schließlich trafen wir uns irgendwo in der Mitte, wobei der Händler mir durch seine traurige Miene zu verstehen gab, dass ich ihn schwer geschädigt hätte. Die Theory of Mind erlaubte mir zu erkennen, dass die gezeigten Gefühle nicht dem wirklichen emotionalen Zustand des Händlers entsprachen. Das Handeln beim Kauf und Verkauf ist ein besonders anschauliches Beispiel für den gemeinsamen Gegenstandsbezug. Schade, dass diese Form der Begegnung bei uns verschwunden ist.

Witze leben oft von Missverständnissen beim gemeinsamen Gegenstandsbezug, wie folgendes Beispiel zeigen mag:

Beispiel

Professor zum Studenten: „Fährt eine Straßenbahn eigentlich mit Gleich- oder mit Wechselstrom?"
    Student: „Mit Wechselstrom!"
    Professor: „Aber müsste die dann nicht immer hin und herfahren?"
    Student: „Aber das tut die doch!"

Nicht selten ist der Partner zugleich das Objekt, auf das sich die Kommunikation richtet.

Beispiel

Wenn zwei Partner sich gegenseitig positive oder negative Merkmale in einer Unterhaltung zuweisen, werden sie abwechselnd zum Gegenstand. Die nachfolgende Geschichte beginnt mit einem normalen gemeinsamen Gegenstandsbezug. Danach werden die Protagonisten selbst abwechselnd zum Gegenstand der Kommunikation.

Der Ballonfahrer eines Heißluftballons fragt einen untenstehenden Mann nach dem Ort, wo er sich befindet, Dieser gibt ihm nach einigem Nachdenken die präzise Antwort „in einem Heißluftballon über mir". Damit ist der gemeinsame Gegenstandsbezug gestört, weil jeder Partner einen jeweils anderen Ort meint. Daraufhin der Ballonfahrer:
    „Sie sind sicher ein Mathematiker. Erstens hat es etwas gedauert, bis die Antwort kam, zweitens ist die Antwort vollkommen richtig und drittens kann ich mit der Antwort überhaupt nichts anfangen. Fakt ist, dass Sie keine Hilfe waren."

Der Mathematiker entgegnet: „Und Sie sind gewiss ein Manager. Erstens wissen Sie weder, wo Sie sind, noch wohin Sie fahren, zweitens sind Sie aufgrund einer großen Menge heißer Luft in Ihre jetzige Position gekommen und drittens erwarten Sie von den Leuten unter Ihnen, dass sie Ihre Probleme lösen. Tatsache ist, dass Sie in exakt der gleichen Lage sind wie vor unserem Treffen, aber jetzt bin irgendwie ich schuld."

Die Geschichte karikiert den Mathematiker und den Manager. Sie bilden die eigentlichen Gegenstände des Textes.

Als Resümee wollen wir nochmals festhalten: Die vom Menschen konstruierten materiellen und ideellen Objekte machen die Kultur aus, eine Kultur, die sich von den ansatzweise bei Tieren vorhandenen Kulturen durch die Besonderheit der Gegenstände unterscheidet. Sie sind überdauernd, ermöglichen erst menschliches Leben, und sie sind nicht nur manuell, sondern auch sprachlich verfügbar. In den meisten Fällen verlaufen soziale Interaktion und Kommunikation über Objekte (im weitesten Sinn des Wortes). Um solche Gegenstände zu konzipieren bzw. zu konstruieren und über sie miteinander in Beziehung zu treten, bedarf es einer reichhaltigen Ausstattung des Menschen, die uns die Evolution mitgegeben hat. Es sind dies im Einzelnen folgende Fähigkeiten:

- Sprache,
- Empathie,
- Theory of Mind,
- Kontrolle,
- Zeittiefe,
- Vorstellungen/Repräsentationen,
- Ich-Bewusstsein.

Es zeigt sich also, dass alle großen geistigen Errungenschaften der Evolution in den gemeinsamen Gegenstandsbezug einmünden

6.4   Vier Grundkomponenten kulturellen Handelns

Nun kommt das Individuum ins Spiel, das die kulturellen Gegenstände gebraucht, aber auch selbst herstellt. Alles individuelle Handeln ist also kulturelles Handeln. Dabei lassen sich vier Grundkomponenten unterscheiden, die in Folgenden genauer erläutert werden:

- Vergegenständlichung,
- Aneignung,
- Objektivierung und
- Subjektivierung.

Vergegenständlichung Sie bildet die nach außen gerichtete Komponente der Handlung und führt zu Ergebnissen, die längere oder kürzere Zeit fortbestehen. Vor allem erzeugt sie die Gegenstände selbst. Vergegenständlichungen im kindlichen Spiel sind Produkte des Bauens und Malens, ebenso der Umgang mit umgedeuteten Gegenständen im Symbolspiel oder das Musizieren (im letzteren Falle verschwindet der „Gegenstand" nach der Aktion wieder). In der Schule sind Vergegenständlichungen Schulleistungen, die in schriftlicher oder mündlicher Form vorliegen, und im Erwachsenenalter gehören zu Ergebnissen der Vergegenständlichung alle Produkte des Arbeitsprozesses, wobei neue Gegenstände als Erfindungen besonders bedeutsam für die Veränderung der Kultur sind.

Erst durch die Vergegenständlichung kann das Subjekt sich als Akteur erfahren, seine Wirkung in der Umwelt erkennen und sich damit zugleich der Umwelt gegenüberstellen. So wird der Akteur zum Schöpfer und gewinnt Macht und Kontrolle über die Umwelt. Vergegenständlichung vermittelt also die emotionale Grunderfahrung von *Macht und Kontrolle* über die Umwelt und führt gleichzeitig zur Erfahrung der umweltzentrierten *Selbsterweiterung* (Selbstvergrößerung). Gegenstände, die man selbst hergestellt hat, bilden gewissermaßen vom eigenen Körper entfernte Bestandteile des Selbst, man trägt ein Stück von sich in die Umwelt hinein. Diese Erfahrung und das Bedürfnis nach ihrer Wiederholung bilden eine allgemeine Grundlage für menschliches Handeln.

Aneignung Sie ist von der Umwelt (vom Gegenstand) auf das Subjekt gerichtet und hinterlässt Spuren oder Eindrücke beim Individuum, die wir als Wissen, Repräsentationen, Begriffe oder auch als geistigen oder materiellen Besitz kennzeichnen. Auch die Aneignung ist ein aktiver Vorgang, der materiell als Heranholen eines Gegenstandes (Besitz ergreifen), mental als Nachkonstruktion oder Einordnen aufgefasst werden kann. Während beim schulischen Lernen der Aneignungsvorgang augenscheinlich ist, bleibt er im Alltag oft verborgen. Wir lernen in den Medien ständig neue Personen kennen und eignen uns im Supermarkt neue Produkte sowohl materiell als auch mental (Speicherung im Gedächtnis) an. Beim Kleinkind beobachten wir Aneignung besonders augenfällig beim Explorieren, d. h. der Erforschung von Gegenständen. Durch dieses Erforschen gewinnt das Kind Kenntnisse über Gegenstände. Die durch Aneignung bewirkte Grundbefindlichkeit ist *Sicherheit*, die durch Orientierung in der Umwelt erreicht wird. Zugleich vermittelt Aneignung *Selbsterweiterung* in Form des Wissenserwerbs oder des Erwerbs materieller Güter. Die Handlungskomponente der Aneignung ist somit eine zweite Komponente des Individuum-Umwelt-Bezuges.

Aneignung und Vergegenständlichung sind ein dialektisches Begriffspaar. Sie sind gegenläufig, gehören aber beide zusammen und ergänzen sich wechselseitig. Sie sind die natürliche Fortsetzung biologischer Prozesse. Aneignung erfolgt biologisch durch Nahrungsaufnahme und durch Atmung. Vergegenständlichung bei biologischen Prozessen haben wir beim Körperwachstum von Tieren, bei Holzbildung von Bäumen und bei Korallenriffen vor uns.

Das zweite Begriffspaar, das wir benötigen, ist ebenfalls in der Natur verankert: Objektivierung und Subjektivierung. Wir wollen diese Begriffe aber zunächst auf die menschliche Kultur anwenden. Diese Prozesse lassen sich vom Handlungsergebnis aus am leichtesten erkennen.

Objektivierung Orientiert sich das Ergebnis der Handlung an der (vom Individuum unabhängig geltenden) Realität, so versucht der Akteur zu objektivieren. Dieser Prozess führt zu einer Verbesserung der Passung zwischen Wirklichkeit und Subjekt. Die „Wirklichkeit" ist immer die von der Kultur geschaffene Wirklichkeit, nicht eine Realität „an sich". Die Passung geht jedoch auf Kosten des Subjekts, es muss seine Strukturen verändern, um der Realität gerecht zu werden. Es handelt sich gewissermaßen um eine zentrifugale Passung (eine Passung „vom Subjekt weg"). Die durch diesen Prozess vermittelte Grundbefindlichkeit und Emotion ist die der Existenz von Welt, unabhängig von der eigenen Person und Handlung. Objektivierend erfährt das Individuum, dass es eine Welt mit Eigengesetzlichkeit gibt, die nicht den eigenen Wünschen gehorcht. Durch diese Handlungskomponente wird also eine egozentrische Erkenntnisposition durchbrochen, das heißt eine Sichtweise, in der ich mich als Individuum im Mittelpunkt der Welt sehe.

Subjektivierung Dieser Prozess gleicht das Handlungsergebnis an die subjektiven Bedürfnisse und Wissensstrukturen an. Im Vordergrund steht die subjektzentrierte oder zentripetale (zum Subjekt hin gerichtete) Passung von Wirklichkeit. Die Umgestaltung der Realität nach „eigenem Bild und Gleichnis" ist notwendig, damit das Individuum sein bisheriges Wissen und Können zu den neuen Eindrücken in Beziehung setzen kann. Ein prototypisches Beispiel für Subjektivierung im Spiel haben wir im Symbolspiel vor uns, das die Wirklichkeit an das subjektive Wissen einseitig assimiliert. Wenn also ein Kind einen Stuhl als Fahrzeug umdeutet und auf ihm sitzend Motorengeräusch imitiert, so passt es die Realität den eigenen Bedürfnissen und Zielen an. Die gewaltigste vergegenständlichende Subjektivierung nehmen wir im religiösen Bereich vor, indem wir das Gute und Böse in Form von Gott und Teufel nach außen projizieren und damit eine subjektivierende Vergegenständlichung ohne realen Hintergrund vornehmen. Realität erhalten diese Vorstellungen dann allerdings durch die Kultur, die ihren Mitgliedern den Glauben an religiöse Vorstellungen vorschreibt (im Mittelalter) oder vorschlägt (in der Neuzeit). Die Grunderfahrung und -befindlichkeit der Subjektivierung ist das Heimischwerden in einer Welt, deren fremdartige oder andersartige Züge zugunsten der zum Subjekt passenden Merkmale vernachlässigt werden.

   Subjektivierung und Objektivierung haben ihre Wurzeln wie das erste Begriffspaar in biologischen Prozessen, nur würden Biologen sie anders nennen. Subjektivierung bei der Nahrungsaufnahme entspräche der Assimilation der Nährstolle an den Körper, sie werden zu körpereigenen Zellen umgewandelt. Objektivierung entspricht der Anpassung des Organismus an die Umwelt. Die vier Grundkategorien sind also ausdrücklich so gewählt, (1) dass nicht ein plötzlicher Entwicklungssprung bei der menschlichen Kultur angenommen werden muss, sondern dass die Kultur der Hominiden die Fortsetzung biologischer Vorgänge darstellt; (2) dass zugleich die einfachsten und höchsten Formen geistiger Tätigkeit durch die beiden Begriffspaare erfasst werden können.

   Begeben wir uns auf die Ebene individuellen Handelns, so mögen zwei Beispiele die vier Grundkomponenten kulturellen Handelns illustrieren, nämlich für musikalisches

Tab. 6.1 Vier Grundkomponenten menschlichen Handeln in der Kultur, veranschaulicht an den Bereichen Musik (**a**) und Handlungstypen im Jugendalter (**b**)

	Aneignung	Vergegenständlichung
a) Beispiel Musik		
Subjektivierung	Genussvolles Hören	Komponieren, Improvisieren
Objektivierung	Erkennen musikalischer Strukturen	Genaues Nachspielen und Nachsingen
b) Beispiel Jugendalter		
Subjektivierung	Rock-und Popkonzerte anhören	Produkte der Jugendkultur herstellen
Objektivierung	Aufbau von Wissensstrukturen durch schulisches Lernen	Erfindungen im Programm „Jugend forscht"

Handeln und für typische Handlungsmuster im Jugendalter. Tabelle 6.1 kombiniert die beiden Begriffspaare als subjektivierende und objektivierende Vergegenständlichung sowie subjektivierende und objektivierende Aneignung.

6.5   Isomorphie als Regulationsprinzip zwischen Subjekt und Kultur

Verbindet man die vier Handlungskomponenten von Aneignung, Vergegenständlichung, Objektivierung und Subjektivierung mit der Perspektive, dass alles Handeln auf Gegenstände bezogen ist, so präsentiert sich das Subjekt nicht losgelöst von seiner Umwelt, sondern immer bezogen auf Objekte:

S → O

Im Alltagshandeln ist dieser Gegenstandsbezug als Umgang mit Gegenständen oder auch als Konstruktion von Gegenständen äußerlich sichtbar. Der Gegenstandsbezug existiert aber auch ohne äußeres Handeln. Jede Repräsentation von Gegenständen oder Sachverhalten, jedes gedankliche Manipulieren mit Inhalten bedeutet Gegenstandsbezug. Daher gibt es aus ökologischer Sicht nicht das reine Subjekt, sondern nur das auf Umwelt bezogene Subjekt, und für die Spezies Homo sapiens heißt das, das immer auf Gegenstände bezogene Subjekt. Wir nehmen Subjekte losgelöst und vereinzelt wahr, doch latent stehen sie immer mit Objekten in Beziehung. Daher präsentiert sich das Subjekt S als:

S (→ O)

Betrachtet man die Kultur als Universum von Gegenständen, so muss man auch aus dieser Perspektive das Subjekt mitdenken. Hinter den kulturellen Gegenständen sind Akteure verborgen. Der Trinkbecher existiert nur scheinbar unabhängig von uns. In ihm steckt sowohl der Geist des Konstrukteurs, der die Idee des Bechers (oder der Trinkschale) vor einigen zehntausend Jahren vergegenständlicht hat, als auch für den Nutzer die Möglichkeit des Trinkens. Daher ist es eigentlich notwendig, das Objekt O immer in Bezug auf das (latent vorhandene) Subjekt zu sehen:

(S →) O

Nun lässt sich die Wechselwirkung zwischen Kultur und Individuum exakt beschreiben. Wenn Individuen als handelnde Subjekte in ihrer Umwelt, die wir als kulturelle Umwelt definieren, überleben wollen, müssen sie mit den Gegenständen so umgehen, wie es die Kultur vorsieht. Im einfachsten Fall aus Bechern trinken, mit Messer und Gabel (bzw. mit Stäbchen) essen, die Hebelwirkung des Hammers richtig nutzen und ein Kraftfahrzeug adäquat steuern. Aber auch Wissensgegenstände verlangen genau die Handlungsstruktur, die ihre Konstrukteure vorgesehen haben. Betrachten wir diese Entsprechung an einigen Beispielen.

Zunächst das Beispiel Mathematik, weil bei ihr diese Entsprechung besonders klar wird. Baut ein Kind die mathematische Struktur der vier Grundrechnungsarten nicht isomorph *? Gestalt* zu mathematischen Gesetzen auf, kann es nicht rechnen. Umgekehrt: Das mathematische Wissen wurde im Laufe der Kulturgeschichte von einzelnen genialen Mathematikern entwickelt und strukturgleich zu deren individuellem Wissen zum Bestandteil der Kultur.

Auch die Musik verlangt Strukturgleichheit von Kultur (kulturellem Wissen) und Individuum (individuellem Wissen). Bei mangelnder Gleichheit kommt es zum falschen Singen und Musizieren. Die musikpsychologische Forschung konnte zeigen, wie sich Strukturgleichheit in der Musik während der ersten Lebensjahre aufbaut. Sie vollzieht sich in drei Etappen (Bruhn und Oerter 1998; Trehub 2005; Stadler-Elmer 2005):

1. Beachtung der Kontur des Auf und Ab ohne genaue Intervalleinhaltung. Hier ist die Kontur also das Strukturmerkmal, das Gleichheit kennzeichnet.
2. Beachtung der Intervalle, aber mit Tonverschiebungen, weil noch kein Ankerton vorhanden ist (Intervall als strukturgleiches Merkmal).
3. Richtiges Singen, Nutzung eines Ankertones, so dass die Tonart konstant bleibt. Die Stabilität der Tonart ist somit das neue strukturgleiche Merkmal.

Natürlich zeigen sich solche Etappen auch bei Gebrauch manueller Werkzeuge. Beobachtungen von Kindern ergaben ebenfalls drei Schritte:

1. Inadäquates Umgehen mit dem Werkzeug (strukturgleich ist hier nur das manipulierende Umgehen).
2. Äußerlich ähnliches Hantieren, aber ohne Nutzung der Hebelwirkung (strukturgleich ist die äußerliche Handhabung, wie sie visuell gegeben ist).
3. Adäquater Umgang, Nutzung der Hebelkraft (Strukturgleichheit bei der eigentlichen Funktion des Werkzeugs)

Ein Zwischenruf, der aus diesen Überlegungen folgt: vorschulische und schulische Bildung, muss dafür sorgen, dass ausgewählte wichtige kulturelle Wissensstrukturen bei Kindern und Jugendlichen strukturgleich (isomorph) aufgebaut werden. Dies gelingt keineswegs immer – im Gegenteil, vieles, das wir vermitteln, scheitert am inadäquaten Aufbau solcher Strukturen.

Verallgemeinern wir diese Sichtweise, so folgt daraus: Die individuelle Handlungsstruktur ist isomorph zur kulturellen Handlungsstruktur. Genauer: Die kulturell vorgegebenen Gegenstandsbezüge sind isomorph zu den individuellen Gegenstandsbezügen. Isomorphie wird hier in Anlehnung an die Mathematik als wechselseitige Abbildbarkeit von Strukturen verstanden. Der kulturelle Gegenstandsbezug ist in den individuellen Gegenstandsbezug abbildbar und umgekehrt. Die jeweilige kulturelle Struktur bezeichnen wir im Folgenden als objektive Struktur, die individuelle Struktur als subjektive Struktur. „Objektiv" bezieht sich nicht auf die absolute Realität, sondern bezeichnet das, was in der jeweiligen Kultur als objektiv real und existent gilt.

Kulturelle Strukturen werden isomorph auf verschiedenen Ebenen aufgebaut, und verschiedene Personen erreichen unterschiedlich hohe bzw. differenzierte Ebenen. Fast nie gibt es eine perfekte Übereinstimmung zwischen kultureller Struktur und individueller Struktur. Isomorphie existiert nur in Ausschnitten bzw. auf einzelnen Strukturebenen.

Isomorphie zwischen objektiver und subjektiver Struktur reguliert also sowohl die Kulturgenese als auch die Ontogenese. In der Ontogenese passt sich das Individuum schrittweise der Kultur an, das konstruierende Subjekt baut sukzessive zur Kultur isomorphe Handlungsstrukturen auf. In der Kulturgenese entstehen neue Handlungsstrukturen in Form von Gegenstandsbezügen, die isomorph zu individuellen Strukturen ihrer Konstrukteure sind und sein müssen.

Abbildung 6.4 beschreibt die Regulation zwischen objektiver und subjektiver Struktur als Wechselwirkung. Das Individuum (subjektive Struktur) formt die Kultur vorübergehend oder dauerhaft durch den Prozess der Vergegenständlichung. Die Kultur (objektive Struktur) wird vom Individuum durch den Prozess der Aneignung übernommen. Als Regulationsprinzip fungiert somit die Isomorphie. Sie hält das Verhältnis von Individuum und Kultur im Gleichgewicht.

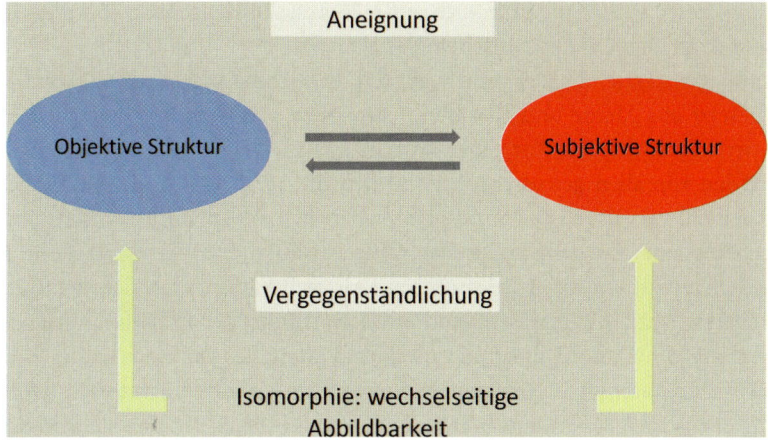

Abb. 6.4 Die Herstellung von Strukturgleichheit (Isomorphie) zwischen Kultur (objektiver Struktur) und Individuum (subjektiver Struktur)

6.6   Kulturelle Meme als neue Form der Weitergabe von Information

Der Evolutionsbiologe Dawkins (2009) hat den Begriff des Mem (von engl. Memory) eingeführt und es dem Gen gegenübergestellt. Meme beinhalten das kulturelle Wissen, das wie die Gene von Generation zu Generation weitergegeben wird. Das Wissen hat aber die Chance, sich von Generation zu Generation zu vergrößern. Auf diese Weise können sich Kulturen und wir in ihnen viel rascher entwickeln. Kulturelle Evolution geht also um Zehnerpotenzen rascher vonstatten als biologische Evolution. Wir haben uns biologisch seit den letzten 100.000 (vielleicht auch „nur" 40.000) Jahren kaum verändert, aber unsere Kultur hat riesige Sprünge gemacht. Seit dem 16./17. Jahrhundert hat sich die Entwicklung beschleunigt und in den letzten hundert Jahren ein rasendes Tempo angenommen: vom Auto über das Flugzeug zu Rundfunk und Fernsehen, zu Telefon und Handy, zum Computer und Internet, auf dem man das gesamte Wissen menschlicher Kulturen abrufen kann, und schließlich zur Raumfahrt. Das alles ist in den letzten hundert Jahren passiert. Die kulturellen Meme sind hauptsächlich auf zweierlei Weise geordnet: als Wissensgegenstände, die fachlogisch-wissenschaftlich zusammen gehören, und als Wissen über die Handhabung, den richtigen Umgang mit Gegenständen. Die erstgenannte Einteilung tritt uns in den Wissenschaftsdisziplinen der Natur-, Geistes- und Kulturwissenschaften sowie in allen übrigens Bereichen der Technik, des Warensortiments und in Form der Kulturtechniken des Lesens, Schreibens und Rechnens gegenüber. Die zweite Form, das Wissen über die Handhabung von „Gegenständen" haben wir am konkretesten in der richtigen Bedienung von Werkzeugen und Maschinen vor uns. Diese Art des Wissens beinhaltet aber auch die Kompetenzen im Umgang der Menschen untereinander, also die Anwendung von Regeln, Wertorientierungen und Normen im sozialen Miteinander. Schließlich bezieht sich dieser Wissensbereich auch auf methodische Kenntnisse über den Umgang mit wissenschaftlichem und technischem Wissen.

Wissensgegenstände, die zusammengehören, bezeichnet man auch als Memplex (zusammengesetzt aus Meme und Komplex). Wie wird nun dieses Wissen in der Kultur repräsentiert? Zunächst und vor allem existiert es als kollektives Gedächtnis. Bestimmte Dinge werden von allen gewusst, sonst könnten die Menschen in der sie umgebenden Kultur gar nicht existieren. Die Soziologen haben sich schon lange vor Dawkins Wortprägung der Meme mit dem kulturellen Wissen befasst. Daher benutzen sie für den gleichen Sachverhalt andere Bezeichnungen. Als weitreichend hat sich der Begriff der kollektiven bzw. sozialen Repräsentation erwiesen. Ein früher Erklärungsansatz stammt von Durkheim (1898), der Kultur und die Entwicklung des einzelnen in der Kultur auf die kollektive Repräsentation gründet, die später als soziale Repräsentation reformuliert wurde (Moscovici 1988). Wissensinhalte und Wertgeltungen sind als gemeinsamer Besitz vorhanden und werden permanent weiterentwickelt. Durkheim (1898) unterschied zwischen kollektiven und individuellen Repräsentationen. Während individuelle Repräsentationen Gegenstand der Psychologie seien, müsse sich die Soziologie mit kollektiven Repräsentationen beschäftigen. Er bezieht kollektive Repräsenation auf Religionen, Riten, Sprache, Gebräuche, magische Praktiken und Weltsichten. Sowohl Durkheim (1898) als auch Wundt (1900–1920) wandten sich gegen einen Reduktionismus, der diese Phänomene auf individuelle Repräsentationen zurückführt. Moscovici (1988) begründete in Frankreich die empirische Untersuchung von sozialen Repräsentationen und definiert sie als:

▶ Wertsysteme, Ideen und Praktiken mit doppelter Funktion: erstens um eine Ordnung zu etablieren, die die Individuen befähigt, sich in ihrer materiellen und sozialen Welt zu orientieren und sie zu meistern; und zweitens um Kommunikation zwischen den Mitgliedern einer Gemeinschaft zu ermöglichen, indem sie mit einem Kode für sozialen Austausch und einem Kode für eindeutige Benennung und Klassifizierung verschiedener Aspekte ihrer Welt und ihrer individuellen und Gruppengeschichte ausgestattet werden (op. cit., S. 211).

Eine Repräsentation ist dann sozial, wenn sie in mindestens zwei Personen („minds‘) vorhanden ist oder war. Sobald Vorstellungen von der gesamten Ethnie oder Gesellschaft geteilt werden, wie etwa das demokratische Verständnis in westlichen Kulturen, kann man erneut von kollektiven Repräsentationen sprechen. Damit ergibt sich ein Kontinuum auf der Ebene gemeinsamer Repräsentationen von mindestens zwei Vertretern bis zur Nation oder ethnischen Großgruppe. Kollektive Vorstellungen können auch nationalitätsübergreifend sein. So besitzen Moslems eine Reihe gemeinsamer Repräsentationen über Bräuche, Rituale und Gesetzesvorschriften über viele Nationen hinweg. Kollektive und soziale Repräsentationen sind also ein Mittel zur Beschreibung von Kulturen und Subkulturen.

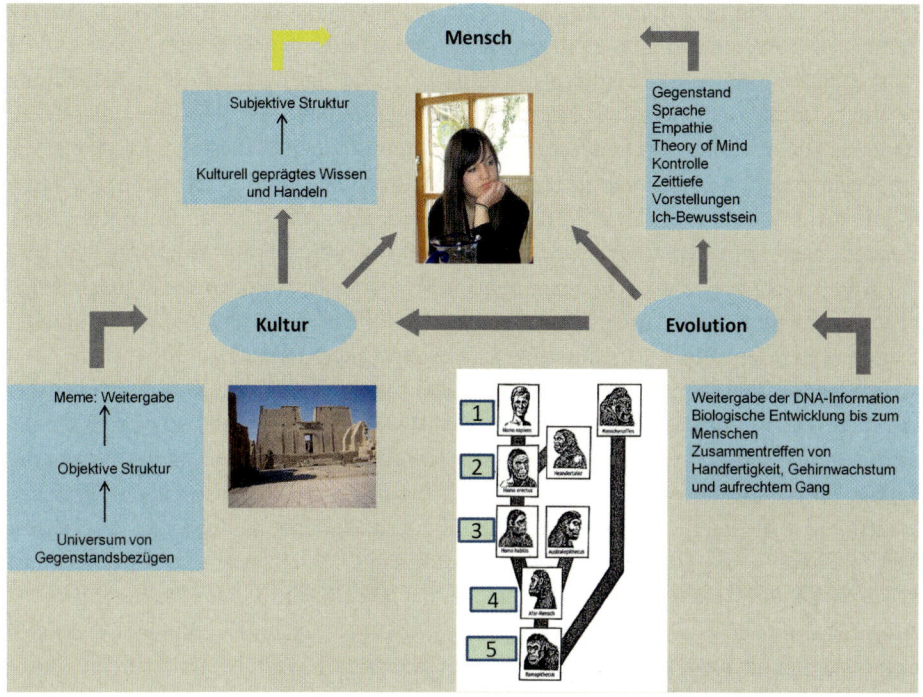

Abb. 6.5 Das Zusammenspiel von Evolution und Kultur, ein erster Schritt zum EKO-Modell, der aktive Beitrag des Individuums und seiner Ontogenese ist noch nicht einbezogen

Der enorme Vorteil der Weitergabe von kulturellen Meme gegenüber der in den Genen gespeicherten Information besteht darin, dass das in einer langen kulturellen Entwicklung angehäufte Wissen innerhalb einer einzigen oder einer halben Generation weitergeben werden kann. Wozu die Kultur Jahrtausende brauchte, wie etwa dem Erwerb der Schriftsprache, kann innerhalb von wenigen Jahren (z. B. von 6–18 Jahren, bei der Schriftsprache von 2 Jahren) erworben werden. Beispiele für kulturelle Meme sind das Inzesttabu als überdauernde Vorschrift, die Mode als kurzlebige, meist nur wenige Jahre haltende Information sowie unsere Wertvorstellungen über Menschenrechte, Individualität und Gleichheit aller Menschen.

6.7   Das EKO-Modell: eine erste Annäherung

Das Anliegen dieses Buches ist es, Evolution, Kultur und individuelle Entwicklung (Ontogenese) in ihrem Zusammenspiel darzustellen und dadurch das Verständnis vom Menschen zu vertiefen. Abbildung 6.5 veranschaulicht den bisher dargestellten Zusammenhang in einem ersten Modell, das wir als EKO-Modell kennzeichnen wollen (E:

Evolution; K: Kultur; O: Ontogenese). In der Abbildung ist das Verhältnis als Dreieck sichtbar. Der *Evolution* verdanken wir zugleich die Kultur: sie gehört zum Homo sapiens (dargestellt als Pfeil von „Evolution" zu „Kultur"). Was die Evolution dem Individuum beschert, ist dort aufgelistet als: Kreation des Gegenstandes, Sprache, Empathie, Theory of Mind (Trennung von äußerer und mental repräsentierter Realität), Kontrolle (die uns befähigt, aktuelle Bedürfnisse zugunsten späterer Ziele zurück zu stellen), Zeittiefe (die uns in die Lage versetzt, Vergangenheit, Gegenwart und Zukunft zu verbinden), Vorstellungen/Repräsentationen (die uns die Welt ein zweites Mal verfügbar macht) und Ich-Bewusstsein (das alle vorherigen Fähigkeiten koordiniert und für das Handeln organisiert). Das alles und dazu die körperlichen Besonderheiten werden uns bereits von der Evolution beschert und machen unsere Einmaligkeit in der Tierwelt aus.

Die *Kultur* als Universum von Gegenständen sammelt im Laufe der Menschheitsgeschichte Wissen an, das man als Meme oder als kollektive (soziale) Repräsentationen bezeichnet. Von diesem Wissen profitiert der einzelne Mensch, indem er das Wissen der Kultur übernimmt und als subjektive Struktur bei sich aufbaut. Was er vom kulturellen Wissen, das prinzipiell zur Verfügung steht, übernimmt, hängt maßgeblich von der Umwelt ab. Bietet sie viele Chancen der Vermittlung (gutes Bildungssystem), wird der Einzelne viel übernehmen können, bei ungünstigen oder gar lebensgefährdenden Bedingungen, wie wir sie in Ländern der Dritten Welt vorfinden, wird er wenig lernen können. Das Modell berücksichtigt noch nicht die Eigenaktivität des Individuums, sein Eingreifen in die Kultur und seine Möglichkeiten der Nutzung seines evolutionären Potenzials. Diesem Mangel werden wir im nächsten Kapitel Rechnung tragen.

6.8 Weitergabe kulturellen Wissens: das Individuum als aktiver Konstrukteur

Wie werden Meme und Memplexe bzw. soziale Repräsentationen an die nächste Generation weitergegeben? Die via regia der Verknüpfung von sozialen bzw. kollektiven Repräsentationen und individuellen Repräsentationen erfolgt durch das gemeinsame Konstruieren von Realität, durch Ko-Konstruktion. Dieser Gedanke geht bereits auf Wygotski (1978, 1987) zurück und hat in der deutschen Soziologie als Konstruktion der sozialen Wirklichkeit (Berger und Luckmann 1970) und radikaler noch bei Luhmann (1990, 1993) als „Konstruktion der Welt in der Welt" seinen Platz erobert. Zunächst aber zu Wygotskis Ansatz.

Die kulturhistorische Schule

Als die Sowjetunion durch die Ereignisse der Revolution starke gesellschaftliche Veränderungen erfuhr, wurde davon auch das psychologische Denken beeinflusst. Es entstand die kulturhistorische Schule, deren einflussreichster Vertreter Wygotski (1896–1934) war.

Das wichtigste Ziel dieser Schule war die Erklärung der Verbindung von Individuum und Gesellschaft. Der Terminus ‚historisch' beinhaltet im Gegensatz zur üblichen Bedeutung des Wortes die Verbindung von Vergangenheit, Gegenwart und Zukunft. Schon damals führte die kulturhistorische Schule das Verständnis vom Menschen als aktivem Gestalter seiner Entwicklung ein, eines Akteurs, der sich die kulturellen Inhalte seiner Gesellschaft aneignet und damit zum Mitglied der Kultur wird.

Eine weitere Leistung der kulturhistorischen Schule besteht in der Integration von individueller und gesellschaftlicher Entwicklung. So wie das Individuum seine Zukunft durch instrumentelles Handeln gestaltet, so formen die Mitglieder einer Gesellschaft ihre Zukunft durch kollektives Handeln. Im Gegensatz zu den meisten kulturanthropologischen und kulturpsychologischen Richtungen, die sich hüten, Kulturen nach ihrem Entwicklungsstand zu klassifizieren, betrachtet die kulturhistorische Schule Kulturen unter dem Aspekt des niedrigeren und höheren Entwicklungsniveaus und überträgt damit den wertenden Entwicklungsgedanken auch auf Kulturen.

Schließlich vereinigt die kulturhistorische Schule den sozialen und kognitiven Aspekt, indem sie alle höheren Bewusstseinsphänomene aus sozialer Interaktion ableitet. Das heißt, dass höhere geistige Leistungen ohne Kultur und deren Entwicklung nicht möglich sind. Die Evolution bildet zwar die Basis, aber erst die Kultur ermöglicht beim Individuum die Entstehung solcher Leistungen. „In der Entwicklung des Kindes tritt jede höhere Funktion zweimal in Szene – einmal als kollektive Tätigkeit, das heißt als interpsychische Funktion, das zweite Mal als individuelle Tätigkeit, als innere Denkweise des Kindes, das heißt als intrapsychische Funktion" (Wygotski 1987, S. 302). Diese Behauptung lässt sich an einem Beispiel veranschaulichen, von dem bereits früher die Rede war: Bevor das Kind die Grammatik der Muttersprache erwirbt, gibt es einen Vorläufer im Handeln. Das Kind lernt in Interaktion mit Erwachsenen oder älteren Geschwistern Handlungsschemata, bei denen ein Akteur an einem Gegenstand oder einer Person eine Handlung ausführt (die Glocke läuten, den Ball rollen). Mit diesem Handlungsschema wird die spätere Grammatik Subjekt – Prädikat – Objekt vorweggenommen. Die Grammatik ist gewissermaßen noch äußerlich, sie existiert als interpsychische Funktion.

Bei Wygotski besteht die zentrale Erklärung für Lernen und Entwicklung in der Vermittlung mit Hilfe mentaler Werkzeuge. Solche Werkzeuge sind Sprache, Zeichen und Symbole. Sie werden von der Kultur bereitgestellt und sorgen für die Mediation kulturellen Wissens und Handelns. Mit Karpov und Haywood (1998) lassen sich dabei zwei Formen der Vermittlung zwischen Kultur und Individuum unterscheiden: Metakognitive und kognitive Vermittlung. Die *metakognitive Vermittlung* bezieht sich auf den Erwerb semiotischer Werkzeuge zur Selbstregulation. Semiotische Werkzeuge sind sprachliche, gestische und andere Zeichen zur Steuerung des Verhaltens. Zunächst reguliert ein sozialer Partner das Verhalten des Kindes durch äußere Sprache (Verbote, Anregungen, Hinweise u. dergl.). Dann reguliert das Kind selbst das Verhalten anderer und das eigene Verhalten durch äußere (laut gesprochene) Sprache. Schließlich reguliert das Kind sein Denken und Verhalten durch inneres Sprechen.

Die zweite Form der Vermittlung durch mentale Werkzeuge bezieht sich auf den Erwerb wissenschaftlicher Begriffe (kognitive Mediation). Die *kognitive Mediation* ist notwendig, um sich die in wissenschaftlichen Begriffen neugeordnete Welt zu erobern. Auch hier ist die soziale Interaktion mit kompetenten Partnern wichtig. Diese mentalen Werkzeuge können nicht alle in eigener Regie nachkonstruiert oder gar erfunden werden.

Die Ontogenese (individuelle Entwicklung) kann nicht die gesamte Geschichte der Menschheit replizieren, sondern muss in sehr kurzer Zeit die Ergebnisse Jahrtausende langer Entwicklung aufnehmen. Diese Idee hat Rogoff (1990) weitergedacht und Lernen und Entwicklung als Prozess beschrieben, durch den die Kinder als Novizen in die Kulturgemeinschaft, die Gemeinschaft der Experten, hineinwachsen. Während dieser Prozess in einfachen Kulturen auch ohne Schule gelingt, dient ihm in komplexen Kulturen wie der unseren die Institution der Schule. Dabei kann aber das interaktive Lernen zu kurz kommen und somit den Gesamtprozess der Enkulturation stören.

Ursprünglich standen in der Menschheitsgeschichte nur zwei Methoden der Übernahme von kulturellen Meme zur Verfügung, die Nachahmung und die mündliche Weitergabe von Information. Die Nachahmung ermöglichte die zweite Form der Wissensordnung, den Umgang mit Objekten. Durch Imitation lernte die nächste Generation, wie man mit Werkzeugen und mit Menschen umzugehen hat. Die ältere Generation diente als Handlungsmodell. Natürlich wurde Verhalten auch durch Verstärkung gelernt: richtiges Verhalten wurde belohnt, falsches bestraft oder – besser noch – nicht beachtet. In heutigen Jäger- und Sammlerkulturen, wie den Eipos oder den Yupnos auf Neuguinea, sind Nachahmung und Verstärkung auch jetzt noch die wichtigsten Formen des Lernens. Sie ziehen sich durch die gesamte Menschheitsgeschichte hindurch, werden aber durch weitere Formen des Lernens ergänzt. Sobald komplexere arbeitsteilige Gesellschaftsstrukturen entstehen, wird auch das kulturelle Wissen komplexer, es bedarf kundiger Lehrer, die das Wissen gezielt an Einzelpersonen oder (privilegierte) einzelne Gruppen weitergeben. Dies geschieht absichtsvoll (intentional), und die Lernenden richten ihre Aufmerksamkeit auf das zu vermittelnde Wissen (intentionales Lernen). Es kommt zur Einrichtung von Schulen und zur schichtspezifischen Weitergabe kultureller Information. Kulturelles Wissen war zum Teil Geheimwissen, generell war es bestimmten Gruppen vorbehalten. Die Gleichberechtigung bei der Bildung ist eine Errungenschaft der Neuzeit und keineswegs bereits vollständig verwirklicht. So sind in Deutschland die Bildungschancen nach wie vor sehr ungleich verteilt (PISA: Baumert et al. 2002).

Aber allen Lernformen – von den niedrigsten bis zu den höchsten – ist gemeinsam, dass sie Konstruktionsleistungen des Individuums darstellen. Menschliches Lernen funktioniert nicht nach der Methode des bekannten Nürnberger Trichters, bei dem in ein passives Subjekt Wissen einfließt, sondern als aktiver Konstruktionsprozess. Nicht die Eltern und Lehrer gewährleisten Lernen beim Individuum, sondern nur das Individuum selbst. Freilich wäre es in den meisten Fällen hoffnungslos überfordert, wenn es allein zurechtkommen müsste. Erwachsene helfen, indem sie Wissen gemeinsam mit dem Kind oder Jugendlichen aufbauen. Individuelle Konstruktion wird unterstützt und oft auch erst ermöglicht durch Ko-Konstruktion. Dieser gemeinsame Aufbau von Wissen führt in einem nächsten Schritt zum selbständigen unabhängigen Lernen (Konstruieren). Auch hier haben wir Wygotskis Schritte vom interpsychischen zum intrapsychischen Prozess vor uns. Wir werden in späteren Kapiteln diese allgemeine Idee differenzierter vor dem Hintergrund einer großen Zahl neuer empirischer Forschung zu modifizieren und zu differenzieren haben.

Die Entwicklungsnische

Super und Harkness (1986) schlagen den Begriff der Entwicklungsnische vor, der Ansätze und Befunde von Ethnologen und Psychologen integrieren soll. Die Entwicklungsnische als Erklärungskonzept für soziokulturelle Entwicklung enthält drei Komponenten:

a. physikalische und soziale Settings, in denen das Kind lebt, *Rahmen, Umgebung*
b. die kulturell bestimmten Erziehungspraktiken und
c. die Psychologie der Betreuungspersonen.

Ad a) Setting Settings sind Orte mit spezifischen physikalischen (und biologischen) Eigenschaften, in denen die Teilnehmer in bestimmter Weise, in bestimmten Rollen und in bestimmten Zeitabschnitten aktiv sind. Ein typisches Setting ist die familiäre Wohnung. Ihre physikalischen Eigenschaften bestimmen sich durch die Größe, das Stockwerk, die Lage in der Stadt, die Beschaffenheit der Wände, Decken und Böden. Die Wohnung stellt genügend Sauerstoff zum Atmen zur Verfügung und hält einen gewissen Vorrat an Nahrungsmitteln bereit. In der Wohnung sind spezifische Verhaltensweisen bestimmend, wie Körperpflege, Toilettengang, Schlafen, Einnehmen von Mahlzeiten und für Kinder Hausaufgaben machen bzw. Computerspiele spielen. Die Rollenverteilung wird durch die Familienstruktur festgelegt: Vater, Mutter, ältere und jüngere Geschwister.

Das Setting passt sich an die klimatischen und sonstigen physikalischen Gegebenheiten der Umwelt an. Dies gilt vor allem für die frühe Kindheit. So unterscheidet Whiting (1981) verschiedene Typen von Kulturen hinsichtlich der Unterbringung von Babys. Westliche Kulturen, in denen die Babys wenig Hautkontakt mit der Mutter haben, kennzeichnet er als „packaged" (eingepackt). Die in warmen Regionen oft übliche Form des Tragens auf dem Rücken oder auf der Hüfte bezeichnet er als „back and hip"-Kultur. Eine dritte Form der Unterbringung des Babys in Wiegen oder Bettchen, die häufiger in kälteren Regionen auftritt, kennzeichnet er als „crib and cradle"-Kultur. Hier wird deutlich, wie das Setting für das Überleben der Neugeboren sorgt und je nach Umweltbedingung variiert.

Ad b) Erziehungspraktiken Ein weiteres Merkmal der Entwicklungsnische sind die Erziehungspraktiken, die in Wechselbeziehung zu den physikalischen und sozialen Gegebenheiten der Umwelt stehen. So machen die Gefahren eines Settings Kontrolle und Überwachung des Kindes nötig. In Stammes- bzw. Dorfkulturen sind solche Gefahren etwa offenes Feuer, tiefes Wasser, auf Pfählen errichtete Häuser; in unserer Kultur z. B. der Verkehr sowie Geräte und Maschinen im Haushalt. Zu den Praktiken der Kinderbetreuung gehören auch Gewohnheiten des Tragens (z. B. im Tragetuch an der Brust oder auf dem Rücken), das Wiegen und Schaukeln des Kindes als Beruhigungsstrategie sowie Bewegungsspiele mit dem Kind. Eine detaillierte Analyse der Bewegungsanregung bei Bambara-Säuglingen stammt von Bril und Sabatier (1986). Sie konnten zeigen, dass aktive Lageveränderungen viel häufiger und systematischer als bei uns vorgenommen werden: das Strecken der Arme und Beine nach dem Bad, das Hängen an Armen oder Beinen, Massage, Vibrationen, das Stehen in den ersten 3 Monaten, das Sitzen und die Anregung der Greifreaktion.

Ad c) Die Psychologie der Erziehungspersonen Die kulturell determinierten Erziehungspraktiken werden durch persönliche Überzeugungen über Entwicklung und Erziehung der Eltern (und Lehrer) geleitet. Solche Überzeugungen oder „Theorien" sind Wissensbestandteile (Meme) der Kultur und werden daher auch Ethnotheorien genannt (Sigel 1994). Überzeugungen über Erziehung, Entwicklung und Lernen sind aber in komplexeren Kulturen nicht nur die Wiedergabe eines mündlich tradierten kulturellen Wissens, sondern auch Resultat von Bildung und Erziehung. Beispiele solcher Erziehungs- und Entwicklungstheorien werden wir in späteren Kapiteln diskutieren. In komplexen Gesellschaften wie der unsrigen wandelt sich die Entwicklungsnische mit fortschreitendem Alter (Elternhaus – Kindergarten – Schule – berufliches Setting – Arbeitsplatz im Ausland – ggf. Altersheim). Doch sorgen zentrale Werte einer Kultur für Kontinuität über den ökologischen Wechsel hinweg. Solche zentralen Werte sind in traditionellen Kulturen Verantwortung und Gehorsam, wie etwa in Schwarzafrika (Super und Harkness 1982), Indonesien (Kartodirdjo 1988; Oerter 1995) und China (Forgas und Bond 1985). In westlichen Kulturen bilden personale Autonomie, Leistung und Gleichheit des Menschen zentrale Werte, die frühzeitig sozialisiert werden.

6.9 Enkulturation und Akkulturation

Das Hineinwachsen des Individuums in eine Kultur, der Erwerb der Handlungsfähigkeit in ihr und die Konstruktion (bzw. Internalisierung) des nötigen kulturellen Wissens wird als *Enkulturation* bezeichnet. Dieser Begriff bezieht sich immer auf die ursprüngliche Entwicklung. Enkulturation beginnt also bei der Geburt bzw. schon vor der Geburt im Mutterleib. Demgegenüber versteht man unter *Akkulturation* die Anpassung an eine zweite oder dritte Kultur, wie sie bei Immigranten, Gastarbeitern oder Berufstätigen mit längerem Auslandsaufenthalt stattfindet. Berry und Cavalli-Sforza (in Berry et al. 1992) unterscheiden vertikale und diagonale Formen kultureller Transmission. Dabei geht es um die Frage: Wie wird kulturelles Wissen auf die nachfolgende Generation übertragen? Für die genetische Information gibt es bekanntlich nur einen Weg: den von der Elterngeneration auf die Kindergeneration. Mit Berry und Cavalli-Sforza kann man dies als vertikale Transmission (Übertragung) beschreiben. Abbildung 6.6 zeigt, dass es bei der kulturellen Übertragung aber drei Formen der Weitergabe gibt. Die vertikale Transmission von den Eltern auf die Kinder (in diesem Fall müssen es nicht die biologischen Eltern sein) be-

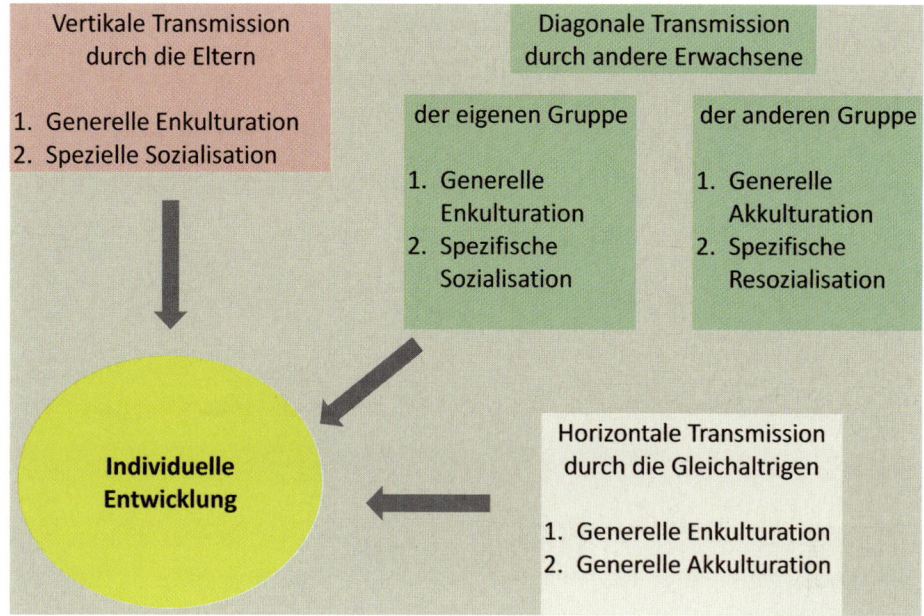

Abb. 6.6 Drei Formen kultureller Transmission. (Oerter, umgearbeitet nach Berry und Cavalli-Sforza, in Berry et al. 1992)

werkstelligt die generelle Enkulturation, aber auch die spezifische Sozialisation. Letztere wird von den Autoren als intentionale und planvolle Einwirkung verstanden, während Enkulturation immer und überall stattfindet. Die diagonale Transmission erfolgt durch andere Erwachsene, z. B. durch die Lehrkräfte. Sofern diese anderen Erwachsenen der eigenen Gruppe (Kultur) angehören, handelt es sich weiterhin um Enkulturations- und Sozialisationsprozesse. Wenn aber diese Erwachsenen aus einer anderen Kultur stammen und deren Inhalte bzw. Verhaltensnormen vermitteln, spricht man von Akkulturation. Sind solche Beeinflussungs- bzw. Lehrprozesse planvoll und zielgerichtet, so werden sie zu Resozialisierungsvorgängen.

Schließlich gibt es auch eine horizontale Transmission bei der kulturellen Übertragung, nämlich die Enkulturation durch die Gleichaltrigen (Peers). Sie spielt spätestens ab Schuleintritt eine ganz zentrale Rolle, da eine Reihe von kulturellen Inhalten nur durch Gleichaltrige vermittelt wird. Heute haben wir es in größerem Umfange auch mit Akkulturationsprozessen bei Gleichaltrigen zu tun, nämlich dann, wenn Migrantenkinder bzw. -jugendliche die neue Kultur von Gleichaltrigen des Gastlandes erwerben.

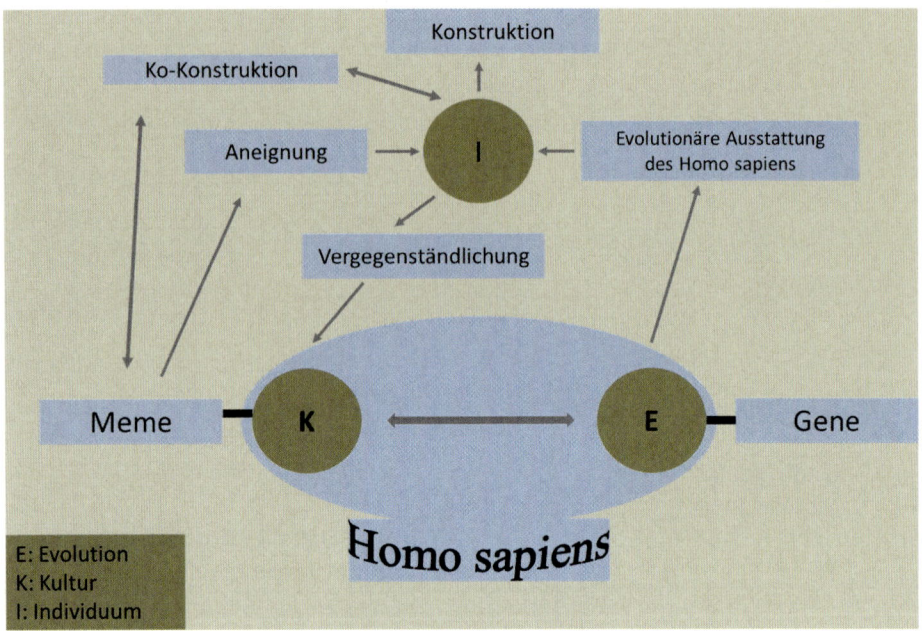

Abb. 6.7 Das EKO-Modell als Wechselwirkung von Evolution, Kultur und Ontogenese. E: Evolution, K: Kultur, I: Individuum. (Urheberrecht beim Autor)

6.10   Das EKO-Modell: eine zweite Annäherung

Nun sind wir in der Lage, das EKO-Modell zu erweitern. Was an der ersten Annäherung noch nicht berücksichtig wurde, ist der Anteil des Individuums, des Einzelmenschen an dem Zusammenwirken von Kultur und Evolution. Wie ist die Ontogenese, die individuelle Entwicklung, an der Menschwerdung beteiligt? Vorläufig können wir darauf nur eine allgemeine Antwort geben, die in Abb. 6.7 veranschaulicht ist. Wie bereits das erste Modell zeigt, sind Kultur und Evolution untrennbar miteinander verbunden. Die Evolution gibt ihre Information in Form von Genen weiter, die Kultur in Gestalt der Meme. Das Individuum setzt sich nun im Laufe seiner Ontogenese (Entwicklung) mit Hilfe der evolutionären Ausstattung mit der Kultur auseinander. Die Aneignung kulturellen Wissens ist der Schritt, der der Weitergabe der genetischen Information auf der Seite der Kultur entspricht. Die Vergegenständlichung bedeutet den umgekehrten Vorgang: Das Individuum trägt mit seinen Ergebnissen (Vergegenständlichungen) zur Kultur bei, indem es diese entweder konserviert oder durch neue „Gegenstände" weiterentwickelt. Bei beiden Prozessen, Aneignung und Vergegenständlichung, ist das Individuum konstruierend tätig, und bei beiden Prozessen erfolgt auch im Regelfall das Zusammenspiel von Individuum und Experten der Kultur in Form gemeinsamen Konstruierens, der Ko-Konstruktion. Während Individuen Kulturen durch Aufbau neuer Meme relativ rasch verändern können, ist ihre Wirkung auf die Evolution in Form von Selektion und Anpassung unvergleichlich viel langsamer, weshalb wir in der Abbildung auf einen Pfeil vom Individuum zur Evolution verzichten.

Gespräch der Himmlischen

Apoll: Ein etwas merkwürdiges Verständnis von Kultur. Für mich hat Kultur in erster Linie mit Kunst, Literatur, Theater, Tanz und Musik zu tun.

Dionysos: Und mit Festen, auf denen man tanzt, singt und Theater spielt. Außerdem gehört zur Kultur ein guter Wein und gutes Essen, also Trink- und Esskultur.

Aphrodite: Liebeskunst und Liebeskultur. Auch darüber haben die Menschen viele Bücher geschrieben.

Athene: Zur Kultur gehört aber mehr, nämlich alles, was sich der Mensch als Welt über die biologische Umwelt hinaus geschaffen hat. Vergesst nicht die vielen Gebote, Sitten, Gebräuche, schicklichen Verhaltensweisen, all das, was Kinder lernen, bis sie erwachsen sind.

Apoll: Aber wozu dann die Definition von Kultur als Universum von menschlich erzeugten Gegenständen?

Athene: Ich sehe zwei Gründe für diese zugegebener Maßen merkwürdige Definition. Erstens ist sie so allgemein, das alles hineinpasst, was zu dieser menschlichen Umwelt gehört. Gegenstände oder Objekte sind deine Lyra ebenso wie deine Gesänge und Dichtungen, sind die Trinkgefäße des Dionysos, die Waffen des Hepheistos, aber auch die Metaphysik unseres geliebten Aristoteles und seine Nikomachische Ethik.

Dionysos: Haha, in diesem Sinne sind wir auch Gegenstände, die zur menschlichen Kultur gehören, die Götterwelt der Griechen.

Athene: Sowie sämtliche Götter, Dämonen und Geister, die sich der Mensch je ausgedacht hat.

Aphrodite: Immerhin gibt es uns schon seit fast dreitausend Jahren, während man viele andere berühmte Leute vergessen hat. Von Xerxes kennt man allenfalls das Largo aus der Oper von Händel, Alkibiades und Perikles sind vielleicht noch den altsprachlichen Gymnasiasten bekannt, nur die mythischen Figuren haben sich gehalten: Herakles, Ariadne, Medea, Achill.

Athene: Und mein geliebter Odysseus.

Dionysos: Ich wette, dass manche Menschen den Ulysses von James Joyce besser kennen als deinen Odysseus.

Apoll: Und was ist der zweite Grund für diese merkwürdige Definition?

Athene: Zweitens wird durch die Definition von Kultur als Universum menschlich erzeugter Gegenstände die Brücke zur Evolution geschlagen, also zur Biologie des Menschen. Bislang gibt es großen Streit um das Thema Kultur. Die Kulturwissenschaften sprechen den Naturwissenschaften das Recht ab, überhaupt über Kultur zu reden. Die Naturwissenschaftler präferieren ein einheitliches Weltbild, in dem alles zusammenpasst und damit Kultur auch nicht etwas gänzlich anderes ist als die sonstigen Erscheinungen des Lebens. Der Gegenstandsbegriff verbindet konträre Ansichten. Die Evolution des Menschen ist auch eine Geschichte des Gegenstands. Der Mensch nutzt und verfeinert zunehmend seine Werkzeuge. Sie werden manchmal in wochen- und monatelanger planvoller Arbeit hergestellt.

Apoll: Und verziert.

Athene: Und verziert, das heißt, sie erhalten eine zusätzliche erhöhte Bedeutung, ebenso wie der Schmuck. Gegenstand heißt aber auch, dass er überdauert, im Gedächtnis und im Gebrauch längere Zeit oder gar für ewig erhalten bleibt. Ein Werkzeug, ein Kleidungsstück, einen Schmuck wirft man am nächsten Tag nicht weg.

Aphrodite: Und wir sind das beste Beispiel dafür, wie lange sich Gegenstände halten können.

Dionysos: Das ist die Meme, die sich als kulturelles Gedächtnis zu dem Gedächtnis der Gene gesellt. Mir gefällt an dem Kulturbegriff, dass er nicht so mentalistisch ist. Für viele ist Kultur etwas rein Geistiges: Wissen, Moral, Geschmack, eben etwas, das man lernen muss, wenn man Mitglied einer bestimmten Kultur werden will. Für mich gehört zur Kultur auch die Verfeinerung des Genusses, etwas, das Fleisch und Blut hat.

Aphrodite: Die Rede vom gemeinsamen Gegenstandsbezug erinnert mich, wie könnte es anders sein, an die Szene, wo Paris mir den goldenen Apfel als der Schönsten unter den drei Göttinnen gab.

Athene: An diese Szene erinnere ich mich nicht gern, sie brachte viel Unheil über die Menschen. Außerdem war ich Verliererin. Übrigens war nicht nur der goldene Apfel für dich und Paris der gemeinsame Gegenstandsbezug, sondern die Schönheit. Der Apfel, den du erhieltest, war das Symbol für den Preis der schönsten Göttin. Außerdem steckte schon damals bei der Preisverleihung als gemeinsamer Gegenstandsbezug die schönste Frau auf Erden dahinter: Helena. Viele Jahre bildete sie die Verbindung zwischen euch beiden.

Apoll: Ich hoffe nicht, dass ihr euch von neuem streitet. Ich möchte eure Aufmerksamkeit deshalb auf die vier Grundkomponenten menschlichen Handelns lenken, die auch auf uns zutreffen; denn der Mensch kann sich uns nicht anders denken, als er selbst ist: Aneignung, Vergegenständlichung, Subjektivierung und Objektivierung sind mein Revier, das Revier der Kunst, Musik, Literatur und des Theaters.

Athene: Sie sind dort besonders anschaulich gegeben, aber sie treffen für Technik und Wissenschaft genauso zu.

Dionysos: Und die Isomorphie? Für mich zu begrüßen, weil sie die Einheit von Mensch und Natur in den Vordergrund stellt.

Athene: Das hast du gründlich missverstanden. Es geht gerade nicht um die Einheit und Passung von Natur und Mensch, sondern um die Gleichheit und wechselseitige Abbildbarkeit von kultureller Struktur, also vom Menschen konstruierter Struktur, und individueller Wissensstruktur. Wer in die Kultur hineinwächst, muss ihre Strukturen isomorph übernehmen, und die kulturellen Strukturen stammen vom menschlichen Geist, deshalb sind sie isomorph zu menschlichem Denken und Konstruieren.

Dionysos: Das klingt für mich so selbstverständlich, dass man gar nicht darüber reden braucht.

Athene: Täusche dich nicht. 90 % der Psychologen sind anderer Ansicht. Sie pochen auf die Individualität und Einmaligkeit des Menschen und behaupten, dass für kein einziges Individuum Isomorphie zur Kultur besteht.

Apoll: Na, von dem individuellen Beitrag zu Selbstgestaltung und Gestaltung der Welt werden wir ja noch hören. Was mich merkwürdig dünkt, ist die Bemühung um Akkulturation. Einem Griechen und erst recht uns Göttern wäre es nicht eingefallen, fremde Kulturen zu übernehmen. Dort gibt es nur Barbaren.

Athene: Jetzt sind nicht mehr die Griechen gefragt, sondern die Menschheit als Ganzes. Sie ist so nahe miteinander verwandt, dass es nach heutigem Wissen keine Rassen gibt.

Aphrodite: Ich kann mir gut vorstellen, mit einem Afrikaner oder Asiaten oder Indianer intime Beziehungen einzugehen.

Dionysos: Nur zu! Das ist sowieso die wichtigste Hilfe für menschliche Verbrüderung.

Athene: Habt ihr nichts anderes im Kopf als Sex?

Aphrodite: Was gibt's denn sonst noch da? –

Alle: Nektar und Ambrosia!

Literatur

Baumert, J., Klieme, E., Neubrand, M., Prenzel, M., Schiefele, U., Schneider, W., Stanat, P., Tillmann, K.-J., & Weiß, M. (Hrsg.). (2002). *PISA 2000. Basiskompetenzen von Schülerinnen und Schülern im internationalen Vergleich.* Opladen: Leske + Budrich.

Berger, P. L., & Luckmann, T. (1970). *Die gesellschaftliche Konstruktion der Wirklichkeit.* Frankfurt a. M.: Fischer.

Berry, J. W., Poortinga, Y. H., Segall, M. H., & Dasen, P. R. (1992). *Cross-cultural psychology: Theory, method and applications.* Cambridge: Cambridge University Press.

Bril, B., & Sabatier (1986). The cultural context of motor development: Postural manipulations in the daily life of Bambara babies (Mali). *International Journal of Behavioral Development, 9*(No 4), 439–454.

Bruhn, H., & Oerter, R. (1998). Entwicklung grundlegender Fähigkeiten. In H. Bruhn & H. Rösing (Hrsg.), *Musikwissenschaft: Ein Grundkurs* (S. 313–329). Reinbek: Rowohlt.

Bruner, J. S. (1987). *Wie das Kind sprechen lernt.* Bern: Huber.

Camilleri, C. (1985). La psychologie culturelle. *Psychologie francaise, 30,* 147–151.

Cole, M. (1993). *The development of children.* Oxford: Freeman.

Cole, M. (1995). Culture and cognitive development: From cross-cultural research to creating systems of cultural mediating. *Culture & Psychology, 1,* 25–54.

Dawkins, R. (2009). *Geschichte vom Ursprung des Lebens.* Berlin: Ullstein.

Durkheim, É (1898). Représentations individuelles et représentations collectives. *Revue de Metaphysique et de Morale, 6,* 273–302.

Forgas, J. P., & Bond, M. H. (1985). Cultural influences on the perception of interaction episodes. *Personality and social psychology bulletin, 11,* 75–88.

Herskovits, M. J. (1948). *Man and his works: The science of cultural anthropology.* New York: Alfred Knopf.

Karpov, Y. V., & Haywood, H. C. (1998). Two ways to elaborate Vygotski's concept of mediation: Implications for instruction. *American Psychologist, 53,* 27–36.

Kartodirdjo, S. (1988). *Modern Indonesia, tradition & transformation: A socio-historical perspective.* Yogyakarta: Gadjah Mada University Press.

Kummer, H. (1975). *Sozialverhalten bei Primaten.* Heidelberg: Springer.

Luhmann, N. (1990). *Konstruktivistische Perspektiven.* Opladen: Westdeutscher Verlag.

Luhmann, N. (1993). „Was ist der Fall?" und „Was steckt dahinter?" Die zwei Soziologien und die Gesellschaftstheorie. *Zeitschrift für Soziologie, 22,* 245–260.

Moscovici, S. (1988). Notes toward a description of social representation. *European Journal of Social Psdychology, 18,* 211–250.

Oerter, R. (1995). Persons' conception of human nature: A cross-cultural comparison. In J. Valsiner (Hrsg.), *Child development within culturally structured environments* (Bd. 3, S. 210–242). Norwood: Ablex.

Perner, J. (1991). *Understanding the representation of mind.* Harvard: MIT Press.

Rogoff, B. (1990). *Apprenticeship in thinking: Cognitive development in social context.* New York: Oxford University Press.

Segall, M. H., Dasen, P. R., Berry, J. W., & Poortinga, Y. H. (1990). *Human behavior in global perspective.* New York: Pergamon Press.

Sigel, I. E. (1994). Elterliche Überzeugungen und deren Rolle bei der kognitiven Entwicklung von Kindern. *Unterrichtswissenschaft, 22*(Jg.)(2), 160–181.

Sodian, B. (2006). Theorie of mind. In W. Schneider & B. Sodian (Hrsg.), *Kognitive Entwicklung. Encyklopädie der Psychologie* (S. 495–608). Göttingen: Hogrefe.

Stadler-Elmer, S. (2005). Entwicklung des Singens. In R. Oerter & F. Stoffer (Hrsg.), *Musikpsychologie Bd. 2 Enzyklopädie der Psychologie* (S. 123–152). Göttingen: Hogrefe.

Super, C. & Harkness, S. (1986). The developmental niche: A conceptualization at the interface of society and the individual. International Journal of Behavioral Development, 9 (4), 545–570.

Trehub, S. (2005). Musikalische Entwicklung in der frühen Kindheit. In R. Oerter & F. Stoffer (Hrsg.), *Musikpsychologie Bd. 2 Enzyklopädie der Psychologie* (S. 33–56). Göttingen: Hogrefe.

Whiting, B. B. (1981). Culture and social behavior: A model for the development of social behavior. *Ethos, 8,* 95–116.

Wimmer, H., & Perner, J. (1983). Beliefs about beliefs: Representation ad constraining function of wrong beliefs in young children's understanding of deception. *Cognition, 13,* 103–128.

Wundt, W. (1900–1920). *Völkerpsychologie,* 10 Bd. Leipzig: Engelmann.

Wygotski, L. (1978). *Self, mind, and society.* Cambridge: Harvard University Press.

Wygotski, L. (1987). *Ausgewählte Schriften. Arbeiten zur psychischen Entwicklung der Persönlichkeit,* Bd. 2. Berlin: Volk und Wissen.

Ziegler, J. (2005). *Das Imperium der Schande.* Gütersloh: Bertelsmann.

Kulturen wandeln sich und wir in ihnen 7

In unseren bisherigen Betrachtungen zeigte sich, dass Kulturen sehr lange unverändert bleiben können. Die Hackmesserkultur hat sich über eine Million Jahre gehalten. Die Yamanas auf Feuerland, die wir in anderem Zusammenhang schon erwähnt haben, bewahrten ihre Kultur unverändert über 5.000 Jahre, was man beispielsweise aus den Speeren und Schilfbooten ersehen kann, die sich über diesen Zeitraum kaum verändert haben. Jäger- und Sammlerkulturen, wie die Eipos auf Neu-Guinea oder die Buschmänner in der Kalahari-Steppe, haben ihre Lebensweise seit der Steinzeit beibehalten. Aber schließlich hat sich die Kultur in vielen Gegenden der Welt weiterentwickelt. Weiterentwicklung muss nicht gleichgesetzt werden mit Höherentwicklung, doch gibt es Kriterien, wie Komplexität der Gesellschaft, Wissensumfang, technisches Niveau, nach denen man Entwicklung bemessen oder einteilen kann.

7.1 Soziobiologie und Kultur

Kulturen können sich weit weg von der Evolution entwickeln und sogar evolutionär dysfunktional werden. Aber in vielen Fällen hat die Kultur Mechanismen entworfen, die unmittelbar der biologischen Evolution dienen. Mit dieser engsten Verflechtung von Kultur und Biologie befasst sich die Soziobiologie. Sie geht von dem Eigennutz des Individuums und dem Gen-Egoismus (Dawkins 1987) aus und versucht zu zeigen, dass unser Sozialverhalten und viele unserer kulturellen Normen der Evolution untergeordnet, also biologisch determiniert sind. Diese Position lässt sich am besten durch Fallbeispiele beleuchten.

Vielen traditionellen Gesellschaften gelingt oder gelang es, ihre Population konstant zu halten, so den Yamana auf Feuerland, den Buschleuten in der Kalahari-Steppe, den Eipos auf Neuguinea und den Aborigines in Australien. Dadurch konnten sich diese Gesellschaf-

R. Oerter, *Der Mensch, das wundersame Wesen*,
DOI 10.1007/978-3-658-03322-4_7, © Springer Fachmedien Wiesbaden 2014

ten lange Zeit in einer Umwelt mit begrenzten Ressourcen behaupten. Das evolutionäre Prinzip ist dabei nicht die unbegrenzte Vermehrung der Nachkommenschaft, sondern die Erhaltung und Weitergabe der genetischen Fitness. Das Ziel des Individuums besteht darin, eine optimale reproduktive Fitness zu erzielen. Das bedeutet eine Qualitätssteigerung anstelle einer Quantitätssteigerung.

Lee (1972) hat unter anderem die Familienplanung der Buschleute in der Kalahari studiert. Die Frauen heiraten vergleichsweise spät und gebären nur alle vier Jahre ein Kind. Diese Beschränkung hängt mit den knappen Ressourcen der Umwelt zusammen. Die Buschfrau muss alle zwei bis drei Tage Nahrung sammeln. Dazu nimmt sie ihr Kind bis zum Alter von zwei Jahren mit und trägt es, sodass zur Nahrungstraglast auch das Gewicht des Kindes hinzukommt. Würde der Geburtenabstand kürzer werden, würde sich der Nahrungsbedarf erhöhen, es müssten von der Mutter zwei Kinder beim Sammeln getragen werden und die tragbare Menge an Nahrung würde sich verringern. Blurton Jones und Sibly (1978) haben die Folgen einer Verkürzung und einer Verlängerung der Geburtenrate für die Traglast der Frau über das gesamte Erwachsenenalter hinweg berechnet und in einem Modell abgebildet. Dabei zeigte sich, dass in der Tat der Abstand von vier Jahren die günstigste Variante ist. Die Traglast ist niedriger als bei einer höheren Geburtenrate und bleibt über Jahrzehnte stabil. Die gesamte Traglast steigt bei Verkürzung des Geburtenabstands schlagartig an.

Näher an unserer Kultur ist das geschichtlich gewachsene System auf der griechischen Insel Karpathos. Die landwirtschaftliche Nutzbarkeit ist durch die kargen Böden begrenzt. Wirtschaftliches Wachstum ist oder war nicht möglich. Unter diesen Bedingungen ist eine starke soziale hierarchische Gliederung der Bevölkerung entstanden, an deren Spitze die Großbauern stehen. Sie haben eine Familienordnung entwickelt, die die Erhaltung des Grundbesitzes sicherstellt und jedes Zerteilen des Landes vermeidet. Es gibt ein bilaterales Erbrecht, die erstgeborene Tochter erbt das Vermögen ihrer Mutter, der erstgeborene Sohn das Vermögen des Vaters. Die nachgeborenen Geschwister tragen zum Erhalt des Vermögens durch ihre soziale und reproduktive Bescheidenheit bei. Sie arbeiten ohne Entgelt und unverheiratet in der Landwirtschaft mit und partizipieren auch nicht an dem Lebensstil des ältesten Geschwisters. Aus der Sicht der Soziobiologie dient dieses Ausbeutungssystem dem evolutionären Mechanismus der Verwandtenselektion. Die entrechteten Schwestern verhalten sich selektionsangepasst, weil sie die Gesamtfitness steigern und damit auch den eigenen Genen dienen, von denen ein Teil durch die ältesten Geschwister an die nächste Generation weitergegeben wird. Zu diesen Beispielen im Überblick siehe Vogel und Voland (1988).

Voland, wohl der bedeutendste Vertreter der Soziobiologie in Deutschland, hat Tausende von Familien anhand von Pfarrbüchern analysiert und dabei Zusammenhänge gefunden, die er ebenfalls soziobiologisch deutet (Voland 2007). Er und seine Mitarbeiter fanden deutliche Unterschiede des Geschlechterverhältnisses bei der Kinderzahl in sechs Dorfbevölkerungen Norddeutschlands. In der Region Krummhörn überlebten zwischen 1720 und 1874 deutlich mehr Mädchen, in Ditfurt am Harz deutlich mehr Jungen. Nach Voland könnte dies mit der Verfügbarkeit von neuen landwirtschaftlichen Flächen zusammenhängen. In Krummhörn gab es kein neues bebaubares Land mehr, weitere Söhne waren überflüssig. In Ditfurt konnte noch Landbesitz hinzugewonnen werden, daher waren weitere Söhne erwünscht. In Krummhörn stieg die Sterblichkeit von Bauernsöhnen mit der Anzahl älterer Brüder. Es gab sogar eine Korrelation zwischen der Anzahl der Taufpaten und der Säuglingssterblichkeit. Kinder, die das erste Lebensjahr vollendeten, hatten im Mittel mehr Paten. Dass die Erhaltung des Besitzes (Krummhörn) bzw. seine Erweiterung (Ditfurt) ausschlaggebend war, zeigen Vergleiche mit Arbeiterfamilien. Dort gab es keine geschlechtsspezifischen Unterschiede bei der Geburtenrate und keine erhöhte Sterblichkeit mit zunehmender Kinderzahl. Die Befunde liegen ähnlich wie bei den Grundbesitzern auf Karpathos. Das Fitnessmerkmal ist nicht die Zahl der Nachkommen, sondern die Sicherung einer hohen Qualität für die Nachkommenschaft. Voland scheint eine andere Wurzel dieses Anpassungsverhaltens nicht in Erwägung zu ziehen, nämlich die Erhaltung und Vergrößerung des Besitzes, und damit zugleich die Erhaltung und Vergrößerung des eigenen Lebensreviers. Das Streben nach Besitz – in obigen Beispielen nach Landbesitz – muss eine evolutionäre Wurzel haben, sonst wäre die irrationale Anhäufung von Vermögen nicht verständlich. Was in Literatur (der Geizige von Molière), Kunst (Allegorien über Habsucht) und im moralischen Alltagsverständnis („Raffke") als verwerflich und unsympathisch gilt, beherrscht die Motivation der Menschen dennoch in hohem Maße. So erstaunt es die Öffentlichkeit umso mehr, wenn einige Milliardäre die Hälfte ihres Vermögens, wie jüngst geschehen, für wohltätige Zwecke zur Verfügung stellen. Unterstellt man, dass Besitzvermehrung, sei es in Form von Grundbesitz oder Geldvermögen, evolutionäre Wurzeln hat, so lässt sich auch besser verstehen, warum der Kapitalismus seinen Siegeszug angetreten hat. Im Kapitalismus verselbständigt sich das Motiv der Besitzvermehrung. Kapital wird unabhängig von individuellen Bedürfnissen und in Produktionsstätten oder Finanzmärkten investiert. Letztlich ist dieses System, das sich verselbständigt hat, irrational.

Der soziobiologische Ansatz will nicht alles an der Entstehung und Entwicklung kultureller Ordnungen erklären, damit wäre er überfordert. Aber er macht auf erstaunliche Korrespondenzen zwischen Kultur und Evolution aufmerksam. In isolierten Kulturen, die ganz auf die Möglichkeiten und Ressourcen der Umwelt angewiesen sind, müssen sich kulturelle Ordnungen entwickeln, die sich in Übereinstimmung mit den Selektionsmechanismen der Evolution befinden. Als bizarres Beispiel in einer Hochkultur könnte man die Geschwisterehe der Pharaonen anführen. Da Geschwister 50 % des Erbgutes gemeinsam haben, ergibt sich für die Nachkommen die höchste Vererbungsquote. Der Vorteil der maximalen genetischen Weitergabe wird allerdings durch die Nachteile der Inzucht wieder zunichte gemacht.

7.2 Kulturelle Entwicklung: Formen der Vergesellschaftung

In der kulturvergleichenden Forschung geht es weniger um Erklärung der Entstehung bestimmter gesellschaftlicher Strukturen und ihres Regelwerkes, als um die Beschreibung und Einteilung von Phänomenen. Zwei Einteilungsformen sollen im Folgenden darge-

stellt werden: Einteilung nach Familienbeziehung und Einteilung bezüglich ökonomischer
Formen der Vergesellschaftung.

Familienbeziehungen

Gruppen, soziale Verbände und Gesellschaften haben als Kern die Beziehungen in der
Familie und Sippe. Segall et al. (1990, S. 8) unterscheiden dabei vier Dimensionen.

a. *Familientypen.* In allen Kulturen gibt es Familien, aber sie variieren von Monogamie
   (ein Ehemann – eine Ehefrau), über Polygynie (ein Ehemann – mehrere Ehefrau-
   en) zur Polyandrie (eine Ehefrau – mehrere Männer). Diese Typen von Familien
   sind abhängig von bestimmten Faktoren. Einer davon ist die ökonomische Basis der
   Gesellschaft. In Jäger- und Sammlerkulturen, ebenso wie in hochindustrialisierten Ge-
   sellschatten herrscht die Einehe vor (unabhängige Kernfamilien), in Agrarkulturen mit
   ausgedehnten Großfamilien und Sippen gibt es bevorzugt Polygamie.
b. *Wahl des Wohnortes bei neuen Familiengründungen.* Der patrilokale Wohnort, bei dem
   die Söhne bei den Vätern oder in deren Nähe wohnen und die Frauen den Männern
   folgen, ist charakteristisch für ca. 2/3 aller Kulturen. Der matrilokale Wohnort, bei
   dem das neuvermählte Paar bei oder in der Nähe der Mutter wohnt, ist bei ca. 15 %
   aller Gesellschaften zu finden (Beispiel: Minangkabau auf Sumatra). Daneben gibt es
   bilokale Wohnorte, wo beide Formen möglich sind, und den avunkulokalen Wohnsitz,
   bei dem das Paar beim mütterlichen Bruder des Ehemannes wohnt.
c. *Regeln der Abstammung.* Sie beziehen sich auf die Wege, wie Mitglieder einer Gesellschaft ihre Ahnen herleiten. Hier gibt es vier Formen: patrilineale Abstammung
   (Herleitung von der Familie des Vaters, die weitaus häufigste Form der Bestimmung
   eigener Abstammung), matrilineale Abstammung (Herleitung von der Familie der
   Mutter), bilaterale Abstammung (Herleitung von den Familien beider Elternteile)
   und ambilineare Abstammung (Herleitung entweder aus der väterlichen oder der
   mütterlichen Familie, was zu zwei verschiedenen Formen von Genealogien führt).
d. *Verwandtschaftsstrukturen.* Sie definieren, welche Personen zur engeren oder weiteren
   Familie gehören. Die Zahl verschiedener Verwandtschaftssysteme ist sehr groß, wobei es sehr komplizierte Systeme gibt, sodass Ethnologen das jeweilige System nach
   der Kultur, in der sie es vorfinden, benennen (z. B. Omaha, Sudanesisch). Was in einem System zur Verwandtschaft zählt, bleibt in einem anderen ausgeschlossen. Daher
   variiert auch die Bedeutung von ‚Onkel' oder ‚Vetter' etc.

Vier ökonomische Formen der Vergesellschaftung

Fiske (1992) versucht, die Sozialbeziehungen menschlicher Gesellschaften in vier Haupt-
formen zu unterteilen: Beziehungen als Teile des gemeinsamen Besitzes (a), autoritäre
Rangordnungen (b), Beziehung auf der Basis von Gleichheit (3) und Beziehungen als

Marktaustausch (4). Diese Einteilung ist für die Wirkung von Kultur auf individuelle Entwicklung bedeutsam, da es sich um sehr allgemeine Beziehungsstrukturen handelt, die eine Kultur gänzlich durchdringen.

a. Die nach Ansicht des Autors einfachste Beziehungsform ist die des *Teilens des gemeinsamen Besitzes*. Hier nehmen sich die Mitglieder der Gruppe, was sie brauchen und geben, was sie können. Ressourcen werden als Gemeingut angesehen, unabhängig davon, was der einzelne dazu beigetragen hat. Die Mitglieder beeinflussen und imitieren sich wechselseitig und regulieren ihr Handeln nach dem Prinzip der Konformität. Moralische Normen legitimieren sich aus der Tradition der Gruppe. Das Selbst definiert sich durch Rasse, Verwandtschaft und gemeinsamen Ursprung. Urform dieser Beziehungsstruktur ist die traditionelle Familie. Man findet diese Form aber auch in Stammesgesellschaften als Stammesgemeinschaft, vor allem als Sippe, die sich durch gemeinsame Ahnen verbunden weiß. In manchen asiatischen Kulturen gibt es diese Beziehungsform auch in der Wirtschaft, z. B. in Japan, in der sich Mitglieder eines Betriebes oder Konzerns als Solidargemeinschaft und große Familie verstehen.

b. Beziehungsstrukturen mit *autoritärer Rangordnung*. Besitz und Zugriff zu Ressourcen richten sich nach dem Rangplatz in der Gesellschaft/Gruppe. Höhergestellte erhalten mehr, Niedriggestellte oft nur, was übrig bleibt. Die Hochgestellten besitzen Macht und Entscheidungsbefugnis über niedriger Gestellte, haben aber auch die Verpflichtung, für sie zu sorgen. Man folgt einem charismatischen Führer. Das Selbst definiert sich als Führer oder loyaler Gefolgsmann. Moral legitimiert sich heteronom aus dem Gehorsam der Autorität gegenüber. Autoritäre Beziehungsformen finden sich in patriarchalischen Großfamilien, in der antiken Tyrannis, aber auch in der traditionellen javanischen Gesellschaft, in der genau definierte Rangplätze und damit verbundene Aufgaben und Pflichten festgelegt waren.

c. Die Beziehungsstruktur auf der *Basis von Gleichheit* ist durch Reziprozität der Mitglieder in der Gruppe/Gesellschaft charakterisiert. Jedem steht das Gleiche zu. Geben und Nehmen erfolgt als gerechter Austausch in zeitlicher Verzögerung. Jede Person ist gleichwertig, was sich in den Grundrechten einschließlich des Wahlrechtes zeigt. Das Selbst versteht sich als separates, gleichberechtigtes Gruppenmitglied. Identität hängt von der Beibehaltung der Gleichheit und der Aufrechterhaltung der Verbindung zur Bezugsgruppe ab. Moral legitimiert sich durch Fairness, Gleichbehandlung und Reziprozität.

Als Beispiel neben den bei uns geläufigen Formen von Gleichheit führt Fiske die rotierende Kreditgesellschaft an, wie sie in Afrika, in der Karibik und in Asien vorkommt. In bestimmten Intervallen geben die Mitglieder jeweils gleiche Beträge und erhalten sie von Zeit zu Zeit zurück, sodass sie am Ende genau das zurückbekommen, was sie gegeben haben.

d. Die Beziehungsstruktur des *Marktwertes* wird bestimmt durch Bezahlung oder Tausch für das, was man erhält. Die Verteilung von Gütern erfolgt nach Anteilen, die jemand erworben hat (Aktien, Immobilien etc.). Die Mitglieder der Gruppe (Gesellschaft) tragen anteilig zu ihrem Besitz/Einkommen mit einem festgelegten Prozentsatz bei. Arbeit wird auf der Basis von Zeit und Leistung entlohnt. Das Selbst definiert sich durch Beruf und ökonomischen Status. Identität ist ein Produkt von beruflichem und wirtschaftlichem Erfolg. Die Moral schließlich leitet sich aus universellen Prinzipien her, die utilitaristisch begründet werden. Diese Struktur findet sich in allen westlichen Kulturen mehr oder minder stark ausgeprägt. Sie erlaubt die beste Kosten-Nutzen-Relation und wird von Fiske als höchste und wohl auch wünschenswerteste Form des Zusammenlebens angesehen. Wie sich daraus eine Prinzipienmoral ableitet, wird allerdings nicht deutlich. Fiske unterliegt mit seiner Bewertung dem westlichen Ethnozentrismus und übersieht die Entfremdung des Menschen, die durch die Marktwirtschaft entsteht: Zwischen die menschlichen Beziehungen tritt die Ware als letztlich einzige, jedenfalls wichtigste Mittlerin (Marx, Ausgabe 1969–1970).

7.3   Kollektivismus und Individualismus

Sowohl bei Ethnologen als auch bei Kulturpsychologen hat sich die Unterscheidung zwischen kollektivistischen und individualistischen Kulturen eingebürgert (Triandis 1995; Hofstede 1980; Sinha und Verma 1987). Dabei schreibt man den westlichen Kulturen Individualismus und den nicht-westlichen Kulturen Kollektivismus zu. Tabelle 7.1 stellt Kennzeichen von kollektivistischen und individualistischen Kulturen gegenüber (Tab. 7.1).

Kollektivistische Kulturen schöpfen aus dem Zusammenhalt in der Gruppe (Familie, Sippe) und legen daher Wert auf Harmonie, Einordnung sowie Orientierung an gemeinsamen Normen. Das Selbst versteht sich als Teil des Ganzen und definiert sich durch die Gruppenzugehörigkeit. Individualistische Kulturen betonen die Wirksamkeit eigener selbständiger Leistungen. Eigene Interessen und Ziele stehen im Vordergrund. Konflikte werden nicht vermieden, sondern verhandelt, und das Selbst versteht sich als unabhängig und einmalig.

▶ Ho und Chiu (1998) fassen die Unterscheidung zwischen Individualismus und Kollektivismus in fünf Komponenten zusammen:
Individualistische – kollektivistische Werte,
Autonomie – Konformität,
individuelle – kollektive Verantwortung,
individuelle – kollektive Leistung und
Selbstvertrauen – Interdependenz.

Die Gesamtentwicklung verläuft in individualistischen Kulturen von Abhängigkeit zu Unabhängigkeit; in kollektiven Kulturen bleibt die Abhängigkeit erhalten. Spätere Autonomie dient der Familie oder Gesellschaft, und die alten Menschen, von denen vormals die nachfolgende Generation abhängig war, werden ihrerseits von dieser abhängig. Selbst in ein und derselben Gesellschaft zeigen sich noch Unterschiede zwischen kollektiver und in-

Tab. 7.1 Gegenüberstellung von Kollektivismus und Individualismus

Kollektivismus	Individualismus
Betonung gemeinsamer Werte und Normen: Kollektive Werte	Betonung individueller Bedürfnisse: Individuelle Werte
Internalisierung kollektiver Werte	Individuelle Konstruktion eines eigenen Wertsystems
Orientierung an gemeinsamen Interessen	Orientierung an eigenen Interessen
Betonung von Harmonie, Minimierung von Konflikten	Austragen offener Konflikte, Austausch unterschiedlicher Meinungen
Teilung knapper Ressourcen	Kompetitives Ringen um Ressourcen
Meinungsbildung auf Gruppenniveau	Individuelle Meinungsbildung
Wechselseitige Abhängigkeit	Unabhängigkeit
Gruppenbezogenes Selbst	Individuelle Identität
Erkenntnishaltung: Selbst als Teil des Ganzen	Erkenntnishaltung: Selbst als einmalig und unverwechselbar

dividueller Orientierung, wenn in den Familien die ursprüngliche kulturelle Tradition weiterwirkt. Dies ist in breitem Umfang in den USA, in wachsendem Ausmaß aber auch in Deutschland und Europa der Fall. Folgendes Szenario mag diesen Sachverhalt illustrieren (zit. nach Greenfield und Suzuki 1998).

Beispiel

Probanden im späten Jugendalter (Undergraduates) wurden gefragt, wie sie sich in folgender Situation verhalten würden: Vor einer Woche warst du mit deiner Mutter beim Einkaufen. An der Kasse bemerkte sie, dass ihr 10 $ zum Bezahlen fehlten. Du liehst ihr das Geld, aber nach einer Woche zeigt die Mutter kein Anzeichen, dass sie sich an den Vorfall erinnert. Was würdest du tun?

Studenten aus Familien mit europäischer Herkunft äußerten, dass sie die Mutter in netter Weise an das geliehene Geld erinnern würden, denn sie habe es sicherlich vergessen. Studenten aus Familien japanischer Herkunft sagten, dass sie nicht nach dem Geld fragen würden, denn die Mutter habe so viel für sie getan, das sei mehr, als sie je zurückzahlen könnten. Sie seien glücklich, der Mutter Geld geben zu können.

Die Einteilung in kollektivistische und individualistische Kulturen ist dennoch sehr pauschal, obwohl sie wichtige Aspekte kultureller Unterschiede beleuchtet. Besser erscheint es, beide Konzepte nicht als einander ausschließende Dimensionen zu fassen, zumal heute in östlichen Kulturen individualistische Tendenzen durchaus eine bedeutende Rolle spielen und umgekehrt in westlichen Kulturen kollektive Orientierungen zwangsläufig ebenfalls unentbehrlich sind (z. B. bei Solidarisierung mit einzelnen oder Gruppen, innerhalb des Familienverbandes, in religiösen Gruppierungen und mit Benachteiligten).

Markus und Kitayama (1991) überführen die globale Aufgliederung in die Unterscheidung von bezogenem (interdepentem) und unabhängigem (independentem) Selbst. Das unabhängige Selbst resultiert aus den westlichen Zielen, von anderen unabhängig zu werden und seine Einzigartigkeit auszuformen. Das bezogene Selbst fußt auf der in kollektiven Kulturen geltenden Einsicht in die grundsätzliche Verbundenheit menschlicher Wesen und ihre wechselseitige Abhängigkeit. Besonders wichtig erscheinen den Autoren die Unterschiede in der erkenntnistheoretischen Haltung. Das bezogene (verbundene) Selbst (und damit die dieses Selbst erzeugende Kultur) versteht den einzelnen als Teil des Ganzen, als prinzipiell gleich mit anderen und gleich mit dem Universum. Das unabhängige Selbst betont die Einmaligkeit und damit aber auch die Andersartigkeit gegenüber dem Ganzen. Somit bestehen auch Unterschiede im Grad der Geschiedenheit (Separation) vom andern und der Welt als Ganzem.

7.4   Kulturelle Entwicklung: Der Mensch wird sesshaft; die Entstehung von Stadtkulturen

Die kulturelle Entwicklung des Homo sapiens verändert sich entscheidend mit dem Wandel seiner Lebensweise. Fast 200.000 Jahre (sofern man die frühen Formen des Homo sapiens einbezieht) lebte der Mensch als Jäger und Sammler (oft wird auch die Bezeichnung Wildbeuter verwendet). Die Gründe für diese Lebensform sind einerseits in dem Überfluss an Nahrung, andererseits in klimatischen Bedingungen zu sehen. Die menschlichen Populationen, die sich über die Erde verbreiteten, waren klein und hatten genügend Raum, Nahrung zu finde. Waren die Nahrungsquellen erschöpft oder aus klimatischen Gründen nicht mehr zugänglich, zogen die Menschen weiter und suchten sich neue Reviere. Es war nicht nötig, sesshaft zu werden und Pflanzen gezielt anzubauen. In entlegenen Gegenden der Erde gibt es heute noch Jäger und Sammler, wie wir bereits festgestellt haben. Diese Kulturen haben sich in Jahrtausenden kaum verändert, weil es nicht nötig war. In der Umwelt der Jäger und Sammler waren und sind die Ressourcen zwar auch begrenzt, aber durch kluges ökologischen Handeln, das religiös begründet wird, gelang es ihnen, bis heute zu überleben. Der wohl entscheidende Faktor war das Konstanthalten der Geburtenrate. Erst die Vergrößerung der Population macht es nötig, einen kulturellen Wandel herbei zu führen.

Der zweite Faktor ist das Klima. Bis etwa 10.000 v. Chr. herrschte in unseren Breiten die Eiszeit. Sie wurde zwar immer durch warme Zwischeneiszeiten unterbrochen, doch reichte dies wohl nicht für einen kulturellen Wandel aus. Als sich die Temperaturen zu einem warmen bis mäßigen Klima änderten, waren die Voraussetzungen geschaffen, über andere Möglichkeiten der Nahrungsgewinnung nachzudenken. Die Veränderung in Richtung Subsistenzwirtschaft bewegte sich auf zwei Pfaden. Der eine nutzte die Züchtung von Tieren, der andere führte zum Anbau von Getreide, Gemüse und Früchten. Der Anbau von Pflanzen begann im Nahen Osten. Dort erwärmte sich das Klima bereits ab 13.500 v.

Chr. Es gab um diese Zeit bereits dörfliche Gemeinschaften, die aber noch von der Jagd, Fischerei und von dem Sammeln von Wildpflanzen lebten. Das Biotop war paradiesisch. Es gab genügend Wildgetreide, sodass man noch nicht gezielt anbauen musste, und es gab genug Wild in der Umgebung. Daher brauchten die Menschen nicht mehr weiter zu ziehen und wurden sesshaft. Nach Gronenborn (2009) veränderte sich dort das Klima zum Schlechteren. Das abtauende nordamerikanische Eisschild unterbrach den Golfstrom und in Europa und im Nahen Osten wurde es wieder kalt. Die bei uns lebenden nicht sesshaften Jäger und Sammler konnten sich leichter umstellen als die bereits sesshaften Bewohner des Orients. Gronenborn vermutet, dass die Not sie zwang, das vorher in Hülle und Fülle vorhandene Wildgetreide nun anzubauen, weil in freier Wildbahn nicht mehr genug zur Verfügung stand bzw. der einholbare Sammelertrag zu sehr schwankte.

Weiß und Wehrmann (2010) charakterisieren die Entwicklung zu Ackerbau und Viehzucht als neolithische Revolution. Um 9.500 v. Chr. hat sich der Golfstrom wieder stabilisiert und seine segensreiche Wirkung mit einer kurzen Unterbrechung um 6.200 v. Chr. bis heute behalten. Ab diesem Zeitpunkt gibt es eine rasante Entwicklung. Es entstehen im Nahen Osten im „fruchtbaren Halbmond", kulturelle Zentren mit aufwendiger Architektur. Zunächst überwiegen immer noch Sammler und Jäger, aber die Landwirtschaft verbreitet sich. Wie Gronenborn in seinem Überblicksartikel darstellt, waren Ziegen und Schafe die ersten Tiere, die auf der Weide gehalten wurden. Das Rind folgte erst später. Die Viehzucht wurde noch nomadisch betrieben. Wir finden schon um 6.000 v. Chr. in Süditalien, Südfrankreich und auf der iberischen Halbinsel die Mischform zwischen Jagd, Viehzucht und Anbau (sog. Cardialkultur). Aus Bodenanalysen und anderen Anzeichen (keine Ackergeräte) ergibt sich, dass um diese Zeit nirgends größere Flächen bebaut wurden. Daher geht man davon aus, dass Getreide und Gemüse nur in Gärten gezogen wurden. Die Ausbreitung des Anbaus von Getreide und Hülsenfrüchten erfolgte vom Vorderen Orient. Die Bauern aus dem „fruchtbaren Halbmond" (s. Abb. 7.1) wanderten über die heutige Türkei nach Griechenland und besiedelten auch die Inseln. Als nächstes ist ihre Anwesenheit und die Übernahme ihres Wissens im Karpatenbecken (Ungarn und Rumänien) um 6.200–6.000 v. Chr. nachweisbar. Sie ist mit der Bandkeramik-Kultur verbunden. Die Keramik dieser Bevölkerung wies typische Linien und Bänder auf, nach denen diese Kultur benannt wurde. Die Bandkeramik breitete sich dann ziemlich rasch nach Nordwesten aus, und gleichzeitig finden wir ab etwa 5.600 v. Chr. Ackerbau und Viehzucht, verbunden mit Jagd, in ganz Mitteleuropa. Genetische Untersuchungen an Mitochondrien, die wir bereits beim Stammbaum der Eva kennengelernt haben, zeigen allerdings, dass die Cardialkultur auf eine andere Bevölkerungsgruppe zurückgeht als die Bandkeramik-Kultur. Die Cardialkultur hat sich vermutlich direkt von Griechenland oder dem Orient über Boote an den Küsten des westlichen Mittelmeeres ausgebreitet.

Da der Anbau zunächst nur sehr kleine Flächen umfasste, kamen Forscher zu der Hypothese, dass nicht Brot das erste Produkt aus Getreide war, sondern Bier. Reichholf (2012) von der Universität München hat diese Hypothese ausgebaut. Er argumentiert, dass Bier zunächst aus Wildgetreide hergestellt wurde und man erst dann allmählich kleine Flächen anbaute. Die Körner des Wildgetreides seien so klein gewesen, dass sie nicht als Aus-

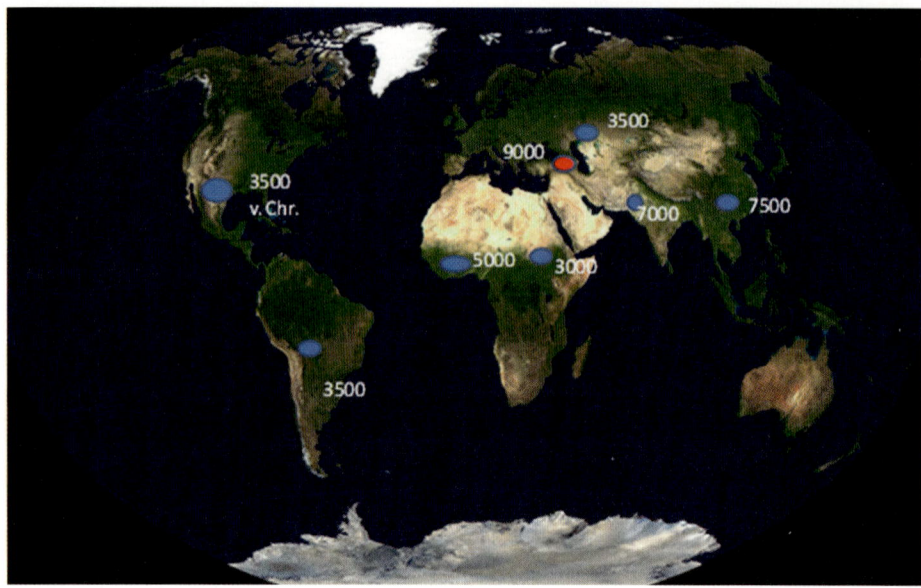

Abb. 7.1 Entstehung der Sesshaftigkeit in verschiedenen Regionen der Erde. Die Zahlen geben die Jahre vor unserer Zeitrechnung an. Am frühesten wurde die Menschen im Vorderen Orient sesshaft (rot gekennzeichnet). (Zeitangaben von Geo special 2010. S. 133. Weltkarte übernommen aus: http://commons.wikimedia.org/wiki/File:Winkel-tripel-projection.jpg)

gangsmaterial für Mehl und Brot hätten dienen können. Hingegen war die Herstellung des Bieres einfach. Es genügte, eine geringe Menge Getreidekörner zu zerstampfen, reichlich Wasser und etwas Speichel hinzuzufügen – und die alkoholische Gärung begann von selbst. Das primitive Bier war zwar leicht verderblich, aber es schmeckte angenehm süß und war noch dazu ziemlich nahrhaft. Die Nutzung des Getreides für Brot ist viel komplizierter. Sie erfordert größere Anbauflächen, Zugtiere und Ackergeräte, Mühlen oder andere Vorrichtung zum Mahlen und schließlich die Technik des Brotbackens selbst. Diese Hypothese hat vieles für sich, weil die Herstellung von Bier dann unabhängig von den späteren Bauern oder dem durch Handelsverkehr übermittelten Wissen erfunden worden sein könnte. Allerdings bleibt die Besiedelung Europas durch Bauern aus dem Orient als Faktum bestehen. Es gibt jedoch viele Archäologen, die das Aufkommen der Landwirtschaft als eigene Leistung der jeweiligen Ureinwohner ansehen. Die Anregung und ein Teil des Wissens mag zwar durch den orientalischen Einfluss verursacht worden sein, doch seien die Sesshaftigkeit und die Landwirtschaft eine eigene kulturelle Entwicklung der Urbevölkerung gewesen. Dann aber wird die Bier-vor-Brot-Hypothese wahrscheinlich. Reichholf argumentiert von einer kulturellen Perspektive aus. In einer Umwelt voller Überfluss an Nahrungsmitteln, wie es der fruchtbare Halbmond bildete, stand nicht die Sorge um Nahrung im Vordergrund, sondern das gemeinsame Feiern im Rauschzustand. Bei solchen Anlässen kam es nach Ansicht von Reinholf zum Austausch von Getreidesorten und zu Anbauversuchen. Schließlich habe man auch bessere Getreidesorten gezüchtet, die für die Brotgewinnung geeignet waren.

Wie es auch immer gewesen sein mag, Sesshaftigkeit und Etablierung der Landwirtschaft bedeuten einen grundsätzlichen kulturellen Wandel. Nun können komplexere soziale Gebilde entstehen. Stadtsiedlungen und Staatenbildung sind jetzt auf Dauer möglich. Die bäuerliche Gesellschaft erfordert eine arbeitsteilige Struktur. Davon sind in erster Linie die Frauen betroffen. Sie verlieren an Status, weil sie durch die Pflege und Aufzucht der Kinder nun stärker an das Haus und die häuslichen Tätigkeiten gebunden sind. In Freibeutergesellschaften besteht größere Gleichberechtigung zwischen den Geschlechtern, was sich noch heute in den verbliebenen Jäger- und Sammlergesellschaften zeigt.

Sesshaftigkeit hat sich unabhängig voneinander in verschiedenen Regionen der Erde gebildet. Abbildung 7.1 zeigt im Überblick, wo sie entstanden ist.

7.5 Die Ausbreitung der Sprachen: Verzahnung von Biologie und Sprachgemeinschaft

Ausbreitung der Weltsprachen

Sprache wird von vielen als das eigentliche Trennkriterium zwischen Tier und Mensch angesehen. Sicherlich sind Sprache und Kultur aufs engste miteinander verbunden. Die Vielfalt der menschlichen Sprachen spiegelt die Vielfalt der menschlichen Kulturen wider. Lange Zeit haben die Sprachforscher biologische Aspekte nicht beachtet, denn Sprache ist ja schließlich ein Kulturphänomen, das wenig mit genetischen Komponenten zu tun hat, mit Ausnahme unserer generellen genetischen Ausstattung für Sprache (Chomsky (1999): „Language Acquisition Device", abgekürzt LAD). Es zeigt sich jedoch, dass es eine erstaunlich gute Entsprechung zwischen genetischer Verwandtschaft und Sprachverwandtschaft gibt.

Beginnen wir mit der genetischen Verwandtschaft (s. Abb. 7.2, S. 150). Die ältesten Ahnen sind, wie schon oft konstatiert, afrikanisch. Früh tritt in den Ahnen die asiatische Linie hinzu, die sich in nord- und südostasiatisch aufspaltet. Letztere Gruppe teilt sich auf in Festlandbewohner und Inselbewohner südlich des Festlandes sowie Bewohner der pazifischen Inseln, Australiens und Neu-Guineas. Die nordeurasische Gruppe verzweigt sich in kaukasoid (zu der wir gehören), amerikanisch (Ureinwohner von Nord- und Südamerika) und nordostasiatisch.

Letztere Gruppe führt zu den Asiaten (z. B. Japaner, Mongolen, Tibeter) und den arktischen Völkern (Inuit, Tschukten). Verfolgen wir unsere genetischen Verwandtschaftspfade, so finden wir uns als Europäer im gemeinsamen Boot mit Iranern, Sarden und Indern. Diese Gruppen haben als gemeinsame Sprachfamilie das Indogermanische. Ähnliche Entsprechungen gibt es bei anderen Sprachfamilien und genetisch näher verwandten Gruppen.

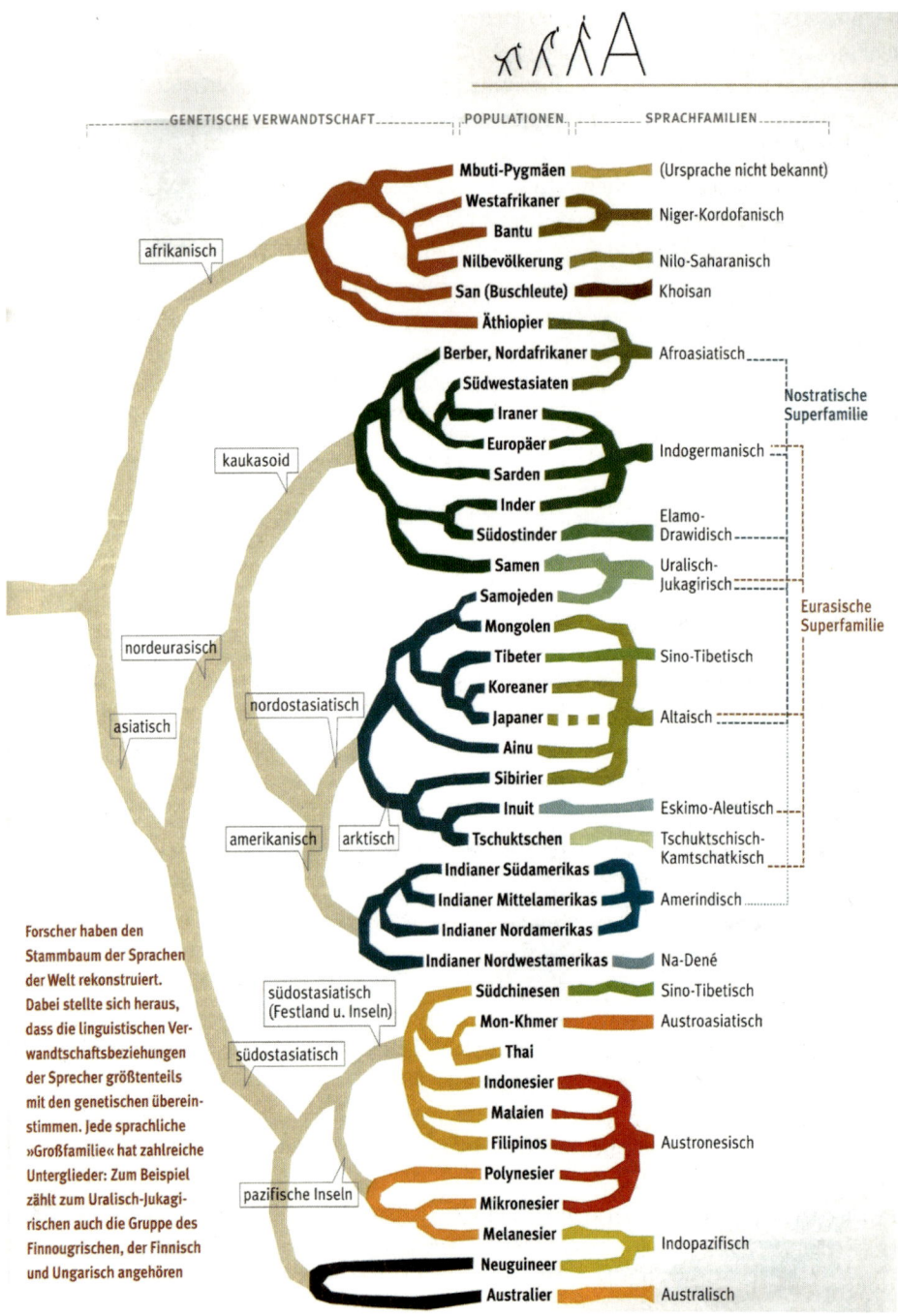

Abb. 7.2 Zusammenhang zwischen genetischer Verwandtschaft und Sprachfamilie (Kirschner, Richter und Wagner, GEOWISSEN. Nr. 40, S. 91). (mit freundlicher Genehmigung von Picture Press GmbH Hamburg)

Abb. 7.2 (S. 150) ordnet Sprachfamilien und genetische (ethnische) Verwandtschaft einander zu. Auf der rechten Seite befinden sich die Sprachfamilien, auf der linken die ethnischen Gruppen. Die Korrespondenz ist augenfällig. Daran ist natürlich nichts Geheimnisvolles. Verwandte Gruppen lebten gemeinsam an bestimmten Orten der Welt und entwickelten als Gesellschaften ihre jeweilige Sprache. Bemerkenswert ist nur das Resultat, nämlich dass hinter einer Sprachfamilie eine genetische Gemeinsamkeit steht und dass Unterschiede zwischen Sprachen in vielen Fällen auch genetische Unterschiede bedeuten. Die Erklärung ist in diesem Falle nicht, dass bestimmte Gene bestimmte Sprachen erzeugen, sondern schlicht, dass genetische Verwandtschaft meist die Grundlage für eine ethnische Gruppe bildet, die, besonders bei Isolation, eine eigene Kultur und Sprache entwickelt (Abb. 7.2).

Ausbreitung der indogermanischen Sprachen

Auch bei der Ausbreitung der indogermanischen Sprachfamilie nutzt man genetische Analysen zur Klärung der Frage, wie und wann sie sich ausgebreitet hat. Die indogermanische oder auch indoeuropäische Sprachfamilie reicht von Sri Lanka bis Island. Ruth Berger (2010) hat den jetzigen Stand der Forschung sorgfältig und kritisch zusammengefasst. Es gibt in der Hauptsache zwei rivalisierende Thesen zur Verbreitung des Indogermanischen. Die eine These nimmt an, dass es durch Steppenvölker der Kupferzeit in Südrussland verbreitet wurde (Marija Gimbuta, zit. nach Berger 2010). Dafür spricht, dass sich das Indogermanische sowohl nach Westen als auch nach Osten ausgebreitet hat und sich die indoiranische Sprachfamilie von den europäischen Sprachen getrennt hat. Für diese These spricht auch, dass das Indogermanische sehr früh in der Schwarzmeerregion anzutreffen war. Die dortigen Flussnamen Don, Donez, Dnjepr, Dnjestr, Donau enthalten das altkeltische und altpersische Wort für Fluss: Danu. Die zweite These nimmt an, dass die anatolischen Bauern durch ihre Wanderbewegungen das Indogermanische verbreitet hätten, wobei Alt-Hethitisch die Ursprache gewesen sei (Colin Renfrew, zit. nach Berger 2010).

Genetische Analysen aus Gräbern zeigen, wie oben schon erwähnt, die Wanderbewegungen der anatolischen Bauern. Die Bandkeramiker wiesen in dem untersuchten mitochondrialen DNA-Abschnitt ein völlig anderes Bild auf als die Jäger und Sammler in dem gleichen Gebiet, sodass man ihre Zuwanderung mit einiger Sicherheit postulieren kann. Dennoch sind die genetischen Analysen, die sich vorwiegend auf die nur bei Frauen vorhandene DNA der Mitochondrien gründen, mehrdeutig. Hinzu kommt, dass sich die bei den steinzeitlichen Jägern und Sammlern aufgetretenen Varianten der mitochondrialen DNA in Europa noch heute finden. Für die Ausbreitung der Sprache ist das kein Hinderungsgrund, für die Ausbreitung der Landwirtschaft durch Einwanderer jedoch sehr wohl.

Man hat die Wurzeln der indogermanischen Sprache auch mit der technischen Entwicklung in Verbindung gebracht. Rad und Achse wurden vor etwa 6.000 Jahren erfunden. Sofern sich die Begriffe von Rad und Achse in allen indogermanischen Sprachen wieder-

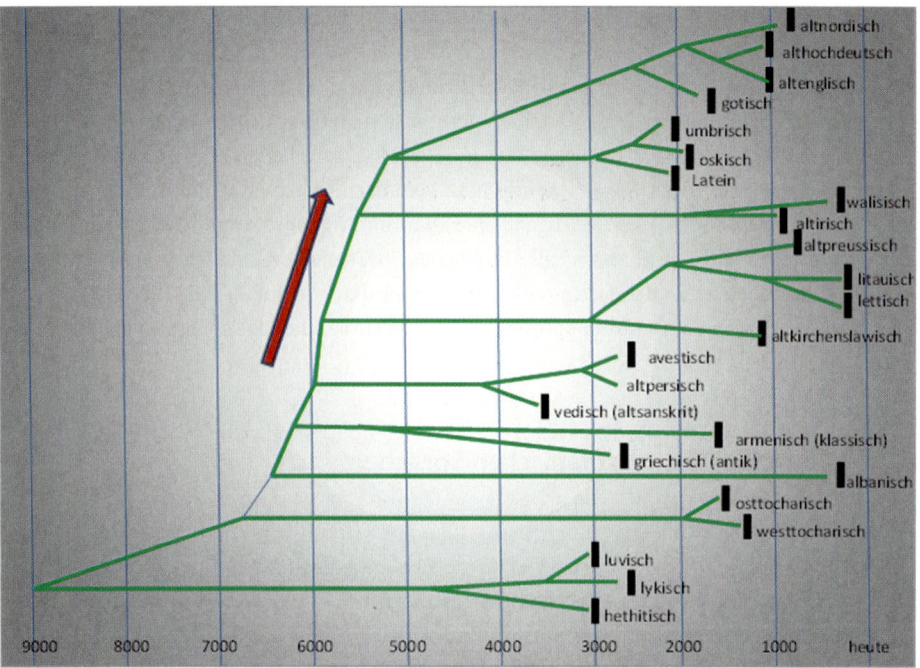

Abb. 7.3 Entwicklung indogermanischer Sprachen und geschätztes Alter der jeweiligen Verzweigung. (Rolf Oerter, nach Daten von Atkinson et al. 2005)

finden, kann die Aufspaltung des Indogermanischen in Sprachfamilien erst später erfolgt sein. Dagegen versuchen die Vertreter einer früheren Aufspaltung des Indogermanischen die Ähnlichkeit mit Entlehnungen (von der Kultur, in der das Rad erstmals auftaucht) oder Parallelbildungen zu erklären.

Besonders interessant ist die Nutzung von statistischen Methoden bei der Ausbreitung des Indogermanischen. Dabei verarbeitet der Computer Listen des Grundwortschatzes jeder indogermanischen Sprache. Dann wird die Dauer errechnet, die nötig ist, bis in einer Sprache ein Wort durch eines mit anderer Herkunft ersetzt worden ist. Auf diese Weise kann man schätzen, um welche Zeit sich Sprachen und ganze Sprachfamilien getrennt haben. Abbildung 7.3 zeigt das Ergebnis einer solchen Berechnung. Es stammt von Atkinson und Mitarbeitern (2005). Der Stammbaum bringt nur eine Auswahl der heutigen indogermanischen Sprachen. Legt man andere Parameter zugrunde (z. B. beschleunigte Übernahme neuer Wörter), kommt man zu anderen Ergebnissen. Bedeutsam an den statistisch ermittelten Stammbäumen ist jedoch, dass die Schätzung der Aufspaltung des Indogermanischen viel früher liegt, als das bisher die Sprachforscher angenommen haben. Nach der Abb. 7.3 erfolgte beispielsweise die Abspaltung der anatolischen Sprachen bereits vor 9.000 Jahren, während die Schätzung nach der Methode des Auftretens der Sprachbezeichnung für Rad und Achse nur 6.000 Jahre für die Aufspaltung ergibt.

Nicht nur die ethnische Zusammengehörigkeit, sondern auch physikalische Umweltbedingungen scheinen die Sprache mit zu formen. Caleb Everett hat nachgewiesen, dass die Höhenlage der Bewohner Einfluss auf die Konsonantenbildung nimmt. Bewohner in bestimmten Erdregionen über 1.500 m, wie in den nordamerikanischen Kordilleren, auf den Hochebenen im Südosten Mexikos und entlang des Ostafrikanischen Grabens, benutzen gehäuft ejektive Konsonanten. Das sind Mitlaute, bei deren Erzeugung die Stimmritze geschlossen bleibt und zu deren Erzeugung nicht aus- oder eingeatmet werden muss. Stattdessen wird in der Rachenhöhle eine Lufttasche gebildet und die Luft komprimiert. Dieser Prozess ist in dünner Luft leichter zu bewerkstelligen als auf Meereshöhe. Außerdem wird bei ejektiven Konsonanten der Feuchtigkeitsverlust reduziert, was der Anpassung an größere Höhen dienlich sein könnte. Allerdings verwenden die Bewohner von Tibet keine ejektiven Konsonanten. Das Leben in größerer Höhe bedingt also nicht zwangsläufig die Herausbildung dieser speziellen Mitlaute (Plos One, Bd. 8,S.e65275, 2013).

7.6 Kultureller Entwicklungsschub: Schriftsprache verändert das Denken

Havelock (1980) behauptet, dass die Einführung des Alphabets die Denkweise einer Gesellschaft radikal verändert, und Klix (1980) sieht durch diese Leistung einen qualitativen Sprung in der kulturhistorischen Entwicklung des Denkens erreicht.

Im schulischen Lernen wird die Handhabung der Sprache durch die Einführung der Schriftsprache bewusster und planvoller. Eine Aussage kann nochmals überprüft, und eine Folge von Aussagen nach rückwärts verfolgt werden (Olson 1986; Erickson 1984). Dadurch wird Sprache als „logische Gattung" (Hymes 1974; Erickson 1984) wichtig, denn wesentlich klarer als bei der gesprochenen Sprache können logische Beziehungen herausgearbeitet werden. Olson (1995) geht noch einen Schritt weiter. Für ihn ist Schrift nicht Übertragung von Sprache in Buchstaben, sondern ein Begriffsmodell für Sprache. Durch die Schrift lernen Kinder, dass Sprache aus Wörtern besteht und dass sich Wörter aus Silben und Phonemen zusammensetzen. Durch die Schrift wird sich der Mensch der Sprache bewusst, er baut ein „deklaratives Wissen" über die Struktur der Sprache auf. Auf diese Weise erwirbt er metalinguistische Fähigkeiten. Aber die Schrift repräsentiert nicht die Bedeutung von Sprache, diese muss durch einen aktiven Interpretationsakt oder eine Konstruktionsleistung erst vom Leser hergestellt werden.

Aussagenlogik

Die Schule vermittelt insgesamt ein Wissen, das anders geordnet ist als das Alltagswissen, nämlich logisch-wissenschaftlich. Damit wird dieses Wissen aus der Alltagserfahrung herausgelöst, „dekontextualisiert". Lesen von Texten unterstützt diese Dekontextualisierung, weil Wissen in immer wieder neue Zusammenhänge eingefügt wird. Die Fähigkeit zur Dekontextualisierung zusammen mit der Handhabung der Sprache als logischer Gattung ermöglicht, logische Schlüsse unabhängig von konkreten Inhalten zu ziehen. Eine Reihe von Untersuchungen befasst sich mit dieser Fähigkeit in verschiedenen Kulturen. Als typisches Denkproblem verwendet man den Syllogismus, der aus zwei Prämissen und einer Schlussfolgerung (Conclusio) besteht. *Logischer schluß*

Beispiel

Beispiel (Scribner 1984): Alle Menschen, die Häuser besitzen, bezahlen eine Haussteuer (Prämisse 1). Boima bezahlt keine Haussteuer (Prämisse 2). Besitzt Boima ein Haus? (Frage nach der Schlussfolgerung).

Es zeigt sich, dass solche Syllogismen umso besser beantwortet und verstanden werden, je länger der Schulbesuch der Befragten war. Während Probanden ohne Schulbildung Antworten auf dem Zufallsniveau geben (50 % richtig), steigt die Zahl der richtigen Antworten mit den Jahren des Schulbesuchs an. Die Hauptursache für falsche Antworten liegt weniger in der Unfähigkeit logisch zu denken, als vielmehr in der Art der Erklärung. Bei Personen (Kindern wie Erwachsenen) ohne Schulbildung sind die Begründungen „empirisch", sie stammen aus dem Erfahrungskontext der Befragten. Sie sagen etwa: „Wenn Boima kein Geld besitzt, kann er nicht zahlen" oder: „Ich kenne Boima nicht, daher weiß ich nicht, ob er ein Haus besitzt." Personen mit syllogistisch richtigen Lösungen geben „theoretische" Erklärungen, wie etwa: „Wenn du sagst, Boima bezahlt keine Haussteuer, kann er kein Haus besitzen."

Zu ähnlichen Ergebnissen kommt Tulviste (1979), der bei den Nganassan in Taimin (im Norden von Russland) zeigen konnte, dass Syllogismen, die sich auf schulische Inhalte beziehen, besser gelöst werden als solche, die dem außerschulischen Alltag entnommen sind.

Beispiel für einen schulstoffbezogenen Syllogismus: Alle Edelmetalle rosten nicht. Molybdän ist ein Edelmetall. Rostet Molybdän oder nicht?

Beispiel für einen alltagsbezogenen Syllogismus: Saiba und Nakupte trinken ihren Tee immer zusammen. Saiba trinkt um 3 Uhr Tee. Trinkt Nakupte um 3 Uhr Tee oder nicht?

Scribner (1984) fasst die Ergebnisse zum logischen Denken in drei Punkten zusammen:

- In traditionellen Kulturen ohne Schulbildung gibt es nur Zufallstreffer für richtige Schlussfolgerungen bei Syllogismen.
- Innerhalb einer Kultur gibt es große Unterschiede zwischen Personen mit und ohne Schulbildung.
- Schulbildung ist entscheidender für das Verständnis von Syllogismen als die Zugehörigkeit zu einer bestimmten Kultur.

Der Zusammenhang zwischen Schulbildung und aussagenlogischem Denken bestätigt sich auch bei den formal-logischen Operationen sensu Piaget. Jugendliche in weiterführenden Schulen erreichen das Niveau der formal-logischen Operationen viel häufiger als Jugendliche mit niedriger Schulbildung (Prince 1968; Phils und Kelly 1974). Nach Kohlberg und Gilligan (1971) liegt der Prozentsatz der Personen, die dieses Niveau zeigen, in westlichen Kulturen zwischen 30 und 50 %. Das formal-logische Denken wird im nächsten Kapitel näher beschrieben.

Zusammenfassend lässt sich festhalten   Durch die Schrift wird sich der Mensch der Sprache bewusst, er baut ein „deklaratives Wissen" über die Struktur der Sprache auf, das heißt, er kann bewusst über Sprache verfügen, sie zergliedern und planvoll neu zusammen setzen. Auf diese Weise erwirbt er „metalinguistische" Fähigkeiten. Er spricht nicht nur über Sachverhalte und Befindlichkeiten, sondern auch über die Sprache selbst, sie wird zum Gegenstand seiner Reflexion. Aber die Schrift repräsentiert nicht die Bedeutung von Sprache, diese muss durch einen aktiven Interpretationsakt oder eine Konstruktionsleistung erst vom Leser hergestellt werden. Hunderttausend Jahre lang kamen die Menschen ohne Schrift aus. Den bedeutungsvollen Schritt zur Schriftsprache vollzogen sie erst in historischer Zeit (Bilderschrift der Sumerer, Hieroglyphen der Ägypter, Buchstabenschrift der Phönizier und Griechen). Wenn Kinder in wenigen Jahren die Schriftsprache erwerben, so vollziehen sie also einen gewaltigen kulturellen Schritt. Da in Deutschland 10 bis 15 % der Kinder und Jugendlichen Analphabeten sind, bedeutet dies, dass ihre Enkulturation frühzeitig in einem wichtigen Bereich gestoppt wurde und dass ihnen zeitlebens eine Fülle von Erkenntnissen verschlossen bleibt. Sie fallen gewissermaßen um Jahrtausende zurück!

7.7   Die Suche nach kulturellen Universalien

Menschen haben eine gemeinsame evolutionäre Vergangenheit. Ihre genetische Diversität ist (mit Ausnahme von afrikanischen Populationen) gering. Und dennoch sind Tausende von unterschiedlichen Sprachen und Kulturen entstanden. Ethnologen und Kulturpsychologen betonen gerne die Unterschiede zwischen den Menschen verschiedener Kulturen und heben die Besonderheit und die Einmaligkeit einzelner von ihnen untersuchten Kulturen hervor. Man kann aber auch den umgekehrten Weg einschlagen und nach Gemeinsamkeiten in dieser riesigen Vielfalt menschlicher Lebens- und Denkformen suchen, also nach kulturellen Universalien. Dies erscheint aus zwei Gründen erforderlich, einem praktischen und einem theoretischen. Der praktische Grund ist die immer wichtiger werdende Verständigung zwischen Kulturen und Nationen, die im Zuge der Globalisierung notwendig wird. Die Kenntnis und Berücksichtigung von Gemeinsamkeiten zwischen verschiedenen Kulturen kann dabei helfen. Der theoretische Grund für die Suche nach Universalien ist die gemeinsame Herkunft des Menschen, die sich über alle Ausfaltungen der Kultur hinweg durchsetzen muss. Es sollte neben biologischen Gemeinsamkeiten auch eine besondere Merkmalsstruktur des Menschen geben. Seine Fähigkeit zu denken und zu planen, Sachverhalte symbolisch darzustellen und gedanklich in der Zeit vorwärts und rückwärts zu reisen sind Beispiele für gemeinsame Merkmale.

Antweiler (2009) hat sich seit Langem mit dem Thema Universalien auseinandergesetzt und sie gesammelt. Man könnte versucht sein, die kulturellen Gemeinsamkeiten auf die Evolution zurückzuführen. Antweiler kann jedoch zeigen, dass viele Universalien nicht unmittelbar mit der gemeinsamen Biologie (genauer: der biotischen Grundlage) des Menschen zu tun haben, sondern durch andere Ursachen entstanden sein können. So haben Kulturen, die benachbart lagen, eine Erfindung übernommen. Haustierhaltung, Viehzucht haben sich von einem Ort aus, in Europa z. B. von Mesopotamien, ausgebreitet. Universalien können also verschiedene Ursachen haben. In Tab. 7.2 wird eine Systematik der Entstehung von Universalien geboten. Sie erhebt nicht Anspruch auf Vollständigkeit, noch kann man sie als eindeutig festliegende Ursachenaufklärung geltend machen.

Universalien, die aus unserer Evolution stammen, sind in Tab. 7.2 als Erstes aufgeführt, weil sie die Basis für weitere non-evolutionäre Universalien bilden. Von der Theory of Mind wird noch die Rede sein, ebenso ist dem Spiel ein eigenes Kapitel gewidmet. Ob das Inzesttabu tatsächlich auf evolutionärer Basis beruht, ist fraglich, denn es widerspricht streng genommen dem Prinzip Eigennutz und Gen-Egoismus (Voland 1988). Enge Verwandte könnten die eigenen Gene durch Paarung optimal weitergeben. Für das Inzesttabu spricht unter Umständen das Prinzip der genetischen Fitness, die bei Inzucht verloren gehen kann.

Der Nepotismus, der auch noch in jüngster Zeit eine Plage für viele Gesellschaften ist, leitet sich insofern aus der Evolution her, als es darum geht, die eigenen Verwandten – und zwar in der Reihenfolge ihrer genetischen Nähe – zu unterstützen. Hier gilt die Hamilton-Ungleichung (s. Kap. 5).

Ethnizität und Ethnozentrismus wären dann die Fortsetzung dieser Argumentation. Die genetische Verwandtschaft innerhalb einer Ethnie ist größer als zwischen verschiedenen Ethnien. Auch wenn der Gen-Egoismus die individuelle Selektion bevorzugt, ist die Chance der Genweitergabe in genetisch ähnlichen Gruppen größer, als wenn ein Individuum in einer fremden Gruppe leben würde.

Warum aber die romantische Liebe zu den evolutionären Universalien gezählt wird, scheint zunächst nicht einleuchtend. Viele Ethnologen behaupten ja gerade umgekehrt, dass die romantische Liebe in den meisten Kulturen für die Paarbeziehung und Familiengründung keine Rolle spielt, selbst wenn es sie dort geben sollte. Romantische Liebe als Universalie wird als Folge (und Interpretation) sexueller Attraktion verstanden. Sie rührt von Geschlechtsmerkmalen her, die den Partner oder die Partnerin als besonders attraktiv erscheinen lassen. Dies wird uns in einem späteren Kapitel über Ästhetik noch beschäftigen.

Universalien auf biotischer Basis haben mit Ausnahme rein körperlicher Veränderung (Pubertät) und frühkindlicher Entwicklung (Bindung) ein Kausalproblem. Entsteht die Universalie als direkt genetisch gesteuertes Verhalten oder wird sie als gelernte Erfahrung in das kulturelle Gedächtnis eingespeist? Kommt der Ethnozentrismus aus Erfahrung, die

Tab. 7.2 Beispiele für Universalien (zum großen Teil übernommen aus Antweiler 2009), Versuch einer Einteilung

Evolution
Gemeinsamer Gegenstandsbezug
Fremdeln
Bindung und Exploration *untersuchen, Erforschen*
Theory of Mind
Pubertät als Zeit starker körperlicher Veränderungen
Spiel
Sprache
Sexualität und Sexualverhalten
Nepotismus *Vetternwirtschaft*
Ethnizität und Ethnozentrismus *vorm von Nationalismus*
Romantische Liebe als Konzept
Inzesttabu?
Entwicklungs- und Lebensaufgaben
Riten und Rituale bei kritischen Lebensereignissen (Hochzeitsriten, Initiationsriten, Begräbnisrituale)
Religion oder religionsähnliche Überzeugungen
Genderrollen, -status, -ideale *Geschlecht*
Alterskategorien
Alltagsbewältigung, Ähnlichkeit der Lebens- und Umweltprobleme, Sicherung des Zusammenlebens in Gesellschaften
Zeitkonzept (als Pfeil oder als Kreislauf)
Verhütungstechniken
Magie-Konzepte
Anthropomorphe Konzepte *Menschenähnlich*
Religion als gesellschaftliches Legitimations- und Stabilisierungsprinzip
Ethik und gesellschaftliche Verhaltensvorschriften
Wettervorhersage-Techniken
Musik, Tänze, Performanzformen
Kunst als „making special"
Höflichkeit, z. B. mittels langer Einführung bei Reden
Diffusion *Auseinanderfliesen*
Früher Ackerbau (in benachbarten Regionen)
Ausbreitung und Übernahme von Nutztieren (Pferd, Kamel)
Ausbreitung von Ess- und Trinkgewohnheiten (Kaffee, Alkohol, heute: MacDonald)
Ausbreitung des Rades.
Moderne Technik: Autos, Fernsehen, Computer, Handys

Tab. 7.2 (Forsetzung)

Ähnlichkeiten, die auf physikalischen und sachlogischen Gesetzmäßigkeiten beruhen
Pyramidenbau, der unabhängig voneinander in verschiedenen Regionen entsteht
Gleichzeitiges Aufkommen des Ackerbaus in weit voneinander entfernten Regionen
Ähnlichkeit gesellschaftlicher Strukturen in komplexen Gesellschaften, wie Verwaltung, Recht, soziale Schichtung (Ultrasozialität)

den Fortpflanzungsvorteil erkannt und kulturell weitergegeben hat oder ist er ein genetisch verankertes Prinzip?

Eine Wurzel für Universalien bildet sicherlich die Gleichheit oder Ähnlichkeit von Entwicklungs- und Lebensaufgaben, die in allen Kulturen existieren. In jeder Ethnie bzw. Gesellschaft gibt es Geburt, Erwachsenwerden, Wahrnehmung von Erwachsenenaufgaben und Tod. Religion kann hierbei als Form und Technik der Lebensbewältigung gelten.

7.8 Akkulturation als Problem der Gegenwart

Wir haben den Begriff der Akkulturation bereits im letzten Kapitel kennengelernt. Er beinhaltet den Aufbau einer neuen kulturellen Identität, die sich in Auseinandersetzung mit der bisherigen Enkulturation sowie der dabei entwickelten Identität und den neuen kulturellen Einflüssen bildet. In einer globalisierten Welt stellt Akkulturation für viele Menschen eine neue Entwicklungsaufgabe dar. Akkulturation ist beispielsweise bei Migranten und bei Flüchtlingen eine solche Entwicklungsaufgabe, betrifft aber mehr und mehr alle Menschen, da die beruflichen Anforderungen längere Auslandsaufenthalte mit sich bringen und da Teams international zusammengesetzt sind, sodass unterschiedliche Kulturen aufeinanderprallen. Der im Zuge der Globalisierung erfolgende kulturelle Austausch, aber auch Imperialismustendenzen sind heute so allgegenwärtig, dass Akkulturationsprozesse auch für Bevölkerungsgruppen, die keine lokalen Veränderungen vornehmen und nicht fremden politischen Mächten unterworfen sind, zum Normalfall werden.

Betrachtet man das Ergebnis der Akkulturation, so lassen sich mit Berry (1988) vier Formen unterscheiden, die in Tab. 7.3 zusammengefasst sind. Werden beide Kulturen für wertvoll erachtet, so kommt es zur Integration, die kulturelle Identität verbindet beide Kulturen zu etwas Neuem. Bei der Missachtung bzw. Abwertung einer der beiden Kulturen entstehen Lösungen, bei denen die kulturelle Identität nur eine der beiden Kulturen assimiliert. Im Falle der einseitigen Beibehaltung der Ursprungskultur zeigt sich das als Separation und Segregation. Werden beide Kulturen nicht für wertvoll oder attraktiv gehalten, geraten die Individuen in Isolation und erfahren damit eine Marginalisierung. Diese ist mit einem Zustand der Anomie (Verneinung der Werte und Gesetze beider Kulturen) oder hoher Individualität (nur die eigenen Wertvorstellungen und Ziele zählen) verbunden.

Tab. 7.3 Vier Formen der Akkulturation (Berry, 1988)

		Die *eigene* Kultur wird als wertvoll angesehen	
		Ja	Nein
Die *fremde* Kultur wird als wertvoll angesehen	Ja	Integration	Assimilation
	Nein	Separation	Isolation

Tab. 7.4 Verschiedene Formen von Akkulturation hinsichtlich der Beziehung zwischen Kulturen (Silbereisen et al. 1999)

Massenbewegungen: von der Ursprungskultur zum Gastland	Freiwillig: Einwanderung	Vorübergehend: Gastarbeiter dauerhaft: neue Heimat
	Unfreiwillig: Flüchtlinge	Vorübergehend: Land als Zwischenstation dauerhaft neue Heimat
	Unfreiwillig: Zwangsumsiedelung	Vorübergehend: Rückwanderung dauerhaft: neue Heimat
Individuelle Bewegung	Privat	Freiwillig: Auswandern aus persönlichen oder politischen Gründen unfreiwillig: Asylsuche
	Beruflich	Vorübergehend: Aufenthalt im Gastland im Auftrag einer Firma oder als politischer Rollenträger dauerhaft: wirtschaftlich oder politisch langfristige Aufgaben
Kulturimperialismus und kultureller Austausch	Unfreiwillig: unidirektional	Eroberung oder Majorisierung der Urbevölkerung
	Freiwillig: unidirektional und bidirektional	Übernahme attraktiver kultureller Angebote aus anderen Kulturen (z. B. Nahrungsgerichte, Technik, Musik

Je nach der Richtung der Akkulturation sind unterschiedliche Prozesse der Anpassung und Verarbeitung am Werk. Tab. 7.4 verdeutlicht fördernde und gefährdende Bedingungen für Akkulturation sowie Verarbeitungsprozesse beim Individuum (übernommen in der Fassung von Silbereisen et al. 1999). Wird Anpassung nur als Erwerb von Fertigkeiten verlangt, so lässt sich dies für Immigranten oder Berufstätige in internationalen Produktions- oder Servicesystemen bewerkstelligen. Verlangt die Akkulturation jedoch eine umfassende Neuausrichtung, so tritt zur Herausforderung die Belastung und erfordert Leistungen der Stressbewältigung.

Entscheidend für das Gelingen der Akkulturation sind Moderatoren vor und während des Anpassungsprozesses. Stehen z. B. Strategien der Bewältigung, soziale Unterstützung und positive Einstellungen zur Verfügung, so gelingen Bewältigung und Anpassung leichter. Günstige moderierende Bedingungen vor Einsetzen der Akkulturation sind unter anderem das Bildungsniveau (Hochschulabsolventen auf der ganzen Welt sind sich in einer Vielzahl von Aspekten ähnlich), Persönlichkeit (hohe Kontrollüberzeugung) und kulturelle Nähe von Herkunfts- und Aufnahmegesellschaft. Auch die Reaktionen des Aufnahmelandes beeinflussen in gravierender Weise den Akkulturationsprozess. In manchen Ländern, wie in Kanada, ist die Möglichkeit von Bi-Kulturalität gesetzlich verankert. In anderen Ländern wird Zuzug durch religiöse oder ethnische Zugehörigkeit geregelt, wie in Japan oder Israel. Wenn ein Land mehrere Integrationsmodelle vorsieht, wie etwa in Deutschland bei deutschstämmigen Aussiedlern gegenüber Gastarbeiter-Immigranten, so kann dies zu Konflikten zwischen den Zuwanderungsgruppen führen.

Unter der Perspektive des kulturellen Wandels ist die von Mead (1971) getroffene Unterscheidung von post-, kon- und präfigurativen Kulturen interessant. Die *postfigurative* Kultur ist eine statische und durch Traditionen bestimmte Drei-Generationen-Kultur, in der die Kinder primär Erfahrungen der Erwachsenengenerationen übernehmen. Der Sozialisationsprozess ist über Generationen hinweg stabil. Die für die Lebensbewältigung notwendigen Fähigkeiten werden früh erworben, sodass biologische und soziale Reife identisch sind und nach Abschluss der Pubertät der Status des Erwachsenseins erreicht ist. Identität wird im Zuge der Internalisierung traditioneller Sinnkonzepte und Werte erworben, deren universelle Richtigkeit und dauerhafte Gültigkeit nicht in Frage gestellt wird.

Die *konfigurative* Kultur, der gegenwärtige Lebensformen entsprechen, ist eine mobile, durch raschen Wandel gekennzeichnete Kultur, in der die Gleichaltrigen voneinander lernen und sich gegenseitig sozialisieren. Schon früher gab es die Kinderkultur, in der Spiele, Reime und Redensarten nur von Kindern an Kinder weitergegeben wurden. Heute ist diese Form der Enkulturation und Sozialisation besonders im Jugendalter zu beobachten. Jugendliche entwickeln Subkulturen mit eigenem Verhaltenskodex und tauschen ihr Wissen über Computerspiele, Filme und Musik untereinander aus. Aber auch auf anderen Altersstufen gibt es konfigurative Kultur. Junge Erwachsene stehen über Kontinente per Computer in Verbindung und spielen miteinander. Sie helfen sich durch gegenseitigen Informationsaustausch im Beruf. Ältere Menschen, die sich mit neuen Moden und musikalischen Trends schwer tun, finden sich zu subkultureller Gruppen zusammen und pflegen ihre kulturellen Präferenzen. Subkultur der Gleichaltrigen wird also zur wesentlichen Orientierungsinstanz.

Die *präfigurative* Kultur erwächst aus dem raschen technischem Fortschritt und soziokulturellen Wandel. Die zunehmende Distanz zwischen den Generationen erschwert die Identitätsbildung. Ein zentrales Moment für den Austausch zwischen den Generationen stellt die Veränderung der Kommunikation dar. Hierfür wird die Bereitschaft und Fähigkeit der Erwachsenen wichtig, von Kindern zu lernen. Der Sozialisationsprozess kehrt sich um: die Älteren lernen von den Jüngeren. Wir erfahren das im Alltag besonders an der Überlegenheit junger Menschen im Umgang mit den neuen Medien. Großeltern lernen von ihren Enkeln und Enkelinnen und lassen sich von ihnen helfen. Insgesamt gesehen leben wir in einer Kultur, in der alle drei Formen der Vermittlung und Enkulturation am Werke sind. Dies kann gewiss als Vorteil und Erweiterung der Lebensgestaltung gegenüber früheren Zeiten gesehen werden.

Gespräch der Himmlischen

Dionysos: Wenn diese Soziobiologie Recht hat, siegt letztlich immer der Gen-Egoismus. Das Individuum kümmert sich nur um seinen eigenen Vorteil. Ich habe ja schon immer die Devise vertreten, zu genießen und es sich selbst gut gehen zu lassen. Der Genuss wird durch gemeinsame Feste und Orgien erhöht, aber sie dienen letztlich nur dem individuellen Genuss.

Athene: Ob du da nicht etwas grundsätzlich missverstehst. Es geht nicht um individuelles Glück oder gar um individuelles Rauscherleben, sondern um die Fitness-Weitergabe. Die ist gefährdet, wenn sich jemand im Rausch, vollgepumpt mit Alkohol oder anderen Drogen fortpflanzt.

Apoll: Aber in Zeus haben die Menschen ihre Sehnsüchte nach optimaler Gen-Weitergabe verwirklicht. Der Göttervater hat so viele Geliebte und damit auch Kinder, dass sein Götterblut in vielen Halbgöttern und Vollgöttern fließt. Im Sinne der Soziobiologie hat er nur konsequent gehandelt.

Aphrodite: Da sollte unsere Göttermutter Hera eigentlich etwas toleranter sein und die Geliebten und Kinder ihres Gemahls schonen, nachdem sie schon gegenüber Zeus selbst nichts ausrichten kann. Ich glaube, sie ist auch eine Egoistin, die nur auf Fitness-Weitergabe ihrer eigenen Gene aus ist. Kinder, die nicht von ihr stammen, sind genetisch Konkurrenten, die man möglichst bald ausschaltet. Die Hüterin der Ehe ist zugleich die Hüterin ihrer eigenen Gene und deren Weitergabe.

Athene: Vorsicht mit solchen Schlussfolgerungen! Das Sexualleben ist in allen menschlichen Kulturen Regelungen unterworfen. Sie reichen von der Todesstrafe für Frauen bei Ehebruch bis zum Matriarchat, bei dem (selten genug) die Frauen die Macht in Händen halten und die Männer für Ehebruch strafen. Wie Sexualität gehandhabt wird, hängt stark von Umweltbedingungen ab, vor allem von den verfügbaren Ressourcen. Jedenfalls können Gesellschaften ohne Regulierung der Sexualität nicht überleben. Außerdem erinnere ich daran, dass Wilson (2013) den Genegoismus als Triebkraft der Evolution für den Menschen ablehnt.

Apoll: Was haltet ihr von den vier Formen der ökonomischen Vergesellschaftung? Was mich betrifft, so lehne ich das Marktmodell ab, es ist eine Gesellschaft der Krämerseelen. Und das Modell der Gleichheit und Gleichberechtigung ist absurd. Niemand ist so wie der andere. Schaut uns Götter an, wir sind von den Menschen möglichst unterschiedlich konzipiert!

Athene: Darum geht es auch nicht, sondern um die Gleichberechtigung und die Gleichheit der Würde aller Menschen, trotz aller Unterschiede zwischen ihnen. Sie bildet die Grundlage für demokratische Gesellschaften. Vergesst nicht, dass unsere Griechen diese Idee entwickelt haben!

Dionysos: In Wahrheit ist Modell zwei, das mit der autoritären Hierarchie, immer noch wirksam. Die wirtschaftlich Mächtigen sind auch sonst die Drahtzieher, und die Politiker oft nur Puppen, die nach dem Willen der Wirtschaftsbosse tanzen. Gleichheit der Menschen gibt es bei meinen Orgien!

Apoll: Dumpfe, emotional empfundene Gleichheit vielleicht schon. Es gibt aber auch Gleichheit in der Kunst und Musik. Menschen verschiedenster Sprachen und Kulturen verstehen sich über Kunst, Musik, Tanz und sportlichen Wettbewerb.

Aphrodite: Mir gefällt, dass die romantische Liebe, die ja das Gegenteil von Gleichheit ist, weil sie alle anderen Menschen ausschließt, zu den evolutionären Universalien gehört. Meine Daseinsberechtigung ist also tief in der Vergangenheit des Menschen verwurzelt!

Athene: Ich will dir deinen Glauben an die evolutionäre Basis von Liebe lassen, obwohl ich da meine Zweifel habe. Ich wollte aber zum Thema Akkulturation noch etwas sagen. Akkulturation war schon zu unserer, will sagen zur griechischen, Zeit ein wichtiges Thema. Wo wir Siedlungen gründeten, wuchs die Bevölkerung in unsere Kultur hinein, betete uns an, opferte uns und übernahm unsere Sprache. Die Religion war vielleicht das wichtigste Integrationsmittel für Akkulturation. Selbst die Römer haben uns übernommen und nur unsere Namen geändert.

Apoll: Meinen nicht, der ist anscheinend eine Universalie! Man darf aber nicht vergessen, dass die griechische Kultur aus vielen recht unterschiedlichen Subkulturen bestand. Man denke nur an die abscheulichen kunstfeindlichen Spartaner und die weltoffenen kunstliebenden Athener. Neben Sprache und Religion hatten sie nur ihren Dünkel gemeinsam, die besten aller Menschen zu sein und alle übrigen Völker für Barbaren zu halten.

Dionysos: Was sagt ihr denn zu einer Kultur wie die gegenwärtige westliche Kultur, in der die Älteren von den Jüngeren lernen? Dass ist doch pervers. Die Jugend hat ohnedies alle Vorteile, sie ist schön, gesund, überlebt die Alten, und nun soll sie ihnen auch noch als Lehrer dienen?

Athene: Das ist ein schönes Beispiel für das neue Menschenbild. Jeder ist gleich, Alter hat kein Vorrecht vor Jugend.

Apoll: Und ist es nicht phantastisch, wenn die Jugend dafür sorgt, dass das Alter nicht den Anschluss an die rasche kulturelle Entwicklung verliert?

Alle (spöttisch): Dann kann ja das Goldene Zeitalter beginnen.

Vielleicht ist es schon wirklich da – Mit Nektar und Ambrosia!

Literatur

Antweiler, C. (2009). Universalien im Kontext kultureller Vielfalt. Erwägen, Wissen. *Ethik, 20*(3), 341–352.

Atkinson, Q., Nicholls, G., Welch, D., & Gray, R. (2005). From words to dates: Water into wine, mathemagic or phylogenetic inference? *Transactions of the Philological Society, 103*(2), 193–219.

Berger, R. (2010). Wie kamen die indogermanischen Sprachen nach Europa? Spektrum der Wissenschaft. *Heft, 8,* 50–57.

Berry, J. W. (1988). Acculturation and psychological adaptation: A conceptual overview. In J. W. Berry & R. C. Annis (Hrsg.), *Ethnic Psychology: Research and practice with immigrants, refugees, native peoples, ethnic groups and sojourners*. Amsterdam: Swets.

Blurton Jones, N., & Sibly, R. M. (1978). Testing adaptiveness of culturally determined behaviour: Do women maximize their reproductive success ba spacing birth widely and foraging seldom? In N. Blurton Jones & V. Reynolds (Eds.), *Human behaviour and adaptation* (S. 135–157). London: Taylor and Francis

Chomsky, N. (1999). *Sprache und Geist*. Frankfurt a. M.: Suhrkamp.

Dawkins, R. (1987). *Das egoistische Gen*. Heidelberg: Springer.

Erickson, F. (1984). School literacy, reasoning, and civility: An anthropologist's perspective. *Review of Educational Research, 54*, 525–546.

Fiske, A. P. (1992). The four elementary forms of sociality: Framework for a unified theory of social relations. *Psychological Review, 99*, 689–723.

Greenfield, P. M., & Suzuki, L. K. (1998). Culture and human development: Implications for learning, education, pediadrics, and mental health. In I. E. Sigel & K. A. Renninger (Hrsg.), *Handbook of child psychology* (Bd. 4, S. 1059–1109). New York: Wiley.

Gronenborn, D. (2009). Climate fluctuations and trajectories to complexity in the Neolithic: towards a theory. UDK 903.2"633\634">551.581.2

Havelock, E. (1980). The coming of literate communication. Journal of Communication, 30, 90–98.

Ho, D. Y.-F., & Chiu, C. Y. (1998). Collective representation as a metaconstruct: An analysis based on methodological relationism. *Culture & Psychology, 4*, 349–370.

Hofstede, G. (1980). *Culture's consequences. International differences in work related values*. Beverly Hills: Sage.

Hymes, D. (1974). Ways of speaking. In R. Bauman & J. Sherzer (Hrsg.), *Explorations in the ethnography of speaking*. London: Temple Smith.

Klix, F. (1980). *Erwachendes Denken*. Berlin: VEB Deutscher Verlag der Wissenschaften.

Kohlberg, L., & Gilligan, C. (1971). The adolescent as a philosopher. The discovery of the self in an postconventionbal world. *Daedalus, 100*, 1051–1086.

Lee, R. B. (1972). The!Kung-Bushmen of Botswana. In M. G. Bicchieri (eds.): Hunters and gatherers today. A socioeconomic study of eleven cultures in the twentieth century (S. 326–336). New York

Markus, H. R., & Kitayama, S. (1991). Culture and the self: Implications for cognition, emotion, and motivation. *Psychological Review, 98*, 224–253.

Marx, K. (1969–1970, Org.1864). *Das Kapital* (Bd. 1–3). Berlin: Dietz.

Mead, M. (1971). *Der Konflikt der Generationen. Jugend ohne Vorbild*. Olten: Walter.

Olson, D. R. (1986). Intelligence and literacy: The relationships between intelligence and the technologies of representation and communication. In R. J. Sternberg & R. K. Wagner (Hrsg.), *Practical intelligence. Nature and origins of competence in the everyday world* (S. 338–360). Cambridge: Cambridge University Press.

Olson, D. R. (1995). Writing and the mind. In J. V. Wertsch, P. Del Rio & A. Alvarez (Hrsg.), *Sociocultural studies of mind* (S. 95–123). Cambridge: University Press.

Phils, H., & Kelly, M. (1974). Product and process in cognitive development. Some comparative data on the performance of school age children in different cultures. *British Journal of Educational Psychology, 44*, 248–265.

Prince, J. R. (1968). The effect of Western education on science conceptualization in New Guinea. *British Journal of Educational Psyhology, 38*, 647–674.

Reichholf, J. (2012). *Warum die Menschen sesshaft wurden: Das größte Rätsel unserer Geschichte*. Frankfurt a. M.: Fischer Taschenbuch.

Scribner, S. (1984). Denkweisen und Sprechweisen. Neue Überlegungen zu Kultur und Logik. In T. Schöfthaler & D. Goldschmidt (Hrsg.), *Soziale Struktur und Vernunft* (S. 311–338). Frankfurt a. M.: Suhrkamp Taschenbuch Wissenschaft 365.

Segall, M. H., Dasen, P. R., Berry, J. W., & Poortinga, Y. H. (1990). *Human behavior in global perspective*. New York: Pergamon Press.

Silbereisen, R. K., Lantermann, E. D., & Schmitt-Rodermund, E. (Hrsg.). (1999). *Akkulturation von Persönlichkeit und Verhalten von Aussiedler in Deutschland*. Opladen: Leske und Budrich.

Sinha, J. B., & Verma, J. (1987). Structure of collectivism. In C. Kagiticibasi (Hrsg.), *Growth and progress in cross-cultural psychology* (S. 123–129). Lisse: Swets & Zeitlinger.

Triandis, H. C. (1995). *Individualism and collectivism*. Boulder: Westview.

Tulviste, P. (1979). On the origins of theoretic syllogistic reasoning in culture and the child. *Quarterly Newsletter of the Laboratory of Comparative Human Cognition, 1*, 30–80.

Vogel, C., & Voland, E. (1988). Evolution und Kultur. In K. Immelmann, K. R. Scherer, C. Vogel & P. Schmock (Hrsg.), *Psychobiologie – Grundlagen des Vehaltens* (pp. 133–180). Stuttgart: Fischer.

Voland, E. (2007). *Die Natur des Menschen. Grundkurs Soziobiologie*. München: Beck.

Weiß, B., & Wehrmann, T. (2010). Vom Jäger zum Bauern. *GEOkompakt Nr, 24,* 134–139.

Ontogenese: „molare" Sicht

8

In Kap. 6 wurde das EKO-Modell vorgestellt, das der konstruktiven, gestaltenden Aktivität des Individuums eine mindestens gleichwertige Rolle wie der Evolution und der Kultur zuweist. Ist diese Behauptung gerechtfertigt? Hören und lesen wir nicht ständig, dass der Mensch keinen freien Willen besitzt, dass alles determiniert ist? Die Evolutionsbiologen, insbesondere die Soziobiologen, zeigen, wie sehr unser Verhalten von Prinzipien der Evolution gesteuert wird. Die Kulturanthropologen und Soziologen belegen, wie sehr unser Denken und Handeln gesellschaftlich-kulturell bestimmt ist. Im Alltag sind wir durch Vorschriften, Verordnungen, familiäre und berufliche Zwänge so eingeengt, dass kaum Spielraum für freie Selbstgestaltung bleibt.

Hier gibt es viele Missverständnisse, die wir im Laufe der folgenden Kapitel auszuräumen versuchen. Individuelle Freiheit wird irrtümlicherweise mit Indeterminismus gleichgesetzt. Die Annahme individueller Handlungs- und Gestaltungsfreiheit verlange, dass menschliches Verhalten nicht vollständig determiniert sei. Dies ist natürlich unzutreffend. Rückblickend können wir mehr oder minder genau die Kausalkette rekonstruieren, die zu einem aktuellen Zustand oder Verhalten geführt hat. Wir können aber auch registrieren, was an den Geschehnissen auf das Konto individueller Entscheidungen und Konstruktionsleistungen zurückgeht. Dass unsere Handlungen determiniert sind, heißt lediglich, dass zumindest theoretisch alle Ursachen ausgemacht werden können, die zu ihnen geführt haben.

In diesem Kapitel nähern wir uns dem Beitrag des Individuums aus „molarer" Sicht, d. h. wir beschreiben die individuelle konstruktive Aktivität eher auf einer höheren ganzheitlichen Ebene. Im darauffolgenden Kapitel werden wir uns der „molekularen" Perspektive bedienen, also Einzelleistungen und Einzelfähigkeiten beschreiben. Die Unterscheidung zwischen molar und molekular gibt es in mehreren Wissenschaftsdisziplinen, unter anderem in der Wirtschaftssoziologie.

R. Oerter, *Der Mensch, das wundersame Wesen*,
DOI 10.1007/978-3-658-03322-4_8, © Springer Fachmedien Wiesbaden 2014

8.1   Einflussgrößen für Entwicklung, die wenig beachtet werden

Zufall

In jedem menschlichen Lebenslauf kommt es zu Konstellationen, in denen zufällig mehrere Bedingungen zusammentreffen, die vorübergehend oder auf Dauer Einstellungen und Handeln verändern. Ein Beispiel hierfür sind Ereignisse, die man in der Psychologie als non-normative kritische Lebensereignisse bezeichnet. Csikcentmihalyi (1997) führte Interviews mit prominenten Wissenschaftlern und Künstlern durch. Eine immer wieder auftauchende Erklärung für kreative Leistungen war die Äußerung: Ich habe eben Glück gehabt, zum richtigen Zeitpunkt am richtigen Ort mit den richtigen Leuten zusammengetroffen zu sein. Psychologische Forschung über kritische Lebensereignisse belegt, dass auch in alltäglichen Biografien Zufallsereignisse eine wichtige Rolle spielen. Oft entscheidet ein Lehrer darüber, ob Schüler beruflich das Fach wählen, das er gelehrt hat. Einer meiner Kollegen erzählte mir, dass ihn die Lektüre einer Einführung in die Psychologie während seiner Schulzeit zum späteren Psychologiestudium gebracht habe. Ich selbst wurde als junger Assistent von einem Kollegen ermutigt, aus einer Vortragsreihe ein Buch über Entwicklungspsychologie zu schreiben. Diese Anregung, die ich in die Tat umsetzte, hat meinen gesamten Lebenslauf verändert. In einem von Filipp (1990) herausgegebenen Sammelband findet sich ein Überblick über Art und Wirkung von solchen Lebensereignissen.

Kreativität und Problemlösen

Was dem Alltagsverständnis für die Freiheitsgrade des Menschen trotz biologischer und gesellschaftlich-kultureller Bestimmtheit am meisten einleuchtet, sind die kreativen Leistungen und die Fähigkeit, komplexe Probleme zu lösen. Kreativität ist ja gerade gekennzeichnet durch das unerwartet auftretende und nicht vorhersagbar Neue, das als Ergebnis der geistigen menschlichen Aktivität zustande kommt. Schon Kinder zeigen eine Fülle kreativer Einfälle, die mehr oder minder einmalig sind. So bezeichnet ein Dreijähriger einen entlaubten Baum als „Steckenbaum" und die Tage vor gestern als „weitgestern". Ein anderes Kind gleichen Alters operiert mit dem Begriff „leer", indem es alle Gefäße ihres Inhaltes beraubt, z. B. sein Osternest ausleert und den leeren Korb mit der Bemerkung „leer" hochhält. Als er das Haus seiner Großeltern besucht, die zu diesem Zeitpunkt nicht anwesend sind, erklärt er „Opa leer, Oma leer".

Nun kennen wir zwar Gesetzmäßigkeiten in der Sprachentwicklung, wie die Übergeneralisierung, die solche Äußerungen erklären und vorhersagen, aber diese (psycholinguistischen) Gesetze können nie den Einzelfall, wie die obigen Beispiele prognostizieren. Warum ein Kind gerade „Steckenbaum" erfindet oder mit dem Begriff „leer" operiert, bleibt dem Kind überlassen.

Wie bereits in Kap. 6 dargestellt, ist die kulturelle Entwicklung dem menschlichen Erfinder- und Entdeckergeist zu verdanken. Problemlösen als Spezialfall der Kreativität richtet sich auf die Bewältigung von Aufgaben, für die noch keine Lösungen zur Verfügung stehen. Die Geschichte der Menschheit ist zugleich eine Geschichte von Problemen, die Schritt für Schritt von einzelnen Personen bzw. von Gruppen gelöst wurden. Es ist die konstruktive Aktivität des Menschen, der einzeln oder in Gruppen zu neuen kulturellen Entwicklungen beiträgt und deshalb die Zukunft in nicht vorhersagbarer Weise gestaltet. Dass solche Entwicklungen dennoch determiniert sind, bleibt davon unbenommen. In der Rückschau lässt sich nämlich eine lückenlose Kausalkette bis hin zum Endergebnis herstellen. Aber es ist eine Determiniertheit, die nur teilweise auf evolutionsbiologische Wurzeln und kulturelle Einflüsse zurückzuführen ist, sondern in vielen Fällen neue individuelle Konstruktionsleistungen als Ursache hat. Diese Freiheit konstruktiven Gestaltens ist auch der Grund dafür, dass der Mensch Verantwortung trägt für das, was er tut. Er ist das einzige Lebewesen, dem wir Verantwortung zuschreiben. Dieser Aspekt wird uns in den letzten Kapiteln dieses Buches noch genauer beschäftigen.

Einmaligkeit von Persönlichkeitsmerkmalen und ihrer Entstehungsgeschichte

Betrachtet man die Entwicklung der Persönlichkeit, so wird man umso mehr ihre Einmaligkeit und Unverwechselbarkeit feststellen, je mehr Einzelheiten über ihre Biografie, über messbare Merkmale und sozialen Beziehungen bekannt sind. Kein Mensch ist wie der andere. Das gilt auch für kollektivistische Kulturen. Obwohl diese Einmaligkeit auch schon biologisch vorliegt, sind es vor allem die psychischen Merkmale und ihre Ausprägungen, die Leistungen und letztlich auch die Zufälle in der Lebensgeschichte, die zur Einmaligkeit der menschlichen Persönlichkeit führen. Wiederum ist diese Einmaligkeit nicht allein durch Biologie und Kultur determiniert, sondern auch und vor allem das Ergebnis individueller Selbstgestaltung. Dieser Sachverhalt wird uns in den folgenden Abschnitten näher beschäftigen. Interessanterweise setzen sich mit zunehmendem Alter im Lebenslauf genetische Persönlichkeitsfaktoren durch. Dies meint zumindest Asendorpf (2008) aufgrund seiner Analyse von einschlägigen Untersuchungen. Damit hätte das alte Wort, „werde, der du bist" eine empirische Bestätigung erfahren. Gleichwohl heißt das nicht, dass wir mit zunehmendem Alter immer stärker biologisch determiniert werden, denn was wir aus unseren anlagebedingten Merkmalen machen, ist unsere Sache. Zwei Personen mit den laut Persönlichkeitstests gleichen Merkmalen, können völlig verschiedene Identitäten, Berufe, Bildungsstände und Wertvorstellungen haben.

Information und Aufklärung

Je mehr wir über die prägende Wirkung von Evolution und Kultur wissen, je mehr wir über die Hintergründe unseres Daseins erfahren haben, desto mehr können wir uns von diesen Einflüssen unabhängig machen. Wenn wir wissen, dass Aggressivität aus unserer

Evolution stammt, können wir der Gefahr ihres unkontrollierten Auftretens begegnen. Je mehr wir darüber wissen, wie unsere Wertvorstellungen und unserer Geschmack von der umgebenden Kultur geprägt werden, desto leichter gewinnen wir Distanz und können zu neuen konstruktiven moralischen und ästhetischen Urteilen gelangen. Was hier im Großen gilt, ist auch für Alltagshandeln relevant. Information und Aufklärung in Form von Bildung ist unentbehrlich für jeden einzelnen. Nur so kann die Menschheit gegen Fanatismus, Aberglauben und Ideologien jeder Art gefeit werden. Da dieses Ziel nicht einmal bei uns in Deutschland, geschweige denn in den USA, erreicht ist, brauchen wir uns nicht wundern, wenn bildungsferne Bevölkerungsgruppen überall auf der Welt in Aberglauben und Unwissenheit verharren. Zukünftige weltweite politische Maßnahmen sollten daher auf möglichst hohe Bildung für alle abzielen. Bildung sollte dabei auch Aufklärung über unsere psychische Verfasstheit gewährleisten und Strategien vermitteln, mit denen wir unser gefährliches Potenzial von Aggressivität und Aberglaube im Zaum halten können. Bildung, nicht Waffen, heißt die Devise.

Handlungs- und Affektregulation

Ein wesentlicher Zug des Menschen ist die Fähigkeit, die Affekte und Emotionen unter Kontrolle zu halten. Diese Regulierung befähigt ihn, Bedürfnisse aufzuschieben, Aggressionen nicht unmittelbar auszuleben und sich nicht von Angst und Furcht überwältigen zu lassen. Die Fähigkeit zur Affektkontrolle entwickelt sich früh. Während zwei- bis dreijährige Kinder noch heftige, unkontrollierte Affektausbrüche zeigen, verbessert sich die Affektkontrolle zwischen fünf und sieben Jahren maßgeblich. Kinder verzichten auf ein verlockendes Angebot (Süßigkeit), wenn sie später stattdessen mehr bekommen (Bedürfnisaufschub). Sie sind auch bereits in der Lage, der Versuchung zu widerstehen, z. B. trotz eines attraktiven Angebotes vor Augen warten zu können (Mischel et al. 1972, 1989). Im Jugendalter verbessert sich nochmals die Fähigkeit der Emotions- und Bedürfniskontrolle, weshalb Jugendliche zu hohen Anstrengungen in Sport, Musik und Tanz bereit sind. Dies trifft zu, obwohl Jugendliche auch das Ausleben von Emotionen bis hin zum rohen Affekt erproben und aus den zivilisatorischen Schranken ausbrechen. Die Fähigkeit der Emotionskontrolle bildete einst die Grundlage für die Herstellung von Sekundärwerkzeugen, also von Werkzeugen, die aus anderen Werkzeugen hergestellt werden (s. Kap. 3).

Tabelle 8.1 zeigt den Weg der Emotionsregulation von der Geburt an bis ins Grundschulalter. Vom Kind geht ein emotionaler Appell an die Umwelt. Dieser wird von der Bezugsperson wahrgenommen und zielgerichtet durch Hilfe beantwortet. Beim Neugeborenen ist der Appell noch unbestimmt und die Bezugsperson muss herausbekommen, was dem Neugeborenen fehlt (exploratives Handeln). Der Säugling appelliert im ersten Lebensjahr dann mehr und mehr gerichtet, sodass die Bezugsperson auch zunehmend gerichtet antworten kann. Sie weiß, worüber sich das Baby freut und was ihm fehlt. Das Kleinkind im Alter von einem bis drei Jahren äußert seine Emotionen bereits intentional, d. h., es verfolgt mit seinem emotionalen Ausdruck einen Zweck. Es will auf sich aufmerksam machen und

Tab. 8.1 Die Entwicklung der Emotionsregulation: von der interpsychischen zur intrapsychischen Regulation. (Holodynski und Oerter 2008)

Neugeborenes	appelliert ungerichtet → ← handelt explorativ	Bezugsperson
Säugling	appelliert zunehmend gerichtet → ← handelt zunehmend gerichtet	Bezugsperson
Kleinkind	appelliert intentional → ← handelt gezielt	Bezugsperson
Vorschulkind	appelliert intentional → ← regt zur Selbstregulation an	Bezugsperson
Schulkind	← appelliert an sich selbst ← reguliert sich selbst	

Unterstützung für die Befriedigung seiner Bedürfnisse erhalten. Die Bezugsperson handelt gezielt, sie erfüllt die Wünsche des Kindes oder verwehrt sie. Im Vorschulalter (4–6 Jahre) appelliert das Kind weiterhin an die Bezugsperson. Diese verändert aber im Vergleich zu früher ihre Strategie und appelliert ihrerseits an die Selbstregulation des Kindes (du wirst doch noch etwas warten können – wenn du geduldig bist, bekommst du nachher eine Belohnung). Im Grundschulalter schließlich ist das Kind fähig, seine Emotionen ohne äußere Regulationshilfe zu kontrollieren. Es kann längere Zeit schulische Aufgaben bearbeiten, ist also zur willentlichen Konzentration fähig, und kann Bedürfnisaufschub praktizieren (Holodynski und Oerter 2008). Wir werden später zu zeigen haben, dass dieser Kompetenzfortschritt auch mit der Entwicklung der abendländischen Kultur zu tun hat, die durch eine fortschreitende Verhaltens- und Emotionskontrolle gekennzeichnet ist (s. Kap. 16).

8.2 Das Zusammenspiel von Anlage, Umwelt und Selbstgestaltung

Der Dreierpack Anlage – Umwelt – Selbstgestaltung

Wie bereits in früheren Kapiteln erläutert, ermöglichen der Bedürfnisaufschub und die damit verbundene Emotionskontrolle die Handlungsplanung und deren Umsetzung in die Tat. Diese Leistung vergrößert aber auch die Freiheitsgrade des Menschen. Wenn er biologische und kulturelle Einflüsse kontrollieren kann, bleibt es ihm überlassen, aus dem Angebot auszuwählen, neu zu kombinieren und gegebenenfalls neue Leistungen zu entwickeln, wie die enorme Technik beim Piano- und Geigenspiel, bei Akrobatik und im Sport.

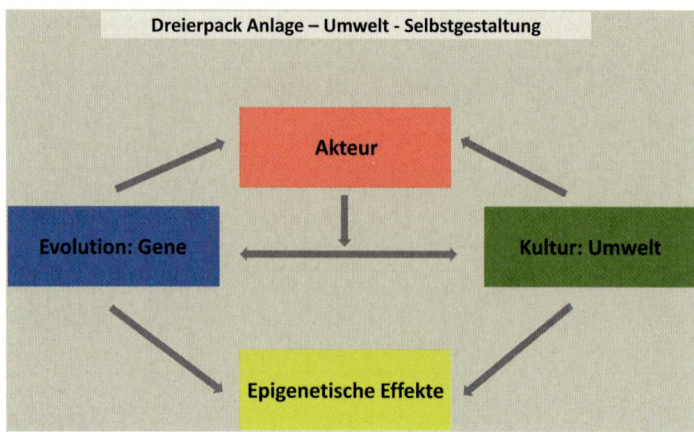

Abb. 8.1 Das Zusammenspiel von Evolution, Kultur und Ontogenese

Abbildung 8.1 zeigt den Zusammenhang von Evolution, Kultur und individueller Gestaltung, heruntergebrochen auf das Individuum. Hier wird die Evolution zur Anlage, die Kultur, aber auch die Natur, zur Umwelt; beide werden vom Individuum, dem Akteur und Dirigenten, genutzt. Die Abbildung verdeutlicht aber noch einen weiteren Zusammenhang: Gene brauchen für ihre Entfaltung geeignete Umweltbedingungen. In vielen Fällen sind sie in allen menschlichen Umwelten vorhanden. In manchen Fällen jedoch führen nur spezifische Bedingungen zum Durchbruch. Dies gilt für genetisch bedingte Krankheiten ebenso wie für Anlagen zu besonderen Leistungen. Mozart wäre ohne die anregende musikalische Welt, in der er aufwuchs, nicht der Mozart geworden, den wir kennen. Im afrikanischen Urwald hätte er wohl als guter Trommler brilliert.

Der Zusammenhang zwischen genetischem Potenzial und Umweltanregung soll an drei Beispielen erläutert werden: an der Sprachentwicklung, der Intelligenzentwicklung und an dem spezifischen Bereich der musikalischen Entwicklung.

Die Sprachentwicklung geht mit Sicherheit auf ein genetisch-evolutionär vorgegebenes Sprachvermögen zurück, bedarf aber sprechender Partner. Die sprachliche Interaktion zwischen kompetentem Partner, im Regelfall hauptsächlich Mutter und Vater, und dem Kind hat ein Zeitfenster. Das Kind kann die Muttersprache adäquat nur in den ersten sechs Lebensjahren erwerben. Spätestens mit Pubertätsbeginn ist der Erwerb von Sprache ausgeschlossen, falls zuvor keine Sprachreize vermittelt wurden. Hier gilt in vollem Umfang das alte Sprichwort: Was Hänschen nicht lernt, lernt Hans nimmermehr.

Die Umweltbedingungen für die Entfaltung der genetischen Voraussetzungen für Sprache sind also 1) Kommunikation mit sprechenden sozialen Partnern, 2) Spracherwerb innerhalb eines Zeitfensters während der Entwicklung und 3) die Präsentation von Semantik und Grammatik der jeweiligen Sprache. Die genetischen Voraussetzungen für Sprache sind motorische, semantische und syntaktische Komponenten. Für die sprechmotorischen Leistungen ist bekanntlich das Broca'sche Zentrum und für die Semantik und

Syntaktik das Wernicke'sche Sprachzentrum im Gehirn zuständig. Wie weit und differenziert sich Sprache entwickelt, hängt einerseits vom Bildungsgrad ab, also auch einem
Umweltfaktor, andererseits aber auch von der individuellen Initiative. Ist das Individuum
an Sprache und sprachlichen Inhalten interessiert, wird es sich zu höheren Sprachniveaus
entwickeln, andernfalls weniger differenziert sprechen bzw. Sprache verstehen. Darüber
hinaus ist die Eigeninitiative des Individuums grundlegend an der Sprachentwicklung beteiligt. Schließlich ist es ja der Konstrukteur seiner Sprache. Es muss aus den genetischen
Voraussetzungen und dem Umweltangebot seine Sprachkompetenz aufbauen. Es ist also
aktiver Konstrukteur seiner Sprachfähigkeit und -fertigkeit.

   Die Intelligenz bildet ein Paradebeispiel für das Zusammenwirken der drei Komponenten Anlage, Umwelt und Selbstgestaltung. Zunächst ist festzuhalten, dass Intelligenz
einen massiven Erbfaktor hat, was nicht nur die Zwillingsforschung, sondern noch deutlicher die Adoptionsforschung belegt. Getrennt aufgewachsene eineiige Zwillinge sind sich
bezüglich ihrer Intelligenz ähnlicher als gemeinsam aufgewachsene sonstige Geschwister
(Bouchard, 1993). Kinder, die bei Adoptiveltern aufwachsen, ähneln mit zunehmendem
Alter bezüglich ihres Intelligenzniveaus ihren biologischen Eltern mehr als den Adoptiveltern (Munsinger 1975). In diesen Untersuchungen konnte gezeigt werden, dass die
Umwelt Intelligenz nicht beliebig modifizieren kann. Das heißt aber nicht, dass sie keinen
Einfluss ausübt. Im Gegenteil, ohne Umweltanregung entfaltet sich Intelligenz überhaupt
nicht, das Individuum bleibt geistig stark retardiert und ist massiv gestört. Viel hängt davon ab, wie früh und wie angemessen Kinder intellektuell angeregt werden. Am Ende des
ersten Lebensjahres finden wir noch keine Intelligenzunterschiede zwischen verschiedenen
sozioökonomischen Schichten. Aber bereits mit drei Jahren sind Kinder aus niedrigeren
Sozialschichten Kindern aus höheren Schichten unterlegen, zumindest bezüglich der in
Tests erfassbaren Leistungen. Ein weiterer Befund aus einer Längsschnittuntersuchung
belegt den negativen Einfluss von Risikofaktoren auf Intelligenz. Sameroff und Mitarbeiter (1993) haben Kinder mit vier Jahren und neun Jahren, später mit dreizehn Jahren
untersucht. Neben der Intelligenz erfassten sie auch eine Reihe von Risikofaktoren, wie
Verhalten der Mutter, ihre Ängstlichkeit, ihr Bildungsniveau, ihr Minoritätenstatus und
andere Faktoren. Insgesamt waren es zehn Faktoren. Der Einfluss der erfassten Faktoren
auf die Intelligenzentwicklung ist verblüffend. Je mehr Risikofaktoren zusammenkamen,
desto mehr war die Intelligenz der Kinder mit 13 Jahren beeinträchtigt. Risikofaktoren
stellen also Umweltbedingungen dar, die sich massiv auf die Intelligenz auswirken. Andererseits kann man angesichts des Anlagefaktors nicht erwarten, dass auch bei optimaler
Anregung die Intelligenz beliebig hoch geschraubt werden kann. Da auch die Schulart und
die Jahre des Schulbesuchs sich auf die Intelligenzentwicklung auswirken, bekommt das
Individuum die Chance, seine Intelligenzentwicklung mit in die Hand zu nehmen und sie
zu optimieren. Interesse, Bildungsmotivation und Fleiß sind Bedingungen für eine solche
Optimierung. Sofern aber das Bildungssystem für das Individuum hemmend wirkt, muss
sich dieses andere Wege der Förderung der eigenen geistigen Leistungsfähigkeit suchen.
Aus den Biografien Hochbegabter gibt es Beispiele für diese Situation. Justus v. Liebig, der
schon als Kind an Chemie interessiert und Lehrern und Mitschülern weit überlegen war,
experimentierte zu Hause bereits als Kind, versagte aber dann in der Schule und danach

in der Apotheke, wohin ihn der Vater schickte. Durch glückliche Umstände kam er nach Paris, wo er die Chemie in ihrem aktuellen Forschungsstand studierte. Er kehrte dann nach Deutschland zurück, was zur Folge hatte, dass damit Deutschland die Führung im Fach Chemie übernahm! Diese unglaubliche Lebensgeschichte demonstriert eindrucksvoll das Zusammenwirken von Anlage, Umwelt und Selbstgestaltung. Keiner der drei Faktoren durfte fehlen. Der Umweltwechsel ermöglichte die Entfaltung der Begabung, und beides führte durch die Selbstgestaltung zu der Entwicklung eines der größten Chemiker seiner Zeit.

Das Beispiel musikalische Entwicklung

Viele stellen sich Musiker als besonders begabte Menschen vor, denen ihre Fähigkeit des Musizierens in die Wiege gelegt wurde und die deshalb ihr Können mit großer Leichtigkeit erworben haben. Diese Meinung stimmt jedoch mit der Realität nicht überein. Ericsson und seine Mitarbeiter (Ericsson et al. 1993) konnten anhand von umfangreichen Befragungen belegen, dass das erreichte musikalische Können direkt mit dem Übungsaufwand zusammenhängt. In einer Untersuchung an Geigern der Hochschule Berlin hatten Lehrer in ihrem Leben weniger geübt als Geiger, die als „gut" eingestuft waren und diese wiederum weniger als mit hervorragend bewertete Geiger. Einer Reihe von weiteren Studien erbrachte ähnliche Ergebnisse. Also könnte man meinen, dass die Anlage überhaupt keine Rolle spielt. Dem widerspricht die hohe Leistung von Wunderkindern, die schon schwere Instrumentalkonzerte spielen, ohne die lange Übungszeit akkumuliert zu haben, wie ihre jugendlichen oder erwachsenen Kollegen. In einer von Sloboda (1993) zitierten Untersuchung an Studierenden hatten solche mit außergewöhnlichen Leistungen bei ihrem ersten Instrument nicht einmal halb so viel geübt wie durchschnittliche Studenten.

Immerhin steht fest, dass ohne konzentrierte, gezielte Übung musikalisches Potenzial nicht zu seiner vollen Entfaltung gelangen kann. Je nachdem wie motiviert, konzentriert und willensstark Lernende sind, werden sie mit Hilfe der gewiss oft auch unangenehmen und anstrengenden Übungsarbeit unterschiedlich hohe Leistungsniveaus erreichen.

Es gibt eine zweite Verzahnung zwischen Genen, Umwelt und Selbstgestaltung, nämlich ein Zeitfenster für optimale musikalische Entwicklung. Es zeigt sich, dass Kinder, die früher mit dem Erlenen eines Instruments begonnen haben, im Vorteil sind. Sie sind anderen überlegen, die später angefangen haben, selbst wenn der Übungsaufwand bei beiden Gruppen gleich ist. Abbildung 8.2 zeigt die Bedeutung günstiger Umweltbedingungen für die musikalische Laufbahn. Die Biografien berühmter Musiker belegt z. B., dass ihr Üben beaufsichtigt wurde. Das Schüler-Lehrer-Verhältnis spielt eine wichtige Rolle, und das finanzielle und zeitliche Engagement der Eltern ist Voraussetzung für eine Solistenkarriere auf internationalem Niveau, vor allem in Form der Ermöglichung von Reisen zur Teilnahme an Wettbewerben. Der Vater von Liszt gab seinen Beruf auf und widmete sich nur noch der Karriere des Sohnes. Leopold Mozart sorgte für die musikalische Ausbildung seines Sohnes wie keiner seiner Zeitgenossen im damaligen Europa. So zeigt sich gerade bei der musikalischen Entwicklung das Zusammenspiel der drei Komponenten Anlage, Um-

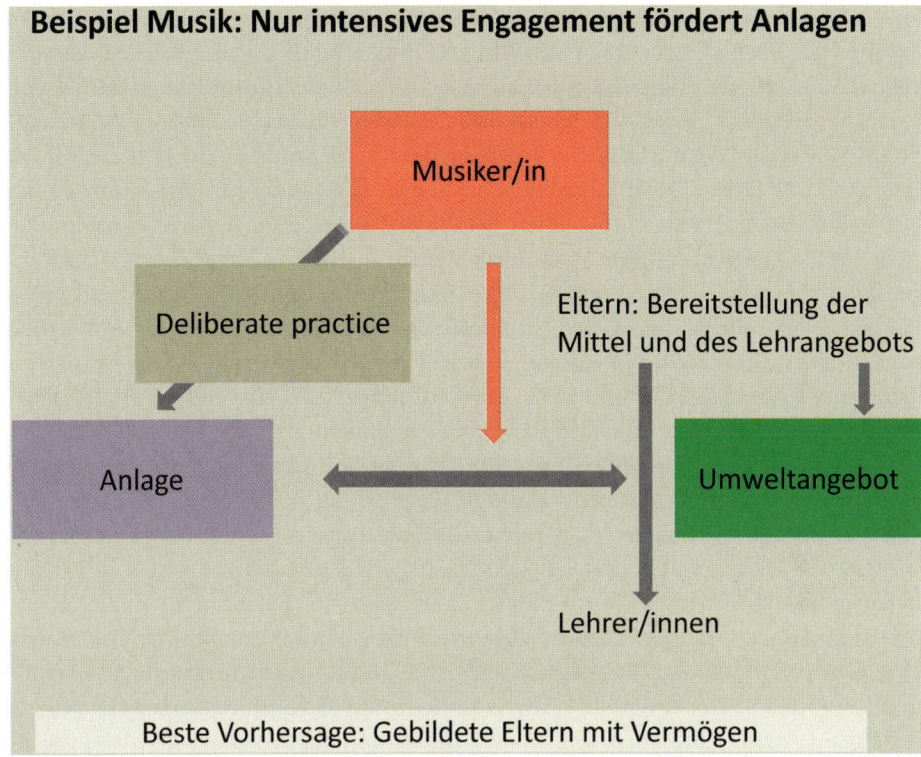

Abb. 8.2 Dreierpack der musikalischen Entwicklung

welt und Selbstgestaltung in eindrucksvoller Weise. Abbildung 8.2 veranschaulicht diesen Sachverhalt. Die individuelle Entwicklung vollzieht sich, wie das EKO-Modell postuliert, im Rahmen der Evolution, die uns allen musikalische Grundkompetenzen bereitstellt, und im Rahmen der jeweiligen Musikkultur.

Der Volksmund und die Bibel halten Redensarten bereit, die auf die musikalische Entwicklung passen, wenn man sie zusammen nimmt:

- Früh übt sich, was ein Meister werden will.
- Was Hänschen nicht lernt, lernt Hans nimmermehr.
- Man muss mit seinen Talenten wuchern und soll sie nicht vergraben.

Nicht hingegen passt: Den Seinen gibt's der Herr im Schlaf (Psalm 127/1–2).

Drei Formen der Gen-Umwelt-Interaktion

Die genetische Ausstattung und die Umwelt stehen einander nicht beziehungslos gegenüber. Scarr und McCartney (1983) unterscheiden im Anschluss an Plomin drei Möglichkeiten der Wechselwirkung von Anlage und Umwelt: die passive, die evokative und die aktive Interaktion. Die passive Wechselwirkung besteht darin, dass die Eltern, von denen das Kind die genetische Ausstattung erhält, ein Umweltarrangement bereitstellen, das ihrer eignen genetischen Ausstattung und damit auch der des Kindes entspricht. In intellektuell anregendem Milieu können sich intellektuelle Anlagen entfalten, in einem musikfreund-lichen Milieu wird die musikalische Begabung des Kindes angeregt. Die zweite Form der Interaktion ist die evokative Interaktion; sie besteht darin, dass die soziale Umwelt, im Normalfall also die Eltern, die besondere Begabung des Kindes entdecken und sie fördern. Viele Musiker haben bereits im Vorschulalter nach einem Instrument verlangt und früh-zeitig ein hohes Niveau an Fertigkeit erreicht (Ann-Sophie Mutter, Friedrich Gulda, Julia Fischer). Wenn Eltern das Instrument bereitstellen und für eine gediegene Ausbildung sorgen, kann die genetische Begabung sich entfalten. Gerade in der Musik ist dies bis heute vorwiegend nur in der gebildeten Mittelschicht der Fall, während soziale Schichten mit niedrigem Bildungsniveau (und geringem Einkommen) die Talente ihrer Kinder nicht oder wenig fördern (Dollase 2005). Die dritte Form der Gen-Umwelt-Wechselwirkung, die aktive Interaktion, ist für die hier anstehende Frage die wichtigste. Bei dieser Form sucht sich nämlich das Individuum selbst die zu seiner genetischen Ausstattung passende Um-welt aus. Die Maler versammelten sich um 1900 in Paris, die Musiker reisten in die Länder, in denen neue musikalische Entwicklungen stattfanden (im 18. Jahrhundert nach Italien; im 19. Jahrhundert nach Deutschland). Die ersten Psychologen versammelten sich im aus-gehenden 19. Jahrhundert um Wilhelm Wundt. Im 20. Jahrhundert wurde Berkeley, MIT und Stanford zu Attraktoren für Wissenschaftler beiderlei Geschlechts. Die Herstellung der Passung zwischen Genotyp und Umwelt ist ein Beleg für den aktiven Gestaltungsein-griff des Individuums in sein Schicksal. Johann Sebastian Bach reiste zu Fuß nach Lübeck, um von Buxtehude zu lernen und mit ihm musikalische Ideen auszutauschen. Er überzog den ihm gewährten vierwöchigen Urlaub in Arnstadt um drei Monate. Gershwin lernte Klavierspiel an einem elektrischen Klavier, indem er den sich bewegenden Tasten mit den Fingern folgte. Frank Sinatra tingelte singend in diversen Lokalen, obwohl sein Vater ihn ausschimpfte und ermahnte, einer ordentlichen Arbeit in der Fabrik nachzugehen.

8.3 Das Individuum wird Mitglied der Kultur

Die Zone nächster Entwicklung

In Kap. 7 wurde bereits der Ansatz Wygotskis dargestellt, wonach psychische Phänomene zweimal in der individuellen Entwicklung auftauchen, zunächst als interpsychisches, dann als intrapsychisches Phänomen. Erst existieren psychische Leistungen wie Sprache und Denken im sozialen Austausch, später dann als verinnerlichte Tätigkeiten beim Individu-um. Erst ist Sprache ein Medium zwischen den Menschen, vor allem zwischen Mutter und Kind, später kann das Kind Sprache als Werkzeug des eigenen Denkens und Handelns benutzen, es denkt allein und spricht (auch) zu sich selbst. Wygotski (1978, 1987) hat noch ein weiteres Konzept eingeführt, das griffig die Wechselwirkung zwischen Kultur und Individuum beschreibt, nämlich die Zone nächster Entwicklung. Sie ist der Bereich, in dem sich die interpsychischen Prozesse in intrapsychische verwandeln. Menschliche Individuen entwickeln sich nicht allein, denn sie müssen eine Fülle von Wissen und Fertigkeiten, die von der Kultur bereitgehalten werden, bei sich aufbauen. Sie bedürfen der Hilfe von sozialen Partnern. In der Regel sieht sich das Kind Partnern gegenüber, die es zu Aktivitäten und Leistungen oberhalb des derzeitigen Entwicklungsniveaus anregen. Auf dieser „Zone nächster Entwicklung" gelingen gemeinsam Leistungen, die das Kind allein noch nicht fertig bringt. Mit Hilfe der Mutter oder anderer Sozialpartner wird die Entwicklung angehoben. Beispiele für diesen Prozess sind die Benutzung von Werkzeugen, wie Malstift, Knet und Bausteine, der Spracherwerb, die Übernahme sozialer Verhaltensregeln und der Aufbau von Gedächtnisstrategien. Letzteres Beispiel bedarf einer Erläuterung. Um sich Inhalte einzuprägen, benutzt man Gedächtnisstrategien, wie das Wiederholen (rehearsal) und das Ordnen von Gedächtnismaterial. Diese Strategien werden von Eltern und Lehrkräften dem Kind nahegelegt, das sie dann allmählich auch allein und selbständig verwendet. In der Zone nächster Entwicklung werden also psychische Aktivitäten gemeinsam praktiziert und sind somit teilweise äußerlich, sie sind ein Vehikel des gemeinsamen Handelns. Später, wenn das Kind bestimmte Fertigkeiten allein ausüben kann, sind die Prozesse zu intrapsychischen Vorgängen geworden.

Konstruktion und Ko-Konstruktion als Entwicklungsprinzip

Lange Zeit war man der Meinung, dass Entwicklung mechanisch als Folge der Interaktion zwischen Anlage und Umwelt abläuft. Das Individuum als Akteur spielte allenfalls bei Training und Übung eine Rolle, weil es Motivation und Anstrengung aufbringen muss. Die heutige Entwicklungspsychologie stellt aber eine andere Aktivität des Individuums in den Mittelpunkt: seine Konstruktionsleistungen. Piaget (1966) konnte zeigen, dass das Kind seine physikalische und soziale Welt konstruiert und nicht als Wahrnehmungs-Abbild übernimmt. Er demonstrierte dies an physikalischen Größen, wie dem dreidimensionalen Raum, der Zeit, dem Zahlbegriff und dem Gegenstandsbegriff. Wenn man beispielsweise eine Knetkugel in eine Walze verwandelt, behauptet das Kind mit vier bis fünf Jahren, dass es nun mehr Knet sei, weil die Walze höher ist, oder auch weniger Knet, weil die Walze dünner ist. Erst mit sechs bis sieben Jahren erkennen die Kinder aufgrund logischer Operationen, die sie nun einsetzen können, die Invarianz der Masse. Generell behauptete Piaget, dass wir die physikalische Welt erkennen, indem wir ihre Erscheinungen und Gesetzmäßigkeiten nachkonstruieren. Die heutige Forschung bestätigt prinzipiell Piagets Grundannahme, zeigt aber zusätzlich, dass der Mensch eine Reihe von Erkenntnisleistungen schon sehr früh, also im ersten Lebensjahr, zustande bringt, wodurch spätere Konstruktionsleistungen erst möglich werden. Im nächsten Kapitel werden wir darauf noch genauer eingehen.

Ein besonders interessantes Beispiel für Konstruktion während der Entwicklung ist die Geschlechtsrollenidentifikation. Während der Kindheit und Jugend müssen Mädchen oder Jungen sich mit ihrer Geschlechtsrolle auseinandersetzen und sie nach ihrem Gusto definieren. Vor allem aber geht es darum zu begreifen, dass man unabwendbar einem bestimmten Geschlecht angehört. Kohlberg (1974) hat die Etappen der Geschlechtsrollenidentifikation theoretisch begründet. Später wurden sie empirisch vielfältig nachgewiesen. Zunächst unterscheidet das Kind in seiner Umwelt die beiden Geschlechter und vermag sich schon zu Beginn des zweiten Lebensjahres im Regelfall selbst dem richtigen Geschlecht zuzuordnen, wobei die sprachliche Kategorisierung ‚Junge, ‚Mädchen' und die Personalpronomen ‚er' und ‚sie' sicherlich eine wichtige Rolle spielen. Aufgrund dieser Zuordnung wählt nun das Kind die Verhaltensweisen und Vorlieben aus, die zu seinem Geschlecht passen. Das erkennt man daran, dass nur solche Merkmale, die das Kind bereits verstehen kann, übernommen werden, wie Stärke und Kampf bei Jungen (Tarzan, Superman) und schönes Aussehen bei Mädchen (Prinzessin). Auf diese Weise entwickeln sich Geschlechtsstereotype, die erst allmählich aufgeweicht und modifiziert werden (Trautner 1987). Freilich gibt es auch biologisch-evolutionäre Wurzeln für geschlechtliche Präferenzen, wie wir bereits in Kap. 5 dargestellt haben.

Eine sehr umfassende Konstruktionsleistung ist der Aufbau der Identität, die wir im nächsten Abschnitt näher kennenlernen. Insgesamt lässt sich festhalten, dass die Übernahme der Kultur als Aufbau isomorpher Strukturen zu verstehen ist, nämlich als Re- oder Nachkonstruktion der objektiven Strukturen (s. Kap. 6).

Vieles, was das Individuum von der Kultur lernen muss, vermag es nicht allein bei sich aufzubauen. Es handelt sich um komplexes Wissen und um Fertigkeiten, die der Hilfe von kompetenten Partnern bedürfen. Man halte sich vor Augen, dass das, was Kinder in der Schule lernen, Hunderte und Tausende von Jahren kultureller Entwicklung benötigt hat. Die Hilfe, die die Kinder durch Eltern und Schule erhalten, besteht nicht im Eintrichtern von Wissen, sondern im gemeinsamen Konstruieren. Eltern und Lehrkräfte sind gewissermaßen die Experten der Kultur, die mit der nachwachsenden Generation gemeinsam das Wissen aufbauen und im günstigen Falle in der Zone nächster Entwicklung operieren. Diese Ko-Konstruktion ist ein Kernstück der menschlichen Enkulturation.

Einem möglichen Missverständnis gilt es vorzubeugen. Die Bezeichnung Konstruktion und Ko-Konstruktion legt nahe, dass es sich immer um bewusste Denkleistungen oder bewusst kontrolliertes Verhalten handelt. Das wäre zu eng gesehen, denn die meisten hier genannten und angedachten Leistungen sind nicht bewusst. Dass Gehirn führt die meisten Prozesse ohne begleitendes Bewusstsein aus, zum einen, weil sie sehr rasch ablaufen, zum andern, weil sie dadurch Energie sparen.

Apprentiship, Nachahmung und Lernen durch Verstärkung

Nun gibt es Lern- und Entwicklungsprozesse, die relativ wenig mit Konstruktionsleistungen zu tun haben, aber auch Bestandteil der Enkulturation sind. Zu ihnen gehört das Lernen durch Verstärkung und die klassische Konditionierung. Dieses basale Lernen, dass wir bis weit ins Tierreich hinab beobachten können, ist auch beim Menschen tausendfach und täglich am Werk. Lernen durch Verstärkung (*operante Konditionierung*) besteht darin, dass ein erwünschtes Verhalten belohnt und ein unerwünschtes Verhalten nicht beachtet wird (Bestrafung ist bei diesem Mechanismus nicht optimal, da sie auch als Verstärkung des unerwünschten Verhaltens wirken kann). Kinder erhalten bei erwünschtem Verhalten Lob oder materielle Belohnung. In der Schule sind Noten positive Verstärker, im Berufs-leben das Geld. Ein wichtiger Verstärker ist die Belohnung durch liebevolle Zuwendung sowie Gewährung von Bindung und Schutz.

Die *klassische Konditionierung* arbeitet nicht an der Reaktion, sondern am Reiz. Dabei handelt es sich um Reize, die automatisch mit einer Reaktion gekoppelt sind, wie beim Reflex (Koppelung eines Reizes mit einer engumschriebenen Reaktion) und beim Instinkt (Koppelung von Reizmustern mit Reaktionsmustern). Der erste und berühmteste Versuch zum Nachweis dieses Lernens stammt von dem russischen Physiologen Pawlow. Er prä-sentierte einem Hund Nahrung vor seinen Augen, was bei diesem Magensekretion in Gang setzte. Daraufhin koppelte er den Nahrungsreiz mit einem Glockenton, der Bruchteile von Sekunden zuvor erklang. Nach einigen Wiederholungen kam es beim Hund schon beim Er-klingen des Tones ohne Präsentation der Nahrung zur Magensekretion. Beim Menschen hat man die klassische Konditionierung unter anderem beim Lidschlagreflex (ausgelöst durch einen Luftstrom) durch Koppelung mit einem neutralen Reiz (Lichtsignal) erprobt. Der berühmteste Versuch der klassischen Konditionierung wurde von Watson an einem Kleinkind mit Namen Albert durchgeführt. Watson konditionierte die Schreckreaktion des Kindes mit einem neutralen oder eher positiven Reiz nämlich einer Ratte, an der das Kind zuvor Gefallen hatte. Die Präsentation des Tieres zusammen mit dem Schreckreiz (lautes Geräusch) führte nach wenigen Wiederholungen zu panischer Angst vor dem Tier.

Eysenck (1967) hat das Prinzip der klassischen Konditionierung auf den Aufbau mo-ralischen Verhaltens in der Gesellschaft angewandt und behauptet, dass die Moral in einer Gesellschaft während der Kindheit durch die Koppelung unerwünschten Verhal-tens mit der Erregung von Angst zustande käme. Er versuchte seine Annahme durch die Unterschiede in der Konditionierbarkeit zu untermauern. Sehr leicht Konditionierbare sind überängstlich und neurotisch, normal Konditionierbare zeigen das typisch angepass-te moralisch korrekte Verhalten, und schwer Konditionierbare empfinden keine Angst bei Regelübertretung, sie werden zu kriminellen Psychopathen. Diese verlockende Idee wird heute nicht mehr vertreten, dürfte aber für Extremgruppen zutreffen. Wohl aber gilt nach wie vor, dass Verstärkungslernen und klassische Konditionierung wichtige Instrumente der Sozialisation und Enkulturation darstellen.

Es gibt noch eine weitere basale Form des Lernens bei der Enkulturation. Die Nachah-mung. Sie bildet vor allem in schriftlosen Kulturen die einzige Möglichkeit, beobachtetes kompetentes Verhalten zu übernehmen. Wie die übrigen Menschenaffen auch, haben wir Menschen eine neurologische Grundlage für Nachahmung, nämlich die Spiegelneuronen. Sie scheinen dafür verantwortlich zu sein, dass wir allein schon bei der Wahrnehmung von Trauer und Freude bei anderen mit den gleichen Gefühlen reagieren. Sie ermöglichen auch die motorische Nachahmung von beobachteten Handlungen. Menschliche Nachahmung tritt schon kurz nach der Geburt auf (Melzoff und Moore 1988) und gehört zur biologischen Ausstattung. Die konstruktive Tätigkeit setzt ein, wenn komplexere Handlungen imitiert werden sollen, wie die Nachahmung von Wörtern und Sätzen, von Werkzeuggebrauch und Werkzeugherstellung. Im Meister-Lehrling-Verhältnis (Apprentiship learning, Rogoff 1991) ist die konstruktive Nachahmung der wichtigste Mechanismus. Die Tendenz zur Nachahmung hat leider auch zur Folge, dass attraktive aber unsoziale Verhaltensweisen gerne imitiert werden. So übernehmen Vorschulkinder beobachtetes aggressives Verhalten selbst dann noch, wenn das aggressive Modell, das sie beobachtet haben, vor ihren Augen bestraft wird (Bandura et al. 1963). Je mehr Imitation bewusst wird, desto eher kann sie auch kontrolliert und nötigenfalls blockiert werden.

8.4   Identität

Was ist Identität?

Der Begriff Identität und verwandte Konzepte wie das ‚Selbst' spielen in den Sozialwissenschaften eine zentrale Rolle. Identität bezieht sich zunächst auf die einzigartige Kombination von persönlichen unverwechselbaren Daten, wie Name, Alter, Geschlecht und Beruf. In einem engeren Sinn ist Identität die einzigartige Persönlichkeitsstruktur eines Individuums verbunden mit dem Bild, das sich andere von dieser Persönlichkeitsstruktur machen. Der Philosoph und Psychologe William James und nach ihm der Soziologe George Herbert Mead (1934) unterschieden zwischen dem I (Ich) und dem Me (mich). Das Me ist die individuelle Spiegelung des gesellschaftlichen Verhaltens, d. h. das Kind erfährt sehr früh über seine Eltern dieses gesellschaftliche Verhalten, es lernt, sich so zu geben und zu fühlen, wie es die Umwelt nahelegt. Es erfährt weiterhin Zuweisungen von der Umwelt, wie „Kind", „Junge" oder „Mädchen", „brav" oder „böse". Auf diese gesellschaftlichen Zuweisungen reagiert nun das I (Ich). Es wird sich dieser Zuweisungen bewusst und entscheidet, in welchem Umfang und in welcher Form es sein Me ausgestalten möchte. Mead betont die Freiheitsgrade des I: „Die Handlung des I ist etwas, dessen Natur wir im Vorhinein nicht bestimmen können" (S. 220). Damit postuliert Mead theoretisch die Offenheit von Entwicklung.

Die Soziologie hat denn auch frühzeitig die Eigenleistung des Individuums beim Sozialisationsprozess betont. Krappmann beschreibt bereits Anfang der siebziger Jahre des vorigen Jahrhunderts Identität als fortlaufenden Prozess der Herstellung von Gleichgewicht in dreierlei Hinsicht: a) als Gleichgewicht zwischen widersprüchlichen Rollenerwartungen (z. B. zwischen Kindesrolle in der Familie und Schülerrolle), b) als Gleichgewicht zwischen Anforderungen anderer und den eigenen Bedürfnissen (z. B. Forderungen nach Fleiß und Lernen gegenüber dem eigenen Wunsch nach Freizeit und Spiel), c) als Gleichgewicht zwischen dem Bedürfnis, sich und seine Einmaligkeit anderen gegenüber darzustellen, und von anderen als gleich und zugehörig anerkannt zu werden; also ein Gleichgewicht zwischen Anpassung und Selbstdurchsetzung. Krappmann (1973) sieht aufgrund der Durchsicht soziologischer Ansätze zum Thema Identität vier Leistungen, die das Individuum zu erbringen hat:

1. Rollendistanz: die mit den eigenen Rollen (Schüler, Heranwachsender, Berufstätiger) verbundenen Vorschriften und Normen reflektieren und interpretieren.
2. Aktive Rollenübernahme (role-taking): sich in die Rollen anderer einfühlen und diese Erkenntnis für das eigene Handeln nutzen.
3. Ambiguitätstoleranz: verschiedene widersprüchliche Wertgeltungen, Vorschriften und die damit verbundene Unsicherheit tolerieren und ertragen.
4. Identitätsdarstellung: gesellschaftliche Rollen erhalten individuelle Ausprägungen; das Individuum stellt sie umgeformt in seiner Persönlichkeit dar und versucht, die errungene Identität durchzusetzen.

Obwohl diese Sichtweise sich an westlichen individualistischen Kulturen orientiert, gilt sie in modifizierter Form auch für kollektivistische Kulturen, nur dass dort die Strategien der Selbstdurchsetzung sublimer und versteckter eingesetzt werden müssen.

Die Psychologie konzentriert sich in ihrem Verständnis von Identität noch stärker auf das Einzelindividuum. So kennzeichnet etwa Bosma (in Bosma und Jackson (1990) Identität unter anderem durch folgende Merkmale:

• Identität ist eine Antwort auf die Frage. Wer bin ich?
• Die Antwort auf diese Frage wird im günstigen Falle durch eine realistische Einschätzung der eigenen Person sowie der Erwartungen der Gesellschaft erreicht.
• Es kommt zur kritischen Hinterfragung kultureller Wertgeltungen und zur Auseinandersetzung mit zukünftigen Entwicklungsaufgaben, wie Familiengründung und Beruf. Eine gelungene Auseinandersetzung führt zu Engagement und Verpflichtung.

Das Ringen um Identität findet zwar im Rahmen der biologischen (evolutionär grundgelegten) und der kulturellen Angebote bzw. Zugriffsmöglichkeiten statt, aber es führt zur individuell einmaligen Ausprägung der Persönlichkeit, die ein Selbstverständnis (oft auch Selbsttheorie genannt) entwickelt und vor diesem Selbstverständnis verantwortlich handelt. Die sensible Phase für den Identitätsaufbau ist in allen Kulturen das Jugendalter. In westlichen Kulturen haben die Jugendlichen lange Zeit für diese Entwicklungsaufgabe, in schriftlosen Kulturen wird die Identitätsbildung viel rascher abgeschlossen.

Identitätsformen

Identität kann unterschiedliche Ausformungen erfahren. Letztlich gibt es so viele verschiedene Identitätsformen wie es Menschen gibt. Aber man kann natürlich versuchen, solche Formen nach Ähnlichkeit zu gruppieren. Die amerikanische Psychologin Marcia (1980) entwickelte ein Interview, mit dem sie ihre Probanden in vier Gruppen einteilen konnte: übernommene Identität, erarbeitete Identität, Diffusion und Moratorium. Personen mit *übernommener Identität* sind angepasst, glücklich, durchlaufen keine Krise, sind aber auch wenig neugierig und explorativ. Personen mit *erarbeiteter Identität* haben sich kritisch mit der Umwelt sowie deren Anforderungen und den eigenen Möglichkeiten auseinandergesetzt. Sie haben sich ein eigenes Wertsystem erarbeitet und feste Ziele vor Augen, die sie nachhaltig verfolgen. Das *Moratorium* ist ein Zustand, der bei der Erarbeitung der Identität zwischengeschaltet ist. Die Person zieht sich aus Verpflichtungen zurück, hält gewissermaßen inne, um mit sich und der Umwelt klarzukommen. Aber sie ist explorativ und sucht nach Neuem, vor allem nach dem, was der eigenen Entwicklung dienlich sein könnte. Die *diffuse Identität* schließlich ist das Gegenstück zur erarbeiteten Identität. Hier gibt es keine klaren Persönlichkeitsziele, das Individuum wird eher von außen kontrolliert, fühlt sich wenig verpflichtet, ist wenig neugierig und explorativ und in seinen Sozialbeziehungen eher stereotyp. Marcia (1989) fand in Untersuchungen, dass im Vergleich zu ihren früheren Ergebnissen der Anteil der Jugendlichen mit diffuser Identität auf das Doppelte angestiegen war. Sie unterschied mehrere Formen von Diffusion, darunter die kulturell adaptive, die für unsere Thematik von besonderer Bedeutung ist. Sie stellt nämlich eine Anpassung an die gegenwärtige Kultur dar. In vielen Berufsfeldern sucht man Bewerber, die fremdgesteuert für beliebige Ziele an beliebigen Orten eingesetzt werden können und sozial nicht oder nicht zu sehr gebunden sind. Prototyp dieser Identität ist der berühmte Agent 007, der, jederzeit verfügbar, beliebige Aufträge ohne moralische Skrupel ausführt, dabei sogar sein Leben riskiert, ohne zu fragen, ob es die Aufgabe wert ist, und der stereotype kurzfristige Sexbeziehungen zu hübschen Mädchen pflegt. Die diffuse Identität dieser Art, die bei uns vielfach erwünscht ist, fordert daher zur Kulturkritik auf.

Hirnforschung: Es gibt kein Ichzentrum – das Ich als Illusion

Neuerdings erklären Neurowissenschaftler und in ihrem Gefolge Psychologen, dass unser Ichbewusstsein, die Konstruktion unserer Identität, kurzum unser Selbst eine Illusion sei. Nirgends im Gehirn gäbe es ein lokales Ichzentrum. Die Selbstwahrnehmung eines Ich sei eine Täuschung, die uns das Gehirn vorgaukle. Metzinger (2009) kennzeichnet das Selbst daher als Konstruktion unseres Gehirns. Aus evolutionärer und kultureller Sicht habe sich diese Konstruktion als sehr vorteilhaft erwiesen, weil wir uns Handlungsfreiheit zuschreiben, uns als Urheber von Handlungen erleben und vermeinen, freie Entscheidungen treffen zu können. Unsere bewussten Willensentscheidungen treten später auf als die sie vorbereitenden Gehirnprozesse. Dieser Befund (Libet 1985), der uns noch näher in Kap. 16 beschäftigen wird, zusammen mit der nicht Lokalisierbarkeit des Ichbewusstsein führte zu dem Schluss, dass unsere Alltagsvorstellungen von unserem Selbst und unserer Handlungsfreiheit nicht existierten. Hier liegt ein doppelter Fehlschluss vor. Der eine Fehlschluss bezieht sich auf neurologische Ursachen und ihren phänomenologischen Effekt im Bewusstsein. Wenn es keinen „Homunculus" im Gehirn gibt, der für das Selbst steht, so ist das Selbst dennoch keine Illusion. Wie Verschaltungen im Gehirn organisiert sind, damit wir uns als Selbst oder als Identität erleben, ist völlig nebensächlich. Wichtig ist nur, dass eine neurologische Gesamtorganisation existieren muss, damit Ichbewusstsein zustande kommt. Wir werden uns in Kap. 15 mit dem Problem des Bewusstseins auseinandersetzen. Aber schon jetzt sei darauf hingewiesen, dass die Umsetzung neurologischer Prozesse in Bewusstseinsvorgänge eine sehr komplexe Angelegenheit ist, die nicht auf dem einfachen 1:1-Verhältnis beruht.

Der zweite Fehlschluss bezieht sich auf das zugrundeliegende Realitätsverständnis. Neurowissenschaftler sehen Realität gerne als das an, was sie im Gehirn beobachten können. Das Selbst ist also nicht „objektiv" real, wenn es keinen Homunculus als Entsprechung im Gehirn gibt. Das phänomenale Selbst ist jedoch äußerst real, wenn man seine Auswirkungen in der Umwelt betrachtet. Die Werkzeuge, die der Mensch dank seines selbstbewussten Planens und Handelns herstellt, sind objektiv real und können sogar die Lebenszeit ihres Herstellers (und damit seine Gehirnprozesse) überdauern. Auch das Selbst eines Aggressors, der dem Neurowissenschaftler empört eine Ohrfeige gibt, hinterlässt höchst reale Spuren, obwohl es doch gar nicht neurologisch existieren kann. Allerdings brauchen sich die Neurowissenschaftler zumindest bei uns in Deutschland nicht vor Angriffen zu fürchten, zum einen, weil wir keine Fundamentalisten sind, zum anderen, weil die Neurowissenschaftler meist viel vorsichtiger und vorläufiger formulieren und die Existenz des Selbst nicht rundweg leugnen.

Was aber die Hirnforschung für das Jugendalter und die Identitätsbildung konkret beiträgt, ist der Befund, dass im Jugendalter noch beträchtliche Veränderungen im Frontalhirn stattfinden. Haben diese Veränderungen die weitere cerebrale Entwicklungen Einfluss auf eine besondere Ausprägung des Selbstbewusstseins im Jugendalter? Da das Frontalhirn Kognition, Emotion und Verhalten koordiniert, liegt diese Vermutung nahe. Zudem gibt es eine Zunahme an zirkulären neuronalen Verschaltungen im Frontalhirn, weshalb man spekulieren kann, dass die späte Reifung des Frontalhirns sich auch auf die Metakognition, die Selbstreflexion und Introspektion auswirkt (Lewis 2002).

Stufen des Menschenbildes

Die persönliche Überzeugung, dass man für die Konsequenzen seines Handelns einstehen muss und dass man eine sich selbst Rechenschaft gebende Identität besitzt, zeigt sich weltweit in ganz verschiedenen Kulturen. So haben wir in Ostasien, Indonesien, Europa, den USA und in Peru Untersuchungen zum Menschenbild durchgeführt, aus denen hervorgeht, dass es überall ähnliche Strukturniveaus des Menschenbildes gibt (Oerter et al. 1996a, 1996b). Als Methoden verwendeten wir ein ausführliches Interview und Dilemma-Geschichten, bei denen die Probanden Lösungsvorschläge machen sollten. Die Niveaus des Menschenbildes seien im Folgenden kurz beschrieben, wobei sie als „Stufen" bezeichnet werden, weil sie als aufeinanderfolgende Entwicklungsniveaus aufgefasst werden.

Stufe I: Mensch als Akteur. Der Mensch wird durch seine Handlungen (arbeiten, kochen,
Auto fahren), durch äußerliche Merkmale (Körpergröße, Kraft, Kleidung) und seinen
Besitz (Haus, Auto, Familie) beschrieben.

Stufe II: Mensch als Träger von Eigenschaften. Der Mensch wird durch psychische
Merkmale, wie Fertigkeiten, Eigenschaften und Fähigkeiten beschrieben. Bei den sozialen Bezügen stehen Alltagspflichten und -aufgaben im Vordergrund. Sozialbeziehungen
werden instrumentell als Geben und Nehmen verstanden. Zwischen Ziel und Ergebnis (Zielerreichung) rücken Mittel und Wege, wie Anstrengung, Fleiß, Planung. Der
Hauptfortschritt zur Stufe I besteht a) im Übergang von Oberflächenmerkmalen zu Tie-
fenmerkmalen und b) damit von bloßer Beschreibung zum Versuch einer Erklärung von
Verhalten.

Stufe IIIa: Autonome Identität. Menschen werden durch einen organisierenden Kern,
der Identität, dem Selbst, beschrieben. Sie planen und organisieren ihr Leben nach langfristigen, sinnstiftenden Zielen. Dabei wird Autonomie zum zentralen Anliegen. Sie wird
entweder psychisch oder ökonomisch als Selbständigkeit verstanden und tritt je nach
Kultur eher in den Dienst von Familie, Gemeinde und Gesellschaft oder in den Dienst
der Selbstverwirklichung. Andere Personen werden als strukturell gleich, aber inhaltlich verschieden konzipiert, was zur Haltung der Toleranz und Achtung führt. Diese
Einstellung wiederum wird möglich durch das *relativistische Denken*, das jenseits des logischen Denkens unterschiedliche Wahrheiten (vor allem im Bereich der Werthaltungen
und Interessen) gelten lässt.

Der Hauptfortschritt zur Stufe IIIa besteht in der hierarchischen Integration von Handlung
und Eigenschaft zur Identität. Daher bildet das Niveau IIIa bereits eine Drei-Ebenen-
Struktur.

Stufe IIIb: Mutuelle Identität. Selbst bzw. Identität werden nun aus der Wechselbeziehung von zwei oder mehr Personen (Selbsts) abgeleitet. Identität definiert sich durch
die Beziehung zu anderen. Die Person erkennt nicht nur Lebensstile und Überzeugungen anderer an, sondern versucht sie in die eigene Weltanschauung bzw. Lebensplanung
zu integrieren. Dies führt zu Widersprüchen, weshalb menschliche Existenz als wi-
derspruchsvoll und konflikthaft beschrieben wird. Als kognitive Leistung wird das
subjektiv-dialektische Denken nötig, das mit Widersprüchen, die sich nicht logisch auflösen lassen, umzugehen vermag, sie aber noch subjektiv als Widersprüche in der Person
oder zwischen Personen versteht. Die Konzeption des Menschen auf dieser Stufe ist eine Vier-Ebenen-Struktur, weil sie oberhalb der Konzeption der autonomen Identität das
Verständnis für die Beziehung zwischen Menschen als definitorisches Kriterium ausweitet.

Stufe IV   gesellschaftlich-kulturelle Identität. Auf dieser Ebene erfolgt eine vollständige
Neustrukturierung des Menschenbildes. Der Mensch wird als Element großer Systeme,
nämlich der Gesellschaft und Kultur, verstanden. Das Subjekt erfährt einen Gegensatz

zwischen Individuum und Gesellschaft in mehrfacher Hinsicht, z. B. in Bezug auf persönliche Ziele und Wünsche auf der einen und gesellschaftlich-kulturellen Zwängen auf der anderen Seite, aber auch als Wahrnehmung von Widersprüchen in der Gesellschaft selbst, denen man als deren Mitglied nicht gerecht werden kann (z. B. Widerspruch zwischen Beruf und Familie, Leistung und Konsum, Gegenwarts- und Zukunftsorientierung). Diese Erkenntnis und deren Verarbeitung für Lösungsvorschläge werden durch das *objektiv-dialektische Denken* möglich. Eigenes zielgerichtetes Handeln führt im System nun nicht mehr ohne weiteres zum Erfolg, wie auf früheren Stufen angenommen wurde. Vielmehr lässt sich das System als Ganzes nur durch gemeinsames kollektives Handeln verändern. Der Fortschritt auf dieser Ebene besteht in der Integration früherer Niveaus in eine systemische oder quasi-systemische Ordnung, was eine völlige Umstrukturierung bisheriger Konzeptionen nötig macht.

Diese Strukturniveaus sind als Wissensstrukturen und nicht nur als inhaltsleere formale Strukturen aufzufassen. Damit lässt sich das Prinzip kultureller Universalität mit dem Prinzip der Kulturspezifität verbinden: die formale Seite der Struktur bildet universelle Merkmale des Menschenbildes ab, ihre inhaltliche Seite kennzeichnet die spezifisch kulturellen (oder individuellen) Merkmale.

Für unsere Thematik der Selbstgestaltung von Entwicklung ist die Stufe IIIa von besonderer Bedeutung. Hier geht es um die Konzeption einer autonomen Identität, die selbstverantwortlich handelt, ihre Fähigkeiten zu langfristigen Zielen einzusetzen weiß und sich selbstgesetzten Werten verpflichtet fühlt. Die Überzeugung einer autonom handelnden Identität ist also vermutlich eine kulturelle Universalie. Warum sie universell ist, hat vor allem mit zwei Bedingungen zu tun. Die eine hängt mit den neuen neurologischen Befunden über unser Ichbewusstsein und unsere Konstruktion eines Selbst zusammen. Es hat sich in der Evolution des Menschen offenkundig als vorteilhaft erwiesen, eine Instanz des Selbst zu entwickeln, das sein Handeln organisiert und sich fähig fühlt, seine Umwelt zu kontrollieren. Wie diese „Illusion" zustande kommt, ist dabei bedeutungslos. Die zweite Wurzel dieser Universalie stammt aus der Kultur. In jeder Kultur sorgen Erziehung und Sozialisation dafür, dass Individuen Selbstbewusstsein und die Überzeugung, selbstverantwortlich entscheiden und handeln zu müssen, erwerben. In individualistischen Kulturen wie den westlichen ist dies unmittelbar evident. In kollektivistischen Kulturen geht es zwar primär um die Ziele und das Wohlergehen der Gruppe, aber zur Verwirklichung solcher Ziele bedarf es (von der Überzeugung her) autonom handelnder Individuen. Zudem müssen die Individuen ihre eigenen Anliegen mit großem sozialen Geschick durchzusetzen versuchen. Kurzum, jede Kultur benötigt selbständig und effizient handelnde Personen, sie definiert den Erwachsenen schlichtweg durch dieses Merkmal.

Der Vollständigkeit halber sei noch ein spezifischer Befund unserer Untersuchungen mitgeteilt. Bei den Hochlandindianern in Peru und bei einer Untergruppe von Probanden in Indonesien (Arbeiter und Arbeiterinnen auf einer Teeplantage bei Bandung) fand sich neben den oben beschriebenen Stufen eine Struktur des Menschenbildes, die Züge der Stufen IIIa und IIIb enthielt, aber rein kollektiv orientiert war. Wir gaben ihr die Num-

merierung IIIc (Bäßler 2001; Oerter und Bäßler 2002). Diese Struktur enthält Elemente
der autonomen und der mutuellen Identität, aber ohne klar auf das Selbst bezogen zu sein.
Daher kann man diese Struktur als kollektive Identität bezeichnen. Autonome und mutuelle Identität treten zugunsten des Kollektivs (der Dorfgemeinde, der Familie) zurück.
Der Sinn des Lebens speist sich aus dem Bedürfnis, für das Ganze aktiv zu sein, und Ziele
gemeinsam zu verwirklichen. Was als Kern jedoch bleibt, ist die Überzeugung, selbständig
solche kollektiven Zielsetzungen verwirklichen zu helfen.

Als grobe Altersangaben kann man für die fünf Niveaus aufgrund unserer Befunde für
deutsche Stichproben festhalten:

- Mensch als Akteur und Besitzer: 7–11 Jahre
- Mensch als Träger von Eigenschaften: 11–15 Jahre
- Autonome Identität: 15–19 Jahre
- Mutuelle Identität: ab 19 Jahren
- Gesellschaftlich-kulturelle Identität: ab ca. 20 Jahren für 20–25 % der Studenten-
  Stichproben

8.5   Entwicklungsaufgaben und kritische Lebensereignisse

Entwicklungsaufgaben

Man kann menschliche Entwicklung rein biologisch als Wachstum und Reifung beschreiben. Dann bleibt allerdings das Wesentliche menschlicher Ontogenese auf der Strecke. Man
kann Entwicklung als Zunahme und strukturelle Veränderung von Kompetenzen wie Sprache, Intelligenz, Wissen und Sozialverhalten darstellen. Dann bleibt wiederum Biologisches
und Kulturspezifisches außen vor. Die Entwicklungspsychologie hat ein Konzept entwickelt, dass diese Einseitigkeiten aufhebt, nämlich den Begriff der Entwicklungsaufgabe
(Havighurst 1982). Im menschlichen Lebenslauf stellen sich typische Aufgaben, die das
Individuum bearbeiten und bewältigen muss. Solche Aufgaben beginnen und enden mit
biologischen Notwendigkeiten: Geburt, Wachstum, Geschlechtsreife, Zeugung von Nachkommenschaft und Tod. Andere Aufgaben stellt die Kultur: Schuleintritt, Schulabschluss,
Eintritt ins Berufsleben, Familiengründung. Schließlich gibt es Entwicklungsaufgaben, die
sich das Individuum selbst stellt, wie das Erreichen eines bestimmten Schulabschlusses
und eines Berufsziels, das Umwerben und Gewinnen einer Partnerin oder eines Partners, die Suche nach persönlichem Sinn im eigenen Leben und das Verfolgen bestimmter
individueller Interessen.

All diese Aufgaben verbinden in unterschiedlicher Gewichtung biologische, kultu-
relle und individuelle Anliegen. Sie beinhalten vor allem die eigenen Bemühungen um
Lösungsversuche und Bewältigungsformen. Damit wird das Konzept zu verbindenden
Wirkmechanismus von Evolution, Kultur und Selbstgestaltung.

Tab. 8.2 Die acht Lebenskonflikte nach Erikson (1973)

Lebenskonflikt	Alter
Urvertrauen versus Urmisstrauen	erstes Lebensjahr
Autonomie versus Scham	2/3 Jahr
Initiative versus Schuldgefühl	4/6 Jahr
Werksinn und Leistung versus Minderwertigkeit	7 Jahr bis Pubertät
Identität versus Identitätsdiffusion	Adoleszenz
Intimität/Solidarität versus Isolation	Junges Erwachsenenalter
Generativität versus Stagnation/Selbstabsorption	Mittleres Erwachsenenalter
Integrität versus Verzweiflung	Höheres Erwachsenenalter

Es lohnt sich, die Systematik solcher Entwicklungsaufgaben im gesamten Lebenslauf etwas näher in Augenschein zu nehmen. Erikson (1973) hat sie in Form von acht Lebenskonflikten konzipiert, womit zum Ausdruck kommt, dass man auch an Aufgaben scheitern kann. Tabelle 8.2 zeigt die Lebenskonflikte im Überblick und dazu in der zweiten Spalte die ungefähren Altersangaben.

Diese Lebenskonflikte sind eher kulturelle Reflexionen als empirische Vorschriften. Inzwischen hat man eine Fülle von altersbezogenen Aufgaben formuliert, von denen praktisch besonders diejenigen für die frühe Kindheit und das Jugendalter bedeutsam sind. In der frühen Kindheit vollzieht sich Entwicklung dramatisch und sehr schnell, hält aber eine bestimmte Reihenfolge ein, die noch stark reifungsbedingt, also biologisch mitdeterminiert ist. Im Gegensatz dazu ist das Jugendalter eine Epoche, die stark gesellschaftlich-kulturell geprägt ist und in schriftlosen Kulturen nur als rascher Übergang, der von Initiationsriten begleitet ist, stattfindet. In westlichen Kulturen hat sich das Jugendalter immer weiter ausgedehnt und wurde zu einem Entwicklungszeitraum, der je nach Situation 8 bis 12 Jahre umfassen kann. Diese lange Entwicklungszeit wird nötig, um sich konstruktiv mit der Kultur, in die man hineingewachsen ist, auseinanderzusetzen, die eigene Identität zu entwickeln und neue Perspektiven einzuführen. In Tab. 8.3 sind Entwicklungsaufgaben der frühen Kindheit solchen der Adoleszenz gegenübergestellt.

Die Altersangaben sind nur grobe Richtwerte und variieren im Jugendalter stark, denn Jugendliche zeigen markante Altersunterschiede in der Bewältigung von Entwicklungsaufgaben. Politische Partizipation in Form von Wahlen wurde von 21 auf 18 und jüngst in Bremen auf 16 Jahre herabgesetzt. Im Gegensatz dazu ist die Vorbereitung auf Ehe und Familie heute weit nach oben verschoben. Viele junge Erwachsene widmen sich zunächst der beruflichen Karriere und denken erst später an Familie und Kinder. Gerade die Verlagerung der Schwangerschaft in ein späteres Alter zeigt, wie bei Entwicklungsaufgaben Evolution, Kultur und Ontogenese interagieren. Aus biologischer und evolutionärer Sicht ist es eher geboten, Kinder früh zu gebären, wenn Frauen das optimale Alter (etwa zwischen 20 und 30 Jahren) haben. Auch die Kultur hat lange Zeit die biologische Rolle der Frau betont und sie mit Verhaltensvorschriften belegt, die sie ganz auf die Fürsorge für Kin-

Tab. 8.3 Entwicklungsaufgaben in der frühen Kindheit (Waters und Sroufe 1983) und im Jugendalter (Havighurst 1982)

Frühe Kindheit	Alter	Adoleszenz	Alter
Physiologische Regulation	0–3 Monate	Neue und reifere Beziehungen zu Gleichaltrigen aufbauen	Ab 13 J.
Handhabung von Spannungen	3–6 Monate	Übernahme der Geschlechtsrolle	14–17 J.
Aufbau einer Bindung	6–12 Monate	Akzeptieren des eigenen Körpers und seine effektive Nutzung	13–18 J.
Erfolgreiche Exploration	12–18 Monate	Emotionale Unabhängigkeit von den Eltern	17–19 J.
Individuation (Autonomie)	18–30 Monate	Vorbereitung auf Ehe und Familie	Ab 20 J.
Kontrolle von Impulsivität	30–54 Monate	Wertorientierung und Aufbau eines ethischen Bezugssystems. Gewinnung einer Weltanschauung.	15–20 J.
Geschlechtsrollenidentifikation			
Beziehung zu Gleichaltrigen			
		Sozial verantwortliches Verhalten erstreben und erreichen	16–20 J.

der und Ehemann festlegten. Die wirtschaftliche Entwicklung, aber auch die individuellen Emanzipationsbemühungen führten zur Erweiterung der Geschlechtsrollendefinition. Die heute regelhaft gegebene Verbindung von Beruf und Familie ist zugleich ein veränderter Umgang mit unserer Evolution als Ergebnis individueller Initiativen der Frauen und kulturell-gesellschaftlicher Veränderungen.

Abbildung 8.3 zeigt ein Strukturmodell der Entwicklungsaufgabe, das diesem Wechselspiel gerecht wird. Das Individuum nimmt die Anforderungen der Kultur, die bestimmte Aufgaben stellt, wahr und setzt sich damit auseinander. Die eigene Bedürfnislage und Einschätzung der persönlichen Fähigkeiten führt dann zur Zielsetzung, die das Individuum zu verwirklichen trachtet. Bei der für die Evolution zentralen Aufgabe der Familiengründung (bzw. der Herstellung familienähnlicher Beziehungen) ließen sich die beiden Lebenskonflikte Eriksons (Tab. 8.3) Intimität versus Isolation sowie Generativität versus Stagnation heranziehen. Zunächst geht es um den Aufbau intimer Beziehungen zum Partner oder zur Partnerin und dann, je nach Lebensplanung des Paares um Planung des Nachwuchses. Die moderne Art des Umgangs mit dieser Aufgabe unterscheidet sich beträchtlich von früheren Formen. Vor allem ist die individuelle Entscheidungsfreiheit, ob man Kinder will oder nicht, gewachsen. Es besteht die Möglichkeit, dass die kulturelle und individuelle Entwicklung der Evolution zuwiderlaufen, was in diesem Falle bedeutet, dass eine Gesellschaft schrumpft oder gar ausstirbt. Deutschland ist zurzeit eine sterbende Nation. Will sie fortbestehen, muss sie fortpflanzungswillige Ethnien aufnehmen.

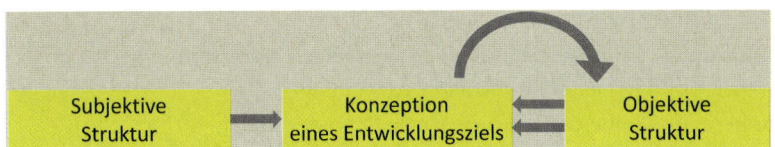

Abb. 8.3 Dynamik von Entwicklungsaufgaben im Wechselspiel zwischen Individuum (subjektiver Struktur) und Kultur (objektive Struktur)

Kritische Lebensereignisse

Das Konzept des kritischen Lebensereignisses ist sowohl in der Klinischen Psychologie (Thoits 1983) wie in der Entwicklungspsychologie (Filipp 1990) systematisch genutzt worden. Während aus klinischer Perspektive kritische Ereignisse eher als Stressoren betrachtet wurden, hat man sie unter Entwicklungsperspektiven auch in ihrer fördernden Wirkung analysiert. Die normativen kritischen Lebensereignisse (also solche, die regulär im Lebenslauf auftreten, wie Schuleintritt, Examen, Heirat etc.) werden zu Entwicklungsaufgaben, wenn man sich vor ihrem Eintreten mit ihnen auseinandersetzt und auf sie vorbereitet.

Non-normative kritische Lebensereignisse (also solche, die unerwartet und unvorbereitet eintreten) werden von den Klinikern bei gravierenden Formen als traumatische Erlebnisse bezeichnet. Verbindet man die klinische mit der Entwicklungsperspektive, so ergibt sich als Folge die Berücksichtigung des Zeitpunktes des Eintretens kritischer Lebensereignisse. Unerwartete Invalidität hat beispielsweise in der Jugend einen anderen Stellenwert als im Alter. Die konstruktive Aktivität bei der Bewältigung kritischer Lebensereignisse bezieht sich sowohl auf Wahrnehmung und Einschätzung als auch auf Verarbeitung und Bewertung des Bearbeitungsversuches. Der Umfang an konstruktiver Aktivität kann hierbei sehr groß sein und bis zu einer völligen Umorganisation des Selbst sowie der Sicht von Mensch und Welt führen. Dies ist besonders dann der Fall, wenn es um einschneidende kritische Ereignisse geht, wie eine tödliche Krankheit oder Invalidität in jungen Jahren. Einige non-normative belastende Ereignisse, die im Lebenslauf auftreten können, sind zum Beispiel:

- Für das Kleinkind: Erkrankung und Abwesenheit der Mutter
- Für das Kleinkind und Vorschulkind: Krankenhausaufenthalt und lange Krankheit
- Für das Schulkind: Schulversagen
- Für Jugendliche: Liebeskummer (führt bekanntlich manchmal zum Suizid)
- Für jugendliche Mädchen: Unerwünschte Schwangerschaft
- Für junge Erwachsene: Fehlendes Angebot an Arbeitsstellen
- Für Erwachsene: Verlust des Arbeitsplatzes, Arbeitslosigkeit
- Für Eltern: Kinderlosigkeit
- Für jedes Alter: Unfall, Pflegefall, Invalidität
- Für Eltern: Geburt eines behinderten Kindes
- Für jedes Alter: Chronische Krankheiten

- Für mittleres Erwachsenenalter: Scheidung
- Meist für mittleres und höheres Erwachsenenalter: Depression
- Für höheres und hohes Alter: Demenz, Alzheimer
- Für höheres und hohes Alter: Körperliche Behinderung
- Für höheres und hohes Alter: Verlust des Partners, der Partnerin
- Für alle: Das eigene Sterben. Obwohl der Tod uns alle erwartet, wird er (außer im hohen Alter) nicht als normatives Ereignis gesehen

Die Bearbeitung von Entwicklungsaufgaben und kritischen Lebensereignissen fällt höchst unterschiedlich aus. Sie hängt natürlich von Persönlichkeitsmerkmalen ab, und damit vom Zusammenspiel zwischen Anlage und Umwelt. Aber sie erfordert mehr noch die geistigen Leistungen der Interpretation des Ereignisses oder der Aufgabe und kreativer Einfälle von Lösung und Bewältigung des anstehenden Lebensproblems. Als der berühmte Physiker Stephen Hawking promovieren wollte, riet ihm sein Doktorvater ab; er meinte, dass er wegen seiner schweren Muskelerkrankung den Abschluss der Promotion nicht mehr erleben würde. Hawking promovierte dennoch und ist bereits 70. Die Parolympics werden von Menschen bestritten, die ihre Körperbehinderung hervorragend meistern. Ein Extrembeispiel für die Bewältigung des Partnerverlustes: Nach dem Tod seiner Lieblingsfrau (1631) ließ Großmogul Shaj Jahan für sie das berühmte Tadsch Mahal errichten und bewältigte so den großen Verlust. Beispiele der Bewältigung von kritischen Lebensereignissen lassen sich beliebig fortsetzen. Sie geschehen täglich neu und zeugen von der aktiven und kreativen Mitgestaltung an der eigenen Entwicklung.

Natürlich gibt es auch positive kritische Lebensereignisse, wie Gewinn im Lotto, erster Preis in einem Wettbewerb, Kennenlernen einer Partnerin oder eines Partners, Wiederherstellung nach langer Krankheit, das Feiern eines runden Geburtstags, Miterleben der Erfolge von Kindern und Enkelkindern u. v. a. m.

Gespräch der Himmlischen

Dionysos: Ich will mit dem Dreierpack Anlage – Umwelt – Selbstgestaltung beginnen. Der Unterschied zur alten Anlage-Diskussion ist doch die Verankerung der Gene in der Evolution. *Anlage* beinhaltet nicht nur genetische Grundlagen für Verhalten, sondern generell, dass der Mensch ein Tier ist und seine Gene unverändert über Jahrtausende hinweg weitergegeben hat. In der Anlage vereinen sich generelle Merkmale des Homo sapiens mit spezifischen Ausprägungen einzelner Merkmale, die, wie bei anderen Tieren auch, eine Variation in der Population erfahren. Auf diese Weise ist jedes Individuum einmalig. Das nutzt man ja auch zum Nachweis der Täterschaft bei Verbrechen.
Apoll: In analoger Weise ist die *Umwelt* in der Kultur verwurzelt, die zum Teil universelle Züge trägt, zum Teil aber spezifische Besonderheiten aufweist und schließlich für ein bestimmtes Individuum sogar eine einmalige ökologische Nische darstellt.
Dionysos: Mit Umwelt ist aber auch die biologisch-chemische Umwelt gemeint, ohne die der Mensch nicht leben könnte.

Apoll: Richtig, aber beim Menschen ist die biologische Umwelt immer durch die Kultur überformt. Die Zubereitung der Nahrung, das Gastmahl, die Trinkkultur, die Haltung beim Essen, z. B. liegend oder sitzend, die Vorschriften, wie man mit seinen Ausscheidungen verfährt, und vieles andere zeigen, dass auch die basalen biologischen Umweltbedingungen durch die Kultur mitgeformt werden.

Athene: Neu ist in dem Dreierpack die Eigengestaltung von Entwicklung. Sie beinhaltet eine Fülle von Problemen. Die Behavioristen haben z. B. von der Selbstgestaltung nichts gehalten, sondern alles auf Reiz-Reaktions-Koppelungen reduziert. Allerdings gingen sie bei der operanten Konditionierung davon aus, dass der Organismus spontan eine Vielfalt von Reaktionen produziert, von denen die erwünschten verstärkt werden. Ohne die vielfältige Aktivität gibt es also auch auf der untersten Ebene kein Lernen. Als man mehr über die Motivation und das Denken wusste, war die Annahme unvermeidlich, dass der Mensch seine Entwicklung selbst mitgestaltet und nicht nur Opfer der Umstände ist. Wie weit er seine Chancen nutzen kann, hängt von den Freiheitsgraden, die ihm die Umwelt gewährt, von seiner eigenen Initiative und Willenskraft und von seinem Anlagepotenzial ab.

Aphrodite: An die Selbstgestaltung hat der Mensch seit jeher geglaubt, denn er hat Schöpfungsmythen entworfen, bei denen ein Akteur die Umwelt nach seinem Gusto konstruiert. Ohne sich dessen bewusst zu sein, hat der Mensch seine Gestaltungskräfte nach außen projiziert und unter anderem auch uns erschaffen. Mir scheint, dass der Mensch von Anfang an danach strebt, vollkommen zu werden. Die ganz Kleinen ahmen den Erwachsenen nach, die sie für vollkommen halten. Später wählen sie Vorbilder aus, die ihren Idealvorstellungen am nächsten kommen. Und schließlich, wenn sie erkennen müssen, dass sie nicht vollkommen sein können, entwerfen sie uns Götter. Aber selbst uns haben sie mit Fehlern ausgestattet. Wir sind eifersüchtig, üben grausame Rache und missbrauchen oft unsere Macht.

Apoll: Auf der Apsis meines Tempels in Delphi steht der berühmte Satz: Gnothi Seautón. Er ist Anfang und Ende der Selbstgestaltung in der menschlichen Entwicklung.

Athene: Ja, „Erkenne dich selbst" hat sich später zur Maxime erweitert: Werde, der du bist! In dieser Aufforderung steckt noch mehr der Entwicklungsgedanke als in der Inschrift auf deinem Tempel.

Dionysos: Damit sind wir beim Aufbau der Identität angelangt. Kein Wunder, wenn das Jugendalter die wichtigste Epoche für die Identitätsentwicklung bildet. Denn zu dieser Zeit spielt nochmals die Biologie, meine Domäne, eine wichtige Rolle. Körperwachstum, Zunahme an Kraft und vor allem die Geschlechtsreife führen zur Beschäftigung mit sich selbst und dem eigenen Körper.

Aphrodite: Und es ist die Zeit, in der die Menschen besonders nach Vollkommenheit suchen, sich fragen, wer will ich werden, wie kann ich mich verbessern, sehe ich gut aus? Wisst ihr, dass die Mehrzahl der Mädchen in westlichen Ländern mit ihrem Körper unzufrieden ist? Die Mädchen halten sich für zu dick, selbst dann noch, wenn sie normalgewichtig sind und wirklich gut aussehen.

Dionysos: Zeus sei's geklagt, viele von ihnen werden psychisch krank und verweigern die Nahrung. Die Anorexie ist zur Plage westlicher Kulturen geworden.

Apoll: Das hängt mit der Kultur zusammen. Wenn eine Kultur ein Schlankheitsideal vertritt, dem viele Mädchen nicht gerecht werden, kommt es zu solchen negativen Selbstbildern bis hin zur verzerrten Selbstwahrnehmung. Aber die Kultur hat auch positive Einflüsse auf die Jugendlichen. Jungen und Mädchen bilden sich ihre eigene Kultur, sie suchen in Musik, Kleidung und Sprache das aus, was zu ihnen passt. So entstehen regelrechte Jugendkulturen. Auch mit der Hauptkultur setzen sie sich auseinander und nehmen nicht mehr alles einfach hin. Sie rebellieren, erproben Grenzüberschreitungen und werden nicht selten zum Ärgernis der Erwachsenen.

Athene: Das ist eine alte Geschichte. Schon auf einer Keilschrift in Ur in Chaldäa, die 4.000 Jahren alt ist, steht: „Unsere Jugend ist heruntergekommen und zuchtlos. Die jungen Leute hören nicht mehr auf ihre Eltern. Das Ende der Welt ist nahe". Unser verehrter Sokrates klagte: „Die Jugend von heute liebt den Luxus, hat schlechte Manieren und verachtet die Autorität. Sie widerspricht ihren Eltern, legt die Beine übereinander und tyrannisiert ihre Lehrer". Und Aristoteles äußerte: „Ich habe überhaupt keine Hoffnung mehr in die Zukunft unseres Landes, wenn einmal unsere Jugend die Männer von morgen stellt. Unsere Jugend ist unerträglich, unverantwortlich und entsetzlich anzusehen".

Aphrodite: Es wäre im Gegenteil entsetzlich, wenn alle Jugendliche eine übernommene Identität besäßen. Beim Zeus, was wäre das langweilig.

Apoll: nicht nur langweilig, sondern es würde Stagnation der Kultur bedeuten. In den letzten 50 Jahren gab es in der Musikkultur, die gemeinhin Pop- und Rockmusik genannt wird, Tausende von neuen Songs. Stagnation in der Kultur bedeutet, dass die Kultur stirbt. Man kann nicht nur aus der Vergangenheit leben.

Athene: Es gäbe nicht nur Langeweile und Stagnation, sondern auch Gefahren. Die heutige Gesellschaft braucht neue Ideen und die Beteiligung der Jugend an Politik und sozialem Zusammenleben. Aber was ist eigentlich mit dem EKO-Modell? Es ist in diesem Kapitel nicht einmal erwähnt worden.

Dionysos und Aphrodite: Dann lasst uns selbst versuchen, das EKO-Modell an den neuen Informationsstand anzupassen.

Apoll: Beginnen wir mit dem Dreierpack, er bildet eine schöne geometrische Figur: das Dreieck. (Er zeichnet in der Abbildung 8.4 das Dreieck Anlage – Umwelt – Selbstgestaltung ein.)

Athene: Jetzt müssen wir die drei Punkte mit dem EKO-Modell verbinden. (Zeichnet Evolution, Kultur und Ontogenese ein und verbindet die Begriffe mit Pfeilen zum Dreierpack.)

Aphrodite: Was soll das bedeuten?

Dionysos: Was meinen Part betrifft, habe ich schon vorhin auf den Zusammenhang zwischen Evolution und Anlage hingewiesen. Die menschliche Evolutionsgeschichte manifestiert sich in seinen Anlagen, sowohl das Allgemein-Menschliche als auch die unverwechselbare Einmaligkeit der Anlagen beim Individuum.

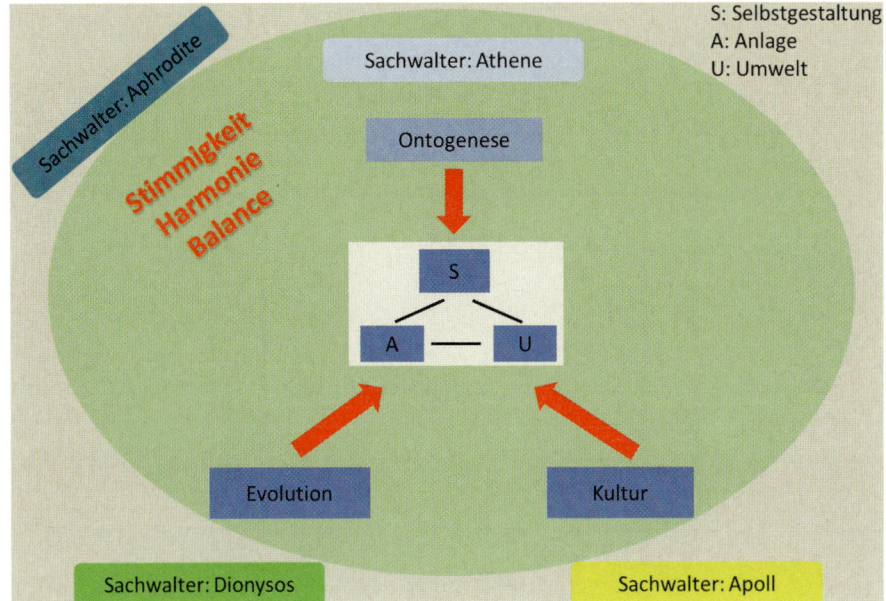

Abb. 8.4 Das EKO-Modell in neuem Gewand

Apoll: Auch ich habe schon auf den Zusammenhang von Kultur als „Raum" der Umwelt hingewiesen. Die Umwelt ist zwar auch eine biologische Umwelt, aber zum Ökosystem des Menschen gehören immer kulturelle Strukturen. Selbst die Nahrungsaufnahme ist durch die Kultur überformt. Essen und Trinken sind kulturelle Akte oder sollten es sein.

Athene: Die Ontogenese des Menschen bezieht sich natürlich auf das gesamte Dreierpack. Trotzdem habe ich den Pfeil auf S (Selbstgestaltung) gerichtet, denn sobald es über die biologische Entwicklung hinausgeht, wird S zentral. Das Kind ist bewusst und mehr noch nicht bewusst konstruktiv aktiv beim Aufbau seines Weltverständnisses und seiner Handlungsfähigkeit in der Welt. Die eigene Gestaltungskraft und Zielgerichtetheit bleibt den Sterblichen durchs ganze Leben erhalten.

Dionysos: Ich fühle mich als Sachwalter der Evolution.

Apoll: Ich bin Sachwalter der Kultur.

Athene: Und ich Sachwalter der Ontogenese.

Aphrodite: Ich sehe mich, da alle Plätze belegt sind, als Sachwalter der Schönheit und Harmonie, der Ausgewogenheit und Balance des Ganzen, des optimalen Zusammenspiels zwischen den drei Mächten Evolution – Kultur - Ontogenese. Das bedeutet, Gesundheit, Glück und irdische Vollkommenheit.

Apoll: Unser EKO-Modell ist als göttliches Erzeugnis doch etwas akademisch geraten und entbehrt jeder künstlerischen Note. Die Erinnerung an die Inschrift meines Tempels in Delphi bringt mich auf die Idee, das EKO-Modell als Tempel darzustellen. Er hat an seiner Vorderfront drei Säulen: Evolution, Kultur und Ontogenese (zeichnet),

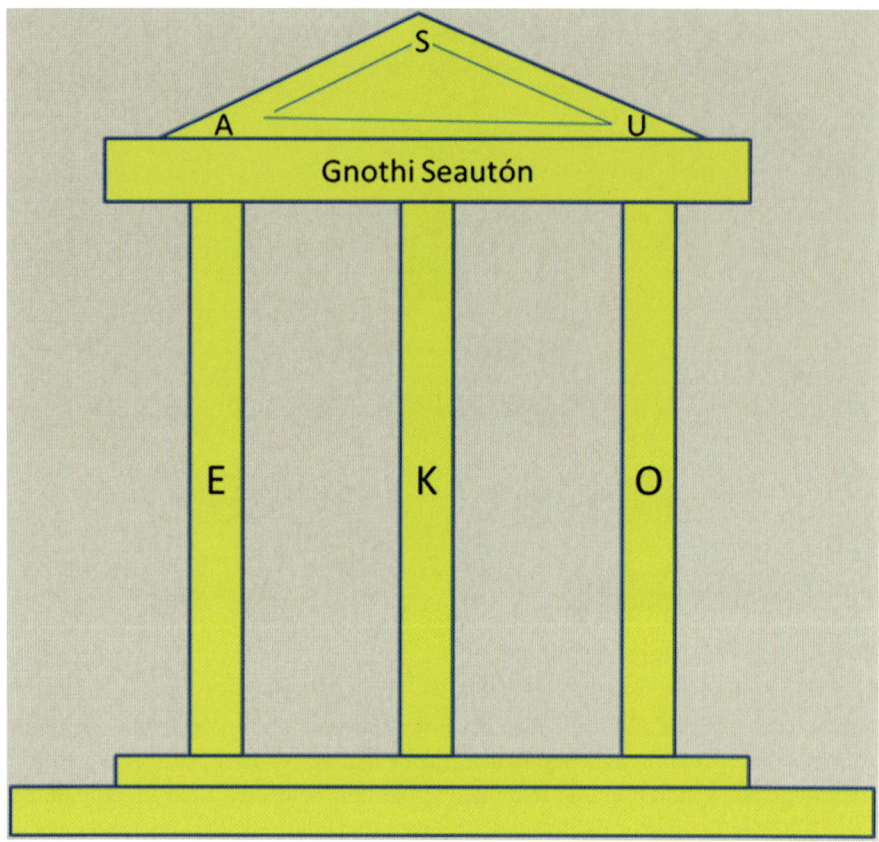

Abb. 8.5 Apollos Vorschlag für das EKO-Modell. (*E* Evolution, K: Kultur; O: Ontogenese; A: Anlage; U: Umwelt; S: Selbstgestaltung).

wird überdacht von einem Fries mit der Inschrift ‚Gnothi Seautón' (zeichnet). Und schließlich bildet der Dreierpack mit Anlage, Umwelt und Selbstgestaltung den Giebel (zeichnet) (Abb. 8.5).

Athene: Das ist wirklich göttlich und überzeugt mich vollkommen.

Dionysos: Einfach irdisch-himmlisch. Wir könnten als jeweiliger Sachwalter noch unsere Namen in die Säulen eingravieren.

Aphrodite: Auch ich bin begeistert. Das sollte das Logo für alle restlichen Kapitel werden, allerdings mit Übersetzung des griechischen Textes.

Alle: Ne gute Idee das da – bei Nektar und Ambrosia!

Literatur

Asendorpf, J. B. (2008). Evolutionspsychologie und Genetik der Entwicklung. In R. Oerter & L. Montada (Hrsg.), *Entwicklungspsychologie* (S. 49–66). Weinheim: Beltz/PVU.

Bandura, A., Ross, D., & Ross, S. A. (1963). Imitation of filmmediated aggressive models. *Journal of Abnormal and Social Psychology, 66,* 3–11.

Bäßler, J. (2001). The understanding of happiness and ‚meaning of life' in the concept of human nature of Germans and Peruvians. An empirical cross-cultural comparison. In Disseration (Hrsg.), Freie Universität Berlin, Fachbereich Erziehungswissenschaft und Psychologie, Berlin.

Boesch, E. E. (1980). *Kultur und Handlung. Einführung in die Kulturpsychologie.* Stuttgart: Klett.

Bosma, H., & Jackson, S. (Hrsg.). (1990). *Coping and self-concept in Adolescence.* Berlin: Springer.

Bouchard, T. J. (1983). Do environmental similarities explain the similarities of identical twins reared apart? *Intelligence, 7,* 175–184.

Csikszentmihalyi, M. (1997). *Creativity. Flow and the psychology of discovery und invention.* New York: Harper Perennial.

Dollase, R. (2005). Musikalische Sozialisation. In R. Oerter & Th. H. Stoffer (Hrsg.), *Musikpsychologie Bd. 2: Spezielle Musikpsychologie. Enzyklopädie der Psychologie* (S. 153–206). Göttingen: Hogrefe.

Ericsson, K. A., Krampe, R. T., & Tesch-Römer, C. (1993). The role of deliberate practice in the acquisition of expert performance. *Psychological Review, 100,* 363–406.

Erikson, E. H. (1973). *Identität und Lebenszyklus.* Frankfurt: Suhrkamp.

Eysenck, H. J. (1967). *The biological basis of personality.* Springfield: Thomas.

Filipp, S. H. (Hrsg.). (1990). *Kritische Lebensereignisse* (2. Aufl.). München: Psychologie Verlags Union.

Havighurst, J. (1982). *Developmental tasks and education.* New York: Longman.

Holodynski, M., & Oerter, R. (2008). Tätigkeitsregulation und die Entwicklung von Emotion. Motivation, Volition. In R. Oerter & L. Montada (Hrsg.), *Entwicklungspsychologie* (S. 535–571). Weinheim: BeltzPVU.

Kohlberg, L. (1974). *Zur kognitiven Entwicklung des Kindes.* Frankfurt: Suhrkamp.

Krappmann, L. (1973). *Soziologische Dimensionen der Identität.* Stuttgart: Klett.

Lerner, R. M. (1982). Children and adolescents as producers of their own development. *Developmental Review, 2,* 342–370.

Lewis, M. (2002). The dialogical brain. Contributions of emotional neurobiology to understanding the dialogical self. *Theory of Psychology, 32,* 175–190.

Libet, B. (1985). Unconscious cerebral initiative and the role of conscious will in voluntary action. *Behavioral and Brain Sciences, 8,* 529–566.

Marcia, J. E. (1980). Identity in adolescence. In J. Adelson (Hrsg.), *Handbook of adolescent psychology* (S. 159–187). New York: Wiley.

Marcia, J. E. (1989). Identity diffusion differentiated. In M. A. Luszcz & T. Netterbeck (Hrsg.), *Psychological development across the life-span* (S. 289–295). North-Holland: Elsevier.

Mead, G. H. (1934). *Mind, self, and society. From the standpoint of a social behaviorist.* Chicago: University Press.

Meltzoff, A. N., & Morre, M. K. (1989). Imitation in newborn infants: Exploring the range of gestures and underlying mechanisms. *Developmental Psychology, 25,* 954–962.

Metzinger, T. (2009). *Der Ego-Tunnel.* Berlin: Berlin Verlag.

Mischel, W., Ebbesen, E. B., & Zeiss, A. R. (1972). Cognitive and attentional mechanisms in delay of gratification. *Journal of Personality and Social Psychology, 21,* 204–218.

Mischel, W., Shoda, Y., & Rodriguez, M. L. (1989). Delay of gratification in children. *Science, 244,* 933–938.

Munsinger, H. (1975). The adopted child's IQ: A critical review. *Psychological Bulletin, 82,* 623–659.

Oerter, R., & Bäßler, J. (2002). Wie entfernt ist eine entlegene Kultur? Das Menschenbild der Quechua-Indianer im Hochland von Peru. *Sozialer Sinn, 1,* 3–36.

Oerter, R., Oerter, R., Agostiani, H., Kim, H.-O., & Wibowo, S. (1996b). The concept of human nature in East Asia. Etic and emic characteristics. *Culture & Psychology, 2*(1), 9–51.

Oerter, R., Saito, K., & Watanabe, S. (1996a). Das Menschenbild im Vergleich: Japan - Deutschland. In G. Trommsdorff & H. J. Kornadt (Hrsg.), *Gesellschaftliche und individuelle Entwicklung in Japan und Deutschland* (S. 347–374). Konstanz: UKV Universitätsverlag.

Piaget, J. (1966). *Psychologie der Intelligenz.* Zürich: Rascher.

Rogoff, B. (1991). Social interaction as apprenticeship in thinking: Guidance and participation in spatial planning. In L. B. Resnick, J. J. Levine, & S. D. Teasley (Hrsg.), *Perspectives on socially shared cognition* (S. 349–364). Washington, D.C: American Psychological Associatio.

Sameroff, A. J., Seifer, R., Baldwin, A., & Baldwin, C. (1993). Stability of intelligence from preschool to adolescence: The influence of social and family risk factors. *Child Development, 64,* 80–97.

Scarr, S., & McCartney, K. (1983). How people make their own environments: A theory of genotype environment effects. *Child Development, 54,* 424–435.

Sloboda, J. A. (1993). Begabung und Hochbegabung. In H. Bruhn, R. Oerter, & H. Rösing (Hrsg.), *Musikpsychologie. Ein Handbuch* (S. 565–578). Reinbek bei Hamburg: Rowohlt.

Thoits, P. A. (1983). Multiple identities and psychological well-being: A reformulation and test of the social isolation hypothesis. *American Sociological Review, 8,* 174–187.

Trautner, H. M. (1987). Geschlecht, Sozialisation und Identität. In H. P. Frey & K. Hausser (Hrsg.), *Identität. Ergebnisse sozialwissenschaftlicher Forschung* (S. 29–42). Stuttgart: Enke.

Wygotski, L. (1978). *Self, mind, and society.* Cambridge: Harvard University Press.

Wygotski, L. (1987). *Ausgewählte Schriften. Arbeiten zur psychischen Entwicklung der Persönlichkeit,* Bd. 2. Berlin: Volk und Wissen.

Ontogenese: Molekulare Sicht　9

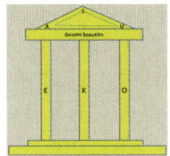

9.1　Kernwissen, Rüstzeug unserer Evolution

Sensomotorische Intelligenz

Piaget, der geniale Entwicklungspsychologe, hat sein Leben der Frage gewidmet, wie sich die Erkenntnis des Menschen entwickelt (Piaget, 1966, 1969). In kreativer Weise konstruierte er Aufgaben, die die Kinder lösen sollten. Sobald sie sich sprachlich ausdrücken konnten, stellte er Fragen zu den Lösungen, die die Kinder vorschlugen, und schloss aus den Antworten, wie Kinder denken. Außerdem beobachtete er seine eigenen Kinder während der ersten drei Lebensjahre und fand Entwicklungsstufen, die sich im Großen und Ganzen bis heute gehalten und bewährt haben. Zunächst entwickelt sich nach seiner Auffassung die sensomotorische Intelligenz. Bei ihr spielen Vorstellungen, also die Repräsentation von Gedanken, Wahrnehmungen und Emotionen, noch kaum eine Rolle. Wir wollen die sechs Stufen, die Piaget dabei unterscheidet, nicht näher besprechen, sondern nur die letzten drei genauer unter die Lupe nehmen. Auf der vierten Stufe, die mit etwa 8–10 Monaten auftritt, beobachtete Piaget einen wichtigen Erkenntnisfortschritt, die sogenannte Objektpermanenz. Das Kind erkennt, dass ein Gegenstand auch dann noch weiter existiert, wenn er nicht mehr sichtbar ist. Versteckt man eine Puppe z. B. unter einem Kissen, so suchen jüngere Kinder nicht weiter nach ihr, während Säuglinge, die die Objektpermanenz bereits besitzen, das Kissen wegziehen, um an die Puppe zu gelangen. Versteckt man die Puppe vor den Augen des Kindes erst unter einem Kissen und danach

R. Oerter, *Der Mensch, das wundersame Wesen*,
DOI 10.1007/978-3-658-03322-4_9, © Springer Fachmedien Wiesbaden 2014

unter einem zweiten, suchen die Kinder diesen Alters erst unter dem ersten, dann unter dem zweiten Kissen, während etwas ältere Kinder gleich unter dem zweiten suchen.

Die fünfte Stufe der sensomotorischen Intelligenz (beginnend etwa mit einem Jahr) wird von Piaget als „aktives Explorieren" gekennzeichnet. Nun entwickelt das Kind Operationen und Strategien, mit deren Hilfe es herausbekommt, was man mit einem Gegenstand anfangen kann. Dabei kann es vorkommen, dass das Kind ein Spielzeug, z. B. eine Puppe, bei dem Versuch, das Innere kennenzulernen, zerstört. Die letzte Stufe nennt Piaget „Erfinden", weil das Kind nun neue Zusammenhänge eigenhändig herstellt und auf diese Weise Probleme lösen kann. Es vermag z. B. eine Puppe, die es mit der Hand nicht erreichen kann, mit Hilfe einer Schnur herbei zu ziehen. Diese letzte Stufe erreichen auch Schimpansen. Ab da, so galt lange die Lehrmeinung, beginnt der Mensch seine nächsten Verwandten zu überflügeln. Die neuere Kleinkindforschung zeigt, dass die Dinge komplizierter liegen, und die Schimpansenforschung auf der anderen Seite belegt, dass Schimpansen auch zu Denkleistungen bestimmter Art fähig sind. Der Hauptbefund der Kleinkindforschung besteht in dem Nachweis, dass bereits Säuglinge ein Wissen besitzen, das sie kaum in der kurzen Zeit ihres Daseins erworben haben können. Man geht daher davon aus, dass ein Teil dieses Wissens und Denkens angeboren ist. Daher spricht man auch vom Neo-Nativismus. Während man früher den Nativismus zunächst völlig ablehnte, gibt es nach Forschung der letzten 20 Jahre Leistungsbereiche, die angeboren sein dürften. Im Folgenden wollen wir einige dieser Leistungen näher kennenlernen.

Objektpermanenz

Die Objektpermanenz ist für unsere Betrachtungsweise ein zentrales Konzept, denn wir haben Kultur von der Fortdauer, der Permanenz des Objektes abgeleitet. Menschliche Kultur als evolutionär entstandenes Phänomen hat zentral mit der Fähigkeit zu tun, Objekte herzustellen und zu nutzen. Dabei ist die Fortdauer der Objekt-Existenz von entscheidender Bedeutung. Objekte, deren Nutzen nur aktuell besteht und die nach Nutzung wieder weggeworfen werden, können Kultur nicht stabilisieren und weiterentwickeln. Umgekehrt bietet der Fortbestand von Objekten über die Zeit hinweg erst die Möglichkeit, die Kultur an die nächste Generation weiter zu geben. Das kulturelle Gedächtnis, die Meme, wird als Wissen über Objekte, deren Herstellung und Gebrauch tradiert.

Wenn dem so ist, müsste Objektpermanenz tief in der menschlichen Biologie verankert sein, denn sie ist eine Erkenntnis, die die Voraussetzung für den Aufbau von Kultur bildet. Piaget nahm an, dass sich die Objektpermanenz mehr oder minder schlagartig zwischen 8 und 10 Monaten einstellt und dann, wie oben beschrieben, weitere Fortschritte macht. Die neuere Säuglingsforschung konnte jedoch zeigen, dass einige Komponenten der Objektpermanenz früher auftreten, und vermutlich bereits bei der Geburt ein Vorwissen über Objekte vorhanden ist. Wishart und Bower (1984) haben die Objektpermanenz bei Säuglingen zwischen 4 und 22 Monaten ausgiebig untersucht und kommen zu folgendem Ergebnis:

Zunächst ist das Objekt ein umgrenzter Raum an einem bestimmten Platz oder auf einem bestimmten Bewegungspfad. Wenn sich Form und Farbe des Objektes ändern, z. B. aus einem Auto ein Hase wird, stört es das Kind nicht. Es folgt dem Objekt mit den Augen. Bewegte Objekte, die hinter einem Schirm verschwinden und auf der anderen Seite hervorkommen, werden als die gleichen angesehen, auch wenn sie sich verwandelt haben.

Dann aber, mit etwa 6 Monaten, versteht das Kind das Objekt als umgrenzten Raum, der eine bestimmte Größe, Farbe und Form hat und sich entlang einer Bahn bewegen kann. Ein Objekt, das verwandelt hinter dem Schirm hervorkommt, wird nicht als das ursprüngliche Objekt angesehen. Es folgt mit 8–10 Monaten die von Piaget gefundene Objektpermanenz, bei der das Kind den Gegenstand, der hinter einem anderen versteckt wurde, sucht und das verbergende Objekt entfernt. Anfang des zweiten Lebensjahres erkennt das Kind, dass zwei Objekte am gleichen Ort sein und die gleiche Bewegungsbahn haben können, wenn sie aneinander grenzen (gemeinsame Körpergrenzen haben).

Man nimmt heute an, dass schon Kinder mit drei bis vier Monaten die Objektpermanenz besitzen, aber noch motorisch unkoordiniert reagieren, sodass Erkennen und Motorik sich noch nicht entsprechen (Spelke 1991). Baillargeon (1987) konnte diese Annahme durch eine raffinierte Versuchsanordnung belegen. Sie arbeitete mit der Methode der Habituierung. Die Säuglinge fixieren ein Objekt oder Signal, wenn es neu für sie ist. Nach einiger Zeit klingt das Interesse ab und die Babys schauen nicht mehr hin. Taucht ein neues Objekt auf, so fixieren sie dieses erneut, bis es ihnen langweilig wird und sie sich an den Reiz gewöhnt haben. Man sagt auch, das Kind hat habituiert. Mit der Habituierungsmethode prüfte Baillargeon nun das Objektverständnis der Babys. Die Versuchsanordnung ist in Abb. 9.1 wiedergegeben. Das Baby sitzt auf dem Schoß der Mutter und blickt auf einen Schirm, der hochgeklappt und um 180 Grad nach hintern gedreht wird, bis er flach auf dem Tisch liegt. Hat sich das Kind an diesen Vorgang gewöhnt, blickt es nicht mehr hin. Nun wurde mit dem eigentlichen Test begonnen. Ein Quader wurde auf die Tischplatte gestellt, den das Kind vor sich sah. Dann hob sich der Schirm und verdeckte das Objekt. In der physikalisch möglichen Situation machte der Schirm halt (bei 112 Grad), als er bei dem Objekt angelangt war. In der physikalisch unmöglichen Situation bewegte er sich weiter, als würde das Objekt nicht existieren. Wenn das Baby etwas von Objekten versteht, dann müsste es erstaunt sein, wenn der Schirm sich ganz nach hinten umlegt, denn das Objekt müsste sich ja dazwischen befinden. Hat es dagegen noch kein Verständnis für physikalische Eigenschaften und hat es noch keine Objektpermanenz, dann müsste es bei dem unmöglichen Ereignis genauso wie beim möglichen reagieren. Schon mit dreieinhalb Monaten waren Kinder beim Betrachten der unmöglichen Situation überrascht, denn sie fixierten die Situation länger (verlängerte Habituierungsdauer). Um auszuschließen, dass Sehgewohnheiten, wie die Bevorzugung einer bestimmten Position des Schirmes, eine Rolle spielen könnten, gab es Kontrollbedingungen, bei denen der Schirm auch bei 112 Grad anhielt, ohne dass die Kinder zuvor ein Objekt gesehen hatten (s. Abb. 9.1). Kinder besitzen also in diesem frühen Alter nicht nur die Objektpermanenz (zumindest Aspekte von ihr), sondern auch ein physikalisches Grundwissen über Solidität von Gegenständen.

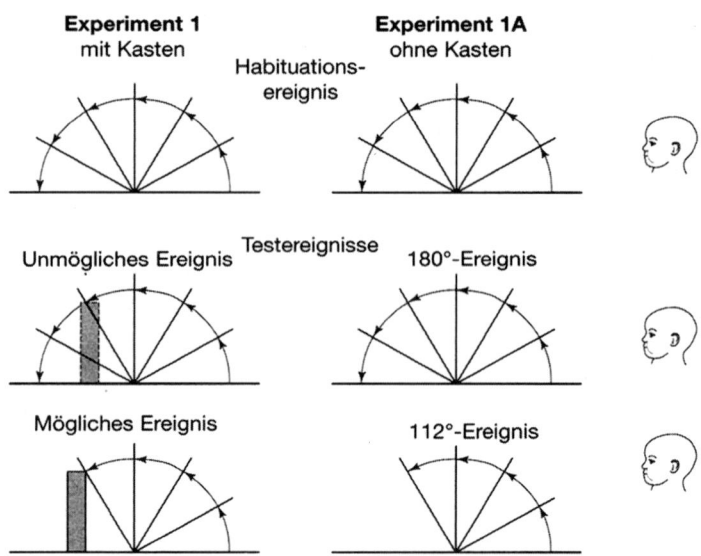

Abb. 9.1 Nachweis physikalischen Wissens bei Säuglingen. (Baillargeon et al. 1985, zit. nach Goswami 2001, S. 67, mit freundlicher Genehmigung des Hans Huber Verlags)

Spelke und Mitarbeiter (1995) konnten beweisen, dass vier Monate alte Kinder nicht nur Wissen über Solidität, sondern auch über Kontinuität von Gegenständen besitzen. Sie benutzten ebenfalls die Habituierungsmethode und sicherten das Ergebnis wiederum durch Kontrollbedingungen (Abb. 9.2). In der Habituierungsphase zeigte man den Kindern, wie ein Ball losgelassen wurde und hinter einem Schirm verschwand. Nachdem der Schirm hochgezogen worden war, sah das Kind den Ball am Boden liegen. In der experimentellen Phase wurde das Kind wiederum mit einem möglichen und einem unmöglichen Ereignis konfrontiert. Bei dem möglichen Ereignis lag der Ball auf einer Tischplatte, beim unmöglichen Ereignis unter der Platte. Wenn das Baby schon weiß, dass ein fester Gegenstand nicht durch einen anderen festen Gegenstand hindurch fallen kann, müsste es bei dem unmöglichen Ereignis überrascht sein und die Habituierungsdauer müsste länger ausfallen. Das geschah in der Tat, sodass wir annehmen können, dass vier Monate alte Säuglinge sowohl ein Verständnis für Kontinuität (Fallen hinter dem Schirm) als auch für Solidität haben.

Aufgrund dieser frühen Leistung des Verständnisses von Objekten nehmen die Forscherinnen an, dass der Mensch von Geburt an ein Kernwissen über Objekte besitzt, das später nur erweitert und ergänzt wird. Andere Komponenten physikalischen Wissens, die uns auch genauso selbstverständlich erscheinen, sind nicht Bestandteil dieses Kernwissens. So haben Babys die Gravitation noch nicht in ihrem Wissen, sie sind nicht erstaunt, wenn ein Gegenstand nach oben, anstatt nach unten fällt. Das frühe Kernwissen ist uns demnach von der Evolution in den Genen mitgegeben worden. Sowohl für den Aufbau als auch den Erhalt und die Weiterentwicklung der Kultur ist die Objektpermanenz von ausschlagge-

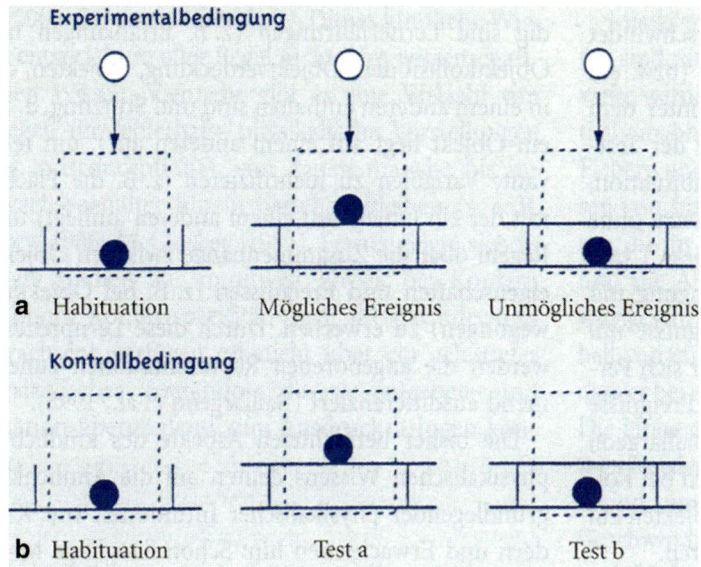

Abb. 9.2 Nachweis des Verständnisses für Kontinuität und Solidität bei Säuglingen. (Spelke et al. 1994; übernommen aus: Oerter und Montada 2008, S. 467, mit freundlicher Genehmigung des Beltz Verlages)

bender Bedeutung. Müsste sie erst erlernt werden, so bestünde die Gefahr, dass sie unter ungünstigen Umweltbedingungen nicht erworben wird.

Kausalität

Bei Kant (Ausg. 1996a) ist Kausalität eine der Erkenntnis-Kategorien, die wir Menschen a priori, d. h. vor aller Erfahrung besitzen. Modern ausgedrückt würde das heißen, dass das Verständnis für Kausalität und kausales Denken angeboren, also ebenfalls ein Geschenk der Evolution ist. Wann folgern wir im Alltag Kausalität? Drei Annahmen bestimmen unser Verständnis von Kausalität. Erstens gehen wir davon aus, dass jedes Ereignis eine Ursache hat (deterministische Annahme). Zweitens muss die Ursache (das bedingende Ereignis) zeitlich vor der Wirkung (dem bedingten Ereignis) liegen (zeitliche Priorität) und drittens muss ein Mechanismus darüber bekannt sein, wie das ursächliche Ereignis die Wirkung hervorruft (kausaler Mechanismus). Haben bereits Säuglinge dieses Kausalverständnis? Diese Frage ist nicht einfach zu beantworten, da auch Erwachsene zwar deterministisch denken, aber einem Ereignis eine falsche Ursache zuweisen, z. B. eine unerwartete Heilung einem Wundertäter, den langersehnten Regen einem Regenzauber und die Entstehung von Bergen einem Riesen, der sie aufgetürmt hat. Die Tendenz, hinter Ereignissen und Erscheinungen das Wirken von Akteuren anzunehmen, finden wir schon bei Säuglingen. Wie noch weiter unten dargestellt, verstehen Säuglinge im ersten Lebensjahr bereits, dass

Akteure eine Absicht haben und diese mit Hilfe der Handlung verwirklichen. Ergebnisse sind also vorwiegend Ergebnisse von Akteuren (vor allem der Eltern). Im Vorschulalter fand Piaget diese Erklärungen bei Fragen nach Naturerscheinungen. Die Kinder gaben animistische und anthropomorphisierende Deutungen für Phänomene der Natur, erklären sie also als das Ergebnis der Handlung von Akteuren. Himmelserscheinungen, wie die Sonne agieren ebenfalls mit Absicht. So scheint die Sonne, weil sie uns wärmen will. Der kindliche Animismus hat sehr viel Ähnlichkeit mit früheren religiösen Deutungen und mit dem Weltbild in schriftlosen Kulturen. Das Kausalprinzip, das jedem Ereignis eine Ursache zuweist, gilt in jedem Falle. Nur der Kausalmechanismus wird verschieden gedeutet. Je mehr Wissen über kausale Mechanismen besteht, desto weniger werden animistische Erklärungen abgegeben. Piaget führte seine Untersuchungen zum kindlichen Weltbild in den zwanziger Jahren des vorigen Jahrhunderts durch. Heute finden sich bei Kindern wesentlich weniger animistische Deutungen als damals, weil die Kinder frühzeitig mit naturwissenschaftlichen Erklärungen vertraut gemacht werden. Immerhin bleibt festzuhalten, dass animistische Erklärungen offenkundig dann gewählt werden, wenn weiteres Wissen über kausale Mechanismen fehlt. In der menschlichen Kulturgeschichte nehmen sie einen breiten Raum ein. Daher liegt die Vermutung nahe, Akteure hinter einem Ereignis zu vermuten, stammt aus unserer Evolution und ist nicht durch Lernen erworben. Für diese Annahme spricht die lebenssichernde Funktion dieser Kausaldeutung. Wenn ein Ereignis eintritt und es von einem Akteur stammt, kann dies Gefahr bedeuten. Vermutet man einen Akteur, so kann man sich rechtzeitig auf eine drohende Gefahr einstellen. Wenn die Deutung falsch ist, hat dies keine nachteilige Wirkung.

Da aber der Mensch als Werkzeugmacher auch physikalische Kausalmechanismen gekannt haben muss, bleibt die Frage, ob auch bereits Säuglinge physikalische Kausalität verstehen bzw. aus ihrer Beobachtung folgern. Hierzu ein Experiment als Beispiel:

Leslie und Keeble (1987) verwendeten wiederum das Habituierungsparadigma, um das Kausalverständnis bei Säuglingen zu prüfen. Sechs Monate alte Säuglinge sahen einen Film, in dem ein Objekt A sich auf ein zweites Objekt B zubewegte, dieses berührte, worauf sich B in Bewegung setzte. Unter der Kontrollbedingung sahen die Kinder einen Film, in dem die Objekte keinen solchen Zusammenhang zeigten. A bewegte sich beispielsweise auf B. zu, blieb aber kurz zuvor stehen. In der Habituierungsphase gewöhnte sich das Kind zunächst an die Szene. Nun müsste man erwarten, dass das Kind überrascht reagiert, wenn die Reihenfolge umgekehrt wird, wenn also B zurückrollt und A anstößt. Dann ist ja der Kausalzusammenhang zeitlich umgekehrt.

Sechs Monate alte Kinder reagierten in der Tat bei der Umkehrung überrascht (längere Habituierungsdauer). Damit war ein Beleg dafür erbracht, dass Kinder dieses Alters sowohl die zeitliche Priorität als auch den Kausalmechanismus adäquat interpretieren. Sie unterscheiden zwischen kausalen und nicht kausalen Ereignisfolgen. Grundlagen physikalischer Kausalität scheinen also auch zu der genetischen Ausstattung des Menschen zu gehören.

Aus diesem Kernwissen entwickelt sich frühzeitig ein komplexeres Verständnis für Kausalzusammenhänge. Schon drei- bis vierjährige Kinder verstehen Kausalmechanismen so gut wie Erwachsene, wenn sie entsprechend einfach sind. Baillargeon und Gelman (1980) zeigten drei- bis vierjährigen Kindern eine Kettenreaktion, bei der ein Klötzchen eine Reihe hintereinander aufgestellter Dominosteine umwarf, die dann am Ende einen Spielhasen umstießen und in ein Bettchen warfen. Die Kinder konnten relevante Kausalbedingungen von irrelevanten Veränderungen trennen. Sie erkannten, dass beim Entfernen eines Dominosteines der Effekt nicht auftreten würde, weil die Kausalkette unterbrochen ist, dass aber die Veränderung des Materials (Holz oder Plastik) und der Farbe keine Wirkung hat. Im Wesentlichen, so zeigt die Forschung, besteht kein Unterschied zwischen Kindern und Erwachsenen im Kausalverständnis. Letztlich bewahrheitet sich damit die Kant'sche Annahme, dass Kausalität eine Kategorie a priori ist. Sie stellt ein Geschenk der Evolution an den Menschen dar.

Am Rande darf angemerkt werden, dass auch Tiere bereits ein rudimentäres Verständnis für Kausalität zeigen. So experimentierten Blaisdell und Kollegen (2006) mit Ratten und schlossen aus deren Verhalten, dass sie Kausalzusammenhänge zwischen dem eigenen Tastendruck und einem Lichtsignal bzw. einer Folge von Lichtsignal – Tonsignal – Futter erkannten. Wenn das zutrifft, wird das evolutionäre Argument natürlich noch verstärkt.

Musikalische Entwicklung

Man mag sich verwundert fragen, warum denn in diesem Zusammenhang so etwas Unbedeutendes wie die musikalische Entwicklung abgehandelt wird. Gäbe es nichts Wichtigeres? Dazu darf ich die Ausführungen in Kap. 2 in Erinnerung rufen. Seit 400.000 Jahren, so hieß es dort, ermöglicht die Anatomie des menschlichen Innenohrs der Hominiden das Hören sprachtypischer Sequenzen. Es gibt viele Hinweise aus den vorliegenden Funden, dass die Anatomie für Sprache und Musik sich über Hunderttausende von Jahren ausgebildet hat und schon frühzeitig Singen ermöglichte. Wir haben in Kap. 2 auch festgehalten, dass die erste Form sprachlicher Kommunikation vermutlich eine Art Sprechgesang war, bei dem das musikalische Element noch eine wesentlich bedeutsamere Rolle gespielt hat als heute.

Es ist nun interessant, eine Brücke zu schlagen zwischen der aus den paläontologischen Befunden rekonstruierten Ausstattung des Menschen für Musik und den musikalischen Leistungen des Säuglings. Man kann nämlich folgendermaßen argumentieren: Wenn die anatomische Ausstattung für Gesang so deutliche und nachweisbare Fortschritte beim Homo machte, müssen parallel zu dieser Entwicklung auch musikalische Leistungen möglich gewesen sein. Diese frühe Etablierung von Musik in der Menschheitsgeschichte beinhaltet, dass musikalische Fähigkeiten genetisch verankert sein müssen. Wenn dies der Fall ist, müssten bereits Säuglinge musikalische Leistungen zeigen, die unseren Alltagserwartungen übertreffen, sofern wir annehmen, dass Musikalität ein Erzeugnis von Erziehung und Lernen ist.

Nun gibt es in der Tat Erstaunliches über die Musikalität von Säuglingen zu berichten: Schon im vorgeburtlichen Zustand entwickeln sich beim Fötus Leistungen des Hörens.

Die Cochlea, in der sich das Cortische Organ (die Schnecke) befindet, erreicht seine volle
Größe in der 20. Gestationswoche. Reaktionen (erhöhte Herzrate, motorische Reaktionen)
finden sich erst bei 24 Wochen alten Föten (Birnholz und Benacerraf 1983). Auch präna-
tales Lernen akustischer Reize scheint stattzufinden. Spielt man Föten im Alter von sechs
bis acht Monaten mehrmals pro Woche eine Melodie vor, so scheinen diejenigen Neugeborenen, die mit acht Monaten, nicht aber früher, den musikalischen Reiz gehört haben,
bei erneuter Darbietung zu reagieren (Lidschlag, Einstellen des Schreiens; Feijoo 1981).
Shetler (1990) untersuchte Kinder über mehrere Jahre hinweg, denen während der Schwangerschaft bestimmte Musikstücke vorgespielt worden waren. Während der ersten beiden
Lebensjahre war kein Unterschied zur Kontrollgruppe zu beobachten. Im dritten Lebensjahr und später zeigte sich bei den Versuchskindern ein besseres Gedächtnis für Melodien
und Rhythmen sowie bessere Imitationen und Aufmerksamkeitsleistungen.

Das erste und zweite Lebensjahr ist einerseits durch bemerkenswerte musikalische Sensitivität, andererseits durch eine deutliche Trennung von musikalischen Anteilen in der
Sprache und solchen in der Musik (vor allem in Liedern) gekennzeichnet. Der Säugling bevorzugt die Sprache der Mutter (ev. intrauteriner Lernvorgang?) und reagiert generell auf
das Melos (Prosodie, Melodiekontur) der Sprache. Trehub (2005) fand charakteristische
„Signaturen" mütterlicher Sprechkonturen, die individuell und unverwechselbar sind.

Gleichbleibende Tonkontur im mütterlichen Sprechen hilf dem Säugling, die Sprache der Mutter von der eines Fremden zu unterscheiden. Stabile, emotive Vokalisationen
können auch die wechselseitigen emotionalen Bindungen zwischen Mutter und Kind verbessern (Dissanayake 2001). Zudem erleichtert die Stabilität von vokalen Merkmalen das
Worterkennen (Houston und Jusczyk 2000). Daneben gibt es kulturübergreifende typische
Melosverläufe, auf die das Kind mit Beruhigung und Entspannung (sinkendes Melos) und
mit Aufmerksamkeitszuwendung (steigendes Melos) reagiert(Papousek 1994). Näheres
hierzu folgt weiter unten.

Aufgrund eigener Forschung und der Durchsicht der Befunde über die musikalische
Entwicklung in der frühen Kindheit kommt Trehub (2005) zu der Schlussfolgerung, dass
sich im ersten Lebensjahr Universalien musikalischen Verständnisses zeigen, die bei Säuglingen in verschiedenen Kulturen anzutreffen sind. Zu ihnen gehören: Wiedererkennen
der Tonkontur, relationale Verarbeitung von Melodien (sie werden auch transponiert wie-
dererkannt), Bevorzugung von Tonleitern mit ungleichen Tonschritten (wie unsere Dur-
und Molltonleiter oder pentatonische Leitern), die Bevorzugung von Zweier- vor Dreier-
takten, die Bevorzugung von strukturierten gegenüber unstrukturierten Tonfolgen und die
Bevorzugung von Konsonanzen (Quinte und Quarte, generell: einfachen Frequenzverhält-
nissen). Schon gegen Ende des ersten Lebensjahres bevorzugen Kinder einen „richtigen"
gegenüber einem in den Takten vertauschten Mozart (Krumhansl und Jusczyk 1990). Es
hat den Anschein, als würde das Kind analog zur Sprachentwicklung gegen Ende des ersten
Lebensjahres bereits die Tonalität der westlichen Musikkultur übernehmen.

Man kann also mit Fug und Recht feststellen, dass der Säugling im musikalischen Verstehen sehr kompetent ist. Die weitere Entwicklung hängt stark von der Enkulturation und
Sozialisation ab. Je nachdem, welche Anregungen Kinder erhalten, erreichen sie frühzeitig,

spät oder gar nicht höhere musikalische Niveaus. Davon war schon im vorhergehenden Kapitel die Rede, in dem Befunde zur sog. deliberate practice (gezieltes intensives Üben) dargestellt worden sind.

Sprachentwicklung

Die kindliche Sprachentwicklung lässt sich an ihrer Oberfläche mit wenigen Worten kennzeichnen. Ende des ersten, Anfang des zweiten Lebensjahres tauchen die ersten Wörter auf, die als Trickwörter benutzt werden und noch keine semantische oder syntaktische Funktion haben. Dann kommt es gegen Mitte des zweiten Lebensjahres zu einer regelrechten Explosion des Wortschatzes von Substantiva und Adjektiva, später gefolgt von Verben und anderen relationalen Wörtern. Die Syntax beginnt mit Einwortsätzen, danach bildet das Kind Zwei- und Mehrwortsätze, ohne dabei die grammatikalischen Regeln der Hochsprache zu beachten. Schließlich folgt innerhalb von mehreren Jahren die Übernahme der Grammatik der Hochsprache. Das Sprachwissen baut sich ab 5 Jahren als implizites Wissen auf (korrekter Sprachgebrauch) und zeigt ab etwa 8 Jahren auch explizites Wissen über Sprachregeln.

Was allerdings hinter diesem Spracherwerb an Leistungen und Mechanismen steckt, ist erstaunlich. Einige Komponenten des hier stattfindenden komplexen Zusammenspiels seien daher kurz erläutert. In Kap. 2 haben wir bereits die Entwicklung der anatomischen Voraussetzungen bei der Evolution des Homo kennengelernt. Via Evolution ist aber auch eine Reihe von psychischen Voraussetzungen in die Sprachentwicklung eingegangen. Schon bei der Geburt vermag der Säugling zwischen der mütterlichen Stimme und anderen Stimmen zu unterscheiden. Im ersten Lebensjahr ist die Prosodie der Sprache ausschlaggebend. Das Kind erkennt an der Melodiekontur Bedeutungsmomente der Sprache (Papousek 1994).

Unmittelbar nach der Geburt vermag der Säugling zwischen Sprache und anderen akustischen Ereignissen zu unterscheiden. Bereits vier Tage nach der Geburt unterscheidet das Baby zwischen der Muttersprache und einer Fremdsprache: es bevorzugt durch Zuwendung die Sprecherin der Muttersprache. Dieser Sachverhalt ist höchst interessant für unser EKO-Modell, weil es zeigt, dass die Kultur bereits unmittelbar nach der Geburt in die Entwicklung eingreift und die Evolution überlagert.

So sprechen Mütter ca. eine Quinte höher mit ihren Babys als mit älteren Kindern oder Erwachsenen, produzieren ausgeprägte gut unterscheidbare Tonkonturen und erleichtern so die Wahrnehmung akustischer Signale. Der Säugling seinerseits versteht solche melodischen Gesten, z. B. bewirkt absinkendes Melos Beruhigung, aufsteigendes und dann absinkendes Melos Weckung der Aufmerksamkeit. Diese melodischen Gesten scheinen universell zu sein, da auch chinesische Mütter sie verwenden, obwohl in der chinesischen Sprache das Melos zugleich semantische Bedeutung besitzt, z. B. beim Laut a (Papousek 1994). Das spricht dafür, dass diese Form der Prosodie bereits evolutionär festliegt. Man hat festgestellt, dass jede Mutter zusätzlich zu diesen melodischen Gesten ihre eigene Melodiesprache beim „Sprechen" mit dem Säugling hat, sie behält die gleiche Melodiekontur lange Zeit bei und benutzt sie für verschiedene Texte.

Die vokale Interaktion zwischen Mutter (Pflegeperson) und Kind wird dann immer mehr verfeinert. Mütter ahmen die Vokalisationen der Kinder nach, diese hören ihre Produktion gewissermaßen in einem akustischen Spiegel und imitieren ihrerseits weitere Lautproduktionen der Pflegeperson. Papousek (1994) hat die Sprachentwicklung in den ersten beiden Lebensjahren ausgiebig untersucht und gefunden, dass Kinder im zweiten Lebensjahr früher zu reden beginnen, wenn die Eltern im ersten Lebensjahr viel mit ihnen „gesprochen" haben. Hier greift also die individuell einmalige Entwicklung ein, die sich zwar im vorgegebenen Rahmen von Evolution und Kultur vollzieht, aber die Varianz der Sprachkompetenz beträchtlich erhöht.

Wie bereits in früheren Kapiteln erläutert, bahnt sich mit etwa 10 Monaten ein Verhalten an, das einen Entwicklungssprung bedeutet. Mutter und Kind richten gemeinsam die Aufmerksamkeit auf einen Gegenstand (joint attention). Die Mutter lenkt zunächst die Aufmerksamkeit des Kindes zum betreffenden Objekt hin, wobei sie in der Regel sprachliche Impulse gibt. Das Kind verteilt seine Aufmerksamkeit nun auf das Objekt und die Mutter zugleich und vokalisiert ebenfalls. Diese Form des gemeinsamen Handelns ist erstens ein wichtiger Schritt hinein in die umgebende Kultur, weil Objekte als Bestandteile der Kultur erkannt und exploriert werden. Sie ist zweitens zugleich auch ein Schritt in die Vermittlung der Sprache, denn die Objekte der gemeinsamen Aufmerksamkeit werden benannt, sodass das Kind schon lange vor der Verfügung über eigene Wörter den Zusammenhang von Gegenstand und Name kennenlernt. Die joint attention ist auch eine Komponente für die Vorbereitung auf die Sprachgrammatik. Aufgrund des beim Kind schon nach den ersten Lebensmonaten anzutreffenden Verständnisses für Intentionalität erleben und erkennen Kinder bereits im ersten Lebensjahr die Handlungsfolge Akteur – Handlung – Objekt: Jemand tut etwas an oder mit einem Objekt. Das ist zugleich die Basis für die grammatikalische Struktur Subjekt – Prädikat – Objekt. Man spricht daher auch von Handlungsgrammatik, wie bereits in Kap. 6 erläutert (Bruner 1987).

Beim Erwerb von Wörtern gibt es ein interessantes Phänomen, die sog. Constraints. Das sind Beschränkungen, die das Kind beim Hören und Gebrauch von Wörtern vornimmt (s. Weinert und Grimm 2008). Das wichtigste Constraint ist für unseren theoretischen Zusammenhang das Ganzheits-Constraint. Wenn die Mutter eine Benennung vornimmt, bezieht das Kind den Namen zunächst auf etwas Ganzes, also ein Objekt, und nicht auf einen Teil oder Ausschnitt des Objekts. Sprache und Objekt sind also beim Erwerb von Wörtern eng verflochten. Auch dieser Sachverhalt unterstützt die Annahme, dass der Gegenstand die Basis aller menschlichen Kultur bildet. Ein zweites Constraint weist in die gleiche Richtung: das Taxonomie-Constraint. Bei der Einführung neuer Wörter neigen Kinder dazu, diese Namen Objekten gleicher Kategorie oder gleichen Typs zuzuordnen. In einer Versuchsanordnung (zit. nach Weinert und Grimm 2008) wurden den Kindern Bilder vorgelegt, auf denen Objekte abgebildet waren. Zu jedem der Bilder wurden nun zwei weitere hinzugelegt, von denen das eine zur gleichen Kategorie gehörte, das andere thematisch zum ersten passte und einen Handlungszusammenhang herstellte. War das erste Bild beispielsweise eine Kuh, das kategoriale Bild ein Schwein, dann wurde als thematisches Bild Milch präsentiert. War das erste Bild ein Zug, so war ein Bus kategorial, Schienen thematisch. Die Instruktion mit Worteinführung lautete: „Ich zeige nun ein „Dax" (Kunstwort), und du sollst mir noch ein Dax finden." In der Bedingung ohne Worteinführung lautete die Instruktion nur: „Ich zeige dir ein Bild, und du sollst noch so eines finden." Ließ man das Kind ohne Nennung eines neuen Wortes ein passendes Bild zum ersten Objekt wählen, so suchte es ein thematisch passendes aus, also zur Kuh die Milch, zur Eisenbahn die Schienen. Gab man aber ein neues Wort vor, so wählten die Kinder taxonomisch, also zur Kuh das Schwein. Da in neueren Untersuchungen auch schon 18–24 Monate alte Kinder sich am Taxonomie-Constraint orientierten, kann man annehmen, dass der Constraint-Mechanismus sehr früh beim Spracherwerb wirksam ist. Sprache unterstützt auf dieser Ebene frühzeitig die Ordnung der Welt nach Oberbegriffen und nach taxonomischer Zusammengehörigkeit. Diese Leistung stellt die Grundlage für die spätere Begriffsbildung dar.

Ein letztes Beispiel zur Sprachentwicklung mag das Zusammenspiel von Evolution, Kultur und individuell-einmaliger Konstruktionsleistung verdeutlichen. Bei der Bildung von Aussagen benutzen die Kinder zunächst nicht die Syntaxregeln der Muttersprache, sondern reihen zwei oder mehr Wörter scheinbar willkürlich aneinander (da Auto, Papa fort, Anton wehweh). Bei näherem Prüfen handelt es sich aber keineswegs um beliebige Wortfolgen. Zum einen gibt es Wortordnungen, die mehr oder minder von allen Kindern gemeinsamer Sprache genutzt werden, z. B. setzen sie das Verb zunächst ans Ende (nicht putmachen, Auto fahrt), Pronomen vor Adjektive (das schön, das laut), fügen aber, sobald sie die Regelmäßigkeit von Subjekt – Prädikat – Objekt erfasst haben, das Verb nach dem Subjekt ein. Zum andern benutzen Kinder eine Privatsyntax, die sie nicht mir anderen Gleichaltrigen teilen. Ihre Wortfolgen gehorchen dann Regeln, die sie selbst, allerdings nicht bewusst, konstruiert haben. Solche „Privatgrammatiken" hat man aus der Sammlung von Äußerungen über mehrere Tage hinweg nachweisen können, indem man die vom Kind benutzten Wortfolgen analysierte und deren Regeln ermittelte (Weinert und Grimm 2008). Allmählich vermag das Kind Regeln aus der Muttersprache abzulesen und für seine eigene Sprachproduktion zu nutzen.

9.2 Intuitive Theorien: manchmal falsch, aber immer nützlich

Die Säuglingsforschung hat Erstaunliches zu Tage gefördert. Neben dem Nachweis von Kausalität und Objektpermanenz verfügen Säuglinge, wie wir sahen, über physikalisches Grundwissen und bemerkenswerte musikalische Hörfähigkeiten. Verfolgt man solche Leistungen im Vorschul- und Grundschulalter weiter, zeigt sich, dass Kinder eine intuitive Psychologie, Biologie und Physik besitzen. Wir wollen einige dieser Entwicklungen im Überblick kennenlernen. Zuvor sollen aber noch zwei Arten von Erklärungen für das intuitive Wissen der Kinder diskutiert werden. Die eine Erklärung besagt, dass der Mensch mit einem Kernwissen ausgestattet ist, das später nur durch Lernen angereichert wird.

Dieses Kernwissen ist angeboren und bereichsspezifisch. Es existiert also getrennt für physikalisches, biologisches, musikalisches und mathematisches Wissen. Deshalb kann man auch von Modulen für diese Bereiche sprechen, die überlebenswichtig und daher angeboren sind. Diese Erklärung wird vor allem von Spelke (1994) vertreten, die zahlreiche Untersuchungen mit Säuglingen durchgeführt hat.

Die zweite Position besagt, dass sich das Kernwissen in Theorien organisiert und nicht einfach nur mengenmäßig angereichert wird. Dafür sprechen Befunde, dass die Kinder hartnäckig bestimmte Ansichten vertreten, die falsch sind und nicht einmal aufgegeben werden, wenn man sie durch Tatsachen widerlegt. Oft zeigen sich solche intuitiven Theorien auch noch bei Erwachsenen, die sich nicht mit wissenschaftlichen Erkenntnissen in der Physik oder Biologie auseinandergesetzt haben.

Nach dem heutigen Erkenntnisstand findet beides statt, die Anreicherung des uns mitgegebenen Kernwissens und die Konstruktion von intuitiven Theorien, die teilweise falsch, aber offenkundig praktisch sehr nützlich sind, sonst hätten sie sich nicht etabliert.

Intuitive Psychologie und Biologie

Die Unterscheidung belebt-unbelebt ist in der Evolution für das Überleben von zentraler Bedeutung. Taucht nämlich in der Umwelt ein Lebewesen auf, so kann dies entweder Gefahr (gefressen werden) oder Nahrung (etwas Essbares) bedeuten. Daher müsste man erwarten, dass in unserer Evolution die Unterscheidung von belebt-unbelebt tief verankert ist und in der individuellen Entwicklung früh auftaucht. Dies ist in der Tat der Fall. Schon mit zwei Monaten unterscheiden Babys zwischen Menschen und unbelebten Objekten. Drei bis fünf Monate alte Kinder unterscheiden zwischen biologischen und nicht biologischen Bewegungen. Mit sechs Monaten interessieren sie sich für lebende Objekte mehr als für unbelebte, selbst dann, wenn man die Objekte nur durch Lichtpunkte ihrer Umrisse darstellt. Mit sieben Monaten „wissen" Babys, dass sich Tiere und Menschen aus eigener Kraft bewegen können, nicht aber unbelebte Objekte. Schon neun Monate alte Kinder trennen Objekte (z. B. Vögel und Flugzeuge) trotz ihrer äußerlichen Ähnlichkeiten in zwei separate Kategorien. Mit elf Monaten unterscheiden sie, wie andere Untersuchungen belegen, analog zu diesem Befund Tiere kategorial von Fahrzeugen oder Möbeln; es gibt also bereits eine Begriffsbildung, die beide Objektklassen trennt (im Überblick s. Sodian 2008). Wie in der Physik gibt es also ein biologisch-psychologisches Kernwissen, das angeboren zu sein scheint. Dieses Wissen trennt vermutlich noch nicht zwischen psychologischen und biologischen Prozessen. Drei- bis vierjährige Kinder wissen allerdings bereits, dass biologische Vorgänge, wie Wachstum und Selbstheilung, nur bei Lebewesen und nicht bei unbelebten Objekten anzutreffen sind und dass biologische Prozesse, wie die Atmung, nicht durch psychologische Prozesse beeinflusst werden. So fragte man vier- bis sechsjährige Kinder beispielsweise, welches von den beiden nachfolgend beschriebenen Kindern sich eher erkältet:

- Das Kind, welches nicht nett mit seinem Freund umgeht, aber jeden Tag viel und gut isst?
- Das Kind, welches nett mit seinem Freund umgeht, aber jeden Tag nicht viel und gut isst?

Die meisten Kinder sahen in biologischen Faktoren die Ursache für Erkältung, in diesem Beispiel tippten sie also auf das zweite Kind.

Biologisches Wissen ist nicht eine zusammenhanglose Anhäufung von Einzeltatbeständen, sondern ordnet sich zu einem Ganzen, das man als Theorie bezeichnen kann. Ähnlich wie wissenschaftliche Theorien gibt es in den intuitiven Theorien der Kinder (und der Erwachsenen) Aussagen, die aufeinander bezogen sind und sich voneinander ableiten. Die kindliche Theorie über Lebewesen, anfangs übrigens nur Tiere, wird als Essenzialismus bezeichnet. Damit ist gemeint, dass jede Spezies ein ihr innewohnendes angeborenes Potenzial (Essenz) besitzt, das sich unabhängig von der Umwelt, in der sich das Tier befindet, entwickelt. So meinen schon Vorschulkinder, dass aus einem Kalb, das mitten unter Schweinen aufwächst, eine Kuh und nicht ein Schwein wird. Dieser Essenzialismus findet sich auch bei Kindern aus ganz anderen Kulturen, z. B. bei vier- bis fünfjährigen Yukatek Mayas (Atran 1999).

Ein Streitpunkt der Forscher besteht darin, ob Kernwissen und intuitive Biologie (im Englischen auch Folkbiology genannt) eine Mischung von Psychologie und Biologie darstellt. Manche behaupten, dass kleine Kinder ein psychologisches, vom Menschen abgeleitetes Kausalschema hätten, das sie auch auf Tiere übertragen würden. So hätten Tiere Wünsche und Absichten wie der Mensch (Carey 1985). Sicher ist, dass Babys bereits über ein Kernwissen von Intentionalität verfügen. Schon sechs Monate alte Säuglinge interpretieren menschliche Greifhandlungen als objektgerichtet. Sie habituieren schneller, wenn die Hand nach einem Objekt greift, als wenn sie ins Leere greift. Um zu prüfen, ob nur die Bewegung oder doch das Objekt im Vordergrund der Beachtung stand, gab es zwei Versuchsbedingungen: In beiden Situationen befand sich der Akteur vor zwei Objekten, die an verschiedenen Plätzen lagen. In der einen griff er nach dem gleichen Objekt wie zuvor, das aber seinen Platz getauscht hatte. In der anderen Situation griff er nach dem neuen Objekt, das sich nun an der gleichen Stelle befand, wie vormals das erste Objekt. Bei Bevorzugung der Bewegung wäre sie aufmerksamkeitslenkend und nicht die Greifintention des Akteurs. Die Babys beachteten aber in der Tat den Objektwechsel bei gleichgebliebener Bewegungsrichtung stärker. Das Kind scheint also schon früh zu verstehen, dass Greifhandlungen auf Objekte gerichtet sind und dass Akteure eine Intention verfolgen, ein Ziel haben (Woodward 1998). Wiederum sticht der Objektbezug als zentrale menschliche Tätigkeit ins Auge.

Mit neun Monaten machten die Babys bereits Annahmen über ein rationales („vernünftiges") Verhalten von Akteuren. In einer Versuchsanordnung zeigten die Forscher den Babys einen Film, in dem sich eine Kugel auf ein Hindernis zubewegte, dieses übersprang und sich auf der anderen Seite einer anderen Kugel näherte. Die Barriere wurde nun in der Szene entfernt. Die Kugel sprang in der einen Filmsituation wie zuvor hoch, obwohl dies ja unnötig zur Zielerreichung war. In der anderen Bedingung bewegte sich die Kugel direkt aufs Ziel zu. Die Kinder reagierten mit Erstaunen (längerer Blickkontakt) auf das „unvernünftige" Verhalten (Sodian 2008). Uller (2004) fand bei jungen Schimpansen ein ähnliches Verhalten, sodass man von einer evolutionären Verankerung dieses Kernwissens sprechen kann. Zehn bis elf Monate alte Säuglinge unterscheiden zwischen abgeschlossenen und unterbrochenen Handlungen. Man zeigte den Kindern Alltagsverrichtungen in der Küche, wie Bücken – Handtuch aufheben – Handtuch aufhängen. Wurde die Szene am Ende abgebrochen, so habituierten die Kinder rascher als bei Unterbrechung mitten in der Handlung. Mit zwölf Monaten wird Intentionalität als zielgerichtetes und auf Objekte bezogenes Handeln voll verstanden (Sodian 2006).

Es gibt noch eine weitere frühe Leistung, die mit der intuitiven Psychologie des Kindes zu tun hat, die triadische Interaktion. Unter ihr versteht man, dass sich Kind und Bezugsperson gemeinsam auf ein Objekt beziehen. Einen Schritt in diese Richtung haben wir schon früher als joint attention (gemeinsam auf ein Objekt gerichtete Aufmerksamkeit) kennengelernt. Sie soll hier nochmals unter einem neuen Gesichtspunkt aufgegriffen werden. Schon neun Monate alte Babys folgen dem Blick Erwachsener hin zu einem Zielobjekt. Das weist darauf hin, dass Kinder dieses Alters schon die Intentionalität des Akteurs verstehen. Genauer konnten Thoermer und Sodian (2001) zeigen, dass die Nutzung der referentiellen Hinweise, also das Schauen der Bezugsperson auf ein Objekt, dem Verständnis der Bewegung vorausgeht. Dieses stellt sich aber dann bereits mit zwölf Monaten ein. Dafür spricht auch, dass neun Monate alte Kinder noch keinen Unterschied in der Blickfolge machten, wenn die Bezugsperson die Augen geschlossen hielt und den Kopf zum Objekt wendete, während zwölf Monate alte Babys nur dann dem Blick der Bezugsperson folgten, wenn diese die Augen offen hatte.

Die joint attention ist der Dreh- und Angelpunkt, an dem sich Evolution, Kultur und individuelle Entwicklung treffen. Einerseits bildet sie den entscheidenden Schritt zum gemeinsamen Gegenstandsbezug, den wir als zentral für menschliche Kultur ansehen (s. Kap. 6). Andererseits ist sie ein wichtiger Schritt für das Verständnis von intentional handelnden Akteuren, ein Verständnis, das sich dann mit zwölf Monaten zeigt. Man kann annehmen, dass die Evolution uns mit diesen Leistungen ausgestattet hat, denn sie treten früh und offenbar in allen Kulturen auf. So spiegelt die individuelle Entwicklung die phylogentische Entwicklung des Homo sapiens zur menschlichen Kultur wider (eine direkte Entsprechung von Phylogenese und Ontogenese gibt es jedoch nicht).

Je nachdem, wie die Kultur, in die das Individuum hineinwächst, mit diesem Entwicklungspotenzial umgeht, wird das Kind wenig oder viel Objekten begegnen, unterschiedliche Objektklassen kennenlernen und früh oder erst später lernen, mit Objekten zu manipulieren.

Intuitive Physik und kindliches Weltbild

Wie beim biologischen und psychologischen Wissen gibt es auch in der intuitiven Physik des Kindes Annahmen, aus denen Schlussfolgerungen gezogen werden. Piaget hat als erster die Konstruktionsleistungen von Kindern im Bereich der Physik untersucht und beschrieben. Aufgrund der Aufgaben, die er den Kindern im Vor- und Grundschulalter stellte, kam er zu der Ansicht, dass Kinder mit etwa sechs bis sieben Jahren den dreidimensionalen Raum, physikalische Merkmale des Gegenstandes und den Zeitbegriff aufbauen. Wählt man Piagets Aufgaben, dann zeigen auch heute Kinder noch das gleiche Lösungsverhalten. Wie bereits in Kap. 8 kurz dargestellt, verstehen Sechsjährige die Invarianz des Gegenstandes. Verformt man eine Kugel zu einer Walze, so erkennen sie, dass die Knetmenge sich nicht verändert hat. Aber erst ein bis zwei Jahre später erkennt es auch die Gewichtsinvarianz und wieder Jahre später versteht es erst die Volumenkonstanz, also dass beispielsweise eine verformte Knetmasse, die man in eine Flüssigkeit eintaucht, den Flüssigkeitsspiegel genauso hoch ansteigen lässt wie die ursprüngliche kugelförmige Knetmasse. Dass das Kind erst mit ca. sechs Jahren den dreidimensionalen Raum konstruiert, folgert Piaget unter anderem aus Zeichnungen der Kinder, die demonstrieren, dass Kinder zunächst den topologischen Raum mit den Merkmalen des Eingeschlossenseins, der Überschneidung und des Getrenntseins von Objekten aufbauen, und noch nicht die Gerade zur nächsten Verbindung zwischen zwei Orten nutzen. Inzwischen gibt es aber Belege, dass die Dreidimensionalität des Raumes viel früher erkannt wird und wahrscheinlich zum Kernwissen des Menschen gehört.

Das Verständnis für die gleichmäßig verstreichende und gerichtete Zeit setzt Piaget ebenfalls ein zwei Jahre später an, als das Raumverständnis und die Mengeninvarianz. Er prüft auch den Zeitbegriff durch das Verständnis von Geschwindigkeit. Zwei Spielautos fahren gleichzeitig los und stoppen mit einem deutlichen Klack auch wieder gleichzeitig. Das eine Auto ist aber viel weiter gefahren als das andere. Die Kinder im voroperatorischen Stadium behaupten, dass das Auto mit der längeren Wegstrecke auch länger gefahren sei. Wiederum zeigt sich aber, dass Kinder den Zeitbegriff früher aufbauen, wenn man die Aufgaben vereinfacht (Bischof-Köhler 2000).

Die Vorstellungen von Raum und Zeit, die Kinder entwickeln, bildeten in der kulturellen Entwicklung bis in die Neuzeit die Basis physikalischen Wissens. Erst Einstein konnte bekanntlich in der speziellen und allgemeinen Relativitätstheorie zeigen, dass Zeit nicht überall gleich abläuft, sondern „gestaucht" und „getreckt" wird oder gar zum Stillstand (bei Schwarzen Löchern) kommt. Wiederum erweist sich die Alltagtheorie von Raum und Zeit als praktisch hinreichend und nützlich, auch wenn sie nur begrenzt Gültigkeit besitzt.

Es gibt aber intuitive physikalische „Theorien", die von vornherein nicht richtig sind und dennoch regelmäßig bei Kindern auftauchen. Zu ihnen gehören Vorstellungen, dass Schwimmen in einem 1.000 m tiefen Gewässer schwieriger ist als in einem drei Meter tiefen See, dass Schiffe nur schwimmen können, wenn sie aus Holz gebaut sind (das Eisen ist nur drum herum gelegt), dass ein Körper, der sich von einem fliegenden Objekt löst, senkrecht zu Boden fällt (und nicht eine parabolische Kurve beschreibt) und dass kleine Teilchen, z. B. Eisenfeilspäne nichts wiegen, während die Metallplatte, von der sie abgefeilt wurden, als Ganzes schwer ist. Letzteres Beispiel ist besonders interessant, weil noch Schulkinder, die den mathematischen Vorgang des Teilens beherrschen, diese Meinung äußern. Die Auflösung eines Gegenstandes in kleinste Teilchen führt dazu, dass der vormals gewichtige Gegenstand in Form der Teilchen nichts mehr wiegt.

Abb. 9.3 Das geozentrische Weltbild von Kindern: Trotz des Wissens, dass die Erde eine Kugel ist, beharren die Kinder auf der Vorstellung, man könne nur auf ebenen Flächen leben. (Urheberrecht beim Autor)

Ein leichter nachvollziehbares Beispiel ist das Molekülverständnis: Kinder, die gelernt haben, dass Wasser aus Molekülen besteht, meinen dennoch, dass die Moleküle bei Eis fester und kompakter seien als bei Wasser, und dass Wasserdampf die leichtesten Moleküle hätte (Hatano 2001). Es dauert Jahre, bis die Kinder begreifen, dass der Aggregatszustand mit der Geschwindigkeit und Nähe der Moleküle und nichts mit ihrer Beschaffenheit zu tun hat. In diesem Beispiel leuchtet die „Theorie" der Kinder (und vieler Erwachsener) ein, weil das Verständnis von Molekülen sehr weit von der Alltagsvorstellung entfernt ist.

Besonders interessant ist das Weltbild des Kindes, nämlich seine Vorstellung von der Beschaffenheit der Erde. Schon früh wissen Kinder, dass die Erde eine Kugel ist, sie geben zumindest die korrekte Antwort auf die Frage. Zeichnet man aber die Erde als Kreis (Kugel) und fragt, wo die Menschen wohnen, dann meinen sie entweder: ganz oben auf der Kugel, weil sie sonst herunterfallen würden, oder innen am Boden der Kugel (Abb. 9.3). Wiederum dauert es Jahre, bis das Verständnis der Erde als kugelförmiger Planet (genauer als Geoid) aufgebaut ist.

Ebenso verhält es sich natürlich mit dem Verständnis der Sonne als fixem Himmelskörper, der nach Meinung der Kinder um die Erde wandert, wie es der Augenschein nahelegt. Mit anderen Worten, Kinder vertreten ein geozentrisches Weltbild. Dieses Faktum gilt nicht nur für unsere westliche Kultur, sondern für ganz verschiedene Kulturen (Vosniadou 1991). Das heißt, dass wir bei Kindern im Vor- und teilweise Grundschulalter dasselbe Weltbild antreffen, das die Menschheit über Jahrzehntausende bis in die Neuzeit besaß. Die Umstrukturierung zum heliozentrischen Weltbild und zum heutigen sich ausdehnenden Universum bedeutet eine gewaltige Denkleistung. Kein Wunder also, dass Kinder trotz verbalen Wissens über die Erde als Kugel einige Jahre brauchen, bis sie das geozentrische Weltbild aufgeben.

Welche Gesichtspunkte bietet das EKO-Modell für die Erklärung des merkwürdigen Tatbestandes, dass Kinder intuitive Theorien haben, die nur teilweise richtig oder sogar gänzlich falsch sind? Bleibt man bei der Ontogenese (dem O in unserem Modell), so lässt sich antworten, dass der Mensch immer nach Erklärungen sucht und diejenigen benutzt, die er versteht. Dann müsste man allerdings erwarten, dass es eine große Vielfalt solcher Theorien gäbe. Die Erklärungen sind aber in den oben genannten Beispielen überall die gleichen. Da ein Teil des Wissens als Kernwissen früh auftaucht und vermutlich angeboren ist, liegt es nahe, die Evolution als Spender dieses Wissens heranzuziehen (also unser E im EKO-Modell). Damit würde man aber nicht das geozentrische Weltbild und den totalen Gewichtsverlust bei kleinen Teilchen erklären, denn hier handelt es sich offenkundig um Konstruktionen der Kinder (und teilweise der Erwachsenen), die sie aufgrund eigener Beobachtungen entworfen haben. Man kann die Gleichartigkeit der intuitiven „Theorien" wohl am besten erklären, wenn man hier nicht das Kernwissen als evolutionäre Basis, sondern das Prinzip der größeren Überlebenschancen heranzieht. Die von Kindern gewählten Erklärungen physikalischer Phänomene sind als Passung von Wahrnehmung und Handlung aufzufassen. Man sieht die Erde als Scheibe und man sieht die Sonne auf- und untergehen. Die Handlungen einschließlich der Handlungsplanung richten sich nach dieser Wahrnehmung, und man kam Jahrzehntausende damit zurecht. Ein anderes Wissen ist nicht nötig. Erst als verbesserte Verkehrsmittel (wie seefestere Schiffe) und die Erfindung des Flugzeugs, die Entfernungen stark verringerten, wurde das geozentrische Weltbild unbrauchbar.

Analog verhält es sich mit anderen Deutungen. Newtons Physik, die die Bewegung als Ausgangspunkt und die Beschleunigung als Veränderung auffasst, überschreitet das Alltagsverständnis erheblich. Sind wir doch gewohnt, Objekte und uns selbst als ruhend wahrzunehmen und Bewegung mit Kraftaufwand zu verbinden. Dass in einem nicht geozentrischen Weltbild alles in Bewegung und überhaupt nichts in Ruhe ist, bedeutet wiederum eine vollständige Umstrukturierung. Sogar Physikstudenten sollen Schwierigkeiten haben, den Ansatz Newtons zu verstehen. Vögel, die ihre eigene Bewegung mit der Bewegung ihrer Beute verrechnen müssen, hätten eine adäquatere Theorie als menschliche Laien, wenn sie wie wir denken könnten. Für uns ist eine Theorie von der Statik der Dinge praktischer, weil wir damit besser überleben konnten. Bewegung bedeutete Gefahr oder Beute, und schon der Säugling reagiert auf Bewegung, während er bei unbeweglicher Umwelt schnell habituiert bzw. keine Aufmerksamkeit aufwendet. Schwimmen im tiefen Wasser ist gefährlicher als im flachen Wasser, weil Gefahren von Tieren oder vom Wetter (Sturm) drohen. Deshalb es ist pragmatisch, Schwimmen in tiefem Wasser nach Möglichkeit zu meiden. Generell lässt sich festhalten: Unsere Alltagstheorien sind oft falsch, aber nützlich, sie dienen dem Überleben, vor allem in Gesellschaften, die das technische Rüstzeug wie in hochindustrialisierten Ländern nicht haben. Raum und Zeit sind adäquate Konzepte, die ebenfalls als Passung von Wahrnehmung und Handlung entwickelt wurden, auch wenn sie in einem umfassenderen kosmologischen Rahmen relativiert werden müssen. Wissenschaftliche Theorien, die dem Alltagswissen widersprechen, sind in Kulturen unbrauchbar, die dieses Wissen nicht nutzen können.

Natürlich entwickeln Menschen auch Theorien außerhalb der Physik, oder sagen wir am Rande der Physik. Sie glauben an die Wunderkraft von Steinen, die psychische Wirkung des Vollmondes, die heilende Kraft von homöopathischen Mitteln, die Wünschelrute, an Schöpfungsmythen, sagen „Hals- und Beinbruch", klopfen auf Holz, machen eine Wallfahrt und vieles andere mehr. Es geht gar nicht darum, ob Theorien wissenschaftlich zutreffen, sondern darum, dass sie nützlich sind und eine Passung von Individuum und Umwelt herstellen, die in einem bestimmten Kulturkreis oder in einer Subkultur von Vorteil ist. Manche dieser Theorien finden wir in allen Kulturen vor, wie die intuitive Physik und Biologie, andere Theorien sind kulturspezifisch, wie religiöse Erklärungsgebäude und Begründungen für Verbote und Gebote.

9.3 Das Vorschulalter: Entscheidende Schritte zur Menschwerdung

Wir haben in Kap. 8 das zweite Lebensjahr als markante Zeit für qualitative Entwicklungsfortschritte gekennzeichnet. Das Kind erkennt sich im Spiegel und baut ein erstes Selbstbewusstsein auf. Gleichzeitig entwickelt es Empathie für das Leiden anderer und versucht zu helfen. Es ist dies die Zeit des Aufbaus von Repräsentationen (Vorstellungen von früheren Wahrnehmungseindrücken) und schließlich die Zeit der ersten rasanten Sprachentwicklung. Das Vorschulalter zwischen vier und fünf Jahren bringt einen erneuten Entwicklungsschub, der als entscheidender Schritt zur Menschwerdung angesehen werden kann. Wir werden dies an der sog. Theory of Mind, der Zeitreise und der Verhaltenskontrolle zeigen.

Theory of Mind

Unter einer Theory of Mind (Theorie des Verstandes, Bewusstseins, Geistes) versteht man die Zuschreibung von mentalen Zuständen für andere und für sich selbst. Die Theory of Mind beinhaltet die Erkenntnis einer Person, dass Menschen Wissen, Absichten und Wünsche haben, dass sie fühlen und bestimmte Überzeugungen besitzen. Wie bereits erläutert, hat schon der Säugling ein Verständnis für Intentionen und Gefühle anderer. Mit zwei bis drei Jahren benutzen Kinder mentale Zustände als Erklärung für Verhalten und treffen explizit die Unterscheidung zwischen mentaler und physikalischer Welt. Der entscheidende Schritt im mentalen Verständnis vollzieht sich, wenn das Kind zwischen Wissen und Überzeugung auf der einen und Realität auf der anderen Seite unterscheidet. Solange Wissen und Überzeugung mit der Realität übereinstimmen, kann man schwer erkennen, ob das Kind zwischen beiden Welten zu trennen vermag. Den Nachweis für diese Unterscheidung liefert daher das Wissen um den falschen Glauben, die falsche Überzeugung. Erkennt das Kind, dass jemand ein falsches Wissen besitzt, z. B. meint, die Schokolade befindet sich an einem bestimmten Platz, obwohl sie längst aufgegessen ist, dann hat sich die Welt endgültig in Mentales und physikalisch Reales geschieden. Der klassische Versuch zum Nachweis der Theory of Mind stammt von Wimmer und Perner (1983). Maxi, eine

Handpuppe, legt Schokolade in den grünen Schrank, dann geht er zum Spielplatz. Die Mutter holt die Schokolade heraus und platziert sie in den blauen Schrank. Die Kinder werden nun gefragt, wo Maxi suchen wird, wenn er zurückkommt. Jüngere Kinder (unter vier Jahren) antworten, dass er in dem blauen Schrank suchen wird, ältere Kinder ab etwa vier Jahren sagen, dass Maxi im grünen Schrank, also an der falschen Stelle suchen wird. Sie wissen, dass er einen falschen Glauben, eine falsche Überzeugung besitzt. Ab da verstehen die Kinder auch, was Lügen und Betrügen ist und nutzen dieses Wissen, um andere zu täuschen, also in den falschen Glauben über einen Sachverhalt zu versetzen. Bei der Fortsetzung der Maxi-Geschichte möchte Maxi nicht, dass seine Schwester Susi die Schokolade findet. Er sagt auf ihre Frage als betrogener Betrüger: im blauen Schrank (in dem sie sich tatsächlich befindet). Kinder, die verstanden haben, dass Maxi am falschen Ort suchen wird, erkennen meist auch, dass er Susi wegen seiner falschen Überzeugung den richtigen Ort verrät. Ab jetzt setzen Kinder Täuschung und Lüge absichtsvoll ein.

Die Theory of Mind bedeutet einen grundlegenden Entwicklungsschub, denn sie impliziert eine philosophische Position, die zwischen der äußern und der vorgestellten Realität trennt. Man bezeichnet diese Position gewöhnlich als kritischen Realismus, d. h. als Erkenntnis, dass Realität und unser Wissen von ihr zwei verschiedene Dinge sind. Da sich die Theory of Mind vermutlich in allen Kulturen entwickelt (Sodian 2006), stellt sich die Frage nach den Wurzeln dieser Leistung. Die umgebende Kultur nimmt nur insofern Einfluss, als soziale Erfahrungen und soziales Lernen überall in ähnlicher Weise auftreten. Kulturen bieten also nur den sozialen Rahmen, in dem sich das „Wissen vom falschen Glauben" aufbauen kann. In Regionen mit starker Deprivation, in denen Kinder mit Hunger und Krankheit ums blanke Überleben kämpfen, dürften solche Rahmenbedingungen fehlen. Ein wichtiger Hinweis für die Evolution als Quelle der Theory of Mind liefert das Alter der Kinder. Im Regelfall stellt sich die Theory of Mind nicht vor dem Alter von vier Jahren ein. Selbst wenn man zusätzliche Hinweise und Hilfen anbietet, gelingt es nicht, Kinder ad hoc, von einem auf den anderen Tag zu der neuen Erkenntnishaltung zu bringen. Es scheint so, als wären bestimmte neurologische Reifungsvorgänge, die eine gewisse Zeit brauchen, Voraussetzung für den Aufbau der Theory of Mind. Manche Forscher nehmen ein biologisch verankertes Modul, ähnlich wie bei anderen frühen Leistungen, an (im Überblick siehe Sodian 2006). Wenn dem so ist, dass es eine biologische Basis für die Theory of Mind gibt, dann hat die Evolution frühzeitig dem Homo etwas geschenkt, das anderen Tieren verwehrt bleibt. Premak (1988), von dem die Bezeichnung Theory of Mind stammt, hat vergeblich versucht, diese Leistung auch bei Schimpansen nachzuweisen. Vermutlich besaßen auch schon der Homo erectus und der Neandertaler die Theory of Mind. Der Zusammenhang zwischen Evolution und Ontogenese bringt einen neuen Aspekt in die Diskussion. Da die Entwicklung bis zum Erwachsenenalter beim Menschen sehr lange währt, treten die Gaben der Evolution nicht alle schon bei der Geburt auf. Sie müssen reifen und brauchen gleichzeitig, wie immer wieder betont, die passenden Umweltanregungen. Die Ontogenese fördert etappenweise die Gaben der Evolution zu Tage.

Kinder auf Zeitreise: Handlungsorganisation und Handlungskontrolle

Wir haben in einem früheren Kapitel die erstaunlichen Leistungen des Homo heidelbergensis vorgestellt. Er war bereits in der Lage, einen Speer herzustellen, dessen Vollendung mindestens eine Woche benötigte. Die hypothetischen Arbeitsschritte sind in Tab. 3.4, Kap. 3 aufgelistet. In der menschlichen Evolution tritt also Handlungsorganisation frühzeitig auf. Wie bereits dargestellt, bedurfte es zur Werkzeugherstellung dieser Komplexität der Fähigkeit, Bedürfnisse aufzuschieben, Handlungsschritte in der Vorstellung zeitlich zu ordnen und sie dann in der richtigen Reihenfolge auszuführen.

Es ist also von unserem EKO-Modell her zu erwarten, dass diese Fähigkeit auch in der Ontogenese frühzeitig auftaucht. Doris Bischof-Köhler (2000) hat an Vorschulkindern interessante Untersuchungen durchgeführt, die nachweisen, dass Vier- bis Fünfjährige schon fähig sind, eine Abfolge von Handlungen, die für eine Zielsetzung benötigt werden, richtig zu planen und durchzuführen. Unter anderem führte sie zwei Experimente durch: das „Einkaufen-Planen" und „Übernachtung bei der Großmutter". Beim Einkaufen-Planen sollte das Kind angeben, welche Dinge man zum Einkaufen braucht. In einem späteren Versuch, der erst nach Bearbeitung anderer Aufgaben folgte, legte man den Kindern mehrere Gegenstände vor (unter anderem Einkaufstasche, nicht funktionierende Taschenlampe, Trinkglas, durchsichtiges Portemonnaie, Schere). Nun sollte das Kind auswählen, was es zum Einkaufen mitnehmen würde. Diese zweite Aufgabe verlangt die Blockade des Ergreifens attraktiver Gegenstände und ist deshalb trotz des Wissens, was man nicht braucht, schwerer zu meistern. Die Übernachtung bei der Großmutter verlangte selektives Planen. Ein kleiner Bär hat eine Reihe von Gegenständen, die er beim Zubettgehen braucht. Eines Tages plant er, bei der Großmutter zu übernachten. Dort befinden sich aber bereits einige der Gegenstände, sodass der Bär nur die fehlenden Sachen auswählen und mitnehmen muss. Erst 50 % der Viereinhalb bis Fünfjährigen löste diese Aufgabe richtig.

Planungsaufgaben dieser Art erfordern zwei Kompetenzen: Umgang mit und Verständnis von Zeit sowie exekutive Kontrolle. Um die richtigen Dinge zum Einkaufen auszuwählen, muss man den Einkaufsvorgang selbst vorwegnehmen, also ein zeitlich späteres Ereignis, das zusätzlich noch fiktiv ist (stell dir vor, du wolltest zum Einkaufen) zu dem jetzigen in Beziehung zu setzen. Die Übernachtung bei der Großmutter verlangt die Vorwegnahme der Ankunft und der Vorstellung der dort befindlichen Gegenstände. Die exekutive Kontrolle beinhaltet zum einen bei beiden Aufgaben, dass man dem Impuls, attraktive Gegenstände auszuwählen, widerstehen muss und die Handlung auf die „richtigen" Gegenstände einschränkt. Zum andern gehört natürlich zur exekutiven Kontrolle, die Schritte in die richtige Reihenfolge zu bringen und auszuführen. Wie die Evolution einst die Werkzeugmacher der Altsteinzeit zur Handlungsorganisation befähigte, so sorgt sie in der Ontogenese frühzeitig für den Aufbau dieser Kompetenz.

Befassen wir uns noch etwas näher mit der Fähigkeit des Bedürfnisaufschubs, die bei den Werkzeugmachern der Frühzeit und dem Kind gleichermaßen notwendig ist. Bischof-Köhler (2000) führte auch hierzu Experimente durch. In der einen Versuchsanordnung erhielt das Kind ein Geschenk, das es aber erst öffnen durfte, wenn die Sanduhr abgelaufen war. Zwischen dem Alter von vier bis fünf Jahren nahmen die „Manager" stark zu, die es verstanden, sich durch Spiel abzulenken, die Sanduhr aber im Auge zu behalten und so die Wartezeit und damit den Bedürfnisaufschub zu „managen". In einem anderen Experiment wurden die Kinder einem Motivkonflikt ausgesetzt. Sie befanden sich gleichweit von einer Videodarbietung und einer Smartie-Maschine entfernt, die in unregelmäßigen Abständen Süßigkeiten auswarf. Wenn man eine Dose richtig platzierte, konnte man die Smarties auffangen, ansonsten fielen sie in einen unzugänglichen Behälter. Die optimale Lösung für den Motivkonflikt zwischen Süßigkeiten und attraktivem Videofilm bestand also darin, die Dose richtig an die Smartie-Maschine zu positionieren und sich ganz dem Videofilm zu widmen, denn inzwischen sammelten sich die Smarties auch ohne Zutun des Kindes an. Dies erforderte, sich nicht durch das Geräusch der herabfallenden Smarties ablenken zu lassen. In der Tat gab es Kinder, die resistent gegenüber der Versuchung waren, zum Apparat zu laufen. Allerdings zeigen die Befunde, dass es schwerer ist, den eigenen realen Handlungsimpuls zu unterdrücken, als nur zu wissen, dass man eines der beiden Bedürfnisse aufschieben kann. Wenn Bedürfnisse sehr stark sind, genügt das Wissen um den Vorteil des Aufschubs (oder Verzichts) auch bei Erwachsenen nicht, um den Handlungsimpuls zu blockieren. Man denke an Suchtverhalten, aber auch an ganz gewöhnliches Konsumverhalten.

Zum Bedürfnisaufschub und Widerstand gegen eine Versuchung hat schon Jahrzehnte früher Mischel mit seinen Mitarbeitern (1972, 1989) Experimente durchgeführt. Die Kinder konnten wählen zwischen einer sofortigen kleinen Belohnung (Süßigkeit) und dem Warten auf eine spätere, aber größere Belohnung. Kindergartenkinder taten sich meist schwer, die sofort verfügbaren Süßigkeiten nicht zu nehmen. Fragte man sie jedoch, wie es ein kluges und ein dummes Kind machen würde, so antworteten sie bereits richtig. Das Wissen kommt vor der Fähigkeit zur Kontrolle der eigenen Bedürfnisse. Kinder entwickeln auch Strategien, wie man einer Versuchung widerstehen kann. So schlugen fast 90 % der Sechsjährigen das Verdecken der begehrten Belohnung vor. Auch andere Ablenkungsmanöver, wie ein Lied singen, wurden vorgeschlagen. Die für menschliches Planen und Handeln so wichtige exekutive Kontrolle baut sich also früh auf, wobei das Wissen vor der tatsächlichen Handlungskontrolle auftritt. Man vergegenwärtige sich dabei, dass auch Erwachsene Probleme haben, den Erwerb begehrter Objekte aufzuschieben. Selbst wenn der Genuss schädlich ist, wie beim Rauchen, verzichten sie trotz besseren Wissens nicht.

Bischof-Köhler versucht, die im Vorschulalter auftretende Handlungsorganisation durch die drei Faktoren Theory of Mind, Zeitverständnis und exekutive Kontrolle zu erklären. Es ist allerdings nicht einsichtig, was die Theory of Mind zur Handlungsorganisation beitragen soll, sodass die zwei Bedingungen Zeitverständnis und Exekutive Kontrolle hinreichend für die Kompetenz der Handlungsorganisation sein dürften. Es erscheint besser, die Theory of Mind als eigenes Modul anzusehen, das sich im Laufe der Evolution entwickelt hat. Dass sich beides, Theory of Mind und Handlungsorganisation, um die gleiche Zeit entwickelt, hängt wohl mit der biologischen Gehirnreifung zusammen, die bestimmte neue Leistungen ermöglicht.

Verschränkung von Evolution, Kultur und Ontogenese

Wie lassen sich nun gemäß unserem EKO-Modell die drei Säulen von Evolution, Kultur und individueller Entwicklung verbinden? Der Zusammenhang zwischen Evolution und individueller Entwicklung wurde bereits skizziert. Man kann davon ausgehen, dass sich die Theory of Mind und die Handlungsorganisation im Lauf der Evolution des Homo entwickelt haben und fortan dem Menschen zur Verfügung standen. In der Ontogenese können sie aber dennoch nicht bei Geburt auftreten, weil das Gehirn noch nicht voll funktionsfähig ist. Das Faktum aber, dass wir im Alter zwischen vier, fünf und sechs Jahren, also doch erstaunlich früh, die Kompetenzen für die Theory of Mind und die Handlungsorganisation beobachten, spricht für eine genetisch-evolutionäre Basis. Hinzu kommt, dass diese Fähigkeiten, soweit man dies schon auf Grund der Forschungslage sagen kann, in allen Kulturen während der Kindheit auftreten.

Welche Rolle spielt aber dann die Kultur? Zunächst vermittelt sie als vom Menschen gemachte Umwelt die Voraussetzung für die Entwicklung dieser Fähigkeiten, denn ohne die Erfahrung typisch menschlicher Interaktion und Kommunikation gibt es weder Theory of Mind noch Handlungsorganisation. Die Kultur kann gegen das Evolutionsprogramm arbeiten oder es unterstützen. Die westliche Konsumgesellschaft tut alles, um die Exekutiv-kontrolle menschlicher Bedürfnisse außer Kraft zu setzen. Sie wirbt intensiv für sofortige Bedürfnisbefriedigung. Objekte, die man gerne kaufen möchte, erhält man auf Anzahlung, sodass man nicht warten muss. Auf diese Weise verschulden sich immer mehr Haushalte. Indianische Kulturen waren bekannt dafür, dass dort Selbstbeherrschung, Willensstärke und Bedürfnisaufschub sehr viel galten – ein Gegenprogramm zu unserer Gesellschaft.

Leistungen der Empathie und Theory of Mind sind in kollektivistischen Kulturen stärker gefragt als in individualistischen. In kollektivistischen Kulturen steht die Harmonie innerhalb der Gruppe als wichtiger Wert im Vordergrund. Man muss wissen, ob man mit einer Äußerung sein Gegenüber verletzen könnte, man muss mögliche Konfliktpunkte vorwegnehmen, kurzum, man muss die Theory of Mind der anderen Personen, mit denen man in Kontakt steht, kennen. In individualistischen Kulturen steht die Darstellung der eigenen Position und der eigenen Gefühle im Vordergrund.

Aber auch innerhalb der gleichen Kultur gibt es eine große Variationsbreite der Beeinflussung von Theory of Mind und Handlungskontrolle. Der elterliche Erziehungsstil bei uns bewegt sich zwischen uneingeschränkter sofortiger Bedürfnisbefriedigung und übertriebener Versagung von Wünschen. Schon das Vorhandensein älterer Geschwister modifiziert Auftreten und Intensität der beiden Kompetenzbereiche. So tritt die Theory of Mind früher auf, wenn das Kind ältere Geschwister hat. Die Geschwisterrivalität sorgt auch für die Notwendigkeit, sich gegenüber den Älteren zu behaupten und die Exekutivkontrolle sowie die Handlungsorganisation zu optimieren. Umgekehrt kann es bei Eskalation der Affekte zum Zusammenbruch der Handlungskontrolle und der Theory of Mind kommen. Bei Erwachsenen sagen wir in einem solchen Falle, er kenne sich selbst nicht mehr, was trefflich den Ausfall der Selbstreflexion und -regulation kennzeichnet.

Zum Nachdenken

Aus den in diesem Kapitel ausgewählten Entwicklungsbereichen lässt sich für die Ontogenese festhalten: Wir haben das mentale Rüstzeug für die Entwicklung von der Evolution mitbekommen, die Nutzung erfolgt frühzeitig im Laufe der individuellen Entwicklung, und die Kultur wirkt modifizierend und variierend auf diesen Vorgang ein.

Evolution und Kultur können nicht vorhersagen, was aus dem Individuum wird. Sie geben nur den Rahmen ab, innerhalb dessen sich das Individuum entwickeln kann. Die Psychologie, die sich mit dem Individuum und seiner Entwicklung befasst, kann hingegen bereits bessere Vorhersagen darüber treffen, wie sich ein Individuum entwickelt. Aber auch sie scheitert angesichts der riesigen Zahl von Freiheitsgraden, die dem einzelnen zur Verfügung stehen, an genauen Verhaltensvorhersagen. Dieses Faktum ist ein positives Signal für die menschliche Freiheit. Während die Wissenschaft permanent nach Verbesserung der Vorhersageleistung ihrer Modelle sucht, und die Psychologie über jeden weiteren Schritt der richtigen Verhaltensvorhersage jubelt, sollte man im Gegenteil danach forschen, welche Bedingungen im menschlichen Leben die Vorhersagbarkeit von Verhalten und Erleben verringern und wie sich ihre Varianz vergrößern lässt. Doch davon später.

Gespräch der Himmlischen

Aphrodite: Ihr wisst, ich habe es gern mit einzelnen Sterblichen zu tun, nicht mit der Menschheit als Ganzem. So war mir das Verständnis von Kultur als Universum von Gegenständen zu abstrakt. Jetzt empfinde ich Harmonie zwischen Kultur und dem kleinen Kind, das so frühzeitig die Objektpermanenz aufbaut und bei der gerichteten gemeinsamen Aufmerksamkeit die interessanten Dinge, die es in der Kultur gibt, kennenlernt. Das passt!

Apoll: Als Freund der Kunst und Musik möchte ich hervorheben, dass die Musik vor der Sprache entstanden ist. Vielleicht haben sich die Vormenschen durch Singen verständigt. Singsang und Geste, aus der ja ebenfalls die Sprache entstanden ist, sind mir fast lieber, als sprachliche Verständigung allein, vor allem, wenn sie so monoton wie bei den heutigen Europäern ist. Da lobe ich mir das griechische Theater, nicht nur weil wir Götter darin eine wichtige Rolle spielen, sondern weil es in der „Musike" Sprache und Musik vereint.

Athene: Mich beschäftigt das Thema Kausalität. Es ist gewiss ein sehr nützliches evolutionäres Geschenk, aber es zwingt die Menschen dazu, immer nach Ursachen suchen zu müssen. Letztlich sind wir als Erfindung der Menschen ja auch ein Produkt der Kausalität, denn aus Ermanglung anderer Erklärungen mussten wir für Naturereignisse, Kriegsverläufe und als Glückbringer herhalten. So fällt es Menschen ungeheuer schwer, sich mit akausalen Vorgängen auseinanderzusetzen. In der Quantenphysik ist es aber schwierig, Kausalzusammenhänge zu finden. Teilchen erscheinen plötzlich aus dem Nichts (sog. virtuelle Teilchen) und verschwinden wieder. Ja, das gesamte Universum entstand nach Meinung vieler gescheiter Leute aus dem Nichts. In den

Feynman-Diagrammen, die der berühmte Quantenphysiker Feynman entwickelt hat, kann die Zeit auch rückwärts laufen. Das wäre gegen jedes Kausalverständnis, weil Ursache und Wirkung ja in zeitlicher Reihenfolge geordnet sind. Soll man den Menschen raten, nicht alles auf die Karte Kausalität zu setzen?

Dionysos: Ob Kausalität nur ein praktisches nützliches Prinzip ist oder tatsächlich die Wirklichkeit bestimmt, ist für mich sekundär. Wenn wir uns in der Natur damit besser zurechtfinden und uns das Leben angenehmer machen können, soll mir das genügen. Im Übrigen sollten die Menschen nicht größenwahnsinnig werden. Ihre Erkenntnisfähigkeit ist und bleibt beschränkt, Wenn ich abends die schönen Nymphen beobachte, taucht in meiner Nähe ein Frosch auf und quakt aus Leibeskräften. Er ist mit seiner Welt zufrieden und hat auch eine Weltsicht. Sie ist beschränkt, aber sie reicht ihm zum Überleben. Ob der Mensch auch begreift, dass seine Weltsicht analog zu der des Frosches begrenzt ist?

Apoll: Immerhin hat der Mensch ein einmaliges Instrument zur Verständigung und zur Konstruktion von Wissen: die Sprache. Wenn man der Beschreibung der Sprachentwicklung des Kindes Glauben schenken darf, dann gilt sie nur für Homo sapiens. Aliens könnten sie nicht lernen, ebenso wenig wie Menschen die Sprache von Aliens erwerben könnten. Wir brauchen also Übersetzungsmaschinen. Sie sind, wie Science-Fiction-Autoren berichten, gewöhnlich als Kästchen umgehängt und baumeln auf der Brust.

Dionysos: Meinen Wein würden die Aliens aber gerne trinken und unsere Feste mitfeiern.

Aphrodite: Und von Schönheit würden sie auch was verstehen.

Athene: Oh ihr Naiven! Nichts davon ist richtig. Aliens hätten nicht nur eine fremdartige Sprache, sondern auch andersartige Nahrungspräferenzen und Schönheitsideale. Doch von der Ästhetik werden wir später noch mehr hören.

Aphrodite: Die sogenannte Theory of Mind spricht mich besonders an, weil Kinder schon so früh sich in die Gemüter und Überzeugungen anderer einfühlen können. Das ist wichtig für die sozialen Beziehungen, erst so werden sie zu menschlichen und damit göttlichen Beziehungen, göttlich, weil man dem anderen ins Herz schauen kann.

Apoll: Mir imponiert die frühe Impulskontrolle und Fähigkeit zur Handlungsorganisation. Hier wird der junge Mensch apollinisch, wie Friedrich Nietzsche es formuliert hat. Der Mensch nähert sich frühzeitig meinem Wesen und das freut mich.

Dionysos: Er ist und bleibt auch dionysisch. Kinder streifen sich erst allmählich die Zwangsjacke moralischer Verhaltensregeln über. Ein nettes Beispiel hierfür habe ich in einem Aufsatz von Nunner-Winkler und Sodian (1988) gelesen. Fragt man Vorschulkinder, ob eine aggressive Handlung böse oder gut ist, so geben sie die richtige Bewertung ab. Fragt man jedoch, wie sich der Täter gefühlt habe, so antworten die Jüngeren, dass er sich gut, toll fühlt. Später schreiben sie dem Täter dann ein schlechtes Gewissen zu. Die jüngeren Kinder sind noch ehrlich.

Apoll: Das ist so nicht richtig. Schuld und Scham entstehen nicht einfach aus der Übernahme gesellschaftlicher Normen. Freud hat bekanntlich Schuld und Scham mit der Bildung des Überichs erklärt, das durch die Introjektion, die Hereinnahme des Vaters in die eigene Psyche entsteht. Wer damit nichts mehr anfangen kann, mag sich an die Deutung von Norbert Bischof halten. Bischof (2000) argumentiert von den Mythen her und setzt sie zur menschlichen Entwicklung in Beziehung. Im Vorschulalter, so meint er, trennen sich das Männliche und Weibliche voneinander, die vormals eine Einheit gebildet haben und in der sich das Kind eingebettet und geborgen fühlte. Durch die Trennung Vater – Mutter sieht sich auch das Ich des Kindes herausgelöst aus der ursprünglichen geborgenen Einheit, es kommt zur Entfernung vom Vater und dem späteren Versuch, ihn wieder in ein Bezugssystem zu integrieren. Die Entfremdung vom bedrohlichen Vater belegt Bischof unter anderem durch unsere eigene griechische Mythologie. Die Erdmutter Gaia stiftet ihren jüngsten Sohn Kronos an, Uranos mit einer Sichel zu entmannen, was er auch tut. Aber Kronos geht es nicht besser. Da ihm geweissagt wurde, dass seine Söhne ihn entthronen würden, verschlingt er einen nach dem andern. Doch Rhea gelingt es, Kronos einen Stein anstelle des neugeborenen Zeus zum Verschlingen zu geben. Und Zeus entmachtet dann später Kronos.

Athene: Diese Verbindung zur Mythologie scheint mir doch etwas weit hergeholt.

Apoll: Zugegeben. Aber Bischof und seine Mitarbeiterinnen führten eigene Untersuchungen an Kindern durch, die eindrucksvoll die Trennung von Himmel und Erde mit zunehmendem Alter zeigen. Das männliche (der Himmel) und weibliche (die Erde) Prinzip scheiden sich. Weiterhin demonstriert er an einer Versuchsanordnung mit zwei Bergen und einer Schlucht dazwischen, wie die Vier- bis Fünfjährigen Vater und Mutter trennen und im Spiel die Fremdartigkeit des Vaters zum Ausdruck bringen, während jüngere Kinder im Spiel eher eine harmonische Situation darstellen.

Athene: Das mag den Gleichklang von Mythos und individueller Entwicklung demonstrieren, aber zwingend erscheint mir die Annahme Bischofs nicht. Er müsste uns erst einmal erklären, wieso Menschen überhaupt so etwas Merkwürdiges wie Mythen erfinden, woher die sonderbaren Ungeheuer in den Mythen kommen und warum Menschen ihre Grundthematiken symbolisch in Geschichten über Monster, Götter, Tiere und was weiß ich erzählen und nicht einfach sprachlich direkt zum Ausdruck bringen.

Apoll: Hier gibt es in der Tat noch viel zu klären. Einen wichtigen Zugang bildet das Spiel, von dem wir ja im nächsten Kapitel einiges erfahren werden.

Dionysos: Obwohl mir die Mythen gefallen und ihr Bezug zur menschlichen Entwicklung einiges für sich hat, möchte ich doch eure Aufmerksamkeit auf die materielle Seite des Menschen lenken. Es gibt inzwischen neuronale Befunde über die Entwicklung der neuen Leistungen im Vorschulalter. Bei der Theory of Mind ist der mittlere präfrontale Cortex aktiv sowie einige andere Regionen. Man nimmt an, dass dort die Fähigkeit verankert ist, zwischen dem äußeren Verhalten eines Akteurs und seiner Vorstellungswelt zu unterscheiden. Dies ist nur möglich, wenn das Kind beides bei sich repräsentiert, also in der eigenen Vorstellung diese Unterscheidung treffen kann.

Aphrodite: Das ist mir zu kompliziert, du redest doch sonst nicht so. Außerdem mag ich nicht, wenn man im Gehirn herumfuhrwerkt. Der Mensch ist ein Ganzes, also betrachten wir ihn auch als Ganzes.

Athene: Es ist schon wichtig zu wissen, wie die Theory of Mind oder die Handlungsorganisation im Gehirn funktionieren. Wenn sich, wie bei der Theory of Mind, zeigen lässt, dass dabei bestimmte Gehirnpartien funktional miteinander verkoppelt sind und wenn sie in einem bestimmten Alter, etwa mit vier bis viereinhalb Jahren, zu arbeiten beginnen, dann liegt der Schluss nahe, dass es sich um eine angeborene Funktionseinheit, um ein Modul handelt, das nach seiner Reifung zu arbeiten beginnt.

Dionysos: Das würde den Zusammenhang zwischen Evolution und Ontogenese auch naturwissenschaftlich untermauern. Aber noch einmal zurück zu den Polen apollinisch und dionysisch. Wenn die Kultur nur zulässt, dass sich der Mensch nur apollinisch entwickeln darf und nicht dionysisch, wird er zu einer Karikatur seiner selbst. So etwas hat das Christentum versucht und ist gescheitert. Das Dionysische gehört zum Menschen. Lassen wir es ihm und lassen wir es uns!

Alle: Wir stimmen zu von fern und nah – bei Nektar und Ambrosia!

Literatur

Atran, S. (1999). Itzai Maya folkbiological taxonomy. In D. Medin & S. Atran (Hrsg.), *Folkbiology.* Berkely (Mass): MIT Press.

Baillargeon, R. (1987). Object permanence in 3 1/2- and 4 1/2-month-old infants. *Developmental Psychology, 23*(5), 655–664.

Baillargeon, R., & Gelman, R. (1980). *Young children's understanding of simple causal sequences: Predictions and explanations.* Paper presented at the APA Meeting in Montrea.

Birnholz, J. C., & Benacerraf, B. B. (1983). The development of human fetal hearing. *Science, 222,* 516–518.

Bischof-Köhler, D. (2000). *Kinder auf Zeitreise. Theroy of Mind, Zeitverständnis und Handlungsorganisation.* Bern: Huber.

Blaisdell, A. P., Leising, K. J., Sawa, K., & Waldmann, M. R. (2006). Causal Reasoning in Rats. *Science, 311*(5763) 1020–1022.

Bruner, J. S. (1987). *Wie das Kind sprechen lernt.* Bern: Huber.

Carey S. (1985). *Conceptual change in childhood* (Dissanayake, 2001). Cambridge: MIT Press.

Dissanayake, E. (2001). Becoming Homo Aestheticus: Sources of aesthetic imagination in mother-infant interaction. Substance, 30, 85–103.

Feijoo, J. (1981). Le foetus, Pierre et le Loup. ou une approche originale de l'audition prenatale humaine. In E. Herbinet & C. Busnel (Hrsg.), *L'aube de sens* (S. 192–289). Paris: Stock.

Goswami, U. (2001). *So denken Kinder. Einführung in die Psychologie der kognitiven Entwicklung.* Bern: Huber.

Hatano, G. (2001). A long-term revision of the concept of molecules by elementary school children. EARLI-Conference Fribourg, Schweiz, Augsut/September 2001.

Houston, D. M. & Jusczyk, , P. W. (2000). The role of talker-specific information in word segmentations by infants. Journal of Experimental Psychology: Human Percepteion and Performance, 26, 1570–1582.

Kant, I. (1996a). *Kritik der reinen Vernunft.* Stuttgart: Reclam.

Krumhansl, C. L., & Jusczyk, P. W. (1990). Infants' perception of phrase structure in music. *Psychological Science, 1,* 70–73.

Leslie, A. M., & Keeble, S. (1987). Do six-month-old infants perceive causality? *Cognition, 25,* 265–288.

Mischel, W., Ebbesen, E. B., & Zeiss, A. R. (1972). Cognitive and attentional mechanisms in delay of gratification. *Journal of Personality and Social Psychology, 21,* 204–218.

Mischel, W., Shoda, Y, & Rodriguez, M. L. (1989). Delay of gratification in children. *Science, 244,* 933–938.

Nunner-Winkler, G., & Sodian, B. (1988). Children's Understanding of Moral Emotions. *Child Development, 59,* 1323–1338.

Oerter, R., & Montada, L. (Hrsg.). (2008). *Entwicklungspsychologie.* Weinheim: Beltz/PVU.

Papousek, M. (1994). *Vom ersten Schrei zum ersten Wort.* Bern: Huber.

Piaget, J. (1966). *Psychologie der Intelligenz.* Zürich: Rascher.

Piaget, J. (1969). *Das Erwachen der Intelligenz beim Kinde.* Stuttgart: Klett (Zürich: Rascher 1964).

Premak, D. (1988). "Does the chimpanzee have a theory of mind" revisited. In R.W. Byrne and A. Whiten (Eds). Machiavellian intelligence. (pp. 160–179). Oxford: Oxford University Press.

Shetler, D. J. (1990). The inquiry into prenatal musical experience. In F. R. Wilson & F. L. Roehmann (Hrsg.), *Music and child development* (S. 44–62). St. Louis: MMB Music.

Sodian, B. (2006). Theorie of mind. In W. Schneider & B. Sodian (Hrsg.). Kognitive Entwicklung. Encyklopädie der Psychologie. Göttingen: Hogrefe, S. 495–608.

Sodian, B. (2008). Entwicklung des Denkens. In R. Oerter & L. Montada (Hrsg.), *Entwicklungspsychologie* (S. 436–479). Weinheim: Beltz PVU.

Spelke, E. S. (1991). Physical knowledge in infancy: Reflections on Piaget's theory. In S. Carey & R. Gelman (Hrsg.), *The epigenesis of mind: Essays on biology and cognition* (S. 133–169). Hillsdale: Erlbaum.

Thoermer, C. & Sodian, B. (2001). Preverbal children's understanding of referential gestures. First Language, 21, 245–264.

Trehub, S. (2005). Musikalische Entwicklung in der frühen Kindheit. In R. Oerter & F. Stoffer (Hrsg.), *Musikpsychologie Bd. 2 Enzyklopädie der Psychologie.* Göttingen: Hogrefe.

Uller (2004) bei Schimpansen Kugelsprung als unvernünftiges Verhalten.

Vosniadou S. (1991). Conceptual development in astronomy. In S. M. Glynn, R. H Yeavy, & B. K. Britton (Hrsg.), *The psychology of learning science* (S. 149–1789) Hillsdale: Erlbaum.

Weinert, S., & Grimm, H. (2008). Sprachentwicklung. In R. Oerter & L. Montada (Hrsg.), *Entwicklungspsychologie* (S. 502–534). Weinheim: PVU/Beltz.

Wimmer, H., & Perner, J. (1983). Beliefs about beliefs: Representation ad constraining function of wrong beliefs in young children's understanding of deception. *Cognition, 13,* 103–128.

Wishart, J. G., & Bower, T. G. R. (1984). Spatial relations and the object concept: A normative study. In L. P. Lipsitt & C. Rovee-Collier (Hrsg.), *Advances in infancy research* (Bd. 3, S. 57–123). Norwood: Ablex.

Woodward, A. L. (1998). Infants selectively encode the goal object of an actor's reach. *Cognition, 69,* 1–34.

Spiel, ein idealer Anwalt für das EKO-Modell. Oder: Nur wo der Mensch spielt, ist er ganz Mensch

10

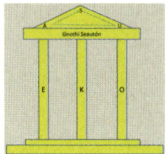

Wir werden in den folgenden Kapiteln wichtige Bereiche näher behandeln, bei denen das EKO-Modell neue Perspektiven eröffnet. Der erste Bereich, mit dem wir uns beschäftigen, ist das Spiel. Nun mag man sich fragen, warum so etwas Unwichtiges wie das Spiel zu der Ehre kommt, als erster Bereich behandelt zu werden. Dies hat zwei Gründe. Zum einen ist Spiel das ideale Beispiel, um zu demonstrieren, wie Evolution, Kultur und Ontogenese ineinandergreifen. Zum andern gilt es zu zeigen, dass Spiel keineswegs eine bedeutungslose Aktivität darstellt, sondern zentral für das menschliche Leben ist. Wir behaupten, dass Spiel für die individuelle und kulturelle Entwicklung wichtiger ist als Arbeit, eine Behauptung, die erst heute in vollem Umfang belegt werden kann.

10.1 Was ist Spiel?

Obwohl alle zu wissen glauben, was Spiel ist, lässt es sich wegen der Vielfalt seiner Erscheinungsformen schwer in eine griffige Definition zwängen. Da das Spiel auch bei (anderen) Tieren auftritt, müssen wir nach einer Beschreibung suchen, die auch auf andere Lebewesen passt. Spiel präsentiert sich unter dieser Perspektive als Aktivität, die keinen erkennbaren Nutzen für das Überleben hat, also weder der aktuellen Nahrungsbeschaffung, der Sicherheit oder dem Ruhebedürfnis dient. Spielaktivität ist *Selbstzweck*. Sie nutzt keinem unmittelbaren Ziel außerhalb des Verhaltens. Die Kennzeichnung „unmittelbar" ist wichtig, weil Spielaktivität auf längere Sicht einen Vorteil einbringen kann.

R. Oerter, *Der Mensch, das wundersame Wesen*,
DOI 10.1007/978-3-658-03322-4_10, © Springer Fachmedien Wiesbaden 2014

Die allgemeine Kennzeichnung des Spiels als Selbstzweck lässt sich durch das Merkmal der lustvollen *Wiederholung* ergänzen. Wenn ein junges Kätzchen mit einem Ball spielt, ihn wegrollt und wieder einfängt oder wenn sich zwei junge Hunde balgen, so macht das den Tieren offenkundig Spaß und sie wiederholen die lustvolle Tätigkeit. Bereits das sechs Monate alte Baby zeigt ein ähnliches Verhalten. Wenn man sein Bein mit einer über eine Rolle laufende Schnur verbindet, an deren anderem Ende eine Puppe befestigt ist, so entdeckt das Baby rasch, dass es mit seinem Beinchen die Puppe zum Schaukeln und Hüpfen bringen kann. Sobald es diesen Zusammenhang erkannt hat, wiederholt es die Beinbewegung absichtlich und lustvoll. Man bezeichnet dieses Verhalten auch als Mastery Play, weil das Kind Freude an der Bewältigung einer neuen Handlung hat und diese regelrecht einübt.

Ein weiteres Merkmal des Spiels hängt mit dem *So-tun-als- ob* zusammen. Sade (1973) gibt einen Überblick über die Gestik und Mimik von Rhesus-Affen und findet für die Spielhaltung typische Ausdruckskomponenten bei Spielkämpfen, wie die Rotation des Kopfes oder Rumpfes in einer schrägen Neigung. Das So-tun-als-ob finden wir auch beim Kätzchen, das mit einem Wollknäuel spielt, es hat ja keine echte Beute. Das Knäuel dient ihm als Ersatz. Es steht stellvertretend für die Beute. Bereits Bateson (1955) stellt einen Zusammenhang zwischen Spielverhalten und einer neuen Ebene der Kommunikation in der Phylogenese her. Er nimmt an, dass Tiere mit Zeichen umgehen, die für etwas anderes stehen. Wenn Jungtiere miteinander Scheinkämpfe ausführen, dann ist dies seiner Meinung nach nur möglich durch die Metakommunikation: „Das ist Spiel. Wir tun nur so, als ob wir kämpfen würden". Natürlich ist die Metakommunikation kein bewusster Vorgang. Auch das Kind, das Metakommunikation ausgiebig im Rollenspiel einsetzt, ist sich dieser Methode nicht bewusst. Die Verwendung von Zeichen findet man auch bei den Drohgebärden höherer Säugetiere. Drohen ist ein Zeichen für etwas anderes, nämlich der Gefahr der Aggression gegen den Bedrohten, die aber nur eintritt, wenn der Gegner angreift bzw. das Revier nicht verlässt. Diese Parallelität zum Spiel nimmt Bateson als Beleg für die Fähigkeit bei Tieren, mit Zeichen zu operieren, die auf etwas hinweisen, was sie nicht selbst sind.

Bisher haben wir also drei Merkmale zur Kennzeichnung des Spiels kennengelernt: Selbstzweck, Wiederholung und fiktive Realität (Tun als ob). Ein weiteres Kennzeichen des Spiels, das ebenfalls phylogenetisch schon vor dem Auftreten des Homo verankert ist, kann im *Ritual* gesehen werden. Rituale sind Handlungen, die einen fixierten Ablauf haben, außerhalb der unmittelbaren Lebensfristung stehen und einen übertriebenen Gestus aufweisen. Menschliche Rituale finden wir in religiösen, politischen und militärischen Zeremonien. Sie sind auch ein wichtiges Element im kindlichen Tagesablauf. So braucht das Kind feste ritualisierte Handlungsfolgen beim Aufstehen, Zubettgehen und bei den Mahlzeiten. Rituale ähnlicher Art finden wir schon bei Tieren. Am auffälligsten und bizarrsten sind die Balzrituale der Vögel. Aber viele Säugetiere stehen ihnen in den Werberitualen kaum nach. Selbst Lurche, Schnecken und Insekten besitzen in ihrem Verhaltensrepertoire Rituale. Ob Mensch oder Tier – merkwürdig, bizarr und unnötig energieaufwendig sind Rituale allemal. Sie finden sich auch haufenweise im Spiel bei Kindern und Erwachsenen.

Ihre Funktion scheint ihre stabilisierende, ordnende, teils beruhigende, teils erhebende Wirkung zu sein. Auch wenn wir es bei Tieren mit vorprogrammiertem Instinktverhalten zu tun haben und unser Verhalten und Handeln demgegenüber viel mehr Freiheitsgrade hat, so ist uns doch das irrationale Bedürfnis nach Ritualen geblieben.

Schließlich wäre noch ein letztes Merkmal des Spiels zu nennen, das allerdings auch nicht auf Spielverhalten beschränkt bleibt: der *Objektbezug*. Bereits Tiere spielen gerne mit Gegenständen: Delphine mit Holzstämmen oder manchmal mit Möwen, junge Kolkraben mit Rindenstückchen, das Kätzchen mit dem Wollknäuel. Menschenkinder beziehen fast immer Gegenstände in ihr Spiel mit ein, und wenn Säuglinge in einem Funktionsspiel mit den eigenen Körperteilen hantieren, so werden diese zu Gegenständen, die man erkundet. Der Gegenstandsbezug ist wieder unser Bindeglied zur menschlichen Kultur, die wir als Universum von Gegenständen definiert haben. Wir werden zeigen, welche Bedeutung das Spiel und der spielerische Gegenstandsbezug für die Entstehung und Entwicklung der Kultur haben. Gegenstände haben im Spiel eine andere Funktion als außerhalb im „Ernst des Lebens". Das Wollknäuel des Kätzchens ist die Als-ob-Beute, der Ball, den der Delphin oder die Robbe auf der Nase balanciert, ein Gegenstand des Vergnügens. Das Spielzeugauto ist ein Als-ob-Gegenstand, der das Fahren mit dem richtigen Auto simuliert und antizipiert. Gegenstandsbezug im Spiel hat mehr oder minder mit der fiktiven Realität zu tun, in der sich die Spielhandlung bewegt. Je mehr sich ein Tier oder ein menschliches Kind explorativ mit einem Gegenstand beschäftigt, desto mehr tritt die Als-ob-Haltung zurück, denn es geht um die Erforschung und praktische Erprobung der Funktionen des Gegenstandes. Aber auch bei diesem Neugierspiel bleibt die Als-ob-Haltung, denn ohne sie würde man sich einem Objekt erst gar nicht spielerisch zuwenden.

Zusammenfassend lässt sich festhalten: Spiel tritt in der Evolution sehr früh auf. Es ist meist, aber durchaus nicht immer, eine lustvolle Tätigkeit, die um ihrer selbst willen ausgeübt wird. Als Merkmale, die sich bis hin zum Homo sapiens immer stärker und klarer ausprägen, können gelten: Selbstzweck, Wiederholung, fiktive Realität (Nutzung von Zeichen), Ritual und Gegenstandsbezug.

10.2   Spielverhalten beim Tier und sein evolutionärer Sinn

Obwohl Spiel bei Tieren ein uns allen bekanntes Phänomen ist, verlohnt es sich, einige Beispiele näher anzuschauen, die von anderen Autoren gesammelt und diskutiert worden sind (Burghardt 2005; Bekoff und Byers 1998; Fagen 1981; Cerutti 2002). Dass Spiel phylogenetisch sehr alt sein muss, beweist das Spielverhalten von Kraken, die es seit mindestens 550 Mio. Jahren gibt und deren unmittelbare Vorfahren sogar eine Milliarde Jahre alt sind. Kraken spielen mit Legosteinen und Plastikflaschen, die sie immer wieder in die Strömung drücken. Eine afrikanische Schildkröte im Zoo von Washington mit Namen Pigface verbrachte rund 30 % ihrer Zeit als „Spiel" mit Bällen, Stöcken und Ringen.

Ein Beispiel für das Spiel von Vögeln übernehme ich wörtlich von Cerutti (2001/2002, Folio Neue Züricher Zeitung). „Vier junge Kolkraben, kaum flügge geworden, interessieren sich für ein Rindenstück. Einer packt die Rinde mit dem Fuß, hängt sich kopfüber an einen Ast und lässt nach etlichem Geschaukel das Objekt fallen. Blitzschnell sind zwei der andern bei der Rinde, packen sie mit dem Schnabel und veranstalten ein ‚Seilziehen'. Als sich der Sieger mit der Beute davonmachen will, wird er vom vierten Vogel verfolgt, der das Streitobjekt erobert, sich auf den Rücken legt und die Trophäe hingebungsvoll mit dem Schnabel bearbeitet. Wenige Minuten später aber liegt die Rinde verlassen auf dem Boden – die Vogelbande balgt sich jetzt um ein Stecklein."

Am häufigsten und ausgeprägtesten findet sich Spiel bei Säugetieren. Junge Schimpansen verbringen einen Großteil ihrer Zeit mit Spielverhalten. Dazu gehören Kampfspiele und andere soziale Wettbewerbsspiele, Spiele mit Gegenständen und Vorformen von Symbolspiel. Bierens de Haan (1952) beobachtete bereits vor 60 Jahren das Spielen eines jungen Schimpansen. Er berichtet über die große Erfindungsgabe des Tieres, die Möglichkeiten seines Körpers zu erproben und über die Fähigkeit, einige einfache Gegenstände zum Spiele zu nutzen. Die Rhythmik seiner Bewegungen schien er lustvoll zu empfinden. Die Präsentation eines im Kindergarten benutzten Spielgerätes regte das Tier jedoch nicht zu Umgang mit dem neuen Objekt an, es zeigte kein Interesse. Bekoff fand, dass das Spielverhalten von jungen Koyoten eine deutlich größere Variation auf wies und weniger vorhersagbar war als das Verhalten erwachsener Tiere (Bekoff und Byers 1998).

Damit sind wir bei der Frage, welche Funktion Spielverhalten in der Evolution haben könnte. Es wird eine Reihe von Interpretationen angeboten. Die älteste und immer wieder aufgefrischte Hypothese lautet, dass durch Spielverhalten spätere Leistungen eingeübt werden: das Jagdverhalten, der Kampf gegen Rivalen, Geschicklichkeiten bei der Nahrungsbeschaffung und nicht zuletzt die rasche Flucht. Auch die Einübung sozialer Fertigkeiten soll durch gemeinsame Spiele gefördert werden, wie Scheinkämpfe, Ergattern eines Gegenstandes in der Gruppe und soziales Zusammenleben überhaupt. Da es für die Einübungshypothese Gegenbeispiele im Tierreich gibt, sucht man heute nach anderen Erklärungen. Immerhin gibt es genug Belege dafür, dass Verhalten durch Spiel eingeübt wird, allerdings weniger als Training festgelegter Routinen, sondern mehr als Erhöhung der raschen und flexiblen Anpassung an neue Situationen. Bei den Spielkämpfen wechseln beispielsweise die Partner die Rollen des Angreifers und des Unterlegenen, wie sich bei Ratten, Steinböcken und Rhesusaffen beobachten ließ (Burghardt 2005).

Inzwischen lassen sich Zusammenhänge zwischen Spiel und Training des Gehirns auch neurologisch nachweisen. Bei Mäusen, Ratten und Katzen formieren sich die Synapsen der Nervenzellen im Kleinhirn gerade zu der Zeit, in der die Jungen am meisten spielen. Auf diese Weise werden von den synaptischen Verbindungen, die in der frühen Entwicklungsphase bei Tier und Mensch in einer Überzahl vorhanden sind, diejenigen gefestigt, die trainiert werden (Bekoff und Byers 1998). Siviy (2000) fand eine erstaunliche Aktivierung von Gehirnregionen während des Spiels, woraus sich folgern lässt, dass Spiel die Flexibilität des Verhaltens fördert. Burghardt (2005) fasst diese Überlegungen zu einer Theorie zusammen, die er Surplus Ressource Theory, Theorie überschüssiger Ressourcen, nennt. Sie lässt sich folgendermaßen kennzeichnen. Spielen kann ein Lebewesen nur, wenn es gerade frei von Aufgaben der Nahrungsbeschaffung und der Abwehr von Feinden ist. Bei den meisten Säugetieren, vor allem aber beim Menschen, sind die Bedingungen dafür sehr günstig. Die Eltern behüten die Jungen und sorgen für genügend Nahrung. Junge Säugetiere einschließlich der Menschen haben wesentlich mehr überschüssigen Raum für Spielaktivität als andere Tierklassen und damit einen Vorteil für den Aufbau flexibler Gehirnstrukturen. Burghardt sieht in der Verfügbarkeit überschüssiger Ressourcen und damit im Spiel einen wichtigen Grund für den Siegeszug der Säugetiere.

Wenn Spielaktivität und Gehirnentwicklung, wie angenommen, eng miteinander verbunden sind, dann müsste es im Tierreich sensible Phasen geben, in denen gespielt wird. In der Tat existieren solche „Entwicklungsfenster": bei Mäusen zwischen dem fünfzehnten und dem dreißigsten Lebenstag, bei Katzen etwa ab der dritten bis zur zwanzigsten Woche, und beim Anubispavian zwischen dem fünften und fünfzigsten Monat. Spinka, Newberry und Bekoff (2001) nehmen an, dass sich Spielverhalten in der Evolution deshalb entwickelt hat, weil sich so Verhalten in neuen, unvertrauten Situationen risikofrei erproben lässt. Auf diese Weise sind Spielerfahrene besser für den Ernstfall gerüstet. Dies wiederum bietet einen Wettbewerbsvorteil im Kampf ums Dasein.

Zusammenfassend können wir festhalten: Die evolutionäre Funktion des Spiels besteht in der Entwicklung flexibleren und anpassungsfähigen Verhaltens, das einen Trumpf im Kampf ums Dasein darstellt. Spiel bildet sich, wenn ein Überschuss an Ressourcen vorhanden ist und Freiraum für scheinbar nutzloses Verhalten ermöglicht.

10.3 Ontogenese: Spiel als Lebensbewältigung

Beim Homo sapiens nimmt die Spielaktivität den größten Raum von allen Säugetieren ein. Dem menschlichen Kind, aber auch dem Erwachsenen stehen mehr als bei jedem Tier Überschuss-Ressourcen zur Verfügung, die für das Spiel genutzt werden können.

Entwicklung des Spiels

Generell lassen sich in der Entwicklung typische Spielformen unterscheiden, die in einer festen Reihenfolge auftauchen: sensomotorisches Spiel, Exploration (wird von manchen Autoren nicht zum Spiel gerechnet), Symbolspiel oder Als-ob-Spiel, Konstruktionsspiel, Rollenspiel und Regelspiel.

Sensomotorisches Spiel Das sensomotorische Spiel entspringt der Bewegungserfahrung des Säuglings und zeigt sich ursprünglich als Vorform in primären Kreisreaktionen (Piaget 1936). Mit dem Auftreten der sekundären Kreisreaktionen (Baldwin 1895; Piaget 1936) führt das Kind aktiv selbsterzielte Effekte herbei (z. B. Puppe an einer Schnur hochziehen). Die Handlungswiederholungen werden ausgesprochen lustvoll durchgeführt und auch als Mastery Play bezeichnet (Bruner et al. 1976). Das sensomotorische Spiel mündet in Explorationsverhalten, sobald die Fertigkeiten des gezielten Greifens und der Augen-Hand-Koordination hinreichend ausgebildet sind (in der Regel am Ende des ersten Lebensjahres). Dabei werden die Handlungsqualitäten des Gegenstandes erforscht und neue Umgangsformen erprobt. Hat das Kind genug vom Gegenstand erfahren, benutzt es ihn häufig als Objekt eines Symbolspiels.

Symbolspiel (Als-ob-Spiel) Im zweiten Lebensjahr zeigt das Kind einen erstaunlichen Umgang mit Gegenständen. Kaum hat es deren Bedeutung erfasst, definiert es sie um und benutzt sie in einem anderen selbstkonstruierten Realitätsrahmen. Gegenstände und Handlungen werden zum *Symbol* für etwas anderes. Das Kind verhält sich so, *als ob* es selbst, seine Handlungen und die Gegenstände etwas Anderes, Neues seien.

Mit Bretherton (1984) kann man zwischen drei Handlungskomponenten im Spiel unterscheiden: Akteur, Spielhandlung und Spielgegenstand. Beim Akteur beobachten wir die Veränderung vom Selbstbezug zum Bezug auf andere Personen oder als Personen gedeutete Objekte (Puppe). Auf der Seite der *Spielhandlung* werden zunächst einzelne Handlungen (z. B. Kämmen), dann Handlungsschemata auf verschiedene Objekte (kämmen der Puppe, der Schwester, der Mutter) und schließlich die Kombination von Handlungen realisiert (Puppe waschen, kämmen und anziehen). Der *Spielgegenstand* zeigt eine Entwicklung der Substitution, d. h. der Umdeutung des Gegenstandes bzw. des Ersetzens durch einen gedachten Gegenstand. Zunächst muss der reale Gegenstand noch äußere Ähnlichkeiten aufweisen (z. B. ein Plastik-Lastauto), sodann begnügt sich das Kind mit einer funktionellen Ähnlichkeit (fahrbar, beladbar). Schließlich kann der reale Gegenstand mehr und mehr beliebig werden (Holzklotz, später auch nur eine das Fahren andeutende Geste).

Das Symbolspiel erfordert vom Kind beträchtliche kognitive Leistungen, allem voran die Fähigkeit, sich gegen den Augenschein etwas vorzustellen und gemäß dieser Vorstellung und nicht gemäß dem Augenschein zu handeln. Wenn das Kind beispielsweise einen gelben Baustein als Banane bezeichnet und ihn in einem Verkaufsspiel als Banane weiterverkauft, so handelt es gegen den Augenschein, dass es real einen Baustein weitergibt. Da das Symbolspiel bereits im zweiten Lebensjahr auftaucht, stellt sich die Frage, welche Fähigkeiten das Kind bereits zu diesem frühen Zeitpunkt besitzt.

Zunächst muss man sich mit dem Problem des „Vorstellungsmissbrauchs" auseinandersetzen. Das Kind sieht eine leere Tasse und tut so, als sei Flüssigkeit darin, indem es aus ihr trinkt. Je mehr Umdeutungen und je mehr Als-ob-Spiele stattfinden, desto mehr kommt es zum Missbrauch von Vorstellungen über Gegenstände. Wieso führt dieser Missbrauch das Kind nicht in Verwirrung? Harris und Kavenaugh (1993) erklären dies aufgrund einer Serie von Experimenten, die sie durchgeführt haben, folgendermaßen: Die fiktive Episode wird zu einem vorübergehend neuen Handlungsrahmen. In ihm erfahren die Gegenstände eine andere Etikettierung. Beispielsweise „in diesem Handlungsrahmen (‚Spiel') ist der gelbe Baustein eine Banane". Sobald der Spielrahmen verlassen wird, erhält der Baustein wieder seine ursprüngliche Bedeutung zurück. Auf diese Weise kann das Kind im Spielverlauf den gleichen Gegenstand sogar mehrfach etikettieren. Wenn es den Bären „füttert", erhält der Baustein das Etikett ‚Banane‘; wird der Bär gewaschen, so kann der Baustein das Etikett ‚Schwamm‘ erhalten. Solche Zuweisungen aus dem Handlungsrahmen können im Langzeitgedächtnis gespeichert und bei Wiederholung des Spiels abgerufen und erneut benutzt werden.

Die Autoren weisen auch das Verständnis kausaler Transformationen beim Spiel nach. Wenn ein Kind eine fiktive Flüssigkeit auf den Tisch gießt, so ist dieser nass und kann fiktiv getrocknet werden. Die Etikettierung ‚nasser Tisch‘ wird kausal aus dem fiktiven Verschütten abgeleitet. Zwei Wege führen vermutlich zu dieser Leistung. Der erste Weg verläuft über die bildhafte Vorstellung. Bei der Pantomime vermeinen wir fiktive Gegenstände, die nur gestisch angedeutet werden, förmlich zu sehen (Charlie Chaplins berühmtes Fangen eines Flohs). In unserem Beispiel „sieht“ man die Nässe auf dem Tisch. Der zweite Weg besteht im Schlussfolgern, also dem propositionalen Wissen über den Zusammenhang von Ursache und Wirkung. Das Kind weiß, dass beim Verschütten Nässe entsteht. Beide Wege wirken wohl zusammen.

Das Rollenspiel Das Zusammenspiel zu Zweien oder in einer größeren Gruppe erfordert die Fähigkeit der Beteiligten, sich auf einen gemeinsamen Gegenstand (ein Spielzeug, einen Spielrahmen, ein Spielthema) zu beziehen. Bevor es zum koordinierten Sozialspiel kommt, kann man eine Zwischenform zwischen Einzel- und Sozialspiel beobachten, das Parallelspiel. Kinder spielen nebeneinander her und beobachten sich beim Spiel. Es kommt zur wechselseitigen Nachahmung, ohne dass eine direkte Kommunikation stattfindet. Howes und Matheson (1992) untersuchten in zwei umfangreichen Längsschnittstudien die Entwicklung des Sozialspiels, wobei die Kinder zu Beginn 13–15 Monate und am Ende der Untersuchung 42–47 Monate alt waren. Sie fanden folgende Reihenfolge des Sozialspiels:

- Parallelspiel ohne wechselseitige Beachtung,
- Parallelspiel mit wechselseitigem Augenkontakt,
- einfaches Sozialspiel (Kinder sprechen miteinander und bieten sich Gegenstände an),
- komplementäres und reziprokes Spiel (Kinder nehmen einfache handlungsdeterminierte, wechselseitig abhängige Rollen ein, wie Jagen und Verfolgen, Suchen und Verstecken),
- kooperatives soziales Fiktionsspiel (Partner spielen Rollen in einem Rollenspiel) und
- komplexes soziales Fiktionsspiel (Kinder spielen soziale Rollen unter Einsatz von Metakommunikation; s. u.).

Beim komplexen Rollenspiel ist für das gemeinsame Spiel die sogenannte Metakommunikation nötig, d. h. die Vereinbarung, was gespielt werden soll. Die Metakommunikation kann nonverbal erfolgen oder explizit sprachlich vereinbart sein („wir spielen jetzt Kochen“). Griffin (1984) fand bei ihrer Analyse metakommunikativer Äußerungen ein Kontinuum, angefangen von Mitteilungen, die ganz innerhalb des Spielrahmens blieben, bis zu solchen, die völlig außerhalb des Spielrahmens standen. Im Folgenden sollen die verschiedenen Formen in der Abfolge des Kontinuums kurz erläutert werden.

- Ausagieren: Während der Spielhandlung selbst wird mitgeteilt, was man gerade spielt
- Versteckte Kommunikation: Handlung oder Rolle werden absichtlich im Spiel hervorgehoben, ohne explizit auf eine Vereinbarung hinzuweisen. So versucht die Schwester den jüngeren Bruder in einem Friseurspiel zum Mitspielen zu veranlassen, indem sie ihn erinnert: „Sie sind zum Friseur gekommen oder nicht?"
- Unterstreichen: Eine Handlung wird verbal kommentiert oder beschrieben. Im Friseurspiel sagt das Mädchen, während es die Kundin kämmt: „Ich kämme Sie jetzt schön"
- Geschichten erzählen: Ein Handlungsvorgang wird mehr erzählt als ausagiert, wobei das Kind oft in eine Art Singsang verfällt. Ein Mädchen sagt zu seiner Mutter: „Ich reise jetzt nach Griechenland zu meinem Freund" und läuft dabei in die andere Ecke des Zimmers
- Vorsagen: Ein Spieler bricht aus dem Spielrahmen aus und teilt dem Partner mit veränderter Stimme etwas mit. In einem Verkaufsspiel sagt die Verkäuferin zur Kundin: „Du musst jetzt zahlen!"
- Implizite Spielgestaltung: Durch Äußerungen wird der Spielrahmen näher bestimmt, ohne dass das Spiel explizit vereinbart wird. Im obigen Friseurspiel erklärt das Mädchen: „Ich bin der Friseur!", der kleine Bruder dagegen: „Nee, ich!"
- Explizite Spielgestaltung: Nun werden explizite Spielvorschläge gemacht mit Formulierungen wie: „Wir spielen jetzt. . ." oder „Jetzt tun wir so, als ob. . .".

Metakommunikation taucht gewöhnlich erst mit dreieinhalb Jahren auf (Fein 1981).

Regelspiel Im Englischen werden Regelspiele schon sprachlich von anderen Spielen abgegrenzt (game vs. play), was zum Ausdruck bringt, dass Regelspiele einer gesonderten Betrachtung bedürfen.

Piaget (1954) unterscheidet anhand der Analyse des Murmelspiels → drei Stadien des Regelbewusstseins.

Erstes Stadium: Das Kind entwirft sich selbst Schemata für seine Handlungen. Obwohl es den Sinn von Regeln noch nicht kennt, meint es, dass es Regeln im Spiel folgen müsse, ähnlich, wie bei Regeln im Alltagsleben (z. B. beim Essen, Begrüßen oder Verabschieden).

Zweites Stadium: Heteronomes Regelverständnis. Das Kind unterwirft sich der Regel, sie ist unantastbar und von Autoritäten gesetzt. Piaget zieht hier eine Parallele zu den Normen in traditionellen Kulturen, die ebenfalls als unverrückbar gelten und von höheren Mächten bzw. den Ahnen festgelegt wurden.

Drittes Stadium: Abwandelbare Regeln. Regeln sind das Ergebnis von Vereinbarungen. Die Regeln können geändert werden, wenn die Teilnehmer sich darauf einigen. Sie sind im Laufe der Zeit entstanden und werden nach Bedarf auch abgewandelt.

Neben diesem veränderten Regelverständnis beobachten wir im Grundschulalter eine laufende Verbesserung hinsichtlich der Differenziertheit und Komplexität von Regeln. Komplexe Regelspiele, wie Schachspiel, oder schwierige Regeln, wie die Abseitsregel im Fußballspiel, werden allmählich verstanden.

Elkonin (1980) wählt einen anderen Zugang zur Untersuchung der Entwicklung des Regelverständnisses. Ihm geht es um den Prozess der Internalisierung von Regeln, die ihre Gültigkeit unabhängig von äußerer Kontrolle behalten. Er prüfte hierzu, wie Kinder den Konflikt zwischen unmittelbarer Handlungstendenz (Handlungsimpuls) und Regelvorschrift bewältigen. Die Kinder (Drei- bis Siebenjährige) dachten sich gemeinsam mit der Erzieherin eine Handlung aus, die von der abwesenden Versuchsleiterin erraten werden sollte, z. B. ein Eimerchen holen, eine Blume pflücken und daran riechen. Die Spielregel bestand darin, die ausgedachte Handlung nicht zu verraten. Der unmittelbare Impuls der Kinder war jedoch, der Versuchsleiterin sofort die Lösung mitzuteilen.

Die jüngsten Kinder (ca. drei bis vier Jahre) fanden den Sinn des Spiels in der Interaktion mit der Versuchsleiterin und teilten ihr auf Verlangen die Lösung mit, obwohl sie zuvor behauptet hatten, nichts zu verraten. Auf einer zweiten Stufe (mit vier bis fünf Jahren) erkannten die Kinder den Sinn des Spiels, befanden sich aber in einem Konflikt zwischen Unterordnung unter die Regel (nichts verraten) und dem Wunsch nach Mitteilung. Die Kinder schauten den fraglichen Gegenstand an oder gaben andere helfende Hinweise. Erst auf einer dritten Stufe (ca. sechs bis sieben Jahre) siegte die Regel über den Handlungsimpuls. Die Kinder hielten sich selbst dann an die Regel, wenn die Erzieherin den Raum verließ. Die Regel wird zu einer Verpflichtung, die unabhängig von äußerer Kontrolle gilt.

Mischformen Viele Spiele bilden Mischformen dieser Grundeinteilung. So ist „Mensch ärgere dich nicht" eine Mischung zwischen Glücksspiel und Regelspiel. Kartenspiele verbinden Strategie mit Glücksspiel und Regelspiel. Sportspiele, wie Fußball und Handball vereinen sensomotorisches Spiel mit Strategie und Regel. Ergänzende Einteilungen werden auch nötig, wenn man Computerspiele mit einbezieht (Fritz 1995). Sie sind zum Teil reine sensomotorische Spiele, zum anderen Teil Mischungen aus Als-ob-, Rollen- und Regelspielen (Abenteuerspiele). Prinzipiell anders ist jedoch bei diesen Spielformen, dass sie von außen gelenkt werden und nicht mehr das Kind selbst Spielinitiator ist.

Explorations- und Konstruktionsspiel Kinder sind neugierig und befriedigen ihre Neugierde auch im Spiel. Dieses „Explorationsspiel" findet man, wie schon erwähnt, auch bei Tieren. Das Kind versucht, die im Gegenstand steckenden Handlungsfunktionen zu entdecken und zugleich auch direkt in den Gegenstand einzudringen. Bei einer Gelenkpuppe kann das Kind durch Drehen die Arm- und Beinbewegungen explorieren, es kann aber auch das Innere der Puppe kennenlernen wollen und ihr zu diesem Zweck den Kopf abreißen. Das Explorationsspiel mündet immer mehr in das Konstruktionsspiel, nämlich sobald das Kind in der Lage ist, zielgerichtet zu manipulieren. Es baut Türme, Häuser, knetet Tiere und beginnt zu kritzeln, bis aus den kreisartigen Formen schließlich realitätsnahe Abbildungen entstehen. Das Kind konstruiert die Welt nach seinem Willen und seinen

Vorstellungen. Es bildet ab, was es von seiner Umwelt weiß und drückt gleichzeitig seine Gefühle und Wünsche aus.

Beim Malen, Kneten und Bauen beobachtet man, dass das Kind sein Werk zunächst erst hinterher benennt, später während des Spiels und schließlich vor Beginn der Spielhandlung. Diese Entwicklungsschritte sind wegen des Gegenstandsbergriffes interessant. Zunächst entsteht das Objekt als nachträgliche Zuweisung. Das Kind nutzt sein Wissen, dass Gegenstände Namen haben. Die Benennung hat noch wenig mit dem hergestellten Produkt zu tun, sie fällt dem Kind spontan ein oder der Einfall wird durch soziale Nachahmung angeregt. Bei der Benennung während der Konstruktion ist die Verbindung zwischen eigener Zielsetzung und Objekt schon enger: Sobald die Benennung erfolgt ist, gibt es auch ein Handlungsziel. Man will etwas fertigen, das in Zusammenhang mit der Benennung steht. Die Angabe des Objekts vor Beginn der Konstruktion schließlich lässt erkennen, dass ein bestimmtes Objekt abgebildet werden soll. Das Konstruktionsspiel wird so zu einer Grundlage der Herstellung von Objekten. Hier drängt sich die Parallele zum Werkzeugmacher der Altsteinzeit auf.

Es gibt noch eine andere Form des Konstruktionsspiels, die gerne unbeachtet bleibt: Das improvisierende Singen des Kindes. Aus den Lallmonologen des Säuglings entwickelt sich später nicht nur die Sprache, sondern auch das Singen. Es tritt meist als Begleitaktivität beim Spielen auf. So singt das Kind beim Betrachten eines Bildes und beschreibt es musikalisch rezitativ- oder arienmäßig. Das ist die Geburtsstunde der Oper! Das Kind singt beim Bauen, beim Als-ob-Spiel oder imitiert einen Sänger bzw. eine Sängerin. Manchmal trösten sich Kinder durch den eigenen Gesang, wenn sie warten müssen, sich ängstigen oder etwas angestellt haben.

Spiel als Lebensbewältigung

Drei klassische Theorien   In der Evolution hat sich Spiel als Verhalten herausgebildet, weil es größere Flexibilität und damit effizientere Anpassung an neue Situationen gewährt. Spiel ist ein Mittel zur Daseinsbewältigung. Dies gilt für den Menschen in besonderem Maße, wie im Folgenden zu zeigen sein wird. Beginnen wir mit drei klassischen Erklärungen des Spiels. Sigmund Freud (1920, 1930) legt in seinen frühen Werken den Schwerpunkt auf die wunscherfüllende Funktion des Spiels. Das Spiel erlaubt dem Kind, den Zwängen der Realität zu entfliehen und ermöglicht das Ausleben tabuisierter Impulse, vor allem aggressiver Bedürfnisse. Das Spiel gehorcht dem Lustprinzip, während außerhalb des Spiels das Realitätsprinzip regiert. Im Zusammenhang mit der Wunscherfüllung spielt die Katharsis-Hypothese eine wichtige Rolle. Sie besagt, dass durch erneutes Ausleben früherer Probleme bzw. unerlaubter Triebwünsche eine „Reinigung" erfolgt, die das Kind (bzw. den Patienten) von seinen Ängsten befreit. Der Mechanismus der Bewältigung von Problemen bzw. generell nicht verarbeiteter Alltagserfahrung ist die Wiederholung. Durch die Wiederholung macht sich das Kind zum „Herrscher der Situation" und fügt der passiven Erfahrung ein aktives Gegenstück hinzu (Freud 1930). Dieser Gedanke wird von Erikson (1978) aufgegriffen und weiter elaboriert.

Nach Wygotski (1980, Org. 1933) entwickelt das Kind „unrealistische" Wünsche, vor allem, groß und stark sein zu wollen und wie die Erwachsenen attraktive Tätigkeiten ausführen zu dürfen. Diese Wünsche können nicht in der sozialen Realität erfüllt werden. Andererseits kann das Kind nicht warten, bis es erwachsen ist, um seine Ziele zu verwirklichen. Es ist im Gegensatz zum Erwachsenen noch kaum in der Lage, Bedürfnisse aufzuschieben. Hier bringt das Spiel die Lösung: Die Wünsche können in der Spielrealität illusionär verwirklicht werden. Das Kind will groß und stark sein und lebt diesen Wunsch in mannigfaltiger Weise im Spiel aus: als Supermann, als Vater, als Lehrer, als Astronaut etc. Wygotski betont auch, dass dem Kind diese verallgemeinerten Wünsche nicht bewusst sind und dass es das Motiv seines Handelns nicht begreift. Darin unterscheidet sich das Spiel wesentlich von der Arbeit und anderen Tätigkeitsformen.

Piaget (1969) kennzeichnet Spiel generell durch einen Überhang an Assimilation, d. h. an kognitiven Aktivitäten, die die Umwelt einseitig an die Schemata des Individuums anpassen. Warum aber diese einseitige Assimilation im Spiel? Spätestens ab dem Symbolspiel, d. h. den Spielhandlungen, bei denen das Kind Gegenstände umdeutet und Fiktionen aufbaut, handelt es sich nach Piagets Ansicht um eine Gegenreaktion gegen den Sozialisationsdruck und andere Umweltzwänge. Spielhandeln ist „die Abwehr dagegen, dass die Welt der Erwachsenen und die allgemeine Wirklichkeit das Spiel stören, um sich an einer Wirklichkeit, die man für sich selbst hat, zu erfreuen..." (a. a. O., S. 216). „Es ist die Welt des Ich, und das Spiel hat die Funktion, „diese Welt gegen die erzwungenen Akkommodationen an eine allgemeine Wirklichkeit zu verteidigen" (a. a. O., S. 216).

Tätigkeit als sinnstiftender Austausch zwischen Individuum und Umwelt Mit Leontjew (1977) kann man drei Handlungsebenen unterschieden, die für das Verständnis von Spiel sehr hilfreich sind. Die unterste Ebene bilden die Operationen. Sie sind automatisierte Fertigkeiten, die durch Lernen erworben wurden und als Grundlage des Handelns notwendig sind. Um mit einem Ball spielen zu können, muss man das Greifen und Fangen beherrschen. Ein Rollenspiel erfordert als Operationen die Sprache und die Empathie für die Spielkameraden. Die mittlere Ebene ist die Handlungsebene. Sie ist zielgerichtet, bewusst und zunehmend planvoll. Die oberste Ebene ist die Tätigkeitsebene. Sie stellt den Rahmen für Handlungen dar und gibt das Motiv und den Sinn für die Handlungen ab. Mit ihr müssen wir uns genauer befassen.

Die Tätigkeitsebene ist nicht oder nur teilweise bewusst, da sie aus den gesamten bisherigen Lebenserfahrungen entspringt, die niemals simultan repräsentiert werden kann, denn unser Arbeitsspeicher ist dafür zu klein, er kann nur 7 ± 2 Elemente gleichzeitig repräsentieren. Im Spiel wirkt die Tätigkeitsebene zunächst in Gestalt der jeweiligen Thematik ein, die das Kind beschäftigt, z. B. Geschwisterrivalität, Erwachsen-werden-wollen, Auseinandersetzung mit Krankheit, Strafe, Unfall etc. Daneben gibt es noch eine allgemeine Auseinandersetzung des Selbst mit der Umwelt, die sich vor allem im Umgang mit Gestaltungsmaterialien zeigt, wie mit Wasser, Plastilin und Bausteinen. Beispiele für die Tätigkeitsebene im Spiel sind die Bearbeitung der Ablösung von der Bezugsperson (relative Selbständigkeit) mit etwa zwei Jahren, die Wiederholung eines traumatischen Erlebnisses (sich Verlaufen), Konflikte zwischen den Eltern und Schulprobleme. Befassen wir uns nun mit den Anliegen und Thematiken, die hinter den offen sichtbaren Spielhandlungen stehen.

Infolge der wachsenden Lebenserfahrung, der anstehenden Entwicklungsaufgaben und der aktuellen Bedürfnisse entwickeln sich aus dem allgemeinen Person-Umwelt-Verhältnis Thematiken, die zur Bearbeitung anstehen[1]. Solche Thematiken lassen sich in längerfristige und kurzfristige Thematiken aufgliedern. Eine Möglichkeit der Systematisierung langfristiger Thematiken ist die Orientierung an Entwicklungsaufgaben (s. Kap. 8). Sie stellen sich als kulturell normierte Ziele zu bestimmten Zeitpunkten ein und können im Spiel vorweggenommen und bearbeitet werden. In diesem Falle kann man von *Entwicklungsthematiken* sprechen. Sie reichen von dem allgemeinen Entwicklungsziel des Erwachsenwerdens bis zur Auseinandersetzung mit aktuell anstehenden Entwicklungsaufgaben, wie der Sauberkeitserziehung, dem Kindergartenbesuch und dem Schuleintritt. Die Zweijährigen setzen die Puppe aufs Töpfchen und schimpfen sie; die Vier- und Fünfjährigen spielen Erzieherin oder Lehrerin oder machen „Hausaufgabe". Eine zweite Gruppe von Thematiken hat mit der Entwicklung und Ausformung des Selbst zu tun. Eine solche Thematik ist der Konflikt zwischen Bindung und dem Bedürfnis nach Autonomie. Diese allgemein anthropologischen Anliegen verschränken sich dann mit kulturellen Normen. Kinder spielen Thematiken in vielfältiger Weise aus.

Machtthematiken Kinder zeigen im Spiel oft Allmachtsphantasien, so, wenn sie Tiere oder menschliche Figuren fliegen lassen (Überwindung der Schwerkraft), zaubern (die Naturgesetze aus Kraft setzen), den Superman oder Pippi Langstrumpf (übermenschliche Stärke) spielen oder Spielfiguren töten und wieder auferstehen lassen (Herr über Leben und Tod sein). Macht und Kontrolle ist ein Themenbereich, der mit zunehmendem Alter weiterhin bedeutsam bleibt, im Spiel aber inhaltlich modifiziert wird. Gewöhnlich nehmen nach unseren Beobachtungen Allmachtsphantasien ab und weichen konkreteren und realistischeren Bemühungen um Macht und Kontrolle (Oerter 1999). So etwa als Sieg im Regelspiel, als Machtfigur im Rollenspiel und als Fertigstellung eines Bauwerkes oder eines Bildes im Konstruktionsspiel.

Beziehungsthematiken drücken sich besonders in zwei Feldern aus, der Geschwisterrivalität und den Beziehungen zu den Eltern. Als Beispiel für die Bearbeitung der Geschwisterrivalität sei ein Junge angeführt, der beim Spiel mit einem Eisenbahnzug nur männliche Figuren mitfahren lässt und bei der Auswahl von Puppen aus dem Szeno-Test alle weiblichen Puppen zu Boden wirft, wobei er ruft „die brauch' ich nicht!" Der Junge, der sich durch das Herumkommandieren der älteren Schwester drangsaliert fühlt, versucht dieses Geschwisterverhältnis zu bewältigen und verallgemeinert seine Ablehnung auf alle weiblichen Personen. Ein zweites Beispiel bezieht sich auf die Verarbeitung des Verlustes

---

[1] Der Terminus ‚Thematik' wurde von Thomae (1968) eingeführt. Thomae befasste sich mit Daseinsthematiken bei Erwachsenen im mittleren und höheren Alter.

des Vaters, der die Familie verlassen hat. Ein viereinhalbjähriges Mädchen verliebt sich in einen griechischen Jungen aus dem Kindergarten und lässt ihn im häuslichen Spiel als fiktive Person erscheinen. Er liegt fiktiv bei ihr im Bett, wird später gefangen genommen und wieder aus dem Gefängnis befreit. Schließlich stirbt er und erwacht wieder zum Leben. Thematisiert wird in dieser illusionären Beziehung vor allem die Kontrolle über den Partner. Das Mädchen, dessen Spiel wir über ein Jahr lang beobachtet haben, erfährt an sich die Unsicherheit von Beziehungen. Der geliebte Vater verschwindet aus ihrem Gesichtskreis. Die Mutter geht neue, aber nicht dauerhafte Beziehungen ein und ist auch nicht immer verfügbar. Die Bewältigung dieser Situation geschieht illusionär durch ein Maximum an Kontrolle. Der geliebte Partner steht jederzeit zur Verfügung. Zudem drückt das Kind die extremste Form der Kontrolle über den Partner aus, sie ist Herrin über Leben und Tod (Näheres s. Oerter 1999, S. 242; Dornauer 1989).

In unseren längsschnittlichen Beobachtungen konnten drei Etappen der Bearbeitung einer Thematik festgestellt werden (Oerter 1999). Zunächst spielt die Thematik noch keine Rolle und taucht auch im Spiel nicht auf. In einer zweiten Phase finden wir dann die typischen Formen der Realitätsbewältigung, so wie sie eben beschrieben wurden, und der Bearbeitung der jeweiligen Thematik. In einer letzten Phase stellt das Kind bereits die Bewältigung der Thematik dar. Es bringt zum Ausdruck, dass es mit dem betreffenden Problem bzw. mit der Entwicklungsaufgabe fertig geworden ist.

Für das Spiel gibt es besonders in der frühen Entwicklung noch eine andere basale Tätigkeitsform, den Aktivierungszirkel. Heckhausen (1963/1964) rechnet wie wir Spiel zu den zweckfreien Tätigkeiten, die um ihres eigenen Anregungspotentials willen aufgesucht und ausgeführt werden. Bei bestimmten Spielformen kommt es zu einer sukzessiven Aktivierungs- und Erregungssteigerung bis hin zum Höhepunkt mit einem darauffolgenden Spannungsabfall. Die Wiederholung dieses Aktivierungszirkels wird vom Kind als ausgesprochen lustvoll erlebt. Solche Spiele sind in der frühen Kindheit das Hochwerfen und Auffangen des Kindes, das Hammele-Stutz-Spiel und Hoppe-hoppe-Reiter. Dieser Aktivierungszirkel kann als gesteigerte Selbsterfahrung und fiktives Existenzrisiko interpretiert werden. Es findet seine Fortsetzung in den extreme Erfahrung vermittelnden Achterbahnen oder Schleuder- und Fallmaschinen der Rummelplätze.

Tätigkeit kann generell als die typische Form der Auseinandersetzung zwischen Umwelt und einem Organismus verstanden werden, eines Organismus, der Selbstbewusstsein und die Fähigkeit besitzt, die Umwelt und sich selbst ein zweites Mal, unabhängig von der aktuellen Wahrnehmung zu repräsentieren. Diese Fähigkeit führt zu einem besonderen Verhältnis zwischen Selbst und Umwelt, das durch die beiden Begriffspaare Aneignung – Vergegenständlichung und Subjektivierung – Objektivierung gekennzeichnet werden kann, die wir bereits in Kap. 6 kennengelernt haben. Tabelle 10.1 demonstriert ihre Kombination als Vierfeldertafel für Spielhandlungen.

Geschichten anhören ist insofern eine subjektivierende Aneignung, als Inhalte und Handlungsabläufe aufgenommen und eingeprägt werden. Subjektivierend passt das Kind die Geschichte seinem bisherigen Wissensstand an. Das Symbolspiel ist der Prototyp für

Tab. 10.1 Das Zusammenwirken der vier Grundkomponenten von Handlung im Spiel des Kindes

	Aneignung	Vergegenständlichung
Subjektivierung	Geschichten anhören, Sendungen anschauen	Symbolspiel
Objektivierung	Exploration von Gegenständen, Buch anschauen und Bilder benennen	Puzzle legen, Haus bauen, Regelspiel

subjektivierende Vergegenständlichung, denn hier wird eine fiktive Welt nach eigenen Bedürfnissen und Wünschen aufgebaut.

Objektivierende Aneignung zeigt sich beim Buchanschauen, wenn das Kind Bilder und Szenen benennt und beschreibt. Handlungen, wie das Zusammenlegen eines Puzzles oder das Errichten eines Bauwerkes mit Bauklötzen sind Beispiele für objektivierende Vergegenständlichung, denn nur wenn objektiv-physikalische bzw. geometrische Sachverhalte berücksichtigt werden, kann das Vorhaben gelingen. Das Rollenspiel ist je nach Realitätsnähe eher objektivierend oder eher subjektivierend.

Resümee Spiel dient in der Ontogenese der Lebensbewältigung und damit der psychischen und körperlichen Hygiene. Kinder spielen nicht, um etwas zu lernen oder um Fertigkeiten einzuüben. Dies ist ein Nebeneffekt, der von Vorteil sein kann. Kinder spielen, weil ihnen das ermöglicht, mit dem Leben besser fertig zu werden. Spiel als Lebensbewältigung umfasst die Möglichkeit, seine Bedürfnisse sofort – wenn auch nur imaginär – zu befriedigen, gestalterisch in der Umwelt aktiv zu werden und damit Erfahrungen der Selbstverwirklichung zu sammeln und schließlich die persönlichen Nöte und Thematiken zu bearbeiten, wodurch das Kind sich von sozialem Druck und psychischem Stress befreien kann.

Die einzelnen Spielformen treten kulturübergreifend in einer bestimmten Reihenfolge auf: sensomotorisches Spiel, Als-ob-Spiel (Symbolspiel), Rollenspiel, Regelspiel. Diese Sequenz ist allerdings weniger evolutionär geprägt als vielmehr durch die Entwicklungslogik festgelegt. Das Rollenspiel erfordert höhere kognitive Leistungen, und die augenblicklichen Bedürfnisse müssen zugunsten der Rolle kontrolliert werden. Auch die geschilderte Abfolge im Sozialspiel folgt schlicht einer Entwicklungslogik von einfach zu komplex. Die jeweilige Kultur modifiziert aber das Spiel dennoch beträchtlich. So werden Kinder aus sozial benachteiligten Schichten häufig am Spielen gehindert, weil dies als unnütze Tätigkeit angesehen wird. In China wird Spiel in Vorschuleinrichtungen nur als streng reglementiertes Rollenspiel praktiziert. So spielen chinesische Kinder oft heimlich (Wang 1997). Bei den Eipos auf Neuguinea herrschen Jagd- und Kampfspiele vor. Außerdem bauen die Kinder Hütten, die denen der Erwachsenen möglichst getreu nachgebildet sind.

Spiel bei Erwachsenen

Sowohl beim Tier als auch beim Menschen liegt der Schwerpunkt spielerischer Betätigung im Kindes- und Jugendalter. Dennoch fällt schon bei Tieren auf, dass auch Erwachsene spielen. Die genannten Beispiele von spielenden Kraken, Schildkröten, Raben etc. bezogen sich auf erwachsene Tiere. Auch beim Menschen finden wir zeitlich ausgedehntes Spielverhalten im Erwachsenenalter. Dies trifft heute gewiss in besonders großem Umfang zu. Die Hauptabnehmer von Computerspielen sind junge Erwachsene, nicht Jugendliche. Außerhalb der Computerspiele bevorzugen Erwachsene verschiedensten Formen von Regelspielen, bei denen aber stets Wettbewerb, Gewinnen und Verlieren den Hauptanreiz bieten. Rechnet man noch die Sportspiele bis hin zum Radeln und Skifahren sowie die diversen Hobbys von Erwachsenen dazu, so nimmt heute das Spiel beim Erwachsenen den gleichen Raum wie die Arbeit ein, da das ausgedehnte Wochenende die zeitliche Begrenzung während der Arbeitswoche kompensiert.

Welche Funktion aber hat das Spiel im Erwachsenenalter? Wunscherfüllung und Lebensbewältigung sollte ja nun außerhalb des Spiels in der realen sozialen Welt gelingen. Letztlich müssen die Erwachsenen schließlich ihre Bedürfnisse, Thematiken und Ziele in der realen Welt bearbeiten. Spiel erscheint sogar kontraproduktiv, denn es bildet einen inadäquaten Ausweg für Lebensbewältigung. Bei der Suche nach einer Antwort beginnen wir wieder mit der evolutionären Funktion des Spiels. Die phylogenetischen Wurzeln des Spiels haben wir mit Beweglichkeit und besserer Anpassungsfähigkeit an neue Situationen in Verbindung gebracht. Diese Vorteile sind heute im Erwachsenenalter wichtiger als jemals zuvor. Weiterhin gehören Spiel und Neugier auch im Erwachsenenalter zusammen. Der Spaß am Denken und der Einsatz von Strategien beim Problemlösen macht dabei einen Teil des Erwachsenenspiels aus: Schach, Sudoku, Kreuzworträtsel und Computer-Strategiespiele. Daneben beobachtet man aber Spiel auch als Regression. Erwachsene begeben sich auf ein früheres Entwicklungsniveau, was Abbau von Alltagsstress und Entspannung bringen kann und somit der mentalen Hygiene dient.

Oft ist das Erwachsenenspiel eine Kompensation für Stagnation und Misserfolg im realen Leben. Wenn man dort nicht gewinnt, kann man dennoch im Spiel gewinnen und dann besser und erfolgreicher sein als andere. Spiel ist zuweilen eine Flucht in eine bessere Welt. Die Wiederbelebung der Welt des Mittelalters mit Trachten, Essgewohnheiten, Waffen und Spielen ist ein Beispiel für diesen Trend, ebenso wie die Flucht in die virtuelle Welt des Second Life, das jedem einen Platz und interessante Aufstiegsmöglichkeiten bietet. Dann gibt es noch das Hobby, das mehrere Funktionen haben kann. Es bietet Betätigungsmöglichkeiten, die familiär und beruflich nicht angeboten werden, es bietet Rückzug in eine heile konfliktfreie Welt und es ist ein Handlungsfeld für die Entdeckung neuer Möglichkeiten. Eine Sonderstellung nimmt das Glücksspiel ein, das durch Zufall oder Schicksal, je nach Interpretation, Gewinn verspricht. Das Glücksspiel verbindet auf merkwürdige Weise soziale und Spiel-Realität, denn das Spiel hat Auswirkungen auf die soziale Realität, der Gewinn bringt Vorteile, der Verlust Nachteile. Spielsucht dokumentiert die pathologische Verbindung von Spiel und Wirklichkeit.

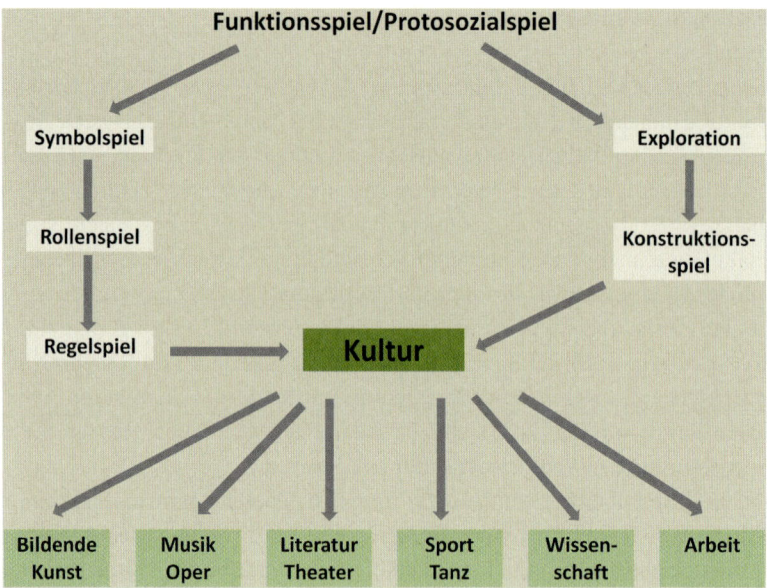

Abb. 10.1 Entwicklung des Spiels und seine Transformation in kulturelles Schaffen

Aber hier endet nicht etwa das Spiel im Erwachsenenalter, hier beginnt es erst! Die wichtigste Leistung des Spiels ist seine kulturschaffende Wirkung. Damit erweitern wir die Persdpektive der Ontogenese durch die Perspektive von Gesellschaft und Kultur.

10.4   Kultur und Spiel: ein Kreislauf

Es wäre verkürzt, wenn man Spiel nur als Phänomen der Ontogenese des Menschen betrachten würde. Die Rolle des Spiels als schöpferische Kraft in der Kultur ist ebenso bedeutsam wie in der individuellen Entwicklung. Abbildung 10.1 verdeutlicht den Zusammenhang zwischen Ontogenese und Kulturgenese. Im Erwachsenenalter wird das Spiel in kulturelles Schaffen transformiert. Die einzelnen Spielformen, wie sie typischerweise in der kindlichen Entwicklung in einer bestimmten Reihenfolge auftreten, gehen nicht verloren, sondern münden in kulturelle Tätigkeiten. Produktive Arbeit enthält stets Spielelemente, die kreative Leistungen ermöglichen und gleichzeitig Reaktanz und Ermüdung herabsetzen. Die großen Handlungsfelder der Kultur, wie Kunst, Musik, Literatur, Theater, Tanz und Sport, setzen einzeln und kombiniert Spielformen der Kindheit fort. Aus sensomotorischem Spiel entfalten sich Sportarten und Tänze, aus dem Konstruktionsspiel entstehen die bildende Kunst, die Architektur und die Ingenieurskunst, aber auch Musik als Weiterentwicklung kindlicher Improvisation. Rollenspiele führen zu Theater und Oper, und Regelspiele bilden eine Basis für Regeln in der Gesellschaft überhaupt (Piaget 1954). Erst die Sichtweise der Verschränkung von Ontogenese und Kulturgenese lässt die Bedeutung des Spiels und damit auch des Menschen als Homo ludens erkennen. Hier ist Schillers berühmter Ausspruch anzusiedeln: Der Mensch spielt nur, wo er in voller Bedeutung des Worts Mensch ist, und er ist nur da ganz Mensch, wo er spielt (Briefe über die ästhetische Erziehung des Menschen).

Auch die Wissenschaft hat im Kern spielerische Elemente. Allein schon die Beschäftigung mit Erkenntnisfragen, die nichts mit der alltäglichen Lebensbewältigung zu tun hat, zeigt Spielcharakter. Man setzt sich in Gedanken mit Phänomenen auseinander, denen man im Alltag begegnet und die einen trotz ihrer Alltäglichkeit in Erstaunen und Neugierde versetzen. Crick und Watson hatten sich monatelang mit der Struktur der DNA beschäftigt. Eines Morgens traf Crick früher im Labor ein und spielte mit den Nukleinbasen, die in Form von Kärtchen vor ihm lagen, herum. Plötzlich hatte er den Einfall, sie als Doppelhelix anzuordnen, und als Watson eintrat, rief er, ich hab's! Der Physiknobelpreisträger Hentsch von der Ludwig-Maximilians-Universität München war bekannt für seine Neigung zum Spiel im Labor und zur Herstellung von Filmen über die Mitarbeiter bei der Laborartätigkeit und bei Feiern wissenschaftlicher Ergebnisse. Das Aufkommen der Wissenschaft als vom ökonomischen Prozess losgelöste Tätigkeit im klassischen Griechenland trägt Züge des Spiels. Man hat Zeit, „müßige" Fragen zu diskutieren, mit Gedanken und Hypothesen zu spielen und die Ergebnisse auszutauschen. Ohne das spielerische Element wären weder Philosophie, noch Mathematik und Physik im Alten Griechenland entstanden.

Darüber hinaus hat das Spiel offenkundig wichtige Funktionen für den gesellschaftlichen Zusammenhalt. Roberts et al. (1959) sowie Sutton-Smith (1986) haben das Vorkommen von Spielen in verschiedenen Kulturen untersucht. Nach ihrer Auffassung sind Wettbewerbs- und Kampfspiele, wie Fußball, Handball, Tennis, Autorennen etc., ritualisierte Kriege, die risikofrei zwischen verschiedenen Ländern oder Regionen ausgetragen werden. Bei solchen Spielen werden die Karten neu gemischt. Ein kleines Land wie die Niederlande kann eine Weltmacht wie die USA besiegen. Hier herrscht Analogie zum privaten Gesellschaftsspiel der Erwachsenen, die Misserfolge oder fehlenden soziale Aufstieg durch Siege im Spiel kompensieren. Die Erfindung von Kampfspielen als Ersatz für Kriege stammt wieder einmal von den Griechen. Mit der Gründung der Olympischen Spiele im 7. Jahrhundert vor unserer Zeitrechnung gelang es, alle Griechen zu gemeinsamen Spielen zusammen zu führen. Während der Spielzeit durften keine kriegerischen Auseinandersetzungen stattfinden. Die olympische Idee ist in der Moderne wiederbelebt worden, sie ist allerdings heute zu einem wirtschaftlichen, sensationslüsternen und letztlich inhumanen Spektakel verkommen.

Nach Befunden von Roberts, Kozelka und Sutton-Smith (zit. nach Oerter 1999) gibt es eine Entsprechung zwischen der Art des Spiels und dem Aufgabentypus in der Kultur. Strategiespiele sind assoziiert mit strenger Primärsozialisation, psychologischer Disziplinierung, stärkerem Gehorsamkeitstraining und höherer kultureller Komplexität. Glücksspiele sind assoziiert mit Bestrafung persönlicher Initiative und Glauben an das Wohlwollen übernatürlicher Mächte. Wettspiele, die körperliche Geschicklichkeit zum Ziel haben, findet man in Kulturen, die Wert auf Leistung legen und in denen das Konkurrenzprinzip vorherrscht.

Spiele sind also in der Kultur fest etabliert. Sie haben verschiedene Aufgaben, dienen aber generell der Verminderung von Konflikten und der Lenkung von Spannungen in risikofreie Kanäle. Panem et Circenses war die Strategie, mit der sich die römischen Kaiser das Wohlwollen der Massen erkauften. In Leistungs- und Konkurrenzgesellschaften wie der unseren werden Kampfspiele bevorzugt, bei denen Sieg und Niederlage stellvertretend für gesellschaftlichen Erfolg und Misserfolg stehen, ohne dass dieses „Spiel" ernst genommen werden muss. Die Hooligans vergessen dies leider, sie nehmen den Wettkampf „ernst" und werden manifest aggressiv.

Dass Spiel unsere gesamte Kultur und Gesellschaft durchzieht, zeigt sich am deutlichsten bei der Börse. Diese merkwürdige Einrichtung tut nichts anderes, als mit den Werten von Aktien zu spielen. Im Gegensatz zum Glücksspiel gibt es bei Aktien reelle Chancen auf Gewinn, vor allem dann, wenn man zum Experten wird und nichts anderes mehr tut als spekulieren. Die Broker sowie mancher Privatmensch verbringen ihr Dasein mit dem Spiel mit Aktien. Das Verhängnisvolle an der Börse ist ihre reale Macht. Sie demonstriert eindrucksvoll, was passiert, wenn Spiel gleichzeitig blutiger Ernst wird. Spieltheorie wird denn auch in den Wirtschaftswissenschaften eifrig genutzt und hat z. B. Robert Aumann 2005 den Nobelpreis eingebracht.

In abstrakter Form haben wir die Spieltheorie in der Mathematik vor uns. Dort stellt die Spieltheorie das Werkzeug zur Analyse von Konflikten und von Kooperation bereit. Zugrunde liegt ein mathematisches Modell für Entscheidungssituationen mit folgenden Merkmalen:

- Das Ergebnis der Entscheidungssituation hängt von mehreren Spielern ab, sodass ein einzelner Spieler das Ergebnis nicht unabhängig von der Wahl des anderen Spielers erzielen kann.
- Jeder Spieler weiß um diesen Sachverhalt und weiß auch, dass die anderen Spieler diesen Sachverhalt kennen.
- Jeder Spieler berücksichtigt daher die genannten Punkte rational bei seiner Entscheidung.

Bekannt geworden ist das Buch über Spiel des Nobelpreisträgers Manfred Eigen und seiner Mitarbeiterin Ruthild Winkler, in dem Spiel als Regelwerk aus Strategie und Zufall definiert wird. Mit diesem breiten Begriff lässt sich die Evolution als Spiel beschreiben. Die Feststellung: „Das Spielprinzip der Evolution ist Naturgesetz" ist auch Erklärungsprinzip für die Entwicklung des Lebens. Die Regeln sind Selektion und Mutation, bei denen der Zufall eine maßgebliche Einflussgröße bildet. Die Autoren wenden ihre Spieltheorie auf das gesamte Naturgeschehen an, übertragen sie dann aber auch auf gesellschaftliche Zusammenhänge und die Regeln von Sprache und Musik. Das klingt danach, als würde die Spieltheorie zu einer Theorie über alles (about everything). Dann aber wird sie unbrauchbar. Immerhin ist die Möglichkeit bedenkenswert, die Evolution selbst als Spiel zu betrachten und damit dem Spiel eine noch grundlegendere Bedeutung beizumessen als es in diesem Kapitel geschieht. Wir bleiben aber bei unserem engeren Spielbegriff.

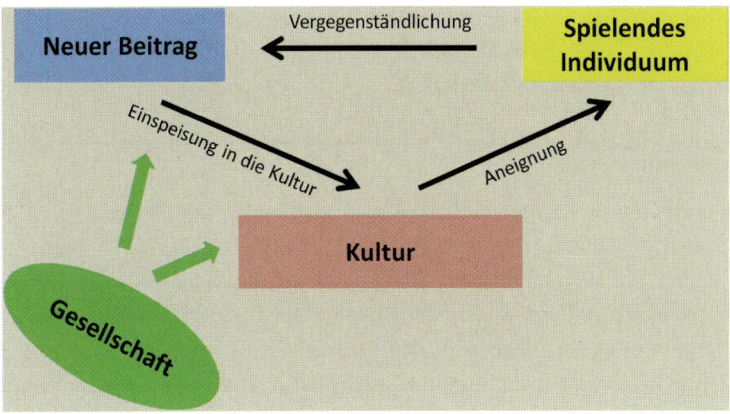

Abb. 10.2 Der Kreislauf zwischen Individuum und Kultur beim Spiel – Spiel als Brücke

10.5 Resümee

Spiel bildet eine Brücke zwischen Kultur und Individuum und setzt einen Kreislauf in Gang, der in Abb. 10.2 dargestellt ist. Das spielende Individuum vergegenständlicht permanent durch seine Aktivität in Form von musischen und wissenschaftlichen Produkten. Diese können vorübergehend (Tanzen, Musizieren) oder von Dauer sein (bildnerisches Schaffen, wissenschaftliche Ergebnisse). Die Spielprodukte können neu sein oder das in der Kultur vorhandene Spielrepertoire nutzen, wobei zwar ebenfalls Neues entsteht, das aber innerhalb des Spielrahmens bleibt (z. B. neue Spielkonstellationen im Schachspiel, die Einmaligkeit von Abläufen bei einem Fußballspiel). Sind die Produkte neu, so können sie zu Beiträgen der Kultur werden und diese weiterentwickeln bzw. verändern. Ob dies geschieht, hängt von der Aufnahmebereitschaft der Kultur ab. Sie wird durch die Gesellschaft moderiert. Die Gesellschaft kann neue künstlerische Produkte ablehnen, ja sogar verbieten, oder zulassen und regelrecht begrüßen. Unsere moderne Gesellschaft ist in allen Bereichen vom Spiel durchsetzt. Spiel regiert die Börse, die Wirtschaft und die Politik.

Das spielende Individuum wird seinerseits von der Kultur angeregt. Sie stellt eine Fülle von Möglichkeiten zur Verfügen und bietet eine breite Palette von Angeboten. Diese reichen von der riesigen und ständig wachsenden Zahl von Spielen bis hin zu Nischen, in denen in Hochform „gespielt" werden kann: in naturwissenschaftlichen Labors, in Form kompositorischen Schaffens, als künstlerische Aktivität in einer anregenden Umwelt und als sportliche und tänzerische Leistung in eigens dafür vorgesehenen Institutionen. Das Individuum wählt aus und eignet sich das Ausgewählte an, sei es durch Lernen und intensive Übung wie in Musik und Sport, sei es als Erwerb von Expertise in einzelnen Wissenschaftszweigen oder sei es als bloße Anregung zum Spielen im Alltag des Einzelnen. Damit kommt ein Kreislauf zustande, der genauso wichtig wie der ökonomische Kreislauf ist, aber gerne als schöne Nebensache betrachtet wird, auf die zur Not verzichtet werden kann. Wie wir darzulegen versucht haben, macht jedoch erst das Spiel den Menschen zu dem, was er ist: ein Lebewesen, das sich eine komplexe Kultur schafft, in der es sich über die Evolution hinaus weiterentwickeln kann.

Gespräch der Himmlischen

Dionysos: Das ist ein Kapitel nach meinem Geschmack. Das Spiel ist wichtiger als die Arbeit. Das habe ich schon immer gesagt.

Aphrodite: Ich bin auch mehr für Spielen, besonders auf einem bestimmten Gebiet.

Athene: Die Wahl des Paris, der dir dann den goldenen Apfel zuwarf, war wohl auch ein Spiel. Wenn man's genau nimmt, war dieses Spiel der Ausgangspunkt für ein gewaltiges Epos, in dem es leider nicht nur um Spiel ging, sondern aus dem grausamer Ernst wurde. Wer die meisten Toten einsammelt, hat gewonnen.

Apoll: Das erinnert an den Missbrauch des Spiels für militärische Zwecke. Da gibt es doch menschliche Ungeheuer, die Kriege auf dem Tisch oder im Computer durchspielen und verschiedene Strategien ausprobieren. Dabei geht es um Tote, um Mega-Tote. So etwas würde nicht einmal Ares, geschweige denn Zeus einfallen. Nein, so weit wie diese kriegslüsternen Spieler gehen wir nicht. Dennoch ist alles, was wir tun, Spiel. Wir spielen mit den Menschen und wir spielen miteinander. Man kann uns nicht ernst nehmen, obwohl es die Menschen permanent tun. Sie fühlen sich ja regelrecht als Spielball der Götter. Ob sie jemals herauskriegen, dass es keine Götter gibt und dass wir keine Macht über sie haben?

Athene: Es wird noch ein eigenes Kapitel über Religion geben. Aber es gibt eine interessante Parallele zwischen Spiel und Religion, die ich euch nicht vorenthalten möchte. In beiden Fällen, bei Spiel und Religion, handelt es sich um eine fiktive oder imaginäre Realitätskonstruktion, die außerhalb der sozialen Wirklichkeit gedacht wird. In dieser Realität spielt die Vorstellung von Allmacht eine wichtige Rolle. Allmacht ist die Vergrößerung der Kontrolle, die einzelne Menschen über ihre Umwelt ausüben, quasi ins Unendliche erweitert. Wir griechischen Götter teilen uns allerdings die Allmacht, keiner von uns besitzt sie vollkommen. Der Christengott dagegen vereint alle Macht in sich, und um sicherzugehen, lautet sein erstes Gebot: Du sollst keine fremden Götter neben mir haben. Sonst könnte es ja doch noch Machtkämpfe geben. Ja, und natürlich haben Religion und Spiel das Ritual gemeinsam. Ein besonders eindrucksvolles Beispiel der Verbindung von Spiel und Ritual haben wir bei den Mayas. Dort kämpften zwei Rivalen mit einem Ball, der durch einen Ring geworfen werden muss. Der Sieger oder der Verlierer, das weiß man bis heute nicht, wird dann den Göttern geopfert.

Aphrodite: Das ist ja grauenvoll. Menschenopfer für Götter, die es gar nicht gibt.

Apoll: Wir Götter sind so wirklich, wie wir von Menschen geglaubt werden. Wie stark menschlicher religiöser Glaube sein kann, siehst du an den prächtigen Tempeln, den Kathedralen und den Pyramiden der Mayas, von denen das Kugelspiel stammt.

Athene: Zurück zu meinem Vergleich. Spiel und Religion haben auch das magische Denken gemeinsam. Es überwindet die naturwissenschaftlichen Kausalzusammenhänge und erreicht das gewünschte Ziel einfach durch Zaubersprüche, durch Wunschdenken oder mit Hilfe magischer Geräte, wie dem Zauberstab. Die Realitätskonstruktionen in Spiel und Religion sind allerdings unterschiedlich in Dauer und Ausmaß. Während das kindliche Spiel lediglich einen vorübergehenden Realitätsrahmen für erwünschtes Handeln herstellt, ist in den religiösen Realitätsrahmen die gesamt Existenz der Gläubigen eingebettet. Gleich bei beiden, Spiel und Religion, ist hingegen die subjektivierende Vergegenständlichung. Der Mensch schafft sich seine spielerische und religiöse Realität „nach eigenem Bild und Gleichnis", wie es in der Bibel der Christen heißt, bloß dass dort Gott selbst den Menschen schafft, während er ja umgekehrt ein Schöpfung des Menschen darstellt.

Apoll: Dies würde sogar zutreffen, wenn es ihn wirklich gibt. Denn alle Bilder von Göttern und einem monotheistischen Gott sind zunächst menschlichen Gehirnen entsprungen, deren beschränkte Vorstellungs- und Konstruktionsleistung auf alle Fälle das Ergebnis bestimmen. Dessen sind sich übrigens die Theologen sehr wohl bewusst.

Athene: So ist es, schließlich haben wir uns auch immer wieder in den Sagen und Geschichten der Menschen gewandelt, sind also verschieden „konstruiert" worden. In einem letzten Punkt gibt es einen entscheidenden Unterschied zwischen Spiel und Religion. Kinder weisen die Herkunft ihrer Spielrealität eindeutig sich selbst zu. Sie kommt „von innen". Religiöse Menschen hingegen sind sich sicher, dass die religiöse Realität „von außen" kommt bzw. außen existiert, sie ist offenbart, und nur so hat der Mensch Kenntnis von der Existenz übernatürlicher Wesen und einer übernatürlichen Realität erhalten.

Dionysos: Da scheinen mir die Kinder klüger als die Erwachsenen zu sein,

Aphrodite: Psst! Nicht so laut! Sonst kommen die Erwachsenen auf die Idee, uns abzuschaffen.

Apoll: Für mich wird immer deutlicher, dass allein das Spiel das Wesen des Menschen ausmacht. Die Arbeit war nie Sache der freien Geister. Sie wurde Sklaven, Heloten, kurzum den niederen Ständen überlassen. Während früher unterdrückte Menschen für höherstehende Menschen arbeiten mussten, kann man heute die gesamte Arbeit den Robotern überlassen. Heute ist diese grausame Zweiteilung der Gesellschaft nicht mehr notwendig. Der Mensch ist erstmals ganz frei für das Spiel, allerdings dann hoffentlich für ein Spiel in kultureller Hochform!

Athene: Ich glaube, so leicht kann man es sich nicht machen. Menschen wollen arbeiten, sie definieren ihre Identität durch Arbeit. Sie hat einen anderen kulturellen Stellenwert als früher. Wer arbeitslos wird, erleidet Identitätsverlust.

Dionysos: Das ist doch pervers! Ist das nicht eine krankhafte Entwicklung?

Athene: Nun von Dialektik verstehen wir eine Menge. Wenden wir sie auf Spiel und Arbeit an! Die Dialektik von Arbeit und Spiel wird bleiben. Es geht nicht darum, die beiden Kräfte auseinander zu dividieren, sondern darum, sie zu vereinen. Das heißt, das Spiel sollte in die Arbeit integriert werden. Es gibt viele Beispiele, in denen das gelingt. Am deutlichsten wird dies in Kunst und Wissenschaft. Beide Bereiche sind ja nicht nur eine Hochform des Spiels, sondern beinhalten auch intensive Arbeit, Kno-

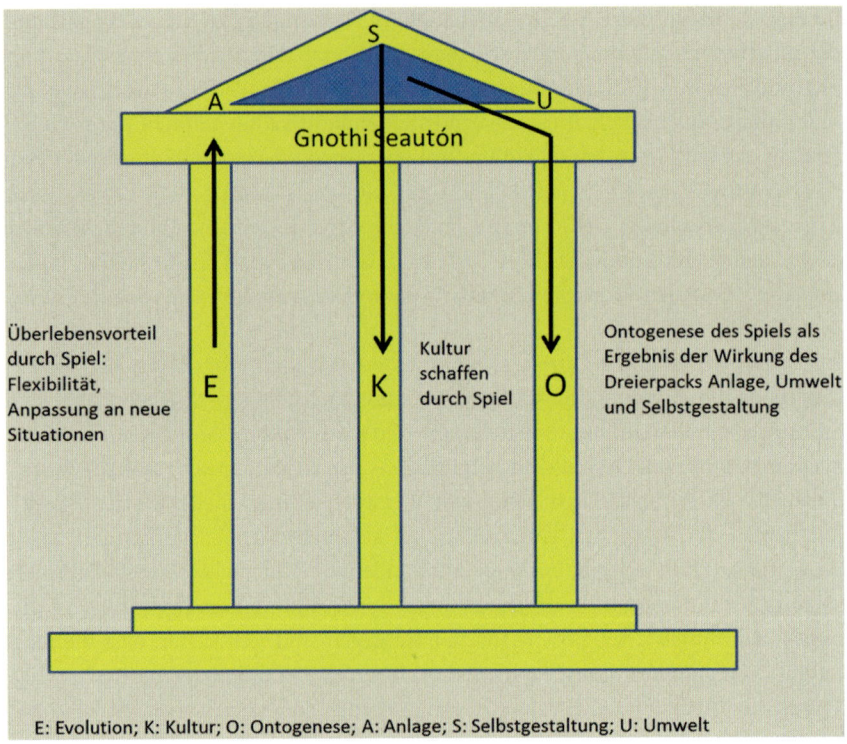

Abb. 10.3 Apolls Darstellung des Spiels im EKO-Tempel

chenarbeit, wie man heute sagt. Der Musiker (*Aphrodite: . . .* und die Musikerin)spielt nicht nur, sondern muss hart arbeiten, um gut spielen zu können. Der Wissenschaftler (*Aphrodite. . .* und die Wissenschaftlerin) muss sich mühsam und fleißig Wissen erwerben, bevor er zu neuen Ergebnissen kommen kann. Die Weiterentwicklung der Menschheit hängt wohl von einer geglückten Synthese zwischen Spiel und Arbeit ab. *Apoll:* Wie auch immer. Ich räume dem Spiel einen Ehrenplatz im EKO-Tempel ein (zeichnet und spricht dazu, Abb. 10.3). In der Evolution hat sich das Spiel entwickelt, weil es Überlebensvorteile gebracht hat. Spiel fördert die Flexibilität und die rasche Anpassung an neue Situationen. Das ist die erste Säule des Spiels. Der Mensch produziert durch seine spielerischen Produkte Beiträge für die Kultur und entwickelt sie ständig weiter. Er ist als Homo ludens kulturschaffend tätig. Das ist die zweite Säule des Spiels. Schließlich folgt aus dem Dreierpack unseres Tempelgiebels, wie sich das Spiel beim Einzelmenschen, also während der Ontogenese, entwickelt. Individuelles Spiel als Ergebnis von Anlage, Umwelt und Selbstgestaltung, Das ist die dritte Säule des Spiels. *Alle:* Wie harmonisch klingt's doch da! – bei Nektar und Ambrosia!

Literatur

Baldwin, J. M. (1895). *Mental development in the child and in the race: Methods and processes.* New York: Macmillan.

Bateson, G. (1955). A theory of play and fantasy. Psychiatric Research Reports, 2, 39–51.

Bateson, G. (1972). A theory of play and phantasy. In Bateson, G. (Hrsg.), *Steps to an ecology of mind* (S. 177–193). Aylesbury: Chandler.

Bekoff, M., & Byers, J. (1998). Animal Play: Evolutionary, comparative and ecological perspectives. Cambridge: University Press (1998).

Bretherton, I. (Hrsg.) (1984). *Symbolic play. The development of social understanding.* Orlando: Academic Press.

Bruner, J. S., Jolly, A., & Sylva, K. (1976). *Play, its role in development and evolution.* London: Basic books.

Burghardt, G. M. (2005). *The genesis of animal play: Testing the limits.* Cambridge (Mass.) MIT Press.

Cerutti, H. (2002). Von Tieren – Warum junge Tiere spielen müssen, NZZ Folio 01/02URL. http://www.nzzfolio.ch.

Dornauer, M. (1989). *Problembewältigung im Spiel. Eine kasuistische Längsschnittstudie.* Diplomarbeit am Psychologischen Institut der Universität München, Fak. 11.

Eigen, M., & Winkler, R. (1975). *Das Spiel.* München: Piper.

Elkonin, D. (1980). *Psychologie des Spiels.* Köln: Pahl-Rugenstein.

Erikson, E. M. (1978). *Kinderspiel und politische Phantasie.* Frankfurt: Suhrkamp.

Fagen, R. (1981). *Animal play behaviour.* USA: Oxford University Press.

Freud, S. (1920). *Jenseits des Lustprinzips. In Studienausgabe 1975* (Bd. 3). Frankfurt: Fischer.

Freud, S. (1930). Das Unbehagen in der Kultur. In S. Freud (Hrsg.), *Gesammelte Werke* (Bd. XIV, S. 419–506). Frankfurt: Fischer.

Fritz, J. (Hrsg.). (1995). *Warum Computerspiele faszinieren. Empirische Annäherungen an Nutzung und Wirkung von Bildschirmspielen.* Weinheim: Juventa.

Griffin, H. (1984). The coordination of meaning in the creation of a shared make-believe reality. In I. Bretherton (Hrsg.), *Symbolic play* (S. 73–100). London: Academic Press.

Harris, P. L., & Kavanaugh, R. D. (1993). Young children's understanding of pretense. Monographs of the Society for Research in Child Development, 58/1.

Heckhausen, H. (1963/1964). Entwurf einer Psychologie des Spielens. *Psychologische Forschung, 27,* 225–243.

Howes, C., & Matheson, C. C. (1992). Sequences in the development of competent play with peers: Social and social pretend play. *Developmental Psychology, 28,* 961–974.

Bierens de Haan J. A. (1952). Das Spiel eines jungen solitären Schimpansen. *Behaviour, 4,*144–156.

Leontjew, A. N. (1977). *Tätigkeit, Bewußtsein, Persönlichkeit.* Stuttgart: Klett-Cotta.

Oerter, R. (1999). *Psychologie des Spiels.* Weinheim: Beltz.Taschenbuch.

Piaget, J. (1936). *La naissance de l'intelligence chez'.* Neuchatel: Delachaux et Nestlé.

Piaget, J. (1954). *Das moralische Urteil beim Kinde.* Zürich: Rascher.

Piaget, J. (1969). *Nachahmung, Spiel und Traum.* Stuttgart: Klett.

Roberts, J. M., Arth, J., & Bush, R. R. (1959). Games in culture. *American Anthropology, 61,* 597–605.

Sade, D. S. (1973). An ethogram for rhesus monkeys: Antithetical contrasts in posture and movement. *American Journal of Physical Anthropology, 38,* 537–542.

Siviy, S. M. (2000). It still takes at least two to tango. *Behavioral and Brain Sciences, 23*(2), 264–265.

Spinka, M., Newberry, R. C., & Bekoff, M. (2001). Mammalian play: Training for the unexpected. *The Quarterly Review Biology, 76*(2), 141–168.

Sutton-Smith, B. (1986). Toys as culture. New York, London: Gardner Press.

Thomae, H. (1968). *Das Individuum und seine Welt: Eine Persönlichkeitstheorie.* Göttingen: Hogrefe.

Wang, W. (1997). Kinderspiel in China. Zur pädagogischen Qualität von Spielhandlungen chinesi-
scher Kinder in einem Kindergarten und einer Grundschule in Shanghai. Magisterarbeit an der
Ludwig-Maximilians-Universität München.
Wygotski, L. S. (1980). Das Spiel und seine Bedeutung in der psychischen Entwicklung des Kindes.
In D. Elkonin (Hrsg.), *Psychologie des Spiels* (S. 430–465). Köln: Pahl. (Orig. 1933).

Ästhetik – die Freude am Schönen 11

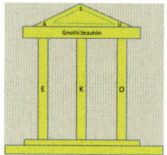

Unser Leben wird angenehmer durch schöne Dinge, schöne Menschen, schöne Natur und natürlich durch Kunst, Musik und Literatur. Ästhetik bildet den Glanz in unserem Leben, sie überhöht den Alltag, erhebt uns aus den Niederungen der täglichen Plackerei und beschert uns eine besondere Art von Erfüllung. Wie kommt es, dass Ästhetik in unserem Leben eine so wichtige Rolle spielt und warum gibt es so viele „Geschmäcker"? Wir werden uns zunächst mit der Definition von Ästhetik herumschlagen und danach die Wurzeln der Ästhetik in Evolution, Kultur und Ontogenese aufsuchen, um schließlich wieder zu einem integrativen Gesamtbild zu gelangen.

11.1 Was ist Ästhetik?

Kant verwendet den Begriff Ästhetik auf zweierlei Weise. In seiner Kritik der reinen Vernunft (Ausg 1996a) definiert er als transzendentale Ästhetik die sinnliche Wahrnehmung als Anschauungsform, die dem Menschen a priori, vor aller Erfahrung, gegeben ist. Ästhetik wird hier noch im Sinne des griechischen *aísthesis*, „Wahrnehmung", verstanden. Ästhetik als Theorie vom Schönen behandelt Kant dann in seiner Kritik der Urteilskraft (Ausg 1996b). Von besonderem Interesse ist sein Verständnis von Ästhetik als interesseloses Wohlgefallen. Ästhetisch ist, was unmittelbar um seiner selbst willen gefällt. Kant vertrat die Auffassung, dass das ästhetische Urteil rein subjektiv und an keine objektive Gegebenheit des Gegenstandes (z. B. eines Kunstwerks) gebunden sei. Angesichts der modernen

R. Oerter, *Der Mensch, das wundersame Wesen*,
DOI 10.1007/978-3-658-03322-4_11, © Springer Fachmedien Wiesbaden 2014

Kunst könnte man dieser Auffassung zustimmen. Sie wurde aber in der Philosophiegeschichte immer wieder kritisiert, ebenso wie das „interesselose" Wohlgefallen. Stellvertretend für viele sei Wilhelm Wundt (1922) zitiert, der nicht nur der Begründer der wissenschaftlichen Psychologie ist, sondern sich als Philosoph auch mit der Ästhetik auseinandergesetzt hat. Das ästhetische Urteil ist seiner Meinung nach eine unmittelbare Anerkennung
des Wertes, den ein Gegenstand eigenständig besitzt. Der ästhetische Wert liegt im Objekt,
weshalb Wundt fragt, welche Eigenschaften Gegenstände besitzen müssen, damit sie eine
ästhetische Wirkung hervorbringen. Ästhetisch gefällt als die „vollkommene Angemessen-
heit der Form an den Inhalt" (Wundt 1922, S. 677). Für den Ästhetik-Begriff sind beide
Aspekte wichtig: die Subjektivität des Urteils und objektive Merkmale des Gegenstands.

Für unsere Diskussion müssen wir einen Ästhetikbegriff wählen, der auch für (andere)
Tiere zutrifft. Dies ist für Geisteswissenschaftler und Philosophen wohl eine Zumutung,
weil das Ästhetische eher zwischen Mensch und Transzendenz, auf jeden Fall nicht unter-
halb der Ebene des Menschen angesiedelt wird. Wenn wir jedoch Evolution und Kultur
gleichermaßen zur Erklärung des Ästhetischen heranziehen, bleibt uns keine andere Wahl.
So lässt sich vorläufig definitorisch festhalten: Das Ästhetische wird lustvoll erlebt, ohne
dass es unmittelbarer Bedürfnisbefriedigung, wie Hunger, Durst, Sexualität oder Besitz-
streben dient, es „gefällt" (soweit wir diese Bezeichnung auch auf Tiere anwenden können).
Der ästhetische Gegenstand (Sexualpartner, ästhetische Zutaten am Körper, Gesang,
Werberituale, „Tanz") besitzt objektiv ausmachbare Merkmale des Ästhetischen, beim
Menschen z. B. Haarlosigkeit, sekundäre Geschlechtsmerkmale, bei Vögeln die Neuheit
und Variationsbreite des Gesangs, beim Rotwild die Größe des Geweihs.

Noch eine Bemerkung zur Nomenklatur. „Ästhetik" ist die Lehre bzw. die Wissenschaft
vom Ästhetischen. In der Alltagssprache verwendet man Ästhetik auch gleichbedeutend
mit dem Ästhetischen. Wir werden dieser Gepflogenheit folgen und in der Darstellung
zwischen „Ästhetischem" und „Ästhetik" wechseln.

11.2 Ästhetik bei Tieren

Wenn Ästhetik als Wohlgefallen in der Evolution verankert ist, muss es auch bei den Tieren
auftreten. Wir wollen einige Beispiele anführen, die ästhetisches Erleben und Verhalten
bei Tieren nahelegen.

Seth Coleman et al. (2004) haben 123 Balzgesänge von 29 Männchen des Seidenlau-
benvogels aufgezeichnet. Sie fanden, dass Männchen, die Gesänge anderer Vogelarten
imitierten, größere Chancen bei den Weibchen hatten. Anthropomorphisierend könnten
wir sagen, den Weibchen gefallen die neuen Gesänge, das Neue ist immer interessant.
Rothenberg (2005) behauptet, dass die Vögel über die Funktion von Revierverteidigung
und Werbeverhalten hinaus Gefallen an ihren Gesängen hätten. Austen Gess publizierte
Evidenz dafür, dass Vögel in der Tat ästhetische Wahrnehmung zu haben scheinen; sie bevorzugen Musik vor Stille und klassische Musik (Bach) vor moderner Musik (Schönberg).

(Birds like music, too. Science, 28. September 2007, letter.) Am Max-Planck-Institut für Ornithologie in Seewiesen beobachtete man, dass ein Gimpelweibchen (landläufig Dompfaff) im ganzen Revier herumflog und sich die Gesänge der Männchen anhörte. Es wählte das Männchen mit dem „schönsten" Gesang aus. Wichtig ist, dass man auch objektiv Merkmale der Präferenz eines Gesanges ausmachen kann, wie die Struktur des Gesanges, sein Variationsreichtum und die Anzahl neuer Tonfolgen. Als Beispiel sei die Transkription des Gesangs der Erdlerche von Garstang in den zwanziger Jahren des vorigen Jahrhunderts wiedergegeben (zitiert nach Rothenberg 2005):

Seww! Swee! Swee! Swee!

Zwee-o Zwee-o! Zwee-o! Zwee-o!

Sis-is-is-Swee! Sis-is-is-Swee!

Joo! Joo! Joo! Joo!

Ein letztes Beispiel stammt von den Waldwebervögeln aus Afrika (Gahr et al. 2008). Beim Paarungsverhalten spielt die musikalische Ästhetik eine wichtige Rolle. Im Gegensatz zu den meisten Vogelarten singen hier Männchen und Weibchen. Die Partnerselektion erfolgt aufgrund des besten Zusammenklangs beim gemeinsamen Singen. Erst wenn beide mit dem gemeinsamen Gesang zufrieden sind, kommt es zur Paarung. Nicht nur der Gesang, sondern auch die Schönheit des Weibchens spielt eine Rolle. So haben Katharina Mahr et al. (2012) bei Blaumeisen gefunden, dass die blauen Kopffedern des Weibchens im UV-Licht schimmern. Wenn man die Federn mit einer Creme bestreicht, die UV-undurchlässig ist, so kümmern sich die Männchen weniger um die Versorgung des Nachwuchses. Schönheit gewährleistet, dass das Weibchen und die Nachkommenschaft besser umsorgt werden.

Selbst der Summton der Stechmücken scheint eine ästhetische Funktion zu haben: bei Gegenwart eines Weibchens passt das Männchen den Ton des Summens an den des Weibchens an, bei Gegenwart eines anderen Männchens erfolgt dagegen eine Verstärkung der Abweichung des Summtons.

In jüngerer Zeit sind besonders die „Gesänge" der Buckelwale bekannt geworden (Gray et al. 2001; Noad et al. 2000; Payne 2000). Diese Tiere singen rhythmisch, die Töne bzw. Tongemische gruppieren sich zu „Phrasen", mehrere solcher Phrasen werden zu „Themen" organisiert. Mehrere solcher Themen (bis zu zehn) werden wiederholt und aneinandergereiht, wobei sich oft eine Art Refrain ausmachen lässt, der möglicherweise zum Wiedererkennen und Identifizieren dient. Eine Reihe von Merkmalen ist bei Buckelwal und Mensch ähnlich, so die Länge der Gesänge (5 bis 16 min, manchmal auch länger), Produktion von Tönen im Umfang von sieben Oktaven (etwa der Tonumfang des Klaviers), die Verwendung diskreter Töne und ähnlicher Intervalle wie bei menschlicher Musik, die Klangfarben der Gesänge und ihre hierarchische Struktur. Aber es handelt sich um „analoge" Merkmale zwischen Wal und Mensch, d. h., sie haben sich unabhängig voneinander entwickelt.

Noad et al. (2000) nahmen die Gesänge von Walen über mehrere Jahre hinweg auf und stellten fest, dass 1996 zwei Wale ein neues Lied produzierten, das sich 1997 verbreitete und 1998 das alte Lied völlig verdrängt hatte. Dies spricht für die Existenz einer sich rasch wandelnden Musikkultur unter den Buckelwalen.

Ein Aspekt der Ästhetik betrifft die „Ornamente" des Körpers, eine Bezeichnung, die Darwin eingeführt hat. Manche Körpermerkmale werden grotesk übertrieben, sie sind extravagant und oft dysfunktional für die Lebensbewältigung. Dabei wird immer wieder das Rad des männlichen Pfaus angeführt, das dem Überleben nicht dienlich ist, aber offenbar dem Pfauenweibchen gefällt, sodass sich Pfauen mit dem schönsten Rad vermehren konnten und dieses übertriebene Merkmal sich in der Evolution herausgebildet hat. Weitere Beispiele für Körperornamente sind die Geweihe von Hirschen und Rehböcken, deren Größe nichts mehr mit einer Verteidigungs- oder Angriffsfunktion zu tun hat, sondern ihre Entwicklung der Präferenz der Weibchen verdanken. In der letzten Eiszeit weidete der Riesenhirsch *Megaloceros giganteus* mit einer Geweihspannweite von bis zu fünf Metern. Wahrscheinlich ist er wegen dieses übertriebenen Körperornaments ausgestorben.

11.3 Theorien über Entstehung und Nutzen der Ästhetik

Charles Darwin hat sich in seinem zweiten Hauptwerk *Die Abstammung des Menschen und die geschlechtliche Zuchtwahl* auch intensiv mit dem Phänomen des Ästhetischen befasst. Für ihn ist die ‚geschlechtliche' Zuchtwahl der zweite große Evolutionsfaktor neben der ‚natürlichen' Zuchtwahl. Ästhetische Phänomene siedelt Darwin fast ausschließlich bei der geschlechtlichen Selektion an. Sexualpartner bevorzugen, so sein Argument, bestimmte Merkmale, die hervorstechen, wie übergroße Geweihe, buntes Gefieder, abwechslungsreiche Gesänge oder eben einen übergroßen Pfauenschwanz. Geschieht dies über viele Generation hinweg, so etabliert sich das Merkmal genetisch und gehört fortan zu Tierart. Da es sich um unnütze Merkmale handelt, spricht Darwin vom sexuellen Körperornament und rückt es in die Nähe des schönen aber nutzlosen Ornaments in der Architektur und bildenden Kunst. Die meisten Beispiele wählt Darwin aus dem Tierreich. Aber auch beim Menschen listet er eine Reihe von Beispielen der „primitiven" Völker auf, die er in die Nähe der Frühzeit des Menschen rückt: die Körperbemalung, die Tätowierung, der Schmuck, die für Darwin hässliche Verunstaltung von Nase und Lippe.

Dennoch verwendet Darwin immer wieder die Begriffe Schönheit, Gefühl für Schönheit, Geschmack, Vorliebe für Neues und für Abwechslung. Er spricht sogar von fashion (Mode), „caprice" beziehungsweise „whim" („Laune", „Marotte", „Tick" und „Manier") (Menninghaus 2003). Ästhetische Merkmale sind bei Darwin fast ausschließlich partiell, sie betreffen nur bestimmte Körperteile bzw. einzelne Körperkennzeichen. Selbst die Haarlosigkeit der Weibchen bei den Hominiden wäre eben nur ein bestimmtes Körpermerkmal (s. Kap. 2).

Menninghaus (2003), der sich als Literaturwissenschaftler ausgiebig mit der Evolution des Ästhetischen befasst hat, formuliert trefflich die Position Darwins:

> Die Selektion für schöne Ornamente folgt nach Darwins Einsicht einer fortgesetzten Selbstverstärkung, eines Differenzgewinns um des Differenzgewinns willen – ein Prinzip übrigens, dessen Entdeckung Darwin Alexander von Humboldt zuschreibt. Formulierungen wie

„beauty for beauty's sake" oder „variety for the sake of variety" betonen massiv – und ganz im Stile dessen, was gern die Autonomie-Ästhetik genannt wird – die Selbstgesetzlichkeit ästhetischer Präferenzen gegenüber pragmatischen Rücksichten. (op. cit., S 6)

Die Trennung von natürlicher und geschlechtlicher Zuchtwahl, auf die Darwin großen Wert legt, behagt den Neo-Darwinisten nicht, sie versuchen alle Erscheinungen auf die natürliche Selektion zu reduzieren, so eben auch ästhetische Präferenzen. Das gelingt aber nur, wenn man den Begriff der Ästhetik gewaltig ausweitet. Dies tut z. B. Randy Thornhill (2003), der schlicht feststellt: „Alle Adaptationen sind ästhetische Adaptationen, weil alle Adaptationen in irgendeiner Weise mit der Umwelt, der inneren oder der äußeren, interagieren und bestimmte Zustände anderen vorziehen". Jede Form von Bevorzugung ist demnach eine ästhetische Bevorzugung. Diese auf den ersten Blick wenig hilfreiche Definition hat den Vorteil, dass man auf einen Schönheitsbegriff verzichten kann. In der Tat fällt es schwer, all das, was Menschen verschiedener Ethnien, Subgruppen innerhalb einer Kultur und in den Zeitläuften der Menschheitsgeschichte als schön beurteilten, auf einen Nenner zu bringen. Wenn sich die Frauen einer Ethnie auf Kalimantan die Unterlippe durch Anhängen von Gewichten so deformieren, dass sie bis zur Brust reichen, so widerspricht das dem Schönheitssinn der meisten Völker auf diesem Planeten. Schon Darwin war offenkundig verblüfft über die Vielfalt menschlicher Schönheitsvorstellungen und listete seitenweise ästhetische Merkwürdigkeiten auf. Unter anderem weist er darauf hin, dass bartlose Ethnien Haare im Gesicht hässlich finden, während Völker mit Bartwuchs den Bart als Zierde ansehen. Es hilft also weiter, die Bevorzugung von Merkmalen zunächst nicht an uns geläufigen Kriterien von Schönheit fest zu machen.

Ein weiteres beliebtes Argument für Ästhetisches ist die Zurschaustellung von Fitness. Ein gesundes starkes Tier kann sich ein übergroßes Geweih leisten, selbst wenn dieses eher hinderlich als nützlich ist. Der vielbemühte Pfau zeigt durch seine riesigen Schwanzfedern, dass er es sich leisten kann, sie trotz der damit verbundenen Behinderung zu tragen. Nur wer gesund ist und damit gesunde Gene hat, übersteht dieses Handicap. Durch diese Argumentation bleibt das ästhetische Ornament beliebig, es ist per sexueller Selektion gewissermaßen als Modetrend entstanden und im Laufe vieler Generationen zu einem vererbten Merkmal geworden.

Eine ausführliche Bearbeitung der evolutionären Basis des Ästhetischen findet sich bei Reichholf (2011).

Folgt man den bisherigen Argumenten, so bliebe das Ästhetische beliebig, es gäbe keine objektiven Kriterien am Gegenstand, also am Körperornament. Nun lassen sich allerdings zwei Aspekte anführen, die die völlige Beliebigkeit ästhetischer Merkmale in Frage stellen: Gestalt und Durchschnitt. Von ihnen soll im Folgenden die Rede sein.

Gestalt

Die Gestaltpsychologie hat bereits in den zwanziger Jahren des vorigen Jahrhunderts nachgewiesen, dass wir nicht Elemente wahrnehmen, die wir nachträglich zu einem Ganzen zusammenfügen, sondern Gestalten, die bestimmte Gesetzmäßigkeiten aufweisen (Metzger 1976). Das Gesetz der Nähe besagt beispielsweise, dass wir Elemente als zusammengehörig betrachten, die nahe beieinanderliegen. Das Gesetz der guten Gestalt bezieht sich auf unsere Wahrnehmungstendenz, unvollkommene und unfertige Figuren als vollkommen wahrzunehmen, so etwa vier senkrecht aufeinander stehende unverbundene Linien als Quadrat oder Rechteck zu sehen. Miteinander verbundene Elemente bilden häufig solche Gestalten. Am anschaulichsten ist die Gestaltbildung bei Melodien gegeben. Egal in welcher Tonart die Melodie gespielt wird, wir erkennen sie wieder, weil ihre Gestalt gleichbleibt. Die Bevorzugung von Symmetrie ist ebenfalls ein Produkt unserer Gestaltwahrnehmung, und dies führt uns schon näher an das Ästhetische heran. Ähnlich verhält es sich mit Proportionen. Bestimmte Seitenverhältnisse beim Rechteck werden von uns bevorzugt, wie etwa der Goldene Schnitt (1:1,63). Symmetrische Gesichter gefallen uns besser als verzogene, die wir als hässlich einstufen, aber perfekte Symmetrie bei Gesichtern hat nicht unsere höchste Präferenz, wie noch zu zeigen sein wird (s. u.).

Die Gestaltgesetze gelten auch für Tiere. Sie nehmen Gestalten wahr, auf die sie instinktiv reagieren. Es handelt sich um Reizmuster, die auch als AAM (angeborene Auslösermechanismus) bezeichnet werden (Tinbergen 1966; Lorenz 1978) und ein angemessenes Verhalten (Flucht, Vermeidung, Annäherung) auslösen. Bei der sexuellen Selektion können die für Sexualpartner attraktiven Reizmuster als Gestalten interpretiert werden, die als attraktiv und schön eingestuft werden. Meist sind solche Gestalten als Auslöser im Instinktrepertoire des Tieres verankert, oft werden sie aber auch erlernt. Dies gilt zum Beispiel für den Vogelgesang. Da die Männchen immer wieder neue Variationen erfinden bzw. Gesänge anderer Vögel imitieren, kann das Gefallen dieser Produktionen nicht nur angeboren sein. Die Erfassung der Struktur einer Melodie und ihrer Motive als „gute Gestalt" ist bei dieser Bevorzugung das Entscheidende.

Nicht nur angeborene Auslöser gibt es also im Tierreich, sondern Wahrnehmungspräferenzen von Gestalten, die apriori bzw. durch Erfahrung genutzt werden können. Bietet man beispielsweise einem Tier zwei verschieden große Rechtecke und verabreicht nur beim jeweils größeren (je nach Versuchsbedingung auch beim kleineren) Futter, so lernt das Tier rasch, auf den richtigen Reiz zu reagieren. Nun vergrößert man die Rechtecke, ohne die Proportion, also ihr Größenverhältnis zu ändern, und das Tier regiert wiederum adäquat. Diese Gestaltwahrnehmung der Größenproportion ist sogar schon bei Stichlingen zu finden, reicht also weit in die Tierreihe zurück. Wenn allerdings die Größe weiter ansteigt, sodass das kleinere Rechteck sehr groß wird, reagieren die Tiere dann doch auf das kleinere von beiden Figuren, vor allem, wenn es die Größe des ursprünglich großen Rechtecks überschritten hat. Zusammenfassend lässt sich festhalten: die Gestaltgesetze stammen aus unserer phylogenetischen Vergangenheit. Einige von ihnen lassen sich auf unser alltägliches Verständnis von Schönheit anwenden: Symmetriebevorzugung, Erkenntnis und Präferenz von Proportionen, Bevorzugung der „guten Gestalt".

Durchschnitt als Schönheitskriterium

Ein verblüffendes ästhetisches Phänomen stellt sich ein, wenn man Fotografien junger Frauen übereinanderlegt und einen „Durchschnitt" aller Gesichter bildet (Daucher 1967).

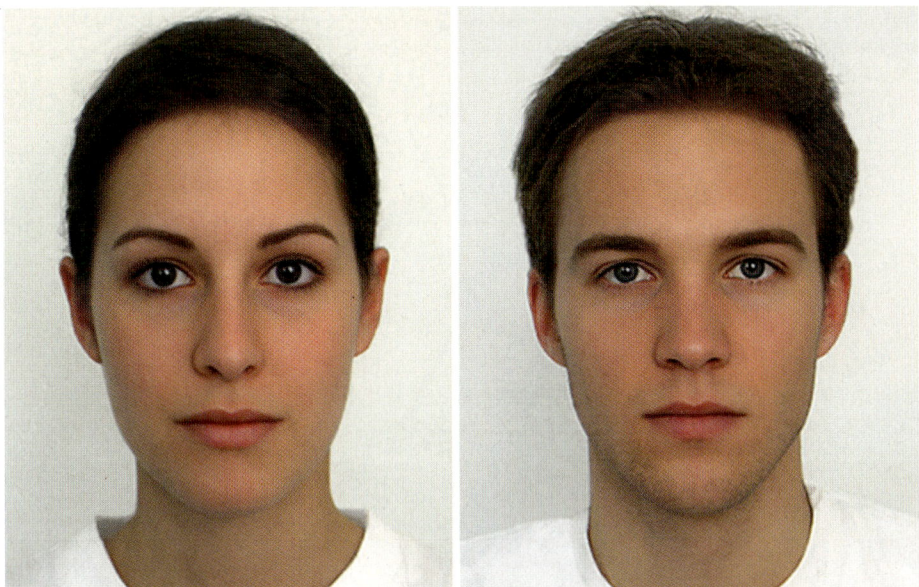

Abb. 11.1 Durchschnittsgesichter für Frau und Mann, die als sexuell attraktiv eingestuft wurden. (Gründl 2003; Bilder aus: http://epub.uni-regensburg.de/27663/1/Habil_Gruendl_gesamt_093m.pdf vom 9. 7. 2013 (mit freundlicher Genehmigung des Autors))

Heute lässt sich das eleganter mit Hilfe der Digitalfotografie bewerkstelligen (z. B. Johnston und Franklin 1993). Dabei entsteht ein schönes ebenmäßiges Gesicht. Der Durchschnitt über alle Gesichter nimmt die Unregelmäßigkeiten rechts und links, oben und unten weg und erreicht je nach Zusammensetzung der Stichprobe ein attraktives oder weniger attraktives Gesicht. Abbildung 11.1 zeigt je ein weibliches und männliches Durchschnittsbild, die von den Probanden als schön und sexuell attraktiv bewertet wurden. Johnston und Franklin „züchten" mit Hilfe des Computers ihr Durchschnitts-Schönheitsbild weiter und operierten mit den einzelnen Schönheitsmerkmalen. Dabei fanden sie einen Typ, der als ideal eingestuft wurde. Das geschätzte Alter des Idealbildes betrug 24,9 Jahre. Eibl-Eibesfeldt (2004) interpretiert dieses Altersideal als die Zeit größter Fruchtbarkeit und charakterisiert es als stärker pädomorph im Vergleich zum Durchschnittsbild der erfassten Gruppe. Es trägt noch kindliche Züge. Das Idealbild der Frau steht zwischen Kindheit und vollem Erwachsenenalter, verspricht aber die größte Nachkommenschaft. Wie weit ist es von hier aus zur Pädophilie? An dieser Stelle greift die Kultur korrigierend und modifizierend ein. Doch davon später.

Man könnte nun meinen, dass vollkommene Symmetrie die Ästhetik des Gesichtes erhöht, denn Symmetrie spielt sicherlich bei vielen ästhetischen Eindrücken eine große Rolle. Gründl (2003) prüfte den Einfluss vollkommener Symmetrie mit einer Reihe von Methoden, z. B. der Spiegelung der linken Geschichtshälfte auf die rechte Seite und umgekehrt. Überraschenderweise wurden alle vorgenommenen perfekten Symmetrie-Bilder als

Abb. 11.2 Das Kindchenschema bei Tier und Mensch.
(Aus Lorenz 1943, S. 276)

weniger ästhetische eingestuft als die Durchschnittsbilder oder Einzelbilder von konkreten
Personen. Da auch in der Realität kein Gesicht vollkommen symmetrisch ist, wundert das
nicht. Vollkommene Schönheit ist nicht gleichzusetzen mit vollkommener Symmetrie, die
bei Gesichtern etwas Starres, Maskenhaftes hat.

Kindchenschema

Konrad Lorenz (1943) führte in die Verhaltensbiologie den Begriff des Kindchenschemas
ein. Darunter ist zu verstehen, dass bei höheren Tieren die Form des kleinkindlichen
Gesichts als Schlüsselreiz (Auslöser) für Pflege- und Fürsorgeverhalten wirkt (Abb. 11.2).
   Zu diesen Merkmalen des Kindchenschemas gehören: eine hohe Stirne, große, runde
Augen, eine kleine Nase, ein kleines Kinn, rundliche Wangen und eine zarte Haut. Der
Kopf ist im Vergleich zum Körper größer als beim Erwachsenen. Ästhetisch wirkt das
Kindchenschema als „süß", „lieblich" und „niedlich" auf uns. Viele Stofftiere, Puppen und
Fantasiefiguren werden mit dem Kindchenschema ausgestattet, um ihre Attraktivität zu
erhöhen.

Evolutionär liegt der Vorteil des Kindchenschemas auf der Hand. Da es Pflegeverhalten auslöst, haben die Jungtiere größere Überlebenschancen, sie werden geschützt, gefüttert und umsorgt, solange sie das Schema besitzen.

Neuheit und Mode

Mehrfach wurde gezeigt, dass bei der sexuellen Selektion Neuheit von Merkmalen eine Rolle spielt. Jungtiere sind neugierig und explorieren das Neue. Bei der sexuellen Partnerwahl wird das Neue beim Partner als attraktives Merkmal gesucht. Da die meisten Tiere ihre Neugier im Erwachsenenalter zurückschrauben, könnte man vermuten, dass Neugier nun auf das Wesentliche, die Partnerwahl eingeschränkt wird, denn hier geht es um den zentralen Nerv der Evolution, die erfolgreiche Fortpflanzung. Die „Kindereien" hören auf, der Ernst des Lebens beginnt. Hier ist der Verlauf ähnlich wie beim Spiel. Neugier und Spiel sind vorzugsweise bei Jungtieren angesiedelt, im Erwachsenenalter gibt es hauptsächlich die Paarungsrituale und andere Spielformen beim Werbeverhalten.

Der Prototyp der Suche nach Neuem, das man für schön hält, ist in unserem Kulturkreis die Mode. Sie wechselt auf unerklärliche Weise von Halbjahr zu Halbjahr, wird für schön gehalten, und man treibt bemerkenswerten Aufwand, um an ihr teilzuhaben. Von außen betrachtet, ein irrationales Verhalten. Das bleibt es auch, solange wir nicht verstehen, dass seine Wurzeln in der Evolution liegen. Darwin (1875) hat sich ausgiebig mit Beispielen der Mode im Tierreich beschäftigt und nicht gezögert, von Capricen und Ticks zu sprechen angesichts der absurden Bemühung der Bewerber (selten Bewerberinnen), sich in Szene zu setzen. Wenn wir die Annahme der Wahl von haarlosen Weibchen beim Homo als Mode hinzunehmen, so rundet sich das Bild bis zum Menschen hin ab. Allerdings gibt es bei der Mode, wie bei der Herausbildung attraktiver sekundärer Geschlechtsmerkmale überhaupt, einen Einwand, den schon Darwin erfahren musste. Die Bevorzugung eines Merkmals, das den Partner attraktiver macht, müsste – analog zu unserer Mode – eine kurzlebige Erscheinung sein, sodass sich kein erbliches Merkmal herausbilden könnte. Darwin entgegnet dem Einwand mit Nachahmung eines Verhaltens, dem Erfolg der Präferenz und schließlich der zunehmenden Ausprägung des Merkmals, dessen Auffälligkeit zum wesentlichen Merkmal des Werbers wird. Es ist von Vorteil, Mode und Ästhetik hier zusammenzuführen. Das neu entwickelte Merkmal gefällt. Es gefällt sogar uns, wenn wir prächtige Hirschgeweihe oder einen Rad schlagenden Pfau sehen. Sicherlich gibt es eine Schnittmenge für gemeinsamen ästhetischen Geschmack zwischen Tier und Mensch: Landschaft, Gesang, Buntheit, Geweihe und Gehörne, starke Körper, elegante Beine und anderes mehr. Dass die menschliche Mode so kurzlebig geworden ist, zeigt, dass sie ihre ursprüngliche evolutionäre Funktion verloren hat. Modebewusste Frauen suchen nicht den Erfolg bei Männern (da genügt, wie Alice Schwarzer ironisch bemerkt, ein enger Pullover und eine Hose, die das Hinterteil gut zur Geltung bringt), sondern Ansehen und Bewunderung bei ihren Geschlechtsgenossinnen, ganz zu schweigen von dem narzisstischen Vergnügen, sich im Spiegel zu betrachten.

Alles in allem lässt sich die von uns gewählte Definition des Ästhetischen halten, es wird lustvoll erlebt, es dient letztlich in der einen oder anderen Art der erfolgreichen Fortpflanzung, z. B. als Fitnesskriterium, als unmittelbares Signal für Stärke oder auch als attraktiver Ausschnitt der Natur, in dem sich eine Spezies aufgrund ihrer Ausstattung wohlfühlt (s. u.). Eine zu weite Definition, nämlich dass alles Nützliche ästhetisch sei, hilft uns wenig, da wir ja die Verbindung von Evolution, Kultur und Ontogenese im Blickfeld haben. Die Suche nach objektiven Kriterien des Ästhetischen führt uns zu Erkenntnissen der Gestaltpsychologie (Gesetze zur guten Gestalt, Symmetrie und Proportion) sowie zur Vorliebe für das Neue. Während die Gestaltgesetze in die Nähe des allgemeinen (intuitiven) Verständnisses des Ästhetischen führen, geht es bei der Vorliebe für Neues durchaus auch um Skurriles, Hässliches, Abweichendes, das dann je nach Erfolg zum Ästhetischen werden kann. Beim Homo sapiens, mit dem wir uns als nächstes näher befassen wollen, treibt die Kultur seltsame Blüten: die Ästhetik des Hässlichen bei den Punks, Vorliebe für hässliche Übertreibungen bei Otto Dix, blutige Scheußlichkeiten bei Baselitz und vieles andere mehr. Ich übe hier wohlgemerkt keine Vulgärkritik an Kunst, sondern stelle nur fest, dass es fast nichts gibt, was nicht zur Kunst und damit ästhetisch werden kann.

11.4 Evolutionäre Wurzeln des Ästhetischen beim Menschen

Evolutionär gilt beim menschlichen Gesicht zunächst der Durchschnitt. Er repräsentiert das Typische und damit auch eine Art Fortpflanzungsideal innerhalb der Population, in der man lebt. Kein Wunder, dass wir einen solchen Prototyp als schön empfinden. Auch das Kindchenschema übt eine starke Wirkung aus, wobei man annehmen kann, dass die Ästhetik des Gesichtes als Durchschnittsstruktur sich mit dem Kindchenschema verbindet, da das präferierte Frauengesicht noch kindliche Züge enthält (s. o.).

In Fortsetzung der *Ornamenten-Ästhetik* bei Tieren gilt auch beim Menschen, dass bestimmte sekundäre Geschlechtsmerkmale ästhetisch attraktiv sind und die Partnerwahl beeinflussen. Zu diesen Merkmalen gehören die weiblichen Brüste, sie sind außerhalb der Stillzeit überflüssig und insofern „Ornament". Unsere nächsten Verwandten, die Schimpansinnen, haben keine vorgewölbten Brüste außerhalb der Stillzeit. Der bekannte Waist-to-Hip-Ratio, der in westlichen Kulturen 0,7 beträgt (enge Taille, breite Hüfte) ist bereits nicht mehr universell, denn manche Völker bevorzugen ein Verhältnis von 1 (Walzenform). Die Kopfhaare werden ebenfalls als Schönheitskriterium angesehen und dürften ein evolutionär begründetes Ornament sein, wobei natürlich je nach Kultur andere Haartrachten als schön und attraktiv gelten. Schließlich ist die Haarlosigkeit am Körper der Frau seit der Entstehung des Vormenschen offenkundig ein ästhetisches Merkmal. Hier gilt nach wie vor die Annahme Darwins, dass im Gegensatz zu den meisten Tierarten beim Homo das Weibchen die attraktiven (ästhetischen) Merkmale entwickelte, um das Männchen auf sich aufmerksam zu machen.

Für beide Geschlechter gilt wohl die Präferenz für symmetrische Gesichter, die aber nicht perfekt symmetrisch sein dürfen. Schließlich ist bemerkenswert, dass Homo sapiens und möglicherweise auch Homo neandertalensis Schmuck anfertigte und trug. Die Nutzung von Artefakten als reine Schmuckgegenstände sowie die Verzierung und Bemalung von Waffen und Werkzeugen zeigen, dass das Ästhetische beim Homo von Anfang an eine wichtige Qualität und Bedeutung erhält. Der Werkzeugmacher geht über die unmittelbare Nutzfunktion des Werkzeugs hinaus und widmet seine Erfindungskraft scheinbar überflüssigen ästhetischen Accessoires. Die Ästhetik als Merkmal von Werkzeugen beginnt bereits beim Faustkeil. Miller (2001) vermutet, dass der Faustkeil mit sexueller Selektion zu tun hat, weil er in riesiger Zahl hergestellt wurde und oft unpraktisch war, zum Teil zu groß, zum Teil zu klein für den handlichen Gebrauch. Ein Design, das sich über eine Million Jahre unverändert erhält, kann nach Millers Ansicht nicht allein aus der praktischen Nutzbarkeit erklärt werden, sondern muss darüber hinaus eine ästhetische Funktion, vermutlich als Werbeangebot, gehabt haben. Hier wird erneut unsere These bestätigt, dass die menschliche Kultur mit der Vergegenständlichung in Form der Herstellung überdauernder Objekte beginnt. Und weiterhin gilt: von Anfang an finden wir Spiel und Ästhetik, ohne die menschliche Kultur nun einmal nicht denkbar ist.

Eine weitere Perspektive menschlicher Ästhetik betrifft die *Naturliebe*. Da wir ein Teil der Natur sind, fühlen wir uns wohl in ihr und finden sie bzw. bestimmte Aspekte von ihr „schön". Manche meinen, dass die Savannenlandschaft, in der unsere Vorfahren lebten, als schönste Landschaft eingestuft wird. Das ist sicher nicht richtig. Andere behaupten, dass Naturschönheit mit dem Auffinden eines günstigen Lager- oder Wohnplatzes zu tun hat (Ruso et al. 2003). Empirisch nachgewiesen ist die Bevorzugung bestimmter Landschaftsmerkmale, wie das Vorhandensein von Wasser, großen Bäumen, halboffenen Räumen, das Ganze in mäßig bis hoher Komplexität der Landschaft. Solche Merkmale fanden sich auch bei einem als ideale (schönste) Landschaft bezeichnetem Computerbild, in dem alle positiven Komponenten zusammengefügt worden waren. Da aber Frühmenschen in recht unterschiedlichen Naturumgebungen aufwuchsen, liegt die Vermutung nahe, dass die genannten Landschaftsmerkmale bereits sekundärer Art sind und auf unsere gemeinsame (westliche) Kulturgeschichte zurückgehen. Dennoch kann man davon ausgehen, dass unser Wohlgefallen an der Natur evolutionäre Wurzeln hat. Wenn wir uns in einer schönen Naturumgebung von den ersten warmen Sonnenstrahlen bescheinen lassen, so unterscheiden wir uns nicht von der Katze, die auf einem warmen Stein liegt und sich den Pelz von der Sonne wärmen lässt. Naturverbundenheit und Freude an den Schönheiten der Natur haben also sicherlich mit unserer Vergangenheit während der Entwicklung zum Homo zu tun, aber alle Vorlieben und alles „ästhetisches Wohlgefallen" an der Natur sind kulturell überformt. Es gibt Menschen, die die verschneite Gebirgswelt als besonders schön empfinden und andere, die eine „Schneephobie" haben. Hängt unser Wohlgefallen an der Schneelandschaft mit Genen, die uns unsere in der Eiszeit lebenden Vorfahren vererbt haben, zusammen? Wohl eher nicht. Wir müssen, wie in anderen Bereichen, das Zusammenwirken von Evolution, Kultur und individueller Entwicklung zu Hilfe nehmen, um zu einem besseren Verständnis zu gelangen.

Am Rande sei noch auf die gegenwärtige Mode hingewiesen, den Urlaub möglichst unter Palmen am Meer zu verbringen. Hier haben wir einerseits die Sehnsucht nach einer Landschaft vor uns, die Pflanzen mit Wärme und Wasser verbindet und wohl in der Tat unser evolutionär begründetes Wohlbehagen in der Natur anspricht. Andererseits hat das moderne Fernweh mit der Präferenz des Neuen vor dem Vertrauten und der Variation der Umwelt zu tun. Diese Neigung haben wir ja bereits im Zusammenhang mit der sexuellen Selektion als eine Basis für das Ästhetische kennengelernt.

11.5 Ästhetik und Kultur

Das Thema Ästhetik und Kultur ist so umfangreich, dass man damit hundert Bände füllen könnte. Warum also dieses Unterfangen? Wir wollen uns dem Thema Ästhetik auf der Basis der bisherigen „evolutionsverträglichen" Definition von Kultur nähern. Dabei versuchen wir zwei Fragen zu beantworten, nämlich: wie wird das Ästhetische zum Bestandteil der Kultur und wie wird es von ihren Mitgliedern aufgenommen und übernommen?

Aneignung – Vergegenständlichung

Kultur erscheint uns im engeren begrifflichen Sinne als das Universum von Kunst, Musik, Literatur, Tanz und Sport. Ein Gegenstück zu diesen künstlerischen Bereichen wären die Wissenschaften, die hier nur sekundär von Bedeutung sind (s. aber Kap. 13). Das Künstlerisch-Musische der Kultur ist ein Produkt der Vergegenständlichungen ihrer kreativen Mitglieder. Die Freude und das „Wohlgefallen" an diesen Kulturgütern ist ein Prozess der Aneignung. Damit sind wir bei den in Kap. 6 dargestellten Grundkomponenten menschlichen (kulturellen) Handelns. Das Ästhetische in der Kultur akzentuiert die subjektivierende Aneignung und Vergegenständlichung. Maler und Musiker schaffen ihre Gegenstände aus ihrem persönlichen Wissen, ihren eigenen Anliegen, Wünschen und Zielen (subjektivierende Vergegenständlichung). Die Rezipienten eignen sich das Ästhetische, das die Kultur zu bieten hat, an, indem sie es zu etwas Subjektivem machen, zu einem ästhetischen Erlebnis, das nur sie selbst, jeder auf seine Weise, an sich erfahren (subjektivierende Aneignung). Der Künstler vergegenständlicht also subjektivierend, der Betrachter oder der Hörer eignet subjektivierend an.

Vergleicht man den Künstler (auch Musiker, Tänzer etc.) mit dem Wissenschaftler, so liegen beide Gruppen einander diametral gegenüber: Künstler vergegenständlichen subjektivierend, Wissenschaftler eignen objektivierend an, sie wollen ja Gesetze der Natur, so wie sie „wirklich" sind, also objektiv, erfassen und verstehen. In Tab. 11.1 sind noch die technische Umsetzung wissenschaftlicher Ergebnisse als objektivierende Vergegenständlichung und die ästhetische Wahrnehmung des Rezipienten als subjektivierende Aneignung eingefügt.

Tab. 11.1 Aneignung und Vergegenständlichung bei Künstlern und Wissenschaftlern

	Aneignung	Vergegenständlichung
Objektivierung	Wissenschaftler: Erkenntnis als objektivierende Aneignung	Praktische Anwendung: technische Umsetzung = objektivierende Vergegenständlichung
Subjektivierung	Rezipient: Ästhetische Wahrnehmung als subjektivierende Aneignung	**Künstler**: Kunstwerk als subjektivierende Vergegenständlichung

Zur Funktionalität des Ästhetischen

Die vier Grundkomponenten des Handelns gelten für alle kulturellen Erscheinungen. Was macht nun die Besonderheit des Ästhetischen aus? Es erscheint sowohl in der Evolution wie in der Kultur überflüssig und spielt doch eine zentrale Rolle. Eine Antwort bietet ein interessanter Ansatz, den Menninghaus (2003) vorgestellt hat. Er versucht die Ästhetik Kants mit Aspekten der Ästhetik in der Evolution zu verbinden, indem er nach den Funktionen des Ästhetischen fragt. Menninghaus präsentiert acht Funktionshypothesen, in denen evolutionstheoretische Überlegungen mit der Kant'schen Auffassung von Ästhetik in Beziehung gebracht werden.

1. Einstimmen und Optimieren mentaler Operationen
   Spiel und ästhetische Praktiken dienen einer Optimierung, Koordination und wechselseitigen Abstimmung von Verhaltensdispositionen. Hier ist die Verbindung zur Evolution unmittelbar gegeben, denn das Spiel als Verhaltensrepertoire reicht weit in die Phylogenese zurück.
2. Passung von Subjekt und Natur
   Menninghaus zitiert Kant, der sagt: „Die schönen Dinge zeigen an, dass der Mensch in die Welt passe." Evolutionstheoretisch ist in der Menschheitsgeschichte ein Konflikt zwischen Natur und Mensch entstanden. Unsere biologische Ausstattung ist immer noch die des steinzeitlichen Jägers und Sammlers. Unsere ästhetischen Präferenzen tragen in sich eine alte Erbschaft: naturbelassene Habitate werden als schön bewertet. Hier wäre die Liebe zur Natur begründet (Biophilie-Hypothese). Diese Hypothese haben wir bereits im vorigen Abschnitt kennengelernt.
3. Widerstand gegen den „Begriff"
   Ästhetische Wahrnehmung sperrt sich gegen logisch distinkte Analyse. Das zeitigt einen Gewinn an sinnlicher Komplexität und Ganzheitlichkeit. Logisch-begriffliche Informationsverarbeitung ist vorwiegend in der linken Gehirnhälfte, ästhetische Wahrnehmung und Verarbeitung in der rechten Gehirnhälfte lokalisiert. Ästhetik enthält ein „Widerstandspotential" gegen die Dominanz der Begrifflichkeit. Denkt man an den Werkzeugmacher Homo sapiens, so wäre das Logisch-begriffliche die reine Funktion des Werkzeugs, seine Verzierung und Bemalung das Ästhetische, das sich gegen die reine Funktion sperrt und „Überflüssiges" hinzufügt.

4. Kognitive Vorteile

   Aus evolutionstheoretischer Perspektive arbeitet Kunst dem Anbahnen und Bereitstellen neuer kultureller Adaptationen zu: Durchspielen von Möglichkeiten, Entwerfen neuer Realitäten. Dieser von Kant angeführte erweiternde Aspekt der Kognition hat mit dem Spiel, vor allem dem Als-ob-Spiel, zu tun, das fiktive Realitäten entwirft und sich in ihnen bewegt.

5. Produktive Einbildungskraft

   In Weiterführung dieser Idee geht es um die Funktion des Imaginären. Die produktive Einbildungskraft, die wir oben als subjektivierende Vergegenständlichung kennengelernt haben, erzeugt imaginäre Welten, die täuschungsanfällig und interpretationsbedürftig sind (Literatur, bildende Kunst, Musik). Dadurch entsteht eine flexible Reaktion auf neue Herausforderungen. Hierbei ist aus unserer Sicht das Spiel am Werk, dessen Funktion ja in der flexiblen und raschen Reaktion auf neue Situationen gekennzeichnet wurde (s. Kap. 10).

6. Ästhetischer Commonsense

   Einübung in soziale Gefühlsskripte und Handlungsdispositionen. Ästhetische Urteile erfordern nach Kant die Zustimmung der anderen. Die Partizipation an gemeinsamen Glaubenssystemen, ästhetisch elaborierten Riten und symbolischen Objekten entschärft den Kampf um Ressourcen (Nahrung, Revier, Nachwuchs etc.). Idealbildung und verehrte Kultobjekte ermöglichen auch den Unterprivilegierten Identifikation mit der herrschenden Kultur. Der ästhetische Commonsense gewährleistet gemeinsame Gefühlslagen und Präferenzen.

7. Schule der Täuschungen

   Täuschungen in Bild und Wort sind ein Kernstück der Ästhetik (Illusion, Als-ob, „der schöne Schein"). Sie verhelfen schon im Tierreich zu adaptiven Vorteilen. Sich Einlassen auf ästhetische Täuschungen führt zu kollektiven und individuellen Selbstillusionen, die dem Wohlbefinden der Gruppe und des Einzelnen dienen und aus dem Alltag herausheben. Auch hier liegt der Bezug zum Illusions-, Rollen- und Regelspiel sowie zum Ritual nahe. Das Ästhetische dient der mentalen Hygiene. Die reale Welt wird durch Illusion und Selbsttäuschung von Zwängen befreit, das Ästhetische eröffnet mehr Freiheitsgrade.

8. Leistung des Paranormalen

   Paranormale Fähigkeiten und Zustände (Rausch, Trance, Flow) sind in allen Kulturen etabliert und evolutionär in dem Sinne adaptiv, als sie zu Lösungsvorschlägen in Krisen führen können (Orakel, Priester, Schamanen). Hier wird eine enge Verbindung zum Religiösen hergestellt. Bereits die frühe Kunst der Skulpturen, die in der Schwäbischen Alb gefunden wurden, dürfte religiösen Charakter gehabt haben. Die meisten Bauten früherer Hochkulturen dienten religiösen Zwecken. Dieser Aspekt des Ästhetischen macht verständlich, warum auch bei uns bis zur Renaissance die religiöse Kunst dominierte.

Kulturelle Universalien menschlicher Schönheit?

Wir haben bereits festgestellt, dass es evolutionäre Wurzeln des Ästhetischen für menschliche Schönheit gibt, die in drei Punkten zusammengefasst werden können. Schön und attraktiv wirken

1. das Durchschnittsgesicht einer Population,
2. das Kindchenschema (Babyface),
3. Objekte mit „guter Gestalt" (z. B. Symmetrie).

Hinzu kommt unter Umständen die nackte makellose Haut als Schönheitskriterium. Gibt es darüber hinaus kulturelle Universalien jenseits der Evolution? Letztlich lässt sich diese Frage nicht beantworten, weil kulturübergreifende Merkmale von Schönheit vermutlich auf die evolutionäre Entwicklung reduziert werden können. Daher interessiert mehr, ob und in welcher Weise die Kultur das Schönheitsverständnis beeinflusst.

Beginnen wir bei der Figur. Die universell gegebene Bevorzugung großer Männer gegenüber kleinen ist zweifellos ein Evolutionskriterium. Hingegen ist das Verhältnis von Hüfte zu Taille bei Frauen eindeutig ein Resultat kultureller Bewertung. Ähnlich verhält es sich mit dem Schlankheitsideal für Frauen, das erst in der Neuzeit zum ästhetischen Maßstab wurde. Im Folgenden zitiere ich einige Beispiele aus Darwins Werk „Die Abstammung des Menschen" (deutsche Ausgabe 1875). Sie zeigen, dass Darwin den Einfluss der Kultur höher einschätzte als es die heutigen Evolutionspsychologen tun.

> Wie bei uns das Gesicht hauptsächlich seiner Schönheit wegen bewundert wird, so ist es bei Wilden der vorzügliche Sitz der Verstümmelung. In allen Theilen der Welt werden die Nasenscheidewand, seltener die Flügel der Nase durchbohrt und Ringe, Stäbchen, Federn und andere Zierathen in die Löcher eingefügt. Die Ohren werden überall durchbohrt. . . . . und bei den Botokuden und Lenguas von Südamerika wird das Loch allmählich so erweitert, dass der untere Rand des Ohrläppchens die Schulter berührt. (a. a. O., S. 321)

An anderer Stelle zitiert Darwin Hearne, der viele Jahre bei den Indianern lebte:

> Man frage einen nördlichen Indianer, was Schönheit sei, und er wird antworten, ein breites, plattes Gesicht, kleine Augen, hohe Wangenknochen, drei oder vier schwarze Linien über jede Wange, eine niedrige Stirn, ein großes breites Kinn, eine kolbige Hakennase, eine gelbbraune Haut und bis zum Gürtel herabhängende Brüste. (a. a. O., S. 324)

In ähnlicher Weise listet Darwin die Schönheitsideale von Gesichtern bei anderen Ethnien auf und belegt, dass es im Vergleich zu unserem Selbstverständnis von schönen Gesichtern radikal andere ästhetische Urteile gibt. Dieser Beurteilung kann man heute noch zustimmen, obwohl die empirische Forschung eine Reihe von Schönheitsmerkmalen für das menschliche Gesicht findet, die über die anfangs genannten Evolutionsmerkmale hinausgehen (Henss 1992).

Die Tätowierung und Verstümmelung begründet Darwin ebenfalls kulturell und soziologisch.

die Jugend das Neue wählt und kreiert. Aber erst eine kulturelle Entwicklung, die der Jugend eine Zwischen- oder Marginalposition einräumt und einen zeitlich umfangreichen Entwicklungsspielraum gewährt, der unklar definiert ist und sich von Jahr zu Jahr ändert, ermöglicht die Bildung von Jugendkulturen (Coleman 1961).

Subkulturen finden sich auch bei den Erwachsenengruppen. Vor allem zeigen sie sich in regionalen Unterschieden und in Unterschieden zwischen sozio-ökonomischen Schichten. Brauchtum, Tracht und Musik in Oberbayern erhalten sich keineswegs nur wegen der Touristen, sondern sind Bestandteil des täglichen Lebens. Ähnliche Subkulturen lassen sich in vielen Regionen Europas finden, so etwa in der Bretagne und auf Sardinien. Während sich Jugendkulturen an dem Neuen orientieren und oft eine Gegenkultur zur Hauptkultur errichten, sind die Subkulturen im Erwachsenenleben konservativ. Brauchtum, Tracht und Musik widersetzen sich weitgehend dem Neuen, obwohl schrittweise doch neue Elemente auftauchen. Auch dies fügt sich in die evolutionäre Basis ein: bei den Erwachsenen als Hauptträger der Kultur geht es um Sicherheit und Stabilität.

Kulturelles Kapital

Erweitern wir diese Sichtweise nun durch einen soziologischen Ansatz, der von Pierre Bourdieu stammt. Bourdieu (1983) unterscheidet zwischen ökonomischem, kulturellem und sozialem Kapital. Alle drei Formen des Kapitals stehen in Wechselwirkung zueinander. Das ökonomische Kapital ist die individuelle und kollektive Anhäufung von materiellen Gütern bzw. das den Erwerb der Güter ermöglichende Geld. Unter kulturellem Kapital versteht Bourdieu die Gesamtheit der individuell angeeigneten kulturellen Inhalte. Kulturelles Kapital kann in einem umfassenden Sinne als Bildung bezeichnet werden. Das soziale Kapital bildet die Gesamtheit aller Ressourcen, die mit der Verfügbarkeit eines Netzes von sozialen Beziehungen verbunden sind. Gute Sozialbeziehungen ergeben zwei Arten von Profiten, nämlich materielle und symbolische Profite. Letztere bescheren z. B. Status und Sozialprestige. Eine zentrale These Bourdieus lautet, dass Klassenzugehörigkeit am deutlichsten durch den Lebensstil („Habitus") bestimmt wird und damit durch den Geschmack. Geschmack bietet sich seiner Meinung nach als bevorzugtes Merkmal von ‚Klasse' an. Diese These ist für unsere Betrachtung des Ästhetischen von großer Bedeutung, weil nun Schicht- oder Klassenunterschiede vor allem durch ästhetische Vorlieben und weniger durch Einkommen und Wohnverhältnisse sichtbar werden. Angesichts der heutigen Einkommenssituation, in der ein Facharbeiter mehr verdienen kann als ein Akademiker, leuchtet diese Sichtweise besonders ein.

Im Folgenden wollen wir drei Formen des kulturellen Kapitals näher beleuchten: inkorporiertes, objektiviertes und institutionalisiertes Kapitel. Das *verinnerlichte (inkorporierte) kulturelle Kapital* ist schlicht das, was sich ein Mensch im Laufe seiner Entwicklung an kulturellem Reichtum angeeignet hat. Die Summe von kulturellem Wissen, kultureller Geschmacksbildung und praktischem Können wird in der Primärerziehung durch die Eltern und in der sekundären Erziehung durch die Schule vermittelt. Dabei spielt auch der Zeitfaktor eine Rolle. Wenn Kinder und Jugendliche mehr Zeit für den Erwerb von Bildung erhalten, können sie mehr an kulturellem Reichtum erwerben und tiefer in die Errungenschaften der Kultur eindringen. Wer früher ins Berufsleben eintritt bzw. früher die Schule verlässt, befindet sich bezüglich des kulturellen Kapitals im Nachteil. Das verinnerlichte kulturelle Kapital wird Bestandteil der Persönlichkeit.

Das *objektivierte Kulturkapital* existiert in Form von kulturellen Gütern wie Bücher, Bilder, Statuen, Maschinen (in denen kulturelles Wissen steckt). Dieses Kapital kann übertragen und weitergegeben werden. Es besitzt aber nur für diejenigen Wert, die aufgrund ihres verinnerlichten Kapitals den Wert der kulturellen Güter einschätzen können.

Das *institutionalisierte Kapital* schließlich besteht in Form von formalisierten Bildungsabschlüssen, Zeugnissen, Titeln und Positionen. Autodidakten müssen, sofern sie überhaupt Zugang zu Positionen erlangen, ihre Berechtigung immer wieder neu unter Beweis stellen.

Die übrigen Gedanken Bourdieus über den Austausch zwischen ökonomischem, kulturellem und sozialem Kapital sowie die Darstellung der Mechanismen, mit denen die herrschende Klasse den Zugang für andere soziale Klassen erschwert oder verwehrt, sind ebenfalls hochaktuell, können aber hier nicht näher behandelt werden. Interessant sind jedoch Bourdieus Beispiele für den Habitus (Lebensstil) verschiedener Klassen (Bourdieu 1982). Soziale Schichten unterscheiden sich hinsichtlich ihrer ästhetischen Präferenzen, und diese wiederum sind eingebettet in unterschiedliche Lebensstile: Golf und Tennis bei gehobenen Schichten versus Fußball (z. B. kommen Stadienbesucher eher aus niederen Schichten), analog Kunstmusik versus Unterhaltungsmusik, Wohnungseinrichtung, Kleidung. Bei genauerem Zusehen, d. h. bei Berücksichtigung der aktuellen Präferenzforschung ergibt sich ein differenzierteres Bild. So erbrachten Umfragen in den USA, dass die traditionelle Unterscheidung von „anspruchsvoller" und „anspruchsloser" Musik und die etwaige Korrespondenz zu sozialen Schichten nicht mehr zutrifft. Personen mit höherem Bildungsstand neigen dazu, eine breite Palette von Musikstilen zu hören, also „Allesfresser" oder Omnivoren zu sein, während Befragte mit niedrigem Bildungsgrad „Univoren" waren, also einen eingeengten Musikgeschmack hatten und eine bestimmte Stilrichtung bevorzugten (DeNora 2008).

Bei einer Erhebung in Deutschland (ARD-Werbung und Medienforschung Radio) ergab sich das in Tab. 11.2 dargestellte Bild.

Auch bei uns ist wie in den USA die Bandbreite bei höherer Bildung ausgeprägter, aber es gibt doch eine deutlich unterschiedliche Präferenzgewichtung: Schlager und Volksmusik bevorzugen Personen mit niedrigerem Bildungsabschluss, Rock und Popmusik, aber auch klassische Musik Personen mit höherem Bildungsabschluss. Die radikale Verschiebung der Präferenzen bei über Siebzigjährigen weist neben der Bevorzugung eines „gesunkenen Kulturgutes" immerhin einen etwas höheren Prozentsatz der Präferenz von klassischer Musik gegenüber den Vierzigjährigen auf.

Die klassische Musik oder besser ‚Kunstmusik' lässt den Begriff des kulturellen Kapitals besonders deutlich werden. Obwohl nur eine Minderheit das Angebot an Kunstmusik nutzt, fließen mehr Subventionen in ihre Förderung als in andere Musikrichtungen.

Tab. 11.2 Musikpräferenzen (Prozentangaben in Deutschland nach Bildungsstand und Alter. (Zusammengestellt nach Gembris 2005, S. 282)

Bildungstand und Alter	Popmusik	Rockmusik	Klassische Musik	Schlager/ Evergreens	Volksmusik
Hauptschule Lehre	22,4	15,4	7,8	45,4	37,1
Abitur/Studium	44,7	35,9	23,0	19,5	10,5
14–19 Jahre	76,0	66,0	4,1	9,9	2,6
40–49 Jahre	33,3	22,8	11,5	36,9	21,8
70 Jahre und älter	3,4	1,5	13,8	45,5	51,3

Theater, Oper und Konzert werden nur von 10 % der Bevölkerung oder weniger genutzt, aber von den restlichen 90 % voll mitfinanziert. In der Terminologie von Bourdieu lässt sich festhalten: Privilegierte mit hohem inkorporiertem kulturellen Kapital partizipieren am objektivierten und institutionalisierten Kulturkapital weit mehr als weniger Privilegierte; sie lassen sich aber von diesen ihren Vorteil finanzieren.

Ästhetik in der Wissenschaft

In unserem Alltagsverständnis haben Wissenschaft und Ästhetik nichts miteinander zu tun. Das Schöne oder was wir als schön empfinden, gehört in den Bereich des Musischen, der schönen Künste und auch in den Bereich der Verschönerung des Alltags. Diese Sichtweise ist zumindest für die Naturwissenschaften und die Mathematik nicht zutreffend. Dort geht es um eine Ästhetik besonderer Art, die auf Ockham zurückgeht und als Ockhamsches Rasiermesser (Ockham's Rasor) bezeichnet wird. Wenn viele Erklärungsmöglichkeiten vorliegen, ist nach diesem Prinzip die einfachste vorzuziehen. Einfach ist eine Theorie, wenn sie ihre Aussagen auf wenige Prinzipien reduziert. In den Naturwissenschaften bedeutet diese Reduktion Formulierungen mathematischer Gleichungen. So lautet die Heisenbergsche Unschärferelation

$$\Delta x * \Delta p \geq \frac{\hbar}{2} \tag{11.1}$$

$$\hbar = \frac{h}{2\pi} \tag{11.2}$$

h: Planck-Konstante

und das Gravitationsgesetz von Newton:

$$F = -G\frac{m_1 m_2}{r^2} \tag{11.3}$$

F: die Kraft zwischen den Massenpunkten,
m_1:   die Masse des ersten Massenpunktes,
m_2:   die Masse des zweiten Massenpunktes,
r: Abstand zwischen den Massenpunkten,
G: die Gravitationskonstante, eine Naturkonstante.

Fast alle physikalischen Gesetze lassen sich in einfachen Formeln darstellen. Die Physiker sind stolz auf das derzeit gültige Standardmodell der Teilchen, es ist einfach, symmetrisch und ästhetisch. Trotz der Komplexität der Physik und Chemie bilden ihre Grundlagen einfache Formeln und Einteilungen (in der Chemie beispielsweise das Periodische System der Elemente) und gehorchen mit Bravour dem Ockhamschen Rasiermesser.

In der reinen Mathematik gilt Ähnliches. Die Ableitung mathematischer Systeme aus einfachen Axiomen und das Ausdrücken komplexer Zusammenhänge in möglichst einfachen Formeln sprechen für eine mathematische Ästhetik. Eine Umfrage unter Mathematikern, welches die schönste Formel sei, erbrachte die berühmte Eulersche Identitätsformel, in der alle Zahlentypen vereinigt sind:

$$e^{i\pi} + 1 = 0 \tag{11.4}$$

oder:

$$e^{i\pi} = -1 \tag{11.5}$$

(e: natürliche Zahl; i: imaginäre Zahl; π: transzendente Zahl)

Mit gutem Recht könnte man also behaupten, dass die Schönheit der mathematisch formulierten Erkenntnisaussagen in den Naturwissenschaften wegen ihrer höchstmöglichen Abstraktheit und der Einfachheit ihrer Grundaxiome den Höhepunkt der Ästhetik darstellen.

Exkurs: Das Ästhetische in der Ökonomie der modernen Gesellschaft

Der Kapitalismus nutzt Ästhetik als Fassade der Macht und Größe. Schon die Fabrikbauten des 19. Jahrhunderts, heute teilweise denkmalgeschützt, zeugen von diesem Prinzip. Hinter dieser Fassade, am Arbeitsplatz, spielt Ästhetik keine Rolle. Das gilt auch heute noch. Schaut man sich die grauenvollen Großraumbüros an, so sind die Einzelnen nur graue Arbeitstiere in einem komplexen Zusammenwirken von ökonomischen Tätigkeiten. Auch individuellere Arbeitsplätze haben nichts Ästhetisches an sich. Manchmal versucht die Sekretärin oder Schwester ihren Arbeitsplatz durch ästhetische Zugaben von der Kerze bis zum Foto zu verschönern. Aber selbst wenn man seinen Arbeitsplatz nach eigenem Gutdünken gestalten kann, verzichtet man auf ästhetische Zutaten. Der typische Freiberufler am Computer lebt meist in einem entsetzlich gesichtslosen Ambiente. Seine Ästhetik holt er sich allenfalls vom Bildschirm. Am ehesten gibt es noch die Verbindung von Erotik und Ästhetik, die bei Männern zu einer Arbeitsumgebung mit Plakaten von schönen, zugleich sexuell attraktiven Frauen führt.

Andererseits müsste man vom Kapitalismus erwarten, dass das Ästhetische genutzt wird, wenn es zur Kapitalvermehrung beiträgt. Genau dies ist heute der Fall. Da die Produkte in ihrer Qualität und Leistungsfähigkeit meist gleich sind, entscheidet das Design. Die Kunden bevorzugen bei sonst gleichen Qualitätsmerkmalen das ästhetisch ansprechendste Produkt. Hier wird das Design zum Markenzeichen und die Nachahmung des Designs zum Wirtschaftsdelikt. So verlor 2011 die koreanische Firma Samsung wegen der Imitation eines Designs gegen Apple und durfte ihr Produkt nicht nach Europa verkaufen.

11.6 Ontogenese

Betrachtet man die Vielfalt menschlicher Gesichter und Figuren, so könnte man erstaunt sein, wie wenig die ästhetische Selektion im Laufe der Jahrtausende wirksam war. Wirklich schöne Gesichter, so wie sie der moderne Geschmack als schön einstuft, sind nicht besonders häufig. Ebenso verhält es sich mit dem erwünschten Verhältnis von Taille zu Hüfte von 0,7. Aus diesem niederschmetternden Tatbestand lassen sich mehrere Schlussfolgerungen ziehen: 1) Das Ästhetische spielt eben doch keine Rolle bei der Partnerwahl, sonst gäbe es nur schöne Menschen; 2) der ästhetische Geschmack ist so stark kulturellem Wandel unterworfen, dass es zu keiner „Züchtung" einer die Zeiten überdauernden Schönheit kam; 3) andere Zwänge, wie die Zuweisung von Partnerinnen und Partnern durch Eltern oder andere Autoritäten (Islam), wirtschaftliche Sicherheit und soziales Prestige von (ansonsten hässlichen) Männern überdecken den Wunsch nach Schönheit und 4) die individuelle Lebensgeschichte bewirkt bemerkenswerte Variationen beim ästhetischen Geschmack.

Alle diese Momente können eine Rolle spielen. Wir befassen uns im Folgenden mit dem Einfluss individueller Entwicklung auf den ästhetischen Geschmack. Dabei konzentrieren wir uns auf die Frage, ob der ästhetische Geschmack durch individuelle Lernerfahrungen, Entwicklungseinflüsse, prägende Ereignisse und dergleichen so stark beeinflusst wird, dass sowohl evolutionäre als auch kulturelle Faktoren des Ästhetischen überlagert werden. Zunächst diskutieren wir, wie verschiedene Formen des Lernens ästhetische Wahrnehmung und Handlung beeinflussen, beschäftigen uns mit der Wirkung von Prägung und Bindung, wenden uns dann der Frage zu, wie sich das eigene Körperselbstbild mit evolutionären und kulturellen Schönheitsfolien auseinandersetzt, und befassen uns schließlich mit der Entwicklung des Ästhetischen sowohl hinsichtlich der Aneignung (ästhetisches Urteil) als auch in Bezug auf die Vergegenständlichung (ästhetisches Gestalten). Am Ende werden noch drei Valenzarten als Ordnungsprinzipien eingeführt, die unterschiedliche Abstraktionsebenen von Wertigkeit beschreiben.

Konditionierung und ästhetische Vorlieben

Ein Lernmechanismus, der weit in die Tierwelt hinabreicht, ist die Konditionierung. Die sog. klassische Konditionierung verbindet eine biologisch vorhandene angeborene Reaktion mit einem neutralen Reiz in der Weise, dass der neutrale Reiz die angeborene Reaktion auslöst, ohne dass der ursprünglich auslösende Reiz zugegen sein muss. Wenn in Gegenwart einer Person mit einem bestimmten Gesicht ein Schreckreflex oder eine Angstreaktion ausgelöst wird, so kann der Anblick des Gesichtes bereits Angst einflößen, ohne dass die ursprünglichen Auslöser (lautes Geräusch, Schläge oder andere Schmerzreize) am Werk sind. Umgekehrt kann ein Gesicht in Gegenwart angenehm wirkender Reize von sich aus nach einigen Koppelungen mit dem positiven Reiz Lust, Freude und Vergnügen auslösen. Die Gesichter und Gestalten der Eltern, Großeltern und anderer Bezugspersonen, die dem Kind Bedürfnisbefriedigung und Lust verschaffen, werden auf diese Weise attraktiv, ihr Anblick löst Freude aus. Sie wirken deshalb auch „schön" in einem weiteren Sinne.

Die klassische Konditionierung wird in den meisten Fällen ergänzt durch die operante Konditionierung. Unter ihr versteht man die Tendenz, ein Verhalten, das Erfolg (Lust, Belohnung) brachte, beizubehalten. Nähert sich das Kind beispielsweise Eltern oder Großeltern, erfährt es Belohnungen vielfacher Art: Zuwendung, Unterhaltung, Geschenke. Das Aufsuchen attraktiver Personen wird also zusätzlich belohnt. Beide Konditionierungsformen bewirken auch die Wertschätzung der Heimat, der Landschaft, in der man aufgewachsen ist, sofern man mit ihr schöne Kindheitserinnerungen verbinden kann. Heimat hat für viele aus diesem Grund ästhetische Qualitäten. Dabei dürfte aber die Erinnerung wichtiger sein als der reale Anblick der früheren Heimat. Nur in der Vorstellung muss sie schön sein. Wenn man sie nach Jahren wieder sieht, ist man oft enttäuscht.

Bindung und Ästhetik

In der frühen Entwicklung entsteht universell in allen Kulturen das Bindungsverhalten zwischen Baby und Mutter bzw. Pflegeperson. Dieses Bindungssystem, das mit etwa einem Jahr – je nach Kultur auch später – auftritt, gewährt zweierlei, einerseits die Sicherheit und Geborgenheit bei der Bindungsperson, andererseits das Explorationsverhalten, das von der sicheren Bindung aus risikofrei oder doch risikoarm gestartet werden kann (s. auch Kap. 4). Für das Kind ist die Bindungsperson die attraktivste Person. Freilich sind hier emotionale Gebundenheit und Ästhetik untrennbar miteinander vermischt, doch lässt sich nicht leugnen, dass Kinder (und später Erwachsene) Bindungspersonen schön finden. Es darf daher nicht verwundern, dass später die Eltern ein Vorbild oder Gegenbild bei der Partnersuche werden können. Während Freud (1938) noch annahm, dass aufgrund der frühen sexuellen Beziehung zum gegengeschlechtlichen Elternteil dieser nur Vorbild sein könne und positiv bewertet würde, zeigen empirische Untersuchungen, dass elterliche Modelle auch als Gegenbild dienen können, der Partner/die Partnerin muss anders sein als die eigenen Eltern. Dies hängt wohl mit der jeweiligen Lebensgeschichte und mit den Erfahrungen zusammen, die man im Jugendalter, bei dem es um Ablösung von den Eltern geht, gesammelt hat.

Toman (1965) untersuchte eine große Zahl von Familien. Unter anderem prüfte er auch, ob die Geschwisterposition einen Einfluss auf die Partnerwahl ausübt. Tatsächlich gibt es eine statistisch gesicherte, wenn auch schwache Tendenz, dass jüngere Geschwister Partner/innen suchen, die in der Geschwisterreihe an erster Stelle stehen, und umgekehrt, dass Ältere in der Geschwisterreihe Jüngere bevorzugen. Hier werden frühere Beziehungsmuster übernommen. Da aber Partnerwahl (vor allem bei Männern) allemal mit ästhetischer Attraktivität zu tun hat, kann man auch hier davon ausgehen, dass die Ausbildung des ästhetischen Geschmacks mit Erfahrungen in der Kindheit zusammenhängt.

Prägung

Konrad Lorenz fand bekanntlich, dass junge Graugänse während einer sensiblen Phase ihrer Entwicklung auf dasjenige Lebewesen als Bezugstier geprägt werden, das sie zu sehen bekommen. Im Falle der Untersuchungen von Lorenz (1935) war dies Lorenz selbst, der zum Erstaunen der Nachbarn im Garten herumhüpfte und von jungen Graugänsen verfolgt wurde. Prägungen gibt es auch beim Menschen. Wir wollen den Begriff in einem ausgeweiteten Sinne auf den Erwerb von Geschmacksrichtungen anwenden.

Ein relativ bekanntes Phänomen besteht in der ästhetischen Präferenz von bestimmten Gütern, denen man zu einem bestimmten Zeitpunkt im Lebenslauf begegnet ist. Der ästhetische Geschmack wird bezüglich mancher Bereiche, vor allem der Musik und bildlichen Darstellung, in einem bestimmten Lebensalter geprägt. Diese „Prägung" findet jedoch nicht, wie man erwarten könnte, in früher Kindheit, sondern im Jugendalter und frühen Erwachsenenalter statt (s. hierzu Oerter 2007). So hält man gewöhnlich an dem Musikgeschmack fest, den man im Jugendalter aufgebaut hat. Siebzigjährige bevorzugen den Big-Band-Sound als Unterhaltungsmusik, weil es die Musik ihrer Jugend war; Fünfzigjährige mögen Rock'n'Roll usf. Dieser Gedächtniseffekt für ästhetische Präferenzen wurde mehrfach bestätigt. Er trifft nicht nur für Musik, sondern auch für visuelle Eindrücke, wie Bilder und Filme, zu. Dabei sollten zwei miteinander interferierende Einflüsse unterschieden werden, zum einen die sensible Periode selbst, zum andern eine generelle Einstellung gegenüber der Vergangenheit (Nostalgie). Während der Effekt der „Prägung" ästhetischer Präferenzen als relativ stabil angesehen wird, variieren Personen stärker auf der Nostalgie-Einstellung. Manche bewerten die gute alte Zeit als besser im Vergleich zur Gegenwart, andere tun dies weniger.

Für den Prägungseffekt werden zwei Erklärungen angeboten: Erstens entsteht durch die bloße Gegenüberstellung mit einem Reizmuster (Musik, Filmstar) unter Umständen bereits ein Prägungseffekt, zweitens wird als zusätzliche Bedingung das Vorhandensein starker positiver Emotionen während des prägenden Lebensabschnittes angenommen. Letzteres scheint plausibel, denn die Begegnung mit Musik und Filmen bildet bei den meisten eine besonders schöne und mit stark positiven Emotionen versehene Erfahrung. Eine bloße Assoziation würde die „Prägung" während der Jugendzeit auch nicht hinreichend erklären können. Dabei ist das Prinzip der klassischen Konditionierung am Werk, da die positiven Emotionen (unbedingte Reaktion) mit dem ästhetischen Stimulus (bedingter Reiz) gekoppelt werden.

Körperselbstbild und Ästhetik

Das Jugendalter stellt die Etappe im menschlichen Leben dar, in der Evolution, Kultur und die eigene Identitätsbildung aufeinander stoßen. Von der Evolution stammen die Anforderungen für sexuelle Attraktivität, von der Kultur spezifische Definitionen für körperliche Schönheit und von den Jugendlichen selbst eigene Vorstellungen und Ziele für den Körper. Es kommt daher zu einem Körperselbstbild, das sich bei beiden Geschlechtern deutlich unterscheidet und das sich im Laufe der Jugendjahre wandelt.

Bei der Ästhetik des weiblichen Körpers dominiert das kulturelle Schönheitsideal der Schlankheit, um nicht zu sagen, des Untergewichts. Bei erwachsenen Frauen gibt es eine Vorliebe für mädchenhaftes Aussehen, während die Jungen frühzeitig ein männliches und nicht ein jungenhaftes Aussehen bevorzugen. Es nimmt nicht wunder, dass bei Mädchen die Unzufriedenheit mit dem Gewicht ansteigt, denn unsere Kultur propagiert ein Schlankheitsideal und das bekannte Taillen-Hüften-Verhältnis von 0,7. Je älter die Mädchen werden, desto weniger steht der Wunsch abzunehmen in direkter Beziehung zum realen Gewicht. Gewichtsabnahme ist bei Mädchen allemal mit Zufriedenheit gekoppelt, während sie bei Jungen fast ausschließlich negativ bewertet wird. Mädchen scheinen zudem ein differenzierteres Körperkonzept als Jungen zu haben. Alle Untersuchungen belegen eindeutig, dass Mädchen viel häufiger als Jungen ein eher negatives Körperselbstbild besitzen. In Tagebuchanalysen ergab sich bei Mädchen, dass sich 28 % aller Eintragungen von 13- bis 15-Jährigen mit dem eigenen Körper (Mode, Gewicht und Aussehen) befassten. 82 % davon bezogen sich auf eine negative Sicht des Körpers und auf Körperbeschwerden. Die Unzufriedenheit bezieht sich aber weniger auf das Gesicht, sondern hauptsächlich auf die Körperproportionen (die Forschungsliteratur zu diesem Thema findet sich in Oerter und Dreher 2008).

Da die Hauptthematik des Jugendalters die Ausbildung einer eigenen Identität ist, darf es nicht wundernehmen, dass die Ästhetik des eigenen Körpers dabei eine große Rolle spielt. Es gibt auch eine Wechselwirkung zur Geschwindigkeit der Geschlechtsreife. Langsam reifende Jugendliche (Retardierte) sind mit ihrem Aussehen weniger zufrieden als früh Reifende (Akzelerierte), die sich als erwachsen wahrnehmen und im sozialen Kontext auch als solche behandelt werden. Mit zunehmendem Alter gibt es Veränderungen. Jugendliche der späteren Adoleszenz (16 bis 18 Jahre) zeigten größeres Vertrauen als Jüngere in ihre körperliche Selbstdarstellung und eine geringere Abhängigkeit vom Urteil anderer (Oerter und Dreher 2008).

Kommen wir nochmals auf den Zusammenhang zwischen Evolution, Kultur und Ontogenese zurück. Bei Mädchen überdeckt der Einfluss der Kultur den der Evolution, denn dünne Frauen waren in der Frühgeschichte des Menschen wohl wenig gefragt (man denke an die dicken Schenkel der Venus von Wilmersdorf und die füllige Figur der Venus von Hohle Fels). Evolution und Kultur stehen für Mädchen im Widerspruch, für Jungen hingegen nicht. Bei ihnen dominiert die Evolution: Größe und Kraft sind die Ideale. Das rührt natürlich auch daher, dass diese Merkmale ebenso in der Kultur favorisiert werden und daher kein Widerspruch zwischen Evolution und Kultur besteht.

Ästhetische Entwicklung: Aneignung

Wenn wir die individuelle Entwicklung des Ästhetischen ins Auge fassen, müssen wir zwischen Aneignung und Vergegenständlichung unterscheiden. Im ersteren Falle geht es um die Wahrnehmung und Beurteilung des Ästhetischen, im letzteren Falle um die Schaffung ästhetischer Objekte, also um musisch kreative Produktivität. Bei beiden werden wir Beziehungen zur Evolutionsästhetik und zur Kultur herstellen. Zunächst sollen einige Merkmale der ästhetischen Entwicklung bei der Aneignung dargestellt werden.

Parsons et al. (1978) erfassten die Entwicklung des ästhetischen Urteils anhand von 300 Interviews, die sie mit Kindern, Jugendlichen und Erwachsenen durchführten, denen sie Gemälde verschiedener Maler zur Beurteilung vorlegten (unter anderem Picasso, Goya, Renoir, Albright, Chagall). Parsons und Mitarbeiter folgerten aus ihren Befunden, dass im Laufe der Entwicklung eine Dezentrierung der individuellen Präferenzen und eine Zunahme sozial-kultureller Orientierung stattfinden. Sie unterscheidet fünf Stufen oder Etappen:

a. Subjektive Präferenz. Kinder beurteilen ein Bild nur nach der persönlichen Vorliebe für Farbe und Inhalt.
b. Schönheit und Realismus. Auf dieser Stufe werden Bilder als schön bezeichnet, die schöne Darstellungen zeigen und realistisch gemalt sind.
c. Expressivität. Auf dieser Ebene wollen Kinder und Jugendliche wissen, was der Künstler ausdrücken wollte. Das Urteil löst sich vom Inhalt des Bildes.
d. Stil und Form. Hier wird die Interpretation des Bildes in den historisch-gesellschaftlichen Zusammenhang eingebettet. Der persönliche Eindruck wird mit der sozio-kulturellen Sicht verknüpft.
e. Autonomie. Ästhetische Urteile gründen sich nun nicht länger auf die Autorität des kulturell zugewiesenen ästhetischen Wertes, vielmehr werden der Diskurs um das betreffende Bild und sein historischer Stellenwert nun selbst Gegenstand der Reflexion.

Nun bezieht sich diese Entwicklung des Ästhetischen nur auf die die Beurteilung von Bildern. Nevers et al. (2006) haben bei Kindern und Jugendliche die ästhetische Beurteilung der Natur untersucht, indem sie Dilemma-Geschichten über die Natur zu Diskussion stellten, letzteres im wörtlichen Sinne, denn die Autoren benutzten die Methode der Gruppendiskussion. Die Kinder beschrieben ihr Verständnis von Natur. Die Äußerungen ließen sich klassifizieren als: ‚anthropomorph' (Vorgänge und Erscheinungen werden vermenschlicht dargestellt), ‚mechanistisch' (die Natur funktioniert wie Maschinen) und ‚instrumentell' (die Natur dient unseren Zwecken). Das Ästhetische der Natur zeigte sich bei den Kindern in vier verschiedenen Bewertungskategorien:

a. Schönheit der Natur. Die Autoren fanden eine Reihe von Äußerungen der Kinder über die Schönheit der Natur. Sie ließen sich der Einteilung von Neumaier gut zuweisen, der zwischen drei Arten von Schönheit unterscheidet: Schön ist etwas, das wir begehren, schöne Dinge finden wir reizend/wunderbar und schön ist etwas, das wir bewundern, ohne es begehren zu wollen.

b. Ästhetisieren als Moralisieren. Hier werden moralische Argumente Teil des Ästhe-
    tischen. Die Schönheit der Natur wird zum Hauptargument ihrer Bewahrung und
    ihres Schutzes. Schönheit ist gut und bereichert das eigene Leben. Sie erfüllt uns mit
    Dankbarkeit. Ein gutes Leben ist ohne die Schönheit der Natur nicht möglich.
c. Natur als Lebensbereicherung. Die Natur und das eigene Leben stehen zueinander in
    Beziehung. Manche Kinder sehen die Ähnlichkeit von Natur mit dem menschlichen
    Leben. Natur wird vermenschlicht (anthropomorphisiert). Schöne Menschen sind wie
    schöne Blumen, hässliche Menschen wie Unkraut. Ohne Pflanzen würden wir verrückt
    werden. Die schöne Natur ist Voraussetzung für ein schönes, erfülltes Leben.
d. Natur als Atmosphäre. Dieser von Böhme (1995) eingeführter Aspekt des Ästhetischen
    betont die Sinnlichkeit des Schönen (oder Hässlichen) vor aller rationalen Beurteilung.
    Natur hat eine nicht lokalisierbare ökologische Ästhetik, die als Aura oder Atmosphäre
    unmittelbar auf die Sinne wirkt. Sie erzeugt eine Stimmung von Freude, Entzücken,
    Trauer, Trostlosigkeit usw. Kinder beziehen sich in diesbezüglichen Äußerungen z. B.
    auch auf den Duft von Bäumen und Blumen.

Bei der Ästhetik der Natur wirken also offensichtlich sowohl Evolutionseinflüsse als auch
kulturelle Faktoren mit. Die Schönheit und Attraktivität ist evolutionär verankert, die
Verbindung zur Moral und zum Schutz der Natur ist ein Erzeugnis der Kultur. Manche
Kulturen haben schon früh und unabhängig voneinander den ökologischen Gedanken
entwickelt. Die Geschichte der abendländischen Kultur ist durch Raubbau an der Natur
gekennzeichnet, erst die Gegenwart findet zögernd zur ökologischen Idee.

Mit wachsendem Alter spielt auch der Ethnozentrismus eine Rolle. Unter Ethnozentrismus versteht man die Beurteilungs- und Verhaltenstendenz, die eigene Gesellschaft
oder Ethnie für die Beste und Richtige zu halten. Ein nettes Beispiel liefert eine Befragung
von amerikanischen Kindern um die Mitte des vorigen Jahrhunderts zur Schönheit von
Nationalflaggen. Damals hatte die siamische (thailändische) Flagge noch einen silbernen
Elefanten auf dem Banner. Kleinere Kinder bevorzugten diese Flagge, während ältere Kinder die amerikanische Flagge (Stars and Stripes) als die schönste auswählten. Ähnliches gilt
für die Bevorzugung von Puppen mit verschiedener Hautfarbe. Bis zu drei/vier Jahren bevorzugten in einer Untersuchung die jüngeren Kinder schwarze Puppen, die älteren weiße
Puppen, und zwar auch die farbigen Kinder. Diese Veränderung des ästhetischen Urteils
ist gekoppelt mit der Entstehung von Rassenvorurteilen hin (Hartley und Hartley 1955).

Ästhetische Entwicklung: Vergegenständlichung

Das frühe Auftauchen von ästhetischer Vergegenständlichung in der Geschichte des
Homo sapiens in Form von verzierten Gebrauchsgegenständen vor ca.70.000 Jahren
(s. auch Kap. 4) müsste sich auch in der Ontogenese niederschlagen. In der Tat praktizieren Kinder schon frühzeitig so etwas wie darstellende Kunst (Schuster 2000). Sie haben
Freude daran, Spuren in der Umwelt zu hinterlassen, die sie als eigenes Produkt erkennen.

Die Tätigkeit dieses Produzierens selbst macht Spaß und stellt, wie wir im vorigen Kapitel sahen, eine Form des Spiels dar. In schriftlosen Kulturen malen Kinder in den Sand oder ritzen in Holz Ornamente. Ältere fertigen auch Spielzeug für die Jüngeren an. In unserem Kulturkreis werden Kinder frühzeitig mit Gerätschaften für Malen und Zeichnen versorgt. Da dies nahezu regelmäßig der Fall ist, kann man einige generellere Züge der Zeichenentwicklung festhalten.

Ab etwa zwei Jahren beginnen Kinder mit Stiften zu kritzeln. Diese Kritzeleien werden im Laufe des dritten Jahres schon besser gesteuert und erhalten eine Bezeichnung. Die Benennung erfolgt zunächst nach Fertigstellung der Kritzelei, später während der Produktion und schließlich vorneweg, was belegt, dass Kinder ab da ein Ziel, eine Darstellungsidee haben. Ab etwa drei Jahren kommt es zu ersten Darstellungsversuchen, die über das Kritzeln hinausgehen. Obwohl Kinder sich schon in der Darstellung verschiedenster Objekte versuchen, bleibt doch das interessanteste Objekt der Mensch, der als Kopffüßler dargestellt wird, als Kreis oder Ellipse mit Strichen, die vom Rand wegführen und die Gliedmaßen symbolisieren. Später wird die Zahl der Striche auf vier reduziert: zwei Arme und zwei Beine. Es ist nicht ganz verständlich, warum Kinder den Menschen so darstellen, denn um diese Zeit wissen sie schon, dass der Mensch auch einen Rumpf hat und zeigen auf die Frage nach dem Bauch auch richtig auf ihren Körper. Zweifellos sind Kopf und Gliedmaßen die wichtigsten Körperteile. Sie machen ja auch den entscheidenden Fortschritt in der Evolution aus.

Richter (1987) hat eine ausführliche Darstellung der Entwicklung des Zeichnens vorgelegt. Er unterscheidet nach den frühen Formen der Darstellung eine erste und eine zweite Schemaphase. Die erste, beginnend mit dem 5. Lebensjahr, nennt er auch „Werkreife", das Kind sei reif dafür, ein Werk zu schaffen. Nun werden nämlich eine Reihe von Merkmalen wichtig, die mit einer gewissen Stabilität auftreten. Das Kind differenziert nach Richtungen (oben-unten, rechts-links), stellt wichtige Objekte größer dar als unwichtige, tendiert zu Einfachheit und Prägnanz und malt Gegenstände oder Menschen gerne als Röntgenbild (z. B. erst den nackten menschlichen Körper, der dann zeichnerisch angezogen wird und Kleider erhält. Das Kind zeichnet, was es weiß und stellt daher auch Teile des Gegenstands dar, die man nicht sehen kann (z. B. ein aufgeklapptes Auto oder Haus). Es gibt typische Landschaftsanordnungen, bei denen oben ein blaues Band oder ein blauer Strich den Himmel markieren und unten ein grünes Band die Erde. Die Sonne wird gewöhnlich in die linke oder rechte obere Ecke platziert. Dieses Schema ist erstaunlich allgemein, und wird weder gelehrt noch imitiert. Dennoch kann man annehmen, dass es nicht evolutionäre, sondern kulturelle Wurzeln sind, die zu diesem Schema führen.

Ab dem achten/neunten Lebensjahr beginnt die zweite Schemaphase. Sie ist durch einen visuellen Realismus gekennzeichnet. Das Kind versucht, den Zusammenhang zwischen visueller Erscheinung und seiner Abbildung herzustellen und bemüht sich um eine getreue Abbildung. Dabei werden aber auch gerne Schemata benutzt, wie das von den Kunsterziehern gefürchtete Vogelschema und Baumschema. Es werden auch Abbildungskonventionen der Kultur übernommen, wie typische Landschaften, Hausdarstellungen etc. Am Ende dieses Stadiums ist ein Niveau erreicht, das auch ungeübte Erwachsene nicht überbieten. Wie bei der Musik kommt es ab da auf Übung, Sozialisation und Anregung an.

Abb. 11.3 Beispiele von Kinderzeichnungen. Oben links: Zeichnung eines Dreieinhalbjährigen (der Vater kommt von einer Reise zurück und hat Bücher in seiner Tasche). Oben rechts: Zeichnung eines Fünfjährigen (Ausschnitt: Bagger mit funktionsfähigem Greifer). Unten links: Zeichnung eines Achtjährigen (die Frauenkirche in München). Unten rechts: Zeichnung eines Zwölfjährigen (der Musiktempel, ein Geschenk an den musikliebenden und -praktizierenden Großvater)

Dennoch zeigt sich im frühen Jugendalter meist noch einmal ein Wandel. Einerseits werden realistische Konstruktionen, wie Paralleldarstellung von geometrischen Körpern benutzt, andererseits greift man zu Übertreibungen und Karikaturen. Schon jetzt werden bestimmte Ausdrucksformen und Techniken bevorzugt, sodass es zu individuell sehr verschiedenen Entwicklungen kommen kann. Im Jugendalter schwindet aber im Allgemeinen die Freude am bildnerischen Gestalten. Wer noch weitermacht und zur künstlerischen Produktion angeregt wird, gelangt zu einer persönlichen individuellen Ausdrucksform, der man künstlerisch-ästhetische Qualitäten zuschreiben kann. Abbildung 11.3 zeigt einige Beispiele von Kinderzeichnungen, sie passen nur teilweise in die obige Einteilung, z. B.

ist die Zeichnung eines Fünfjährigen von einem Bagger bereits sehr naturgetreu. Das Bild des Zwölfjährigen zeigt, wie bekannte Gegenstände zu etwas Neuem, dem Musiktempel, zusammengefügt werden.

Für die Suche nach einer Verbindung zur Evolution und Kultur ist nochmals die Bedeutung der Darstellung des Kopfes hervorzuheben. Fünf- bis sechsjährige Kinder zeichnen den Kopf im Verhältnis zum Rumpf viel zu groß, und auch die Neun- bis Zehnjährige haben noch nicht die reale Proportion 1:6 erreicht (Schuster 2000; Richter 1987). Das Wichtigste am Menschen wird größer dargestellt. Vergleicht man dieses Phänomen mit frühen Menschendarstellungen des Homo sapiens, so fällt auf, dass viele Felszeichnungen und Skulpturen überhaupt keinen Kopf tragen. In Felszeichnungen der Sahara findet man häufig anstelle des Kopfes einen senkrechten Strich, die „Venus" von Hohle Fels hat ebenfalls keinen Kopf. Noch heute gibt es Ethnien, in denen die Menschen sich nicht direkt anschauen. Der Blick kann Unheil oder doch Unerwartetes anrichten. Viele Kulturen haben offenkundig dem menschlichen Kopf, wohl vor allem dem Gesicht, magische Wirkung zugeschrieben und die Darstellung von Gesichtern tabuisiert. Der Islam hat bekanntlich mit relativ wenigen Ausnahmen ebenfalls menschliche Darstellungen verboten und stattdessen eine reichhaltige und unerreichte Ornamentik entwickelt.

Wie geht das zusammen mit den naiven Menschendarstellungen der Kinder, die den Kopf und das Gesicht besonders hervorheben? Die einfachste Antwort läuft auf eine Trennung von Evolution und Kultur hinaus. Menschliche Darstellungen haben nicht immer und überall fehlende oder stark abstrahierte Köpfe. Allerdings gibt es kaum Menschendarstellungen bei den berühmten Felsmalereien in den Höhlen von Altamira, Lascaux und Chauvet. In frühen Menschendarstellungen anderer Höhlen wird der Kopf seltsam unpräzis und wenig detailliert gezeichnet. Die Kultur scheint bei der Kopfdarstellung den entscheidenden Einfluss auszuüben, zum einen in Richtung Tabuisierung, zum andern in Richtung besonderer Betonung wie in der abendländischen bildenden Kunst.

Exkurs: Ästhetik und Gesundheit

Dass Ästhetik nicht nur schmückendes Beiwerk im menschlichen Leben ist, sondern der geistigen und körperlichen Gesundheit dient, belegen längsschnittlich angelegte Untersuchungen, von denen wir eine exemplarisch herausgreifen. Bygren et al. (1996) befragten 12.500 Personen hinsichtlich der Häufigkeit ästhetisch orientierter Verhaltensweisen (Museums- und Theaterbesuch, eigenes Musizieren etc.) über acht Jahre hinweg. Alter, Einkommen und Bildung wurden kontrolliert. Damit sollte der Einfluss der sozialen Schicht und der des Lebensalters, der möglicherweise viel stärker auf das Ergebnis wirkt, ausgeschaltet werden. In der Tat korrelierten Regelmäßigkeit und Häufigkeit kunstbezogener Praktiken mit einer höheren Lebenserwartung. Auf Ästhetik bezogene Aktivitäten erbrachten einen „survival benefit". Die frühe Verankerung des Ästhetischen in der Evolution lässt vermuten, dass ästhetische Praxis für den Menschen notwendig ist und dass wir gut beraten sind, wenn wir das Ästhetische in unserem eigenen Leben pflegen und im Bildungssystem stärker als bisher fördern.

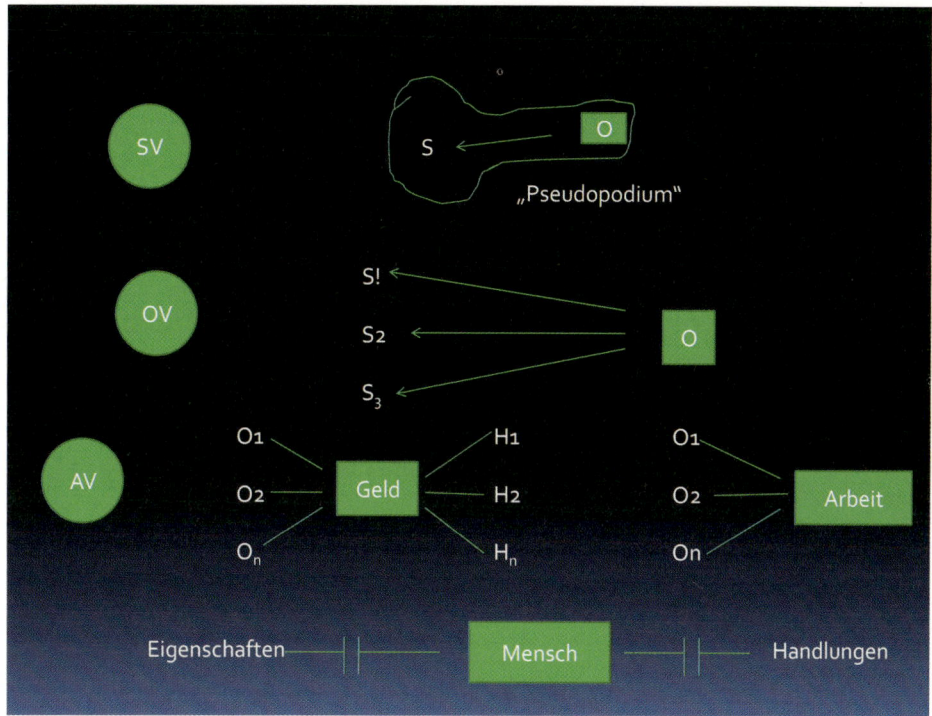

Abb. 11.4 Drei Valenzebenen in schematisierter Darstellung. Bei der abstrakten Valenz sind die drei im Text genannten Beispiele von Geld, Arbeit und Mensch dargestellt. Die Abstraktion von konkreten Eigenschaften und Handlungen ist durch die Unterbrechung der Verbindungslinien zu ‚Eigenschaften' und ‚Handlungen' symbolisiert. Legende: SV: subjektive Valenz; OV: objektive Valenz; AV: abstrakte Valenz; S: Subjekt; O: Objekt; H: Handlung

Die drei Valenzebenen des Ästhetischen

Ästhetische Gegenstände (Personen, Natur samt Pflanzen und Tieren, Sachen und geistige Güter) erzeugen bei der Aneignung nach Kants Meinung „interesseloses Wohlgefallen". Psychologisch erweisen sich ästhetische Gegenstände immer als etwas Wertvolles, sie haben Valenz, wie die Psychologie dies ausdrückt. Generell haben Gegenstände (in der breiten Bedeutung, wie in diesem Buch generell verwendet) drei Arten von Valenz (Abb. 11.4): subjektive, objektive und abstrakte Valenz. Da diese Valenzen ein generelles Ordnungsprinzip bilden, sollen sie zunächst allgemein beschrieben und dann auf ästhetische Objekte angewandt werden.

Subjektive Valenz besitzt ein Gegenstand, wenn er die Handlung des Akteurs voll an sich bindet und den persönlichen Besitz begehrenswert macht. Das Objekt gehört nur demjenigen, der ihm subjektive Valenz zuweist. In einer Partnerbeziehung würde das heißen, dass der oder die Liebende den Partner oder die Partnerin als Besitz auffasst, der mit niemand anderem geteilt werden soll. Die Psychoanalyse bezeichnet diese Form von Valenz als Objektlibido. Das Objekt wird von der Libido einer Person besetzt. Man hat auch das Bild eines Lebewesens für diesen Vorgang gewählt, das ein Pseudopodium ausstreckt und das Objekt umschließt. Subjektive Valenz haben für das Kleinkind die Eltern, aber auch das sogenannte Übergangsobjekt, mit dessen Hilfe sich das Kind über die Abwesenheit der Eltern hinwegtröstet (z. B. ein Stofftier).

Objektive Valenz weist dem Gegenstand Wert unabhängig von subjektiven Bindungen zu. Gegenstände (Werkzeuge, soziale Normen, kulturelles Wissen) besitzen objektive Valenz, sie können von allen genutzt werden, selbst von Personen, die erst zukünftig leben werden. Alle Objekte, die sich in der Kultur etabliert haben, ob Menschen mit einem bestimmten Beruf, Tiere, die geschützt werden müssen, wertvolle Gebäude, die es zu erhalten gibt oder Grundwerte einer Gesellschaft, erhalten objektive Valenz; sie sind für alle wertvoll aufgrund ihres Nutzens oder ihres moralischen Wertes.

Abstrakte Valenz ist schwieriger zu umschreiben. Zum einen kann sie Vereinigung aller Handlungsmöglichkeiten in einem Gegenstand sein. Das ist der Fall beim Geld, mit dem man alle (oder vermeintlich alle) Objekte (einschließlich Menschen) kaufen und alle Bedürfnisse befriedigen kann. Andererseits lässt sich abstrakte Valenz auch fassen als Vereinigung aller Gegenstände in einem Handlungstypus. Die gesellschaftliche oder ökonomische Arbeit stellt einen solchen Handlungstypus dar, sie wird in Geld umgetauscht und sie hat in unserer Gesellschaft Wert unabhängig von ihrem Inhalt erhalten. Wer keine Arbeit hat, fühlt sich als minderwertig. Das wichtigste Beispiel für abstrakte Valenz ist der Mensch in demokratischen Gesellschaften. Seine Gleichheit resultiert aus der Abstraktion von differenziellen Merkmalen, wie Reichtum, Macht, Schönheit und Intelligenz. Zugleich vereinigt der Mensch der Potenz nach in sich alle Handlungsmöglichkeiten.

Wenden wir nun die drei Valenzarten auf das Ästhetische an. Subjektive Valenz besitzt ein ästhetisches Objekt, wenn es ganz an die aufnehmende (aneignende Person) gebunden wird. Sammler, die Kunstgegenstände bei sich anhäufen oder gar im Safe verstecken, weisen ihren ästhetischen Objekten subjektive Valenz zu. Wenn ein Sammler, was häufig geschieht, seine Sammlung dann der Allgemeinheit vermacht, erhalten die Kunstgegenstände für ihn objektive Valenz, sie sind für alle da. Abstrakte Valenz besitzt Kunst immer dann, wenn es um die Vergabe von Mitteln für Museen geht. Dann zählt nicht in erster Linie die objektive Valenz bestimmter Kunstgegenstände, sondern die Kunst als Wert generell.

Die Natur als ästhetischer Gegenstand besaß früher bei den Fürsten subjektive Valenz. Die Öffentlichkeit hatte keinen Zutritt zu den Schlossparks. Aber auch der kleine Garten hinterm Haus, den man sorgsam angelegt hat und pflegt, besitzt für einen selbst subjektive Valenz. Man genießt es, wenn ihn andere bewundern, denn das erhöht noch den ästhetischen Wert dieses Privatbesitzes. Objektive Valenz erhalten Naturgegenstände, wenn sie als wertvoll für alle angesehen werden, und dies wegen ihre Besonderheit und Einmaligkeit. Wenn also eine Landschaft als Schutzgebiet ausgewiesen wird, erhält sie objektive Valenz. Abstrakte Valenz weist man der Natur zu, wenn sie generell, unabhängig von konkreten Schönheitsmerkmalen als schützenwert angesehen wird. Abstrakte Valenzen der Natur beziehen sich zwar auch auf andere Komponenten, wie Schutz des

Lebens, Klimagefährdung u. a. m., doch spielen immer auch ästhetische Gesichtspunkte eine Rolle. Besonders in den Medien wird die Schönheit der Natur als Aufhänger für ihren Schutz und ihre Erhaltung genutzt.

Auch auf die Musik als ästhetischen Gegenstand lassen sich die drei Valenzarten anwenden. Subjektive Valenz besitzen Lieblingsstücke, eine Melodie, die man mit schönen Erinnerungen verbindet oder auch ein Musikinstrument, von dem sich ein Musiker nicht trennen kann. Objektive Valenz erhalten Musikstile bzw. einzelne Musikwerke, wenn sie für alle oder für viele in der Kulturgemeinschaft als schön und wertvoll angesehen werden. Bei der Rock- und Popmusik spiegelt sich der Wert der Valenz im Umsatz wider. Abstrakte Valenz schließlich erhält Musik, wenn man ihr unabhängig von bestimmten Inhalten Wert zuweist. Die Zusammenstellung eines Radioprogramms, der Bau eines Konzertsaales oder Opernhauses geschehen unabhängig von konkreten Werken, sondern dienen Frau Musica ganz allgemein.

Wie ordnen sich die drei Valenzarten hinsichtlich Evolution und Kultur ein? Hier ist die Antwort eindeutig. Die Valenzen stammen aus der Kultur, vorzüglich der westlichen Kultur. In kollektiven Gesellschaften (s. Kap. 7) beispielsweise wird nicht so scharf zwischen subjektiver und objektiver Valenz geschieden, obwohl natürlich auch dort persönlich-einmalige Präferenzen zu beobachten sind.

11.7 Resümee

Wie in anderen Bereichen auch, neigen viele Wissenschaftler zu einer Überbetonung der Evolutionsästhetik. Gewissermaßen als Gegenbewegung zu einem Ästhetikverständnis, das das Ästhetische mit dem Göttlichen, Transzendenten verbindet, vertreten Evolutionsbiologen und -psychologen die Verankerung des Ästhetischen in der Biologie des Menschen. Unser Kapitel über Ästhetik sucht demgegenüber ein ausgewogeneres Verständnis, das „Nichts-als"-Positionen vermeidet. In Abb. 11.5 ist das Zusammenspiel von Evolution, Kultur und Ontogenese in wichtigen Aspekten dargestellt. Die *Evolution* hat uns mit angeborenen Merkmalen ausgestattet, die in Wesentlichen unsere Naturliebe, unsere übereinstimmende Beurteilung eines schönen Gesichts als Durchschnitt einer Population, Orientierung an Gestaltgesetzen, die Beurteilung des Ästhetischen als Fitnessmerkmal und unsere modische Anfälligkeit beinhalten.

Die *Kultur* legt im Rahmen der evolutionären Basis fest, was schön ist, überschreitet aber auch in vielen Fällen diesen Rahmen („Verunstaltung" von Gesichtern und anderem Körperteilen durch Deformation des Natürlichen), und sie inspiriert und liefert bzw. blockiert ästhetische Angebote. Kulturen variieren in der Angebotsbreite des Ästhetischen, sie nehmen neue Ideen an oder lehnen sie ab, was sich als Progressivismus oder Konservativismus zeigen kann. Schließlich bilden sich in der Gesamtkultur oft Subkulturen, die ästhetische Abweichungen oder Differenzierungen zur Folge haben.

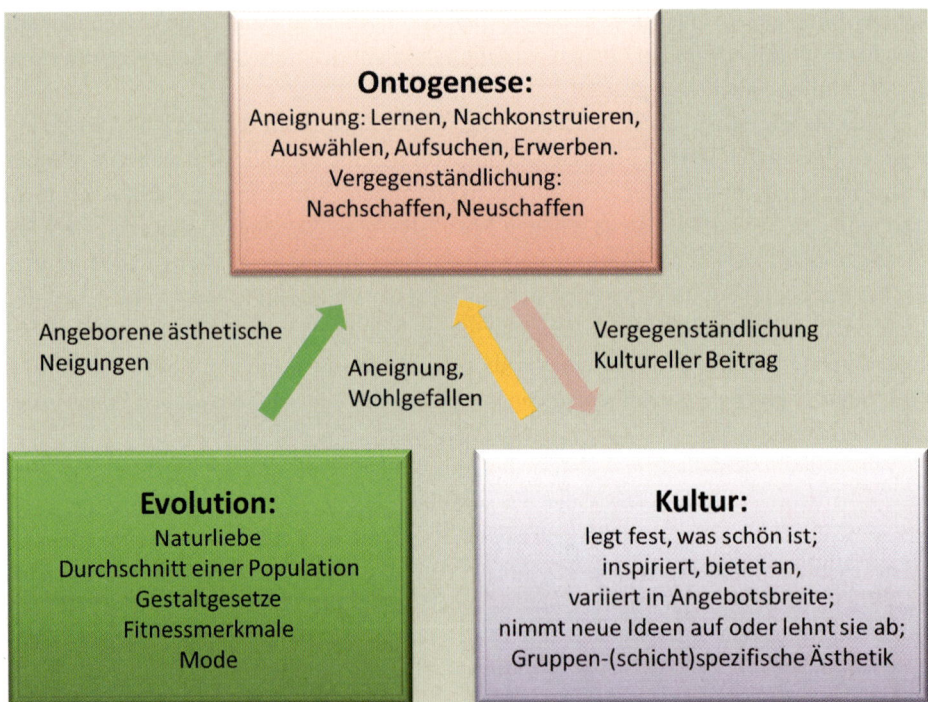

Abb. 11.5 Das Zusammenspiel von Evolution, Kultur und Ontogenese beim ästhetischen Erleben und Gestalten

Die Ontogenese schließlich sorgt für eine individuell-einmalige Entwicklung des Ästhetischen. Sie wird bestimmt durch verschiedene Formen des Lernens, wie Konditionierung, Nachahmungslernen, Prägung und Nachkonstruieren. Dabei werden bestimmte Präferenzen in unterschiedlichsten Bereichen ausgebildet (Landschaft, Menschen, Design von Waren, Literatur, Musik). Ästhetisches Gestalten zeigt sich sowohl als Nachschaffen (Interpretation von musikalischen Kompositionen durch Sänger und Instrumentalisten, Nachzeichnen von Bildern, Imitation von Stars) als auch als Neuschaffen (im Alltag wie in der Hochkultur).

Wir haben in Kap. 8 vier verschiedene Identitätsformen kennengelernt. Sie eignen sich auch für die Entwicklung des Ästhetischen. Die übernommene Identität bevorzugt eher das traditionelle Kulturgut und begnügt sich mit dem breiten etablierten ästhetischen Angebot. Die erarbeitete Identität bildet ihren ästhetischen Geschmack individuell, kritisch prüfend und ist dem Neuen nicht abgeneigt. Diese Unterscheidung bezieht sich allerdings nicht gleichzeitig auf andere Lebensbereiche. So kann jemand eine erarbeitete Identität in Beruf und Familie haben, aber eine übernommene Identität im Bereich des Ästhetischen. Konzertgänger und Liebhaber klassischer Musik mögen also eher eine übernommene ästhetische Identität haben, beruflich und familiär dennoch eine erarbeitete Identität entwickeln.

Gespräch der Himmlischen

Apoll: Das ist für mich als Vertreter der Künste ein zentrales Kapitel. Das Ästhetische erhebt die Menschen und verbindet sie mit dem Göttlichen. Das haben ja auch viele Philosophen immer wieder behauptet. Dieses Göttliche kommt mir in diesem Kapitel zu kurz. Die Musik von Bach und Mozart, die Gemälde von Leonardo da Vinci und Tizian und die Skulpturen von Michelangelo gehen weit über die Plattitüden, die von der Evolution stammen und die die Kultur mitliefert, hinaus.

Athene: Da magst du recht haben, aber in diesem Kapitel geht es um die Erklärung, welche Bedingungen zu solchen Hochleistungen führen, und das sind nun mal die drei Säulen Evolution, Kultur und Ontogenese, die du ja so schön als Tempel dargestellt hast, der unser Logo geworden ist.

Apoll: Alles gut und schön, aber unser Tempel erklärt nicht den göttlichen Funken, den die Großen der Menschheit besaßen, um ihre Werke schaffen zu können. Alles kann man nicht erklären.

Athene: Ich will dir da nicht widersprechen. Die Menschen werden nie alle Geheimnisse lüften können. Aber mir fällt da ein Spruch von Newton ein: Das Genie steht auf den Schulter von Riesen. Ohne vorherige kulturelle Entwicklung wären diese Hochleistungen nicht zustande gekommen. Wäre Mozart im tropischen Urwald aufgewachsen, wäre er allenfalls ein guter Trommler geworden. Phidias hätte seine Meisterwerke nicht ohne die vorausgegangene Entwicklung der Bildhauerei zustande bringen können. Beides, kulturelle Entwicklung und individuelle Einmaligkeit, führen zu den göttlichen Leistungen der Menschen.

Dionysos: Darf ich euch mal wieder auf den Boden zurückholen, und zwar wirklich auf den Erdboden. Das Kapitel hebt hervor, welche Bedeutung die Ästhetik der Natur hat und wie viel der Mensch in seiner Ästhetik der Evolution verdankt. Bedenkt auch, dass schon Tiere ästhetisch empfinden und ihre Partner nach Schönheit auswählen. Ich verstehe jetzt auch, wie Aphrodite zu ihrer Schönheit gekommen ist. Sie ist einfach der Durchschnitt aller griechischen, italienischen oder deutschen Frauen, je nachdem, wer sie gestaltet hat.

Aphrodite (gekränkt): Du Büffel, ich bin eben gerade nicht Durchschnitt. In dem Kapitel fehlt eine Menge über die besondere Schönheit. Schönheit als Durchschnitt ist zwar besser als ein einzelnes von den Gesichtern, mit denen man den Durchschnitt gebildet hat, aber die Forscher haben noch schönere Gesichter mit Hilfe des Computers entwickelt, sozusagen gezüchtet, und da zeigt sich erst die besondere Schönheit, sie zeigt kleinste Unregelmäßigkeiten in der Symmetrie, die eben einmalig sind – und ich bin einmalig, das weiß jedes Kind.

Athene: Dann bist du also eine Computerzüchtung.

Aphrodite (zornig): Warum müsst ihr alle auf mir herumhacken? Hat der Schöpfer der Venus von Milo einen Computer gehabt? Hat Botticelli, der mich als Schaumgeborene darstellt, mit einem Computer gearbeitet? Und dann denkt nur an die vielen schönen Madonnengesichter, die auch zu mir gehören, denn im Christentum bin ich in die Madonna verwandelt worden. Ob heidnisch oder christlich, meine Darstellungen passen besser zum Göttlichen, zum Einmaligen, Nicht-Wiederholbaren als zum Durchschnitt.

Dionysos: Beruhige dich, du bist aber genauso Naturwesen. Hervorgebracht hat dich die Natur, und alle Künstler sehen dich auch oder sogar ausschließlich als Naturwesen. Was mich erstaunt, ist das Fehlen der männlichen Schönheit in diesem Kapitel. Sind die Männer nicht schön? Hat ihre Schönheit keine Bedeutung?

Aphrodite: Vielleicht hat der Autor bei Männern mehr an die hässlichen Satyre und Faune gedacht, die den schönen Nymphen nachstellen. Vielleicht hatte er auch Alberich im Sinne, der die Schönheit der Rheintöchter verflucht, um das Rheingold an sich zu bringen.

Apoll: Mich wundert das auch, denn in der Hochblüte der griechischen Bildhauerei gibt es fast nur männliche Darstellungen. Die Schönheit der Frauen interessierte die Bildhauer weniger.

Athene: Du vergisst meine Monumentalstatue im Parthenon, geschaffen von dem großen Phidias. Trotzdem war in diesem Kapitel mehrmals von zwei ästhetischen Merkmalen den Rede: Größe und Stärke. Die Bevorzugung großer Männer reicht wohl weit in die Evolution des Menschen zurück. Damals waren große starke Männer als Sexualpartner begehrt, weil sie gute Gene versprachen und zugleich den Schutz der Familie gewährleisteten. Diese Merkmale haben sich bis heute als Attraktoren gehalten. Selbst in Firmen werden Führungskräfte oder Repräsentanten gerne nach der Größe ausgewählt. Muskulöse Männer mit breiten Schultern und einem nicht zu weichlichen Gesicht gelten in westlichen Kulturen als schön und attraktiv, wie man bei Renz (2006) und Henss (1992) nachlesen kann.

Dionysos: Und was ist mit Napoleon, Richard Wagner? Selbst Alexander der Große soll klein gewesen sein.

Athene: Ausnahmen bestätigen die Regel. Die Kultur hat ohnedies das Merkmal der Körpergröße überlagert. Die erfolgreiche Weitergabe der Gene hängt heute nicht mehr von der Körpergröße, sondern vom Status, Einkommen und Bildungsgrad des Mannes ab. Frauen suchen sich Partner aus, die das Auskommen der Familie gewährleisten und sehen die Ästhetik des Körpers und Gesichts als sekundär an.

Aphrodite: Aber die sexuelle Attraktivität beim Mann existiert nach wie vor. Frauen fallen auf das Äußere hinein und missachten beim ersten Eindruck, ob der Mann seriös ist oder ein Hallodri. Das zeigt jedenfalls die Attraktivitätsforschung.

Dionysos: Also siegt wieder einmal die Natur. Die armen kleinen und mickerigen Männer, die haben also keine Chancen?

Apoll: Es gibt Gegenbeispiele. Das Ekelhafteste ist Adolf Hitler. Er wurde von Frauen angehimmelt und von ihnen als schöner Mann wahrgenommen. Das Problem des kleinen hässlichen Mannes hat E. T. H. Hoffmann, ein deutscher Dichter der Romantik, in der Geschichte von Klein Zaches dargestellt. Klein Zaches erhält von einer Fee aus Mitleid eine Zauberkraft, sodass er allen Menschen, Männern wie Frauen, als schöner attraktiver Mann erscheint. Er nutzt diesen Vorteil und gelangt zu hohen Würden. Gerade vor der Hochzeit mit einer schönen Frau verliert er seinen Zauber, weil hinter der Fassade nicht nur ein hässlicher Körper, sondern auch eine hässliche Seele steckt.

Athene: In allen Märchen sind die Guten schön und die Bösen hässlich. Engel und Feen sind immer schön, Hexen und Zauberer immer hässlich. Die Psychologen nennen das Halo-Effekt. Wie der Mond einen Halo oder Hof hat, so erstreckt sich das Schöne mit seinen Strahlen auch auf das Gute – und umgekehrt.

Aphrodite: Dann bin ich also nicht nur der Inbegriff des Schönen, sondern auch der Inbegriff des Guten.

Alle (lachend): Die Schönste und die Beste, na? – bei Nektar und Ambrosia!

Literatur

Austen, G. (2007). Birds like music, too. *Science*, 28. September, letter.

Böhme, G. (1995). *Atmosphäre. Essays zur neuen Ästhetik.* Frankfurt a. M.: Suhrkamp.

Bourdieu, P. (1982). *Die feinen Unterschiede. Kritik der gesellschaftlichen Urteilskraft.* (französ. 1979). Frankfurt a. M.: Suhrkamp.

Bourdieu, P. (1983). Ökonomisches Kapital, kulturelles Kapital, soziales Kapital. In R. Kreckel (Hrsg.), Soziale Ungleichheiten. *Soziale Welt, Sonderband 2,* 183–198.

Bygren, L. O., Konlaan, B. B., & Johansson, S.-E. (1996). Attendance at cultural events, reading books or periodicals, and making music or singing in a choir as determinants for survival: Swedish interview survey of living conditions. *British Medical Journal, 313,* 1577–1580.

Coleman, J. S. (1961). *The adolescent society.* New York: Free Press.

Coleman, S. W., Patricelli, G. L., & Coyle, B. (2004). Female preferences drive the evolution of mimetic accuracy in male sexual displays. *Biological Letters,* 171.66.127.19.

Darwin, Ch. (1875). *Abstammung des Menschen und die geschlechtliche Zuchtwahl.* Stuttgart: Schweizerbart'sche Verlagsbuchhandlung.

Daucher, H. (1967). Künstlerisches und rationalisiertes Sehen. Gesetze des Wahrnehmens und Gestaltens. In *Schriften der Pädagogischen Hochschulen Bayerns.* München: Ehrenwirth.

DeNora, T. (2008). Kulturforschung und Musiksoziologie. In H. Bruhn, R. Kopiez, & A. Lehmann (Hrsg.), *Musikpsychologie.* Reinbek: rohwohlt.

Eibl-Eibesfeldt. (2004). *Die Biologie des menschlichen Verhaltens. Grundriß der Humanethologie* (5. Aufl.). München: Piper.

Freud, S. (1938). Abriß der Psychoanalyse. Frankfurt: Fischer taschenbuch (Ausg. 1975).

Gahr, M., Metzdorf, R., Schmidt, D. & Wickler, W. (2008). Bi-directional sexual dimmorphism of the song control nucleus HVC in a songbird with unison song. PLoS One, 27.08.2008.

Gembris, H. (2005). Musikalische Präferenzen. In R. Oerter & T. Stoffer (Hrsg.), *Musikpsychologie Bd. 2: Spezielle Musikpsychologie. Enzyklopädie der Psychologie.* Göttingen: Hogrefe, S. 279–342.

Gray, P. M., Krause, B., Atema, J., Payne, R., Krumhansl, C., & Babtista, L. (2001). The music of nature and the nature of music. *Science, 291,* 52–54.

Gründl, M. (2003). Determinanten physischer Attraktivität – der Einfluss von Durchschnittlichkeit, Symmetrie und sexuellem Dimorphismus auf die Attraktivität von Gesichtern. Habilitationsschrift an der philosophischen Fakultät der Universität Regensburg. http://epub.uni-regensburg.de/27663/1/Habil_Gruendl_gesamt_093m.pdf. Zugegriffen: 9. Juli 2013.

Hartley, E. l., & Hartley, R. E. (1955). *Die Grundlagen der Sozialpsychologie.* Berlin: Rembrandt Verlag.

Henss, R. (1992). *Spieglein, Spieglein an der Wand – Geschlecht, Alter und physische Attraktivität.* Weinheim: Beltz Psychologie Verlags Union.

Johnston, V. S., & Franklin, M. (1993). Is beauty in the Eye of the beholder? *Ethology and Sociobiology, 14,* 183–199.

Kant, I. (1996a). *Kritik der reinen Vernunft*. Stuttgart: Reclam.

Kant, I. (1996b). *Kritik der Urteilskraft* (2. Aufl.). Frankfurt a. M.: surkamp.

Lorenz, K. (1935). Der Kumpan in der Umwelt des Vogels. *Journal für Ornithologie, 83,* 137–413.

Lorenz, K. (1943). Die angeborenen Formen möglicher Erfahrung. *Zeitschrift für Tierpsychologie, 5,* 235–409.

Lorenz, K. (1978). *Vergleichende Verhaltensforschung*. Wien: Springer.

Mahr, K., Griggio, M., Granatiero, M., & Hoi, H. (2012). *Female attractiveness affects paternal investment: Experimental evidence for male differential allocation in blue tits.* Frontiers in Zoology 2012, 9:14.

Menninghaus, W. (2003). *Das Versprechen der Schönheit*. Frankfurt a. M.: Suhrkamp Verlag.

Metzger, W. (1976). *Gesetze des Sehens*. Frankfurt a. M.: Kramer (1. Aufl., 1953).

Miller, G. (2001). *The mating mind: How sexual choice shaped the evolution of human nature* (S. 288–291). London: Vintage.

Nevers, P., Billmann-Mahecha, E., & Gebhard, U. (2006). Visions of nature and value orientations among German children and adolescents. In R. J. G. van den Born, W. T. de Groot & R. H. J. Lenders (Hrsg.), *Visions of nature. A scientific exploration of people's implicit philosophies regarding nature in Germany, the Netherlands and the United Kingdom* (S. 109–127). Münster: Lit.

Noad, M. J., Cato, D. H., Bryden, M. M., Jennet, M.–M., & Jennet, K. C. S. (2000). Culture revolution in whale songs. *Nature, 54,* 508–537.

Oerter, R. (2007). Sozialisation, Enkulturation und Konsum. In L. v. Rosenstiel & D. Frey (Hrsg.), *Marktpsychologie. Enzyklopädie der Psychologie* (Bd. 5, Serie III der Enzyklpädie der Psychologie, S. 559–604). Göttingen: Hogrefe.

Oerter, R., & Dreher, E. (2008). Jugendalter. In R. Oerter & L. Montada (Hrsg.), *Entwicklungspsychologie* (S. 271–332). Weinheim: BeltzPVU.

Parsons, M., Johnston, M., & Durham, R. (1978). Developmental stages in children's aesthetic responses. *Journal of Aesthetic Education, 12,* 83–104.

Payne, K. (2000). The progressive changing songs of humpback whales: A window on the creative process in a wild animal. In N. L. Wallis, B. Merker & S. Brown (Hrsg.), *The origin of music* (S. 135–150). Cambridge: MIT Press.

Reichholf, J. H. (2011). *Der Ursprung der Schönheit. Darwins größtes Dilemma*. München: Verlag C.H.Beck.

Renz, U. (2006). *Schönheit – eine Wissenschaft für sich*. Berlin: Berlin Verlag.

Richter, H. G. (1987). *Die Kinderzeichnung. Entwicklung, Interpretation, Ästhetik*. Berlin: Cornelsen Verlag.

Rothenberg, D. (2005). *Warum Vögel singen. Eine musikalische Spurensuche*. Heidelberg: Spektrum Verlag.

Ruso, B., Renninger, L. N., & Atzwanger, K. (2003). Human habitat preferences: A generative territory for evolutionary aesthetics research. In E. Voland & K. Grammer (Hrsg.). Evolutionary asthetics. Berlin: Springer.

Schuster, M. (2000). *Psychologie der Kinderzeichnung* (3. Aufl.). Göttingen: Hogrefe.

Thornhill, R. (2003). Darwinian aesthetics informs traditional aesthetics. In E. Voand & K. Grammer (Hrsg.), *Evolutionary aesthetics*. Heidelberg: Springer.

Tinbergen, N. (1966). *Instinktlehre*. Berlin: Parey Verlag.

Toman, W. (1965). *Familienkonstellationen*. München: Beck.

Trehub, S. (2005). Musikalische Entwicklung in der frühen Kindheit. In R. Oerter & F. Stoffer (Hrsg.), *Musikpsychologie Bd. 2 Enzyklopädie der Psychologie* (S. 33–56). Göttingen: Hogrefe.

Wundt, W. (1922). *Grundriß der Psychologie* (15. Aufl.). Leipzig: Kröner (1. Aufl. 1896, Leipzig: Engelmann).

Religion, ein EKO-Produkt

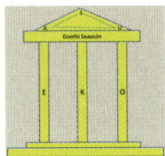

Religiöse Freigeister fragen sich, wie es möglich ist, angesichts der naturwissenschaftlichen Erkenntnisse so etwas wie einen irrationalen Glauben beizubehalten. Wie können sich Weltreligionen nach wie vor halten? Ist es fehlende Aufklärung oder gibt es doch eine biologische Basis dafür, dass wir an das Übernatürliche glauben müssen? Folgen wir dem bisherigen methodischen Vorgehen, so lässt sich behaupten: Religion ist ein Produkt der biokulturellen Evolution, sie hat biologische Grundlagen und kulturelle Ausprägungen. Diese Kennzeichnung von Vaas und Blume (2009) soll für dieses Kapitel den Ausgangspunkt bilden. Trotzdem sollte man sich um eine inhaltliche Definition von Religion und Religiösem bemühen. Angesichts der unzähligen Definitionen in den Religionswissenschaften scheint dies zunächst aussichtslos. So unterscheidet man substanzialistische und funktionalistische Definitionen. Die *substanzialistischen* Religionsbegriffe beziehen sich auf Inhalte des Religiösen, also auf das Übernatürliche, Heilige, Absolute, Allumfassende und Numinose (das Göttliche, das Erschauernde und Himmlische zugleich). Das Religiöse ist der Glaube an das Machtvolle jenseits der Natur.

Die *funktionalistischen* Religionsbegriffe definieren das Religiöse über seine Funktion für den Einzelnen und die Gesellschaft. Religion ist bei Durkheim ein solidarisches System von Überzeugungen und Praktiken, die sich auf das Heilige beziehen, während die übrigen Bereiche als das Profane abgegrenzt werden. Auch Clifford Geertz (1973) versteht Religion als ein Symbolsystem, das Vorstellungen über eine allgemeine Seinsordnung enthält, die als real empfunden wird. Bei den funktionalistischen Begriffen handelt es sich also um etablierte und in der einen oder anderen Form institutionalisierte Religionen. Aber religiöse Erfahrungen, Vorstellungen und Glaubensüberzeugungen gehen über etablierte

Religionen hinaus. Gerade in der Gegenwart zimmern sich viele ihre privaten religiösen Überzeugungen zusammen und modifizieren den Gehalt traditioneller Religionen.

Für unseren Einstieg in die evolutionäre Basis genügt die Umschreibung des Religiösen als → Glaube an übernatürliche Mächte.

12.1 Zur Evolution des Religiösen

Heute ist man sich mehr oder minder einig, dass Religionen ihre Wurzeln in der Evolution haben. Es gibt Hinweise, dass bereits Neandertaler Totenbestattung und Grabbeigaben kannten (s. Kap. 4), aber sicher sind die Hinweise für Religion beim Homo sapiens aus einer Zeit vor 70.000 Jahren. Wie entsteht religiöses Denken in der Evolution? Zur Beantwortung dieser Frage gibt es von drei Seiten her eine Annäherung:

- Religion als Vorteil für das Überleben der Gruppe,
- Neurologische Manifestation des Religiösen und
- Religion als Folge der psychischen Verfasstheit des Homo sapiens.

Hatte Religion in der Frühzeit Vorteile für das Überleben menschlicher Gruppen?

Diese Frage geht vom funktionalen Religionsbegriff aus. Wenn Religion ein Erzeugnis der Evolution ist, muss sie eine positive Funktion für die Gruppe gehabt haben. Dies gilt sogar, wenn Religion ein Nebenprodukt, ein Nebeneffekt, der Evolution ist. James Dow (2008) präsentiert drei Theorien, die von verschiedenen Autoren entwickelt wurden. In allen Theorien wird vorausgesetzt, dass der Ausgangspunkt die Entwicklung des Gehirns und seiner adaptiven Funktion war. Durch die Nutzung von Symbolen in der Kommunikation, wie Sprache, religiösen Symbolen oder Machtsymbolen, konnte in einer Gruppe (Horde) ein gemeinsames Verständnis aufgebaut werden. Ideen, auch religiöse Ideen, entstammen immer einzelnen Gehirnen, aber dadurch, dass sie kommuniziert werden können, entstehen gemeinsames Wissen, gemeinsame Werte und Glaubensüberzeugungen.

Die erste Theorie, die entwickelt wurde, nennt sich ökologische Regulationstheorie. Sie ist vor allem mit Rappaport (1984) verbunden. Er nahm an, dass sich Religion entwickelt habe, um „Kontrollsignale" an die Gruppe (Horde) über ihr Verhältnis zur Natur zu vermitteln. Nur die Religion habe die emotionale Macht zur Veränderung einer Gruppe und ihres Verhältnisses zur Natur.

Ein zweiter Ansatz ist die Commitment-Theorie. Sie beginnt ihre Argumentation mit dem Paradoxon, dass Religion rational und zugleich irrational ist (Sosis 2004). Sie ist rational insofern, als sie die Menschen zur erfolgreichen Kooperation in der Gruppe führt, aber irrational insoweit, als sie den Glauben an übernatürliche Mächte verlangt, die nicht

katastrophen, bei übermächtigen Feinden und bei dem Bewusstsein, sterben zu müssen? In diesen Fällen konstruieren sich Menschen übernatürliche Führer, deren Können und Potenz das Vermögen des Menschen übersteigen. Es sind Ahnen, Götter, Geister und schließlich der alleinherrschende monotheistische Gott, der keine fremden Götter neben sich duldet. Ob der monotheistische Gott des Christentums, Islams und Judentum tatsächlich eine Höherentwicklung gegenüber anderen Religionen ist, mag man bezweifeln, da er doch ganz offenkundig eine Projektion des ins Unendliche vergrößerten Menschen ist, was manche ironisch als Gipfel der Naivität bezeichnen. Zu diesem Aspekt werden wir im Abschnitt über den Zusammenhang von Kultur und Religion Näheres erfahren. Überirdische Führungsmächte haben in der Regel eine Kontaktperson (Schamanen, Zauberer, Priester) oder eine Vertretung, die der Gruppe bzw. dem Volk die Aufträge der göttlichen Macht vermittelt. Im katholischen Christentum ist diese Person bekanntlich der Papst.

Eine ergänzende Erklärung bietet Dawkins (2007) an. In der Wildnis lebte man als Kind gefährlich, wenn man die Warnungen der Eltern oder anderer Autoritäten missachtete. Gehorsame Kinder hatten größere Überlebenschancen und konnten sich daher auch mehr vermehren als aufmüpfige Kinder. Die Selektion hat wahrscheinlich die Unterordnung unter Autoritäten begünstigt.

Vierte Wurzel: Ich-Umwelt-Verschmelzung und außerordentliche Bewusstseinserlebnisse. Die besonderen Bewusstseinserlebnisse, bei denen die Grenzen zwischen Ich und Umwelt aufgehoben sind, werden mehr zu den spirituellen als den religiösen Erlebnissen gezählt. Es macht jedoch keinen Sinn, im Feld der Evolution zwischen beiden Bereichen zu trennen. Die Erfahrung der Aufhebung der Grenzen zur Umwelt werden in verschiedenen Kulturen unterschiedlich herbeigeführt: durch Drogen, Meditation, rhythmische Musik und bei uns durch Arrangements wie Disko, Vergnügungsparks etc. Man muss aber davon ausgehen, dass Frühmenschen kein so ausgeprägtes Ichbewusstsein hatten wie Menschen der westlichen Welt in der Gegenwart. Bei uns ist der Normalfall eine scharfe Trennung, das Ich etwas gänzlich Verschiedenes vom Rest der Welt. Noch jetzt gibt es beträchtliche Unterschiede hinsichtlich dieser scharfen Scheidung, die das Individuum in die Isolation führen kann. Menschen der Frühzeit waren innig mit der Natur verbunden und viel näher an Verschmelzungserfahrungen als heutige Menschen. In Festen und Feiern konnte man zu besonderen Bewusstseinszuständen gelangen, sei es durch Drogen, sei es durch Tanz in Verbindung mit stereotypen Rhythmen.

Neurologische Befunde zur Religiosität

Spannend ist natürlich die Frage, ob sich religiöse Aktivitäten in bestimmten Gehirnregionen wiederfinden. Dem gegenwärtigen Modetrend folgend, sind Neurologen und Neuropsychologen dieser Frage nachgegangen (Kraft, 2003). Ramachandran (2005) prägte die Bezeichnung „Gottesmodul", denn er fand in einem Areal im Schläfenlappen erhöhte Aktivität bei Meditation und anderen religiösen Erlebnissen. Newberg von der Pennsylvania University und seine Mitarbeiter (2002, 2006, 2009, 2010) untersuchten neurologische Entsprechungen beim Bewusstseinszustand des Einswerdens mit dem Universum (bzw. mit Gott) mit Hilfe der single photon emission computed tomography. Das Orientierungs-Assoziations-Areal (OAA) in den Scheitellappen war bei tiefer Meditation inaktiv. Der linke Teil des OAA vermittelt das Gefühl für die Grenzen des Körpers, der rechte Teil verarbeitet Informationen über Raum und Zeit. Wenn das OAA abgeschaltet wird, verschwinden die Grenzen von Ich und Umwelt. Newberg vermutet, dass dafür der Hippocampus verantwortlich ist. Bei tiefer Konzentration schaltet er die Informationseingabe ab (Deafferentiation). Das bedeutet, dass keine Reize von außen mehr wahrgenommen werden. Newberg verglich Franziskanerinnen und Buddhisten. Bei den Franziskanerinnen kam es zunächst zur Aktivierung der Sprachzentren, was mit dem Beten, womit sie die Meditation einleiteten, zusammenhing. Danach ergab sich der gleiche neurologische Zustand wie bei den Buddhisten.

Persinger (1987) behauptet, durch Magnetstimulation religiöse Erlebnisse erzeugen zu können. In einer Untersuchung testete er zwei Gruppen, von denen die eine Gehirntraumata erlitten hatte, die andere gesund war. Beide Gruppen berichteten über Besuche von Göttern, Dämonen und sogar Entführungen durch Außerirdische. In der Versuchsanordnung Persingers sitzt die Testperson allein in einem schalldichten abgedunkelten Raum und trägt einen Helm, der mit Elektroden ausgestattet ist. Ungefähr zwanzig Minuten lang erhalten bestimmte Gehirnregionen der Testperson unregelmäßige Impulse von elektromagnetischen Feldern. Einige Personen hatten einen starken Eindruck von der Gegenwart eines „anderen Bewusstseins" in ihrer Nähe und fühlten sich berührt oder manipuliert. Andere hatten nur ein schönes Gefühl, aber weniger den Eindruck, dass jemand bei ihnen war.

Dass im normalen Leben ähnliche religiöse Erfahrungen auftreten, erklärt Persinger durch unbemerkte Arten von winzigen Schlaganfällen im linken oder rechten Schläfenlappen, die eine kurze Störung im ansonsten normalen Informationsfluss im Gehirn auslösen. Persinger nimmt an, dass Bewusstseinsaktivitäten kurz von der rechten in die linke Gehirnhälfte übergehen und dadurch ein fremdartiger Bewusstseinszustand und das Gefühl entstehen lassen, eine andere Person sei zugegen. Die Sache hat nur einen Haken: Grandqvist von der Universität Uppsala (zit. nach Linke 2003), der sich ebenfalls mit religiösen Erlebnissen befasst, wiederholte Persingers Untersuchung als Doppelblindversuch und fand keine Unterschiede zwischen Kontroll- und Versuchsgruppe. Bei beiden Gruppen gab es gleichhäufig oder gleichselten religiöse Erlebnisse. Dies hing von der Persönlichkeitsstruktur des Probanden ab. Suggestible Personen hatten unter beiden Bedingungen, neurologische Stimulation und keine Stimulation, mystisch-religiöse Erlebnisse, vermutlich weil die besondere Situation im abgedunkelten Raum und das (unter der Kontrollbedingung) falsche Bewusstsein, elektromagnetisch stimuliert zu werden, zu besonderen Erlebnissen führte.

Insgesamt kann man aber davon ausgehen, dass 1) religiöses Erleben Aktivitäten in bestimmten Gehirnregionen auslöst, was eigentlich trivial ist, und 2) dass religiöse Erlebnisse künstlich durch neurologische Stimulation erzeugt werden können, was nicht trivial ist. Dieser Sachverhalt wird uns bei dem Phänomen des Nah-Tod-Erlebnisses beschäftigen, das wir im Abschnitt über Ontogenese des Religiösen näher kennenlernen werden.

Die Evolution hat uns mit neurologischen Strukturen ausgestattet, die religiöses Erleben ermöglichen. Man kann annehmen, dass unsere nächsten Verwandten diese Ausstattung nicht besitzen, obwohl wir dessen nicht sicher sein können.

Kapogiannis et al. (2008) untersuchte mit fMRI (funktioneller Magnetresonanztomografie) religiöses Denken und fand, dass die gleichen Areale wie bei der Theory of Mind aktiviert wurden. Dies traf auch beim Gebet zu. Man nimmt daher an, dass das Denken über Gott dem Denken über andere Autoritäten, wie Vater und Mutter, ähnlich ist. Andere Untersuchungen fanden, dass Religion Angstreaktionen reduziert, z. B. zeigten religiöse Menschen bei Fehlern im Stroop-Test eine geringere Erregung des ERN (error-related negativity).

Newberg lässt sich ein Hintertürchen offen: „Wenn es einen Gott gibt, macht es dann nicht absolut Sinn, dass er uns so geschaffen hat, dass wir ihn erfahren und mit ihm kommunizieren können?" Die Theologen argumentieren ähnlich: Natürlich muss es eine neurologische Basis für religiöse Erfahrungen geben, wie sollte Gott sonst mit uns in Verbindung treten?

Abschließend bleibt festzuhalten: Trotz aller Kritik an den bisherigen neurologischen Befunden zu religiösen Erlebnissen kann man davon ausgehen, dass die neurologische Manifestation religiöser Erfahrungen tief in unserer evolutionärer Vergangenheit verankert ist. Die Lokalisierung religiöser Erlebnisse in bestimmten Gehirnarealen geschieht nicht von heute auf morgen.

12.2 Religion und Kultur

Die Verzahnung von Evolution und Kultur ist bei dem Phänomen der Religion besonders eng und augenscheinlich. Soziologen und Ethnologen haben lange, bevor sich Evolutionspsychologen mit der Entstehung der Religion beschäftigten, die Funktion von Religionen für Gesellschaften untersucht. Beide Zugänge, Evolution und Kultur bzw. Gesellschaft führen zum gleichen Ergebnis: die Religion dient der Stabilisierung der Gruppe, indem sie Normen des Zusammenlebens von einer höheren Macht her ableitet und damit die absolute Gültigkeit der Normen festlegt. Graham und Haidt (2010) argumentieren, dass sich aus sozialpsychologischer Sicht uneingeschränkt die soziale Perspektive von Religion als Erklärung für ihre Entstehung und Erhaltung anbietet. Sie betonen also die funktionalistische Perspektive der Religion als Mittel der Entwicklung einer moralischen Gesellschaft. Religion ist ihrer Ansicht nach unter anderem mit folgenden moralischen Grundlagen verknüpft: 1) Innengruppe (in-group) und Loyalität dieser Gruppe gegenüber, 2) Autorität und Achtung gegenüber Autoritäten, 3) Reinheit und damit Heiligkeit. Diese Grundlagen stabilisieren und halten die Gesellschaft zusammen.

Norenzayan und Shariff (2008) bieten empirische Belege für die Hypothese, dass Religiosität prosoziales Verhalten fördert, und kostenaufwendige prosoziale Handlungen erleichtert. Untersuchungen zeigen auch, dass religiöses Denken Betrügen beim

Spiel reduziert. Im Kulturvergleich gibt es Hinweise, dass ein Zusammenhang zwischen dem Vorhandensein von über Moral wachenden Gottheiten und der Größe einer Gesellschaft besteht. In großen Gesellschaften gewährleisten Gottheiten, die moralische Gesetze vorschreiben, den Zusammenhalt. Religion bindet ansonsten fremde Menschen aneinander.

Durkheim, der große französische Soziologe, hat sich auch ausgiebig mit der Religion in menschlichen Gesellschaften beschäftigt (Durkheim 1912). Den Ursprung der Religion sieht er in der Wirkung des kollektiven Erlebens, nicht im Glauben an übernatürliche Mächte. Dies widerspricht in gewisser Weise unseren vorherigen Überlegungen zu Psyche des Menschen und der durch sie bedingten Notwendigkeit, religiös zu denken. Die Besonderheit kollektiver Erfahrung in Form von besonderen Bewusstseinserlebnissen in der Masse (Begeisterung, Wut) und die Erfahrung, wie viel weiser und stärker die Gesellschaft als Ganzes im Vergleich zum Einzelwesen ist, führt nach Durkheims Meinung zu Erlebnisformen, die religiöser Natur sind. Religion ist Abbild der Gesellschaft; Kultur und Religion entsprechen sich. Aber da Religion aus der Erfahrung der Macht und Größe der Gesellschaft stammt, betet sich die Gesellschaft auch in der Religion selbst an. Das Sakrale entspricht in der Gesellschaft dem Überich beim Individuum. Religionen bilden in den meisten Kulturen das Gewissen der Gesellschaft. Durkheim spricht vom Zwangscharakter des Religiösen und seiner normativen Macht. Weiterhin besteht aus Durkheims Sicht in allen Gesellschaft die Trennung von profan und heilig. Es gibt Bereiche, die wenig oder nichts mit Religion zu tun haben, und solche, die von der Religion dominiert werden. Es existiert also ein duales Ordnungsschema in der Gesellschaft. Was profan oder heilig ist, bestimmt jeweils die Gesellschaft selbst. Wer einen Gottesstaat errichten will, versucht, auch noch den profanen Bereich der Religion einzuverleiben.

Schon vor Durkheim hat Feuerbach (1849) die Position vertreten, dass Gott die Gesamtheit der Gesellschaft darstellt. Der Einzelmensch wird durch die Gesamtgesellschaft mächtig, gewissermaßen allmächtig. Somit ist Gott nichts anderes, als das von allen Schranken befreite Wesen des Menschen. Wie der Mensch denkt, so ist sein Gott. Das Bewusstsein des Menschen ist das Bewusstsein Gottes. Die Erkenntnis Gottes ist nichts anderes als die Selbsterkenntnis des Menschen. Das Menschliche Bewusstsein ist unendlich und bezieht sich auf das Unendliche. Die wahre Unendlichkeit des Menschen aber besteht in der das Individuum überschreitenden Menschheit, in der Gattung Mensch. In der Gesamtheit der Menschen liegt die Transzendenz. Religion gehört nach Meinung Feuerbachs dem kindlichen Stadium der Menschheit an und geht der Philosophie voraus (siehe hier zu auch Fries, 1979).

Das Wertvolle an der Religion ist für Feuerbach die Liebe zu den Menschen als Gattung. Feuerbach predigt daher Menschenliebe statt Gottesliebe und Glaube an den Menschen statt Glaube an Gott. Feuerbachs Analyse erscheint ethnozentrisch insofern, als er nur die monotheistischen Religionen im Auge zu haben scheint, während die Fremdartigkeit und Vielgestaltigkeit von Gottheiten und Geistern in anderen Kulturen wohl nicht als Eigenschaften der Gesamtgesellschaft aufgefasst werden können.

Max Weber (1934) versucht in seinem Werk „Die protestantische Ethik und der Geist des Kapitalismus" die Frage zu beantworten, weshalb sich ausgerechnet in den

Tab. 12.1 Gemeinsamkeiten zwischen Geld und Gott

Abstrakte Valenz	Geld	Monotheistischer Gott
Allmacht	Geld verleiht Allmacht	Göttliche Allmacht
Vereinigung aller Inhalte	Geld als Tauschwert für aller Inhalte	Inbegriff des Guten, Wahren und Schönen
Allgegenwart	Bei allen Handlungen und Transaktionen beteiligt	Bei allen Vorhaben, Handlungen und Ereignissen gegenwärtig
Höchster Wert	Fiktiv als Wert unendlich; irdisch/profan	Unendlicher Wert; heilig
Freiheit	Geld als Inbegriff von Freiheit	Gott als Inbegriff von (Entscheidungs-)Freiheit
Selbstzweck	Geld wird im Kapitalismus Selbstzweck	Gott ist Selbstzweck, muss sich nicht auf etwas außerhalb von ihm beziehen
Anbetung	Geld, der „Mammon" wird angebetet	Anbetung Gottes zu seinem Lobpreis

angelsächsischen Ländern der Kapitalismus entwickelt hat. Weber erklärt dies durch die protestantische Ethik, insbesondere durch die Prädestinationslehre. Sie besagt, dass wir selbst nichts unternehmen können, um die ewige Seligkeit zu erlangen, sondern diese nur durch einen Gnadenakt Gottes erhalten. Da aber der Mensch nicht untätig angesichts dieser göttlichen Zuweisung bleiben kann, bemüht er sich um wirtschaftlichen Erfolg, denn dieser kann als Zeichen göttlicher Auserwähltheit gelten. Andererseits führt diese Glaubensüberzeugung zur innerweltlichen Askese. Diese Tugend, selbst auf Reichtum und Genuss zu verzichten, bildet eine wichtige Voraussetzung für den Kapitalismus. Denn bei ihm geht es ja darum, den erzielten Mehrwert zu investieren und ihn nicht für das eigene Luxusleben nutzbar zu machen. In der Tat sind die Unterschiede in der wirtschaftlichen Entwicklung von katholischen und protestantischen Staaten in der Neuen Welt eklatant. Sie könnten nicht größer sein.

Die Verbindung von Kapitalismus und Religion führt zwangsläufig zum Vergleich von Geld und Gott. Georg Simmel (1907) hat sich mit der Philosophie des Geldes in seinem gleichnamigen Buch befasst und findet interessante Parallelen zwischen Gott und Geld. Geld und Kapitalismus setzen sich seiner Meinung nach an die Stelle der Religion. Diese neue „Religion" ist durch Rationalität, durch Werte und Individualisierung gekennzeichnet. Rationalität zeigt sich im permanenten Rechnen, genauso wie in der Rationalisierung der Produktionsweise. Der neue zentrale Wert ist nun das Geld, es erhält im Kapitalismus Selbstzweck. Schließlich vermittelt Geld Freiheit und ermöglicht damit eine noch nie dagewesene Individualisierung.

Es lohnt sich, die Parallele von Geld und Gott noch etwas weiter zu verfolgen. Tabelle 12.1 präsentiert eine Gegenüberstellung von Geld und Gott hinsichtlich bestimmter Kategorien.

Auch hier gilt die Parallele nur für den christlichen Monotheismus. Es liegt die Vermutung nahe, dass ein Kausalzusammenhang zwischen christlicher Religion und Geldvermehrung besteht, wie ihn Max Weber annimmt. Wer Gott als absolute unendliche Größe konzipiert, vermag dies auch für das Geld zu tun.

Sofern Religion nur funktionalistisch als Band für Kooperation und Dauerhaftigkeit der Gesellschaft angesehen wird, bleibt dies unbefriedigend, da die Entstehung von Mythen, der Glaube ans Jenseits und an übernatürliche Mächte nicht erklärt werden. Dafür haben wir bereits die Besonderheit der menschlichen Psyche angeführt. Oevermann (2003) versucht, diese Lücke zu schließen. Er unterscheidet zwischen Struktur und Inhalt der Religion. Die Struktur ist universell, der Inhalt kulturspezifisch. Die Struktur von Religion leitet sich seiner Meinung nach von der menschlichen Lebenspraxis ab, in der es zwei Welten gibt, zum einen die repräsentierte Welt der Wirklichkeit, das, was wir für real halten, zum andern die „zeichenhaft repräsentierte" Welt, die durch die Sprache und andere Zeichensysteme, wie etwa religiöse Symbole, entsteht und die Entwicklung menschlicher Kultur kennzeichnet. Die reale von uns repräsentierte Welt bezieht sich auf das Hier und Jetzt, die zeichenhaft repräsentierte Welt bezieht sich (auch) auf Vergangenheit und Zukunft und deren hypothetische Möglichkeiten. Diese zweite Welt beinhaltet auch das, was hätte geschehen können und was noch geschehen wird. Dabei spielt das Wissen um die Endlichkeit des Lebens eine entscheidende Rolle. Dieses Bewusstsein führt nach Oevermann zu dem Bewährungsproblem, das eine „nicht stillstellbare" Dynamik hervorrufe.

12.3   Resümee

Der Zusammenhang zwischen Evolution und Kultur lässt sich aufgrund der hier ausgewählten Aspekte sowie auch anderer soziologischer Ansätze (Luhmann 2000; Luckmann 1963) folgendermaßen darstellen. Religion hat sich in der menschlichen Evolution als vorteilhaft für den Erhalt der Gruppe erwiesen. Insbesondere große Gemeinschaften profitieren von der Religion als Anker gemeinsamer Überzeugungen und moralischer Vorschriften. Die Religion bindet die Individuen in eine moralische Gemeinschaft, wie es Graham und Haidt (2010) ausdrücken. Dieser funktionelle Vorteil erklärt aber nicht die Entstehung religiöser Vorstellungen. Sie müssen schon vorhanden sein, damit sie in einer Gruppe Fuß fassen können. Die besonderen Eigenarten der menschlichen Psyche, wie das Bewusstsein der Endlichkeit, die Unterwerfung unter einen Führer, die Erklärung von Phänomenen durch die Wirkung von Akteuren sowie Erlebnisse der Ich-Umwelt-Verschmelzung führen zu religiösen Konstruktionen, sodass sich neben der Repräsentation der „realen" Welt eine zweite geistige Welt aufbaut, die transzendent, jenseits des Irdischen angesiedelt wird. Die Säkularisation, die wir im Laufe der letzten Jahrhunderte erfahren haben, transformiert zwar die Inhalte dieser zweiten Welt, lässt aber die Struktur bestehen. Naturwissenschaftliche Erklärungen sind daher ebenfalls religiöser Natur in einem ausgeweiteten Sinne, sie beschreiben und erklären etwas, was hinter den Erscheinungen liegt, mit Hilfe einer zeichenhaften Repräsentation. In der naturwissenschaftlichen Welt liefert die Mathematik das Zeichensystem, in der Religion sind es die Mythen sowie auch die rationalen Erklärungsmuster. So hält das Christentum viel auf die rationalen Begründungszusammenhänge seiner Religion. Wenn eine Religion ihre Funktion als Gesellschaft erhaltende und stabilisierende Kraft verliert, wird sie aufgegeben und weicht einer neuen „Religion". Diese Perspektive betont die Unausweichlichkeit gegenüber religiösen Phänomenen. Wir müssen glauben, wie viele Forscher betonen, ob wir wollen oder nicht. Selbst wenn Religion in der Evolution als überflüssiges Beiwerk, mehr oder minder durch Zufall entstanden wäre, kann sie genauso wenig aufgegeben werden wie der Blinddarm, der für unseren Stoffwechsel überflüssig ist.

Ob man der Evolution ein Schnippchen schlagen und Religion (im weitesten Sinne des Wortes) herausoperieren kann wie den Blinddarm, werden wir im Kap. 13 über Wissenschaft diskutieren. Immerhin hat die Naturwissenschaft zwei Prinzipien aufgegeben, die in alle Religionen strukturell verankert sind, nämlich dass die Entstehung von etwas, dem Sein, durch Akteure bewirkt wird und dass Entwicklungen auf ein Ziel gerichtet sind. Naturwissenschaften erklären die Entstehung von etwas nicht durch intentional handelnde Akteure und verzichten auf finale Erklärungen.

12.4   Ontogenese: Wie sich Religiosität beim Einzelmenschen entwickelt

Bindungsverhalten (attachment) und Religion

Gandqvist und Kirkpatrik (2004) haben sich mit dem Bindungsverhalten des Menschen beschäftigt und geprüft, ob Bindung und religiöses Erleben und Verhalten zusammenhängen. Die Annahme eines solchen Zusammenhanges ist plausibel. Die Bindungstheorie nimmt an, dass das Kind zwischen 12 und 15 Monaten zu einer Person eine Bindung aufnimmt, die ihm Sicherheit gewährt und von der aus die Erforschung der Umwelt gewagt werden kann. Das Kind entwickelt ein internes Arbeitsmodell, wie die Bindungsforscher sagen, d. h. eine Vorstellung darüber, wie man selbst im Schutz der sozialen Bindung, die im Regelfall die Mutter gewährt, in der Welt Fuß fassen kann. Das interne Arbeitsmodell ist das erste Menschenbild des Kindes. Bei sicherer Bindung ist dieses Menschenbild positiv und die Bindungsperson bietet allumfassend Schutz. Bei unsicherer Bindung ist dieser Schutz nicht gewährleistet, das Menschenbild unklar (s. Kap. 5 und Kap. 8).

Grandqvist und Kirkpatrik (2004) wenden das Bindungsmodell nun auf die Religion an. Gott wird zur transzendenten Bezugsperson, bei der man Schutz finden kann wie einstmals bei der Mutter (oder Pflegeperson). Die Beziehung zu Gott ähnelt der Bindungsbeziehung in der frühen Kindheit. Sicher Gebundene müssten daher eine vertrauensvollere religiöse Beziehung zu Gott haben als unsicher Gebundene. So gibt es z. B. einen Zusammenhang zwischen Konversionen und Bindungstyp. Stürmische und abrupte Bekehrungserlebnisse findet man häufiger bei unsicher Gebundenen. Sie nutzen den Glaubenswechsel als Verarbeitungsmechanismus für emotionale Belastung, die durch Bindungsunsicherheit entsteht. Die Bindungstheorie erklärt nach Ansicht der Autoren auch, warum Konversionen vor allem im Jugendalter und frühen Erwachsenenalter auftreten. Es ist dies die Zeit, in der sich auch das Bindungsverhalten ändert. Man löst sich emotional von der früheren Bindung an die Eltern und nimmt neue Bindungen auf, wobei sich häufig der Bindungstyp wiederholt. Für sicher Gebundene wird auch die neue Beziehung zur sicheren Bindung, während unsicher Gebundene auch in der neuen Beziehung häufig das Modell der unsicheren Bindung replizieren. Konversionen bilden also eine Parallele zum Bindungswechsel im Sozialverhalten.

Schließlich stellen die Autoren auch noch eine Beziehung zu Stress und Belastung her. Ähnlich wie das Kleinkind bei Stress Zuflucht bei der Mutter sucht, wird Gott in Stress- und Notsituationen angerufen. Gott als Bindungsperson gewährt in ähnlicher Weise Hilfe wie einst die Mutter oder der Vater.

Die Hypothese der Bindungstheorie als Fundament für Religiosität klingt verlockend, orientiert sich aber am Monotheismus. Bindung wäre dann die vorrationale quasi biologische Fundierung für Religion. Was ist mit den Tiergottheiten und vielarmigen, wenig menschenähnlichen Göttern? Können sie wie der unsichtbare Gott des Christentums als Bindungspersonen fungieren? Prinzipiell ja, wenn man unterstellt, dass auch menschenunähnliche Wesen für Bindung ausgewählt werden können. Dies ist tatsächlich der Fall, was die Bindung von Menschen an Tiere zeigt. Kinder haben oft eine engere Bindung zu ihrem Hund als zu den Eltern und bevorzugen ihn als Vertrauten, dem man seine Probleme erzählen kann (Hölzle 2009).

In der individuellen Entwicklung dürfte das Bindungsverhalten die erste Quelle für Religiosität darstellen. Aber Bindungsverhalten determiniert natürlich nicht vollständig die Religiosität. Sicher Gebundene können auch Atheisten werden. Der Bindungsansatz als frühe Grundlegung für religiöses Denken und Fühlen schlägt den Bogen zur Evolution. Wie wir in Kap. 5 dargelegt haben, ist Bindungsverhalten im Laufe der Hominidenevolution entstanden. Sobald Homo zu Vorstellungsleistungen fähig war, die die Konstruktion von Religion ermöglichte, konnte die Bindungserfahrung auch für religiöse Praktiken genutzt werden. Darum befassen wir uns nun mit geistigen Voraussetzungen für die Konstruktion von Religionen. Sie sind nicht zu verwechseln mit den oben genannten psychischen Eigenarten des Wissens um die eigene Endlichkeit, der Suche nach Ich-Umwelt-Verschmelzung etc.

Geistige Voraussetzung für die Konstruktion von religiösen Vorstellungen

Um sich übernatürlich Wesen zu konstruieren, bedarf es kognitiver Fähigkeiten besonderer Art. Man muss eine fiktive Welt erfinden bzw. verstehen, die nicht die vorgestellte reale, durch Wahrnehmung nachprüfbare Welt ist. Man muss sich Wesen vorstellen können, die die real möglichen Gegebenheiten übersteigen, und man muss Glaubensüberzeugungen dafür aufbringen, dass solche Welten und Wesen tatsächlich existieren. Im Gespräch der

Tab. 12.2 Gemeinsame Strukturmerkmale von Spiel und Religion

Merkmal	Spiel	Religion
Fiktive Realitätskonstruktion	Deutungsrahmen für Handlung	Deutungsrahmen für Gesamtexistenz
Allmacht	Phantasien der eigenen Allmacht	Projektion der eigenen erwünschten Allmacht
Ritual	Rituale im Spiel	Rituale im sakralen Raum und privat
Magie	Spiel überwindet physikalische Gesetze	Wunder überwinden physikalische Gesetze
Subjektivierung (nach eigenem „Bild und Gleichnis")	Konstruktion der Spielwelt	Konstruktion übernatürlicher Wesen
zugewiesen Herkunft	von innen	von außen

Himmlischen wurde in Kap. 10 bereits die Rolle des Spiels als Wegbereiter der Religion diskutiert. Sucht man in der menschlichen Entwicklung nach geistigen Fähigkeiten und Leistungen, die der Konstruktion religiöser Strukturen nahe kommen, so findet man sie im kindlichen Spiel. Tabelle 12.2 stellt Strukturmerkmale von Spiel und Religion gegenüber.

Wir haben in beiden Fällen, im Spiel und in der Religion, die Konstruktion einer vorgestellten Welt vor uns; die jenseits der realen Welt liegt. Sie bildet im Spiel den Deutungsrahmen für die Handlung, in der Religion bildet sie den Deutungsrahmen für die Gesamtexistenz. Ein zweites Kriterium ist das Konzept von großer Macht beziehungsweise von Allmacht. Kinder entwickeln im Spiel, wohl aufgrund ihrer häufigen Erfahrung von Ohnmacht, Allmachtsphantasien. Sie selbst oder Spielfiguren können alles, was das Herz begehrt, sie überwinden die Schwerkraft, zaubern, sind die Stärksten oder Schönsten und führen alles zu einem guten Ende. Auch in den Religionen geht es um die Macht und Allmacht. Sie bildet die Ursache dafür, dass man sich Hilfe erbitten kann. Rituale als herausgehobene Handlungsmuster mit besonderer Bedeutung, etwa ihrer magischen Wirkung, gibt es im Spiel wie in den Religionen. Sie sind die symbolträchtigen Zeichen für das Besondere, nicht Alltägliche, im Spiel für die fiktive Wunschwelt, in der Religion für das Sakrale. Beiden Bereichen ist auch das magische Denken gemeinsam. Mit Magie ist hier die Methode gemeint, die außerhalb und in Überwindung der Naturgesetze ihr Ziel erreicht. Für das Kind ist Magie im Spiel der direkte Weg zum Ziel, es gibt keine naturgesetzlichen Zwischenschritte. In der Religion spricht man von Wundern. Wunder sind definiert als Effekte, die naturwissenschaftliche Gesetze missachten oder negieren. Kein „Wunder", dass die katholische Kirche bei neuen Wundern sehr skeptisch ist und wunderwirkende Heilige, die in der Gegenwart leben, mit Unbehagen zur Kenntnis nimmt.

Die Subjektivierung, die wir als basale menschliche Handlungskomponente kennengelernt haben, verändert die Welt in der Vorstellung nach eigenem Gusto, und formt sie in eine fiktive Welt um, die den eigenen Anliegen, Wünschen und Bedürfnissen entspricht. Diese Vorgehensweise erfüllt im Spiel das zentrale Anliegen der Lebensbewältigung, wie in Kap. 10 dargestellt, und dient auch in der Religion der Lebensbewältigung. Nirgendwo ausgeprägter als im Christentum wird Gott nach menschlichem Ebenbild als drei Personen in einer Person erschaffen, das Menschliche wird ins Unendliche geweitet. Hier stellt sich die Verbindung zur soziologischen Perspektive von Durkheim (1912) und Feuerbach (1849) her.

Allerdings gibt es am Ende einen entscheidenden Unterschied zwischen Spiel und Religion. Die Herkunft der Spielwelt wird als eigene Konstruktion erkannt. Die sakrale Welt jedoch wird als von außen, von „oben" kommend verstanden und geglaubt. Ohne diesen Glauben könnten Religionen nicht die positive moralische und gesellschaftsstabilisierende Wirkung erzielen. Aus heutiger Sicht wäre es jedoch wichtig, die Herkunft des Religiösen als menschliche Konstruktionen bewusst zu machen, was übrigens den Glauben an ein Jenseits, eine Transzendenz, nicht aufhebt oder ausschließt.

Noch eine Randbemerkung zu der beliebten Methode, Gott von Kindern malen zu lassen, um etwas über ihr religiöses Verständnis zu erfahren. Diese Methode ist schlichter Unsinn. Würde man Erwachsene um solche Zeichnungen bitten, so würden sie den Forscher für geisteskrank halten. Warum also Kindern etwas zumuten, dass sie genauso wie die Erwachsenen nicht bildhaft realisieren können?

Die tiefe Verwurzelung von Spiel und Religion in der menschlichen Evolution kommen nicht von ungefähr. Die mentalen Voraussetzungen für beide Lebensbereiche sind die gleichen. Höchst wahrscheinlich hat das Spiel in der Menschheitsgeschichte die Konstruktion von Religionen gefördert. Denn gedankliche Spekulationen über die Welt und uns selbst sind ja eine Art Spiel mit Vorstellungen und Gedanken. Da sie im realen Leben und Überleben keine Rolle spielen, wären religiöse Ideen ohne eine Spielhaltung des Als-Ob, des Was-wäre-wenn, vermutlich nicht entstanden.

Religion als Ergebnis der Sozialisation

Während wir also die kognitiven Leistungen, die zur Konzeption von Religionen führen, im Spiel des Kindes wiederfinden, stammen die religiösen Inhalte von der Sozialisation. Das Wissen vom Jenseits, von Gott über das biblische Geschehen wird von den Eltern und der Schule vermittelt. Wie aber entsteht daraus religiöser Glaube, religiöse Überzeugung? Auf diese Frage geben die Theorien der Einstellungsforschung (Attitude-Forschung) Antwort. Einstellungen und Wertüberzeugungen bestehen aus drei Komponenten, einer kognitiven, einer affektiven und einer behavioralen (Verhaltens-)Komponente. Der kognitive Anteil wäre in unserer Thematik das Wissen über und die Begründung für religiöse Aussagen und Vorschriften. Die affektive Komponente betrifft die Emotionen, die mit der religiösen Werthaltung verbunden sind. Religiöse Überzeugungen werden nicht nur für richtig, sondern auch für wertvoll gehalten. Sie sind positiv emotional besetzt und rufen feindselige Regungen hervor, wenn sie lächerlich gemacht oder angegriffen werden. Die affektive Komponente kann unterschiedliche Emotionen wie Ekstase, Geborgenheit, Gemeinschaftsgefühl, Hoffnung, Freude und Dankbarkeit, aber auch Angst in sich vereinen.

Die behaviorale Komponente religiöser Wertüberzeugungen bezieht sich auf die religiösen Praktiken, wie Gebete, Gottesdienste, Opferungen, Teilhabe an Riten und insgesamt auf einen mehr oder minder religiös bestimmten Lebenswandel. Nun könnte man erwarten, dass die religiöse Sozialisation von der kognitiven zur affektiven und schließlich zur behavioralen Komponente fortschreitet. Erst sollte man die Inhalte der Religion kennenlernen, dann bewerten und schließlich religiöse Praktiken übernehmen, wenn man die Inhalte für richtig und gut hält. Der Weg religiöser Sozialisation verläuft aber gerade umgekehrt. Das Kind übernimmt erst die Praktiken, es lernt beten, wird zur Kirche mitgenommen, nimmt Weihwasser oder übt im Islam die Gebetshaltung. Solche Praktiken werden zu Gewohnheiten (habits) und sind schließlich fest verankert im kindlichen Leben. Damit baut sich auch die affektive Komponente religiösen Erlebens auf. Religiöse Feste werden zu positiven Erfahrungen und die Unterlassung gewohnter Praktiken flößt Unbehagen ein. Religion wird zu einem positiven, manchmal auch negativen Bestandteil der Identität. Bei vielen Menschen besteht die affektive Komponente aus einer Mischung von positiven und negativen Emotionen. Die negativen Emotionen können in der Kindheit mit der Länge der Gottesdienste, im Erwachsenenalter mit dem Diktat von Kirchenoberhäuptern zu tun haben. Erst mit Eintritt ins Schulalter beginnt die religiöse „Belehrung", aber auch da zunächst in Form der Vermittlung von Katechismuswahrheiten und biblischen Geschehnissen. Die Vorbereitung auf die Firmung bzw. Konfirmation arbeitet eher explizit mit der Vermittlung religiösen Wissens. Themen wie Gottesbeweise, Beweis der Auferstehung Christi kommen, wenn überhaupt, in der Oberstufe des Gymnasiums zur Sprache. Das bedeutet, dass religiöse Sozialisation sehr geschickt vorgeht. In einer säkularen Gesellschaft schmilzt dennoch die Gruppe religiöser Menschen, die sich an offizielle Lehrmeinungen halten, immer weiter zusammen.

Religion im individuellen Leben

Wie wirkt sich Religiosität im individuellen Leben aus? Ist sie schädlich oder nützlich, ist sie sinnstiftend? Zunächst gilt es zwischen extrinsischer und intrinsischer Religiosität zu unterscheiden (Allport und Ross 1967). Die intrinsische Religiosität durchdringt mehr oder weniger das gesamte Leben, sie ist verinnerlichte Religiosität (daher die Bezeichnung ‚intrinsisch'); man beschäftigt sich mit religiöser Literatur und ist Mitglied von Gruppen gleicher religiöser Überzeugung. Die intrinsische Religiosität wird um ihrer selbst willen praktiziert, es werden keine egoistischen Vorteile erwartet. Intrinsisch Religiöse fühlen sich geborgen, sie haben einen transzendenten Bezug, stellen jedoch keine Ansprüche an die transzendente Macht.

Bei der extrinsischen Religiosität dient die Religion als Mittel zum Zweck. Man will sich den Himmel verdienen, durch Gebete persönliche Ziele verwirklichen und sucht Halt in der religiösen Gemeinde. Religion wird eigennützig und instrumentell eingesetzt. Sie hat keine Relevanz für das Leben im Alltag und orientiert sich an institutionellen Vorgaben, die nicht hinterfragt werden. Die Kirchenmitgliedschaft existiert als gesellschaftliche Institution.

Es leuchtet ein, dass sich beide Formen in ihren Auswirkungen beträchtlich unterscheiden. In einer Metaanalyse von Batson und Ventis (1982) wurden 67 Untersuchungen verglichen. Davon erbrachten 37 einen negativen Zusammenhang zwischen Religion und Gesundheit. Religiöse waren weniger gesund als nicht Religiöse. 15 Untersuchungen fanden einen positiven und 15 gar keinen Zusammenhang. Das Bild änderte sich aber deutlich, wenn man zwischen extrinsisch und intrinsisch Religiösen trennte. Die intrinsisch Religiösen fühlten sich gesünder (positiver Zusammenhang zwischen Religiosität und Gesundheit), die extrinsisch Religiösen kränker (negativer Zusammenhang zwischen Religiosität und Gesundheit).

Donahue (1985) sammelte ebenfalls Untersuchungen, die zwischen intrinsisch und extrinsisch Religiösen trennte. Orthodoxie korrelierte merkwürdigerweise mit intrinsischer Religiosität. Plausibler erscheint der Zusammenhang von religiösem Engagement und religiöser Verpflichtung mit intrinsischer Religiosität, ebenso der Befund, dass Frauen höhere Werte bei der intrinsischen Religiosität haben als Männer. Zwingmann (1991) untersuchte den Zusammenhang zwischen Religiosität und Lebenszufriedenheit. Die Lebenszufriedenheit korrelierte positiv mit intrinsischer und negativ mit extrinsischer Religiosität.

Überblicke über neuere Forschungsergebnisse finden sich in Grom (2009) und Bucher (2007). Einige der Befunde seien im Folgenden genannt.

Religiöse (vor allem intrinsisch religiöse) Menschen haben im Durchschnitt einen niedrigeren Blutdruck, seltener Depressionen oder Suizidgedanken, sind insgesamt gesünder und haben daher auch eine höhere Lebenserwartung. Wohlbefinden und Glück sind größer als bei Nichtgläubigen. Ein strafender Gott lässt die Gläubigen allerdings eher krank werden. Lebenszufriedenheit und Wohlbefinden sind auch nach jüngeren Befunden bei intrinsisch Religiösen höher als bei extrinsisch Religiösen. Die Ursachen für diesen Effekt sind indirekter und eventuell auch direkter Natur. Neben einer gesünderen Lebensführung (wie etwa dem Fasten) scheint der Glaube auch direkt Einfluss auf die Biochemie von Gehirn und Körper zu nehmen. Religiöse Freigeister würden sagen: gesund aber dumm. Sie irren aber insofern, als Religiosität nicht mit Intelligenz korreliert.

Unsere Alltagserwartungen suggerieren, dass Religiöse weniger Angst vor dem Tod haben als nicht Religiöse. Befunde zeigen aber überhaupt keine Unterschiede. Eine umfangreiche Studie erbrachte, dass Atheisten, Agnostiker und überdurchschnittliche Religiöse weniger Angst vor dem Tod als „mittelmäßig" Religiöse hatten. Eine andere Untersuchung fand, dass Buddhisten generell weniger Angst als Christen haben und auch weniger Angst vor dem Tod als Gläubige anderer Religionen. Dies wurde aber in anderen Studien widerlegt.

Wenn Religiosität allerdings in Fundamentalismus einmündet, entstehen deutlich negative Auswirkungen:

• Konservativismus: Beibehaltung von traditionellen Werteinstellungen, auch wenn sie falsch oder entwicklungshemmend sind.
• Intoleranz, antiliberale Haltung: die Meinung Andersdenkender wird abgelehnt und bekämpft.

- Autoritarismus: Hierarchien von tonangebenden Autoritäten werden bevorzugt. Ihr Urteil gilt mehr als Vernunft-Argumente.
- Eintreten für strenge Strafen, einschließlich der Todesstrafe: aus der Haltung von Intoleranz und Autoritarismus ergibt sich zwangsläufig eine ausgeprägte Strafmoral.

Wie aber steht es mit der Mehrzahl der Bevölkerung, die religiös gleichgültig ist und die der Religion in einer säkularisierten Welt keinen Platz einräumt? Man kann bei dieser Frage zwei Positionen einnehmen. Die eine wäre die Hypothese, dass Religiosität, wie jedes andere Merkmal, variiert. Menschen mit geringer Ausprägung von Religiosität passen sich der säkularisierten Gesellschaft an und beschäftigen sich nicht mit transzendenten Fragen. Die zweite Position lässt sich in der Annahme formulieren: Religiosität verschwindet nicht, sondern wird transformiert und drückt sich im Alltagsverhalten in bestimmten Bereichen aus. Diese zweite Annahme erscheint plausibler. Daher wollen wir uns mit ihr näher beschäftigen.

Naheliegend sind Verhaltensformen, die mit Esoterik zu tun haben. Man sucht das Geistige, das Wunderbare, Okkulte und Mystische außerhalb der institutionalisierten Religionen, bevorzugt einen spirituellen Erkenntnisweg vor dem naturwissenschaftlichen Denken und nutzt bestimmte Praktiken, um neue andersartige Erfahrungen zu sammeln. Die alljährlich stattfindenden großen Esoterik-Ausstellungen finden zahlreichen Zuspruch, wobei die Palette esoterischen Glaubens von einem umfangreichen Überzeugungssystem, wie der Theosophie, bis zum Glauben an die Wunderwirkung von Steinen oder Gewürzen reicht. Esoterik hat gegenüber tradierten Religionen den Vorteil, dass man mehr Freiheitsgrade besitzt und beliebig auswählen kann, was einem liegt. Insofern wäre Esoterik ein religiöses Angebot, das dem westlichen Individualismus entgegen kommt.

Es gibt aber noch andere Verhaltens- und Denkformen, hinter denen man zunächst überhaupt nichts Religiöses vermutet. Es handelt sich um Angebote, die Verschmelzungserlebnisse unterschiedlichster Art ermöglichen. Verschmelzung als die Erfahrung des Einsseins von Ich und Umwelt, von Freud als ozeanische Gefühle bezeichnet, beinhaltet ein religiöses Erlebnis, denn sie gehört spätestens seit der kulturellen Revolution vor vierzigtausend Jahren zu den religiösen Praktiken. Wie bereits oben dargestellt, vermittelt Meditation die Aufhebung der Schranken zwischen Ich und Umwelt. Kein Wunder, dass Meditationsseminare ausgebucht sind. Trotzdem ist Meditation nicht der wichtigste Faktor für Verschmelzungserlebnisse in modernen Gesellschaften. Fast täglich gibt es neue Angebote, die Verschmelzungserlebnisse versprechen. Ein großer Trend in den letzten Jahren ist die Wellness-Bewegung. Hotels und Fremdenverkehrsorte übertrumpfen sich mit Angeboten. Das körperliche Wohlbefinden bei gleichzeitigem Abschalten der Alltagssorgen wird bevorzugt von jungen Erwachsenen gesucht. Viele Sportarten bieten ebenfalls Verschmelzungserlebnisse, allem voran das Schwimmen im warmen Wasser. Wasser umgibt den Körper und wird in schwereloser Umgebung als unmittelbarste Umweltberührung erfahren. Aber auch Wellenreiten, Skifahren, Windsurfen, Drachenfliegen vermitteln besondere Erlebnisse des Einswerdens mit der Umwelt. Selbst hinter dem Reisen verbirgt sich die Suche nach quasi-religiöser Erfahrung. Das Aufsuchen fremder Länder und die Kontakte mit neuen Welten verringern die Distanz des Ich zur Welt. Eine Weltreise ermöglicht symbolisch die Vereinigung mit der gesamten Welt.

Schließlich ist noch die Musik als Mediator für religiöse Erlebnisse in der modernen Welt zu nennen. In den Diskos erfahren Jugendliche Sinneserlebnisse, bei denen Musik in hoher Lautstärke mit intensiven Lichtsignalen und Bewegung vereint sind und Verschmelzungserlebnisse ermöglichen. In Rock- und Popkonzerten kommt noch das Massenphänomen der simultanen Bewegung und des gemeinsamen Glücksgefühls von Tausenden von Jugendlichen hinzu. Selbst die Besucher klassischer Konzerte erleben nicht nur einen Höreindruck, sondern fühlen sich „entrückt" und mit der Musik verschmolzen. Damit wir jederzeit und allerorts Verschmelzungserlebnisse haben können, versorgt uns die Konsumgesellschaft mit iPods und CD-Playern, die uns von der Außenwelt abschirmen und das Eintauchen in eine Klangwelt besonderer Art vermitteln.

Religiosität verschwindet nicht, sondern wird in profane Praktiken transformiert.

Religiosität und Art des Denkens

Gervais und Norenzayan (2010) vermuten, dass analytisches Denken religiöse Überzeugungen beeinträchtigt und zur Skepsis führt, während intuitives Denken religiöse Erlebnisse fördert. In einem Experiment versuchten sie, diese Annahme zu überprüfen. Die Probanden mussten verschiedene Aufgaben lösen und wurden je nach Bedingung unterschiedlichen Reizmustern ausgesetzt. Diejenigen Versuchspersonen, die analytisches Denken bei den Aufgaben einsetzen mussten, waren hinterher bezüglich ihrer Einstellung zur Religion skeptischer als zuvor. Dies galt unabhängig von der Ausprägung der Religiosität der Probanden. Analytisches Denken lässt also eher Zweifel bei religiösen Glaubensüberzeugungen aufkommen. Unterstützend wirkte dabei ein sogenanntes Priming-Verfahren, bei dem die Probanden aufs Grübeln und Nachdenken bezogene Reizmuster geboten bekamen, wie den „Denker" von Rodin. Die Hypothese der Autoren scheint auch deshalb plausibel, weil intuitives Denken oft zu Ergebnissen führt, deren Herkunft man nicht verfolgen kann. Man spricht ja daher auch von Intuition und Inspiration. Näheres hierzu werden wir in Kap. 14 erfahren.

Nahtod–Erlebnisse als Beispiel besonderer religiöser Erfahrung

Wenn wir uns etwas weiter in das Feld religiösen Lebens und Erlebens hineinwagen, stoßen wir unweigerlich auf die Frage, ob es Hinweise dafür gibt, dass die Seele sich nach dem Tod vom Körper trennt und fortbesteht. Man kann die Frage auch so stellen: Woher kommt der Glaube an eine Seele, die sich vom Körper lösen kann? Gibt es nachprüfbare Erfahrungen hierzu? Die bisherigen Untersuchungen zu diesen Fragen stammen alle, sofern es sich um empirische Arbeiten handelt, aus der Nahtodforschung. Es handelt sich dabei um Patienten, die aufgrund eines Unfalls oder während einer Operation knapp dem Tod entgangen sind und während der kritischen Phase besondere Erlebnisse hatten. Nahtod-Erlebnisse ordnen sich in das Phänomen der out-of-body-experience (OBE) ein, das ausgiebig untersucht worden ist (Munzinger 2009). Phänomenologisch, das heißt in der Erlebnisbeschreibung der Betroffenen, finden sich immer wieder Aussagen der folgenden Art:

- Gefühl der Leichtigkeit, des Friedens und des Glücks,
- Eindruck, den eigenen Körper zu verlassen und sich von oben zu sehen,
- Erleben einer Übergangszone (eines Tunnel oder einer Schwelle); auf der anderen Seite sieht man ein helles Licht, das positive Gefühle auslöst, manchmal mit Wahrnehmung des Paradieses,
- Begegnung mit Lichtgestalten und verstorbenen Verwandten, Gefühl des Einsseins mit der Welt.

Der psychologische Mechanismus, der diese Erlebnisse verursacht, ist nach Linke (2003) der Zusammensturz der Zeiten. Die gesamte Zukunft schrumpft auf einen Augenblick zusammen, während im Normalfall das Gehirn wie eine „Vorhersagemaschine" funktioniert.

Neurologisch lassen sich Nahtod-Erlebnisse nach Jansen (zit. nach Linke 2003), wie folgt erklären: Aktiviert sind Nervenzellen, die die sog. NMDA-Rezeptoren, zur Übertragung neuronaler Signale verwenden. Diese Rezeptoren sprechen verstärkt auf das Narkosemittel Ketamin an sowie generell auf Sauerstoffmangel und Stickstoffmonoxid. Ketamin vermittelt auch Nahtod-Erlebnisse.

NMDA-Rezeptoren arbeiten viel langsamer als andere Transmitter und können auf diese Weise viele Ereignisse aufeinander beziehen. Dadurch wird der Zeittakt durchbrochen.

Gleichzeitig zeigt die Amygdala eine geringere neuronale Aktivität, es gibt keine Angst mehr. Glücksgefühl und Auflösung der eigenen Grenzen zur Umwelt bestimmen das Erleben. Die Lichterlebnisse gehen auf Minderdurchblutung des Gehirns und möglicherweise auf Narkotisierung der Augen zurück. Außerkörperliche Erfahrungen können auch künstlich erzeugt werden. Blanke (zit. nach Linke 2003) berichtet, dass eine Patientin in Genf durch die elektrische Reizung eines Epilepsieherdes ähnliche Erfahrungen wie beim Nahtod hatte, nämlich Out-of-body experience.

Erklärung von Beschreibungen der Patientinnen von räumlichen Gegebenheiten und Personen in der Umgebung können auf unbewusste Wahrnehmung der Umgebung zurückgeführt werden, wie sie auch bei normalen Menschen permanent stattfindet.

Nicht erklärbar bleiben angeblich objektiv nachgeprüfte Berichte von Patienten über Wahrnehmung von Personen und Ereignissen in anderen Räumen, die ihnen zuvor und während des todnahen Zustandes nicht bekannt sein konnten (Schröter-Kunhardt, Heidelberg, s. Interview in Geist & Gehirn, Nr. 1/2003, 20–23). Träfe dies zu, hätten die Biologen und Neurowissenschaftler ein Problem! Aber sie würden trotzdem keinem Seelenglauben verfallen, sondern nach naturwissenschaftlichen Erklärungen suchen.

Das Religionsdilemma des modernen Menschen wird trefflich durch folgenden jüdischen Witz karikiert (http://svs.bjsd.de/reliwitze.html):

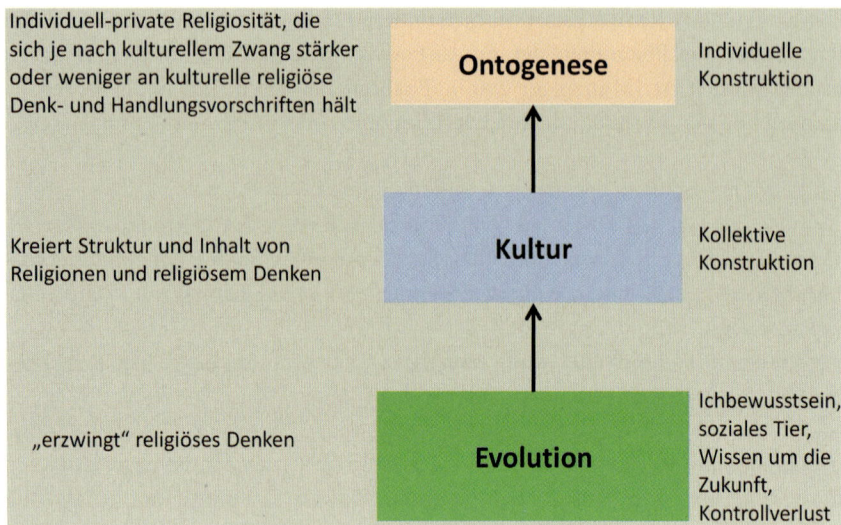

Abb. 12.1 Religiosität im EKO-Modell

Beispiel

Ein ungläubiger Jude betet in der Synagoge und weint.

„Was heult Ihr, da Ihr doch gar nicht an Gott glaubt?" fragt ihn einer.

„Es gibt zwei Möglichkeiten", entgegnet der weinende Atheist, „entweder bin ich im Unrecht und es gibt Gott dennoch – dann hat man schon allen Grund, vor ihm zu klagen und zu weinen. Oder aber ich habe recht und es gibt ihn nicht – dann hat man erst recht Grund, darüber zu weinen."

12.5   Religion und Religiosität im EKO-Modell

Nun sind wir in der Lage, die drei Komponenten Evolution, Kultur und Ontogenese miteinander zu verbinden. Abbildung 12.1 zeigt ihr Zusammenwirken. Da Religiosität seit mindestens 40.000 Jahren ein Merkmal des Menschen ist, muss man davon ausgehen, dass sie uns von der Evolution beschert und gewissermaßen zwangsweise auferlegt wurde. Wie ausführlich dargestellt, hängt das mit dem Ichbewusstsein, dem damit verbundenen Blick in die Zukunft und der Gewissheit des eigenen Todes, aber auch mit der Neigung zur Unterwerfung unter einen mächtigen Führer zusammen. Diese Basis des religiösen Denkens wird nun kulturell geformt. Die kulturelle Gemeinschaft kreiert Religionen mit Glaubensinhalten, Werten und Verhaltensvorschriften. In Kulturen, bei denen die Religion säkularisiert worden ist, wie in den westlichen und vielen östlichen Kulturen, schwindet der Zwang zu Einhaltung religiöser Vorschriften, während religiöse Gebräuche und Gewohnheiten erhalten bleiben (z. B. Feiertage, gelegentlicher Gottesdienstbesuche, religiöse Rituale bei Eheschließung und Totenbestattung). Struktur und Inhalt der Religion sind gesellschaftliche Konstruktionen, die meist auf eine Gründerpersönlichkeit zurückgehen, dann aber zur Grundlage eines kollektiven Wissens werden.

In der Ontogenese konstruiert sich das Individuum auf der Basis evolutionärer Voraussetzung und dem kulturell geformten Angebot seine eigene Religion. Diese nimmt je nach Ausprägung des kulturellen Zwangs stark angepasste Denk- und Verhaltensformen an oder führt zu abweichenden Konstruktionen bis hin zum Atheismus. Es muss aber hervorgehoben werden, dass auch religiöse Menschen, die einer offiziellen theologisch wohldefinierten Religion angehören, nie in vollem Umfang den Gehalt einer Religion erfassen. Für die christliche Glaubensgemeinschaft hat dies Buggle nachgewiesen und seine Befunde in einem Buch mit dem aussagekräftigen Titel „Denn sie wissen nicht, was sie glauben" veröffentlicht (Buggle 1992). Trotz kollektiven Zwangs ist auch in strenggläubigen Kulturen die individuelle Religion etwas Privates und Einmaliges. Besonders bei privatem Gebet erweist sich die Beziehung zu einem transzendenten Wesen als unverwechselbar, denn jede individuelle Entwicklung ist einmalig und greift auf Erfahrungen zurück, die nur einem selbst und keiner anderen Person zukommen. Insofern ist also das Individuum der Konstrukteur seiner eigenen Religion und Weltanschauung. Wieder einmal zeigt sich, dass ein bestimmtes Phänomen durch die Zusammenführung von Evolution, Kultur und Ontogenese verstanden werden kann.

Gespräch der Himmlischen

Aphrodite: Puh, ich dachte schon, wir werden abgeschafft. Aber Religion in der einen oder anderen Form gibt's immer. Dagegen ist kein Verstand gewachsen.

Dionysos: Letztlich verdanken wir unser Dasein der Natur, sie hat in der Evolution die Religion entwickelt, das hält auf ewig!

Apoll: So wie der Blinddarm und die Gänsehaut. Die brauchen die Menschen auch nicht mehr und tragen sie doch ewig mit sich herum.

Athene: Ja, es scheint so. Ich finde, es gibt auch keinen Fortschritt. Der Monotheismus bildet sich ein, eine höhere Religion zu sein, als der Götterglaube, der uns erschaffen hat. Aber was ist neu? Der Gott der drei großen monotheistischen Religionen ist ein ins Unendliche vergrößerter Mensch und er hat im Gegensatz zu uns keine schlechten Seiten. Nun ist aber das Böse allgegenwärtig, deshalb wurden wir als mächtige Wesen mit Fehlern, mit Grausamkeiten, mit kleinlichen Eifersüchteleien ausgestattet. Und was ist mit dem Bösen im Christentum? Man musste eigens den Teufel erfinden, der es repräsentiert und zum Widersacher Gottes wird. Also steckte das Böse doch in Gott, denn er hat ja auch den Teufel erschaffen. Schlimmer noch als Religion ist die Esoterik. Da ist unser Orakel von Delphi ja Kinderkram dagegen.

Apoll: Ich vermisse in dem Kapitel die negativen Seiten der Religion. Sie hält nicht nur Gesellschaften zusammen, wie es dort heißt, sondern verursacht und rechtfertigt grausame Kriege. Kein Wort vom Dreißigjährigen Krieg, kein Wort von den Kreuzzügen, bei denen die frommen Ritter teuflisch gewütet haben. Besonders übel finde ich, wenn sich zwei Gruppen der gleichen Religion, wie die Sunniten und Schiiten, gegenseitig zerfleischen. Und was ist mit den Hexenverbrennungen, der Inquisition mit ihrer unmenschlichen Folter? Der Autor sollte mal das zehnbändige Werk von Karlheinz Deschner „Kriminalgeschichte der Kirche" lesen! (Deschner, ab 1986).

Aphrodite: Im Literaturverzeichnis ist es aufgeführt, also kennt es der Autor. Was ist mit dem Trojanischen Krieg, den ich angezettelt habe? War er nicht letztlich auch ein Religionskrieg?

Athene: Der Trojanische Krieg war ein Wirtschaftskrieg, die Griechen haben ihn nur als den Kampf um die schöne Helena hochstilisiert. Aber du hast in einem Recht: die Götter haben sich in Ilias und Odyssee bekämpft und die Menschen in grausamer Weise an ihrem Kriegsspiel beteiligt. Ansonsten aber waren die Griechen tolerant, sie haben andere Religionen akzeptiert und sich je nach Bedarf weitere Götter zugelegt. Aber nun zu Apolls Frage. Du hast Recht: Wenn sich Religion mit der menschlichen Aggression, dem bösen evolutionären Erbe, verbindet, wird der Mensch zu Bestie, wie nirgends sonst. Nun ist seine Aggression nämlich von höchster Stelle aus legitimiert. Es gibt diese Grausamkeiten auch heute noch. Dabei dürfen wir nicht vergessen, dass jede fundamentalistische Ideologie zu ebenso schlimmen Auswüchsen führen kann wie religiöser Fanatismus. Denkt nur an Pol Pot und sein grausames Regiment in Kambodscha. Am schlimmsten hat Hitler gewütet. Aus seiner Sicht war die Vernichtung der Juden ein Segen für die Menschheit.

Apoll: Die menschliche Vernunft scheint nicht auszureichen, um solche Abartigkeiten und Verbrechen zu verhindern. Ob hier nicht doch die Kunst eine heiligende und heilende Kraft ausüben könnte?

Dionysos: Vergiss nicht die heilenden Kräfte der Natur! Da lobe ich mir unsere dionysischen Feste. Alle lieben sich und sind trunken vom Wein, dem schönen Leben in der Natur und der Erotik nackter Gestalten.

Apoll: Kunst und Natur zur Religion verbunden, das lasse ich mir eingehen. Daher kommt das Genie, das weit über die schöpferischen Fähigkeiten des Durchschnitts der Menschheit Zugang zur Transzendenz verschafft. Seine Werke weisen über das Alltägliche hinaus und überschreiten die Grenzen des Diesseits. Ich kann getrost in die Zukunft blicken. Selbst wenn man uns abschafft, bleibt das Religiöse in Form von Bildern, Statuen, Tempeln und Kirchen, Musik, Tanz und Sport erhalten.

Athene: Da gehst du wohl zu weit mit deinem Religionsbegriff. Ohne Gott, die Götter, die Geister, die Ahnen oder etwas Letztgültigem gibt es keine Religion.

Apoll: Das bezweifle ich. Wer Kunst schafft, befindet sich immer jenseits dieser materiellen konkreten Welt. Zu allen Zeiten werden Künstler, Musiker, Tänzer als Boten aus dem Jenseits gesehen, zu allen Zeiten hat die Kunst den Menschen erhoben und dem Alltag entrissen. Meine Welt der Kunst ist eben die zweite Welt, die neben der ersten materiellen existiert. Dieser Dualismus hat viele Philosophen beschäftigt.

Aphrodite: Zitiert mir nicht zu viel die Philosophen. Keiner von denen hat an uns geglaubt. Da gibt es mal einen Demiurgen, der die irdische Welt erschaffen hat, ansonsten spricht man vom unveränderlichen Sein, vom Alles-im-Fluss, von Ideen, von Form und Materie. An Wunder glaubt niemand, nicht mal die christlichen Kirchen heute, die sind entsetzt, wenn wieder irgendwo eine Heiligenfigur blutet.

Dionysos: Aber das Volk glaubt unverdrossen an Wunder. Besonders die Süditaliener sind regelrecht verliebt in Wunder. In Neapel zum Beispiel ist das Blutwunder des heiligen Gennaro ein gesellschaftliches Ereignis. Das Blut wird in einer Ampulle aufbewahrt und verflüssigt sich zweimal im Jahr. Alljährlich treffen sich dann Unternehmer, Adelige und Maffiosi im Dom und sitzen einträchtig beieinander. Das Wunder darf aber nicht zu lange auf sich warten lassen. Man hat ja schließlich noch anderes zu tun. Endlich wird der Kardinal tätig und das Blut beginnt zu fließen.

Aphrodite: Da ist mir unser Nektar lieber!

Dionysos: Meine Religion ist der Wein.

Alle: Die Religionen sind wohl immer da – drum auf zu Nektar und Ambrosia!

Literatur

Allport, G. W., & Ross, J. M. (1967). Personal religious orientation and prejudice. *Journal of Personality and Social Psychology, 5,* 432–443.

Atran, S. (2002). *In gods we trust. The evolutionary landscape of religion.* Oxford: Oxford University Press.

Batson C. D. & Ventis W. L. (1982). *The religious experience: A social-psychological perspective.* New York: Oxford University Press.

Bucher, A. (2007). *Psychologie der Spiritualität.* Weinheim: Beltz PVU.

Buggle, F. (1992). *Denn sie wissen nicht, was sie glauben.* Reinbek b. Hamburg: Rowohlt.

Dawkins, R. (2007). *Der Gotteswahn.* Berlin: Ullstein.

Deschner, K. (1986–2013). *Kriminalgeschichte des Christentums, in 10 Bänden.* Reinbek b. Hamburg: Rowohlt.

Donahue, M. J. (1985). Intrinsic and extrinsic religiousness: Review and meta-analysis. *Journal of Personality and Social Psychology, 48,* 400–419.

Dow, J. (2008). Is Religion an Evolutionary Adaptation? *Journal of artificial societies and social simulation, 11*(22), 12–23.

Durkheim, E. (2003, orig. 1912). Les formes élémentaires de la vie religieuse. Paris: Presses Universitaires de France, 5 eme edition.

Feuerbach (1971, orig. 1849). Das Wesen des Christentums, Stuttgart: Reclam.

Fries, H. (1979). Ludwig Feuerbach. In: K-H. Weger (Hrsg.), *Religionskritik von der Aufklärung bis zur rel-definGegenwart* (S. 78–93). Freiburg: Herder.

Geertz, C. (1973). *The interpretation of culture.* New York: Basic Books.

Gervais, W. M., & Norenzayan, A. (2012). Analytic thinking promotes religious disbelief. *Science, 336*(6080), 493–496.

Graham, J., & Haidt, J. (2010). Beyond beliefs: Religions bind individuals into moral communities. *Personality and Social Psychology Review: An Official Journal of the Society for Personality and Social Psychology, Inc, 14,* 1140–1150.

Grandqvist, P., & Kirkpatrik, L. A. (2004). Religious conversion and perceived childhood attachment: A meta-analysis. *The International Journal for the Psychology of Religion, 14*(4), 223–250.

Grom, B, (2009). Religionspsychologie. Stuttgart: Kösel.

Hölzle, D. (2009). *Das Tier-Mensch-Verhältnis in der Wahrmehmung von 4- bis 6-Jährigen und die Weiterentwicklung bzw. Veränderung bis zum Alter von 1o Jahren.* an der Lduwig-Maximilians-Universität München: Dissertation.

Kapogiannis, D., Barbey, A. K., Su, M., Zamboni, G., Rueger, F., & Grafman, J. (2008). Cognitive and neural foundations of religious belief. *Proceedings of the National Academy of Sciences of the United States of America, 106*(12), 4876–4881.

Kraft, U. (2003) 9. Wo Gott wohnt. Gehirn und Geist, Dossier Nr. 1/2003, S. 6–8.

Linke, D. E. B. (2003). An der Schwelle zum Tor. Gehirn & Geist. Dossier Nr, 1/2003, 14–19.

Luckmann, T. (1963). *Das Problem der Religion in der modernen Gesellschaft.* Freiburg: Rombach.

Luhmann, N. (2000). *Die Religion der Gesellschaft.* Frankfurt: Suhrkamp.

Munzinger (2009). *Der Ego-Tunnel.* Berlin: Berlin Verlag.

Newberg, A. (2010). *Principles of Neurotheology.* Farnham: Ashgate Publishing.

Newberg, A. B., Waldman, M. R. (2006). *Why We Believe What We Believe: Our Biological Need for Meaning, Spirituality, and Truth.* Free Press.

Newberg, A. B., Waldman, M. R. (2009). *How God Changes Your Brain: Breakthrough Findings from a Leading Neuroscientist.* New York: Ballantine Books.

Newberg, A. B., d'Aquili, E. G., & Rause, V. (2002). *Why god won't go away. Brain Science and the Biology of Belief.* New York: Ballantine Books.

Norenzayan, A., & Shariff, A. F. (2008). The Origin and Evolution of Religious Prosociality. *Science, 322*(5898), 58–62.

Oevermann, U. (2003). Strukturelle Religiosität und ihre Ausprägung untger Bedingungen der vollständigen Säkularisierung des Bewusstseins. In C. Gärtner, D. Pollak, & M. Wohlrab-Sahr (Hrsg.), *Atheismus und religiöse Indifferenz.* (S. 340–343). Opaden: Leske und Burdrich.

Persinger, M. (1987). *Neuropsychological Bases of God Beliefs.* New York: Praeger.

Ramachandran, V. S.(2005). *Eine kurze Reise durch Geist und Gehirn.* Reinbek: Rowohlt.

Rappaport, R. A. (1984). *Pigs for the ancestors: Ritual in the ecology of a New Guinea people* (2nd ed.). New Haven: Yale University Press.

Simmel, G. (1907). Philosophie des Geldes (1900, 2. Aufl. 1907) – Volltext bei DigBib.Org Faksimiles vom Seminar für Wirtschafts- und Sozialgeschichte, Uni Köln.

Sosis, R. (2004). The adaptive value of religious ritual. *American Scientist, 92,* 166–172.

Vaas, R., & Blume, M. (2009). *Gott, Gene und Gehirn. Warum nGlaube nützt. Zur Evolution der Religiosität* (3. Aufl.). Stuttgart: Hirzel.

Voland, E. & Schiefenhövel, W. (Hrsg.). (2009). *The biological evolution of religious mind and behavior.* Berlin: Springer.

Weber, M. (1934). *Die protestantische Ethik und der Geist des Kapitalismus.* Tübingen: J.C.B. Mohr.

Zwingmann, C. (1991). *Religiosität und Lebenszufriedenheit. Empirische Untersuchungen unter besonderer Berücksichtigung der religiösen Orientierung.* Regensburg: Roderer.

Jenseits der Evolution: Die Krönung menschlichen Denkens durch die Wissenschaft und das Vordringen in den Mikro- und Makrokosmos

13

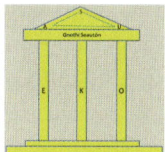

Eines hat mich die lange Erfahrung gelehrt Unsere ganze Wissenschaft ist, mit der Realitätverglichen, primitiv und naiv – und trotzdem ist sie das Wertvollste, was wir besitzen. (Albert Einstein)

13.1 Hat uns die Evolution mit der wahren Erkenntnis der Welt ausgestattet?

Die evolutionäre Erkenntnistheorie geht davon aus, dass wir wichtige Züge der Welt, in der wir leben, richtig erkennen, sonst könnten wir in ihr nicht überleben. Diese Annahme müsste aber dann auch für andere Tiere gelten. Für Säugetiere besteht das Erkenntnisrepertoire in einem „Wissen" um die Beschaffenheit natürlicher Materialien (Gras, Sand, Steine), um die Wirkung der Gravitation (aufwärts ist es anstrengender als abwärts), um die Einteilung von Tag und Nacht (Schlafrhythmus, Jagdzeit je nach Spezies) und um die Wirkung von Kälte und Hitze. Sicherlich ist ein solches „Wissen" implizit, nicht bewusst abrufbar, aber es reicht aus, um sich orientieren und angemessen verhalten zu können. Bei Vögeln können wir ein hervorragendes räumliches „Wissen" annehmen, das sie zu der notwendigen raschen Orientierung im dreidimensionalen Raum benötigen. Was aber ist mit dem Wurm? Er unterscheidet nur zwischen Hell und Dunkel. Sein Weltbild ist äußerst dürftig und oft falsch, z. B. wenn er elektrisches Licht mit dem Tageslicht verwechselt. Insgesamt kann man für die Erkenntnismöglichkeiten der Tiere (einschließlich des Menschen) die Einteilung von Uexküll (1921) in eine Merkwelt und Wirkwelt übernehmen. Die Merkwelt ist das, was ein Lebewesen mit seinen Sinnesorganen wahrnehmen kann. So können Insekten UV-Licht wahrnehmen, der Mensch nicht. Die Wirkwelt ist der Teil der Umwelt, auf den ein Lebewesen einwirken kann. Zum Beispiel sieht die Katze den Fisch oder den Vogel (Merkwelt), erreicht sie aber nicht, sofern sie ihr nicht zu nahekommen. Sie befinden sich außerhalb der Wirkwelt der Katze.

Auch der Mensch hat einen bestimmten Erkenntnisausschnitt im Laufe der Evolution erworben, der für sein Fortbestehen sehr praktisch ist. Ob er der Wirklichkeit der Welt entspricht, ist eine andere Frage. Vollmer (2002), einer der wichtigsten Vertreter der evolutionären Erkenntnistheorie, stellt wie seine Vorgänger Konrad Lorenz und Karl Popper fest, dass unser Erkenntnisapparat ein Ergebnis der Evolution ist. Er hat sich als Anpassung an die reale Welt ausgebildet. Daraus folgt, dass es eine von uns unabhängige Welt gibt und dass wir zumindest teilweise Züge und Strukturen dieser realen Welt richtig erfassen, sonst hätten wir nicht überlebt. Der Mensch hat in seiner Evolution Kategorien entwickelt, die er an die Welt anlegt. Die wichtigsten dieser Kategorien sind Raum, Zeit und Kausalität. Kant (Ausg. 1998) hat bereits dargelegt, dass unsere Wahrnehmung vorab durch die Anschauungsformen von Raum und Zeit bestimmt wird. Die Kausalität zählt er zu den „Kategorien", die ebenfalls a priori, d. h. vor aller Erfahrung, unsere Erkenntnis bestimmen. Aus der Sicht der evolutionären Erkenntnistheorie haben sich Anschauungsformen und Denkkategorien im Laufe der Entwicklung der Hominiden allmählich herausgebildet, offenbar weil sie sich als nützlich erwiesen haben. Als Problem bleibt aber nach wie vor, ob solche Kategorien mit der ‚wirklichen' Welt etwas zu tun haben. Unsere Anschauungsformen von Raum und Zeit sind gemäß der Allgemeinen und speziellen Relativitätstheorie falsch, und Kausalität wird in der Quantenphysik zu einem fragwürdigen Konzept. Rupert Riedl (1980) nimmt an, dass unser Erkenntnisapparat eine Reihe von Hypothesen über die Welt entwickelt hat. Zu diesen Hypothesen gehören die folgenden:

- Vergleichshypothese: gleiche Gegenstände haben die gleichen Eigenschaften,
- Dependenzhypothese: es gibt Ordnungsmuster in der Welt,
- Orthypothese: Jeder Gegenstand ist an einem bestimmten Ort,
- Zeithypothese: jeder Gegenstand hat eine gewisse zeitliche Dauer,
- Zweckhypothese: alles dient einem bestimmten Zweck,
- Exekutivhypothese: bei bekannten Ursachen tritt eine bekannte Wirkung ein.

An diesen Annahmen zeigt sich, dass sie nicht wirklich die unabhängig von uns existierende Welt erkennen lassen. So ist die Zweckhypothese falsch: die Evolution ist nicht auf bestimmte Zwecke und Ziele ausgerichtet, sondern verläuft kausal nach Prinzipien der Variation und Selektion. Die Naturwissenschaften beschreiben die Entstehung der Welt und das Geschehen in ihr als kausal geschlossen. Andererseits hat Riedl einige Annahmen vorweggenommen, die in jüngerer Zeit die Entwicklungspsychologie in der Säuglingsforschung gefunden hat. Wir haben bereits in Kapitel 9 Erkenntnisleistungen des Säuglings vorgestellt, die wegen ihres frühen Auftretens wohl angeboren sein dürften und damit zu unserer evolutionären Ausstattung gehören. Säuglinge erfassen physikalische Gesetzte der Dichte und Kontinuität, entwickeln Objektpermanenz als Wissen über die Fortdauer und Lokalisierbarkeit von Gegenständen, unterscheiden leblose und lebendige Objekte und erfassen Kausalzusammenhänge (s. Kap. 8 und 9).

Unsere Raumvorstellung ist auf drei Dimensionen ausgelegt, aber die Physik operiert bei ihren Erklärungsmodellen mit 10 bzw. 11 Dimensionen (Stringtheorien). Deshalb müssen wir vorsichtig sein mit der Annahme, wir würden aufgrund der evolutionären Passung die Welt richtig erkennen. Was für die Erhaltung des Lebens an „Erkenntnis" praktisch und nützlich ist, muss nicht der Wirklichkeit der unabhängig von uns existierenden Welt entsprechen.

Vollmer betont daher, dass die Beziehung zwischen unseren Modellen bzw. unserem evolutionären Wissen und der wirklichen Welt unbekannt ist und dass wir darüber auch nichts wissen können. Daher nennt er seinen Ansatz den hypothetischen Realismus.

Angesichts der naturwissenschaftlichen Erkenntnisse können wir aber noch einen Schritt weitergehen und die Behauptung aufstellen, dass unsere naive oder „intuitive" Welterkenntnis auf weiten Strecken falsch ist. Jahrzehntausende haben die Menschen die Erde für ein flaches Gebilde gehalten und angenommen, die Sonne die Erde umkreist. Bis heute ist die Materie in unserer Alltagsvorstellung etwas Festes, etwas Gediegenes und nicht etwas, das aus fast nichts besteht. Übertragen auf unsere Alltagswelt würde der Atomkern die Größe einer Fliege haben, die sich in der Mitte einer Kathedrale befindet, umgeben von einer Elektronenschale, die Dach und Wände der Kathedrale bilden. Die Fliege wäre aber tausendmal schwerer als die gesamte Kathedrale (Cropper 2001). Materielle Gegenstände bestehen fast nur aus Leerräumen. Wenn wir ein Weinglas ergreifen, erfasst ein aus Leerräumen bestehendes Gebilde, nämlich die Hand, ein anderes aus Leerräumen bestehendes Gebilde, das Glas. Ein solches Wissen nützt zur alltäglichen Lebensbewältigung nichts, es ist im Gegenteil dysfunktional. Kein Wunder, dass uns die Evolution lieber mit einem falschen, aber praktisch nützlichem Wissen ausgestattet hat.

Ähnlich verhält es sich mit unserem Wissen, dass hinter den Erscheinungen der Welt Akteure stehen, die sie geschaffen haben und erhalten. Es ist offenkundig falsch, dass Felsen von Riesen in die Ebene geschleudert und Landschaften von Göttern geformt wurden, aber die Unterstellung, dass Lebewesen überall intentional handeln, ist nützlich. Es ist vorteilhafter, einen Angreifer hinter einem Felsbrocken zu vermuten und eine potenzielle Gefahr wahrzunehmen, als unvoreingenommen in der Gegend herumzulaufen. Es scheint hilfreich zu sein, die Welt als beseelt anzusehen. Zumindest war das für unsere Vorfahren der Fall.

Es ist daher nicht leicht, die intuitive Physik, Chemie und Biologie zugunsten einer naturwissenschaftlichen Sichtweise aufzugeben. Wie wir in Kap. 9 bereits erfahren haben, dauert es Jahre, bis sich das kopernikanische Verständnis der Welt, das Verständnis von Molekülen bei verschiedenen Aggregatszuständen und das Verständnis für die Newtonsche Physik aufbaut (selbst Physikstudenten haben dabei zum Teil noch Schwierigkeiten). Man muss der evolutionären Erkenntnistheorie entgegenhalten, dass die von der Evolution aufgebauten Erkenntnisse zum großen Teil falsch sind und sein müssen, weil sie nur in der vorgegebenen Form ihren Zweck erfüllen, nämlich dem Überleben zu dienen.

Die große Frage ist also, wie es dem Menschen gelang, diese naive, aber praktisch nützliche Erkenntnisform zu überwinden, wo doch seine geistige Ausstattung ausschließlich
auf den Überlebensvorteil ausgerichtet sein sollte. Der Mensch muss also ein höheres geistiges Potenzial besitzen, als er fürs Überleben braucht. Nur so lässt sich erklären, dass
sich wissenschaftliches Wissen entwickeln konnte, das eigentlich zunächst überflüssig und
nutzlos fürs Überleben ist. Der Mensch, so nehmen Evolutionsforscher an, muss mit einem Überschuss (Surplus) an Denkfähigkeit ausgestattet sein. Die Überschusstheorie geht
bereits auf Darwin zurück, der zeigte, dass die Produktion von Überschuss (an Lebewesen
und an Fähigkeiten) dem Überleben dient. Der Überschuss an menschlicher Denkfähigkeit
kann allerdings nur genutzt werden, wenn günstige Bedingungen in der Umwelt vorliegen, denn sonst hätte er nicht mehr als hunderttausend Jahr brach gelegen. Die günstigen
Umweltbedingungen sind in der menschlichen Kultur begründet.

13.2   Wie die Kultur uns geholfen hat, über uns selbst hinaus zu wachsen

Wissenschaftliches Denken und wissenschaftliche Erkenntnisse bilden sich, wie die
Menschheitsgeschichte zeigt, ausschließlich in Hochkulturen. Das liegt daran, dass sie
eine ausgeprägte Arbeitsteiligkeit mit einer gesellschaftlich hierarchischen Schichtung aufweisen. Auf diese Weise gibt es Gruppen in der Gesellschaft, die von den Aufgaben der
Beschaffung des Lebensunterhalts, aber auch von der Verteidigung der Gesellschaft, befreit sind und sich scheinbar nutzlosen Aktivitäten des Nachdenkens widmen können.
Ein zweite Bedingung, die Hochkulturen liefern, sind repräsentative, meist religiöse,
Bauwerke. Sie erfordern die Entwicklung von Erkenntnissen über Statik und andere
mathematisch-physikalische Sachverhalte. Schließlich muss die Verwaltung und Versor-
gung einer umfangreichen Bevölkerung sichergestellt werden, was Planung, Berechnung,
Warenlisten und vieles andere mehr erfordert. Dazu sind schriftliche Fixierung von
Daten und Rechenleistungen vonnöten. Bezüglich des Rechnens und der Mengenerfas-
sung hat uns die Evolution besonders mager ausgestattet. Was über die Menge fünf
bis zehn hinausgeht, liegt nach heutigem Wissen schon jenseits unseres evolutionären
Mathematik-Potenzials. Es ist das Verdienst der Hochkulturen, über dieses einfachste
Mengenverständnis hinauszukommen. Die Nutzung eines 60iger Zahlensystems durch
die Babylonier ist ein Beispiel für die Einführung eines Rechensystems. Da 60 eine Zahl
mit vielen Teilern ist (2, 3, 4, 5, 6, 10, 12, 15, 20, 30), eignet sie sich besonders gut als
Grundlage für die Aufteilung von Land, das sowohl in Mesopotamien als auch am Nil
nach den Überschwemmungen jährlich neu verteilt werden musste. Noch heute benutzen
wir das System bei der Zeitunterteilung in Sekunden und Minuten.

Aber was um alles in der Welt führte zu einer axiomatischen Mathematik, deren Systematik völlig abgehoben von der Realität des Alltags entwickelt wurde? Sie entstand
im Abendland um 600 vor Christus in Griechenland und ist mit den Namen Thales,

Pythagoras und Euklid verbunden. Warum gerade in Griechenland? Dort kamen einige günstige Bedingungen zusammen. Griechenland war ein buntes Gemisch von nach Autonomie strebenden Kleinstaaten, die sich nicht einem Herrscher unterwarfen, der alle Griechen hätte vereinigen wollen. Trotz dieser Vielfalt waren die Griechen geistig und kulturell durch die gleiche Sprache und die gleiche Religion sowie den Mythos von Ilias und Odyssee miteinander verbunden. In diesem freien Klima gab kein despotischer Herrscher vor, was man denken durfte und was nicht. So konnten Philosophen ihre Gedanken entwickeln und genossen Narrenfreiheit. Man nahm sie nicht sehr ernst, aber man ließ sie gewähren. Wenn aber die Gedanken frei umherschweifen können und an keine Religion und keine Vorschriften von Herrschern und Priestern gebunden sind, muss man doch nach Regeln suchen, wie man seine Gedanken mitteilen und begründen könnte. Das Instrument für diese Regeln ist uns allen bekannt, es ist die Logik. Ein Gedankengebäude musste logisch aufgebaut sein, wollte man sich in der Diskussion mit anderen behaupten. So kam es, dass die Naturphilosophie der Vorsokratiker bereits Vieles von den modernen Naturwissenschaften vorwegnahm. Dies ist erstaunlich angesichts der mythologisierten Welt, in der die Menschen damals lebten. Naturerklärungen ohne Götter und Geister waren etwas völlig Neues und etwas ganz anderes.

Wie kommt man auf solche fremdartigen Gedanken? Sie entfernen sich ja auch von den Erkenntnismöglichkeiten der evolutionären Grundlagen des Menschen. Es ist viel „natürlicher", Akteure hinter den Erscheinungen der Natur zu vermuten, als Gesetze zu entwickeln, die ohne solche Akteure auskommen. Die Narrenfreiheit, die die Philosophen genossen, reicht für die Entwicklung neuer Ideen nicht aus. Aber es gibt eine Haltung, die weit in die Phylogenese zurückreicht und die das Ausdenken von Neuem erleichtert: die Spielhaltung. Wir haben bereits in Kap. 10 auf den Zusammenhang von Spiel und Wissenschaft hingewiesen. Viele Tiere, vor allem aber die Menschen, beginnen zu spielen, wenn sie nicht gerade für ihren Lebensunterhalt sorgen müssen. Ich erinnere an die afrikanische Weichschildkröte „Pigface", sie verbrachte 30 % ihrer Zeit mit dem spielerischen Umgang von Bällen, Stöcken und Gummiringen. Menschen, die freigestellt von Arbeit und Lebensunterhalt sind und die zugleich Denkfreiheit haben, spielen nicht nur mit Bällen oder Karten, sondern lieben auch Gedankenspiele. Kommt hinzu, dass die Gedankenspiele den Gesetzen der Logik folgen sollen, so entspringen daraus Philosophie und Mathematik. Die Logik wäre dabei die Spielregel, nach der man mit seinen Gedanken spielt.

13.3 Kultur überhöht die Evolution: das Beispiel der Zahlen

Große Zahlen

Wie gesagt, unsere evolutionäre Ausstattung für den Umgang mit Mengen ist äußerst beschränkt, sie geht nicht über die Menge 5 bis 10 hinaus. Immerhin können Säuglinge im Zahlenbereich von 3 bis 4 addieren und subtrahieren. Das ist ein Beleg dafür, dass wir eine Ausstattung für die Grundoperationen des Rechnens vor aller Lernerfahrung besitzen.

Auch Tiere können zählen und einfache Rechnungen ausführen (Cantlon 2012). Zwei Rhesusaffen bewiesen in 150 Labortests an der Columbia University in New York, dass sie von eins bis neun zählen können. Dafür mussten sie auf einem berührungsempfindlichen Bildschirm Symbole, wie zum Beispiel einen Apfel, zwei Bananen, drei Herzen in der richtigen Reihenfolge berühren, wobei Form, Farbe und Größe der Symbole stark variierte, sodass nur die Beachtung der Menge zur richtigen Lösung führte. Auch Tauben, Ratten und Dohlen verfügen über eine Gehirnregion, die „Akkumulator" genannt wird und für das Erkennen von Mengen zuständig ist. Vielleicht, so mutmaßen die Forscher, hat der Urmensch bereits über diesen „Zahlensinn" verfügt, lange bevor er sprechen konnte.

In einfachen, wenig arbeitsteiligen und gegliederten Kulturen kann es vorkommen, dass diese Grundausstattung ausreicht. Everett (2005) studierte die Pirahã, ein Jäger- und Sammlervolk an einem Nebenfluss des Amazonas. Dort wird nur zwischen „eins", „zwei" und „vielen" unterschieden. Die Sprache der Pirahã kennt nur diese drei Mengen- bezeichnungen. Everett hat sich übrigens lange bemüht, den Pirahã das Zählen bis zehn beizubringen. Vergeblich. Trotzdem war er von dieser Kultur so begeistert, dass er, der ursprüngliche Missionar, seinen Glauben aufgab.

Andere schriftlose Kulturen benutzen die Finger beider Hände zur Mengenangabe, sodass das Zehnersystem einen Vorrang erhält. Der evolutionäre Zufall, dass wir zehn Finger und zehn Zehen haben, trifft sich mit dem Zehnersystem der Zahlen, das wir heute benutzen. Die Mayas rechneten mit einem Zwanziger-System, vermutlich, weil sie Finger und Zehen zum Zählen benutzten. Bis in unsere abendländische Kultur hinein reicht das Denken in Zwanziger-Einheiten. So hat das Pfund zwanzig Schilling und 80 wird im Französischen als vier-mal-zwanzig (quatre-vingt) ausgedrückt. Auf Papua-Neuguinea und den Strait-Inseln finden wir ein Zählsystem, das über die Finger und Zehen hinaus eine Reihe von Stellen am Körper zum Zählen benutzt und dadurch immerhin auf die Menge 41 kommt. Tab. 13.1 zeigt das Zählsystem im Überblick (Ifrah 1986).

Nicht selten haben sich Zählsysteme wie das obige von einer Kultur zur anderen ausge- breitet. Gleichwohl ist es von hier noch ein weiter Weg zur sprachlichen oder zeichenhaften Fixierung großer Zahlen. Wir finden sie, wie gesagt, nur in Hochkulturen. Dort wurde Ver- waltungsarbeit bezüglich der Steuern, der Landaufteilung und des Warenumsatzes nötig. Dabei kam man ohne schriftliche Fixierung größerer Mengen nicht mehr aus. Abbildung 13.1 zeigt Darstellungen von Zahlen im alten Ägypten. Die Ägypter verwendeten bereits das Zehnersystem, sodass die Zahlen 10, 100, 1000 usw. eigene Zeichen bekamen. Im Un- terschied zu schriftlosen Kulturen kam man in diesem Zählsystem bis über eine Million. Welch ein Unterschied! In Abb. 13.1 sind die Zeichen für Zehnerpotenzen bis 1 Million und für einige Stammbrüche dargestellt.

Die Babylonier verwendeten die Zahl sechzig als Basis. Damit schlugen sie gleich zwei Fliegen mit einer Klappe. Zum einen hatten sie eine Zeiteinteilung von 6 mal $60 = 360$ Tagen für das Jahr, 60 min für eine Stunde und 60 s für eine Minute, eine Einteilung, die wir bis heute beibehalten haben. Zum andern eignete sich die Zahl 60, wie bereits erwähnt, optimal für die Aufteilung von Mengen, was bei Landverteilung und Abgabenaufteilung vorteilhaft war (s. Ifrah 1986).

Tab. 13.1 Körper-Zählsystem
auf Papua-Neuguinea (Ifrah
1986)

1.	rechte Hand, kleiner Finger
2.	rechte Hand, Ringfinger
3.	rechte Hand, Mittelfinger
4.	rechte Hand, Zeigefinger
5.	rechte Hand, Daumen
6.	rechtes Handgelenk
7.	rechter Ellbogen
8.	rechte Schulter
9.	rechtes Ohr
10.	rechtes Auge
11.	Nase
12.	Mund
13.	linkes Auge
14.	linkes Ohr
15.	linke Schulter
16.	linker Ellbogen
17.	linkes Handgelenk
18.	linker Daumen
19.	linke Hand, Zeigefinger
20.	linke Hand, Mittelfinger
21.	Linke Hand, Ringfinger
22.	linke Hand, kleiner Finger
23.	rechte Brust
24.	linke Brust
25.	rechte Hüfte
26.	linke Hüfte
27.	Genitalien
28.	rechtes Knie
29.	linkes Knie
30.	rechter Fußknöchel
31.	linker Fußknöchel
32.	rechter Fuß, kleine Zehe
33.	rechter Fuß, nächste Zehe
34.	rechter Fuß, nächste Zehe
35.	rechter Fuß, nächste Zehe
36.	rechter Fuß, große Zehe
37.	linker Fuß, große Zehe
38.	linker Fuß, nächste Zehe
39.	linker Fuß, nächste Zehe
40.	linker Fuß, nächste Zehe
41.	linker Fuß, kleine Zehe

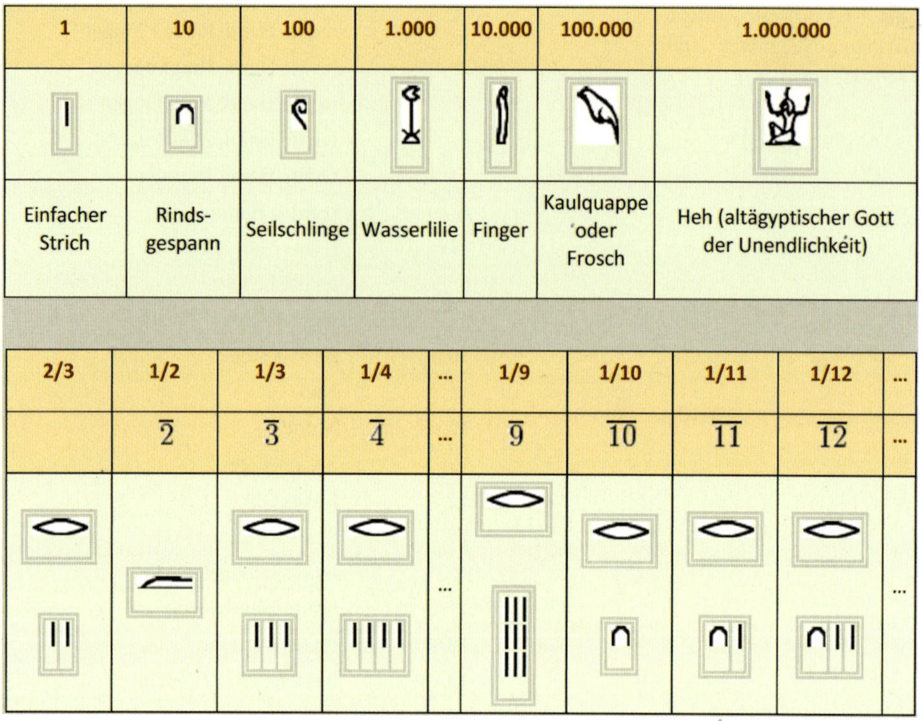

1	10	100	1.000	10.000	100.000	1.000.000
I	∩	ϙ	𓆼	𓂽	𓆐	𓁨
Einfacher Strich	Rindsgespann	Seilschlinge	Wasserlilie	Finger	Kaulquappe oder Frosch	Heh (altägyptischer Gott der Unendlichkeit)

2/3	1/2	1/3	1/4	...	1/9	1/10	1/11	1/12	...
	$\overline{2}$	$\overline{3}$	$\overline{4}$	...	$\overline{9}$	$\overline{10}$	$\overline{11}$	$\overline{12}$	...
⬦ II	⬦ / II	⬦ III	⬦ IIII	...	⬦ III III III	⬦ ∩	⬦ ∩ I	⬦ ∩ II	...

Abb. 13.1 Darstellung von Zahlen im alten Ägypten. (Quelle: http://de.wikipedia.org/wiki/%C3%84gyptische_Zahlschrift, Version 21. Juni 2013)

Irrationale Zahlen

Die alten Kulturvölker besaßen erstaunliche mathematische Kenntnisse, aber sie nutzten sie nicht zum Aufbau einer Wissenschaft und waren, soweit wir wissen, nicht an Beweisen interessiert. Die Entwicklung der Mathematik als axiomatische Wissenschaft blieb den Griechen vorbehalten. Dort entwickelte sich die Mathematik um 600 vor unserer Zeitrechnung und ist mit den Namen Thales und Pythagoras verbunden. Pythagoras gründete eine Schule, die die Zahlen als Grundlage für den Aufbau der Welt ansah. Alles war durch Zahlen beschreibbar und erfassbar. Zunächst arbeiteten die Pythagoreer wie die Ägypter und Babylonier nur mit rationalen Zahlen, also ganzen Zahlen und Brüchen, die aus ganzen Zahlen gebildet werden (Ratio = Bruch). Bis eines Tages Hippasos von Metapont die Behauptung aufstellte, dass die Diagonale eines Quadrats mit der Seitenlänge 1 nicht messbar sei. Er soll als erster die Inkommensurabilität erfasst und veröffentlicht haben, was ihn in Konflikt mit den Pythagoreern brachte, die ihn aus ihrer Gemeinschaft ausschlossen. Schließlich erlitt er Schiffbruch und ertrank, eine göttliche Strafe für seinen Geheimnisverrat und dafür, dass er das einfache und klare Gebäude der rationalen Zahlen zum Einsturz gebracht hatte. Irrationale Zahlen sind solche, die nicht als Bruch von ganzen Zahlen darstellbar sind (daher die Bezeichnung irrational

Abb. 13.2 Zwei von vielen Möglichkeiten, wie die Zahl π in unendlichen Reihen dargestellt und in Annäherung berechnet werden kann. (Guedj, 2001, S. 571, 572)

$$\pi = \frac{2}{\sqrt{2}} \times \frac{2\times 2}{\sqrt{2+\sqrt{2}}} \times \ldots\ldots$$

$$\frac{\pi}{2} = \frac{2\times 2\times 4\times 4\times 6\times 6\times 8\times 8\ldots.}{3\times 3\times 5\times 5\times 7\times 7\times 9\times 9\ldots}$$

= ohne Bruch). Die historische Wahrheit hat mit dieser Geschichte allerdings wenig zu tun. Der Konflikt, den Hippasos heraufbeschwor, scheint eher ein politischer gewesen zu sein. Immerhin ist es eine schöne Geschichte, die zeigt, dass die Entdeckung irrationaler Zahlen einen gewaltigen Fortschritt in der Mathematik brachte. Da geht es zunächst darum zu beweisen, dass eine bestimmte Zahl, z. B. $\sqrt{2}$ irrational ist. Schon der Pythagoreer Archytas bewies die Irrationalität von $\sqrt{(m+1)/m}$. Euklid weitete den Beweis für beliebige Wurzeln $^{n}\sqrt{}$ aus. Auch der Goldene Schnitt ist eine irrationale Zahl:

$$\varphi = \frac{1+\sqrt{5}}{2} \tag{13.1}$$

Transzendente Zahlen

Eine Untergruppe der irrationalen Zahlen bilden transzendente Zahlen. Sie lassen sich nicht in Form einer algebraischen Gleichung ausdrücken. Die Besonderheit dieser Zahlen wurde erst im 19. Jahrhundert herausgearbeitet. Aber zwei bekannte Zahlen, nämlich π und e (die Eulersche Zahl) machten lange zuvor auf sich aufmerksam. Besonders die Zahl π beschäftigte die Mathematiker seit der Antike. So versuchten die Griechen, einen Kreis in ein flächengleiches Quadrat umzuwandeln, was ihnen nicht gelang. Erst in der Neuzeit konnte bewiesen werden, dass die berühmte Quadratur des Kreises nicht lösbar ist. Das hängt mit der Transzendenz der Zahl π zusammen; π lässt sich nur als unendliche Reihe, nicht als algebraische Gleichung darstellen. Zwei Möglichkeiten zeigt die Abb. 13.2. Die erste Reihe verwendet nur die Zahl 2. Ist es nicht verblüffend und wunderbar, dass daraus die Zahl π entsteht? Genauso merkwürdig mutet die zweite Reihe an. Im Zähler werden gerade, im Nenner ungerade Zahlenpaare multipliziert.

Im Palais de la Découverte in Paris ist die Zahl π in einem Kuppelbau mit 707 Dezimalstellen aufgelistet, die William Shanks errechnet und dazu 20 Jahre seines Lebens gebraucht hatte. 1947 rechnete Ferguson nochmals nach und entdeckte, dass die 528. Stelle falsch war und damit alle restlichen Ziffern. Zwei Jahre später hatte man den Fehler ausgemerzt. Man hat im Laufe der Jahrhunderte also immer mehr Stellen nach dem Komma errechnet. Anfangs war dies sehr mühsam. Heute helfen uns die Computer. 1958 erreichte man 10.000 Stellen, 1987 eine Million und 1989 einer Milliarde! Wer solche faszinierenden Geschichten der Mathematik in amüsanter Weise lesen will, dem sei das Buch „Das Theorem des Papagei" von Denis Guedj (2001) empfohlen. Der Autor erzählt die Geschichte der Mathematik eingekleidet in einen Kriminalroman. Die obigen Beispiele sind seinem Buch entnommen.

Die Konstruktion einer fiktiven Realität

Die Griechen waren die ersten, die mathematische Sätze bewiesen haben. Sie waren auch die ersten, die mathematische Aussagen losgelöst von einem praktischen Bezug formulierten. Der Satz von Thales, der bekanntlich besagt, dass alle Winkel am Halbkreisbogen rechte Winkel sind, bezieht sich nicht auf einen konkreten Halbkreis oder Winkel, sondern auf alle Halbkreise und Winkel. Alle mathematischen Aussagen gelten fortan losgelöst vom konkreten praktischen Fall. Damit eröffnet sich eine neue Welt, die Popper als Welt III bezeichnet hat. Es ist dies eine rein kulturelle Welt, die nichts mehr mit der Evolution zu tun hat. Ob wir diese Welt nur entdecken bzw. nachkonstruieren oder ob Mathematik nur in den Köpfen und Büchern der Menschen existiert, darüber sind die Meinungen immer noch geteilt. Insofern ist die Mathematik eine fiktive Welt. Sie ähnlich der, die das Kind im Spiel konstruiert. Nur zeigen sich in der Mathematik permanent Anwendungsmöglichkeiten in der Realität, sodass Naturwissenschaftler und viele erkenntnistheoretische Philosophen davon überzeugt sind, dass die Mathematik die Sprache der Natur ist (Näheres zum ontologischen Status von Mathematik siehe Kap. 15).

Die Null

Zurück zu den Zahlen. Es dauerte merkwürdigerweise ziemlich lange, bis die Null in das Zahlensystem eingeführt wurde. Sie kam von den Arabern aus Indien zu uns ins Abendland (Gericke 1970). Seit dem 7. Jahrhundert wird die Null in Indien als Punkt oder Kreis dargestellt. Der Mathematiker Brahmagupta gab in seinem Lehrbuch von 628 n. Chr. Rechenregeln für die Null an. Die früheste nachweisbare Verwendung der Null findet sich in Kambodscha und Sumatra Anfang des 7. Jahrhunderts.

Die Zahl Null brauchte viele Jahrhunderte, um ins Abendland zu gelangen. Sie erreichte wohl um das Jahr 1.000 Europa. Allerdings war die Null damit noch lange nicht „etabliert". Auch wenn man die arabischen Zahlen angenommen hatte, wurde die Null als arabische Magie von der Kirche abgetan. Dem italienischen Mathematiker Fibonacci haben die Europäer die Einführung der Null als mathematisches Konzept im 13. Jahrhundert zu verdanken. Der Siegeszug der Null begann, als die Kaufleute deren praktischen Nutzen erkannt hatten.

Negative Zahlen

Es erscheint uns heute verwunderlich, dass die negativen Zahlen erst relativ spät eingeführt wurden und dass es große Schwierigkeiten mit ihrem Verständnis gab. Zunächst war die Einführung der Null für die Einführung der negativen Zahlen notwendig. Aber das reichte nicht aus. Man musste Abschied von der aristotelischen Vorstellung nehmen, wonach der Zahlenbegriff dem Mengenbegriff untergeordnet ist. Zwar vergegenwärtigen wir uns auch heute noch im Alltag negative Zahlen als konkrete Mengen, wie Schulden, Verluste, Gewichtsabnahme, Bevölkerungsrückgang, doch werden solche Vorstellungen der heutigen Konzeption der negativen Zahl nicht gerecht. Der Konflikt mit den elementaren Größenvorstellungen hat die Geschichte der negativen Zahlen über die Jahrhunderte begleitet. Das Verhältnis zwischen Zahlbegriff und Größenbegriff hat sich nun gegenüber früheren Auffassungen umgekehrt: der Zahlbegriff wird dem Größenbegriff übergeordnet und nicht mehr untergeordnet. Zahlbereichserweiterungen werden nicht mit Hilfe der materiellen physikalischen und biologischen Realität begründet, sondern umgekehrt werden reale Situationen unter Verwendung von Zahlen gedeutet und beschrieben. Zahlen sind losgelöst von der materiellen Realität „fiktive" Größen, ihre Existenz und Gesetzmäßigkeit wird rein logisch durch Beweise und Widerspruchsfreiheit begründet. Die negativen Zahlen sind also ein Beispiel für die oben allgemein getroffen Kennzeichnung der Mathematik als fiktives Reich von Aussagen.

Komplexe Zahlen

Noch dramatischer verhält es sich mit den komplexen Zahlen. Sie sind aus reellen Zahlen und den imaginären Zahlen, die alle Quadratwurzeln von negativen Zahlen umfassen, zusammengesetzt. Der erste, der sich mit imaginären Zahlen beschäftigte, war wohl Cardano (1501–1576), ein Mathematiker, der zugleich der wohl berühmteste Arzt seiner Zeit war. Als Erfinder verdanken wir ihm die Kardanwelle. Als Astrologe erstellte er sogar ein Horoskop für Jesus, was ihm eine Verhaftung durch die Inquisition einbrachte, aus der er durch Zahlung einer Kaution wieder freikam. Dieser geniale Mann stellt in dem letzten Band seiner „Ars Magna" Gleichungen vor, in denen negative Zahlen unter der Wurzel auftreten. Er betrachtete diese Zahlen als quantitas sophistica (spitzfindige Größen) und hielt sie für eine Spielerei. Dieses Spielen mit scheinbar absurden Zahlen kann man sich eben in der Mathematik leisten, vorausgesetzt man hält die Spielregeln der Logik und Widerspruchsfreiheit ein. Cardanos Schüler Rafael Bombelli, der als Ingenieur Sümpfe trocken legte und als Mathematiker ein Lehrbuch schrieb, operierte bereits mit Wurzeln aus negativen Zahlen und wandte die geläufigen Rechenregeln auf sie an. Er nannte sie meno, Minus, und wandte die üblichen Gesetze der Multiplikation von negativen und positiven Zahlen auch auf sie an. Wenn wir die imaginären Zahl mit i bezeichnen so gilt („minus' = i):

„plus" mal „plus von minus" ist „plus von minus" ($+ 1$ mal $+ i = + i$)

„minus" mal „plus von minus" ist „minus von minus" ($- 1$ mal $+ i = - i$)

„plus" mal „minus von minus" ist „minus von minus" ($+ 1$ mal $- i = - i$) usw.

Die Gleichbehandlung imaginärer Zahlen mit reellen Zahlen entspricht wieder einmal der typischen Spielhaltung: Ich tue so als ob. In diesem Falle: Ich tue so, als wären diese unmöglichen imaginären Zahlen ganz normale Zahlen.

Gottfried Wilhelm Leibniz (1646–1716) entdeckte die Beziehung

$$\sqrt{1 + \sqrt{-3}} + \sqrt{1 - \sqrt{-3}} = \sqrt{6} \qquad (13.2)$$

und war von dieser Gleichung sehr beeindruckt. Schließlich stellte Euler die Gleichung auf

$$e^{i\pi} = -1 \qquad (13.3)$$

Sie gilt laut Umfrage unter den Mathematikern als die schönste Gleichung. Sie vereint elegant transzendente, imaginäre und negative Zahlen. Schließlich stellte Gauß die nach ihm benannte Zahlenebene vor, bei der auf der Abszisse die reellen Zahlen und auf der Ordinate die imaginären Zahlen angeordneten sind. Die komplexen Zahlen füllen die vier Felder des Koordinatensystems. Damit wies man den imaginären Zahlen die gleiche Geltungsberechtigung wie den reellen Zahlen zu. Und siehe da, sie eignen sich hervorragend für die Beschreibung von Sachverhalten in der physikalischen Realität. In der Elektrotechnik benutzt man komplexe Zahlen zur Berechnung der Phasenverschiebung von Stromstärke, Spannung und Widerstand. Phasenverschiebung bedeutet, dass Stromstärke und Spannung nicht gleichzeitig einsetzen. In diesen Fällen eignen sich komplexe Zahlen besser als reelle Zahlen zur Berechnung.

Zum Schluss noch eine nette Geschichte und zugleich ein wundersames Beispiel dafür, wie sich Gesetzmäßigkeiten von Zahlen in der Natur wiederfinden. Kaiser Friedrich II. plante eine Kaninchenzucht und wollte wissen, wie sich Kaninchen vermehren. Er veranstaltete ein Preisausschreiben, an dem auch der italienische Gelehrte Leonardo da Pisa mit dem Spitznamen Fibonacci teilnahm und sein Ergebnis 1202 vorlegte. Er errechnete die Kaninchenzahl folgendermaßen. Ein Paar wirft nach einem Monat wieder ein Paar Jungen (was zusammen zwei Paare macht), das junge Paar benötigt bis zur Geschlechtsreife 1 Monat. In diesem Monat wirft das Mutterpaar wieder ein Paar (was zusammen drei Paare macht). Das inzwischen geschlechtsreife junge Paar wirft ein Paar und das Mutterpaar ebenfalls eines (was zusammen fünf Paare macht). Auf diese Weise ergibt sich eine Reihe, die als Fibonacci-Folge bezeichnet wird, aber bereits im Altertum bekannt war. Sie hat eine Reihe von interessanten Eigenschaften und wird gebildet, indem man die zwei vorausgehenden Zahl miteinander addiert: 0-1-1-2-3-5-8-13-21-34 usw. Das Merkwürdige an dieser Folge ist, dass sie sich auch in der Natur findet (Hegi 1987). Beispielsweise trägt die Silberdistel Hunderte von Blüten, die in kleineren Köpfen in einer 21 zu 55 Stellung, in größeren Köpfen in 34 zu 89 und 55 zu 144-Stellung in den Fruchtboden eingefügt sind. Das sind alles Fibonacci-Zahlen. Auch die Schuppen von Fichtenzapfen und von Ananasfrüchten bilden Spiralen mit zwei aufeinanderfolgenden Fibonacci-Zahlen. Dadurch wird vermieden, dass ein Blatt oder eine Schuppe genau senkrecht über dem/der anderen steht und sich so die jeweils übereinanderstehenden Blätter bzw. Schuppen Schatten machen. Auch die Kerne der Sonnenblume gehorchen der Fibonacci-Reihe, und die Gänseblümchen haben entweder 34, 55 oder bisweilen sogar 89 Blütenblätter. Die Fibonacci-Folge beschreibt sogar die Ahnenmenge einer männlichen Honigbiene. Die Bienendrohne (n = 1) entwickelt sich aus unbefruchteten Eiern, die in ihrem Genom dem Erbgut der Mutter (zusammen n = 2) entsprechen. Die Mutter hat wieder Eltern (also zusammen bereits n = 3) usw. Das entspricht der Kaninchenrechnung.

Resümee

Ich habe am Beispiel der Zahlen zu zeigen versucht, wie kulturelle Vielfalt und Erfindungsgabe unsere mickerige evolutionäre Ausstattung für Zahlen zu einem gewaltigen System aufgestockt hat. Diese mathematische Welt liegt jenseits unseres evolutionär vorgegebenen Weltverständnisses. Sie bildet ein neues und faszinierendes Reich.

13.4 Wie sieht die Welt da draußen aus? Anders als es uns die Evolution lehrt

Mesokosmos

Vollmer (2002) hat die Einteilung in Mesokosmos, Mikro- und Makrokosmos eingeführt. Nur im Mesokosmos sind wir zu Hause. Es ist dies die Welt, deren Größe wir noch überschauen. Wir haben schon die Vermutung geäußert, dass unsere Erkenntnis, die die Evolution für uns vorgesehen hat, sehr eng umgrenzt und teilweise falsch ist. Natürlich gibt es aber auch einen erkenntnistheoretischen Gewinn, den die Evolution uns Menschen beschert hat.

Wenn wir uns als Lebewesen verstehen, die sich organisch in die Gesamtentwicklung des Lebens einfügen, so brauchen wir nicht mehr um eine Erkenntnisposition zu ringen, die die Philosophen seit Jahrhunderten beschäftigt, nämlich die Frage, ob die Realität außerhalb von uns nur eine Konstruktion unseres Geistes ist oder ob sie unabhängig von uns existiert und bestimmten Gesetzen gehorcht. Dann gilt nämlich: Da wir Lebewesen wie andere Lebewesen sind, existieren wir in einer Welt, die „da draußen" unabhängig von uns existiert und der es im Übrigen völlig gleichgültig ist, ob es uns gibt oder nicht, ob wir über sie reflektieren oder nicht.

Darüber hinaus lässt sich sagen, dass unser Erkenntnisapparat innerhalb des Mesokosmos gut funktioniert. Das muss er auch, denn der Mesokosmos ist die Welt, die wir überschauen können, die wir mit Händen greifen können und deren Gesetzmäßigkeiten wir zumindest teilweise *vor* aller Wissenschaft gut verstehen. Die Physikerin Lisa Randall sagt in einem Interview mit der SZ (9. Mai 2012): „Wir können alles direkt beobachten, was zwischen einem Millimeter und einem Kilometer groß ist. Dieser Bereich definiert den menschlichen Maßstab." Innerhalb dieses menschlichen Maßstabs können wir physikalische Gesetzmäßigkeiten gut verstehen. Der Werkzeugmacher der Steinzeit kannte physikalische Gesetzte, wie das Hebelgesetz, die Wirkung des Keils und des Messers, das Verständnis für weicheres und härteres Material (mit letzterem lässt sich ersteres bearbeiten) sowie das Gewicht und die damit verbundene Masse (z. B. der Zusammenhang zwischen der Größe eines Objekts und seinem Gewicht). Die Menschen kannten sich frühzeitig mit essbaren und giftigen Pflanzen aus, fanden Heilkräuter, versuchten sich in Wettervorhersagen, die in Wetterregeln einmündeten u. v. a. m.

Von der Säuglingsforschung ist uns aus Kapitel 9 bereits bekannt, das es ein angeborenes Wissen über eine Reihe von Sachverhalten gibt: Objektpermanenz, Lokalität von Objekten (wo sich bereits ein Objekt befindet, kann nicht ein anderes sein), das Verständnis intentionalen Handelns (eine Handlung wird einem intentionalen Akteur zugeschrieben), die Unterscheidung von lebendig und tot und die Erkenntnis von pro- und antisozialem Handeln. Im Grundschulalter konstruieren die Kinder das Verständnis der Invarianz von Menge, Gewicht und Volumen, sie entwickeln das Zeitkonzept der kontinuierlich ablaufenden einseitig gerichteten Zeit und können mit den vier Grundrechenarten auch dann operieren, wenn sie keine Schule besucht haben. Die transkulturelle Gültigkeit dieser Leistungen unabhängig vom Schulbesuch spricht für eine evolutionäre Ausstattung. Dabei ist allerdings nicht nur an ein Wissen zu denken, wie es sich im Säuglingsalter zeigt, sondern auch an die Fähigkeit für Konstruktionsleistungen, die dann kulturunabhängig zum gleichen Naturverständnis führen: Raum, Zeit, Kausalität. Wir können festhalten, dass unsere evolutionäre Erkenntnisfähigkeit gut in den Mesokosmos passt. Wir orientieren uns mit dieser Ausstattung nicht nur gut in der Welt, sondern fertigen auch brauchbare Werkzeuge, die uns die Natur untertan und uns zu den Herren der Schöpfung machen. Unsere Konkurrenten sind alle ausgestorben, entweder durch die Isolation von Gruppen in lebensfeindlichen Regionen oder durch andere missliche Umstände.

Der Mikrokosmos – und warum wir ihn nicht verstehen

Dass, was wir für feste Materie halten, wenn wir einen Gegenstand ergreifen, besteht fast nur aus leerem Raum. Unsere Sinne gaukeln uns eine Realität vor, die nach heutigem Wissen ganz anders beschaffen ist. Die Welt der Atome und Moleküle wird durch Gesetze der Quantenmechanik bestimmt. Dort herrschen märchenhafte Bedingungen, die unserem Alltagsverstand fremd sind. Teilchen sind zugleich Korpuskeln und Wellen. Sie können sich, solange man sie nicht misst, an beliebig vielen Stellen befinden. Man kann nicht zugleich Ort und Impuls von Teilchen bestimmen. Generell haben Teilchen zugleich viele Zustandsmöglichkeiten, die erst durch die Messung zu einem einzigen Zustand „kollabieren". Am Beispiel des Elektrons, das um den Atomkern „kreist", sei dies verdeutlicht. Das Elektron existiert erst dann, wie Dennis Overbye (1991) es pointiert formuliert, wenn wir es beobachten. Oder anders ausgedrückt, es befindet sich überall und nirgends zugleich. Das wohl verrückteste Phänomen der Quantenmechanik ist die Verschränkung (Zeilinger, 2008). Zwei zusammengehörige Teilchen wechselwirken über (vermutlich) beliebig große Abstände ohne Zeitverzögerung. Das eine Teilchen „weiß", in welchem Zustand sich das andere befindet und nimmt den korrespondierenden Gegenzustand an. Der österreichische Physiker Zeilinger hat den Verschränkungseffekt immerhin schon auf eine Entfernung von seinem Labor bis auf die andere Seite der Donau nachgewiesen. Feynman sagt deshalb: „Es gab eine Zeit, als Zeitungen sagten, nur zwölf Menschen verstünden die Relativitätstheorie. Ich glaube nicht, dass es jemals eine solche Zeit gab. Auf der anderen Seite denke ich, kann man mit Sicherheit sagen, niemand versteht die Quantenmechanik". Die Realität des Mikrokosmos ist eine völlig andere, als sie unser gesunder Menschenverstand kennt.

Lassen Sie uns an dieser Stelle einen weiteren Exkurs in die moderne Physik machen, um zu verdeutlichen, wie heikel eigentlich das Thema Realität ist. Ich halte mich dabei an die Darstellung der Position von Penrose (1995). Die Realität wird auf der Quantenebene anders beschrieben als auf der makrophysikalischen Ebene. Auf der Quantenebene wird der Quantenzustand eines Elementarteilchens, z. B. eines Elektrons, das sich an zwei Stellen befinden könnte, beschrieben als

$$|\psi\rangle = w|A\rangle + z|B\rangle \qquad (13.4)$$

Wobei w und z komplexe Zahlen sind (sie enthalten die imaginäre Zahl $\sqrt{-1}$) und A und B Orte bedeuten. Dabei können beliebig viele solche Orte in einem Zustandsvektor enthalten sein. In der Quantenwelt wird also der Zustand eines Elementarteilchens nach Penrose deterministisch und dazu noch in komplexer Linearkombination definiert. Das Elektron wäre in unserem einfachen Beispiel zugleich an Ort A und B. Die Gewichte w und z sind *keine* Wahrscheinlichkeiten, sondern, wie gesagt, komplexe Zahlen. Kein Wunder, dass Physiker die Realität solcher Zustände bezweifeln und ihnen häufig nur Modellcharakter zuschreiben. Kein Wunder, dass Physikstudenten große Schwierigkeiten haben, in diese merkwürdige fremdartige Welt einzudringen.

In dem Moment, in dem man zu messen beginnt, begibt man sich in die makrophysikalische Welt. Dort verwandelt sich der deterministische Quantenzustand in Wahrscheinlichkeiten. Der Zustandsvektor wird reduziert, wie Penrose es ausdrückt. Die auf der Quantenebene überlagerten Zustände $w|A\rangle$ und $z|B\rangle$ verwandeln sich nach bestimmten Regeln in Wahrscheinlichkeiten. Stellt man bei den Orten A und B Detektoren auf, dann ist das Verhältnis der Wahrscheinlichkeit mit der der Detektor bei A anspricht, zur Wahrscheinlichkeit für das Ansprechen des Detektors bei B

$$|w|^2 \div |z|^2 \qquad (13.5)$$

wobei die Absolutquadrate dieser beiden komplexen Zahlen zu reellen Zahlen werden. Das Problem ist nun der Übergang von der Quantenebene zur Makroebene, denn man kann auf verschiedenen Ebenen und an verschiedenen Punkten messen. Welche Welt ist real? Die deterministische oder die probabilistische? Penrose entwickelt eine Lösung, die die Gravitation mit einbezieht. Dies ist in unserem Zusammenhang aber nicht von Interesse.

Ein anderes Beispiel, das sich unserem Alltagsdenken entzieht, ist die Beschreibung der möglichen Zustände, in denen sich ein System befindet. Man verwendet dazu den Hilbert-Raum, ein mathematisches Gebilde mit unendlich vielen Dimensionen, aber begrenzter Energie. Mit Hilfe der Mathematik wird in der Quantenmechanik eine Realität beschrieben, die unendlich viele Dimensionen hat und aus komplexen Zahlen (also kombiniert mit Wurzeln aus negativen Zahlen) besteht. Was soll man mit einer solchen Realität anfangen? Sind diese Konzeptionen nicht Hirngespinste, gedankliche Spielereien? Keineswegs, denn die Quantenphysiker beweisen, dass die Quantenmechanik präzise Vorhersagen erlaubt, die der empirischen Prüfung standhalten. Alle Teilchen, deren Existenz die Theorie fordert, wurden bislang auch nachgewiesen. Das Higg-Boson oder Higg-Feld, das sich bislang versteckt hielt, konnte nun endlich bei Versuchen im Large Hadron Collider bei Genf gefunden werden. Die fremde Welt des Mikrokosmos ist höchst real. Das heißt nicht, dass wir die Realität an sich erfassen, sondern dass Modelle vorliegen, die Aspekte der Realität abbilden. Einsteins Bemerkung, die wir an den Anfang dieses Kapitels gesetzt haben, beschreibt diesen Sachverhalt: „Eines hat mich die lange Erfahrung gelehrt: Unsere ganze Wissenschaft ist, mit der Realität verglichen, primitiv und naiv – und trotzdem ist sie das Wertvollste, was wir besitzen." Wer sich näher für die Geschichte der Zahlen im Besonderen und der Mathematik im Allgemeinen interessiert, dem sei Ifrah (2002) und Wußling (2008) empfohlen. Darüber hinaus gibt es zahlreiche Werke über die Geschichte der Mathematik. Ich weise auch nochmals auf die amüsante Darstellung von Guedj (2001) hin.

Der Makrokosmos, der uns über den Kopf wächst

Die Welt der kleinsten Teilchen und der Kräfte, die zwischen ihnen wirken, widersetzt sich unserem Verständnis. Das führt uns zu der Grundfrage zurück, wie es möglich war, unsere evolutionäre Erkenntnisbasis durch die wissenschaftliche Welterkenntnis zu überschreiten. Bevor wir eine Antwort versuchen, wollen wir noch einen Blick auf den Makrokosmos werfen. Hier scheinen die Dinge ja anders zu liegen. Dort gelten die Naturgesetze der Makrophysik, nur dass die Größenordnung alle irdischen Maße übersteigt. Man meint zunächst, man müsse nur alles, was bei uns gilt, in die gewaltigen Dimensionen des Weltalls übertragen. So gehen die Physiker nach wie vor davon aus, dass die Naturgesetze, die wir hier auf unserem Planeten gefunden haben, überall und zu allen Zeiten gelten. So konnte Kepler die Bahnen der Planten berechnen. Dennoch stoßen wir bald an die Grenzen des Verständnisses. Sie beginnen bereits bei den Entfernungen. Ein Gedankenexperiment mag dies illustrieren. Der nächste Stern Alpha Centauri, ist 4,4 Lichtjahre von uns entfernt, das ist die Zeit, die das Licht braucht, um von dort zu uns zu gelangen. Nehmen wir an, wir wollten mit einem Raumschiff nach Alpha Centauri reisen und hätten eine Reisegeschwindigkeit von 30 km pro Sekunde, das wären immerhin 108.000 km Stundenkilometer. Die Lichtgeschwindigkeit ist mit 300.000 km pro Sekunde aber zehntausend mal schneller. Also würden wir auch zehntausendmal länger brauchen, nämlich für die Strecke von einem Lichtjahr 10.000 Jahre. Zum nächsten Stern wären das also 44.000 Jahre. Das ist jenseits unserer Größenvorstellung. Und wenn man in die Größenordnung der Entfernung von Galaxien geht, die Millionen und sogar Milliarden Lichtjahre von uns entfernt sind, sieht es noch hoffnungsloser aus.

Aber die Entfernungen wären immerhin noch etwas, das man mit Modellen veranschaulichen kann. In Warnemünde kann der Kurgast das Sonnensystem durchwandern und sich vor Augen führen, dass bei einem Abstand der Erde von der Sonne von 150 m man 1,4 km bis zum Saturn und 5,8 km bis zum Pluto zu gehen hat. Die Vorstellungskraft lässt uns aber völlig im Stich, wenn Einsteins spezielle und allgemeine Relativitätstheorie bemüht werden. Die Konstanz der Lichtgeschwindigkeit hat zur Folge, dass Masse und Zeit variieren. Je höher die Geschwindigkeit, desto langsamer verstreicht die Zeit und desto mehr wächst die Masse an. Bekannt sind die Gedankenspiele der Zeitdivergenz zwischen Raumfahrern und den Zurückbleibenden. Die mit hoher Geschwindigkeit reisenden Raumfahrer altern im Vergleich zu Erdbewohnern langsamer und kämen um wenige Monate oder Jahr älter zur Erde zurück, während dort Hunderte von Jahren vergangen wären. Noch abstruser erscheinen uns die Zeitverhältnisse an einem Schwarzen Loch. Ein Raumfahrer der sich dem schwarzen Loch nähert, stürzt mit immer größerer Geschwindigkeit auf diese „Singularität" zu und verschwindet ohne Wiederkehr. Ein äußerer Beobachter erlebt einen anderen Zeitverlauf. Je näher der Raumfahrer dem Schwarzen Loch kommt, desto langsamer verstreicht die Zeit. Sie bleibt schließlich ganz stehen, wenn er die Mitte des Schwarzen Lochs erreicht hat, denn dort ist die Masse laut Theorie unendlich. Das folgt aus dem Zusammenhang zwischen Masse und Zeit: je größer die Masse, desto langsamer verstreicht die Zeit. Für uns Menschen, die wir die Zeit nur als kontinuierlich und gleichmäßig verstreichende Entität erfassen, haben solche Aussagen Märchencharakter. Im Märchen ist auch alles möglich. Der große Unterschied der Physik des Mikro- und Makrokosmos zum Märchen besteht allerdings darin, dass man sich bei naturwissenschaftlichen Behauptungen auf empirische Evidenz stützt. Selbst die Zeitverzögerung ist bereits durch Versuche mit genau gehenden Atomuhren nachgewiesen worden.

Was aber unser Erkenntnisvermögen im Mesokosmos so suspekt macht, ist ein anderes Faktum: Mikro- und Makrosystem haben sich nämlich gewissermaßen hinter dem Rücken unserer vertrauten Welt miteinander verbündet. Mit Hilfe der Atomphysik und Quantenmechanik lassen sich Vorgänge im Makrokosmos erklären. Die Sonnenenergie wird erklärt als Fusion von Wasserstoffatomen zu Helium. Der Urknall, und was damals in winzigen Bruchteilen von Sekunden geschah, wird durch atomare Prozesse erklärt und als sukzessiver Aufbau der vier Grundkräfte: starke und schwache Kraft, elektromagnetische Kraft und Gravitation beschrieben. Alles passt zusammen, selbst wenn die „Theorie von allem" immer noch nicht vorliegt.

Es sieht jedenfalls so aus, als würde die Realität, das „Ding an sich" durch die Gesetzte des Mikro- und Makrokosmos besser abgebildet als durch unser mesokosmisches Weltbild. Letztlich leben also *wir* in einem Märchenland, das es „in Wirklichkeit" so nicht gibt. Obwohl es in diesem Märchenland manchmal stürmisch und gefährlich zugeht, fühlen wir uns doch im Großen und Ganzen geborgen. In diesem Märchenland gibt es Götter und Heilige, die uns beschützen. Draußen im unwirtlichen Mikro- und Makrokosmos lassen sich Götter und Heilige nicht mehr platzieren. Bleiben wir also im heimischen Mesokosmos und machen es uns gemütlich. Allerdings sollten wir auch hier die physikalischen, chemischen und biologischen Gesetzmäßigkeiten kennen, die in unserer Welt gelten. Nur dann können wir uns diese Welt bewahren. Die drohende Klimakatastrophe, die Übervölkerung, die schonungslose Ausbeutung unseres Planeten lassen sich mit wissenschaftlichen und technischen Mitteln angehen. Aber selbst hier in der vertrauten Welt des Mesokosmos holen uns unheimliche Gegebenheiten ein. Zum Beispiel benötigt, wie schon gesagt, die Elektrotechnik das Rechnen mit komplexen Zahlen, die eigentlich nur eingebildet, imaginär existieren dürften.

Erklärung unserer Denk- und Erkenntnisleistung

Wir haben die Metapher des Märchens gewählt, um den Eindruck vom Blick auf die Welten des Mikrokosmos und Makrokosmos zu umschreiben. Genauso könnten wir von Science Fiction oder vom Mythos sprechen. Märchen entspringen der Phantasie genau wie Entwürfe von Welten und mathematischen Gesetzmäßigkeiten. Eine Wurzel für das Hinausreichen unserer Erkenntnis in die fremden Welten des Kleinsten und des Größten ist die menschliche Phantasie. Sie kann sich in der Wissenschaft so richtig austoben, sofern sie sich an die vereinbarten Regeln der Logik hält und Aussagen liefert, die überprüfbar sind. Die Fähigkeit, sich Neues, Unwahrscheinliches, Unmögliches auszudenken, ist beim Märchen, beim Mythos, bei der Mathematik und Physik die gleiche. Während Märchen nirgendwo tabuisiert sind und Mythen die abstrusesten Geschichten erzählen dürfen, müssen Annahmen über die Wirklichkeit in den Naturwissenschaften schwierige Hürden nehmen. Sie dürfen nicht etwas behaupten, was gegen die herrschende Religion verstößt. Sie müssen in Diktaturen ihre Aussagen dem Willen des Potentaten anpassen und sie müssen manchmal im Untergrund arbeiten. Deshalb bedarf es ökologischer Nischen, in denen sich Mathematik als abstrakte Wissenschaft, Physik, Chemie und Biologie als Aussagensysteme über Realität entwickeln können. Für das Abendland und seine wissenschaftliche Entwicklung haben wir eine solche Nische im alten Griechenland ausmachen können. Freies Denken wurde möglich, und eine bestimmte privilegierte Gruppe genoss Narrenfreiheit, Ideen zu verkünden, die gängigen religiösen und Alltagsvorstellungen widersprachen. Diese freie Rede war eine Art Spiel, dessen Spielregeln in der Einhaltung logischer Schlussfolgerungen bestanden.

Der entscheidende Schritt für ein wissenschaftliches Verständnis der Natur bestand in der Etablierung der Mathematik um 600 v. Chr. Im Gegensatz zu der im Vorderen Orient und in Ägypten praktizierten Mathematik, die sich ebenfalls schon auf hohem Niveau befand, löste sich die griechische Mathematik von der Realität und machte allgemein gültige Aussagen unabhängig vom konkret-anschaulichen Fall. Kreise, Rechtecke und Winkel wurden ohne Anwendungsaspekt als idealisierte Gebilde betrachtet. Diese Art des mathematischen Denkens festigte dann Euklid mit seinem sechsbändigen Werk. Fortan wurde die Mathematik nur noch axiomatisch betrieben, das heißt, in Form der Bildung streng logisch-deduktiv aufgebauter Strukturen. Alle Aussagen wurden von Axiomen abgeleitet, die am Anfang standen.

Auf diese Weise entstanden im Laufe der Jahrhunderte die verrücktesten Gebilde, die außer der Logik und der stringenten Beweisführung an keine Vorschrift gebunden waren. So konnten sie sich völlig von der Realität – und es war ja immer nur die verzerrte Realität des Mesosystems – lösen, mit beliebig viel senkrecht aufeinander stehenden Dimensionen rechnen, imaginäre Zahlen nutzen, mit Unendlichkeiten verschiedener Mächtigkeit umgehen und unendlich viele Schritte in der Integral- und Differenzialrechnung einführen. All das gibt es in der Realität des Mesosystems nicht, aber es stellte sich heraus, dass sich die Mathematik als Instrument für die Beschreibung der Naturgesetze hervorragend eignete. Auch diese Erkenntnis kam gleich zu Beginn der Entstehung der Mathematik als axiomatische Wissenschaft auf. Wie bereits dargelegt, haben Pythagoras und seine Schule

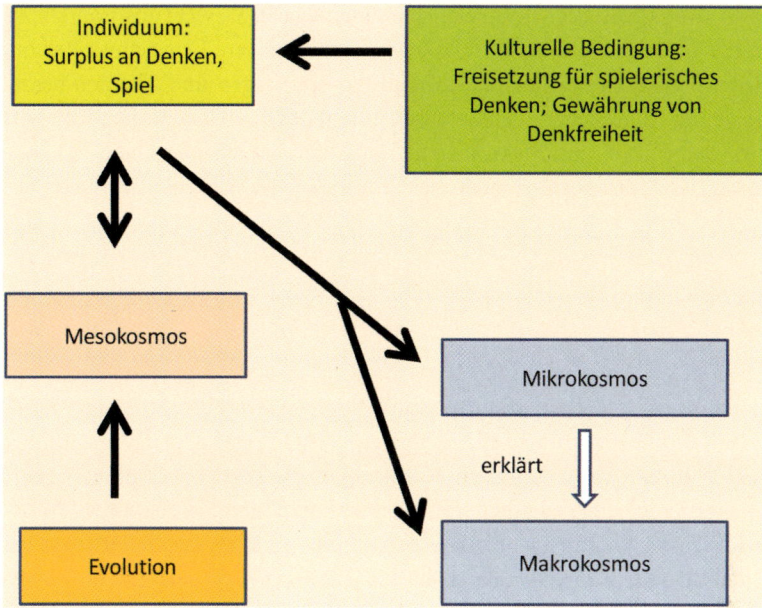

Abb. 13.3 Die Überwindung evolutionärer Erkenntnisgrenzen durch günstige kulturelle Voraussetzungen und den Surplus an Denkfähigkeit

die Mathematik als die Sprache der Natur angesehen und behauptet, alles in der Natur könne durch Zahlen beschrieben werden.

Als dann die Physiker der Renaissance begannen, die Natur mit mathematischen Formeln zu beschreiben und Naturgesetze in mathematischer Sprache zu formulieren, war der Bann gebrochen. Fortan traten die Naturwissenschaften, allen voran die Physik einen Siegeslauf an, der sich immer mehr beschleunigte. Dabei erwiesen sich auch ganz lebens- und vorstellungsferne mathematische Gebilde als vorteilhaft, wie etwa der Hilbert-Raum mit unendlich vielen Dimensionen aber begrenzter Energie für die Quantenmechanik.

Als Fazit können wir festhalten: Die Mathematik und Naturwissenschaften belegen, dass Kulturen nicht auf die evolutionären Voraussetzungen reduziert werden können. Wir müssen unseren gesunden Menschenverstand, der sich auf unser evolutionäres Wissen gründet, aufgeben, ja oft regelrecht gegen ihn ankämpfen, um zu höheren Erkenntnisniveaus zu gelangen. Es gibt faktisch nur zwei Gaben der Evolution, die die Entwicklung der Erkenntnis bis heute begünstigen: der Überschuss an intellektueller Kapazität und das Spiel. Mit ersterem konnten anti-intuitive Ideen geboren werden, mit letzteren gelang die Konstruktion von Fiktionen fernab von der Alltagsrealität. Dass diese Fiktionen mehr über die Realität aussagen als unser gesunder Menschenverstand, ist das Wunderbare an der Kulturgeschichte der Menschheit.

Abbildung 13.3 veranschaulicht den Zusammenhang von Evolution, Kultur und Individuum bei der Entwicklung der Wissenschaften. Die Evolution hat uns nur mit einem Verständnis und einer Theorie für den Mesokosmos ausgestattet. Das Vordringen in den Mikro- und Makrokosmos verdanken wir günstigen kulturellen Bedingungen: 1) Freisetzung für so etwas Unnützes wie spielerisches Denken, 2) Gewährung von Denkfreiheit. Unter diesem günstigen Wachstumsklima können wir unsere Überschuss-Ressourcen an Denkfähigkeit einsetzen und uns in Spielhaltung mit Fragen und Themen beschäftigen, die außerhalb des Alltagslebens der Gesellschaft und des Einzelnen liegen. Auf diese Weise konnten wir den Mikro- und Makrokosmos aufbauen und darüber hinaus erkennen, dass mit Gesetzen des Mikrokosmos auch die Entstehung des Makrokosmos erklärt werden kann.

Resümee

Nur in unserer Welt, wo noch der Mensch das Maß aller Dinge ist, reicht unser Alltagsverständnis aus. In diesem „Mesokosmos" kommen wir zurecht. Der Vorstoß in den Mirko- und Makrokosmos führte zu Ergebnissen, die jenseits unseres Vorstellungsvermögens liegen. Während wir in unserem Mesokosmos die Welt vom Millimeterbereich bis zum Kilometerbereich überschauen, reicht die Welt von unvorstellbaren 10^{-35} bis 10^{28} m. „Wer behauptet, die Quantenwelt zu verstehen, hat sie nicht verstanden", sagt Feynman. Das merkwürdige vierdimensionale Gebilde der Raumzeit ist uns nur durch Bilder zugänglich (ein Gummituch, das durch die Anwesenheit von Masse eingedellt wird), Bilder, die letztlich falsch sind. Susskind, theoretischer Physiker, ist davon überzeugt, dass unsere Erkenntnisfähigkeit die Wirklichkeit niemals zu erfassen vermag. In einem Interview mit Byrne (2012) äußert er: „Wir sind Gefangene unserer neuronalen Architektur. Manche Dinge können wir uns anschaulich vorstellen, andere nicht" (op. cit., S. 50). Und: „Viele Physiker haben den Versuch aufgegeben, unsere Welt als eindeutig zu erklären, als die einzige mathematisch mögliche Welt" (op. cit., S. 51). Dennoch ist es den Naturwissenschaftlern mit Hilfe der Mathematik gelungen, unsere biologischen Denkbarrieren zu überwinden und in fremdartige, ja schaurige Welten vorzudringen. Wohlfühlen können wir uns nur in unserer Welt, für deren Wahrnehmung und Verstehen uns die Evolution ausgestattet hat.

Die folgende Geschichte von einem Mathematiker und einem Ingenieur verdeutlicht auf ironische Weise, wie der Mathematiker die evolutionären Schranken unserer Vorstellungsfähigkeit überwindet.

Beispiel

Ein Ingenieur und ein Mathematiker sitzen zusammen in einem Vortrag über Stringtheorien, die sich mit 10 und 11 Dimensionen befassen. Der Mathematiker genießt die Vorlesung, während der Ingenieur immer verwirrter und frustrierter wird. Als der Vortrag zu Ende ist, sagt er zum Mathematiker: „Wie kannst du nur dieses schreckliche Zeug verstehen?"

Mathematiker: „Ich stelle mir das Ganze einfach vor."

Ingenieur: „Wie kannst du dir bloß einen 11-dimensionalen Raum vorstellen?"

Mathematiker: „Nun, ich stelle mir einen n-dimensionalen Raum vor und lasse dann n gegen 11 gehen."

13.5 Wie kommt das Neue in die Welt? Die Kreativität des Einzelnen und des Kollektivs

Hochkulturen ermöglichen die Entstehung von Wissenschaften und damit einen Erkenntnisgewinn, der jenseits evolutionärer Ausstattung liegt. Aber Erkenntnisse entstehen nicht von selbst, sie müssen entwickelt und konstruiert werden. Es sind immer Einzelpersonen, denen qualitative Sprünge in der Erkenntnis gelingen, und häufig sind es nicht die Namen, die wir kennen. Ob Thales die mathematischen Sätze selbst formuliert hat, ob er wirklich die Sonnenfinsternis vorausgesagt und die Höhe der Pyramiden errechnet hat, ist unsicher. Zu allen Zeiten neigt man dazu, griffige Stories zu erzählen, die einen einzigen als Helden und Genie herausheben. Oft bleiben Erfinder und Entdecker anonym. Bei Pythagoras ist man mit Zuschreibungen schon vorsichtiger und attribuiert die Erkenntnisse den Mitgliedern der pythagoreischen Schule.

Wie kommen aber einzelne Menschen zu ihrer neuen Erkenntnis? Sie benötigen zweierlei: das zuvor entwickelte und bereitgestellte kulturelle Wissen und die Chance, es sich anzueignen. In einem Brief schreibt Isaac Newton: „Wenn ich weiter gesehen habe, so deshalb, weil ich auf den Schultern von Riesen stehe“. Sein Ausspruch wird meist zitiert als „Das Genie steht auf den Schultern von Riesen.“ Die Personen, die im Laufe einer langen Geschichte wissenschaftliche Ideen zusammengetragen haben, werden vereint zu Riesen, wenn man ihr Gesamtwerk überblickt. Nun kann die Kreativität des Einzelnen einsetzen, der Neues zustande bringt. Die großen Namen in der Naturwissenschaft, wie Galileo Galilei, Johannes Kepler, Isaac Newton, James Clerk Maxwell, Max Planck, Albert Einstein, Niels Bohr, Werner Heisenberg, Richard Feynman und viele andere, haben das moderne Gesicht der Physik geprägt. Auch sie bauen auf anderen Forschern auf. Viele sind anonym geblieben, obwohl ihr Verdienst genauso groß ist wie das von berühmten Forschern.

Heute scheint die Weiterentwicklung der Wissenschaft nicht mehr so sehr an Einzelnamen gebunden. Naturwissenshaften sind in ihren Fragestellungen so weit vorgedrungen, dass nur noch riesige finanzielle Aufwendungen und eine große Zahl von Mitarbeitern Fortschritte erbringen. Die Mitgliedstaaten von CERN stellen 3.150 Mitarbeiter (Stand 31. Dezember 2010; CERN Personnel Statistics 2010). Das European Southern Oberservatory (ESO) wird von 15 Staaten unterhalten und hat 400 Mitarbeiter. Das jährliche Budget beträgt 95 Mio. €. Das Very Large Telescope besteht aus vier 8,2 m-Teleskopen, die miteinander verschaltet sind; größere Teleskope sind in Planung. Der enorme technische Aufwand, den Forschung heute benötigt, vereinigt Techniker und Wissenschaftler zu einer Erkenntnismacht, wie sie bisher noch nie dagewesen ist. Obwohl jede neue Entdeckung neue Fragen aufwirft, können nun Probleme angegangen werden, die man früher für unlösbar hielt. Die Masse macht's! Aber in Wahrheit trägt jeder einzelne von Hunderten und Tausenden von Mitarbeitern für das Gelingen bei. Nach wie vor ist es die Kreativität einzelner Personen, die den technischen und wissenschaftlichen Fortschritt ermöglicht. Daher ist es geradezu zwingend, dass wir uns im nächsten Kapitel mit Kreativität beschäftigen.

Aber zwei Aspekte der individuellen Voraussetzung für Neues sollen schon jetzt diskutiert werden: Intelligenz und Bildung. Wir haben bereits in Kap. 8 evolutionäre, kulturelle und individuelle Bedingungen der Intelligenz kennengelernt. Dort war auch von einem massiven Anlagefaktor der Intelligenz die Rede. Wenn sich gute intellektuelle Voraussetzungen mit guter Bildung paaren, steigen die Chancen für die Weiterentwicklung menschlicher Erkenntnis beträchtlich. Wir benötigen heute viel mehr helle Köpfe als früher. Denn nur die Vereinigung und Kooperation von Vielen bringt uns weiter. Dies gilt nicht nur für die Naturwissenschaften, sondern für alle Bereiche des Lebens.

Es besteht kein Zweifel, dass es um die Bildung nicht gut bestellt ist. Hohes Bildungsniveau reproduziert sich über die soziale Schicht. Deutschland tut sich dabei besonders hervor. Immer noch gehört es zu den Ländern, in denen niedrige soziale Herkunft den Zugang zur Bildung am meisten blockiert (PISA I, II, III). Wenn wir gleiche Bildungschancen für alle geschaffen haben, bleibt immer noch die Aufgabe, Kindern und Jugendlichen Erkenntnisse zu vermitteln, die menschliche Kultur in Jahrtausenden aufgebaut hat. Wie wir in Kap. 9 bereits erfahren haben, gibt es gravierende Hürden beim Wechsel von der intuitiven zur wissenschaftlichen Physik, Chemie und Biologie. Es dauert Jahre, bis Kinder ihre naive Sicht aufgeben, und viele Erwachsene kommen nie über intuitives Wissen hinaus. Es dauerte sehr lange, bis sich die Schrift entwickelte, aber Kinder lernen Lesen und Schreiben innerhalb von zwei Jahren. Die Barrieren in den Naturwissenschaften hängen mit den Barrieren zusammen, die uns die Evolution auferlegt hat. Wir haben kulturell diese Barrieren überwunden und die Evolution ausgetrickst, aber individuell spielt sich das Ringen um Erkenntnis jedes Mal neu ab, wenn ein Kind in das Reich der Mathematik und Naturwissenschaft hineinwächst.

Man könnte noch vieles tun, um diese Grenzüberschreitung zum wissenschaftlichen Denken und Erkennen besser zu ermöglichen. Ein Beispiel: Die Kinder haben in der Grundschule regelmäßig Religionsunterricht und lernen die Mythen des Alten und Neuen Testaments. Aber sie haben nicht parallel oder gar stattdessen Unterricht in der Evolutionstheorie und in der geologischen Geschichte der Erde. Erst im Jugendalter werden die Heranwachsenden etwas genauer über den jetzigen Erkenntnisstand informiert, was dazu führt, dass sie mit der Religion für immer brechen. Bezüglich der anti-intuitiven Wissenschaften hat Resnick (1994) eine eigene Didaktik gefordert, da es beim Übergang von intuitiven Vorstellungen zu anti-intuitivem Denken große Barrieren gibt.

Resümee

Die Entwicklung der Wissenschaften zeigen eindrucksvoll, dass sich Kultur nicht auf die biologische Evolution reduzieren lässt. Die evolutionäre geistige Ausstattung hat uns mehr Hindernisse in den Weg gelegt als Hilfen mitgegeben. Ebenso wenig wie sich Kultur auf Evolution reduzieren lässt, kann die Ontogenese auf Kultur und Evolution zurückgeführt werden. Der einzelne Mensch besitzt über determinierende Faktoren der Evolution und der Kultur hinaus Freiheitsgrade, die ihn vorhersagbar machen und es nie machen werden. Dies wird uns im letzten Kap. 16 zu beschäftigen haben. Abbildung 13.4 demonstriert diese Überlegung. Die Evolution offeriert Freiheitsgrade, die in Bezug auf den Menschen enger

Abb. 13.4 Zuwachs an
Freiheitsgraden von Evolution
über Kultur zur Ontogenese

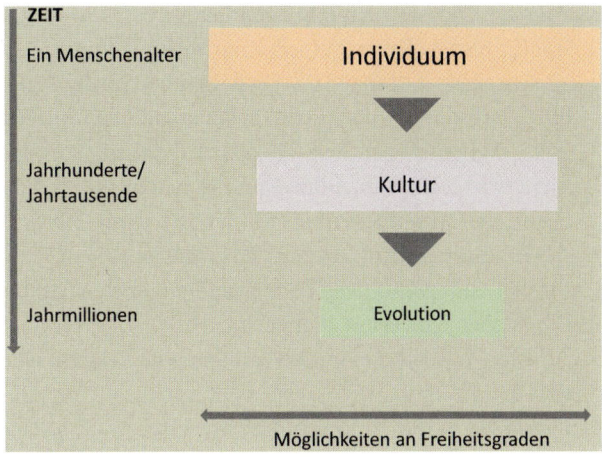

sind als die Freiheitsgrade der Kulturen, die er entwickelt hat. Das Individuum ist weder völlig durch die Evolution, noch durch die Kultur determiniert, sondern hat zumindest der Möglichkeit nach die Chance, weitere Freiheitsgrade zu realisieren. Wir sehen sie dokumentiert in Wissenschaft, Kunst, Literatur und Musik. Bedeutsam erscheint die kurze Phase, in der die Freiheitsgrade verwirklichen werden können. Sie liegen innerhalb der Zeitspanne eines menschlichen Lebens, während die Kultur Jahrhunderte und Jahrtausende brauchte, um über die Angebote der Evolution hinaus zu kommen. Die Evolution schließlich benötigte Jahrmillionen, um uns zu kreieren. Wir haben versucht, den Nachweis zu führen, dass die Kultur nicht auf die Evolution reduzierbar ist, was auch heißt, dass Kultur mehr Freiheitsgrade besitzt als die Evolution. In den nächsten Kapiteln wird zu zeigen sein, warum das Individuum und seine Entwicklung nicht ausschließlich auf Kultur und Evolution reduziert werden kann.

Gespräch der Himmlischen

Apoll: Es war die Kreativität des Menschen, die ihn über die Evolution erhoben und zu einem einzigartigen Lebewesen gemacht hat. Eine geheimnisvolle Macht, die Kreativität.
Athene: Darüber sollen wir ja im nächsten Kapitel mehr erfahren. Was dieses Kapitel nicht erwähnt, ist das Faktum, dass der Mensch die Herrschaft über die Evolution anzutreten gewillt ist. Seine Erkenntnis ist nicht nur über die evolutionäre Ausstattung hinaus gedrungen, er greift nun selbst planvoll und aktiv in die Evolution ein. Ich fürchte, er macht vor nichts halt. Bis jetzt hat es beim Menschen immer geheißen: Was machbar ist, wird irgendwann auch gemacht.
Dionysos: Wenn er sich nur nicht dabei übernimmt. Bis jetzt weiß er noch nicht allzu viel über die Natur, und die großen Geister zeigen sich denn auch ehrfürchtig gegenüber den Geheimnissen der Natur, die ihnen trotz allen Fortschritts doch verschlossen bleiben.
Apoll: Jetzt wäre es eigentlich an der Zeit, Religion und Wissenschaft einander gegenüber zu stellen.

Athene: Das hätte ich mir eigentlich von diesem Kapitel erwartet.

Apoll: Also wollen wir es selbst nachholen. (Nimmt Papyrus und Federkiel und beginnt zu schreiben, s. Tab. 13.3). Da hätten wir zunächst den Wahrheitsanspruch. Religion erhebt Absolutheitsanspruch, Wissenschaft ist revidierbar.

Athene: Die christlichen Theologen behaupten doch aber, dass man die Bibeltexte nicht wörtlich nehmen dürfe und so halten's auch die meisten Christen außer einigen bornierten Amerikanern im Mittleren Westen. Für die gilt die Bibel wörtlich.

Apoll: Ein paar Amerikaner? Ich schätze, es sind 50 Mio. Aber letztlich gilt das auch für den Sophismus der Theologen, denn auch nach ihrer Auffassung steckt hinter den Bibeltexten eine ewige Wahrheit.

Athene: Wie steht es mit der Prüfbarkeit? Religion ist nicht widerlegbar, Wissenschaft schon.

Dionysos: Wieso ist Religion nicht widerlegbar? Schaut euch doch nur die Evolutionstheorie an. Sie widerlegt doch eindeutig den Schöpferglauben der Völker.

Apoll: Das stimmt so nicht für religiöse Menschen. Sie finden immer wieder ein Hintertürchen für ihren Glauben. Seit es den Urknall als wissenschaftlichen Erklärungsversuch für die Entstehung gibt, wird der Schöpfungsakt eben um 13,7 Mrd. vorverlegt.

Aphrodite: Aber die Amerikaner glauben doch immer noch, dass Gott die Welt vor fünf- oder sechstausend Jahren erschaffen hat.

Dionysos: Nur die dummen.

Athene: Lassen wir die Amerikaner und fragen wir uns weiter: Wie steht es mit der Erklärung von Abläufen und Prozessen?

Apoll: In der Religion dominiert die Magie, in der Wissenschaft gibt es nur Naturgesetze.

Aphrodite: Was ist Magie? Ich übe magische Anziehungskräfte auf männliche Wesen aus, Götter wie Menschen.

Dionysos: Du solltest dich nicht so überschätzen. Aber im Ernst, deine Anziehungskraft wird magisch, wenn die Menschen dir unterstellen, dass du Zauberkräfte hast und die Naturgesetze außer Kraft setzt. Erklärt man deine Anziehungskraft so, wie es im Ästhetik-Kapitel und früher in Kap. 5 durch den Sexualtrieb versucht wurde, gibt es keine Zauberkraft. Kurzum, echte Magie setzt die Naturgesetze außer Kraft und erzielt ein Ergebnis außerhalb der Naturgesetze und sogar gegen sie. In der Religion gibt es Wunder, in der Wissenschaft nicht.

Athene: Gerade das macht der katholischen Kirche zu schaffen. Sie geht mit der Zeit und ist äußerst skeptisch gegenüber neuen Wundern. Aber um ein paar kommt sie nicht herum, da ist der Glaube des Christenvolkes zu stark.

Dionysos: Fatima und Lourdes, da gehen sogar die Päpste hin.

Apoll: Ein besonders wichtiger Unterschied ist das Verursacherprinzip. Religion und Naturwissenschaft bauen beide auf dem Kausalprinzip auf. Die Religion sieht hinter den Ereignissen das Wirken eines oder mehrerer Akteure. Dieser Deutung verdanken ja auch wir unser Dasein. Die Naturwissenschaften erklären Geschehnisse ohne Wirkung von Akteuren. Akteure sind nun nicht mehr notwendig. Diese Wende ist die entscheidende, sie vollzog sich bekanntlich nur langsam. Johannes Kepler und Isaac

Newton vermuteten hinter den Naturgesetzten nach wie vor das Wirken Gottes, der sie geschaffen hat und aufrechterhält. Auch in der modernen Physik gibt es religiöse Deutungen, z. B. von Einstein, Pauli und Heisenberg, aber sie liegen außerhalb der Physik. Diese ist in sich geschlossen und verzichtet bei der Erklärung von Wirkungen vollkommen auf intentionale Akteure. Wenn sie beispielsweise fragt, was vor dem Urknall war, bleibt sie innerhalb ihres Erklärungssystems, ohne göttliche Eingriffe in Anspruch zu nehmen.

Athene: Daher bleibt der Wissenschaftler auch bei rein kausalen Erklärungen, die Religion fragt darüber hinaus nach dem Wozu und vermutet ein Endziel, auf das die Ereignisse hinlaufen, sie hat also immer auch eine finale Denkrichtung.

Apoll: Was ist eigentlich mit der Drei-Welten-Lehre von Karl Popper? Der Mann scheint mir ja auch nicht sehr fromm gewesen zu sein.

Athene: Die Religion gehört zur Welt II, die Wissenschaft zu Welt III.

Aphrodite: Naturwissenschaft und Welt III – das passt für mich zusammen. Aber Religion und Welt II. – wieso das? Das kapiere ich nicht. Was hat die Religion mit der Welt des Psychischen zu tun? Gott – und auch wir – sind doch nicht psychische Begriffe.

Athene: Der monotheistische Gott und auch wir sind Erzeugnisse der Psyche des Menschen. Seine Ängste, Wünsche Größenvorstellungen projiziert er nach außen in Wesenheiten hinein, die er nach „seinem Bild und Gleichnis" schafft, wie es in der Bibel heißt, nur dass der Prozess umgekehrt wie dort verläuft.

Apoll: Das erklärt auch, warum die Religion mit psychischen Begriffen arbeitet. Der Gott des Alten Testaments ist zornig, rachsüchtig, strafend, vergeltend und verlangt bei Todesdrohung, dass man nur ihn verehrt.

Aphrodite: Das ist bei uns griechischen Göttern nicht besser, wir zeigen alle guten und schlimmen menschlichen Eigenschaften, nur in vergrößertem Maßstab.

Apoll: Die Bewegungsrichtung geht bei der Religion von innen nach außen. Sie ist ein Ergebnis der Projektion, wie die Psychoanalytiker sagen würden. Bei den Naturwissenschaften verläuft die Bewegung von außen nach innen, denn die Wissenschaft will ja die äußere Realität verstehen und sie für die eigenen Gehirne zurechtschneidern. Die Psychoanalytiker würden von Introjektion sprechen.

Dionysos: Da gefällt mir die Unterscheidung von Aneignung und Vergegenständlichung besser. Religion wäre dann subjektivierende Vergegenständlichung, Wissenschaft objektivierende Aneignung. Puh, ich falle ganz aus meiner Rolle mit so abstrakten Begriffen.

Athene: Wobei es sich nur um Tendenzen handelt. Ob die Wissenschaftler wirklich objektivieren, also ihre Entwürfe nach der Realität konstruieren, oder ob es sich doch um subjektive Bilder von der Welt handelt, wissen wir nicht.

Apoll: Sie revidiert zumindest ihre Aussagen, wenn empirische Befunde ihnen widersprechen.

Aphrodite: Was ist nun? Hat die Religion endgültig ausgedient? Beides, Religion und Wissenschaft, sind menschliche Konstruktionen. Die wissenschaftliche ist der religiösen leider haushoch überlegen.

Tab. 13.2 Gegenüberstellung von Religion und Wissenschaft

Merkmal	Religion	Wissenschaft
Wahrheitsanspruch	absolut	revidierbar
Prüfbarkeit	nicht widerlegbar	widerlegbar
Erklärungsmuster	magisch	naturgesetzlich
Verursacher	Handelnde Akteure	akteurlose Kausalwirkung
Ursache (Causa)	kausal und final	kausal
Dreiweltenlehre	Zweite Welt	Dritte Welt
Inhalt	psychische Begriffe	Sachwissen
Bewegungsrichtung	von innen nach außen	von außen nach innen
Handlungstheoretische Erklärung	subjektivierende Vergegenständlichung	objektivierende Aneignung
psychoanalytische Erklärung	Projektion	Introzeption/Introjektion
Entstehungsprozess	Konstruktion	Konstruktion

Apoll: Die Menschen werden nicht auf die Religion verzichten, es wird sie zu allen Zeiten geben. Sie ist zu tief in ihrer Evolution verwurzelt, und sie handelt mit den großen Gefühlen der Angst, der Erhabenheit, der Demut, der Geborgenheit.

Athene: Außerdem kann es sein, dass die Naturwissenschaften samt der Psychologie falsch liegen. In zwei Filmen, „Matrix" und „Welt am Draht" wird die Möglichkeit durchgespielt, dass das gesamte menschliche Zusammenleben und ihr gesamtes Wissen computersimuliert sind. Einigen Menschen gelingt es, in die höhere Realität aufzusteigen, doch ob dies die eigentliche Realität ist oder nur wieder eine Simulation, bleibt offen. Ein gewisser Christoph Pöppe stellte 2007 sogar die Frage „Ist das Universum ein Computer?" und hat sich darüber in einem Spezialheft ausführlich geäußert. Erinnern wir uns an den Ausspruch von Susskind: „Viele Physiker haben den Versuch aufgegeben, unsere Welt als eindeutig zu erklären, als die einzige mathematisch mögliche Welt".

Dionysos: Das wird mir langsam unheimlich. Heimelig geht es nur in unserer menschlichen Götterwelt zu.

Alle: Noch sind wir alle fröhlich da – bei Nektar und Ambrosia.

Literatur

Byrne, P. (2012). Antirealistischer Querdenker. Interview mit Leonard Susskind. Speltrum der Wissenschaft. Heft 3, S. 48–51.

Cantlon, J. F. (2012). Math, monkeys, and the developing brain. *Proceedings of the National Academy of Sciences of the United States of America, 10725–10732.*

Cropper, W. H. (2001). *Great physicists. The life and time of leading physicists from Galileo to Hawking.* New York: Oxford University Press.

Everett, D. (2005). Cultural constraints on grammar and cognition in Pirahã. *Current Anthropology, 46, 621–646.*

Gericke, H. (1970). *Geschichte des Zahlbegriffs*. Mannheim: Bibliographisches Institut.

Guedj, D. (2001). *Das Theorem des Papageis*. Bergisch Gladbach: Bastei Lübbe.

Hegi, G. (1987). *Illustrierte Flora von Mitteleuropa* (2. Aufl.). Jena: Weissdorn Verlag.

Ifrah, G. (2002). *The universal history of computing: From the abacus to the quantum computer*. New York: Wiley.

Kant, I. (1998). *Kritik der reinen Vernunft*. Hamburg: Meiner.

Overbye, D. (1991). *Lonely hearts of the cosmos: The scientific quest for the secret of the universe*. New York: Harper-Collins.

Penrose, R. (1995). *Schatten des Geistes. Wege zu einer neuen Physik des Bewusstseins*. Heidelberg: Spektrum Akad. Verl.

Pöppe, C. (2007). *Ist das Universum ein Computer? Von Konrad Zuse und Carl Friedrich von Weizsäcker zu Schwarzen Löchern und bizarren Quantenobjekten*. Spektrum der Wissenschaft Spezial: 2007, 3.

Resnick, L. B. (1994). Situated rationalism: Biological and social preparation for learning. In L. A. Hirschfeld & S. A. Gelman (Hrsg.), *Mapping the mind* (S. 169–200). Cambridge (MASS): Cambridge University Press.

Riedl, R. (1980). *Biologie der Erkenntnis. Die stammesgeschichtlichen Grundlagen der Vernunft*. Berlin: Verlag Paul Parey – Berlin und Hamburg.

Üxkuell, J. v. (1921). *Umwelt und Innenwelt der Tiere*. 2. verm. u. verb. Aufl. Berlin: Springer.

Vollmer, G. (2002). *Evolutionäre Erkenntnistheorie* (8. Aufl.). Stuttgart: Hirzel.

Wußling, H. (2008). *6000 Jahre Mathematik. Eine kulturgeschichtliche Zeitreise. Von den Anfängen bis Leibniz und Newton*. Berlin: Springer.

Zeilinger, A. (2008). Die Wirklichkeit der Quanten. Spektrum der Wissenschaft, Heft 11, S 54–63.

Kreativität – vom Individuum zum Universum   14

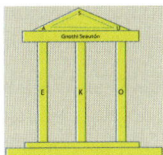

Wir sind gewohnt, Kreativität beim Menschen anzusiedeln. Wir sehen Kreativität als die höchste Gabe des Menschen an, denn mit ihr hat er seine Kultur geschaffen mitsamt allen Errungenschaften von Kunst, Wissenschaft und Technik. Kreativität ist in unseren Augen zunächst etwas Geistiges, nicht Fassbares. Deshalb sprechen wir auch von Intuition und Inspiration. Beide Ausdrücke legen nahe, dass uns Kreativität zufliegt, entweder von außen (als Inspiration) oder von unbekannter Herkunft aus unserem Innern (Intuition). Für unser Ziel der Zusammenführung von Evolution, Kultur und Ontogenese ist eine solche verengte Sichtweise nicht geeignet.

Wir beginnen unseren Streifzug zwar mit der Kreativität beim Individuum und seiner Entfaltung im individuellen Lebenslauf, befassen uns aber dann mit der engen Verflechtung von individueller Kreativität und Kultur, und werden danach Kreativität auch bei allen Lebensformen und schließlich im gesamten Universum ausmachen. Da es sich dabei nicht nur um eine Metapher handelt, gilt es von vornherein eine Definition von Kreativität zu suchen, die diesem weiten Feld Genüge leistet. Dabei hilft uns der Vorschlag von Holm-Hadulla (2010) weiter, der Kreativität als Neukombination von Informationen kennzeichnet. Nehmen wir als Beispiel den Begriff „Glasberg". Glas ist ein bekannter Begriff und Berg ebenso. Die Kombination beider Begriffe ergibt aber etwas Neues, ein Phantasiegebilde, das in der Realität nicht existiert. Zwei bekannte Objekte wurden zu etwas Neuem kombiniert. Mythen und Märchen sind Kreationen, in denen ständig solche Kombinationen vorkommen. Ein Beispiel auf hoher Ebene: Die Fallgesetze Galileis und die Keplerschen Gesetze der Planetenbahnen hat Newton mit dem Gravitationsgesetz vereint und damit etwas Neues kreiert.

R. Oerter, *Der Mensch, das wundersame Wesen*,
DOI 10.1007/978-3-658-03322-4_14, © Springer Fachmedien Wiesbaden 2014

Die Definition von Kreativität als Neukombination von Informationen lässt sich durch den Ansatz von Gottlieb Guntern (1999) erweitern und vertiefen. Kreativität auf allen Ebenen kann als Wechselspiel zwischen Chaos und Ordnung verstanden werden. Guntern bezieht seine Kennzeichnung nur auf menschliche Kreativität, doch lässt sie sich auf alle Ebenen bis hin zum Mikro und Makrokosmos anwenden. Dies gilt auch für Gunterns systemische Sichtweise: Jeder kreative Prozess findet in einem System statt, in dem Chaos und Ordnung, Zufall und Gesetz, Freiheit und Strukturzwang, Spontaneität und Berechnung in vielfältigen, dauernd wechselnden Kombinationen am Werk sind.

14.1 Was wir kennen und bewundern: individuelle Kreativität

Bei der Beschäftigung mit der individuellen Kreativität können wir die Definition einengen. Es genügt, wenn wir sagen, Kreativität liegt dann vor, wenn ein Mensch etwas Neues zustande bringt, gleichgültig, ob dieses Neue bereits existiert oder gleichzeitig von anderen gefunden wurde. Neu muss es nur in der Erfahrung der kreativen Person selbst sein. Individuelle Kreativität lässt sich trotzdem objektivieren, indem man prüft, ob das Individuum tatsächlich seine Kreation selbst gefunden bzw. geschaffen hat.

Als die Sowjets 1957 als erste Macht den Sputnik ins Weltall schossen, herrschte in den USA große Bestürzung über diesen unerwarteten technischen Vorsprung. Es begann eine fieberhafte Beschäftigung der Psychologie mit kreativen Leistungen. Da die damals vorgelegten Forschungsergebnisse auch heute noch relevant sind, wollen wir wenigsten einige davon kurz kennenlernen.

Faktoren der Kreativität

Mit Hilfe von Kreativitätstests hat man versucht, kreative von weniger kreativen Personen zu unterscheiden (Guilford 1967a, b). Dabei ergaben sich für die Auswertung vor allem drei Gesichtspunkte: Flüssigkeit, Flexibilität und Originalität.

Die *Flüssigkeit* (fluency) kann man beispielsweise bei Sprachaufgaben messen, indem man die Versuchsperson bittet, möglichst viel Wörter zu einem gegebenen Reizwort (Stimulus) zu finden. Eine mehr auf das Handeln ausgerichtete Aufgabe besteht darin, möglichst viele Verwendungsmöglichkeiten für einen Ziegelstein zu nennen. Die Zahl der Nennung innerhalb einer vorgegebenen Zeitspanne ist das Maß für Flüssigkeit.

Flexibilität erfasst die Anzahl des Wechsels von Kategorien. Bei der Ziegelsteinaufgabe bestünde ein Kategorienwechsel beispielsweise darin, von der Nutzung als Baumaterial zur Nutzung als Untersatz für eine Figur und dann zur Nutzung als Schreib- oder Malgerät zu wechseln.

Die *Originalität* kann man schlicht durch den Seltenheitsgrad einer Antwort bestimmen. Lösungen, die nur von 5 % einer Stichprobe geäußert werden, gelten als kreativ.

Daneben sind aber auch Qualität und Entferntheit einer Antwort Originalitätskriterien. Bei der Entferntheit einer Antwort muss beispielsweise zu zwei entfernten Begriffen ein dritter gefunden werden, der die beiden verbindet. Bei Baum und Brot wäre etwa Rinde ein verbindender Begriff, analog verbindet ‚Holz' die Begriffe ‚Nudel' und ‚Wolle', ‚Gewicht' die Begriffe ‚Eigen' und ‚Heben'. Die Qualität einer Antwort schließlich soll ausschließen, dass abstruse oder pathologisch bedingte Antworten den gleichen Kreativitätswert erhalten wie qualitativ hochwertige Antworten. Schlagzeilen und Bildunterschriften in guten Tageszeitungen zeichnen sich oft durch solche Originalität aus. „Leere statt Lehre" ist die Bildunterschrift zu einem leeren Klassenzimmer, das wegen Unterrichtsausfällen leer steht (SZ vom 10. 2. 2012).

Weitere Kreativitätsfaktoren, die Guilford testete, sind: Elaboration, Sensitivität für Probleme und Neudefinieren. Am Anfang großer Erfindungen und Entdeckungen steht die Sensitivität für Probleme. James Watt hat wie Millionen anderer Menschen beobachtet, wie der Dampf den Kochdeckel hochhebt und sich aber dann als einer der ersten überlegt, ob man diese Kraft nutzen kann. Jean Piaget hat wie Millionen anderer Eltern seine eigenen Kinder beobachtet, aber daraus dann eine Theorie entworfen, die eine Revolution im Verständnis kindlicher Entwicklung bedeutete. „Neudefinieren" ist eine kreative Leistung, bei der es darum geht, den gewohnten Gebrauch eines Gegenstands aufzugeben und ihn für neue Zwecke zu nutzen. So sollten Probanden angeben, aus welchem der folgenden Gegenstände man eine Nadel machen könne: Kohlkopf, Gewürz, Steak, Pappschachtel, Fisch. Es gelingt am besten mit einer Fischgräte. Andere Beispiele: Faden und Nagel können durch ihre Kombination als Lot verwendet werden, und das Gebläse eines Elektrobohrers kann als Fön für das Grillfeuer dienen. Unter „Elaboration" verstand Guilford das Ausarbeiten von Einzelheiten nach vorgegebenen Gesichtspunkten. So sollten die Probanden einen Plan nach einer globalen Anweisung anfertigen oder ein komplexes Objekt aus vorgegebenen einfachen Elementen aufbauen. Ein Beispiel für Elaboration ist in Abb. 14.1 zu sehen. Vorgegeben ist ein einfaches Muster, z. B. zwei parallele senkrechte Linien (Abb. 14.1, erste Spalte). Diese Muster sollen nun zu Zeichnungen vervollständigt werden. Spalte a zeigt wenig kreative, Spalte b und c kreative Leistungen.

Eine Sonderform der Elaboration wäre die Entwicklung neuer Lösungsstrategien. So benötigte Albert Einstein für die Ausarbeitung der allgemeinen Relativitätstheorie neue mathematische Gleichungen, die Einsteinschen Feldgleichungen, bei deren Ausarbeitung er wesentliche Hilfe von Marcel Grossmann und David Hilbert erhielt (letzteren erwähnte er allerdings nicht einmal).

Die genannten Kreativitätsbereiche Flüssigkeit, Flexibilität, Originalität, Sensitivität, Neudefinieren und Elaboration werden auch als Kreativitätsfaktoren bezeichnet, weil sie auf Testleistungen basieren, die mit Hilfe der Faktorenanalyse analysiert wurden. Die Faktorenanalyse ist ein mathematisches Verfahren zur Reduktion der Einzelleistungen auf zugrundeliegende Dimensionen, eben den Faktoren. Die erfassten Faktoren sind also nicht beliebig ausgedachte Dimensionen, sondern das Ergebnis der Analyse von Kreativitätstests (Ähnlichkeitsbeziehungen der Einzelleistungen).

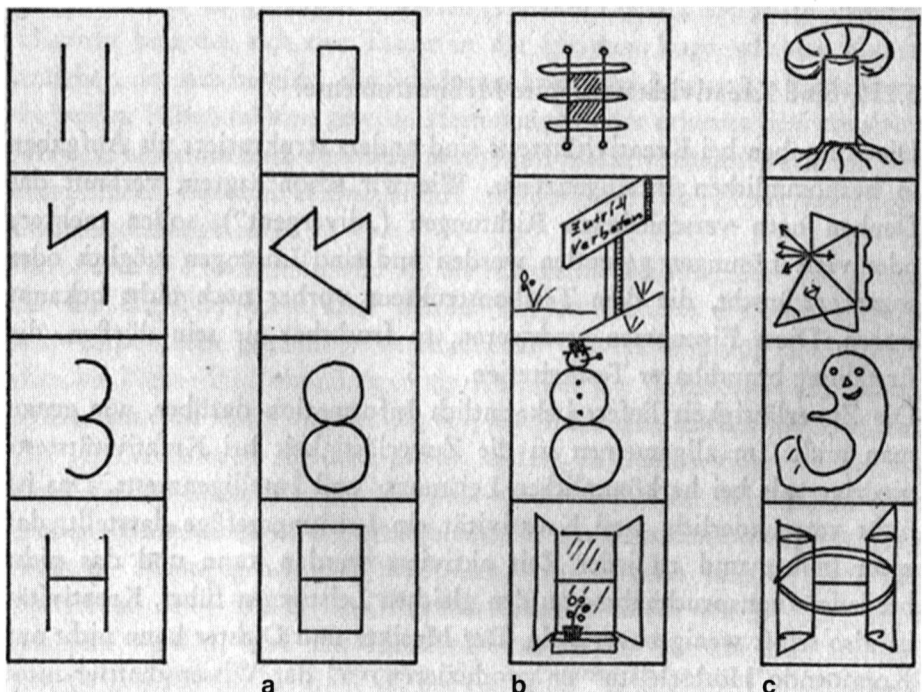

a   b   c

Abb. 14.1 Kreative (**b, c**) und nicht kreative Lösungen (**a**) bei Vervollständigung von Zeichnungen

Prozesse

Was uns natürlich jetzt interessiert, sind die Prozesse, die solche kreative Leistungen, wie sie soeben beschrieben wurden, zustande bringen. Welche Denkprozesse führen zu kreativen Leistungen? Wie steht es mit der Fähigkeit von Künstlern und Musikern, bildliche Darstellungen und Tongebilde zu erzeugen? Die Analyse zeigt, dass es sich um Prozesse handelt, die zunächst nicht zentral, d. h. durch eine übergeordnete Instanz gesteuert werden. Künstler imaginieren bildliche Vorstellungen, sie werden oft regelrecht von ihnen bedrängt. Komponisten haben Klangvorstellungen, Melodielinien und Rhythmen im Kopf und fügen sie zu neuen musikalischen Mustern zusammen. Hier sind also wahrnehmungsnahe Imaginationen im Vordergrund. Künstler, Musiker und Dichter berichten, dass sie von Imaginationen (Bildern, Klängen, Sprachinhalten) regelrecht überwältigt werden. Gerade das Fließen der bildlichen und klanglichen Vorstellungen ist die Grundlage für neue Einfälle.

Im Bereich des Denkens hat man seit langem zwischen zwei grundsätzlich verschiedenen Formen unterschieden. Freud (1975) spricht von Primär- und Sekundärprozessen. Die Primärprozesse entstammen dem Es und somit dem Unbewussten. Ihnen geht es um die ungehinderte Erfüllung von Triebwünschen. Die Sekundärprozesse entstammen dem Ich und orientieren sich an der Realität. Sie sorgen dafür, dass das Individuum in der Gesellschaft mit ihren Normen überleben und sich anpassen kann. Der Psychiater Bleuler (1911) unterschied schon Anfang des 20. Jahrhunderts zwischen realistischem und autistischem Denken. Realistisches Denken oder R-Denken ist realitätsorientiert und mit klaren Bewusstseinserlebnissen verbunden. Es gehorcht logischen Gesetzen, wenngleich natürlich Denkfehler auftreten können, und wird zentral gesteuert. Wir erleben es als „ich denke". Das A-Denken orientiert sich nicht an der Realität, es tritt in Zuständen herabgesetzten Bewusstseins auf und unterliegt keiner zentralen Steuerungsinstanz. Es verläuft eher assoziativ, gelangt vom einen zum nächsten Inhalt und kümmert sich nicht um logische Abfolgen. Bildende Künstler, Schriftsteller und Komponisten geben sich dieser Art des Denkens mehr hin als der normale Bürger. Bei Kindern hingegen finden wir dieses Denken generell. Es entfaltet sich in den Spielphantasien ungehindert und bildet die Grundlage der Spielwelt, in die sich die Kinder begeben (s. Kap. 10).

Die Unterscheidung zwischen verschiedenen Denkformen hat sich im Laufe der Psychologie-Geschichte fortgesetzt. Wichtig wurde seit der systematischen Kreativitätsforschung in den sechziger Jahren die Unterscheidung zwischen konvergentem und divergentem Denken (Guilford 1967b). Konvergentes oder diskursives Denken verläuft linear auf ein Ziel hin und wird Schritt für Schritt kontrolliert. Divergentes Denken verläuft nach verschiedenen Richtungen, lässt das Ziel offen und bewertet nicht sofort, ob das Denkergebnis brauchbar ist.

Die Computersimulation des Denkens führte zur Unterscheidung von sequenzieller und paralleler Informationsverarbeitung. Die Computerprogramme waren zunächst alle als lineare Algorithmen angelegt, d. h. das Programm verfolgte ein vorgegebenes Ziel nach einem aus einzelnen Schritten bestehenden Plan. Die Schritte folgten linear aufeinander. Die Auseinandersetzung mit Schrift- und Spracherkennung führte zur Notwendigkeit der Parallelverarbeitung von Information. Die Erkennung eines geschriebenen Buchstaben oder Wortes erfordert mehrere Auswertungsprozesse zugleich, bevor die Entscheidung getroffen werden kann, um was es sich handelt. Ein b vereinigt etwa die Prüfung nach Rundheit, die Verbindung von rund mit der Geraden, die Rechts-Links-Position sowie die Oben-Unten-Position. Das Erkennen der gesprochenen Sprache mit Hilfe des Computers gestaltet sich noch schwieriger, weshalb auch bis heute die Spracherkennungsprogramme noch zu wünschen übrig lassen. Beim kreativen Denken sind solche parallelen Verarbeitungsprozesse am Werk. Da sie gleichzeitig ablaufen, können sie nicht bewusst sein, denn unser Bewusstsein kann nur einen Vorgang bearbeiten oder – anders ausgedrückt – wir können immer nur einen Denkvorgang bewusst repräsentieren.

Nun können weder das A-Denken noch die Flut imaginativer Vorstellungen zu einem kreativen Leistungsergebnis führen, wenn nicht übergeordnete Steuerungsinstanzen, die Produkte dieser wenig oder nicht bewussten Prozesse aufgreifen und nutzen würden. Mit Hilfe der sogenannten TOTE-Einheit lässt sich das Zusammenspiel zwischen divergentem und konvergentem Denken, zwischen A- und R-Denken sowie zwischen sequenzieller und paralleler Verarbeitung darstellen. TOTE ist eine Abkürzung von Test-Operation-Test-Exit und ist ein einfaches kybernetisches Modell der Informationsverarbeitung. In Abb. 14.2 ist kreatives und diskursives (konvergentes) Denken modelliert. Beim kreativen

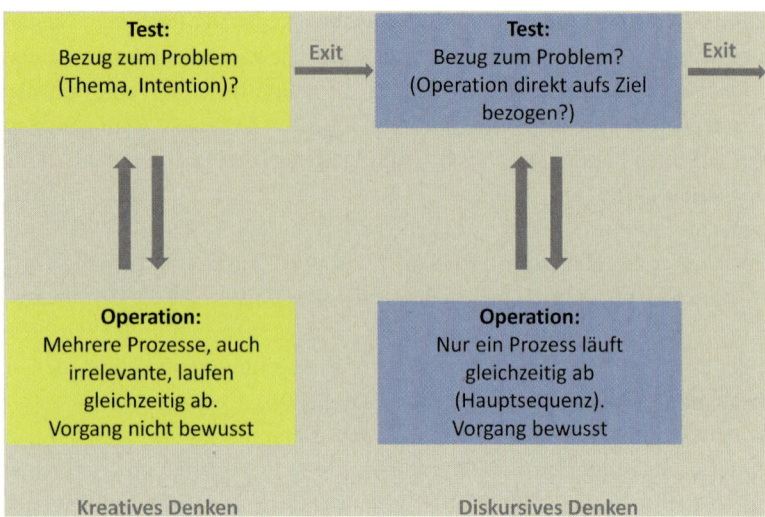

Abb. 14.2 Kreatives und diskursives Denken im kybernetischen Modell der TOTE-Einheit

Denken besteht der Test bereits in einer Prüfung des Bezugs zum Problem, doch ist der Test noch offen, er prüft nur den Bezug zur Thematik oder zum Gesamtfeld des Problems. Die Operation besteht aus mehreren simultan ablaufenden Prozessen, wobei auch irrelevante beteiligt sein können. Die Prozesse sind nicht bewusst. Beim diskursiven (konvergenten) Denken wird ebenfalls der Bezug zum Problem getestet, gleichzeitig aber auch geprüft, ob die Operation direkt auf das Ziel bezogen ist. Dabei läuft nur ein Prozess als Hauptsequenz ab. Er ist deshalb auch bewusst. Wichtig ist nun die Zusammenarbeit zwischen beiden TOTE-Einheiten. Die Ergebnisse der kreativen Operationen landen bei der Einheit des diskursiven Denkens, sofern der Test einen Bezug zum Thema erbracht hat. Dort wird geprüft, ob die Information für das Problem genutzt werden kann. Beide Formen des Denkens, wie man sie auch immer nennen mag, arbeiten zusammen. Die bloße Produktion von Ideen, Bildern, Klängen reicht nicht aus, um zu qualitativ hochwertiger Originalität zu gelangen.

Zusätzlich zu diesem Aspekt der zwei verschiedenen Formen des Denkens bzw. der Informationsverarbeitung sollten wir noch auf zwei spezifische Prozesse eingehen, die im Niveau weit auseinander liegen: die Assoziationen und analogisches Denken. Die Assoziationen benutzt man seit mehr als hundert Jahren in der psychologischen Forschung. Bei der Untersuchung kreativer Prozesse kann man mit Hilfe der Assoziationsmethode gewissermaßen online kreative Prozesse erfassen. Eine Methode besteht darin, zu einem Reizwort, z. B. Farbe, 2 min lang alle Begriffe niederzuschreiben, die einem zu dem Reizwort einfallen. Während die Probanden zunächst vulgäre Assoziationen nennen, bei „Farbe" etwa „rot", werden mit fortschreitender Produktion die Assoziationen immer ausgefallener und origineller. Tabelle 14.1 bringt ein Beispiel für solche Assoziationsverläufe bei zwei Versuchspersonen.

Tab. 14.1 Zunahme ausgefallener Assoziationen mit fortschreitender Suche

Reihenfolge	Person A	Person B
1	rot	rot
2	blau	grün
3	gelb	lila
4	schwarz	braun
5	freundlich	rosa
6	wohnlich	falb
7	heiter	hell
8	überflüssig	dunkel
9	Form	Kleid
10	Teint	attraktiv

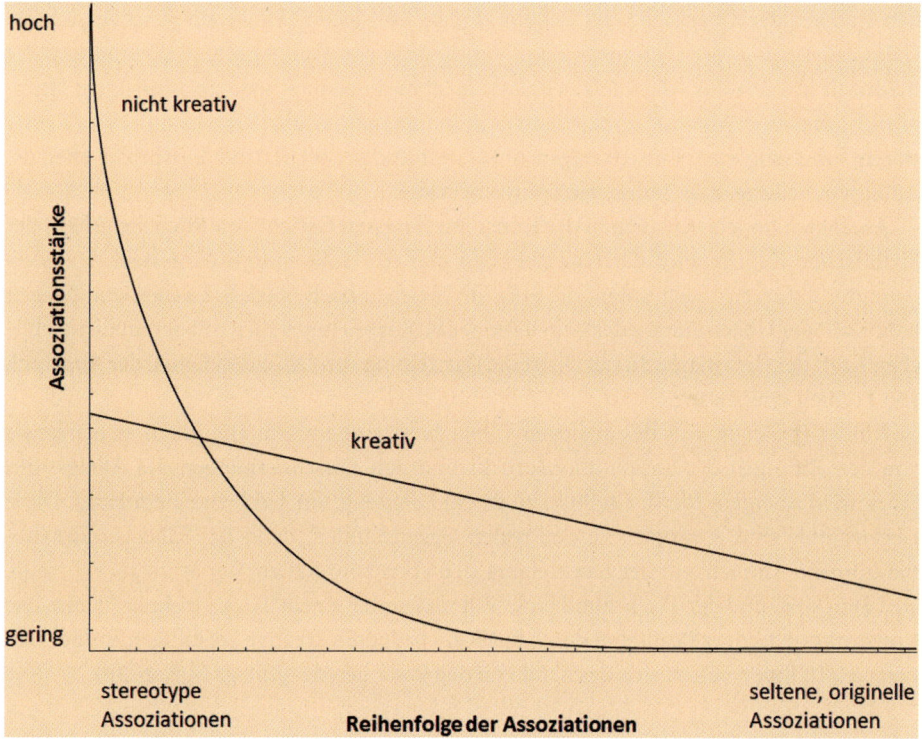

Abb. 14.3 Assoziationsverlauf bei kreativen und wenig kreativen Personen (Mednik, 1967, übernommen aus: Oerter, 1980, S. 308)

Wie Abb. 14.3 zeigt, verlaufen die Assoziationen bei Kreativen anders als bei weniger kreativen Personen. Letztere bleiben bei Begriffen mit hoher Assoziationsstärke hängen; wenn das Repertoire erschöpft ist, fällt ihnen nichts mehr ein. Die Kreativen produzieren von Anfang an weniger Vulgärassoziationen, aber dadurch auch zunächst weniger Assoziationen überhaupt. Im weiteren Verlauf bringen sie dann seltene und originelle Assoziationen. Mednick (1967) hat diese Methode für die Konstruktion eines Tests genutzt (RAT: remote association test).

Auf einer viel höheren und komplexeren Ebene gibt es als kreativen Prozess das analogische Denken. Es besteht darin, Ähnlichkeiten zwischen verschiedenen Gegebenheiten zu erkennen oder zu folgern (analog = ‚gleichartig‘ im Griechischen). So kann man den menschlichen Körper mit einem Fahrzeug vergleichen, das bei Ausfällen repariert wird, Ersatzteile bekommt etc. Eine andere Analogie wäre, den menschlichen Körper als Ganzheit zu betrachten und das Modell eines lebendigen Systems zu nutzen, bei dem Störungen an einer Stelle zu Veränderungen des Ganzen führen können.

Immer wenn unser Vorstellungsvermögen aussetzt, greifen wir zu Analogien. Da sich die Galaxien von jedem Punkt des Weltalls gesehen voneinander entfernen, eignet sich als Analogie die Vorstellung eines Luftballons, der aufgeblasen wird. Die Galaxien befinden sich auf der Oberfläche des Ballons, sodass von jedem Punkt aus gesehen sich die Galaxien voneinander entfernen. Zum Verständnis von Gravitation als Krümmung der Raumzeit in Einsteins Allgemeiner Relativitätstheorie benutzt man als Modell ein Gummituch, das durch Masse (Sterne, Planeten) Eindellungen erfährt. Genauso gut und richtig wären Erhebung statt Einsenkungen im Gummituch, aber letztere entspricht eher die Alltagsvorstellung, dass Masse nach unten drückt.

Analogien finden sich auch in der Kunst. Im Jüngsten Gericht von Michelangelo in der Sixtinischen Kapelle wird der Himmel oben und die Hölle untern dargestellt. Die Verdammten „stürzen" nach unten, die Seligen schweben nach oben. Schweben und Fliegen haben mit der Überwindung der Gravitation, das Stürzen und Fallen mit der unausweichlichen Kraft der Gravitation zu tun. So ist die Darstellung von Oben und Unten der Ausdruck von Freiheit und Zwang.

Kinder bedienen sich des analogen Denkens in großem Umfang, denn es befreit sie von den Zwängen des Sozialisationsdrucks und den Einschränkungen des Alltags. Ein Stock wird zu einem Pferd, ein Stuhl zu einem Fahrzeug, ein Tisch zu einem Haus. Diese Gegenstände sind Analogien zu den realen Gegenständen, denn das Kind benutzt ihre funktionelle Ähnlichkeit: der Stock eignet sich eben zum Reiten, der Stuhl als Fahrzeug, weil man sitzt, und der Tisch zum Haus, weil man unter einem Tisch „wohnen" kann. Die Konstruktion fiktiver Realitäten durch das Kind bedeuten kreative Leistungen aus der Not heraus. Mit ihnen befreit sich das Kind von den Zwängen des Alltags (s. Kap. 10).

Phasen des kreativen Prozesses

Graham Wallas hat schon 1923 vier Phasen des kreativen Prozesses vorgeschlagen, die Sawyer (2006) noch um eine erweitert hat: Vorbereitungsphase, Inkubationszeit, Erleuchtung/Gedankenblitze, Überprüfung/Bewertung und Ausarbeitung.

Die Vorbereitungsphase führt zur Zielsetzung, Problembestimmung und zur Bereitstellung von Mitteln zur Lösung des Problems. Sie kann also lange Zeit in Anspruch nehmen. Wichtig für diese erste Phase ist eine klare und motivierte Zielsetzung, sonst „weiß" das Unterbewusste nicht, wonach es suchen soll. Die „Tests" in der TOTE-Einheit (s. Abb. 14.2) können nur durchgeführt werden, wenn sie eine Zielvorgabe haben. Die nachfolgende Inkubationszeit ist äußerlich eine Zeit der Ruhe, innerlich ein Rumoren und gedankliches Umherschweifen. Das Unterbewusste beschäftigt sich mit dem Problem, man trägt es mit sich herum. Es gibt viele berühmte Beispiele, dass sich der Einfall plötzlich und unerwartet einstellt. Kékulé soll die Ringformel im Halbschlaf (oder beim Aussteigen aus einer Kutsche) gefunden haben. Crick, der zusammen mit Watson die Doppelhelix der DNA-Struktur gefunden hat, berichtet in seinem Tagebuch, dass er frühmorgens im Labor am Schreibtisch mit Modellen der Basenpaare spielte und beim Herumschieben die entscheidende Idee hatte. Dem Nobelpreisträger Schrieffer fiel die mathematische Beschreibung des supraleitenden Zustands 1957 in der New Yorker U-Bahn ein. Bardeen, Erfinder des Transistors, und Träger zweier Nobelpreise in Physik, hatte den entscheidenden Einfall für die Idee der Supraleitung bei einem von seiner Frau veranstalteten Abendessen, zu dem ein schwedischer Gast eingeladen war. Bardeen, der während des ganzen Abends einsilbig war, erklärte seiner Frau hinterher lächelnd, dass ihm während des Abendessens die entscheidende Idee gekommen sei (Beispiele nach Laughlin 2009).

Nach der Erleuchtung, dem Aha-Erlebnis, wie es die Gestaltpsychologen genannt haben, kommt die kritische Bewertung. Hält der Einfall einer Überprüfung stand? Wie oft glaubt man, etwas Neues gefunden zu haben, das sich dann als Flop herausstellt. Fällt die Prüfung positiv aus, geht es in der letzten Phase um die Ausarbeitung der Idee, und in diesem Zeitabschnitt ist meist harte Arbeit angesagt. Edison bemerkte einmal: Kreativität ist 5 % Inspiration und 95 % Transpiration.

Natürlich laufen diese Phasen nicht bei allen kreativen Leistungen in dieser Form ab. Sie beziehen sich mehr auf Beispiele, in denen lange Zeit nach einem Ergebnis gesucht wurde. Die Alltagskreativität, die spontan benötigt wird, hat allenfalls solche Phasen en miniature.

Die kreative Persönlichkeit

Wir alle sind mehr oder minder kreativ, aber wie bei anderen Merkmalen auch, variiert Kreativität in ihrer Ausprägung und Höhe. Im Folgenden sollen Ergebnisse über Persönlichkeitsmerkmale von Hochkreativen dargestellt werden. In Kap. 8 haben wir drei Formen von Genotyp-Umwelt-Interaktion kennengelernt. Die dritte Form, nämlich die aktive Interaktion, ist für Kreative besonders bedeutsam. Der Genotyp sucht sich die Umwelt aus, die zu seinen Fähigkeiten und Möglichkeiten passt. Die Künstler lassen sich von dem kreativen Milieu anderer Künstler anregen, Wissenschaftler suchen Forschungsinstitute auf, in denen sie ihre Interessen verfolgen können, und Komponisten setzen sich mit dem Umfeld aktueller und früherer Musikproduktion auseinander. Das heißt also, dass sich Kreative zu den Bereichen („Domänen") Zugang verschaffen, die für ihren Bereich wichtig sind. Oft müssen sie diesen Zugang erst erkämpfen.

Andere Merkmale von Kreativen sind psychische Persönlichkeitsmerkmale. Zu ihnen gehören Offenheit, Sensitivität und Störbarkeit. Kreative sind mehr als der Durchschnitt offen für neue ungewohnte Eindrücke, sie erweisen sich als sensibel im doppelten Sinn. Zum einen bemerken sie Auffälligkeiten und Besonderheiten, über die andere hinwegsehen. Zum andern sind sie aber auch sensibel gegenüber Störungen. Eysenck (in Runco und Richards 1997) vermutet, dass Kreative eine schwächere Reizfilterung haben als weniger Kreative. Die Filterung durch das Gehirn dient dazu, dass wir nicht von Reizen überflutet werden, sondern unsere Aufmerksamkeit auf die relevanten Reize richten. Die Herabsetzung dieser Filterung erhöht die Störbarkeit, lässt aber die Verbindung zu entfernten Reizen oder Vorstellungen leichter zu. Shelly Carson et al. (2003) haben experimentell nachgewiesen, dass Eysencks Vermutung zutrifft. Die Probanden mussten verschiedene Aufgaben lösen, die Konzentration erforderten. Im Hintergrund wurden Störreize präsentiert, die die Probanden ablenken sollten. Kreative ließen sich stärker ablenken als weniger Kreative.

Neugier und Staunen als weitere Merkmale kreativer Personen erscheinen uns besonders plausibel, denn wenn man nach Neuem sucht und über Phänomene staunen kann, die andere gleichgültig lassen, hat man auch größere Chancen, etwas Neues zu finden. Dazu passt die Mischung aus Demut und Stolz, die Csikszentmihalyi (1997) und Sawyer (2006) beobachtet haben. Angesichts des Staunens über Phänomene und des geringen Wissens über sie kann man demütig werden. Zugleich erfüllt aber die Kreativen auch Stolz über ihre Leistungen. Des Weiteren vereinigen sie Leidenschaft mit Objektivität, d. h. sie setzen viel Energie ein und sind hoch motiviert, eine Lösung zu finden, aber ihre Leidenschaft gilt der Objektivität ihrer Funde, vor allem wenn es sich um Wissenschaftler handelt. Sie bringen das Kunststück fertig, trotz hoher Involviertheit und trotz hohen Einsatzes nur Ergebnisse gelten zu lassen, die einer objektiven Prüfung standhalten. Die Besonderheit kreativer Persönlichkeiten zeigt sich auch in ihrem Verständnis der Geschlechtsrolle. Sie sind eher androgyn und lehnen Rollenklischees ab. Sie sind Rebellen und Traditionalisten zugleich. Rebellen, weil sie Neues und Abweichendes zu denken und zu produzieren wagen, Traditionalisten, weil sie sich in vorhandenes Wissen vertiefen und den aktuellen Stand ihres Bereiches kennen müssen.

Immer wieder wird auch der Faktor Alter genannt. Hohe kreative Leistungen gäbe es nur im frühen Erwachsenenalter, so meinen viele Forscher und Unternehmer gleichermaßen. In der Tat zeigt ein historischer Überblick über wichtige kreative Hochleistungen sowie eine Sammlung wichtiger kreativer Beiträge der letzten 50 Jahre, dass die größte Häufigkeit von Erfindungen und Entdeckungen zwischen 20 und 35 Jahren liegt (Csikszentmihalyi 1997; Sawyer 2006). Schubert und Mozart hinterließen ein gewaltiges musikalisches Opus, obwohl sie nur Anfangs bzw. Mitte dreißig wurden. Einstein war 26, als er die Spezielle Relativitätstheorie veröffentlichte; Heisenberg formulierte sein Postulat der Unschärferelation ebenfalls mit 26. In der Computerbranche, an der Börse und bei Unternehmungsgründungen geht das Lebensalter in den letzten 10–15 Jahren permanent nach unten. Ein Grund für das mögliche Absinken kreativer Leistungen im Alter liegt darin, dass durch die permanente Anhäufung von Wissen mit fortschreitendem Alter der Blick für Neues eingeengt wird. Für alles scheint es bereits eine Lösung zu geben. Andererseits finden wir in der Geschichte eine Reihe von Beispielen für Kreativität im höheren Alter. Dies gilt für Kant genauso wie für Tizian und Kandinsky. Verdis Othello wurde 1887 in Mailand aufgeführt, da war Verdi 74 Jahre alt. Die Uraufführung von Falstaff genoss Verdi mit 80 Jahren. Kant veröffentlichte die Kritik der reinen Vernunft mit 56 Jahren, die Kritik der Urteilskraft mit 66 Jahren und die religionskritische Schrift „Das Ende aller Dinge" mit 70 Jahren. Kandinsky begann mit seiner revolutionären Malerei erst nach dem Alter von 40 Jahren. Das Bild ‚Autour du cercle' malte Kandinsky mit 74 Jahren, ‚Accord réciproque' entstand 1942, als Kandinsky 76 Jahre alt war

14.2 Kultur und Kreativität

Während wir Kreativität beim Individuum generell als die eigenständige Produktion von etwas Neuem definiert haben, engt sich die Kreativität unter der Kulturperspektive ein als neuer Beitrag für die Kultur. „Kreativ" ist eine Leistung nur dann, wenn sie vorübergehend oder dauernd Bestandteil der Kultur wird. Der Beitrag muss also von der Kultur akzeptiert werden. In der Menschheitsgeschichte gibt es einige große Entwicklungsschritte, die zugleich kreative qualitative Sprünge bedeuten. Der erste Schritt ist die Nutzung von Sekundärwerkzeugen zur Herstellung von Primärwerkzeugen, wie er im einfachsten Fall beim Zurechtschlagen des Faustkeils vorliegt (s. Kap. 3). Der zweite Schritt kann in der Nutzung des Feuers gesehen werden, da das mit Feuer gekochte Fleisch besser verdaulich war und die Gehirnentwicklung begünstigte. Zudem bot es Schutz vor wilden Tieren und vor Kälte und erhöhte die Überlebenschancen. Der dritte große Schritt besteht im Aufkommen von Kunst und Religion, weil nun eine zweite Form der Repräsentation von Welt kreiert wurde: Symbole und Zeichen, die für etwas anderes stehen. Einen weiteren Entwicklungsschritt bedeuteten die Sesshaftigkeit und die mit ihr verbundene neue Wirtschaftsform von Ackerbau und Viehzucht, denn damit erst war die Grundlage für die Entstehung von Hochkulturen geschaffen. Von da an konnte sich menschliches Wissen in großem Ausmaß vermehren und in neue Regionen vorstoßen. Schließlich kann man die Entstehung und Entwicklung der Wissenschaften im antiken Griechenland und während der Renaissance als letzten großen Entwicklungsschritt auffassen. Mit den Naturwissenschaften und der Mathematik hat sich, wie wir im vorigen Kapitel gezeigt haben, der Mensch über die von der Evolution vorgesehenen Routinen hinaus entwickelt.

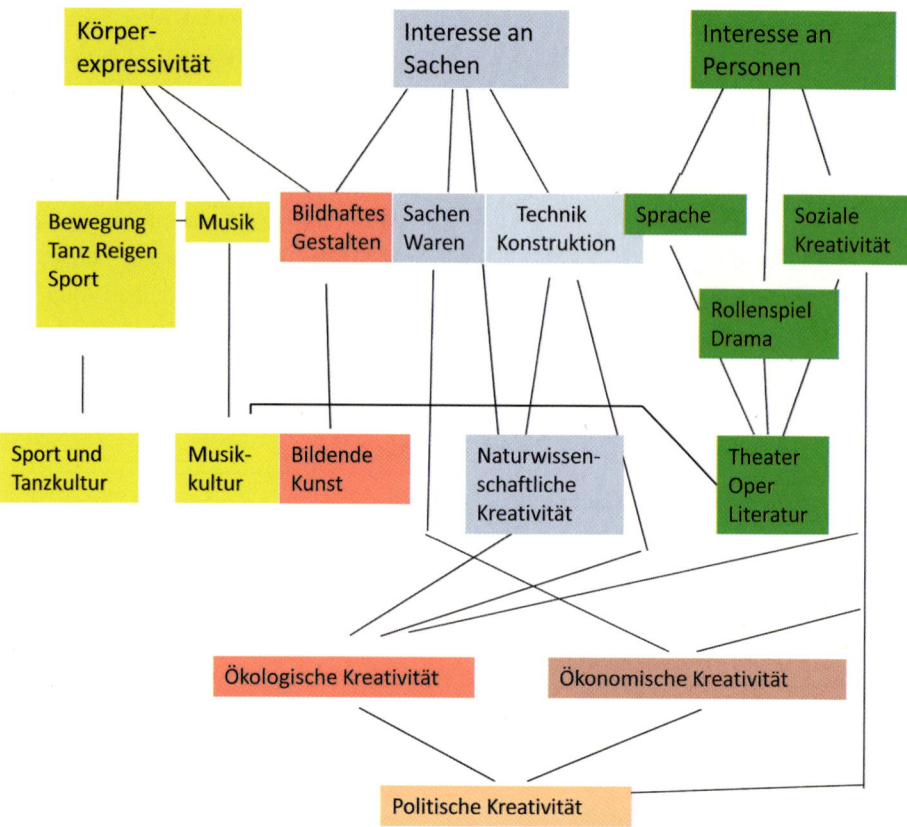

Abb. 14.4 Wichtige Bereiche (Domänen) von Kreativität und ihr Zusammenhang mit menschlichen Handlungsinteressen

Domänen der Kreativität

Kulturen sehen unterschiedliche Möglichkeiten kreativer Entfaltung vor. Für unsere westlichen Kulturen vermittelt Abb. 14.4 einen systematischen Überblick über wichtige Bereiche. Die Einteilung geht von den menschlichen Fähigkeitsbereichen aus und verbindet sie mit den „Domänen". Ein Ausgangspunkt für kreative Domänen ist das Bedürfnis, sich körperlich auszudrücken. Dafür hält die Kultur Möglichkeiten des Sports, des Tanzes und der Musik bereit, die dann in Bereiche der Hochkultur einmünden: Ballett, Konzert, Hochleistungssport. Eine andere kreative Quelle ist das Interesse an Sachen, das sich bereits im ersten Lebensjahr ausdifferenziert. Hier finden sich die kulturellen Bereiche der Technik, der Warenproduktion, aber auch des bildhaften Gestaltens. Letzteres greift natürlich auch auf die Körperexpressivität zurück (subjektivierende Vergegenständlichung, s. Kap. 12). In Hochform erreicht dieser Kreativitätsbereich die bildende Kunst und die Naturwissenschaften einschließlich der Mathematik. Schließlich

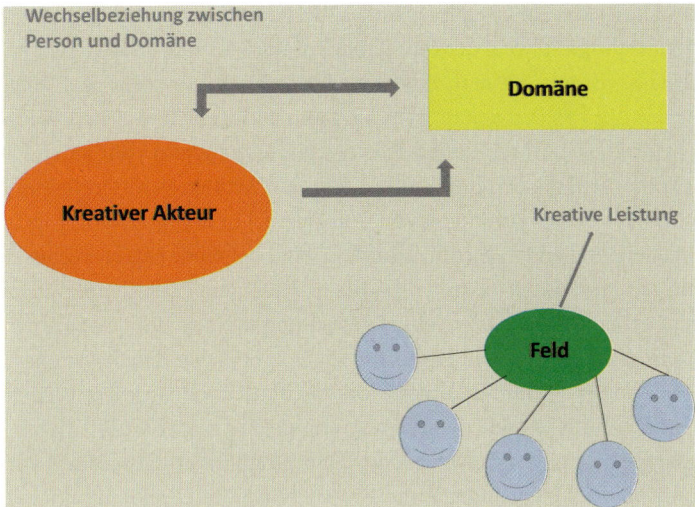

Abb. 14.5 Das Zusammenspiel von Individuum, Domäne und Feld bei kultureller Kreativität

gibt es noch das Interesse an Personen als Ausgangspunkt für Kreativität. Hier sind die kulturellen Bereiche von Sprache und sozialer Kreativität anzusiedeln. In kultureller Hochform führt dieser Kreativitätsbereich zu Theater, Oper (hier muss die Verbindung zum Musikbereich mitgedacht werden) und Literatur.

Interessant werden aus dieser Perspektive komplexe Formen der Kreativität, wie ökologische, ökonomische und politische Kreativität. Sie vereinigen eine Vielfalt der zuvor aufgelisteten Kreativitätsbereiche, kein Wunder, dass wir in diesen komplexen Domänen mit großen Schwierigkeiten des Auffindens neuer Lösungen zu kämpfen haben.

Das Zusammenspiel von Individuum, Domäne und Feld

In unserer Kultur wirken drei Komponenten beim Zustandekommen kreativer Leistungen mit (Csikszentmihalyi 1997): das kreative Individuum (1), das in einer bestimmten Domäne (2) schöpferisch tätig ist und dessen Leistung aber von Fachleuten, die das „Feld" (3) bilden, begutachtet wird. Dieser Zusammenhang ist in Abb. 14.5 dargestellt. Die Person steht in Wechselbeziehung zu ihrer Domäne, in der sie im Regelfall Experte ist. Gewöhnlich sind Personen nur in einer oder zwei Domänen kreativ, weil sie nur in wenigen Bereichen Expertise erwerben können. Dabei entstehen kreative Leistungen, die aber nun nicht automatisch Bestandteil der Kultur werden. Zwischengeschaltet ist die Instanz des „Feldes". Es besteht aus Experten einer bestimmten Domäne, wie der Physik oder Chemie oder der industriellen Produktion. Das Feld entscheidet, ob ein Beitrag wertvoll und brauchbar ist. Es ist bekannt, dass Experten sich täuschen können und dass auf diese Weise wertvolle Entdeckungen und Erfindungen zunächst unbeachtet blieben. So musste der Mathematiker Mandelbrot lange darum kämpfen, bis seine Fraktale-Theorie anerkannt wurde. Heute bildet sie einen wichtigen Zweig der Mathematik und dient sogar dem besseren Verständnis von Kreativität (Binnig 1997). Erathostenes berechnete vor mehr als 2.200 Jahren den Erdradius um wenige Prozent genau, aber niemand konnte sich bis in die Neuzeit vorstellen, dass die Erde eine Kugel sei. Robert Koch wurde als Landarzt von seinen Fachkollegen nicht ernst genommen, als er seine Entdeckung der Bazillen veröffentlichte. Erst jüngst wurde die bahnbrechende Entdeckung von Daniel Shechtman durch den Nobelpreis honoriert und seine Leistung endgültig anerkannt. Er fand bei einer Legierung aus Aluminium und Mangan eine „verbotene" Symmetrie, die es nach dem bisherigen Wissen über Kristallgitter nicht geben durfte. Als er seine Entdeckung im Jahr 1982 machte, wurde er von seinen Kollegen belächelt. Sein Chef legte ihm sogar nahe, seine Arbeitsgruppe zu verlassen (Trageser 2011). Im Sektor der Literatur parodierte Mark Twain in seiner Novelle „Kapitän Stormfields Besuch im Himmel" die Missachtung großer literarischer Leistungen, indem er neben Shakespeare einen Schuster als größten Dramatiker aller Zeiten vorstellte, der auf Erden völlig unbeachtet geblieben war. Bryson (2005) beschreibt in seinem Buch „Eine Geschichte von fast allem" eine Vielzahl von Neuentdeckungen. Die meisten von ihnen wurden zunächst von der Fachwelt abgelehnt, bekämpft oder verlacht. Die Borniertheit des „Feldes" zieht sich durch die gesamte Wissenschaftsgeschichte hindurch.

Dennoch kann eine so komplexe Kultur wie die unsrige nicht auf die Begutachtung durch das Feld verzichten. Wer wirklich etwas Neues beitragen will, muss sich Expertise aneignen, die er meist nur in Jahren intensiver Arbeit aufbauen kann. In vielen Bereichen spricht man von einer Zehn-Jahres-Regel, d. h. man benötigt zum Erwerb der Expertise in einer hochentwickelten Domäne, wie etwas Physik und Chemie, zehn Jahre, um mitreden zu können. Erst mit der dadurch erworbenen Kompetenz, die die betreffende Person natürlich auch zum Mitglied des Feldes macht, kann sie ihre eigenen neuen Funde adäquat bewerten. Dies ist bei den oben genannten Beispielen immer der Fall gewesen. So verinnerlich die kreative Person die Maßstäbe, die in der betreffenden Domäne gelten, und sortiert den Schrott von vornherein aus. Die intensive Beschäftigung mit einer Domäne erzeugt eine hohe Motivation und hält die Begeisterung für die Fragestellung, die man jeweils verfolgt, lebendig.

Heute wird das Fehlurteil des Feldes abgeschwächt durch das Faktum, dass viele neue Errungenschaften das Ergebnis von Teamarbeit sind. Die meisten Neuveröffentlichungen haben mehrere Autoren als Urheber. Großforschung kann ohne eine Vielzahl von Mitarbeitern nicht mehr stattfinden. Erinnert sei an das Very Large Telescope in der Atacama-Wüste und den Large Hadron Collider bei Genf, auf die wir im vorigen Kapitel zu sprechen kamen.

Kreativität unter der Perspektive des Zusammenspiels von Individuum, Domäne und Feld kann meist nur zum Tragen kommen, wenn sich die kreative Person am richtigen Ort befindet und mit den richtigen Leuten in Kontakt kommt. Der richtige Ort für Naturwissenschaftler ist ein gutes Labor, indem hochkompetente Kollegen zusammenarbeiten. Für Paläontologen ist der richtige Ort eine Gegend, in der es fossile Funde gibt. Csikszentmihalyi und Sawyer fanden bei ihren Interviews mit Hochkreativen denn auch als eine der häufigsten Erklärungen: Ich habe eben Glück gehabt, zur richtigen Zeit mit den richtigen Leuten am richtigen Ort gewesen zu sein.

Kreativität lässt sich also unter sozio-kultureller Perspektive nicht mehr allein als individuelle schöpferische Leistung verstehen, sie kann sich nur im kulturellen Kontext realisieren. Das wohl faszinierendste Moment dabei ist der Zufall. Das zufällige Zusammentreffen von Bedingungen wird bei Befragungen Kreativer immer wieder hervorgehoben. Einige Beispiele mögen dies verdeutlichen (aus Bryson 2005). Mantell war Arzt und Amateurpaläontologe in England. Im Jahr 1822, als er einen Patienten in Sussex besuchte, entdeckte seine Frau auf einem Spaziergang in der Nähe einen kleinen braunen gebogenen Stein. Da sie dachte, das könne ihren Mann interessieren, nahm sie ihn mit. Mantell erkannte die Bedeutung des Fundes und folgerte kühn, dass es sich um den fossilen Zahn eines in der Kreidezeit lebenden Reptils handeln müsste (Bryson 2005, S. 113). Damit war er einer der Ersten, der die Existenz von Dinosauriern nachwies. Er sammelte fortan fossile Knochen, vernachlässigte seinen Arztberuf, aber den Ruhm ernteten andere. Ein ganz anderes Beispiel ist die Entdeckung der kosmischen Hintergrundstrahlung. Penzias arbeitete zusammen mit Wilson 1965 in Holmdel (New Jersey) mit einer großen Funkantenne. Dabei stießen sie auf ein Störgeräusch, das aus allen Richtungen kam und immer gleich war. Es beeinträchtige massiv ihre experimentellen Arbeiten. Sie riefen Robert Dicke von der benachbarten Princeton University an, der sofort erkannte, dass es sich um die seit längerem gesuchte kosmische Hintergrundstrahlung handeln musste. In zwei Artikeln wurde die Entdeckung publiziert. Der eine stammte von den beiden Entdeckern, der andere von Dicke, der erklärte, was die Entdeckung bedeutete. Nimmt man noch hinzu, dass Penzias 1939 aus Deutschland mit einem Kindertransport nach England fliehen konnte und zu seinen Eltern 1940 nach den USA gelangte, so zeigt sich einmal mehr, dass eine ganze Kette von glücklichen Umständen zu einem bestimmten kreativen Ergebnis führen kann.

Natürlich gibt es auch Anekdoten, die man nicht so ernst nehmen darf. So soll Einstein 1907 beobachtet haben, wie ein Arbeiter vom Dach fiel und sich daraufhin mit der Gravitation beschäftigt haben. Die Gravitation war aber die folgerichtige nächste Frage, die sich nach der Speziellen Relativitätstheorie stellte. Newton soll auf die Gravitation gestoßen sein, als ihm ein Apfel vom Baum auf die Nase fiel. Bryson (2005, S. 66) berichtet dazu eine andere Geschichte, die noch abenteuerlicher klingt, aber offenbar wahr ist. Er zitiert aus dem Tagebuch eines Newton-Vertrauten namens DeMoivre:

Beispiel

Im Jahr 1684 kam Dr. Halley zu Besuch nach Cambridge, und nachdem sie eine gewisse Zeit zusammen verbracht hatten, fragte ihn der Dr., wie seiner Ansicht nach die Kurve aussehen müsste, welche die Planeten beschreiben, wenn man unterstellt, dass die Anziehungskraft der Sonne umgekehrt proportional zum Quadrat ihrer Entfernung ist. Sir Isaac Newton erwiderte sofort, es müsse eine Ellipse sein. Vor Freude und Verblüffung überwältigt, fragte ihn der Dr., woher er das wisse. „Nun,", erwiderte er, „das habe ich berechnet". Woraufhin Dr. Halley ihn unverzüglich nach seiner Berechnung fragte. Sir Isaac suchte sie zwischen seinen Papieren, konnte sie aber nicht finden. Er versprach aber Halley, sich die Berechnung noch einmal vorzunehmen. Das tat er auch, allerdings brauchte er dazu zwei Jahre, weil er seine gesamte Physik niederlegte und die berühmte Philosophia naturalis principia mathematica (bekannt als Principia) schrieb.

Kreativität im Team

Wie schon im vorigen Kapitel hervorgehoben, werden heute neue Errungenschaften durch die Kooperation vieler erreicht. Dabei verteilt sich nicht nur die Expertise, sondern auch die kreative Leistung. Durch das Zusammenführen von Ideen aus verschiedenen Bereichen kommt es zum wissenschaftlichen oder technischen Fortschritt. Die Notwendigkeit der Einsparung von Gewicht und Platz bei der Raumfahrt erzwang die Entwicklung kleiner Computer, die natürlich nicht von Raumfahrtexperten, sondern von Computerexperten entworfen wurde. In manchen Autofabriken werden sämtliche Mitarbeiter eines Bereichs bei der Entwicklung neuer Lösungen beteiligt. Die Ingenieure erhalten so Ideen von den Facharbeitern und Monteuren. Obwohl also nach wie vor einzelne Hervorragendes zustande bringen und mehr als andere kreative Leistungen vorweisen können, gilt heute bei vielen praktischen Problemen häufig die Feststellung: „Der Durchschnitt ist besser als das Genie."

Auch im künstlerischen Bereich stehen vielfach kreative Gruppenleistungen im Vordergrund. So berichtet Sawyer (2006) über eine Untersuchung zu kreativen Leistungen während der Produktion eines Filmes. Es zeigte sich, dass fünfzig Personen kreative Beiträge zur Entstehung des Filmes beisteuerten. Regisseur und Drehbuchautor sind keineswegs die einzigen, die bestimmen, was aus einem Film wird. Kameraleute, Beleuchter, Designer, Techniker für besondere Effekte und last not least Schauspieler gestalten den Film mit. Bei Jazz-Ensembles und Bands wird die kreative Gruppenleistung unmittelbar evident. Das aufeinander abgestimmte improvisierende gemeinsame Musizieren macht die musikalische Leistung aus.

In Betrieben wird Teamkreativität immer wichtiger. Deshalb fragt man sich natürlich, unter welchen Bedingungen Teams besonders effizient sind. Im Folgenden sei an einem Untersuchungsbeispiel demonstriert, wie sich erfolgreiche Gruppen von erfolglosen unterscheiden.

Beispiel

Scholl (2004) hat 21 Gruppen gebildet und ihnen eine schwere Aufgabe zur Bearbeitung vorgelegt. Die Gegenüberstellung der vier erfolgreichsten und der vier am wenigsten erfolgreichen Gruppen erbrachte deutliche Unterschiede, die in Tab. 14.2 zusammengefasst sind. Interessanterweise vertrugen die erfolgreichen Gruppen interne Widersprüche eher und zeigten trotz der Schwierigkeit der Aufgabe positive Emotionen. Die erfolglosen Gruppen hatten stärker harmonisierende Tendenzen und beklagten, dass die Aufgabe mit zu vielen Schwierigkeiten behaftet sei.

Tab. 14.2 Gegenüberstellung der vier erfolgreichsten und vier am wenigsten erfolgreichen Gruppen bei der Bearbeitung einer komplexen Aufgabe (Scholl 2004)

erfolgreich	erfolglos
konstruktiv, innovative Vorschläge	harmonisierend, sich wechselseitig bestätigend
zielorientiert, erst planungs-, dann produktorientiert	lageorientiert, bei Planung verharrend
Lösungssuche – Bewertung – neue Diskussion	lange Schleifen – emotionale Lösungssuche
positive Emotionen	Klagen, die sich später noch steigerten

Innovation als Merkmal einer Kultur

Innovation und Kreativität sind nicht das Gleiche. Von Innovation sprechen wir, wenn eine neue Idee, die sich als nützlich erweist, in die Praxis umgesetzt und von der Gesellschaft oder einer maßgeblichen Gruppe der Gesellschaft als wertvoll und wünschenswert angesehen wird. Zur Innovation gehören daher vier Bedingungen:

a. Personen, die das Neue kreieren,
b. Verbündete, die das Neue implementieren helfen,
c. Rahmenbedingungen, die diese Implementierung ermöglichen, und
d. eine Bevölkerungsgruppe, die das Neue akzeptiert und nutzt.

Obwohl wir auch bei Kreativität als Definitionskriterium die Übernahme des Neuen durch die Kultur genannt haben, können kreative Ergebnisse ohne praktische Wirkung bleiben. Sie sind zwar dann Bestandteil der Kultur, verändern aber gesellschaftliche Praxis nicht. Viele wissenschaftliche Erkenntnisse erfahren dieses Schicksal. Selbst umwälzende wissenschaftliche Neuerungen, wie die Quantenphysik, blieben zunächst ohne praktische Folgen. Sofern ihre Nutzung für die Computertechnologie möglich wird, würde auch sie zu einer Innovation beitragen. In Abb. 14.6 sind die vier Bedingungen veranschaulicht. Bei der Bedingung „Verbündete" ist die Finanzierung angegeben, es könnte aber ebenso die Zurverfügungstellung von Räumen oder Bauflächen sein.

Dieses Modell lässt sich auch auf die Frühzeit der Menschheitsentwicklung anwenden. Die Kreativen erfanden die Werkzeuge, z. B. den Faustkeil. Als Rahmenbedingung waren die richtigen Steinsorten vonnöten, also härtere Steine, mit denen man den weicheren Stein bearbeiten konnte. Auch Interessenten und Abnehmer musste es geben. Wir haben auf die Möglichkeit hingewiesen, dass angesichts der riesigen Zahl von Faustkeilen und ihrer teilweise praktischen Unbrauchbarkeit Frauen als Abnehmer fungierten, denen die Männer die Faustkeile als Geschenk anboten. Verbündete für das neue Produkt gab es wohl erstmals bei komplizierteren Werkzeugen, deren Herstellung eine Woche und länger dauerte, wie das beim Speer des Homo heidelbergensis der Fall war (s. Kap. 3). Der Werkzeugmacher musste zumindest zeitweilig von den üblich anfallenden Arbeiten befreit

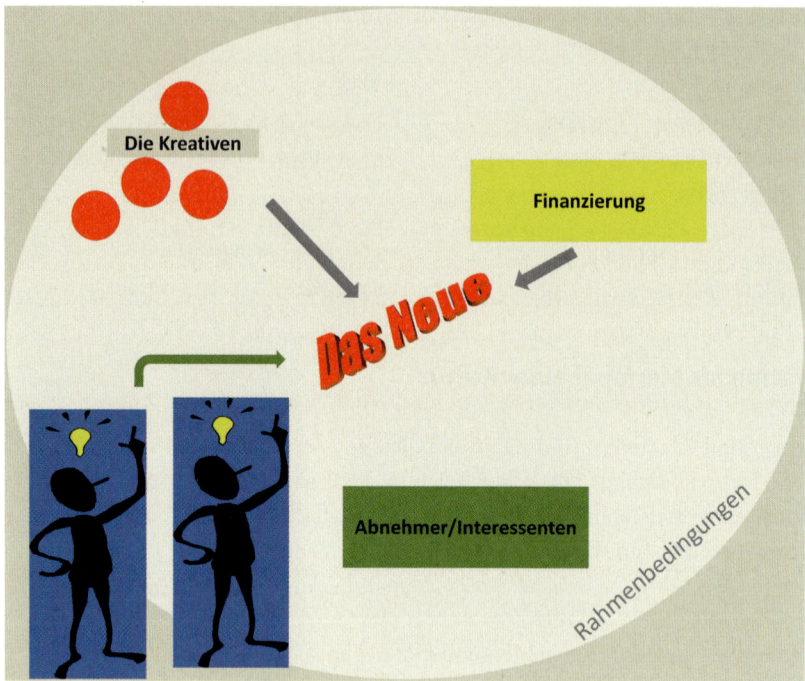

Abb. 14.6 Vier Bedingungen für Innovation in unserer Gesellschaft

werden, um sein Werk fertigstellen zu können. Die „Verbündeten" waren also in diesem Fall die Horde oder Gruppe, die Arbeitsteiligkeit ermöglichte.

Kulturen unterscheiden sich beträchtlich hinsichtlich der Geschwindigkeit des Auftretens von Innovationen. Insgesamt aber gibt es den Trend einer exponentiellen Beschleunigung. Das Hackmesser, die einfache Form des Faustkeils, hielt sich 1 ½ Millionen Jahre. Der Faustkeil mit einer Fertigung von mehreren Arbeitsgängen (s. Kap. 3, Abb. 3.2) existierte mindestens eine halbe Million Jahre. Dann kam es bereits zu einer Beschleunigung in der Produktion der Vielfalt von Werkzeugen. Noch rascher ging die Entwicklung seit Beginn der Sesshaftigkeit des Menschen vor zehn- bis zwölftausend Jahren voran. Während der Renaissancezeit gab es einen massiven Schub in der Nutzung wissenschaftlicher Erkenntnisse. Das 19. Jahrhundert brachte eine rasante industrielle Entwicklung mit der Nutzung der Elektrizität, der Dampfkraft und schließlich des Öls als Antrieb. Im 20. Jahrhundert gab es mehr technische Innovationen als in der gesamten Menschheitsgeschichte zuvor. Sie reicht von der maschinellen Fortbewegung auf der Erde über das Fliegen bis zur Raumfahrt, vom Telefon bis zum Internet, von einfachen Rechenmaschinen bis zu Computern mit milliardenfach höherer Geschwindigkeit in der Informationsverarbeitung. Leider halten Innovationen im sozialen und wirtschaftlichen Bereich mit dieser Entwicklung nicht Schritt. Auch unser Bildungswesen bräuchte Innovationen weit über das hinaus, was bislang geschieht.

Das Genie – ein Erfindung der westlichen Kultur?

Wir haben feststellen müssen, dass Kreativität nicht allein Sache des schöpferischen Individuums ist, sondern in Wechselwirkung zur jeweiligen Kultur steht. In unserer Kultur dominiert dennoch das Bild vom Genie, das aus sich heraus – vielleicht sogar durch göttliche Eingebung – zu seinen Leistungen gelangt. In vielen Kulturen ist das anders. Sawyer (2006) nennt als Beispiel die Kaste der Merawi-Maler in Indien. Sie stellen religiöse Bilder, also Heiligen- und Götterbilder, in verschieden hoher Qualität her. Die billigsten Produkte sind Massenware und werden von einer bestimmten Untergruppe der Merawi-Kaste angefertigt. Dann gibt es Bilder mit höherer Qualität, die als wertvoller angesehen werden und daher auch teurer sind. Schließlich gibt es sehr hochwertige Produkte, die einzelne Künstler anfertigen und für die ein hoher Preis verlangt wird. Die Kaste der Merawi wird nun aber nicht nach Begabung einzelner Künstler gebildet, es gibt keinen Zutritt von außen. Man muss vielmehr in die Kaste hineingeboren sein. Im Laufe der individuellen Entwicklung wachsen die Kinder und Jugendlichen zu Experten heran, sie werden nicht aufgrund ihrer Begabung, sondern ihrer Kastenzugehörigkeit zu Künstlern.

Im Abendland hat der Individualismus von Anfang an große Bedeutung. Die Leistungen einzelner werden anerkannt und bewundert. Ab der Renaissancezeit gewinnt der Begriff des Genies an Bedeutung. Er wird zunächst ausschließlich auf die bildende Kunst bezogen. Das Genie ist die aus sich selbst heraus schaffende Künstlerpersönlichkeit. Sie vollendet die Natur, die sich selbst nicht vollenden kann. Leibniz (Ausg. 1967), der die Idee möglicher Welten einführt und die bestehende Welt als die beste aller möglichen Welten ansieht, kennzeichnet das Genie als Schöpfer möglicher Welten und damit als eine Art Gott (poeta alter deus: der Dichter als anderer Gott). Kant löst in seiner Kritik der Urteilskraft (Ausg. 1996) das Spannungsverhältnis von Natur und Kunst, indem er das Genie als die Instanz bezeichnet, bei der die Natur der Kunst die Regel vorschreibt:

> Genie ist das Talent (Naturgabe), welches der Kunst die Regel gibt. Da das Talent als angeborenes produktives Vermögen des Künstlers selbst zur Natur gehört, so könnte man sich auch so ausdrücken: Genie ist die angeborene Gemütsanlage (ingenium), durch welche die die Natur der Kunst die Regel gibt. (op. cit., S. 81).

Im Gedicht „Prometheus" kennzeichnet Goethe das Genie als Menschen, dessen Herz vor Leidenschaft und Schaffenskraft glüht, analog zu Prometheus, der göttergleich und sich gegen die Himmlischen auflehnend den Menschen die Glut des Feuers bringt, das nicht nur die Grundlage für die materielle kulturelle Entwicklung ist, sondern auch eine Metapher für den schöpferischen Geist des Menschen. Im Faust II wird das Genie in humanistisch abgeklärter Form dargestellt. Nicht mehr die Glut des Gefühls, der Emotionen steht im Vordergrund, sondern die edle ausgeglichene, Gefühl und Verstand vereinende Kraft des schöpferischen Geistes (als Literatur zu dem Geniebegriff sei empfohlen: Scheidt 2005; Goldschmit-Jentner 1939; Fechner 1991).

Damals gab es den Geniebegriff noch nicht für die Wissenschaft. Erst im 19. Jahrhundert wird der Genie-Begriff auch auf Wissenschaftler ausgedehnt. Die für normale Sterbliche oft unbegreifliche Überlegenheit des Genies, seine Größe und seine übermenschliche Leistung rücken es in die Nähe des Göttlichen. Für Friedrich Wilhelm Schelling ist das Genie denn auch ein Stück von der Absolutheit Gottes.

Die Psychologie sieht den Genie-Begriff nüchterner. Zunächst verzichtet sie auf die Bezeichnung „Genie" und untersucht, wie bereits oben beschrieben, Hochkreative und ihre Leistungen. Die allgemeine Annahme ist, dass sich Hochkreative in den Denk und Schaffensprozessen nicht vom normalen Sterblichen unterscheiden. Vor allem Weisberg (1989) versucht an zahlreichen Beispielen zu belegen, dass die Denkprozesse bei Hochkreativen nicht anders als die bei weniger Kreativen beschaffen sind. Er beginnt daher sein Buch mit dem Kapitel „Der Mythos Kreativität".

Psychologisch interessanter erscheint vielen Autoren die Frage, ob Genie und psychopathologische Erscheinungen zusammenhängen. Mark Runco und Ruth Richards (1997) haben einen Sammelband herausgegeben, in dem eine Reihe von Autoren sich mit der alten und auch heute noch verbreiteten Vorstellung von der Nähe zwischen Genie und Wahnsinn beschäftigen und empirisch prüfen, ob da etwas dran ist. Es zeigt sich, dass die bereits oben beschriebene Störbarkeit viel weiter reicht als ein fehlendes Wahrnehmungsfilter. Besonders affektive Störungen (manische-depressive Erkrankungen) finden sich häufig bei großen Künstlern, Musikern und Schriftstellern. Nancy Andreasen (2008) behauptet, dass 80 % der bedeutenden Schriftsteller, deren Biografie sie herangezogen hat, unter affektiven Störungen litten. Kay Redfield Jamison (1993) berichtet, dass ein Drittel der von ihr herangezogenen britischen Schriftsteller affektive Störungen aufwies. Arnold Ludwig (1995) kommt zu ähnlichen Ergebnissen, betont aber, dass psychiatrische oder psychische Störungen nicht bei Naturwissenschaftlern beobachtet wurden. Da fallen uns spontan Künstler (Van Gogh), Musiker (Tschaikowski, Schumann) und Schriftsteller (Kafka) ein, die in dieses Bild passen.

Aber die Störbarkeit bis hin zu psychiatrischen Krankheiten ist keine notwendiges und noch weniger ein hinreichendes Merkmal für hohe Kreativität. Viele große Genies weisen keine psychopathologischen Tendenzen auf. Man denke nur an Michelangelo, Goethe, Bach und Einstein. Wir haben den Aspekt der Nähe zu Pathologie in diesem Abschnitt platziert, weil die Sensitivität von Hochkreativen und ihre Störbarkeit in Verbindung zum kulturellen Umfeld gesehen werden muss. Kreative sind ihrer Zeit voraus oder sie leiden an ihrer Zeit. Ihre eigene Gedanken- und Bilderwelt steht oft im Widerspruch zu dem, was sie um sich wahrnehmen. Genie und Alltagswelt befinden sich in einem Spannungsverhältnis. Hochkreative haben Schwierigkeiten, sich einfach anzupassen, vor allem, wenn ihre Umwelt nicht ihre Größe und Bedeutung erkennt. Selbst Johann Sebastian Bach, dessen Leben uns als unauffällig und angepasst erscheinen mag, erfreute sich im Leipziger Magistrat keiner großen Beliebtheit, zumal er den zahlreichen Aufgaben, die ihn vom Komponieren abhielten, nur ungern nachkam. Da er oft Werke verfasste, die nur einmal zur Aufführung gelangten, versuchte er, sie in anderen kompositorischen Zusammenhängen unterzubringen. So ist beispielsweise der erste Teil des Weihnachtsoratoriums aus der Glückwunschkantate der Kantate BWV 213– Lasst uns sorgen, lasst uns wachsen (Hercules auf dem Scheidewege) zusammengestellt. Weitere Teile stammen aus den weltlichen Kantaten BWV 214– Tönet, Pauken! Erschallet, Trompeten! und BWV 215– Preis dein Glücke, gesegnetes Sachsen! Die Unterbringung von nur ein einziges Mal aufgeführten Werken im Weihnachtsoratorium sicherte ihnen bleibenden Wert. So sorgte Bach dafür, dass sie noch heute regelmäßig erklingen und uns Freude bereiten. Schubert hat sicher sehr darunter gelitten, dass seine Werke nicht die Anerkennung fanden wie die seiner großen Vorbilder Mozart und Beethoven. In vielen seiner Spätwerke ist diese Entfremdung zu spüren (z. B. im Liederzyklus „Die Winterreise"). Heinrich Kleist schrieb in seinem Abschiedsbrief vor seinem Suizid: „Die Wahrheit ist, dass mir auf dieser Erde nicht zu helfen war" und drückt damit die Distanz zwischen sich und der übrigen Welt aus.

Resümee

Genie und Gesellschaft stehen im Wechselverhältnis zueinander. Wenn die Gesellschaft Hochbegabten und Hochkreativen eine Sonderstellung zuweist, sie als Vollendung oder doch weit überhöht und damit weit entfernt vom Durchschnitt wahrnimmt, stehen Genies stellvertretend für die Ideale des Menschen. Während früher das Genie in die Nähe des Göttlichen rückte, hat es in der Gegenwart eine Profanisierung erfahren. Die Rock- und Popstar, die Filmgrößen und die Fußballstars sind die neuen Idole der Gesellschaft. Durch die Medien Film und Fernsehen hat sich diese Sichtweise globalisiert. Heute gibt es in fast allen Regionen der Erde Stars, die man bewundert und anhimmelt. Die großen Genies in Wissenschaft und Kunst sind demgegenüber etwas in den Hintergrund getreten.

Die Nähe des Genies zu psychopathologischen Störungen ist für viel Hochbegabte oder Hochkreative nachgewiesen. Solche Störungen haben aber auch allemal mit dem Spannungsverhältnis zwischen Genies und Gesellschaft zu tun. Das Genie lebt in einer anderen Welt und nimmt nicht selten die Zukunft einer neuen Kultur vorweg. So kann es zur Vereinsamung von Kreativen kommen.

Mythen – wie die Kultur Ontogenese und Evolution kreativ vereint

Wenn man Kreativität mit Originalität gleichsetzt, die weit weg von unseren Alltagsvorstellungen Ideen produziert, so sind die Mythen der Völker ein Prototyp für kulturelle Kreativität. Die folgenden Beispiele entstammen dem Buch „Das Kraftfeld der Mythen" von Norbert Bischof. Am besten zuordenbar und nachvollziehbar sind die Schöpfungsmythen. Sie bieten Erklärungen an, wie die Welt entstanden ist und wie der Mensch in die Welt kam. Neben dem Schöpfungsmythos der drei großen monotheistischen Weltreligionen gibt es zahllose andere Mythen, die die Entstehung der Erde und des Menschen als Geschichte von Akteuren darstellen. Eine große Gruppe von Schöpfungsmythen lässt den Anfang als Chaos erscheinen, als wüste Wasserfläche und als Dunkelheit, z. B. bei den Huronen, in Sibirien, in indischen Texten und bei den Omaha-Indianern. Chaos drückt sich im Mythos in Unordnung, Finsternis, Leere, vor allem aber im Wasser aus. Im taoistischen Weltentstehungsmythos glich das All vor der Schöpfung einem Hühnerei, in dem

Eiweiß und Dotter vermischt waren. Die Schöpfung beginnt, indem sich aus diesem Chaos etwas Materiell-Substanzielles ausgliedert: eine Insel, die aus dem Meer auftaucht, ein Ei, aus dem Himmel und Erde gebildet werden, ein Fels, der aus der Tiefe hervorbricht u. Ä. Während manche Mythen die Entstehung der Erde als spontanes Geschehen auffassen, schildern andere detailliert das Vorgehen von Akteuren als Urheber. Der Schöpfergott der Bibel schwebt über den Wassern und spricht: Es werde Licht. Danach erschafft Gott Schritt für Schritt die Welt in für uns unlogischer Reihenfolge, denn die Sterne werden nach den Tieren erschaffen. Im Schöpfungsmythos der Burjäten gebietet der große Geist einem Vogel, hinabzutauchen und Erde aus der Tiefe zu holen. Bei den Ostjaken ist es ein großer Schamane, der die Wasservögel beauftrag, Erde herbei zu schaffen, damit er sich niederlassen kann. Im Schöpfungsmythos der Huronen fällt ein Weib vom Himmel, das ihr Mann zur Strafe hinabgestoßen hat. Die Tiere der Wasserwelt bemühen sich um ihre Rettung. Sie tauchen auf den Meeresgrund, um Erde heraufzuholen, auf der das Weib leben kann. Im ägyptischen Schöpfungsmythos ist es Atum-Re, der Sonnengott, der keine Stelle im Wasser findet. Er schafft sich den Urhügel, um sich auf ihm niederzulassen. Im taoistischen Mythos entsteht in der Mitte des (chaotischen) Eies der Demiurg, Der wächst und wächst, bis er das Weltei selbst in der Hand halten kann.

Es gibt also eine breite Übereinstimmung bei Völkern an weit voneinander entfernten Orten hinsichtlich der Erklärung der Entstehung der Welt, und zwar in doppelter Hinsicht. Zum einen wird der Zustand vor der Schaffung der Welt als Chaos, Unordnung beschrieben und die Entstehung der Welt als eine erste Art von Ordnung, von Form oder Struktur verstanden. Zum zweiten werden die beiden Zustände von Chaos und Struktur mit ähnlichen Bildern dargestellt; das Chaos als Wasser, Sumpf, Dunkelheit, die Struktur als Insel, Ei oder Blume (aus der dann ein Gott aufsteigt, wie im indischen Mythos).

Nun gibt es aber neben den Schöpfungsmythen eine Vielzahl anderer Mythen in Form von Erzählungen über Akteure und ihre Abenteuer. In unserem Kulturkreis sind die griechischen Mythen am bekanntesten, gefolgt wohl von den germanischen Göttersagen. Norbert Bischof entwickelt in seinem umfangreichen Werk „Das Kraftfeld der Mythen" eine sehr interessante Idee, mit deren Hilfe er eine Vielzahl von Mythen zusammenordnen kann. Er behauptet, dass die von ihm ausgewählten Mythen, einschließlich der bereits beschriebenen Schöpfungsmythen, die menschliche Entwicklung bis zum Erwachsenenalter widerspiegeln.

Bischof geht von einem anthropologischen Konfliktpotenzial aus, das sich in der menschlichen Entwicklung diachron, d. h. in zeitlicher Folge entfaltet. Jede Entwicklungsphase birgt in sich Spannungen, die universell für alle Kulturen existieren. Dabei sind Mythen spannungsreduzierende Deutungsmuster, die sich über Jahrtausende halten, so lange eben, wie sie ihren Dienst erfüllen. Heute helfen sie uns nicht mehr weiter und haben daher ihre Funktion verloren. Mythen sind nach Meinung Bischofs Meme, die sich in der Kultur analog zu Genen fortpflanzen. Wir haben Meme bereits in Kap. 6 ausführlich besprochen. Mythen wären also ein treffliches Beispiel für Meme. Bischof begründet damit, warum sich Mythen lange Zeit halten, aber auch, warum sie sich im Laufe der Zeit wandeln.

Bischof bringt die Entstehung der Welt aus dem Chaos mit der Herausbildung des Ich in der frühen Kindheit in Verbindung. Das Kind befindet sich noch in enger Symbiose mit der Mutter, was mythologische Bilder, wie der Uroborus, ausdrücken. Der Uroborus wird als Schlange dargestellt, die sich in den Schwanz beißt und damit die Geschlossenheit, das Einssein und die Harmonie der psychischen Welt symbolisiert. Dieses symbiotische Stadium, so Bischof, dauert bis etwa 18 Monate. Danach wird sich das Ich seiner selbst bewusst (Spiegelversuch, s. Kap. 8). Bischof deutet die Kinderzeichnung des Kopffüßlers mit strahlenförmig nach außen laufenden Strichen oder Tentakeln als Selbstdarstellung mit einer Gloriole, die die Seele symbolisiert, und sieht Parallelen zu mittelalterlichen Mariendarstellungen mit Gloriolen um das gesamte Haupt. Wir haben in Kap. 12 die Deutung dieser Zeichnung offengelassen.

Die in den Mythen immer wieder auftauchende Trennung von Himmel und Erde deutet Bischof als Trennung von Vater (Himmel) und Mutter (Erde) im Erleben des Kindes. Obwohl diese Vermutung auf den ersten Blick eher weithergeholt erscheint, legen Bischof und seine Frau Bischof-Köhler empirische Evidenz für die Richtigkeit dieser Annahme vor. Sie ließen Kinder an einer Wandtafel zwei Halbkreise befestigen. Untersucht wurden Kinder von $2^{3}/_{4}$ Jahren bis 8 Jahren. Während die jüngste Gruppe beide Halbkreise zu einem Kreis zusammenfügten, kam es bei den dreijährigen Jungen zu einer maximalen Trennung beider Teile, die sich dann in den folgenden Jahren wieder allmählich verringerte. Die Mädchen vergrößerten die Distanz erst allmählich und hatten das Maximum mit etwa sechs Jahren erreicht. Diesen Geschlechtsunterschied deutet Bischof dahingehend, dass Mädchen die Trennung beider Elternteile und die damit verbundene Spannung erst später erfahren. Erspart bleibt sie ihnen jedoch nicht.

Diese merkwürdige Symbolik von Himmel und Erde, die sich in zahllosen Mythen findet, bringt Bischof mit dem Ödipuskonflikt in Verbindung, den Freud als Erklärung für die Entstehung des Über-Ich anführt. Nach Sigmund Freud (1975, orig. 1938) begehrt der Knabe die Mutter als Sexualpartnerin und zieht so vermeintlich oder real den Zorn des Vaters auf sich. Um ihm zu entgehen, nimmt das Kind die Strafenergiedes Vaters in sich auf, es introjiziert sie, und bildet so das Über-Ich, das fortan sein Verhalten moralisch reguliert. Diese heute überholte Auffassung wird von Bischof neu interpretiert. Nach der harmonischen Beziehung zu beiden Elternteilen wird beim Knaben der Vater zum Fremden, aber da beide das gleiche Geschlecht haben, muss der Junge mit dem Vater „ins Exil" gehen. Schließlich gelingt die zunächst ambivalente Beziehung und wird zu einer stabilen Bindung an den Vater. Auch zur Mutter kann wieder eine neue Bindung aufgebaut werden. Beim Mädchen wird der Vater ebenfalls zum Fremden, der die Symbiose zerstört. Das Mädchen rettet sich „in die Geborgenheit des Muttermediums". Schließlich kommt es zur Separation von beiden Elternteilen, vom Vater als dem fremden Andersgeschlechtlichen, von der Mutter als der zur Symbiose Verführenden (zusammenfassend in Bischof 1996, S. 324).

Diese Auffassung, die Bischof in einem anderen Buch (Bischof 1985) ausführlich ausgebreitet hat, glaubt er aufgrund der von ihm angeregten Experimente bestätigt zu finden. Unter anderem wurden Spielszenen aufgebaut, bei denen zwei Berge einander gegenüberstehen, die durch eine tiefe Kluft voneinander getrennt waren. Die Kinder erhielten eine Bärenfamilie sowie weitere Spielfiguren und wurden im Spielverlauf videographiert. Die Spiele der Dreijährigen zeigen eine Harmonisierung der Szene. Die Familie wird zusammengeführt und unternimmt etwas gemeinsam. Die Älteren, vor allem zwischen fünf und sechs Jahren, betonen die Trennung von Vater und Mutter und dramatisieren ihr Spiel, zum Teil sogar dahingehend, dass der Vater in die Tiefe gestoßen wird. Was an solchen Untersuchungen fesselt, ist die aktuelle Genese eines Mythos durch die Kinder. Sie nutzen die Symbolik der Berge (in einer anderen Untersuchung des Bärenhauses) zu einer eigenen Geschichte, die man als neu entstehenden Mythos auffassen kann.

Die weitere Entwicklung gliedert sich in die Etappen der schulischen Kindheit bis zur Vorpubertät und ins Jugendalter. Die schulische Kindheit verbindet Bischof mit Mythen über den Schelm (Trickster). Er tritt nicht nur in Geschichten wie die vom Eulenspiegel auf, sondern findet sich in vielen Mythen anderer Völker, so zum Beispiel als Susano in japanischen Mythen und als indianischer Wanderer. Der Trickster (aus dem Englischen: trickreich, auf Streiche versessen) taucht auch im Winnebago-Zyklus auf (Thunderbird-Clan). Die Gestalt des Trickster lässt sich leicht mit den Lausbubengeschichten eines Ludwig Thoma, „Emil und die Detektive" von Erich Kästner sowie der Figur der Pippi Langstrumpf von Astrid Lindgren in Beziehung setzen. Die Abenteuerlust vor allem der Jungen, ihr Drang, in die Ferne zu reisen und Neues zu entdecken, die Schatzsuche und die Suche nach Wissen manifestieren sich in der Figur des Wanderers, die sich wohl am ausgeprägtesten im germanischen Gott Odin zeigt. Odin opfert ein Auge, um an Wissen zu gelangen und zieht mit Mantel und Wanderstab durch die Welt.

Das Jugendalter schließlich kristallisiert sich nach Meinung Bischofs in der Figur des Helden, der Abenteuer siegreich besteht, stark, aber auch naiv und unbekümmert ist und Frauen erobert, ohne sie als bleibende Lebensgefährtinnen zu begehren. Der Siegfried der Nibelungensage ist der Prototyp des Helden.

Die Darstellung der Gesamtidee, Ontogenese als kulturell universelles anthropologisches Geschehen mit den Mythen zu verbinden, ist bei Bischof sehr differenziert ausgeführt. Darauf kann im Einzelnen nicht eingegangen werden. Seine Idee ist jedoch für unsere Bemühung der Zusammenführung von Evolution, Kultur und Ontogenese bestechend. Die Mythen und Märchen der Völker bearbeiten in ihren Erzählungen das Spannungsfeld der Ontogenese. So werden Kultur und Ontogenese in besonderer und kreativer Weise miteinander verknüpft. Allerdings kümmert sich Bischof zu wenig um den aktuellen Erkenntnisstand der Entwicklungspsychologie, der in wichtigen Punkten seiner häufig psychoanalytisch orientierten Darstellung widerspricht. Worauf Bischof überhaupt nicht eingeht, ist die Frage, warum unabhängig voneinander in verschiedenen Kulturen ähnliche Bilder und Figuren auftreten. Wasser für Chaos, Insel für Struktur und Ordnung, Himmel für Vater, Erde für Mutter, die Leiter als Verbindung von Himmel und Erde und vieles andere mehr tauchen immer wieder auf, ebenso wie Ungeheuer (Drache, Monster) und Tier-Mensch-Kombinationen. Als ich Norbert Bischof in einem persönlichen Gespräch fragte, wie er sich das erkläre, antwortete er: „Da gibt es keine Erklärung, das ist halt so." Wenn wir nicht C. G. Jungs Lehre von den Archetypen und dem kollektiven Unbewussten bemühen wollen, ein Ansatz, der schon wieder eher ein Mythos ist als Wissenschaft, so bleibt uns immer noch die dritte Komponente unseres Zugangs: die Evolution. Da ähnliche Symbole und Bilder offenkundig unabhängig in weit voneinander entfernten Kulturen entstanden, also Universalien sind, müssen sie dem gemeinsamen Erbe der Evolution entsprungen sein. Damals waren Denken und Handeln sehr eng verwoben und bildhafte Vorstellungen spielten eine große Rolle. Spätestens bei der kognitiven Revolution vor ca. 40.000 Jahren mit dem Auftreten von Kunst und Religion dürften es mythische Vorstellungen gegeben haben. Die Bilder der Mythen entstammen also wohl der Erfahrungswelt der damaligen Menschen, aber sie bilden nicht die äußere Realität ab, sondern kombinieren kreativ-phantasievoll vorhandene Elemente zu einer neuen Realität, wie den Monsterfiguren Drache und Uroborus. Es bleibt aber nach wie vor die Aufgabe, heraus zu arbeiten, warum solche Bilder und Gestalten gerade in dieser Form entstanden. Welche kognitiven Prozesse führen zu solchen „Archetypen"? Eine Möglichkeit der Archetypenbildung besteht darin, vorhandene Bilder zu wählen, also das Meer, den Nebel, die Dunkelheit, aber auch Tiere. Die zweite Strategie könnte einfach in einem quantitativen Mehr bestehen. Kleine Tiere, wie Echsen, Leguane, Alligatoren, werden überdimensional vergrößert und so zu Ungeheuern. Diese erhalten dann noch zusätzlich mehrere Köpfe. Schließlich gibt es bei kreativen Prozessen auch die Kombination von realen Gegebenheiten zu etwas Neuem, so etwa die Verbindung von Mensch und Tier, die in der Natur wegen der Artenschranke nicht existiert, aber für Menschen naheliegt, die so eng mit Tieren verbunden sind, wie die Frühmenschen. So entstehen Zentauren, Götter mit Vogelköpfen, Drachen mit Flügeln etc. Die drei Prozesse: (1) Nutzung vorhandener Bildvorstellungen, (2) Vergrößerung/Vermehrung und (3) Kombination des Vorhandenen zu Neuem genügen, um mythische Bilder, Akteure und Handlungen zu kreieren. Allerdings mussten sich die Archetypen genetisch niedergeschlagen haben, wenn sie über die Evolution zu uns gekommen sind. Genetisch weitergegebene Information ist jedenfalls plausibler als die Annahme eines kollektiven Unbewussten.

Abbildung 14.7 stellt diese Überlegungen in einem Schaubild zusammen. Die Thematik der Mythen (oder zumindest vieler Mythen) entstammt dem Spannungsfeld der menschlichen individuellen Entwicklung (Ontogenese), die Bilder, „Archetypen", hat uns die Evolution mitgegeben und die Kultur verbindet beide Quellen in ihren Mythen.

Heute haben die alten Mythen ihre Bedeutung verloren. Aber an ihre Stelle sind andere Mythen getreten, Stars, die von den Medien positioniert werden, Traumwelten, in denen sich die Reichen bewegen, der Glaube an die Kraft von Kräutern, Steinen, und überhaupt die Esoterik. Und nicht zu vergessen: über die Jahrtausende hinweg hat sich der Glaube an die Astrologie gehalten.

Abb. 14.7 Das Zusammenspiel von Evolution, Kultur und Ontogenese bei der Entstehung von Mythen

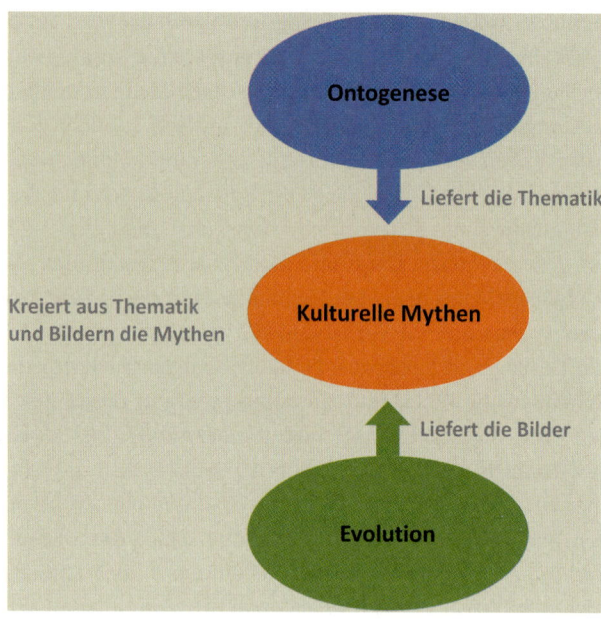

14.3 Kreativität als Wesenszug der Evolution und des gesamten Universums

Kann man den Kreativitätsbegriff auch auf die Evolution und darüber hinaus auf das Universum beziehen? Handelt es sich dabei nicht bloß um Metaphern? Es gibt viele Autoren, die den Begriff der Kreativität über Gesellschaft und Individuum hinaus anwenden.

Kreativität der lebenden Natur

Es liegt nahe, Evolution als kreativ zu bezeichnen. Die enorme Artenvielfalt, welche die Erde hervorgebracht und ihre „Explosion", wie im Kambrium oder bei den Säugetieren in den letzten 60 Millionen Jahren, lässt sich kaum besser umschreiben als mit der Kreativität der Evolution. Darüber hinaus aber gibt es so viele raffinierte Anpassungsleistungen an das jeweilige Ökosystem, dass man dahinter einen spielenden Akteur vermuten könnte, was uns aber wieder in archaische Überzeugungsmuster zurückwerfen würde.

Tiere und Pflanzen erzeugen Gifte, die wir nicht synthetisieren können, Materialien, die stärker sind als Stahl (Spinnfäden), und Elektrizität, die ökonomischer gewonnen wird als die unsrige. Pflanzen bringen das Wunder der Photosynthese zustande. Besonders eindrucksvoll sind die wechselseitigen Anpassungen von Lebewesen im gemeinsamen Ökosystem. In den tropischen Feuchtwäldern Asiens gibt es eine Ameisenart, die sich, wie andere Ameisenarten auch, Blattläuse hält. Aber diese Art folgt, wie Wanderhirten der Herde, den Wanderungen der Blattläuse. Dabei haben sich beide Arten während der Evolution durch diese Symbiose verändert und ihre Bedürfnisse besser aneinander angepasst (SdW, Juni 2010). Aber schon die niedere Form der Schleimpilze kultiviert Bakterien. In Notzeiten lassen diese Pilze die Bakterien sich vermehren, sodass die nachfolgende Generation sich ernähren und fortpflanzen kann (SdW, März 2011). Eine Fledermausart auf Borneo schläft auf der fleischfressenden Kannenpflanze. Diese ernährt sich von dem Kot der Fledermäuse und schützt diese im Gegenzug vor blutsaugenden Parasiten (SdW, April 2011). Manche Midas-Buntbarsche können mit ihren Kiefern Schneckengehäuse knacken, die sehr hart sind. So kommt es zum Wettlauf zwischen den immer härter werdenden Schneckengehäusen und der Verstärkung der Kauwerkzeuge der Fische (SdW, Mai 2010). Und last not least ist uns allen seit unserer Kindheit die Symbiose von Einsiedlerkrebs und Seeanemone bekannt. Der Einfallsreichtum der Natur ist unerschöpflich und steht gewiss in seiner Originalität und Zweckmäßigkeit der menschlichen Kreativität in nichts nach. Im Gegenteil, die meisten Errungenschaften in der Evolution können wir noch nicht nachbauen.

Der Hauptunterschied zwischen menschlicher und biologischer Kreativität besteht in der Zeitdimension. Was Menschen innerhalb eines kurzen Lebens erfinden und kreieren, dauert in der Evolution meist Jahrmillionen. Hier können wir also die Abb. 13.4 des letzten Kapitels bemühen, in der bereits auf die Zeitdimension hingewiesen wurde.

Versucht man, die Kreativität des Lebens auf die wesentlichen Momente zu reduzieren, so sind es die Entstehung von Leben aus toter Materie, die Artenvielfalt, die aus den einfachen Lebensformen erwachsen ist, und die Überlebenskraft des Lebens trotz der gewaltigen Erdkatastrophen. Die Entstehung des Lebens ist natürlich der wichtigste kreative Akt der Natur. Sie kommt also einem Schöpfungsakt gleich. Kreativität kommt ja auch von creare = schaffen, erschaffen. Immer noch ist die Frage offen, ob Leben unter günstigen Bedingungen zwangsläufig entsteht oder ob es ein außerordentlich seltenes Ereignis im Universum darstellt.

Wir haben diese Frage bereits in Kap. 1 diskutiert. Fest steht jedenfalls die Neuartigkeit dieses Phänomens und die mit ihm verbundene Entfaltungsmöglichkeiten. Damit wären wir beim zweiten Aspekt, nämlich der Artenvielfalt. Länger als eine Milliarde Jahre beherrschten die Einzeller die Welt. Warum und wie es zu mehrzelligen Lebewesen kam und nach jeder Erdkatastrophe eine neue Artenvielfalt entstand, bleibt rätselhaft und ist jedenfalls als kreativer Prozess zu werten (eine Erklärungsmöglichkeit siehe im Gespräch der Himmlischen, Kap. 1). Schließlich zeigt sich die Kreativität des Lebens darin, dass trotz ungünstigster Bedingungen das Leben erhalten blieb und sich immer wieder durchsetzte. Diese Leistung ist ja nicht darauf zurück zu führen, dass mehrfach ein „Urzeugung" des Lebens stattgefunden hätte, sondern dass vorhandene Lebewesen die jeweiligen Katastrophen überlebt haben. Sie mussten besondere – und wohl auch neue – Anpassungsleistungen vollbringen.

Versucht man die kreativen Prozesse der Natur rein formal zu fassen, so ergibt sich wiederum eine Dreiteilung: Wiederholung, Variation und Strukturierung. Biologische Prozesse widerholen sich permanent, sei es in Form des Stoffwechsels, der Reproduktion oder als Wiederholung von Reaktionen von Lebewesen in ihrer Umwelt. Das Kennzeichen von Lebewesen ist nun aber, dass ihre Reaktionen, wenn man beispielsweise motorische

Verhaltensweisen von Tieren ins Auge fasst, nie vollständig gleich sind, wie bei einer Maschine, sondern Variationen aufweisen. Allein durch solche Abweichungen entstehen neue Kombinationen und neue Effekte. Die Variation auf allen Ebenen des Lebens ist also eine zweite Komponente der Kreativität. Die dritte Komponente der Kreativität, die Strukturierung, ist die wichtigste. Sie beinhaltet die für uns noch immer rätselhafte Fähigkeit zur Herstellung von Ordnung. Die auf allen Komplexitätsstufen des Lebens beobachtbare Leistung der Strukturierung können wir nur als Faktum hinnehmen und Begriffe wählen, die das Besondere kennzeichnen, ohne es zu erklären. Maturana und Varela (1987) sowie Varela et al. (1974) wählen die Bezeichnung Autopoiesis zur Beschreibung der Selbstorganisation und Weiterentwicklung individueller Lebewesen. Das Besondere an Lebewesen ist, „dass das Produkt ihrer Organisation sie selbst sind, das heißt, es gibt keine Trennung zwischen Erzeuger und Erzeugnis. Das Sein und das Tun einer autopoietischen Einheit sind untrennbar, und dies bildet ihre spezifische Art von Organisation" (Maturana und Varela, 1987, S. 56). Die Beziehungen zwischen den Komponenten (Zellen, Organen, Körperteilen) bestimmen die Eigenschaften des Gesamtsystems. Lebende Systeme organisieren sich selbst und fortlaufend um, damit sie sich permanent an neue Umweltbedingungen anpassen können. Strukturierung und Selbstorganisation gibt es aber nicht nur bei lebenden Systemen, sondern bereits bei physikalischen Phänomenen. Dies wird uns im folgenden Abschnitt beschäftigen.

Das ganze Universum ist kreativ

Auch tote Materie organisiert sich unter bestimmten Bedingungen. Sie wird zu einem System, das etwas anderes ist als seine Teile. Haken und Haken-Krell (1992) beschreiben diesen Sachverhalt am Beispiel von Flüssigkeiten, die einem Temperaturunterschied ausgesetzt werden. Die Moleküle ordnen sich zu einer Walze, die sich zu drehen beginnt, sie zeigen ein kooperatives Verhalten. Die Organisation von Einzelelementen zu Systemen oder Strukturen ist ein sehr generelles Phänomen und findet sich auf allen Komplexitätsebenen in der Physik und Chemie.

Emergenz. Wird ein System durch kooperatives Verhalten und Kontrollparameter gebildet, so bezeichnet dies Haken (1981) als *Emergenz.* Generell versteht man unter Emergenz die spontane Herausbildung von neuen Eigenschaften oder Strukturen infolge des Zusammenspiels seiner Elemente. Dabei lassen sich die neuen Eigenschaften des Systems nicht auf Eigenschaften der Elemente zurückführen, die diese isoliert aufweisen. Emergente Phänomene werden in der Physik, Chemie, Biologie, Psychologie und Soziologie beschrieben. Man spricht auch von Übersummativität, weil das neu Entstandene mehr ist als die Summe seiner Teile. Auch die Aggregatszustände sind emergente Ordnungsphänomene, wie Laughlin (2009) zeigt. Bei einer bestimmten Temperatur wird ein Stoff fest, seine Moleküle ordnen sich zu Kristallgittern. Kristallgitter sind nach Meinung Laughlins der Prototyp für Emergenz. Die atomare Ordnung von Kristallen ist absolut erstaunlich. Laughlin wählt als Analogie eine Schule mit zehn Milliarden Kindern. Die Lehrer versuchen, die Kinder zu ordnen. Im Kleinen, d. h. bei hundert Kindern, gelingt das nicht, sie fügen sich nicht alle der Ordnung. Jedoch bei Millionen und Milliarden Kindern entsteht eine perfekte Ordnung. Letztlich ist diese Herstellung von Ordnung unerklärlich, sie passiert einfach. Laughlin geht sogar so weit, dass er Newtons Gesetze als emergent bezeichnet, „sie sind keineswegs fundamental, sondern eine Folge des Zusammenschlusses von Quantenmaterie zu makroskopischen Flüssigkeiten und Feststoffen" (S. 58). Wir stellen uns fälschlicherweise vor, ein fester Stoff bestehe aus so etwas wie Atomkugeln. Aber es gibt keine Kugeln, denn Atome sind „quantenmechanische Wesen, denen die wichtigste aller Eigenschaften eines Objekts fehlt – eine feststellbare Position" (S. 75). Erst durch die Zusammenballung von Myriaden von Atomen entstehen Newtonsche Körper. Dennoch bleiben auch im Makrobereich die Schwingungen der Atome erhalten. Die besten Beispiele für Emergenz findet man jedoch in der Chemie und Biologie. Der Zusammenschluss von Molekülen zu größeren Verbindungen, die Hervorbringung organischer Verbindungen, aus denen schließlich Leben entsteht, und die Organisation von Zellen zu Organen zeigen die Übersummativität, hier als Faktum, dass aus der Vereinigung vieler einfacher Einheiten komplexere Entitäten, also etwas Neues, entstehen. Aus Quantität wird Qualität, wie es Marx und Engels bereits formuliert haben.

Kosmologische Kreativität. Wenn wir unsere kleine Welt der Erde verlassen und ins Universum schauen, zeigt sich dort Kreativität im ursprünglichen Sinn der Erschaffung von Welt aus dem Nichts. Aus einem Punkt entsteht Materie, die sich ausbreitet und zu Sternen und Galaxien zusammenfügt. Wie in der Quantenmechanik virtuelle Teilchen aus dem Nichts entstehen und wieder verschwinden, so könnte sich nach Annahmen der Kosmologen auch im Universum ständig aus dem Nichts Energie oder Teilchen bilden. Insofern fände eine permanente Schöpfung statt.

Jantsch (1992), der Mitbegründer des Club of Rome, hat den Zusammenhang kreativer und systembildender Prozesse bereits herausgearbeitet. Er sieht das Prinzip der Selbstorganisation auf allen Ebenen wirken und schreibt, der Vorteil dieser Betrachtungsweise liegt

> in der Erkenntnis einer systemhaften Verbundenheit aller natürlichen Dynamik über Raum und Zeit, im logischen Primat von Prozessen und Strukturen, in der Rolle von Fluktuationen, die das Gesetz der deterministischen Masse aufheben und dem Einzelnen und seinem schöpferischen Einfall eine Chance geben, in der Offenheit und Kreativität einer Evolution schließlich, die weder in ihren entstehenden und vergehenden Strukturen noch im Endeffekt vorherbestimmt ist. (op. cit., S. 54).

Es ist nicht nötig, von einem intelligenten Design zu reden und eine zielgerichtete transzendierende Kraft, die planvoll und intentional agiert, anzunehmen. Die kreative Kraft steckt in der Materie. Das Zusammentreffen bestimmter Bedingungen, das als Zufall bezeichnet wird, veranlasst sie zu emergenten selbstorganisierenden Prozessen. Die Bezeichnung Zufall ist irreführend, sofern man damit das Würfeln oder das Roulette verbindet, bei dem jeder Zustand gleichwahrscheinlich ist. Die Entwicklung des Universums und die des Lebens sind nicht als eine Aufeinanderfolge von Würfen oder Roulette-Drehungen zu

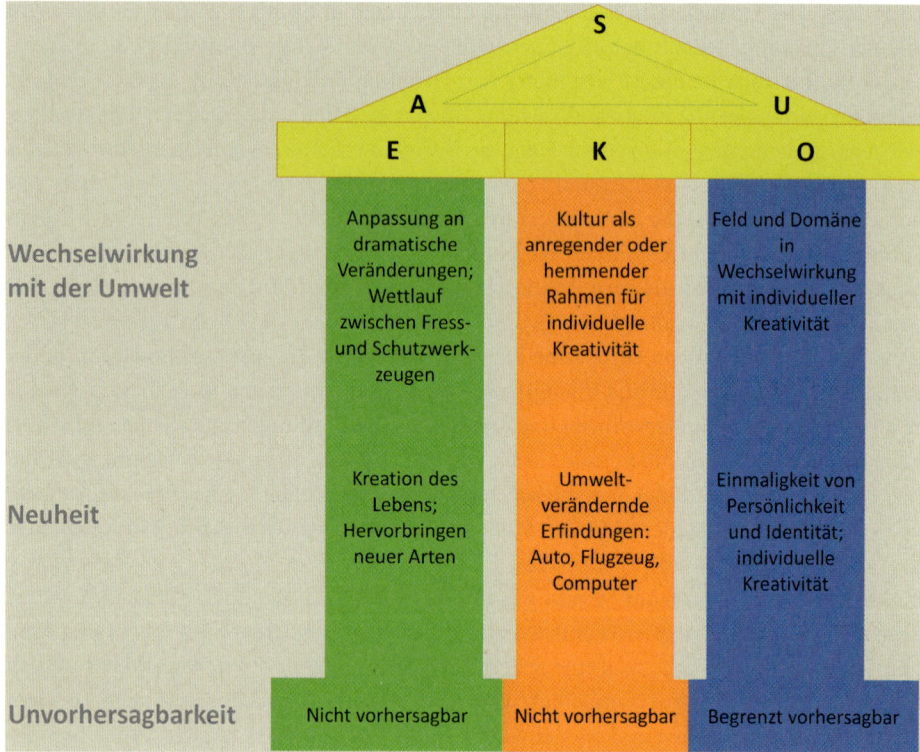

Abb. 14.8 Ein EKO-Blick auf die Kreativität

verstehen. Sowohl vor der Entwicklung des Lebens als erst recht danach sind günstige Be-dingungen für Emergenz und Selbstorganisation oft kombiniert aufgetreten. Das kreative Moment besteht in der Evolution darin, was Organismen an Möglichkeiten entwickeln, um in Symbiose mit der Umwelt leben zu können. Hier gibt es in den evolutionstheore-tischen Ansätzen, die heute existieren, noch große Lücken bezüglich der Intelligenz und Kreativität, die in den lebenden Zellen steckt. Die Evolutionsbiologie kann bis heute nicht die Prozesse evolutionärer Veränderungen präzise beschreiben.

Die Erscheinungen und Entwicklungen des Universums sind so erstaunlich und letztlich unerklärlich, dass wir einen Akteur als Erklärung eingeführt haben, einen „Handwerker-gott", der all das geschaffen hat. Aber damit verlagern wir nur das Problem der Kreativität, nämlich in ein Wesen, das uns ähnlich ist und ähnlich wie wir kreativ agiert. Nein, selbst wenn wir religiös sind, müssen wir die Kreativität in die Materie und Energie und in die Information, die in ihnen steckt, verlagern. Das Weltall selbst ist kreativ, es hat sich erschaffen, es hat Leben hervorgebracht und schließlich denkende Wesen, die das ganze Werk erkennen und bewundern.

14.4 Resümee: Ein EKO-Modell der Kreativität

Wechselwirkung mit der Umwelt

Zusammenfassend zeigt Abb. 14.8, wie sich Evolution, Kultur und Ontogenese hinsichtlich dreier Kreativitätsmerkmale verbinden. Als erstes Kriterium wählen wir die Wechselwirkung mit der Umwelt. Kreativität entfaltet sich auf allen Ebenen in der Auseinandersetzung mit der Umgebung. Bei der Evolution haben wir Beispiele optimaler Anpassung von Lebewesen an ihre Umwelt kennengelernt. Besonders eindrucksvoll zeigt sich die Wechselwirkung, wenn zwei Tier- oder Pflanzenarten aufeinander abgestimmt sind. Midas-Buntbarsche können mit ihren Kiefern Schneckengehäuse knacken, die sehr hart sind. Die Schnecken entwickelten im Laufe der Zeit deshalb immer härtere Schalen, worauf die Buntbarsche ihre Kiefern verstärkten. Symbiosen zwischen verschiedenen Lebewesen, wie der oben genannten Fledermaus mit einer fleischfressenden Pflanze oder der bekannten Kooperation von Seeanemone und Einsiedlerkrebs sind weitere Beispiele für die Rolle der Wechselwirkung mit der Umwelt bei der Kreativität. Natürlich ist alles Leben nur in seiner Wechselwirkung mit der Umgebung verstehbar, und kreative Ergebnisse entspringen dieser Wechselwirkung.

Für die Kultur beschränken wir uns auf ihre Rolle bei der Anregung oder Hemmung von Kreativität. In vielen traditionellen Kulturen ist Kreativität verpönt, Veränderungen sind unerwünscht. Gewöhnlich gibt es aber auch dort Inseln für kreative Aktivitäten, wie Musik, Tanz und Malerei oder Problemlösen bei Schwierigkeiten in der sozialen Interaktion. Kultur bildet die typisch menschliche Umwelt, in der der Mensch seine Kreativität entfalten kann. Die Geschwindigkeit, mit der sich eine Kultur verändert, zeigt zugleich an, wie offen sie gegenüber der Kreativität ihrer Mitglieder ist. Kleinere Staaten kompensieren ihre Schwäche nicht selten durch Kreativität. So ist Österreich in Kunst, Musik, Wissenschaft und Philosophie überrepräsentiert. Ähnliches gilt für Minoritäten in westlichen Gesellschaften. So stellten die Juden überproportional viele Bankiers, Musiker und Wissenschaftler.

Bei der Ontogenese haben wir die Wechselwirkung mit der Umwelt als das Zusammenwirken von Feld, Domäne und kreativer Persönlichkeit dargestellt. Am trefflichsten zeigt sich die Wechselwirkung der Kreativität mit der Umwelt im Ausspruch: Ich habe eben Glück gehabt, zum richtigen Zeitpunkt mit den richtigen Leuten am richtigen Ort gewesen zu sein.

Neuheit

Das zweite Kriterium, die Neuheit, ist natürlich das zentrale Merkmal von Kreativität. Es springt auf allen drei Ebenen ins Auge. In der Evolution zeigt sie sich unter anderem in der Herausbildung neuer Arten und der Entstehung einer oft überwältigenden Artenvielfalt. In der Kulturgenese springt das Neue besonders in Form radikaler kultureller Veränderung in Folge von Erfindungen ins Auge. So haben die Erfindung des Kraftfahrzeugs, des Flugzeugs und des Computers die Welt dramatisch verändert. In der Ontogenese, mit der wir dieses Kapitel begannen, wird das Neue zunächst zum alleinigen Bestimmungsmerkmal von Kreativität. Die Einmaligkeit einer jeden Persönlichkeitsausformung und die Herausbildung ihrer Identität wären übergeordnete Beispiele für das Wirken von Kreativität auf individueller Ebene.

Unvorhersagbarkeit

Interessant wird das dritte Merkmal, die Unvorhersagbarkeit, für unsere Diskussion, denn den Naturwissenschaften und der Psychologie, aber auch der Soziologie, geht es um Vorhersagen. Je präziser ein Gesetz, desto präziser und unausweichlicher die Vorhersage. Dennoch lässt sich die Entwicklung von Evolution, Kultur und Individuum nicht vorhersagen. Bei der Evolution ist dies unmittelbar evident. Folgt man der Grundidee der Evolutionstheorie, so ist die Entstehung neuer Arten, vor allem ihrer konkreten Beschaffenheit nicht prognostizierbar. Und weiter: wenn man die Evolution von einem bestimmten Zeitpunkt der Erdgeschichte nochmals beginnen lassen würde, käme etwas anderes heraus. Höchstwahrscheinlich würde es uns dann nicht geben.

Auch auf der Ebene der Kulturgenese scheitern alle Versuche, die Zukunft einer Kultur vorherzusagen. Ob unsere Kultur untergeht, wie Spengler mit dem „Untergang des Abendlandes" orakelt oder ob sie sich zu etwas Neuem wandelt, wissen wir nicht. Ein einziges Ereignis, eine einzige Erfindung mag ihren Verlauf ändern. Wir haben das Aufkommen der griechischen Mathematik und Philosophie als Glücksfall gekennzeichnet, der nur eintrat, weil bestimmte Bedingungen zusammenkamen. Kulturen und Gesellschaften sind komplexe Gebilde, und aus dem Zusammenspiel von vielen Bedingungen treten Ereignisse ein, die niemand vorhergesagt hat. Ein aktuelles Beispiel sind die Revolutionen in Tunesien, Ägypten und Libyen. Die Ausbreitung der Unruhen auf die Arabische Halbinsel (Syrien) kam dann weniger unerwartet. Neue Entwicklungen dieser Art sind nicht nur durch genau ausmachbare Faktoren bedingt, sondern hängen mit spontanen kreativen Prozessen zusammen, sodass kulturelle Entwicklungen nicht einfach als zwangsläufiger Prozess verstanden werden können. Hinterher sind Historiker und Politologen natürlich leicht imstande, zu erklären, warum es so kommen musste. Aber dies ist eher ihrer Kreativität als einer stringenten Kausalerklärung zu verdanken.

Auf der Ebene individueller Entwicklung folgt die Offenheit des Geschehens schon daraus, dass jede Persönlichkeit einmalig ist. Obwohl die gesamte psychologische Forschung darauf ausgerichtet ist, die Verhaltensvorhersagen und die Richtung menschlicher Entwicklung möglichst genau zu bestimmen, wird es ihr gottlob nie gelingen, vollständige Vorhersagen zu treffen. Das wäre auch eine entsetzliche Perspektive! Wir werden im letzten Kapitel über menschliche Freiheit näher begründen, warum das so ist. Hier mag der Hinweis genügen, dass eine Reihe von Biografien schlaglichtartig belegen, wie Entscheidungen aus dem Augenblick heraus den zukünftigen Lebenslauf bestimmten.

Wir wissen letztlich nicht, was Emergenz, Autopoiesis und Kreativität sind. Besonders angesichts der Kreativität in der Natur und im Universum sollten wir mit Erklärungsversuchen zurückhaltend sein. Aber es fällt schwer, mit Konzepten arbeiten zu müssen, die zumindest bis heute nicht weiter hinterfragt werden können.

Gespräche der Himmlischen

Aphrodite: Das ist ja nun ein unförmiger Tempel geworden, etwas Neues zwar, aber nicht etwas Schönes. Schönheit und Neuheit sollten zusammenfinden.

Apoll: Zugegeben, aber es kommt eben sehr auf die Definition des Schönen an. Ansonsten ein sehr umspannendes Kapitel: Welt, Mensch und Gott sind kreativ vereint. Kreativität als Kraft, die im gesamten Universum waltet!

Athene: Eine etwas dubiose Kraft, sie kommt mir reichlich esoterisch vor, so wie das Göttliche, das im Großen wie im Kleinen steckt. Was ist damit gewonnen?

Apoll: Was ist mit Naturgesetzen gewonnen oder mit der Kenntnis der Naturkonstanten? Sind sie letztlich nicht genauso geheimnisvoll? Ich finde wichtig, dass Kreativität nicht aus der Natur und dem Weltall hinaus verbannt und in eine Wesenheit verlagert wird, die alles erschaffen hat und ständig kreativ weiterwaltet, sondern als in der Welt, in der Materie steckend interpretiert wird.

Dionysos: Dem kann ich nur beipflichten. Die Kreativität in der Natur, wie sie in der Physik, Chemie und Biologie der heutigen Forschung beschrieben wird, bildet ein Grundmerkmal der Materie. Ob wir es Emergenz, Übersummativität oder Autopoiesis nennen, ist sekundär. Die mechanistische, quasi maschinenhafte Erklärung der Geschehnisse reicht jedenfalls nicht aus. Deshalb bin ich gespannt, ob es weitere Überlegungen zu diesem Thema im nächsten und letzten Kapitel geben wird. Aber warum Emergenz waltet, weiß noch niemand, „es ist halt so", könnte man mit Bischof sagen.

Athene: Und was ist mit uns? Nicht mehr wir sind die Kreativen in den Augen der Menschen, sondern sie selbst, denn sie haben uns nach ihrem Bild und Gleichnis, wie es in der Bibel steht, geschaffen – und sie wissen es auch.

Dionysos: Die vielen Tiergottheiten, die in menschlichen Kulturen auftauchen, passen da nicht ganz hinein.

Athene: Oh doch, denn Menschen fühlen sich den Tieren nahe, sie sind einerseits so wie die Menschen, aber sie haben noch besondere Eigenschaften der Kraft, der Schnelligkeit, der List, der Grausamkeit, und sie haben besondere Waffen. Dass man ihnen, die den Menschen zugleich vertraut und fremd sind, besondere Kräfte zuschreibt, ist nur zu verständlich.

Apoll: Ist euch schon aufgefallen, dass wir in der griechischen Mythologie ein zwiespältiges Verhältnis zur Kreativität haben? Einerseits haben wir Kreativität bestraft. Denkt an den armen Prometheus. Dädalos haben wir mit seiner Erfindung durchgehen lassen, aber nicht seinen Sohn Ikaros. Warum? Weil er dem Sonnengott zu nahe kam. Das darf kein Sterblicher. Unsere griechischen Helden sind teils kreativ, teils einfach stupide Draufgänger und Schläger. Bei Achilles gibt es keinen Funken von Kreativität, nur

Emotionen, und die sind negativ: Kränkung, Wut, Rachegefühle. Aber Odysseus, der Listige, übersteht seine Abenteuer nur durch Kreativität. Und selbst Herakles bediente sich seiner Einfallskraft, wenn es notwendig war.

Athene: Oft haben wir den Helden die kreativen Einfälle mitgeteilt, die sie dann ausgeführt haben.

Apoll: Ein nettes Beispiel für die Projektion der eigenen Einfallskraft nach draußen. Aber wenn sie schon von außen kommt, kann sie nur von Göttern stammen.

Aphrodite: Wie steht es eigentlich um die Kreativität bei den heutigen Menschen? Die Götter verbieten sie nicht mehr, also müssten doch alle hochkreativ sein.

Athene: Das ist leider gar nicht der Fall. Die Menschen überlassen die Kreativität denen, die sie von Berufs wegen praktizieren: den Kabarettisten, den Werbetextern, den Film- und Fernsehproduzenten und nicht zuletzt den Computerspezialisten, die die tollsten Spiele erfinden.

Apoll: Also ein Überhang an Aneignung.

Athene: Da lobe ich mir die alten Griechen. Was unsere Philosophen und Mathematiker an Werken hinterlassen haben, beeinflusst die Menschheit bis heute. Dass die Philosophen uns von Anfang an weggepustet haben, sei ihnen verziehen; denn es gibt genug Menschen, die ohne Götter (heute sind es Heilige, die man anruft) nicht leben können.

Aphrodite: Aber wieder einmal finde ich auch in diesem Kapitel nicht das Thema Liebe. Dabei ist Kreativität in der Liebe Gegenstand der gesamten Mythologie, der Dichtung und auch der Lebenspraxis. Wer hätte nicht schon von der Liebeskunst der Hetären gehört? Wer kennt nicht die Raffinessen, mit denen Zeus seine Geliebten eroberte? Der Autor muss ein asexueller Typ sein oder uralt, dass er die Liebe vergessen hat.

Athene: Nun, sie taucht wenigstens einmal unter der Rubrik „soziale Kreativität" auf. Das dürfte dir zu wenig sein. Zu wenig ist es aber auch, wenn du nur an die Kreativität beim Flirt und die Überredungskünste der Liebhaber denkst. Kreativität wird mehr noch benötigt, wenn die Liebenden beisammen bleiben und sich allmählich Langeweile, Öde oder sogar Überdruss einstellt. Hier ist Einfallskraft vonnöten, um diese Leere zu überwinden, und ich persönlich schätze diese Kreativität der Liebe mehr als das Flirten, obwohl ich keineswegs so engherzig bin wie die Göttermutter Hera.

Aphrodite: Aber letztlich läuft das auf die Kreativität am häuslichen Herd hinaus.

Apoll: Du selbst bist das Gegenbeispiel der züchtigen Hausfrau. Im Übrigen gibt es zu allen Zeiten ein facettenreiches Frauenbild. Denke an die Tänzerinnen, die Priesterinnen, an die weisen Frauen. Denke an die kämpferischen Amazonen, an die liebende Pentesilea, an die Königinnen und an die Hexen.

Aphrodite: Die Christen haben Maria, die Gottesmutter als Frauenidealbild. Dabei kommt sie in der Bibel nur dreimal vor. Einmal bei der Hochzeit zu Kana, wo Jesus seine Mutter tadelt, als sie ihn bittet, dem Weinmangel abzuhelfen. Am Kreuz richtet Jesus das Wort an seine Mutter: Sieh da deinen Sohn. Gemeint ist Johannes, sein Lieblingsjünger. Das dritte Mal weiß ich im Augenblick nicht. Den Rest haben die Christen dazu gedichtet und sie zur idealen Frau und Mutter hochstilisiert, ein weibliches Idol schlechthin.

Aphrodite: Da gefällt mir die heutige Madonna besser, die so schreckliche Szenen provoziert.

Alle (lachend): Du provozierst mal wieder, ja. Denn das gefällt nur allen da – bei Nektar und Ambrosia.

Literatur

Andreasen, N. (2008). The relationship between creativity and mood disorders. *Dialogues in Clinical Neuroscience, 10*(2), 251–255.

Binnig, G. (1997). *Aus dem Nichts. Über die Kreativität von Natur und Mensch.* München: Piper.

Bischof, N. (1985). *Das Rätsel Ödipus.* München: Piper.

Bischof, N. (1996). *Das Kraftfeld der Mythen.* München: Piper.

Bleuler, E. (1911). *Dementia praecox oder Gruppe der Schizophrenien.* Leipzig: F. Deuticke.

Bryson, B. (2005). *Eine kurze Geschichte von fast allem.* München: Goldmann.

Carson, S. H., Peterson, J. B., & Higgins, D. M. (2003). Decreased latent inhibition is associated with increased creative achievement in high-functioning individuals. *Journal of Personality and Social Psychology, 85*(3), 499–506.

Csikszentmihalyi, M. (1997). *Creativity. Flow and the psychology of discovery und invention.* New York: Harper Perennial.

Fechner, R. (1991). „Der Wesenswille selbst ist künstlerischer Geist" - Ferdinand Tönnies' Genie-Begriff und seine Bedeutung für den Übergang von der Gemeinschaft zur Gesellschaft. In L. Clausen & C. Schlüter (Hrsg.), *Hundert Jahre „Gemeinschaft und Gesellschaft"* (S. 453–461) Opladen: VS Verlag für Sozialwissenschaften.

Freud, S. (1975, Orig. 1938). *Abriß der Psychoanalyse.* Frankfurt: Fischer.

Goldschmit-Jentner, R. K. (1939). *Die Begegnung mit dem Genius. Darstellungen und Betrachtungen.* Hamburg: Christian-Wegner-Verlag.

Guilford, J. P. (1967a). Some new views of creativity. In H. Helson (Hrsg.), *Theories and data in psychology* (S. 151–173). Princeton: Van Nostrand.

Guilford, J. P. (1967b). *The nature of human intelligence.* New York: McGraw-Hill.

Guntern, G. (1999). *Sieben goldene Regeln der Kreativitätsförderung.* Zürich: Scalo-Verlag.

Haken, H. (1981). *Synergetik. Eine Einführung.* Berlin: Springer.

Haken, H., & Haken-Krell, M. (1992). *Erfolgsgeheimnisse der Wahrnehmung. Synergetik als Schlüssel zum Gehirn.* Stuttgart: DVA.

Holm-Hadulla, R. M. (2010). *Kreativität. Konzept und Lebensstil* (3. Aufl). Göttingen: Vandenhoeck & Ruprecht.

Jamison, K. R. (1993). *Touched with fire: Manic-depressive illness and the artistic temperament.* New York: Simon & Schuster.

Jantsch, E. (1992). *Die Selbstorganisation des Universums. Vom Urknall zum menschlichen Geist.* Berlin: dvt-wissenschaft.

Leibniz, G. E. (1967). *Confessio philosophi* (S. 83). Frankfurt a. M.: Yale University Press.

Laughlin, R. B. (2009). *Abschied von der Weltformel. Die Neuerfindung der Physik.* München: Piper Taschenbuch.

Ludwig, A. (1995). *The price of greatness.* New York: Guilford Publications.

Maturana, H. R., & Varela, F. J. (1987). *Der Baum der Erkenntnis. Die biologischen Wurzeln des Erkennens.* München: Goldmann.

Runco, M. A., & Richards, R. (1997). *Eminent creativity, everyday creativity, and health.* Westport: Greenwood Publishing Group.

Sawyer, R. K. (2006). *Explaining creativity. The science of human innovation.* New York: Oxford University Press.

Scheidt, J. vom. (2005). *Das Drama der Hochbegabten.* München: Piper.

Scholl, W. (2004). Innovation und Information. Wie in Unternehmen neues Wissen produziert wird (Unter Mitarbeit von Lutz Hoffmann und Hans-Christof Gierschner). Göttingen: Hogrefe.

Trageser, G. (2011). Kristalle mit unmöglicher Symmetrie. *Spektrum der Wissenschaft. Heft, 12,* 18–20.

Varela, F. J., Maturana, H. R., & Uribe, R. (1974). Autopoiesis: The organization of living systems, its characterization and a model. *Biosystems, 5*(4), 187–196.

Weisberg, R. W. (1989). *Kreativität und Begabung.* Heidelberg: Spektrum.

Es werde Licht: Geist und Bewusstsein

15

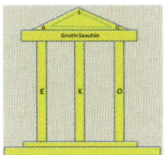

Eines der großen Welträtsel ist das Phänomen unseres Bewusstseins. Die Qualität des Farberlebnisses ‚rot', die emotionale Erfahrung von Angst oder Lust und die Vorstellung eines ersehnten zukünftigen Ereignisses sind grundverschieden von materiellen Dingen oder Ereignissen in der materiellen Welt. Das Pendant zum Farberlebnis ‚rot' ist eine bestimmte elektromagnetische Wellenlänge, das Pendant zu Angst kann ein Auto sein, das auf einen zurast, das Pendant von Lust der Genuss der Leibspeise, und die frohe Erwartung bezieht sich auf Ereignisse, die noch gar nicht eingetreten sind, also auf etwas Irreales. Philosophen haben seit mehr als zweieinhalb Jahrtausenden versucht, den Zwiespalt zwischen Materiellem und Geistigem zu überwinden. Es lohnt sich nach wie vor, einige wichtige Erklärungsversuche der Philosophiegeschichte – und damit der Menschheitsgeschichte – kennenzulernen.

15.1 Philosophische Ansätze

Auch als Laie fallen einem zwei prinzipielle Erklärungsmöglichkeiten für Geist und Bewusstsein ein. Die eine Möglichkeit, die uns schon alltagssprachlich begegnet, lautet, dass es zwei Substanzen, zwei Welten gibt: das Seelisch-Geistige, das keine Ausdehnung und keine Materie hat, und das Materielle, aus dem unser Körper, Pflanzen und Tiere sowie alle Naturerscheinungen bestehen. Die Philosophie nennt diese Zweiteilung der Welt Du-

R. Oerter, *Der Mensch, das wundersame Wesen*,
DOI 10.1007/978-3-658-03322-4_15, © Springer Fachmedien Wiesbaden 2014

alismus. Der einflussreichste Dualist war Descartes, der zwischen res cogitans (denkender Substanz) und res extensa (ausgedehnter Substanz) unterschied.

Monismus: Materialismus

Die andere Position nimmt an, dass es nur eine Substanz oder ein Prinzip in der Welt gibt. Diese Position nennt man Monismus (monos: eins). Sie ist theoretisch die elegantere, weil man alles auf ein und dasselbe zurückführt. Eine sehr schlaue, wenn auch heute absurd erscheinende Position vertrat Parmenides, einer der frühesten griechischen Philosophen. Für ihn gab es nur das ruhende, unveränderliche Sein. Was wir an Wandel, Entwicklung, Prozess wahrnehmen, kann nur eine Täuschung sein. Ein Werden ist unmöglich. Denn warum soll etwas aus Nichts (das nicht ist) entstehen? Diese Frage beschäftigt uns heute noch: Was war vor dem Urknall? Parmenides argumentiert weiter: es ist etwas ganz da oder gar nicht, dazwischen gibt es nichts. Deshalb kann neben dem einen Sein kein anderes Sein existieren. Alle die vielen Dinge und Erscheinungen sind Trug. Dies ist ein Monismus radikal zu Ende gedacht. Er ist stimmig, wenn wir die Vielfalt der Erscheinungen ignorieren und auf ein Sein transformieren, das schon immer da war und immer da sein wird.

Dagegen erscheinen uns die anderen altgriechischen Monisten naiv. Thales nimmt als Urstoff der Welt das Wasser an, Anaximenes die Luft, Heraklit das Feuer und Demokrit die Atome. Nur Anaximander vermutet etwas Unanschauliches als Grundstoff der Welt, das Apeiron. Es ist das Nicht-Eingrenzbare, Unfassbare, Unendliche, aber es ist dennoch materiell vorhanden und quantitativ gedacht. Wir denken dabei unwillkürlich an die „unendlichen Weiten des Weltraumes" von Raumschiff Enterprise. Aber auch bei den anderen genannten Naturphilosophen gibt es Verbindung zur heutigen Naturwissenschaft. Wasser ist bekanntlich tatsächlich der Urstoff des Lebens, ohne Wasser kein Leben auf diesem Planeten. Luft als Urstoff hat den Vorteil, dass man bei ihr als unsichtbarer Substanz auch die Seele, das Geistige, mitdenken kann und fast alles Leben Luft zum Stoffwechsel benötigt. Das Feuer als Grundsubstanz spendet lebensnotwendige Wärme und symbolisiert psychische Eigenschaften, wie Kraft, Intelligenz, Mut. Die Atome vollends haben sich bis heute gehalten und existieren nun in moderner Form als unvorstellbare Gebilde in einem unvorstellbaren Quantenraum. Die griechischen Naturphilosophen waren Materialisten. Die Ursubstanz war etwas aus ihrer greifbaren und sichtbaren Welt. Sie waren auch Atheisten, denn der jeweils angenommene Urstoff existierte schon immer, er wurde nicht von einem Gott geschaffen.

Am bekanntesten und einflussreichsten ist der Materialismus von Marx geworden:

> Meine dialektische Methode ist der Grundlage nach von der Hegelschen nicht nur verschieden, sondern ihr direktes Gegenteil. Für Hegel ist der Denkprozess, den er sogar unter dem Namen Idee in ein selbständiges Subjekt verwandelt, der Demiurg des Wirklichen, das nur seine äußere Erscheinung bildet. Bei mir ist umgekehrt das Ideelle nichts anderes als das im Menschenkopf umgesetzte und übersetzte Materielle. (MEW 23: 27).

Die modernen Naturwissenschaftler verstehen sich im Regelfall ebenfalls als Materialisten, wobei allerdings das Materielle wenig Greifbares enthält. In der Quantenwelt sind die Materieteilchen nicht mehr vorstellbar als kleine Klümpchen. In der mathematischen Beschreibung bilden sie ausdehnungslose Punkte oder Felder oder „Schalen", ihr Impuls und ihr Ort können nicht zugleich erfasst werden. Teilchen können aus dem Nichts entstehen und wieder verschwinden. In einer solchen Welt gibt es wohl auch Platz für Geist und Bewusstsein. Doch zunächst wollen wir uns einige Alternativen ansehen.

Monismus: Idealismus

Natürlich kann man sich die Grundsubstanz, aus der alles besteht, auch als etwas Immaterielles vorstellen. Der erste und deshalb vielleicht bedeutendste Vertreter dieser Position ist der große griechische Philosoph Platon. Alles ist Geist und nur das Geistige ist real. Was uns materiell und greifbar oder sichtbar gegenübersteht, ist eine Täuschung. Ewig wahr und unveränderlich sind nur die Ideen, die hinter den Dingen stehen. Eine solche Sichtweise liegt dem modernen naturwissenschaftlich gebildeten Menschen ferne. Kauft er doch täglich materielle Waren für materielles Geld. Sofern er aber sein durch Bildung erworbenes Wissen bemüht, sind Platons ewige unabänderliche Ideen nicht mehr so abstrus. Was wir sehen und fühlen, ist ja wirklich eine Täuschung. Unsere Finger bestehen fast vollständig aus Leerräumen, die Finger erfassen Gegenstände, die ebenfalls fast nur aus Leerräumen bestehen. Atomkerne und ihre Bestandteile, die Quarks, darf man sich nicht als Klümpchen vorstellen, und die Elektronen, die um die Kerne kreisen, sind ebenfalls keine Kügelchen. Das einzige, was bleibt, sind die Naturgesetze, denen die Elementarteilchen gehorchen und die überall im Universum zu gelten scheinen. Platon würde die Naturgesetze als Prototyp seiner Ideen ansehen, allerdings insofern nicht als letzte unveränderliche Ideen, als menschliche Erkenntnis immer nur vorläufig bleibt. Unter dieser Perspektive ist das Geistige greifbarer als das Materielle, genauso wie unser immaterielles Bewusstsein unmittelbarer zugänglich ist als die Dinge, die uns durch Wahrnehmung oder Vorstellung bewusst werden.

Kant hat den Idealismus noch von einer anderen Seite her beleuchtet, von den apriori gegebenen Kategorien und Anschauungsformen, durch die wir uns und die Welt erkennen. Er stellt dar, dass wir das „Ding an sich", damit ist die Wirklichkeit gemeint, nicht direkt erkennen können, und zwar grundsätzlich nicht, weil wir die Welt nur durch die Brille unserer Erkenntniswerkzeuge erfassen, nämlich den Denkkategorien und Anschauungsformen. Letztere sind die uns vorgegebenen Wege, wie wir Raum und Zeit erfassen. Wir können uns den Raum nur dreidimensional vorstellen und die Zeit nur als gleichmäßig verstreichende in eine Richtung verlaufende Abfolge von Ereignissen. Beide Vorstellungen („Anschauungsformen") sind falsch, wenn man den Stringtheoretikern und der Relativitätstheorie glauben will. Wir sind also in der Lage, hinter die Anschauungsformen zu sehen. Aber bei den Denkkategorien ist dies nicht so leicht möglich. Da gibt es bei Kant Kategorien der Quantität, Qualität und Relation. All unser Denken, einschließlich des mathematischen

Denkens benutzt solche Kategorien. Sind sie nur eine Beigabe der Evolution, damit wir besser in der Welt zurechtkommen? Oder erkennen wir mit ihnen die Wirklichkeit? Wenn beispielsweise „Qualität" nur eine Scheinkategorie wäre, gäbe es kein Leib-Seele-Problem und kein Geist-Materie-Problem, weil wir einfach eine falsche Unterscheidung treffen. Beide Bereiche wären gar nicht verschieden.

Dualismus

Der Dualismus macht es sich insofern leicht, als er Geistiges und Psychisches in ein eigenes Reich des Seins verlagern. Danach gibt es zwei Welten: eine materielle und eine geistige. Das kommt, wie gesagt, dem Alltagsverständnis sehr entgegen, hilft aber am Ende doch nicht so viel weiter, wie man auf den ersten Blick meinen könnte. Wir wären dann gleichzeitig in zwei unterschiedlichen Welten zu Hause. Descartes hat diesen Gedanken systemisch ausgeführt und sich auf das Verhältnis von Bewusstsein und Körper beim Menschen konzentriert. Wie treten Bewusstsein und Körper miteinander in Beziehung? Descartes vermutete die Zirbeldrüse als Schaltstelle zwischen beiden Substanzen, wohl weil sie der einzige Teil im Gehirn ist, der nur einmal vorkommt.

Eine ganz spezielle Form des Dualismus vertritt Aristoteles. Er unterscheidet zwischen Form und Materie (Stoff). Der Stoff (hyle) ist die gestaltlose, starre Substanz, das „zugrunde Liegende" (*hypokeimenon*), die Form (eidos) dessen Gestaltung. Im Beispiel der Entstehung einer Statue lässt sich das Verhältnis der beiden Substanzen veranschaulichen. Der Marmorblock bildet den Stoff und seine Bearbeitung die Form. Stoff wird von Aristoteles auch als Möglichkeit und Form als Wirklichkeit verstanden. So steckt im Samen die Möglichkeit des Baumes, während der herangewachsene Baum die Form gewordene Wirklichkeit darstellt. Angewandt auf die moderne Physik würden die physikalischen Gesetzte und die ihnen folgende Ordnung der Materie und Energie die Form bilden. Die Trennung macht aber Schwierigkeiten, weil alle atomaren und subatomaren Teilchen nicht ohne die Gesetze gedacht werden können, denen sie folgen.

Der Dualismus ist keineswegs ausgestorben. Zwei Substanzdualisten der Gegenwart sind Eccles und Popper. Der Nobelpreisträger Eccles nimmt eine Wechselwirkung zwischen Gehirn und Selbst an. In „Das Rätsel Mensch" (1982) bezeichnet er seinen Ansatz als Radikale Dualistische Interaktionstheorie. Der „selbstbewusste Geist" wirkt auf das Gehirn und umgekehrt neurologische Prozesse (z. B. Wahrnehmung) auf das Bewusstsein. Diese Position findet heute kaum noch Anhänger, aber sie ist in ihrer Formulierung von John C. Eccles und Beck (1994) ein Versuch, den Dualismus neurologisch zu manifestieren. Ihr Ansatz konzentriert sich auf Synapsen. Die Autoren sind der Meinung, dass Quantenvorgänge im gesamten elektrophysiologischen Prozess des Neurons nur dort, bei den Synapsen, eine Rolle spielen können und stellen ein Modell für die quantentheoretische Beschreibung der Synapsentätigkeit vor.

Die grundlegenden neuronalen Einheiten des cerebralen Cortex nennen sie Dendronen. Das sind zylindrische Bündel von Neuronen, die im Cortex vertikal in sechs Schichten angeordnet sind. Jeder dieser 40 Mio. Dendronen ist mit einer mentalen Einheit, dem Psychon verknüpft, das eine bestimmte bewusste Erfahrung vermittelt. In einer intentionalen Handlung wirken Psychonen auf Dendronen ein und vergrößern für einen kurzen Augenblick die Wahrscheinlichkeit des Feuerns von Neuronen durch einen Quantentunnel-Effekt bei der sog. Exozytose. (Der Tunneleffekt ist eine Bezeichnung dafür, dass ein atomares Teilchen eine Potentialbarriere von endlicher Höhe auch dann überwinden kann, wenn seine Energie geringer als die Höhe der Barriere ist.) Bei der Wahrnehmung verläuft der Vorgang umgekehrt: Dendronen wirken auf Psychonen und verursachen ein Bewusstseinserlebnis. Der Übergang geschieht durch die sog. Exozytose; sie ist eine Art des Stofftransports aus der Zelle hinaus. Dabei verschmelzen oder „fusionieren" im Cytosol liegende Vesikel mit der Zellmembran und geben so die in ihnen gespeicherten Stoffe frei.

Das Hauptproblem ist bei Eccles neben der Annahme zweier wechselwirkenden Substanzen das Faktum, dass Selbst-Bewusstsein erst während der Ontogenese entsteht. Dann aber wäre das Bewusstsein ein Epiphänomen, erst aus dem Materiellen bildet sich der Geist. Ein ähnliches Problem ergibt sich bei der Drei-Welten-Lehre von Karl Popper. Nach seiner Meinung gibt es drei Substanzen, drei „Welten". Die Welt 1 ist die physische Welt der Körper und physischen Zustände, Vorgänge und Kräfte. Die Welt 2 ist die psychische Welt der bewussten Erlebnisse und unbewussten psychischen Vorgänge, und die Welt 3 die Welt der geistigen Produkte: Wissen, Kunst, Moral. Diese dritte Welt ist aber ein Erzeugnis des Menschen. Sie existiert erst, seitdem es Menschen gibt. Wichtig erscheint die Unterscheidung von Geist und Bewusstsein, die uns noch beschäftigen wird. Hauptproblem bleibt die ontologische Unterstellung. Ist es nötig, drei Seinsarten und damit drei Substanzen anzunehmen?

Neutraler Monismus

Wie wäre es, wenn man die Dichotomie von Geist und Materie zugunsten einer Seinsform aufgibt, die beides vereint oder beides zugleich ist? Geist und Materie lassen sich nach Meinung mancher Philosophen auf ein drittes unabhängiges Prinzip zurückführen. Die Ure-Theorie von Carl Friedrich v. Weizsäcker (weitergeführt von Görnitz) geht nicht von Materie und Energie als den Grundbausteinen des Universums aus, sondern davon, dass in allen Erscheinungen der Welt, also auch in den Elementarteilchen, Information steckt. Ure sind die Informationseinheiten, mit denen diese Physiker versuchen, die Welt zu beschreiben. Chalmers (2002b) verfolgt diesen Gedanken weiter. Sowohl in physikalischen Vorgängen und Objekten als auch im Bewusstsein steckt Information. Die physikalischen Gesetze lassen sich vielleicht informationstheoretisch formulieren und ebenso die Bewusstseinserlebnisse. Danach hat Information zwei Aspekte: einen physikalischen und einen erlebnishaften. Da aber Information allgegenwärtig ist, fragt sich, ob Bewusstseinserlebnisse nicht auch in einfachen physikalischen Informationen stecken. Chalmers fragt beispielsweise, ob dann der Thermostat, der ja ebenfalls eine Information enthält, zumindest in einfacher Form Bewusstsein hätte. Die andere Alternative wäre, dass nur bestimmte

Informationsformen einen Erlebnisaspekt besitzen. Dann könnten bestimmte physikalisch präsente Informationsstrukturen im Gehirn präzise bestimmten Erlebnissen zugeordnet werden.

Einen anderen Zugang wählt der Philosoph Whitehead (1929). Er vertritt eine organismische Wirklichkeitsauffassung. Nicht nur der Mensch, sondern das gesamte Universum baut sich aus organismischen Einheiten auf, die immer komplexer werden und graduell an Subjektivität (Bewusstheit) zunehmen. Die Welt besteht aus actual entities, die sich wie die Atome zu größeren Organisationformen vereinen. Das ontologische Prinzip bei Whitehead besagt, dass alles, was real ist, von solchen aktualen Entitäten produziert wird. Diese Einheiten sind aber nicht statisch, sondern befinden sich im Prozess, im Werden. Ein wirkliches Wesen (auch die kleinsten Einheiten) *ist, indem es wird*. Alle Entitäten empfinden. Dieses Empfinden wird von einem gewissen Komplexitätsgrad der Entitäten zum bewussten Erlebnis. Durch den Kunstgriff der „Beseelung" aller Materie und die Annahme einer fortwährend im Prozess befindlichen Materie umgeht bzw. löst Whitehead das Problem des Auftretens von Bewusstsein in der Evolution. Bewusstsein in einfachster Form ist schon immer da und der Materie selbst eigen.

Eine Möglichkeit, elegant mit dem Materie-Geist-Problem umzugehen, bietet der Konstruktivismus an. In seiner radikalen Form (v. Glasersfeld 1992; v. Foerster 1992) behauptet er: Wir können nichts über die Realität erfahren, nicht einmal, ob sie existiert. Alle unsere Konzeptionen von Realität sind unsere Konstruktionen, weiter nichts. Der Psychologische Konstruktivismus macht keine Annahmen über die Realität, sondern nimmt an, dass unser Verständnis von Welt und vom Selbst Konstruktionen sind, deren Entwicklung im Kindes- und Jugendalter übrigens bereits ausgiebig untersucht wurde. Ob radikal oder eingeschränkt, aus dem Blickwinkel des Konstruktivismus ist die Unterscheidung von Geist und Materie ein Scheinproblem, denn beide Begriffe sind ja nur unsere Konstruktionen. Wenn wir die Welt anders konstruieren, entfällt das Problem.

Zu den Grundlagen der obigen Darstellung siehe Werke zur Geschichte der Philosophie, z. B. Gadamer (2000) und Schupp (2005).

15.2   Bewusstsein

Das Verhältnis zwischen Leib und Seele scheint in unserer Alltagserfahrung in Form einer Wechselwirkung zwischen beiden Seiten zu funktionieren. Wenn wir uns aufregen, überträgt sich dieser Affekt auf den Körper, er geht auf Alarmstufe. Wenn wir uns mit einer Nadel stechen, erleben wir die Körperverletzung als Schmerz, also als Bewusstseinserlebnis. Dennoch ist die Wechselwirkungslehre nicht haltbar, es sei denn, wir nehmen zwei Substanzen, zwei Welten an, eine psychische und eine körperliche. Die andere Alternative, der Parallelismus, nimmt an, dass psychische und körperliche Prozesse parallel ablaufen und sich nicht wechselseitig beeinflussen. Diese zunächst absurd erscheinende Position gewinnt an Plausibilität, wenn man psychische Prozesse und körperliche Vorgänge als zwei Erscheinungen ein und derselben Phänomens ansieht. Die Innenansicht vermittelt das Bewusstseinserlebnis, das nur dem Subjekt zugänglich ist. Die Außenansicht gibt die neurophysiologischen Prozesse wieder, sie sind von Dritten beobachtbar und messbar. Diese monistische Position bezeichnet man auch als Identitätslehre, weil es sich bei psychischen und physischen Vorgängen um das Gleiche handelt. Schon Spinoza vertrat diese Auffassung. Extensio (das Ausgedehnte) und cogitatio (das Gedachte) sind Attribute ein und derselben Substanz. Begründer der Identitätslehre in der Psychologie war Gustav Theodor Fechner im 19. Jahrhundert mit seiner Psychophysik (Fechner 1860). Die Gestaltpsychologen nahmen Isomorphie zwischen Gehirnstruktur und Wahrnehmungserlebnis an, eine Sonderform der Identitätslehre. Diese direkte Entsprechung existiert allerdings nicht. Dominierende Meinung in den Naturwissenschaften ist, dass Bewusstsein nicht ohne Gehirntätigkeit existiert. Edelman (2002) unterscheidet zwei Arten von Bewusstsein. Beim primären Bewusstsein ist das Lebewesen aufmerksam und sich seiner Umgebung bewusst. Höheres Bewusstsein beinhaltet Selbstbewusstsein, die Fähigkeit, sich in der Welt zu sehen und ein Gefühl für die Vergangenheit und Zukunft zu haben. Chalmers (2002a, b) unterscheidet beim Bewusstsein das „leichte" Problem (Wahrnehmung, Lernen, Sprache, Vorstellungen) und das „harte" Problem (wie können Vorgänge im Gehirn zu subjektiven Erfahrungen, zu Gefühlen werden?). Da das harte Problem nicht lösbar ist, schlägt Chalmers vor, bewusstes Erleben als fundamentalen, irreduziblen Wesenszug anzuerkennen, ähnlich wie Masse-Energie in der Physik. Er sieht aber im Informationsbegriff (s. o.) eine Möglichkeit, physikalische und Erlebnisstrukturen zusammenzuführen.

Annahmen über die Entstehung des Bewusstseins im Gehirn

Seit langem unterscheidet man zwei Arten von Bewusstsein: Intentionalität und Qualia (z. B. Husserl 1913, s. unten). Bewusstsein ist Bewusstsein von „etwas", es ist immer auf Gegenstände (im allgemeinen Sinn, s. Kap. 6, Kap. 8) gerichtet, also intentional. Solche „Gegenstände" können äußerer Art (Wetter, Gebäude, Menschen) oder innerer Art sein (Körperempfindungen, Schmerz oder Unbehagen an einer Körperstelle). Qualia beziehen sich auf das inhaltliche Erleben, etwa wie man die Farbe Rot erlebt, wie sich Schmerz anfühlt, wie der Mann den Anblick einer schönen Frau erlebt und umgekehrt. Gerhard Roth (2003) kennzeichnet drei Bereiche des Gehirns, in denen Bewusstsein entsteht:

a. die Formatio reticularis (ARAS: Aufsteigendes retikuläres Aktivierungssystem), die für die Wachheit des Bewusstseins und die Aufmerksamkeit zuständig ist;
b. Gehirnpartien, die bei Gefühlen und Gedächtnis aktiv sind, und
c. die Großhirnrinde, bei der die Assoziationsfelder Bewusstsein erzeugen.

Dabei ist die Großhirnrinde (Cortex) mutmaßlich der Ort, an dem Bewusstsein entsteht, wenn die Gehirnpartien a) und b) sich in Interaktion mit dem Cortex befinden. Roth (2003) vermutet, dass Bewusstsein entsteht, wenn zwischen den Abermilliarden von kortikalen

Nervenzellen und Billionen von Synapsen Synchronizität hergestellt wird, wobei zugleich der Einfluss der Formatio reticularis, des Thalamus, des Hippocampus und des limbischen Systems wirksam ist. Die Annahme der Synchronizität wird seit langem von Wolf Singer (z. B. 2004) vertreten, der seit Jahren mit seinen Mitarbeitern Gehirnprozesse und ihr psychisches Pendant untersucht. Die unmittelbare visuelle Wahrnehmung von Objekten als bewusstes Erleben erklärt er durch synchrone Entladungen Hunderter oder Tausender Neuronen, die über viele Hirnareale verteilt sein können. Die Assoziationsfelder in der Großhirnrinde könnten die neuronalen Verbände synchronisieren und dadurch die Eigenschaften des Gegenstandes, wie Farbe, Form, Bewegung und Position im Raum zu einem ganzheitlichen Eindruck vereinen. Auch für die bloße Vorstellung von konkreten oder abstrakten Objekten gibt es nach Singers Meinung experimentelle Befunde. So fanden Tallon-Baudry und Varela in Paris, dass sich bei der bewussten Vorstellung von kurz zuvor gesehenen Objekten mehrere Zentimeter voneinander entfernten Areal im Gehirn synchron entluden. Die Assoziationsareale in der Hirnrinde sind evolutionsgeschichtlich jung. Sie spielen nach Meinung Singers die Rolle eines Spiegels, in dem die Wahrnehmung und Vorstellung von Gegenständen nochmals repräsentiert wird. „Vielleicht entsteht unser Bewusstsein genau hier: in einem Spiel von Spiegeln" (Singer 2004, S. 25). Die Annahme von Synchronizität als Voraussetzung für die Entstehung von Bewusstseinserlebnissen wird von vielen Forschern geteilt. Crick, der Mitentdecker der Doppelhelix-Struktur der DNA, und Koch (1990, 2003) behaupten, dass zusätzlich zu der Bedingung des synchronen Impulse Bewusstsein entsteht, wenn Neuronen in der Sekunde rund 40 Mal feuern, halten das allerdings später nicht mehr für hinreichend (2003). Penrose (1995) nimmt dagegen an, dass Bewusstsein aus quantenphysikalischen Prozessen entsteht, die in den Mikrotubuli (Proteinstrukturen innerhalb der Neuronen) stattfinden.

In Abb. 15.1 sind die Gehirnpartien dargestellt, die mit Bewusstsein verbunden sind. Vor allem scheinen neben den Assoziationsfeldern der Hirnrinde selbst zwei Organisationsebenen an der Entstehung von Bewusstsein beteiligt zu sein. Die thalamo-corticale und die subthalamische Ebene (Delacour 2004, S. 17). Auf ersterer Ebene besteht eine rege Wechselwirkung zwischen Thalamus und Hirnrinde. Dabei sind Relaiskerne mit sensorischen Arealen des Cortex verknüpft. Neben diesem Regelkreis gibt es einen zweiten, der den Wachzustand, den REM-Schlaf (Rapid Eye Movement: die Schlafphase; in der wir träumen) und den Tiefschlaf reguliert. Dieser Regelkreis verbindet den Reticular- und Relaiskern. Wird der Relaiskern gehemmt, so versinken wir in den (meist) traumlosen Nicht-REM-Schlaf. REM-Schlaf und Wachzustand sind sich also auf dieser Ebene der neuronalen Wirkmechanismen ähnlich.

Auf der subthalamischen Ebene unterscheiden sich jedoch die beiden Bewusstseinszustände. Wir träumen, wenn die Reticularformation der Brücke aktiv ist und sind wach, wenn sie durch den Raphekern und den Blauen Kern gehemmt wird (siehe Ausschnittsvergrößerung des Hirnstamms in der Abb. 15.1).

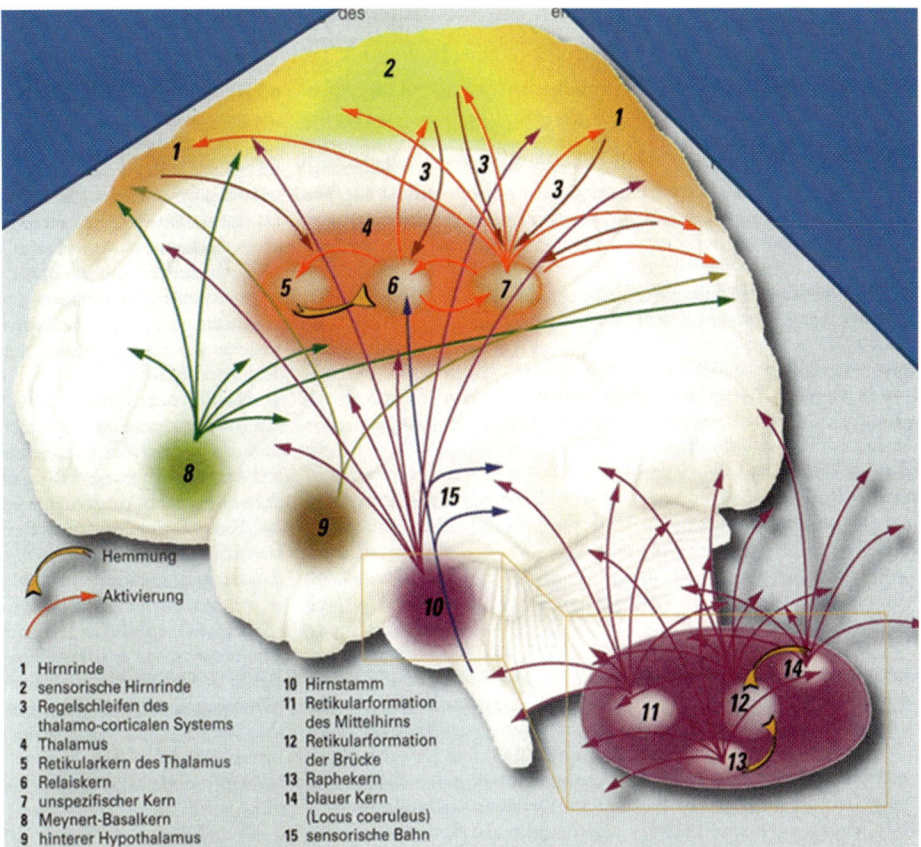

Abb. 15.1 Netzwerke des Bewusstseins. (Delacour 2004, S. 17 mit freundlicher Genehmigung von Clémence Morterol)

The following is the legend within the figure:

1 Hirnrinde
2 sensorische Hirnrinde
3 Regelschleifen des thalamo-corticalen Systems
4 Thalamus
5 Retikularkern des Thalamus
6 Relaiskern
7 unspezifischer Kern
8 Meynert-Basalkern
9 hinterer Hypothalamus
10 Hirnstamm
11 Retikularformation des Mittelhirns
12 Retikularformation der Brücke
13 Raphekern
14 blauer Kern (Locus coeruleus)
15 sensorische Bahn

Hemmung
Aktivierung

Zur Evolution des Bewusstseins

Der Blick auf die Evolution des Bewusstseins erfolgt entgegen unserem Vorgehen bei den bisherigen Kapiteln spät. Das hängt mit der Wissenschaftsgeschichte dieser Thematik zusammen. Wie bereits dargestellt, hat das Thema Geist und Bewusstsein die Philosophie von Anfang an beschäftigt – ja, man kann sagen, dass dies das zentrale Thema der Philosophie überhaupt ist. Nähert man sich von der Perspektive der Evolution, so erhebt sich als Erstes die Frage, warum überhaupt Bewusstsein entstand. Unsere geistigen (kognitiven) Prozesse könnten nämlich genauso gut ohne Bewusstsein funktionieren. Es gibt zwei Möglichkeiten der Entstehung von Bewusstsein in der Evolution: Nebenprodukt oder Überlebensvorteil. Wenn Bewusstsein ein Nebenprodukt, eine überflüssige zufällig entstandene Beigabe ist, so hat es sich irgendwann einmal bewährt. Die zweite Möglichkeit, Bewusstsein als selektiver Überlebensvorteil, leitet sich aus dem Faktum ab, dass Bewusstsein primär nicht

Vorstellungen und Gedanken vermittelt hat, sondern Lust und Unlust. Emotionale Erlebnisse sind tiefgreifend und dürften die lebenserhaltenden Tendenzen (den „Lebenswillen", wenn man den Begriff als Metapher nimmt) eines Lebewesens enorm verstärken. Letztlich ist es sekundär, ob Bewusstsein das Ergebnis eines Selektionsprozesses oder ein zufälliges Nebenprodukt ist. Es erweist sich als evolutionärer Vorteil. Der mit Bewusstseinserlebnissen ausgestattete Organismus verfügt über einen starken Anreiz, auf Alarmsignale zu achten. Das Selbst, das den Schmerz bei der Berührung einer heißen Herdplatte kennt, wird die Gefahr in Zukunft vermeiden. Die Evolution belohnt Bewusstsein, da es einen Überlebensvorteil darstellt.

Lange Zeit hat man Bewusstsein mit dem Begriff der Seele verbunden, die unabhängig vom Körper existiert, und den Tieren jegliches Bewusstsein abgesprochen. Dies ist heute nicht mehr haltbar. Vielmehr müssen wir von einer kontinuierlichen Entwicklung des Bewusstseins in der Evolution ausgehen. Säugetiere, aber wohl auch niedrigere Tiere empfinden Schmerz und Lust. Hunde träumen, Katzen sind eifersüchtig. Metzinger (2009) vermutet, dass auch Vögel, Reptilien und Fische einfache Bewusstseinsvorgänge besitzen. Menschenaffen und vermutlich auch Elefanten und Delphine haben bereits eine Art Ich-Bewusstsein (sie erkennen sich im Spiegel).

Dennoch ist es wichtig, für die Entstehung des Bewusstseins ein weiteres Erklärungsprinzip einzuführen, das übrigens generell für komplexere Prozesse in Physik, Chemie und Biologie notwendig wird: das Prinzip der *Emergenz*. Davon war bereits im letzten Kapitel über Kreativität die Rede. Laughlin (2009) zeigt, dass dieses Prinzip bereits für Elementarteilchen gilt. Alle experimentellen Untersuchungen fänden in Kollektiven statt und nur durch das Organisationsprinzip der Emergenz könne man die experimentellen Befunde adäquat erklären. Anderson (1972, S. 395) sagt dazu:

> In jedem Stadium entsteht die Welt, die wir wahrnehmen, durch ‚*Emergenz*'. Das heißt durch den Prozess, bei dem beträchtliche Aggregationen von Materie spontan Eigenschaften entwickeln können, die für die einfacheren Einheiten, aus denen sie bestehen, keine Bedeutung haben. – Eine Zelle ist noch kein Tiger. Ebenso wenig ist ein einzelnes Goldatom gelb und glänzend.

In Kap. 14 wurde das Prinzip der Emergenz an der Bérnard-Instabilität (Haken 1981) und an der Bildung von Kristallgittern (Laughlin 2009) demonstriert. Wenn schon bei der leblosen Materie Ordnungsprinzipien der Emergenz am Werke sind, lässt sich die Entwicklung des Lebens ohne die Annahme von Emergenz überhaupt nicht mehr erklären. Alle organischen Bestandteile zusammen genommen ergeben noch kein Leben, ihre besondere Organisation zu neuen Systemen ist ausschlaggebend für das Phänomen Leben. „Aus physikalischer Sicht macht es besonders viel Spaß, über Leben zu sprechen, weil es den extremsten Fall der Emergenz von Gesetzmäßigkeiten darstellt" (Laughlin 2009, S. 235).

Der Übergang von nicht bewusstem zu bewusstseinsfähigem Leben kann dementsprechend ebenfalls als Ergebnis von Emergenzprozessen verstanden werden. Emergenz erklärt weiterhin, dass sich aus Zuständen basaler Bewusstseinserlebnisse im Laufe der Evolution höhere Formen des Bewusstseins bis hin zum Ich- oder Selbstbewusstsein entwickelt haben. Auch die Entstehung von Bewusstsein aus bewusstlosen Informationszuständen der Elementarteilchen wäre ein Effekt der Emergenz. Singer (1997) erklärt am Beispiel der Evolution der Großhirnrinde, wie durch die wiederholte Aneinanderreihung immer gleicher Strukturen etwas Neues entstehen kann, das mehr ist als die Summe seiner Teile. Die Wahrnehmung und Verarbeitung von Umweltreizen wird auf der neuen Ebene selbst zum Gegenstand von Erkenntnisprozessen.

Auch die individuelle Entwicklung von Geburt bis zum Tod kann als Emergenz des komplexen Systems Mensch interpretiert werden. Der systemische Ansatz und die emergente Entwicklung des Menschen als System hat sich besonders in der Saluto- und Pathogenese menschlicher Entwicklung als fruchtbar erwiesen (Cicchetti 1999), also bei der längsschnittlichen Untersuchung der Bedingungen, die zu einer günstigen oder ungünstigen Entwicklung führen. Dabei gibt es Risikofaktoren und protektive Faktoren, bei Gruppen von Bedingungen können internal (z. B. gute emotionale Kontrolle, starker Wille, Intelligenz versus geringe Kontrolle und niedrige Intelligenz) oder external sein (z. B. unterstützende versus schädigende Kontaktpersonen, anregende versus monotone Umwelt).

Wie sieht das Konzept von Bewusstsein im Idealismus aus? In der Sicht des Idealismus verläuft die Argumentation umgekehrt. Das Primäre sind Geist und Bewusstsein. Für Hegel beispielsweise durchläuft die Entwicklung der Seele drei Stufen einer „natürlichen", einer „fühlenden" und einer „wirklichen Seele". Letztere besitzt nur der Mensch. C. G. Jung vertrat eine „panpsychistische" Position, indem er annahm, dass das individuelle Bewusstsein nur ein Teil des kollektiven Unbewussten ist und gleichsam nur die Oberfläche eines Bewusstseinsmeers bildet. Aus evolutionstheoretischer Sicht wird hier die Argumentation auf den Kopf gestellt. Wenn wir sie wieder auf die Füße stellen, liegt die „materialistische" Position näher: Bewusstsein entsteht im Laufe der Evolution als graduelle Zunahme an Klarheit und Differenziertheit bis hin zu den Bewusstseinsvorgängen beim Menschen.

Ichbewusstsein

Kopfkino „Bewusste Erinnerung setzt erst dann ein, wenn sich das Bewusstsein seiner selbst herausgebildet hat." (Singer 1997,S. 7). Ohne Ichbewusstsein können wir also auch keine bewussten Erinnerungen und Vorstellungen haben! Aber es gibt keine Zentrale im Gehirn, keinen Homunculus, von wo aus die übrigen Teile des Gehirns gesteuert werden. Insofern ist das Ichbewusstsein eine Illusion. Die Kernfrage lautet nun: Wie entsteht Ichbewusstsein? Damasio, ein Neurologe aus Iowa, bezeichnet Selbstbewusstsein als „Kopfkino", das die eigenen Bewusstseinsvorgänge beobachtet und sich selbst zuordnet (Damasio 2000, 2002). Die biologische Grundlage des Ichbewusstseins steckt in den Gehirnstrukturen, die in jedem Augenblick das Fortbestehen des individuellen Organismus repräsentieren. Das Gehirn nutzt also Strukturen, die dem Abbilden sowohl des eigenen Körpers als auch der Außenwelt dienen, um eine neue Abbildung zweiter Ordnung zu erstellen (Damasio 2002, S. 11). Wolf Singer drückt es so aus: Die Großhirnrinde wirkt wie ein inneres Auge. Sie verarbeitet die Ergebnisse, die aus den primären Bewusstseinsleistungen stammen (Singer 1997, S. 67).

Nach Dennet (1991, 1996) sind lebende Systeme nach dem bottom-up-Prinzip organisiert, d. h., dass lokale Regeln die Gesamtordnung determinieren. In einer Ameisenkolonie gibt es beispielsweise keinen Boss. Die einzelnen Ameisen wissen nichts von der Funktionsweise des Ganzen. Auch Gehirne sind zunächst wie eine Ameisenkolonie organisiert, es gibt keinen Direktor und keine Leitungsregion im Gehirn. Die Neuronen folgen den lokalen Regeln, ohne ihre Wirkung im Gesamtsystem zu kennen. Aber eine Art des Gehirns, nämlich das menschliche (und vielleicht das des Schimpansen), schafft es, das bottom-up-Regime der Neuronen in ein top-down-Kontrollsystem umzuwandeln, in dem globale Befehle lokale Aktivitäten beeinflussen. In diesem System üben Ideen einen Einfluss auf das Gehirn aus, den es zuvor in der Evolution nicht gab. „There was no ‚intelligent design' until human brains learned how to invert themselves." Mein Vorbehalt: einige Tierarten, die Selbstbewusstsein besitzen, könnten Pioniere dieser Gehirnorganisation sein (Menschenaffen, Delphine, Raben, Elefanten).

Über die Art und Weise, wie dieses Kontrollsystem im Gehirn organisiert ist, wissen wir noch wenig. Im Laufe der Evolution des Menschen wurden manche Prozesse innerhalb des komplizierten kausalen Netzwerkes des Gehirns

> auf die Ebene der globalen Verfügbarkeit angehoben. Jetzt können wir unsere Aufmerksamkeit auf sie richten, über sie nachdenken und sie . . . unterbrechen. Zum ersten Mal konnten wir uns als Wesen mit Zielen erleben, und wir konnten innere Darstellungen dieser Ziele benutzen, um unsere Körper zu kontrollieren. . . . Wir konnten ein inneres Bild von uns selbst als Wesen erzeugen, die bestimmte Bedürfnisse befriedigen können, indem sie eine optimale Lösung wählen (Metzinger 2009, S. 185).

Das menschliche Gehirn lässt sich am besten beschreiben als ein komplexes System, das ständig danach strebt, in einen stabilen Zustand zu gelangen, und dabei Ordnung aus Chaos erzeugt (Metzinger, S. 193). Im Phänomenalen Selbstmodell (PSM), wie Metzinger das nennt, sind das Erleben von ‚Meinigkeit' und ‚Agentivität' eng miteinander verbunden. ‚Meinigkeit' bezieht sich auf das, was zu mir, zu meinem Körper gehört, was meine Erlebnisse, mein Bewusstsein sind. ‚Agentivität' drückt aus, dass ich mich als Urheber von Handlungen erlebe, die auf die Erfüllung meiner Ziele gerichtet sind.

Ichbewusstsein als soziales Phänomen Nun bliebe diese Sichtweise der Umstülpung des bottom-up-Systems zum top-down-System einseitig, wenn wir nicht eine entscheidende Bedingung zusätzlich berücksichtigen: die soziale Determination des Selbst und damit des Ich-Bewusstseins. Damit haben wir uns bereits in Kap. 8 beschäftigt. G. H. Mead (1934/1973) führte die Unterscheidung von I und Me (die ursprünglich von William James stammt) in die Soziologie ein. „Das Me ist die „individuelle Spiegelung des gesellschaftlichen Gruppenverhaltens" (1973, S. 204). „Die Übernahme dieser organisierten Haltungen gibt (dem Menschen) sein Me, d. h. die Identität, deren er sich bewusst ist" (S. 218). Die Reaktion des Subjekts auf die gesellschaftliche Festlegung des Me nennt Mead das I. „Das I reagiert auf die Identität, die sich durch die Übernahme der Haltungen anderer entwickelt. Indem wir diese Haltungen übernehmen, führen wir das Me ein und reagieren darauf als ein I." Beim I wird auch Freiheit und Unvorhersagbarkeit des Handelns angesiedelt. „Die Handlung des I ist etwas, was wir im Vorhinein nicht bestimmen können" (S. 220). Daraus resultiert die Offenheit menschlicher Entwicklung (s. auch Kap. 8, Abschn. 8.4).

Auch aus neurowissenschaftlicher Sicht ergibt sich offenkundig die Schlussfolgerung, dass Ichbewusstsein erst durch den Dialog zwischen Gehirnen entsteht. Singer (1997, S. 69) stellt die These zur Diskussion, dass erst durch den Dialog zwischen Gehirnen, bei dem jeder die Sicht des anderen erfährt, das Erlebnis eigener Individualität zustande kommt. Ichbewusstsein ist das Ergebnis der Reflexion des Austausches mit einem Gegenüber.

Ichbewusstsein in der Ontogenese In der Ontogenese spiegelt sich der Aufbau des Ichbewusstseins eindrucksvoll wider. Im ersten Lebensjahr existiert bereits ein Körper-Selbst, d. h. dass der Säugling zu unterscheiden lernt, was an Sinneseindrücken zum eigenen Körper gehört und was von außen kommt. Im zweiten Lebensjahr bildet sich das kategoriale Selbst aus (Lewis und Brooks 1979), in dem das Kind eine soziale Kennzeichnung, wie ‚Kind', ‚Junge', ‚Mädchen' und vor allem seinen Namen zugewiesen bekommt. Diese typischen Merkmale des Me führen dann zur Herausbildung des I. Das Kind will autonom werden und durchlebt den typischen Konflikt zwischen Bindung an die Pflegeperson und dem Wunsch nach selbständigem unabhängigem Handeln. Das Autonomiebestreben mündet gegen Ende des zweiten Lebensjahres häufig in eine „Trotzphase", bei der das Kind Wünsche, Vorschläge und Befehle sozialer Partner ablehnt, auch wenn es selbst keine festen Ziele verfolgt. Das Auftreten der Benutzung des Personalpronomens ‚ich' belegt dann, dass das Kind sich ein Selbst und ein Ichbewusstsein zuschreibt. Erst jetzt, ab dem dritten Lebensjahr und später, setzen Erinnerungen ein, denn ohne Ich-Bewusstsein können wir Erlebnisse noch nicht in unsere Biografie einordnen. Aktives Erinnern ist zuvor nicht möglich.

Der letzte und wichtigste Schritt auf dem Weg zum Selbst und Ich-Bewusstsein ist die Ausbildung der Theory of Mind mit etwa vier Jahren. Nun kann das Kind zwischen eigenem und fremden Bewusstsein unterscheiden und erkennt damit, dass das eigene Bewusstsein nur einem selbst gehört und andere keinen direkten Einblick nehmen können. Im Jugendalter schließlich beschäftigt sich der Mensch aktiv und bewusst mit seinem Selbst und bemüht sich um dessen Ausformung. Dabei macht er auch die Erfahrung, dass sein Bewusstsein niemals anderen voll zugänglich sein wird und dass umgekehrt das Bewusstsein anderer ihm selbst verschlossen bleibt. Diese Erfahrung ist in individualistischen Kulturen ausgeprägter, aber sie bleibt auch Mitgliedern kollektivistischer Kulturen nicht erspart. Sie ist letztlich, psychologisch gesehen, der Ausgangspunkt allen Philosophierens über Geist und Materie.

Dass Ichbewusstsein nur durch soziale Interaktion und Rückmeldung zustande kommt, ist heute auch Meinung von Hirnforschern und Psychologen. Die soziale Bedingtheit des Ichbewusstseins erklärt wohl auch seine Entstehung in der Evolution, Alle Tierarten, die

Selbstbewusstsein oder Vorformen davon besitzen, leben vergesellschaftet in Gruppen. Die im Sozialverband erforderlichen kognitiven Kompetenzen führten dazu, eine zentrale Steuerungsinstanz aufzubauen, die top-down agieren kann. Dennoch scheint bei allen Tieren mit Ausnahme des Menschen das Zeitbewusstsein zu fehlen, also die Fähigkeit, sich gedanklich in der Zeit vorwärts und rückwärts zu bewegen. Insofern bleibt die Einmaligkeit des Lebewesens Mensch erhalten – trotz der Kränkungen, die das Menschenbild durch die wissenschaftliche Entwicklung immer wieder erfahren hat.

Zurückhaltung und Bescheidenheit der Hirnforscher   Wer den Neurowissenschaftlern Hybris nachsagt, irrt, denn ihr Manifest von 2004 dokumentiert sehr wohl ihr Eingeständnis, wie wenig wir eigentlich noch über den Zusammenhang zwischen neurobiologischen Vorgängen im Gehirn und Bewusstsein wissen. Ihre Feststellung, die ich im Folgenden wiedergebe, gilt auch heute noch:

> Zweifellos wissen wir also heute sehr viel mehr über das Gehirn als noch vor zehn Jahren. Zwischen dem Wissen über die obere und untere Organisationsebene des Gehirns klafft aber nach wie vor eine große Erkenntnislücke. Über die mittlere Ebene – also das Geschehen innerhalb kleinerer und größerer Zellverbände, das letztlich den Prozessen auf der obersten Ebene zu Grunde liegt – wissen wir noch erschreckend wenig. Auch darüber, mit welchen Codes einzelne oder wenige Nervenzellen untereinander kommunizieren (wahrscheinlich benutzen sie gleichzeitig mehrere solcher Codes), existieren allenfalls plausible Vermutungen. Völlig unbekannt ist zudem, was abläuft, wenn hundert Millionen oder gar einige Milliarden Nervenzellen miteinander „reden". Nach welchen Regeln das Gehirn arbeitet; wie es die Welt so abbildet, dass unmittelbare Wahrnehmung und frühere Erfahrung miteinander verschmelzen; wie das innere Tun als „seine" Tätigkeit erlebt wird und wie es zukünftige Aktionen plant, all dies verstehen wir nach wie vor nicht einmal in Ansätzen. Mehr noch: Es ist überhaupt nicht klar, wie man dies mit den heutigen Mitteln erforschen könnte. In dieser Hinsicht befinden wir uns gewissermaßen noch auf dem Stand von Jägern und Sammlern. (http://www.gehirn-undgeist.de/alias/dachzeile/das-manifest/852357)

15.3   Geist und Geistiges, was ist das?

Die Materialisierung des Geistes

Geist als Ordnung von Materie   Dieser dritte Abschnitt befasst sich mit der Frage, ob Geist etwas ist, das außerhalb unseres Bewusstseins existiert. Die Ideen des Platon, der objektive Geist bei Hegel und die Strukturen der Mathematik wären Beispiele für die Existenz von etwas Geistigem außerhalb und unabhängig vom menschlichen Bewusstsein. Diese Frage ist durchaus nicht müßig, denn sie führt wieder zum ontologischen Problem zurück: Dualismus oder Monismus, Materialismus oder Idealismus? In Kap. 6 war das Problem des Geistes bereits gegenwärtig, ohne dass wir darauf eingegangen sind. Dort war die Rede von der Kultur als objektiver Struktur und dem Individuum als Träger der subjektiven Struktur. Das eine Mal (in der Kultur) existiert die Struktur als Merkmal des Gegenstandes. In den Gegenstand wurde vom Werkzeugmacher seine Funktion hineingelegt, die der Akteur dann nutzen kann. Das andere Mal (beim Subjekt) steckt die Struktur im Kopf in Form des Wissens, wie man den Gegenstand benutzt. Obwohl die Idee des Werkzeugs als dessen Funktion in ihm steckt, werden wir vergeblich nach etwas Geistigem im Gegenstand suchen. Der Geist ist materialisiert als Ordnung, die im Gegenstand steckt. Die ganze kulturelle Welt, das „Universum von Gegenständen", wie wir sie genannt haben, benötigt nicht die Annahme von etwas Geistigem, obwohl so viel Intelligenz und „Geist" in den Gegenständen steckt. Sie sind nur gegenwärtig als geordnete Materie. Geist präsentiert sich in der Kultur zumindest bei den materiellen Objekten als geordnete, strukturierte Materie.

Dies gilt aber auch für kulturelle Geistesbereiche, wie der Musik und der Kunst. Die Musik erscheint uns als etwas, das Musikerinnen und Musiker erdacht haben, also als Konstruktion, die wir „Komposition" nennen. Ist sie aber erst einmal erdacht, so existiert sie (neben den rein materiellen Speichern in Form von Noten und Tonträgern) als geordnete Materie, nämlich als Struktur von Tönen, die ihrerseits Luftschwingungen, also etwas Materielles, sind. Geist steckt nur im Prozess des musikalischen Komponierens selbst.

Sind Naturgesetze etwas Geistiges? Geht man einen Schritt weiter, so stößt man auf die Naturgesetze als etwas Ideellem, das im Universum, im Makrokosmos wie im Mikrokosmos, steckt. Sind Naturgesetze etwas Geistiges, das die Materie beherrscht und ist also dann die Materie nur ein Epiphänomen? Hegel würde diese Ansicht vertreten. Er unterscheidet zwischen objektivem Geist (Formen des Rechts, der Moralität, der Sittlichkeit und des Staates), dem absoluten Geist (Kunst, Religion und Philosophie) und dem subjektiven Geist (individuelle Ausprägung des Geistes). Auch die Natur ist Geist, und zwar mit dem geringsten Bewusstheitsgrad. Mit dieser Konzeption werden Geistiges und Bewusstsein zur primären Erscheinung und bedürfen nicht eines nachträglichen Erklärungsversuchs, wie sie in die Welt gekommen sind.

Aber man kann den Spieß auch umkehren. Folgt man dem Gedanken, dass Geist in den kulturellen Gegenständen nur dessen Ordnung und Struktur ist, dann könnte man analog die Überlegung anstellen, dass Naturgesetzte nicht etwas Geistiges, Immaterielles sind, sondern die Ordnung der Materie bilden. Anders formuliert, Materie und Energie existieren nicht getrennt von den Naturgesetzen, sondern sind mit diesen untrennbar verbunden. Man kann sich die Quantenwelt nur in Verbindung mit dem merkwürdigen Verhalten der Teilchen und ihrer ständigen gesetzmäßigen Umwandlung denken. Materie und Energie sind die eine Seite der Medaille, die andere Seite ist ihr gesetzmäßiges Verhalten. Was sich allerdings bei den Naturgesetzen nicht ausschließen lässt, ist die Möglichkeit, dass sie nur Konstruktionen des Menschen sind, die auf die Materie projiziert werden. Zu dieser Ansicht neigen die Konstruktivisten wie v. Glasersfeld (1992) und v. Foerster (1992). Dagegen spricht jedoch die „Passung" von menschlichen Gesetzeskonstruktionen mit dem Verhalten der Natur. Die Experimente ergeben bei Wiederholung denselben Effekt, er lässt sich also voraussagen. Völlig willkürlich können menschliche Konstruktionen also nicht sein. Sofern die Naturgesetze in den Köpfen der Menschen gegenwärtig sind, sind sie mit Bewusstsein und Geist verknüpft, sofern sie in der Natur real stecken, sind sie nicht etwas Geistiges, also von anderer Substanz als die Materie, sondern Bestandteil von ihnen. Davon zu trennen ist die oben ventilierte Frage, ob Bewusstsein nicht selbst Bestandteil der Materie ist, sodass Bewusstsein nicht als Epiphänomen irgendwann in der Evolution auftaucht, sondern von Anfang an da ist, aber erst bei einem gewissen Komplexitätsgrad zum bewussten Erleben führt. Auch die ebenfalls schon diskutierte Alternative, Naturgesetze bzw. das Verhalten von Teilchen und großen Körpern als Information zu fassen, bedarf nicht der Zusatzannahme von etwas Geistigem. Hier gilt ebenfalls die Feststellung, dass die Information Bestandteil von Masse und Energie ist, ohne Information können sie nicht gedacht werden. Im Übrigen sind alle materiell gespeicherten Informationen, wie digitale Medien und Bücher, nicht geistig präsent, sondern materielle Ordnungen. Das Geistige beginnt erst wieder bei der Entschlüsselung von Texten in bewusste Inhalte.

Husserls Phänomenologie Andieser Stelle scheint es notwendig, sich mit der „Phänomenologie" Edmund Husserls auseinander zu setzenb. Edmund Husserl geht von den Bewusstseinserlebnissen aus und nutzt ihre Unmittelbarkeit als Erkenntnismethode. „Allgemein gehört es zum Wesen jeden aktuellen cogito, Bewusstsein von etwas zu sein [ ] Alle Erlebnisse, die diese Wesenseigenschaften gemein haben, heißen auch ‚intentionale Erlebnisse' [...]; sofern sie Bewusstseinserlebnisse von etwas sind, heißen sie auf dieses Etwas ‚intentional bezogen'..... Im Wesen des Erlebnisses selbst liegt nicht nur, dass es, sondern auch wovon es Bewusstsein ist.... (Husserl 1913, S. 16). Bis hierher bilden die Überlegungen Husserls eine gute Begründung für den von uns gewählten Ansatz des Gegenstandsbezugs als Basis von Kultur und menschlicher Interaktion.

Aber Husserl geht noch einen Schritt weiter. Für ihn ist die Phänomenologie als Wesensschau Grundlage allen Wissens. Mit Hilfe der phänomenologischen Reduktion erscheint, so meint er, die Welt in ihren wirklichen Strukturen. Diese Reduktion erreicht man durch Ausschaltung aller Vorannahmen und Setzungen und damit durch das Fernhalten eines jeglichen Urteils. Dann sind nur noch die Bewusstseinsakte selbst Gegenstand der Betrachtung. Mit dieser eidetischen Reduktion, wie Husserl das nennt, gelingt eine Wesensschau der Welt in unserem Bewusstsein.

Die Erkenntnisse der Psychologie und der Neurowissenschaften belegen jedoch, dass das Bewusstsein ein sehr fragwürdiges Instrument der Erkenntnis ist, es lässt sich leicht täuschen, nimmt verzerrt oder einseitig wahr, wie bei den optischen Täuschungen, und kann aufgrund der geringen Kapazität im Kurzzeitspeicher nur wenig Inhalte gleichzeitig verarbeiten. Mit diesem Instrumentarium eine „Wesensschau" erzielen zu wollen, erscheint absurd. Wo sich die phänomenologische Methode jedoch sehr bewährt hat, ist bei der Beschreibung psychischer Erlebnisse selbst. Wie und was wir erleben, ist ein subjektives Phänomen, zu dem es von außen keinen Zugang gibt. Nur die Beschreibung der Erlebenden selbst kann uns Auskunft geben über das, was im Bewusstsein vor sich geht. Freilich ist diese Beschreibung an die Sprache gebunden. Je differenzierter die Sprache, desto differenzierter die Beschreibung von Bewusstseinserlebnissen. Psychologie und Psychiatrie haben die phänomenologische Methode begierig aufgegriffen. Die Beschreibung eines Wahns, einer Zwangsvorstellung und einer Paranoia gewährt Auskunft über das, was in den Köpfen psychisch gestörter Menschen vorgeht, und die Beschreibung von Gefühlen, Gedanken, Wünschen durch unsere Bezugspersonen vermittelt uns einen Eindruck von deren Bewusstseinserlebnissen, die ohne sprachliche Darstellung unzugänglich blieben.

Im Übrigen gibt es die scharfe Trennung zwischen Materie und Geist nur im abendländischen Denken. Andere Kulturen sehen in der Materie immer zugleich das Geistig-Seelische. In vielen Kulturen sind alle Dinge beseelt.

Exkurs: Vom ontologischen Status der Mathematik

Wir können also immer noch bei der Feststellung bleiben, dass Geist und Ideen im Gegenstand geordnete, strukturierte Materie sind. Bei Heranziehung von Geistesbereichen wie der Mathematik ergeben sich allerdings Schwierigkeiten. Die Mathematik, so wie sie uns in ihren vielfältigen Subdisziplinen vorliegt, entstand seit dem Altertum in den Köpfen von Menschen. Es handelt sich also zunächst um Gebilde, die reine Konstruktionen menschlichen Geistes darstellen. Das Verblüffende ist jedoch, dass die mathematischen Strukturen auf die Natur anwendbar sind. Die gesamte Naturwissenschaft in all ihren Disziplinen benötigt die Mathematik zu Beschreibung ihres Gegenstandes (Field, 1989). Es sieht so aus, als sei die Mathematik die Sprache der Natur. Wie kommt es aber dann, dass die menschlichen mathematischen Konstruktionen wieder in der Natur zu finden sind? Manchmal erwuchsen mathematische Erkenntnisse aus der Beschäftigung mit Umwelt und Natur, sodass man annehmen könnte, durch den wechselseitigen Austausch von denkender Konstruktion und Anwendung in der Natur sei man der Mathematik als Sprache der Natur auf die Schliche gekommen. In vielen Fällen wurden aber mathematische Bereiche unabhängig von physikalischen Problemen entwickelt und erst nachträglich auf naturwissenschaftliche Phänomene angewandt. Dies ist in der Quantenphysik ebenso der Fall wie in der Allgemeinen Relativitätstheorie.

Könnte es sein, dass die Mathematik ein eigenes geistiges Reich darstellt? Dann hätte sie einen eigenen ontologischen Status. Die Meinungen zu dieser Frage sind geteilt. Kurt Gödel und Paul Endös meinen, Mathematische Gegenstände sind keine Konzepte, die im Kopf des Mathematikers entstehen, sondern sie existieren unabhängig vom menschlichen Denken. Mathematik wird nicht erfunden, sondern entdeckt. Mathematik würde dann den Status einer Platonischen Idee haben. Wie aber können wir an diesen Ideen teilhaben? Gödel erklärt dies durch die mathematische Intuition, die analog zu einem Sinnesorgan uns an dieser Ideenwelt teilhaben lässt. In diesem Fall wäre Mathematik eine echte Welt des Geistes, noch fundamentaler als Poppers dritte Welt, denn Popper nimmt an, dass die Welt des Wissens und des Geistes erst von Menschen entwickelt wurde. Andere Autoren gehen nicht so weit in ihren ontologischen Annahmen. Für Bertrand Russel und Rudolf Carnap lässt sich Mathematik vollständig auf formale Logik zurückführen, Mathematik ist dann einfach ein Teil der Logik. Dann fragt sich natürlich, welchen ontologischen Status die Logik hat. Ihre Gültigkeit ist universell. Existiert sie dann unabhängig vom Menschen? Oder können wir den Geist der Logik als Bestandteil des bewussten Denkens ansehen? Dann würde Logik nur in menschlichen Bewusstsein existieren und nirgendwo sonst.

David Hilbert versteht Mathematik als eine Art Spiel. Das Spiel gehorcht bestimmten Regeln, vor allem den logischen Gesetzen. Mathematische Gesetze sind Spielereien und keine Wahrheiten. Merkwürdig, dass diese Spielereien, dieser Formalismus, so gut auf die Wirklichkeit passen. Interessant ist die Spielidee, weil sie an eine besondere Beigabe der Evolution anknüpft, die uns schon Kap. 10 ausgiebig beschäftigt hat. Spieltheorie und Mathematik treten hier näher in Beziehung, aber bringen uns der Frage nach dem ontologischen Status der Mathematik nicht näher.

Schließlich gibt es noch die Position des Strukturalismus. Der Strukturalismus geht in der Philosophie und Linguistik auf den Genfer Sprachwissenschaftler Ferdinand de Saussure zurück, der zu Beginn des 20. Jahrhunderts Vorlesungen über Allgemeine Sprachwissenschaft hielt (Cours de linguistique générale), in denen er die Grundlage für eine neue Methode schuf. Mathematik beschäftigt sich mit Strukturen, also mit den Beziehungen innerhalb eines Systems. Nehmen wir als Beispiel das Zahlensystem. Die Zahlen sind keine Objekte in diesem System, sondern nur Platzhalter, ähnlich wie die Berufe in einem großen Betrieb Platzhalter für beliebige Personen sind und Verwandtschaftspositionen Platzhalter für konkrete Menschen. Wenn Mathematik immer an Systeme gebunden ist, dann steckt sie auch in natürlichen Systemen, wie in den Atomen, Molekülen, Lebewesen und in den Galaxien. Dann würden wir die Mathematik nur auf solche Systeme anwenden, in denen sie ohnedies steckt.

Kanitscheider (2009) schlägt unter Berufung auf Quine und Putnan einen „schwachen Platonismus" vor. Er geht von den sogenannten All- und Existenzquantoren aus. Das sind verallgemeinerte Aussagen über mathematische Beziehungen. Der Allquantor (symbolisiert als umgekehrtes A) bedeutet „für alles", der Existenzquantor ∃ bedeutet „es gibt". Das „Unvermeidlichkeitsargument" besagt nun, dass diese Quantoren sowohl auf abstrakte formale Objekte, als auch auf Elementarteilchen oder andere physikalische Phänomene angewandt werden können. Der physikalische und der mathematische Teil sind „verschränkt". Man kann nicht, so Kanitscheider, auf der physikalischen Seite Realist und auf der Seite formaler Strukturen Idealist sein. In unserem Universum gibt es angewandte Teile der Mathematik, die also in der physikalischen Realität stecken, und den großen, nicht angewandten Teil der Mathematik. Diese „ontologische Asymmetrie" könnte man auflösen, wenn man eine (unendliche) Zahl von Paralleluniversen annimmt, auf die sich andere mathematische Strukturen anwenden lassen. Die bei uns geltenden Naturkonstanten würden in anderen Universen dann auch anders ausfallen. Die bei uns geltende Asymmetrie ist nur eine Täuschung, der Rest der Mathematik könnte durchaus in anderen Universen zu finden sein. Will man nicht so weit ins Phantastische gehen, bleibt der „sparsame Platonismus". „Damit kann man zwar nicht verstehen, warum die Natur gerade die heute gültigen (mathematischen) Strukturen realisiert, aber doch, warum die Welt sich überhaupt mathematisch begreifen lässt (op. cit, S. 78).

Anmerkung: Zum Status der Mathematik s. Shapiro (1997), Stegmüller (2009), Kitcher (1983) und Kanitscheider (2009) und Øystein (2008).

Resümee

Seit mehr als zweieinhalb Jahrtausenden haben sich die größten Denker er Menschheit mit dem Phänomenen Geist und Bewusstsein befasst, ohne eine endgültige Lösung oder ein tieferes Verständnis erreicht zu haben.

Aber alle Erkenntniszugänge sind interessant und bedenkenswert. Sie erweitern und korrigieren unser naives Alltagsverständnis und regen zum Nachdenken über ein ungelöstes Rätsel an. Je näher wir an das Geheimnis kommen, welche Gehirnprozesse in welcher Weise Bewusstsein erzeugen, desto eher können wir Bewusstsein simulieren bzw. künstlich erzeugen. Irgendwann wird es so weit sein, selbst wenn man davor erschauern mag, dass wir dann chemischen oder maschinellen Golems mit Bewusstsein gegenüberstehen. Der Mensch wird nicht davor Halt machen. Die Position, die von mir vertreten wird, lässt sich in folgenden Punkten zusammenfassen:

1. Bewusstsein und Geist im Bewusstsein können genau wie Materie und Energie als ein Grundprinzip der Natur angenommen werden.
2. Die Evolution des Bewusstseins benötigt, wie vermutliche alle Phänomene der Entwicklung vom Urknall über Leben bis zum Menschen, als Erklärungsprinzip die Emergenz, die die Entstehung höherer Strukturformen aus niedrigeren bewirkt (Übersummativität).
3. Eine Person ist nicht aus zwei Substanzen (Geist und Körper) zusammengesetzt, sondern ein Objekt, ein Ganzes, das jedoch körperliche und geistige Eigenschaften besitzt (also materielle und nichtmaterielle Eigenschaften). Bewusstsein ist kontinuierlich in der Evolution zu immer komplexeren Stufen gelangt, bis schließlich Ichbewusstsein entstand, das Bewusstseinserlebnisse registrieren, analysieren und kontrollieren kann.
4. Geist existiert außerhalb des menschlichen Bewusstseins vor allem oder vielleicht ausschließlich in Form von geordneter Materie. Die Annahme von etwas materielosem Geistigen in der Welt außerhalb unseres Bewusstseins ist überflüssig.

15.4   Das EKO-Modell des Bewusstseins

Lässt sich das EKO-Modell auch auf unser schwieriges Thema von Geist und Bewusstsein anwenden? Abb. 15.2 unternimmt den Versuch. Ganz basal ist die Frage, ob Geist und Bewusstsein grundlegende Bestandteile des Universums sind oder ob sie erst im Laufe der Entwicklung des Lebens entstanden. Diese Frage lassen wir offen, obwohl man der Annahme von Bewusstsein als grundlegendem Bestandteil des Universums' einige Sympathie

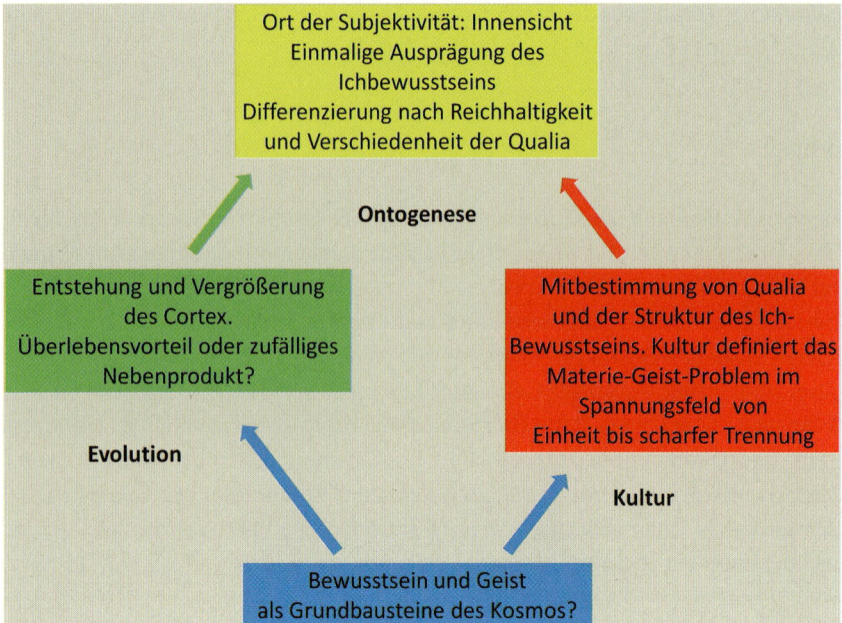

Abb. 15.2 Geist und Bewusstsein im EKO-Modell. (Urheberrecht beim Autor)

entgegenbringen kann. Die *Evolution* hat die Entstehung des Cortex und seine sukzessive Vergrößerung bewirkt. Damit konnten sich höhere Formen des Bewusstseins entwickeln bis hin zum Ichbewusstsein, das die eigenen Erlebnisse ein zweites Mal registriert. Die *Kultur*, deren Einfluss in diesem Kapitel etwas stiefmütterlich behandelt wird, prägt sowohl das, was wir fühlen und wie wir es fühlen, als auch die Struktur des Ichbewusstseins. Es entwickelt je nach Kulturkreis eine eher bezogene (interdependente) oder unabhängige (independente) Identität (Markus und Kitayama 1991, s. Kap. 7). Schließlich definiert Kultur das Verhältnis von Geist und Materie. Bestimmungen reichen von völliger Einheit von Geist und Materie (z. B. alles ist beseelt, auch die tote Materie) bis hin zur scharfen Trennung, die beide Aspekte als unvereinbar ansieht. In Kulturen, in denen Geist und Materie eine Einheit bilden, gibt es die Probleme dieses Kapitels nicht.

Die *Ontogenese* schließlich leistet bezüglich Inhalt und Umfang von Bewusstseinserlebnissen die Hauptarbeit. Zunächst einmal ist das Individuum der Ort der Bewusstseinserlebnisse. Nur das Individuum hat sie. Es ist Träger der „Innenansicht". Wir können aufgrund des heutigen Wissens von der Annahme ausgehen, dass es Bewusstsein ohne Individuen nicht gibt. Im Laufe der individuellen Entwicklung (Ontogenese) formt sich das Selbst zu einer einmaligen unverwechselbaren Struktur, sodass jedes Ichbewusstsein von jedem anderen verschieden ist. Hinzu kommt, dass die Qualia des Bewusstseins in den individuellen Biografien sowohl bezüglich der Eigenart als auch hinsichtlich der Reichhaltigkeit stark variieren. Jeder Mensch entwickelt im Laufe seines Lebens unterschiedliche

Erlebnisformen. Seine Gefühlswelt kann differenziert oder einfach, tief oder flach sein. So gilt, dass zwar unser Erleben seine Grundlage in der Evolution hat und von der Kultur stark mitgeprägt wird, dass aber zugleich wir selbst als Träger von Bewusstsein der zentrale Ort für alle Formen des Erlebens sind. Dieses Erleben ist durch die Einmaligkeit der individuellen Biografie geprägt.

Gespräche der Himmlischen

Athene: Mit diesem Kapitel betreten wir unsicheren Boden. Das Problem des Bewusstseins, so wie es die Menschen sehen, ist noch ungelöst. Da haben die Neurowissenschaftler recht, die in ihrem Manifest von 2004 zugegeben haben, wie wenig sie wissen. Vielleicht ist das Problem Geist und Materie nur ein Scheinproblem. Bei uns und bei unseren Griechen gab es das doch auch nicht.

Apoll: Naja, unsere Philosophen haben sich schon ziemlich damit abgequält. Platon deklariert alles zu Geist, und er meint, was die Menschen von der Welt erfassen, sind nur Schatten. Mich stört an dem Kapitel, dass es der Kultur zu wenig Bedeutung beimisst. Man würde sich wünschen, dass in einem EKO-Ansatz ein ausführlicher Kulturvergleich erfolgt. Das beginnt bei den Sprachen. Was gibt es für Ausdrücke für Seele und Geist? Wie steht es mit den Mythen und Religionen der Völker? Sind sie nicht auch Geist, kollektiver Geist? Spannend wäre auch die historisch-kulturelle Entwicklung von Bewusstsein und Selbstbewusstsein. Wenn das Ichbewusstsein nur im Dialog mit anderen entsteht und die Spiegelung des Ich im anderen erst zum Ichbewusstsein führt, ist klar, dass es in jeder kulturellen Epoche unterschiedliche Ausprägungen des Ichbewusstseins gab. Kein Wort davon in diesem Kapitel.

Athene: Das würde ein mehrbändiges Opus nötig machen. Gut, dass der Autor erst gar nicht den Versuch unternommen hat.

Apoll: Dann will ich wenigstens ein exotisches Beispiel beschreiben, das ich kürzlich gelesen habe. Im Theravadabuddhismus gilt die Welt als nicht existent. Deshalb ist die Vorstellung, dass Welt, Götter und Menschen real seien, die Hauptursache menschlichen Leids (Weggel 1994, S. 196 f.). Der einzelne Mensch ist keine feste Substanz, sondern entsteht durch das flüchtige Zusammenfügen von fünf Daseinsfaktoren (Skandhas). Die Erlösung aus dem Kreis ständiger Wiedergeburten vollzieht sich dadurch, dass man die Welt als wesenlos begreift und selbst wesenlos wird. Die Leere (sunyata), von der der Mahayanabuddhismus spricht, wird ebenfalls als Nicht-Substanz, als das Ganz-anders-Seiende beschrieben.

Athene: Alles nur Täuschung. Letztlich sind wir auch substanzlos.

Dionysos und *Aphrodite:* Psst, nicht so laut, sonst verschwinden wir von der Bühne und existieren nicht mehr!

Apoll: Andererseits gibt es die ganz materiellen Dinge, die geistige Kräfte besitzen, zum Beispiel die Talismane. Die Taxifahrer haben ein Amulett im Auto hängen, viele Menschen tragen ein Kreuz, manche Steine haben Wunderkraft, und auf Java gibt es einen Dolch, das Kris, dessen Klinge eine Seele besitzt, der man sogar Opfer bringt (Weggel 1994, S. 219).

Athene: Da hast du es, Dinge sind beseelt, Geist und Materie beisammen.

Apoll: Damit will ich nochmals auf das Grundproblem der Leib-Seele-Dichotomie zu sprechen kommen. Was die Menschen nur mit ihrem Geist-Materie oder Leib-Seele Problem haben? Leben in unserer mythologischen Welt vereint immer beides. Es darf keine Trennung geben, sie ist künstlich von den Menschen vorgenommen, weil sie zu viel denken. In meiner Domäne von Musik, bildender Kunst und Tanz sind Leib und Seele in glücklicher Weise vereint.

Athene: Allerdings sind wir Götter in den Augen der Menschen doch eher Geister, etwas Immaterielles, wir erscheinen ihnen aus den Wolken, oft als riesige Gebilde, die vom Erdboden bis zum Himmel reichen.

Dionysos: Und die Menschen sehen sich selber eher fleischlich als geistig.

Aphrodite: Und mit Fleischeslust behaftet, wie die späteren christlichen Religionen das nennen. Welch eine perverse Geschmacksverirrung! Als ob Fleischeslust etwas Schlimmes wäre!

Dionysos: Na, heute ist das nicht mehr so, heute darf man alles, zumindest außerhalb des Berufs: schrankenlos genießen, sexuelle Partner und Partnerinnen tauschen, das geht ganz ohne Bacchanalien. Man soll konsumieren, konsumieren, konsumieren. Das geht selbst mir zu weit, denn meine Feste finden nur zu bestimmten Anlässen statt, und die sogenannten Naturvölker haben sich auch an diese Ordnung gehalten. Nur bei besonderen Anlässen dürfen sie über die Stränge schlagen. „Saure Wochen, frohe Feste" sagt Goethe im „Schatzgräber". Aber zurück zum Kapitel. Mir gefällt die Idee von Whitehead und Chalmers, dass Bewusstsein in allem steckt und dass Information vielleicht der verbindende Begriff ist. Jedenfalls sehe ich als Sachwalter der Natur wirklich alles beseelt.

Aphrodite: Ich weise auf den evolutionären Vorteil der Lust beim Geschlechtsakt hin. Ich behaupte, dass hier die Wurzeln der Bewusstseinsentstehung liegen.

Dionysos: Dem kann man nicht widersprechen. Schließlich ist Fortpflanzung und damit das Überleben die zentrale Aufgabe in der Evolution, es geht um die Erhaltung der eigenen Gene.

Aphrodite: Aber die Menschen und viele andere Tierarten machen Sex wegen der Lust und nicht wegen der Nachkommenschaft.

Dionysos: Das ist eben der Trick der Gene. Möglicherweise sind tatsächlich die sexuelle Lust und ihr Vorteil für die Fortpflanzung der Beginn bewussten Erlebens. Wer weiß?

Alle: Und nicht zu vergessen, na? – Nektar und Ambrosia!

Literatur

Anderson, P. W. (1972). More is different: Broken symmetry and the nature of the hierarchical structure of science. *Science, 1777,* 393–396.

Beckermann, A. (2011). *Das Leib-Seele-Problem* (2. Aufl) Paderborn: Fink.

Chalmers, D. J. (2002a). *Das Rätsel des bewussten Erlebens* (S. 12–19) Spektrum der Wissenschaft: Digest-ND 3.

Chalmers, D. J. (2002b). *Rätsel Gehirn*. München: Beck.

Cicchetti, D. (1999). Entwicklungspsychopathologie: Historische Grundlagen, konzeptuelle und methodische Fragen, Implikationen für Prävention und Intervention. In R. Oerter, C. v. Hagen, G. Röper, & G. Noam (Hrsg.), *Klinische Entwicklungspsychologie* (S. 11–44). Weinheim: Beltz.

Crick, F., & Koch. C. (1990). Towards a neurobiological theory of consciousness. In: Seminars in the Neurosciences.

Damasio, A. R. (2000). *Ich fühle, also bin ich: Die Entschlüsselung des Bewusstseins*. München: List-Verlag.

Damasio, A. R. (2002). *Wie das Gehirn Geist erzeugt* (S. 6–11). Spektrum der Wissenschaft: Digest-ND 3.

Delacour, J. (2004). Was kann die Neurobiologie erklären? Spektrum der Wissenschaft Spezial, 1, 12–19.

Dennet, D.C. (1991). *Consciousness Explained*. Boston: Little, Brown.

Dennet, D.C. (1997). *Kinds of Minds*. New York: Basic Books.

Eccles, J. C., & Beck, F. (1994). Quantenaspekte der Gehirntätigkeit und die Rolle des Bewusstseins J. C. In J. C. Eccles (Hrsg.), *Wie das Selbst sein Gehirn steuert* (S. 213–241). München: Piper.

Eccles, J. C. (1982). *Das Rätsel Mensch*. München: Ernst Reinhardt Verlag.

Edelman, G. (2002). *Geist und Gehirn. Wie aus Materie Bewusstsein entsteht*. München: Beck.

Fechner, G. Th. (1860). *Elemente der Psychophysik*. Leipzig: Breikopf und Härtel.

Field, H. (1989). *Realism, Mathematics and Modality*. Oxford: Blackwell.

Foerster, H. v. (1992). Entdecken oder erfinden. Wie läßt sich Verstehen verstehen? In H. v. Foerster, E. v. Glasersfeld, P. M. Hejl, S. J. Schmidt, & P. Watzlawick (Hrsg.), *Einführung in den Konstruktivismus* (S. 41–88). München: Piper.

Francis Crick, F., & Koch, C. (2003). *A framework for consciousness*. Nature Neuroscience.

Gadamer, H. G. (2000). Hans Georg Gadamer erzählt die Geschichte der Philosophie (Video aus dem Jahr 2000 aufgenommen im „Istituto Italiano per gli Studi Filosofici", Neapel 2000).

Glasersfeld, E. v. (1992). Konstruktion der Wirklichkeit und des Begriffs der Objektivität. In H. v. Foerster, E. v. Glasersfeld, P. M. Hejl, S. J. Schmidt, & P. Watzlawick (Hrsg.), *Einführung in den Konstruktivismus* (S. 9–39). München: Piper.

Görnitz, Th.: *Quanten sind anders*. Heidelberg: Spektrum, 2008.

Haken, H. (1981). Erfolgsgeheimnisse der Natur. Synergetik: Die Lehre vom Zusammenwirken. Frankfurt/M.: Ullstein.

Husserl, E. (1913). *Ideen zu einer reinen Phänomenologie und phänomenologischen Philosophie. Erstes Buch: Allgemeine Einführung in die Phänomenologie*. Halle(Saale): Max Niemeyer Verlag.

Kanitscheider, B. (2009). Was ist Mathematik? *Spektrum der Wissenschaft, 6*, 72–78.

Laughlin, R. B. (2009). *Abschied von der Weltformel. Die Neuerfindung der Physik*. München: Piper Taschenbuch.

Lewis, M., & Brooks, J. (1979). Auf der Suche nach den Ursprüngen des Selbst: Implikationen für das Sozialverhalten und für pädagogische Intervention. In Montada, L. (Hrsg.), *Brennpunkte der Entwicklungspsychologie* (S. 157–172). Stuttgart: Kohlhammer.

Maddy, P. (1990). *Realism in Mathematics*. Oxford: Clarendon Press.

Maddy, P. (1997). *Naturalism in Mathematics*. Oxford: Clarendon Press.

Manifest de Neurowissenschaftler: http://www.gehirn-und-geist.de/alias/dachzeile/das-manifest/852357.

Markus, H. R., & Kitayama, S. (1991). Culture and the self: Implications for cognition, emotion, and motivation. *Psychological Review, 98*, 224–253.

Mead, G. H. (1934). *Mind, self, and society. From the standpoint of a social behaviorist*. Chicago: University Press. Deutsch 1973.

Metzinger, T. (2009). *Der Ego-Tunnel*. Berlin: Berlin Verlag.

Øystein L. (2008): The Nature of Mathematical Objects. In B. Gold (Hrsg.), *Current issues in the Philosophy of Mathematics from the Perspective of Mathematicians*. Mathematics Association of America.

Pauen, M. (2001). *Das Rätsel des Bewusstseins*. Paderborn: Mentis.

Penrose, R. (1995). *Schatten des Geistes. Wege zu einer neuen Physik des Bewusstseins*. Heidelberg: Spektrum Akademischer Verlag.

Kitcher Philip (1983). *The Nature of Mathematical Knowledge*. Oxford: Oxford University.

Roth, G. (2003). Gleichtakt im Neuronennetz. Gehirn und Geist. Dossier Nr. 7: Angriff auf das Menschenbild.

Schupp, F. (2005). *Geschichte der Philosophie im Überblick. 3 Bde*. Meiner.

Shapiro, S. (1997). *Philosophy of Mathematics: Structure and Ontology*. Oxford: Oxford University Press.

Singer, W. (1997). Dialog der Gehirne. Redaktionell bearbeitete Fassung eines Vortrags vor der Berlin-Brandenburgischen Akademie der Wissenschaften. *Bild der Wissenschaft, 7*, 68–69.

Singer, W. (2004). Ein Spiel von Spiegeln. *Spektrum der Wissenschaft Spezial, 1*, 20–25.

Stegmüller, W. (2009). Probleme und Resultate der Wissenschaftstheorie und Analytischen Philosophie. *Realismus und Strukturalismus. Anwendungen: Literaturtheorie. . . . Philosophie/ Theorie und Erfahrung [Taschenbuch]*. Heidelberg: Springer.

Weggel, O. (1994). *Die Asiaten*. München: dtv.

Whitehead. (1929). *Process and Reality*. New York: The Free Press.

Von der Freiheit des Menschen: Chancen, die uns Evolution, Kultur und Ontogenese schenken

16

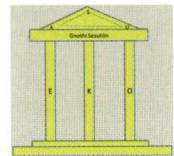

In diesem letzten Kapitel sollen einige Schlussfolgerungen gezogen werden, die sich aus den vorausgegangenen Kapiteln ergeben. Dabei konzentrieren wir uns auf die Frage, wie frei der Mensch ist und welche Verantwortung er zu tragen hat. Schon an dieser Stelle mögen viele ärgerlich werden und sich fragen, ob wir nach unserer heutigen Kenntnis und auch nach der eigenen Erfahrung noch so viel Freiheit haben, dass es sich lohnt, darüber zu diskutieren. Gewiss, Arbeiterinnen in Bangladesch, die für uns preiswerte Textilien herstellen und ihr Leben mit Niedrigstlöhnen in baufälligen Gebäuden aufs Spiel setzen, sind nicht frei. Wie ihnen geht es vielen Menschengruppen auf diesem Planeten. Wer seinen beißenden Hunger nicht stillen kann, ist nicht frei. Umso mehr sollten wir uns dafür einsetzen, dass alle Menschen die notwendige Freiheit bekommen, ihr Leben selbst gestalten zu können.

Dieses Kapitel ist ein Plädoyer für die menschliche Freiheit. Getreu dem bisherigen integrativen Ansatz des EKO-Modells gilt es jedoch weiter auszugreifen und die Möglichkeiten, die uns Evolution, Kultur und Ontogenese bieten, auszuloten (zu dieser Thematik siehe auch Beckermann 2004a,b, 2008; Botkin 2000).

Zunächst geht es um Freiheit als Unbestimmtheit und Unvorhersagbarkeit in der Evolution. Wir fragen außerdem, welche Voraussetzung für mögliche Freiheit uns die Evolution mitgegeben hat. Danach prüfen wir, welche Chancen Kultur dem Menschen für seine „freie" Entfaltung bietet. Auf dieser Grundlage wollen wir dann die individuelle Entwicklung auf ihre Chancen für freie Entfaltung durchleuchten.

Freiheit besteht dann, wenn man zwischen Möglichkeiten wählen kann. Die Zahl der Freiheitsgrade, die zur Verfügung stehen, ist die erste Voraussetzung für die Freiheit des

R. Oerter, *Der Mensch, das wundersame Wesen*,
DOI 10.1007/978-3-658-03322-4_16, © Springer Fachmedien Wiesbaden 2014

Menschen. Die Zahl der Freiheitsgrade korrespondiert aber gleichzeitig mit Unsicherheit. Diese wächst mit den Freiheitsgraden an. Freiheitsgrade gibt es in der Evolution, in Kultur und Gesellschaft (dort allerdings in unterschiedlichem Ausmaß) und in der Ontogenese. Die Freiheitsgrade werden in allen drei Bereichen die Grundlage der Überlegungen zur Freiheit des Menschen bilden. Vor diesem Hintergrund sollen dann die Gesichtspunkte der Selbstgestaltung von Entwicklung, der Willensfreiheit und der persönlichen Verantwortung diskutiert werden.

16.1   Freiheit in der Evolution

Der Begriff „Freiheit" ist schillernd. Er soll im Folgenden auch in unterschiedlicher Bedeutung verwendet werden. In der Evolution bedeutet Freiheit trotz rigoroser Determination aller Ereignisse das Faktum, dass der Verlauf der Evolution nicht vorhersagbar ist, er bleibt unbestimmt. Wie wir bereits festgestellt haben: Wenn sich die Evolution an einem bestimmten Zeitpunkt wiederholen ließe und alle klimatischen und sonstigen Umweltbedingungen so blieben wie damals, würde die Entwicklung zu einem anderen Ergebnis führen und uns Menschen gäbe es höchstwahrscheinlich nicht. Die eine Seite von Freiheit ist also die Unvorhersagbarkeit der Entwicklung des Lebens.

Zufall und Determination

Zufall wird oft als Ereignis verstanden, dem keine Ursache zugrunde liegt. Dieses Verständnis führt nicht weiter, da jedes Ereignis auf Ursachen zurückgeführt werden kann. Dies gilt auch für den Münzwurf, das Würfeln und das Roulette, also den Prototypen für zufällige Ereignisse. Das Ergebnis des Wurfes eines sechsseitigen Würfels ist zufällig, aber es ist auf den Akt des Würfelns zurückzuführen. Die Wahrscheinlichkeit für ein beliebiges Ergebnis beim Wurf ist ein Sechstel. Auf welcher Seite eine Kugel eine konisch hochgewölbte Erhebung hinunterrollt, ist Zufall. Aber das Ergebnis hat eine Ursache. Letztlich lässt sich das Ergebnis beim Würfeln und Hinabrollen der Kugel sogar minutiös in eine Kausalkette von Ereignissen rekonstruieren, wenn wir alle Bedingungen kennen, die zum jeweiligen Ergebnis geführt haben, wie der Drall beim Würfeln, die momentane Schwerkraftwirkung bei Aufschlagen des Würfels etc. Zufällige Ereignisse haben also Ursachen, aber sie lassen sich nicht genau vorhersagen. Die Vorhersage eines Zufallsereignisses gelingt nur mit Hilfe der Wahrscheinlichkeitsrechnung. Wenn wir eine Münze werfen, so ist die Wahrscheinlichkeit für jede Seite 0,5 oder 50 %. Bei wenigen Würfen kommt diese Trefferwahrscheinlichkeit noch wenig zum Ausdruck, aber bei tausend Würfen erreicht man schon relativ genau die Wahrscheinlichkeit von 50 %.

Auch die Zufälle in der Evolution sind determiniert in dem Sinne, dass ihr Resultat auf Ursachen zurückgeführt werden kann. Bevor wir auf das Phänomen des Zufalls in der Evolution zu sprechen kommen, soll noch auf einen Bereich eingegangen werden, in dem der Zufall keine Ursache zu haben scheint, nämlich die Quantenmechanik. Hier entstehen Teilchen aus dem Nichts und verschwinden wieder. Position und Impuls eines Elektrons können nicht zugleich erfasst werden, und welche Wege die Photonen am Doppelspalt nehmen werden, ist nicht vorhersagbar. Teilchen scheinen zugleich verschiedene Wege zu nehmen und legen sich erst durch die Messung fest. Potenziell unendlich viele Möglichkeiten werden durch den Messvorgang auf ein einziges Ergebnis reduziert. Es besteht allerdings die Möglichkeit, dass hinter den scheinbar akausalen Ereignissen in der Quantenmechanik Gesetzmäßigkeiten stecken, die wir noch nicht kennen. Sollten wir jedoch an akausalen Ereignissen festhalten müssen, dann geht eine zentrale Gewissheit unseres Denkens verloren, das kausale Schlussfolgern. Es wäre dann nur eine Erklärungsform, die uns die Evolution beschert hat, weil wir mit kausalen Erklärungen gut fahren. Es ist offenkundig vorteilhaft, Erscheinungen und Ereignisse auf Ursachen zurückzuführen. Ein Knacken im Gehölz kann von einem gefährlichen Tier herrühren, eine Bewegung in der Savanne kann auf ein Tier zurückgehen, das eine willkommene Beute sein könnte. Schließlich finden wir kausales Denken in Ansätzen auch schon bei Tieren, was auf die tiefe Verwurzelung kausaler Verständnisses hinweist. Wir könnten also einem Denkfehler unterliegen, der sich nur wegen seiner Brauchbarkeit fürs Überleben durchgesetzt hat. Im Folgenden wollen wir diese entsetzliche Möglichkeit jedoch nicht weiter in Betracht ziehen, sondern daran festhalten, dass auch sogenannte Zufallsereignisse ihre Ursachen haben.

Berauer (2012) nimmt allerdings an, dass sich die gesamte kosmische Entwicklung auf den zwei ontologischen Prinzipien des Zufalls (Spontaneität) und der Ordnung (Gesetzmäßigkeit) zurückführen lässt. Zufall wäre dann eine nicht hinterfragbare und nicht weiter reduzierbare Grundgröße. Der Kosmos, das Leben, das Bewusstsein, alles wäre ein Produkt des Zusammenspiels von Zufall und Ordnung. Da Zufall in der Quantenwelt der dominierende Faktor zu sein scheint, ist dieser Ansatz gewiss eine interessante Idee. Manfred Eigen und seiner Mitarbeiterin Ruthild Winkler haben, wie bereits in Kap. 10 erwähnt, ebenfalls die Entwicklung des Universums als Spiel aus Strategie und Zufall definiert Diese Idee kann man im Hinterkopf behalten, da sie aber empirisch nicht prüfbar ist, wird sie in dieser Form sonst nicht vertreten.

Zufallsereignisse in der Evolution haben, auch wenn sie „spontan" wären, eine kausale Wirkung. Wir wollen an drei Beispielen die Wirkung des Zufalls näher erläutern: an der Gendrift, an der Variation und Mutation sowie an dem zufälligen Zusammentreffen von Bedingungen.

Die *Gendrift* wurde bereits in Kap. 4 bei der Ermittlung der mitochondrialen Eva beschrieben. Zwei Gruppen einer Art haben zwei Formen eines Allels, sagen wir A und B. Vermehrt sich die Gruppe mit Allel B etwas stärker als diejenige mit Allel A, setzt sich nach vielen Generationen B durch und A verschwindet. Ein zufälliges Ereignis zu Beginn einer Kausalkette führt zu einem bestimmten vorhersagbaren Ergebnis.

Variation und Mutation als Ursache für die Veränderung einer Spezies sind wichtige Motoren der Evolution. Die Variation von Merkmalen unter den Nachkommen ist nicht vorhersagbar. Wir wissen nicht im Voraus, welches Individuum stärker und welches schwächer abweichen wird. Wir können auch eine Mutation nicht vorhersagen. Die

Situation ähnelt der Halbwertszeit von strahlendem Material. Man kann ziemlich genau angeben, wie lange es dauert, bis die Hälfte des Materials durch Strahlung verschwunden ist, aber man kann nicht vorhersagen, welche Atome es sein werden, die zerfallen. Genauso bei der Evolution von Pflanzen und Tieren: Eine individuelle Vorhersage ist nicht möglich, wohl aber die Aussage, dass es in der Population einer Art Variation und Mutation geben wird. Hinzu kommt, dass manche Pflanzen- und Tierarten größere, andere geringe Variation und Mutation zeigen. Auch hier dürfte der Zufall eine Rolle spielen, wenngleich wir in vielen Fällen noch zu wenig wissen, welche Ursachen solchen Unterschieden zugrunde liegen. Zufällige Mutationen sind nach heutigem Wissen weit häufiger als selektive Anpassung (Ernst Mayr 2005). Inzwischen ist nachgewiesen, dass neue Arten auch in relativ kurzer Zeit durch Zufallsmutationen entstehen können (Axel Meyer 2008). Die häufigste Form evolutionärer Entwicklung sind also Zufallsmutationen.

Das zufällige Zusammentreffen von Bedingungen beginnt bereits bei der Entstehung des Lebens. Ohne die Kombination von günstigen Voraussetzungen gäbe es auf unserem Planeten kein Leben. Die damaligen Bedingungen haben sich seither nicht mehr eingestellt, denn das Leben ist nur einmal spontan entstanden. Alles spätere Leben hat sich nach heutigem Wissen aus den ersten Lebensformen entwickelt. Auch die Hominiden verdanken ihre Entstehung bestimmten Bedingungen, wie vermutlich der geologischen Trennung in eine feuchte urwaldreiche Westregion und eine trockene Steppe im Osten Afrikas. Obwohl aber das Zusammentreffen von Bedingungen zufällig ist, lässt sich das, was aus dieser Kombination entsteht, sehr wohl als Kausalkette darstellen.

Zufall steht in enger Beziehung zur Entropie. Entropie als Maß für Unordnung entspricht informationstheoretisch zugleich dem Maß an Zufallsereignissen. Sind Informationsfolgen rein zufällig, ist die Entropie maximal. Ist die Information vollkommen geordnet, wäre die Entropie gleich Null. Den Zusammenhang zwischen Information und Entropie haben Shannon und Weaver (1949) in ihrem Werk „A Mathematical Theory of Communication" hergestellt. Dabei ist die Einheit der Zufallsinformation (1 bit) definiert als die Informationsmenge, die in einer Zufallsentscheidung eines idealen Münzwurfes enthalten ist. Hier wäre die Entropie (und damit der Informationsgehalt) gleich 1, denn der Münzwurf bringt eine reine Zufallsfolge ohne Ordnung. Hätte man hingegen eine präparierte Münze, die immer auf die gleiche Seite fallen würde, so wäre die Entropie und damit der Informationsgehalt gleich Null, die Ordnung maximal. Überträgt man dieses Modell von Zufall und Ordnung auf die Evolution, so haben lebende Individuen einen hohen Ordnungsgrad, die Entwicklungsverläufe von biologischen Arten und deren Veränderung jedoch eine geringe Vorhersagbarkeit (hoher Informationsgehalt). Wir können nur im Nachhinein folgern, wie und warum sich eine evolutionäre Entwicklung so und nicht anders vollzogen hat.

Eine zweite Komponente ergibt sich aus der Dynamik von Systemen. Die Systemtheorie wird sowohl auf Lebewesen als auch auf die Wechselwirkung zwischen verschiedenen Lebewesen angewandt. Im ersteren Falle betrachtet man Stabilität und Veränderung eines einzelnen Organismus, im letzteren Falle spricht man von Ökosystemen, in denen eine Vielfalt von Lebewesen in einer gemeinsamen physikalische-chemischen Umwelt leben und diese gleichzeitig mitformen. Systeme können sich nach zwei Richtungen hin entwickeln: zur Ordnung oder zum Chaos. Beide Entwicklungen lassen sich mathematisch gut beschreiben. Da aber kleinste Veränderungen in den Ausgangsbedingungen zu erheblichen Veränderungen führen können, wird die Vorhersage schwierig. Systemische Wirkungen werden uns auch noch in den Bereichen Kultur und Ontogenese begegnen.

Zusammenfassend lässt sich festhalten: Entwicklungen in der Evolution sind schwer vorhersagbar. Die Unbestimmtheit der Zukunft kennzeichnet die Evolution wesentlich mehr als ihre Vorhersagbarkeit. Daher hat die Feststellung, der Mensch sei ein Zufallsergebnis angesichts der komplexen Koinzidenzen von Ereignissen und Prozessen, die an der Menschwerdung beteiligt sind, ihre volle Berechtigung.

Was uns die Evolution an Freiheitsgraden geschenkt hat

Zufall und Unvorhersagbarkeit sind die eine Seite der evolutionären Freiheitsmedaille, die andere Seite bilden die aktiven Möglichkeiten des einzelnen Lebewesens. Wie viel Freiheitsgrade hat ein Lebewesen in seinem Umfeld? Hier zeigt die Evolution eine breite Palette von wenigen bis zu sehr vielen Freiheitsgraden.

Dass einfache Leben ist noch völlig in physikalisch-chemische Reaktionsprozesse eingebettet. Dennoch gibt es bereits auf der Ebene einzelligen Lebens eine erstaunliche Anpassungsfähigkeit. Bestimmte Amöben betreiben eine primitive Form von Ackerbau: Die Schleimpilze der Art Dictyostelium discoideum sammeln Bakterien und bewahren sie auf, um sie dann an einem anderen Ort wieder „auszusäen". So bringen sie ihre Lieblingsnahrung vermutlich in einen neuen Lebensraum mit, schreiben US-Forscher im Fachjournal „Nature" (http://www.n-tv.de/wissen/Einzeller-betreiben-Ackerbau-article2411036.html).

Je komplexer Lebewesen werden, desto mehr erhöhen sich die Freiheitsgrade. Zunächst dominieren Reiz-Reaktionskoppelungen, wie das Einklinken eines Verhaltens auf einen bestimmten Reiz hin. Dies gilt bei komplexeren Lebewesen für Reflexe und in größerem, aber auch komplexerem Umfang für Instinktverhalten (Tinbergen 1948; Lorenz 1965). Die starre Koppelung von Situation als Reizmuster und Reaktion als Verhaltensmuster wird frühzeitig in der Evolution durch die Fähigkeit zu lernen aufgeweicht. Schon Insekten lernen, Würmer lernen, Vögel lernen, aber am meisten lernen Säugetiere, und unter ihnen wieder bilden die Primaten die Avantgarde. Lernen offeriert bereits auf einer sehr einfachen Ebene mehr Freiheit, weil neue Reiz-Reaktions-Koppelungen aufgebaut werden können. So werden vorhandene Verhaltensmuster ergänzt oder modifiziert. Nachahmungslernen ist bereits ein komplexer Lernvorgang, bei dem Verhaltensmuster durch bloße Beobachtung sozialer Partner übernommen werden können. Der Vogelgesang zum Beispiel hat neben angeborenen Komponenten auch die Nachahmung als wichtigen Teil des Lernens (Gahr et al. 2008). Der Vogelgesang zeigt übrigens auch noch eine weitere Form von Freiheit, nämlich die individuell-eigenständige Entwicklung neuer Gesangsanteile. Säugetiere entwickeln analog dazu Verhaltensmuster, die ebenfalls neben angeborenen Komponenten und durch Nachahmung erworbenen Anteilen individuelle Charakteristika zeigen. Das Resultat ist, dass Tiere eine eigene Persönlichkeit erwerben. Dies ist jedem Hundehalter und jedem Katzenbesitzer bekannt. Volker Sommer hat bei Schimpansen menschenähnliche Persönlichkeitszüge beobachtet und beschrieben. Schimpansen lassen sich wie Menschen nicht mehr durch gemeinsame Gruppenmerkmale allein beschreiben, man wird ihnen erst gerecht, wenn man die individuellen Unterschiede zwischen ihnen berücksichtigt (Sommer 2008).

Freiheitsgrade können inhaltlich recht Unterschiedliches bedeuten. Uns interessiert vor allem die Zunahme an geistiger Beweglichkeit im Laufe der Evolution. Wir haben diese Entwicklung in den Schritten: physikalische-chemische Reaktionen – Reiz-Reaktions-Ketten – Instinktverhalten –Lernen skizziert. Die Zunahme an Freiheitsgraden lässt sich auf höheren Ebenen dann als wachsende Intelligenz kennzeichnen. Unter Intelligenz versteht man die Fähigkeit, neue Probleme zu lösen. Tierversuche und Tierbeobachtungen in freier Wildbahn zeigen, dass wir die intellektuellen Fähigkeiten von Tieren lange unterschätzt haben. Bekannt geworden sind in letzter Zeit die Leistungen von Kolkraben, die sich ein Werkzeug herstellen, um mit diesem an das begehrte Futter zu gelangen. Sie suchen das vor den Artgenossen versteckte Futter erst auf, wenn diese sich entfernt haben (Heinrich und Burgnyar 2007). Ausgiebig untersucht wurde das Problemlösungsverhalten von Schimpansen und Orang Utans, von Elefanten und Delphinen.

Wie steht es nun mit den Freiheitsgraden, die der Mensch von der Evolution mitbekommen hat? Die Evolution stellt eine Reihe von Geschenken bereit, die unsere Handlungsfreiheit gewaltig erhöht hat. Wir haben diese Geschenke in früheren Kapiteln bereits kennengelernt und wollen die wichtigsten hier noch einmal zusammenführen. Da ist zunächst der aufrechte Gang, der es ermöglicht hat, dass Kopf und Hand so effektiv zusammenarbeiten konnten. Die Hände wurden frei für Werkzeugherstellung und Manipulationen und entwickelten sich in doppelter Richtung weiter: als Verbesserung des Kraftgriffs und als Verbesserung der Feinmotorik. Die Vergrößerung des menschlichen Gehirns und seine wachsende Effizienz bescherten uns Selbstbewusstsein, Planungsverhalten, Problemlösefähigkeit und nicht zuletzt Handlungskontrolle in Form der Regulation affektiv-motivationaler Impulse. Dies allein schon erweitert die Handlungsfreiheit einer Spezies gewaltig. Die Kontrolle unserer Triebimpulse erlaubte deren Zurückstellung zugunsten der Werkzeugherstellung, die verbesserte und effektivere Abstimmung sozialer Interaktionen sowie die Dazwischenschaltung von „Denkpausen", die eine rationale Analyse gefährlicher oder lustvoller Situationen ermöglicht. Denken konnte als Probehandeln benutzt werden. Wir müssen Handlungen nicht real physiksalisch ausführen, sondern können sie in Gedanken ablaufen lassen. Wir können Hypothesen sterben lassen, wie Popper (1992/1957) es ausgedrückt hat, anstatt Menschenleben oder anderes Leben zu riskieren.

Aber unser Denkapparat ist offenkundig über die Sicherung des Überlebens hinaus mit einem Überschuss ausgestattet. Wir haben einen Surplus an Denkvermögen, der uns erlaubt, hinter die dreidimensionalen Erscheinungen der Welt zu blicken und in den Mikrokosmos und Makrokosmos vorzudringen. Dabei hilft uns die Mathematik entscheidend weiter, die sich nicht um Dreidimensionalität der Welt und um ein beschränktes Alltagsverständnis von Zeit kümmert. So konnten wir unsere „Froschperspektive" überwinden und Erkenntnisse gewinnen, die uns zu reflektierten Beobachtern der Welt machen, in der wir leben. Für Verläufe in der Evolution ist das Auftreten von Überschüssen nichts Ungewöhnliches. Wir haben im Kapitel über Ästhetik die übergroßen Geweihe von Hirscharten und den Pfauenschwanz als Surplus der Ausstattung diskutiert. Uns hat der Überschuss an Denkvermögen jedoch über alle anderen Spezies erhoben. Kein Wunder, dass wir uns lange Zeit für die Krone der Schöpfung hielten. Aber auch diese überhebliche Sicht konnten wir mit Hilfe unseres Denkens überwinden!

Es gibt eine zweite Komponente, die scheinbar unabhängig von unserem Denkvermögen unsere Freiheitsgrade erhöht hat: das Spiel. Im Kapitel über das Spiel haben wir gezeigt, dass Spielverhalten in der Phylogenese unabhängig von der Gehirnentwicklung als eigene Entwicklungslinie auftaucht und dass es enorme Bedeutung für die Vermehrung von Freiheitsgraden unseres Handelns hat.

16.2   Freiheitsgrade in Kultur und Gesellschaft

Folgt die gesellschaftliche Entwicklung einem festen Muster?

Lässt sich auch bei der Kultur die Zweiteilung von Unvorhersagbarkeit und aktiver Freiheitsgestaltung aufrechterhalten? In der Tat ist auch die kulturelle Entwicklung unbestimmt. Immer wieder gab es Versuche, die Zukunft unserer kulturellen Entwicklung vorherzusagen. Zwei prominente Vertreter dieser Versuche sind Spengler und Toynbee. Oswald Spengler vergleicht in seinem Werk „Der Untergang des Abendlandes" acht Kulturen miteinander und stellt fest, dass sie alle den gleichen Verlauf genommen haben: Frühzeit, Hochblüte, Verfall und schließlich Sterben (Spengler 1922/1923). Auch die Geschichte des Abendlandes fügt sich seiner Meinung nach reibungslos in diese Gesetzmäßigkeit ein. Spengler glaubte, dass sich kulturelle Entwicklung quasi naturgesetzlich nach einem festen vorhersagbaren Verlauf vollziehe.

Arnold Toynbee vertritt in seinem zehnbändigen Werk (1934–1954) eine differenziertere Sichtweise, die den Evolutionsgedanken aufgreift. Kulturen entwickeln sich keineswegs immer nach dem Muster von Aufstieg, Blütezeit und Verfall, sondern in Abhängigkeit von ihrem Potential und den Herausforderungen, die an sie gestellt werden. In seinem „Gang der Weltgeschichte" beschreibt er Kulturen, die extremen Bedingungen ausgesetzt waren und sind, wie die Inuit-Kultur. Unter solchen Verhältnissen könne sich eine Kultur nicht weiterentwickeln, sondern stagniere über Jahrtausende hinweg. Ein analoges Beispiel wären die Yamana auf Feuerland, die Buschmänner in der Kalahari und die Eipos auf Neu-Guinea. Ihre Kulturen erfuhren Jahrtausende lang keine Veränderung. Die Entwicklung zu Hochkulturen ist nach Meinung Toynbees möglich, wenn die Herausforderungen der Umwelt ein mittleres Maß an Schwierigkeiten haben und bewältigbar sind. Dies ist der Fall bei den Hochkulturen der Antike und bei der abendländischen Kultur.

Trotz der postulierten Offenheit kultureller Entwicklung sucht Toynbee nach Gesetzmäßigkeiten, mit denen sich die Zukunft einer Kultur vorhersagen lässt. Die Überzeugung
eines gesetzmäßigen Verlaufs führt ihn denn auch zu der Forderung des Weltzusam-
menschlusses einzelner Gesellschaften. Wir können seiner Meinung nach dem Untergang
nur entrinnen, wenn sich die einzelnen Nationen zu einem Weltstaat zusammenschließen.
Toynbee wird dennoch von Historikern und Soziologen nicht ernst genomen und wegen
seines Gebrauchs von Mythen und Metaphern, die er gleichwertig mit Sachargumenten
verwendet, kritisiert. Vor allem missfällt die Bedeutung der Religion, die er zum Erhalt und
der Weiterentwicklung der Gesellschaft für unentbehrlich hält. Für unsere Fragestellung
der Offenheit der Zukunft von Gesellschaften erweist sich Toynbees Ansatz ebenfalls als zu
eng. Schließlich gibt er doch präzise Vorschläge, wie sich eine Gesellschaft weiterentwickeln
müsse, um zu überleben und sich zu perfektionieren (Toynbee, 1949/1958).

Eine extreme Position bezüglich der Zukunft von Gesellschaften bezieht der Historizismus (s. Popper, 1971). Er vertritt die Auffassung, dass es unpersönlich wirkende
Geschichtskräfte gibt, die der Geschichte eine bestimmte Richtung verleihen, ohne dass
sich die handelnden Personen dieser Richtung bewusst sein müssten. Diese Idee findet sich
schon bei Plato und dem auserwählten Volk Israel. Sie wurde in der Geschichtsphilosophie
vor allem von Hegel (1968) vertreten. Die Geschichte entwickelt sich zwangsläufig zum
Besseren hin und erreicht schließlich ein Zustand der Vollkommenheit. Je nach Ausrich-
tung ist dieser Zustand das Reich Gottes (bei Christus und Mohammed), das Reich der
Freiheit (Marx, MEW 23: 27) oder der vollkommene Staat (Platon). Eine Abwandlung des
Historizismus wäre Spenglers Theorie vom Aufstieg und Niedergang der Kulturen. An
die Zielgerichtetheit historischer Prozesse will heute niemand mehr glauben. Man kann
zwar aufgrund gegenwärtiger Entwicklungen Folgen für die nahe Zukunft vorhersagen,
weil bestimmte Ursachen bestimmte Wirkungen haben können, aber die tausendfältigen
Ursachen und ihr Zusammenwirken in komplexen Gesellschaften lassen für die fernere
Zukunft keine Prognosen zu. Die mystisch anmutende Zielgerichtetheit gesellschaftlicher
Prozesse ließ sich bislang jedenfalls nirgends finden. Ein aktuelles Beispiel für unerwartete
Entwicklungen sind die Revolutionen in Nordafrika und im Nahen Osten. Kein Experte
hatte vorhergesagt, dass in Tunesien ein Aufstand gegen die Regierung entstehen könnte,
und noch weniger, dass der Aufstand zu einem Flächenbrand würde, der eine Reihe von
Regierungen stürzte.

Denn erstens kommt es anders und zweitens als man denkt

Die Offenheit gesellschaftlicher Entwicklung und deren Nichtvorhersagbarkeit lassen sich
zusätzlich von zwei Seiten her beleuchten, den falschen Vorhersagen von Experten und
den unerwarteten Entwicklungen aufgrund der Handlungen einzelner Persönlichkeiten.
Für die falschen Vorhersagen seien einige Beispiele der letzten einhundertfünfzig Jahre
ausgewählt (Klausig 2007):

Beispiel

„Das Telefon hat zu viele Unzulänglichkeiten, als dass es ernsthaft eine Bedeutung für die Kommunikation besitzen könnte." (Internes Memo bei Western Union 1876).

Eine Marktanalyse von Mercedes-Benz im Jahr 1900 kam zu dem Schluss, dass die weltweite Nachfrage nach Autos eine Million nicht übersteigen würde, wegen der begrenzten Anzahl von Chauffeuren.

„Fliegen ist nicht möglich, da die Maschine zum Fliegen in jedem Fall schwerer ist als Luft." (Simon Newcomb, Nobelpreisträger für Physik).

„Auf das Fernsehen sollten wir keine Träume vergeuden, weil es sich einfach nicht finanzieren lässt." (Lee De Forest, Vater des Radios).

„Ich schätze, dass der Weltmarkt Nachfrage für höchstens fünf Computer hat." (Thomas Watson, Vorsitzender von IBM, 1943).

„Es gibt für niemanden einen Grund, zu Hause einen Computer haben zu wollen." (Ken Olson, Vorsitzender und Gründer von Digital Equipment Corp., 1977).

„Im Internet ist für uns nichts zu verdienen." (Bill Gates, Gründer und damaliger Präsident von Microsoft, 1994).

Die zahlreichen Beispiele dafür, wie einzelne Persönlichkeiten durch ihr Handeln den Lauf der Geschichte verändern können, sind gleichermaßen Zeugnis für die Unvorhersagbarkeit der historischen Entwicklung insgesamt. Napoleon hat ganz Europa umgekrempelt. Die griechischen Philosophen haben nachhaltig die abendländischen Kulturen beeinflusst. Ohne Paulus hätte das Christentum niemals seinen Siegeszug angetreten. Die Erfindung des Autos hat nicht nur die Kfz-Produktion zum größten Industriezweig der Welt gemacht, sondern auch die Erdoberfläche mit einem Straßennetz von Millionen Kilometern überzogen. Rundfunk und Fernsehen gibt es heute in jedem Winkel der Erde, Computer und Internet werden von der gesamten Weltbevölkerung genutzt, und das Handy hat in einem Jahrzehnt das Kommunikationsverhalten der Menschen verändert.

Diese Beispiele zeigen allerdings auch, dass der Blick auf unerwartete und unvorhersagbare Entwicklungen nicht die Sicht auf die derzeitige Einengung des Verhaltensspielraumes der Menschen verstellen darf. Es ist kaum möglich, ohne motorisiertes Fahrzeug zurechtzukommen, Autobahnen werden im Stau zu Gefängnissen, wer den Computer nicht bedienen kann, wird zum Analphabeten, und wer per Handy nicht jederzeit erreichbar ist, zum unbrauchbaren Mitarbeiter. Die explosionsartige Vermehrung der Konsumgüter schafft einerseits eine Vielzahl neuer Handlungsmöglichkeiten, macht uns aber andererseits zu Konsumenten, die sich nur schwer aus der Abhängigkeit vom Erwerb von Waren befreien können. Hinzu kommt die Wirkung von Systemen in der Gesellschaft, die der Kontrolle entgleiten oder zumindest das Individuum zu bestimmten Verhaltensweisen zwingen. Marx hat das kapitalistische System und seine Folgen sehr detailliert beschrieben, aber er wollte zugleich eine Veränderung in Richtung einer idealen Utopie. Unser Finanzsystem, das gänzlich vom Produktionssystem abgekoppelt ist, kann nicht nur einzelne Menschen, sondern ganze Staaten in den Ruin treiben. Die systemische Wirkung, die die Teilnehmer auch gegen ihren Willen zu bestimmten Verhaltensweisen zwingt, stellt eine besondere Gefahr dar, weil sie nicht als solche erkannt wird, sondern auf das Verhalten einzelner Beteiligter reduziert wird. Fehlspekulationen im Finanzsektor werden als leichtsinniges oder kriminelles Verhalten einzelner klassifiziert und nicht als Ergebnis des Gesamtsystems, das zu dem entsprechenden Verhalten anregt oder gar zwingt.

Die offene Gesellschaft

Karl Popper (1957) macht einen Vorschlag, wie sich Gesellschaften frei entwickeln können, ohne auf ein bestimmtes festgelegtes Ziel im Sinne einer gesellschaftlichen Utopie hinsteuern zu müssen. Sein Buch „Die offene Gesellschaft und ihre Feinde" erschien erstmals 1945, also zu einer Zeit, in der Hitler und Stalin Diktaturen aufgerichtet hatten. Daher lautet seine erste Forderung, dass Regierungen gewaltfrei abgesetzt werden können müssen. Das Beispiel des heutigen Ägypten zeigt, wie rasch ein demokratischer Prozess zum Stoppen gebracht und die Abwählbarkeit einer Regierung vereitelt werden kann.

Des Weiteren fordert Popper Gedanken- und Kommunikationsfreiheit. Dass auch die Kommunikationsfreiheit unabdingbar ist, begründet er so: „Denn ohne freien Gedankenaustausch kann es keine wirkliche Gedankenfreiheit geben. Wir brauchen andere, um an ihnen unsere Gedanken zu erproben; um herauszufinden, ob sie stichhaltig sind" (Popper 1957, S. 238). Die Rolle des einzelnen Mitglieds einer Gesellschaft verändert sich infolgedessen. Es besitzt Autonomie und Verantwortung, weil es ja nun Träger der Gesellschaft und des Staates wird. In der geschlossenen Gesellschaft besitzt der Einzelne wenig oder keine Entscheidungsfreiheit, die Regierung bzw. der Potentat legt weitgehend fest, welche Aufgaben zu erfüllen sind und greift tief in den individuellen Lebenslauf ein. Die Freiheit des Einzelnen hat zwei Seiten: zum einen ermöglicht sie Selbstbestimmung, zum andern ist sie mit Verantwortung verbunden, die zur Übernahme von Aufgaben verpflichtet.

Die bisherige Kennzeichnung der offenen Gesellschaft trifft heute weitgehend auf westliche Demokratien zu, wenngleich auch dort die Freiheit der Kommunikation längst noch nicht voll verwirklicht ist. Es gibt Themen, die tabu sind und nicht in die Diskussion eingebracht werden dürfen. Ein Beispiel sind die Bücher von Sarazin, die zwar fleißig gelesen werden, aber mit einer Ausnahme (Diskussion mit Steinbrück unter Günter Jauch) nicht als diskussionswürdig erachtet werden. Dagegen darf man uneingeschränkt religiösen Unsinn schreiben und reden.

Poppers nächstes Prinzip, das der permanenten rationalen Kritik, bezieht sich auf die Notwendigkeit, bisherige Ordnungen weiter zu entwickeln und Bestehendes als nichts Endgültiges anzusehen. Die Prinzipien des kritischen Widerspruchs und der kritischen Prüfung von allem Bestehenden werden zum zentralen Motto des politischen und gesellschaftlichen Lebens.

Poppers fünftes Prinzip ist die These von der offenen Zukunft und damit die Ablehnung des Historizismus. Die Zukunft der von ihm propagierten Gesellschaft ist offen. Daher wendet sich Popper auch gegen Utopien, weil sie festgelegte Entwürfe sind, in die Gesellschaft und Individuum eingezwängt werden. Die offene Gesellschaft ist auch in Zukunft offen und wird immer mit der Dialektik der Aufklärung, die als ambivalente Gleichzeitigkeit von widerstreitenden Tendenzen besteht, einhergehen.

Freiheitsgrade, die uns in der Gesellschaft verloren gegangen sind oder fehlen

Es besteht kein Zweifel, dass moderne Gesellschaften auch Freiheitsgrade verloren haben. Das Bedürfnis des Einzelnen und der Gesellschaft nach Sicherheit kann nur durch Einengung von Freiheitsgraden befriedigt werden. Vorschriften, Reglements, Bürokratismus kennzeichnen besonders die deutsche Gesellschaft. Je höher der Ordnungsgrad, desto geringer die Freiheitsgrade. Viele Deutsche fühlen sich in dem bürgerlichen Sicherheitsnetz nicht gefangen, sondern geborgen. Die erreichte Ordnung hat gegenüber früheren gesellschaftlichen Ordnungen den Vorteil, dass sie gerechter ist, was nicht heißt, das jede Bürgerin und jeder Bürger gleichbehandelt wird.

So existieren in westlichen Gesellschaften nach wie vor soziale Schichten, in denen die Privilegien ungleich verteilt sind. Einfachere Schichten haben nach wie vor geringeren Zugang zu Bildung, sind gesundheitlich gefährdeter und haben eine geringere Lebenserwartung. Am Wohlstand partizipieren sie ebenfalls unverhältnismäßig wenig. Auffällig ist der gegenwärtige Anstieg des Burn-out-Syndroms, die Klagen über Stress, Zeitdruck und Unterbezahlung. Es scheint, als würde ein Großteil der deutschen Bevölkerung das eigene Leben als sinnlos ansehen.

Die starke Reglementierung des Lebens in Deutschland zeigt sich auch in der Abhängigkeit der Lebenschancen von Bildungsabschlüssen. Trotz Durchlässigkeit im Bildungssystem können benachteiligte Gruppen nicht weiterkommen. Generell gibt es im deutschen Berufssystem ohne Abschlusszertifikate keine Zulassung. Früher waren diesbezüglich die Freiheitsgrade höher.

Justus Liebig versagte in der Schule und auch als Lehrling in der Apotheke von Heppenheim. Daraufhin schickte ihn der Vater als Sechzehnjährigen an die Universität Bonn. Danach studierte er in Erlangen weiter, wo er aber wegen Zugehörigkeit zu einer Studentenverbindung fliehen musste. Sein Erlangener Lehrer Kastner verschaffte ihm ein Stipendium in Paris, was entscheidend für seine Laufbahn und damit für die deutsche Chemie wurde. Denn schon mit 21 Jahren wurde Liebig außerplanmäßiger Professor in Gießen. Das bedeutete zugleich, dass der Weltschwerpunkt der Chemie von Frankreich nach Deutschland wechselte.

Wilhelm Conrad Röntgen war ebenfalls ein schlechter Schüler, der das Abitur nicht schaffte. Aber das Polytechnikum in Zürich verlangte kein Reifezeugnis. So konnte er dort studieren und sein Studium abschließen. Die Universität Würzburg verweigerte ihm trotzdem die Habilitation und damit das Recht, an der Universität zu lehren. In der neugegründeten Universität von Straßburg erhielt er dann endlich die Venia und kam so nach Deutschland zurück mit den Stationen Hohenheim, Gießen, Würzburg und München. Ironischerweise entdeckte er gerade in Würzburg die Röntgenstrahlen, wofür er 1900 den Nobelpreis erhielt, übrigens den ersten im Fach Physik.

In beiden Fällen wäre die Laufbahn gescheitert, wenn diese Wissenschaftler heute gelebt hätten. Manchmal können bürokratische Hemmnisse allerdings auch von Vorteil sein. Albert Einstein verließ das Luitpoldgymnasium in München, folgte seinen Eltern nach Mailand und meldete sich dann 1895 bei der Technischen Hochschule Zürich zum Studium an. Die Kommission verwehrte ihm wegen Mangels an Kenntnissen in klassischen Sprachen die Zulassung. Nach einjährigem Besuch der Kantonschule in Aarau konnte er das mathematisch-physikalische Fachlehrerstudium beginnen. Nach Abschluss des Studiums erhielt er keine Anstellung als Lehrer, und nur durch Empfehlung eines Studienfreundes beim Chef des Patentamtes in Bern bekam er dort im Herbst 1901 eine Anstellung als „wissenschaftlicher Expert". Dies war die ökologische Nische, in der er seine gewaltigen Ideen entwickeln konnte. Es ist fraglich, ob er als vollbeschäftigter Lehrer Zeit gefunden hätte, sich mit physikalischen Grundfragen zu beschäftigen und zu Lösungen zu kommen, die unsere Weltsicht verändert haben. Er veröffentlicht in einem einzigen Jahr drei Grundsatzartikel, von denen einer die erst später so benannte spezifische Relativitätstheorie beinhaltet.

Exkurs: Ethik gegen Evolution

Erinnern wir uns an die Hamilton-Ungleichung (Hamilton 1963) aus Kap. 5:

$$K < rN \qquad (16.1)$$

Wobei

K   Kosten des altruistischen Akts,
r   Verwandtschaftsgrad zwischen Helfer und Empfänger,
N   Nutzen auf Seiten des Empfängers

Ein Individuum verhält sich dann altruistisch, wenn die Kosten K des Verhaltens geringer sind als der Nutzen für den Empfänger, gewichtet mit dem Verwandtschaftsgrad. Die Basis moralischen Verhaltens sind die genetischen Verwandtschaftsbeziehungen, und damit unterliegt Moral zunächst dem Diktat der Evolution. Können Gesellschaften die Präferenz der Fürsorge für die nahen Verwandten unterlaufen und Gleichheit zwischen ihren Mitgliedern herstellen? Es gibt eine Reihe von Bemühungen zur Weiterführung bzw. Aufhebung des evolutionären Diktats. Sie kommen aus unterschiedlichen Richtungen. Das Christentum hat mit dem Konzept der Nächstenliebe des Neuen Testaments die Verwandtschaftsbande auszuhebeln versucht. Der Nächste ist derjenige, der Hilfe braucht, selbst wenn er dein Feind ist. Das Gleichnis vom Samariter veranschaulicht diese Idee. Der Samariter, unter den Juden wenig angesehen, zeigt als einziger moralisches Verhalten, er ist der „Nächste" des Ausgeraubten und umgekehrt, das Opfer der Nächste des Samariters. Eine andere Möglichkeit, die genetische Verwandtschaft zu unterlaufen, ist die Glaubensgemeinschaft, sie definiert die Verwandtschaftsbeziehung „Brüder" und „Schwestern" um

– zu Personen, die zur gleichen religiösen Glaubensgruppe gehören. Die genetische Verwandtschaft wird ersetzt durch die ideologische Gruppenzugehörigkeit. Die Zugehörigkeit zu einer Kommune kann eine ähnliche Funktion erfüllen, indem die Gemeinschaft für die bedürftigen Mitglieder sorgt.

Der moderne Staat verbindet beide Prinzipien durch das Subsidiaritätsprinzip, nach dem eine (staatliche) Aufgabe soweit wie möglich von der unteren Ebene bzw. kleineren Einheit wahrgenommen werden soll. Fürsorge und Pflege obliegen zunächst der Familie, sodann erst der Kommune und weiter dann der nächsthöheren Instanz. Das Gleiche gilt im Großen, etwa bei der Unterstützung in Finanzkrisen. Zunächst muss der Einzelstaat für die Behebung bestehender Probleme sorgen, erst bei Nichtbewältigung tritt die Staatengemeinschaft ein. Das war zumindest die Idee der Europäischen Union, bevor einzelne Länder, wie Griechenland, in Schwierigkeiten gerieten.

Vor dem evolutionären Hintergrund prosozialen Verhaltens lohnt es sich, das Thema Korruption anzusprechen. In vielen Ländern, vor allem in Entwicklungsländern, geht es bei der Korruption unmittelbar um die Versorgung der nächsten Verwandten. Hier schlägt der Evolutionstrend der Weitergabe der eigenen Gene voll durch. Wenn dann die Kultur diesen Trend unterstützt und die Versorgung der Verwandten als hohen Wert ansieht, ist Korruption doppelt legitimiert. Wir schätzen bei anderen Kulturen sehr, wie die Familie für ihre Verwandten und insbesondere für die alten Menschen sorgt, verurteilen aber, wenn Politiker des betreffenden Landes dies tun. Für die Mitglieder dieser Kultur hat Korruption einen anderen Stellenwert als in westlichen Gesellschaften. Aber natürlich gibt es Verwandtschaftskorruption auch bei uns. Die Anstellung von Angehörigen der Landtagsabgeordneten der bayerischen CSU liegt da voll im Trend. In westlichen Gesellschaften wird aber Korruption über die Verwandtschaft hinaus auf Personen ausgedehnt, die einem Nutzen bringen und zugleich der eigenen Gruppe angehören. Der Parteifilz entwickelt sich immer dann, wenn eine Partei lange Zeit an der Regierung ist. Die Unterstützung richtet sich nun auf die Angehörigen der Gruppe, also auf Parteiangehörige, die gewissermaßen als Brüder und Schwestern neu definiert werden. Warum Korruption so schwer zu bekämpfen ist, liegt schlicht an ihrer evolutionären Determination. In einer Kultur, die alle Menschen mit gleichem Recht und gleicher Würde ausstattet, muss es auf Dauer gelingen, Korruption zu unterbinden. Dann hätte der Mensch nicht nur im Bereich der Wissenschaft, sondern auch in der Ethik die Evolution überwunden.

16.3 Freiheit in der individuellen Entwicklung

Der Mensch als Gestalter seiner Entwicklung

In der Entwicklungspsychologie herrscht das Modell vor, dass der Mensch der Gestalter seiner Entwicklung ist. Diese Aussage gründet sich auf eine Vielzahl von Befunden. Aus der gleichen Anlage und der gleichen Umwelt entsteht eben nicht zwangsläufig das Gleiche.

Eineiige Zwillinge entwickeln sich trotz verblüffender Ähnlichkeiten auch in der gleichen familiären Umwelt verschieden. Dabei spielt das Bedürfnis mit, anders sein zu wollen als das Geschwister.

Auch normale Geschwister entwickeln sich im gleichen familiären Umfeld sehr unterschiedlich. Allerdings bedingt die Geschwisterkonstellation, dass die Umwelt für jedes nachfolgende Kind verschieden wird. Das Konzept der Selbstgestaltung von Entwicklung hat zunächst nichts mit der Frage der Willensfreiheit zu tun, sondern damit, dass die Bedingungsfaktoren Anlage und Umwelt die Entwicklung nicht vorhersagbar machen, selbst wenn man alle Details kennen würde.

Die Dreierbeziehung Anlage – Umwelt – Selbstgestaltung in der Ontogenese haben wir bereits in Kap. 8 ausführlich behandelt. Angesichts der Offenheit menschlicher Entwicklung sind zwei Forschungsrichtungen denkbar: 1) Präzisierung der Vorhersagen und damit Verringerung möglicher Freiheitsgrade, 2) Suche nach Möglichkeiten zur Vergrößerung der Freiheitsgrade und damit nach Verringerung der Vorhersagbarkeit. Psychologie und Soziologie sind ausschließlich an der Verbesserung der Vorhersagbarkeit interessiert. Fast alle empirischen Untersuchungen in Psychologie und Soziologie haben dieses Ziel. Die Hauptmethode besteht dabei in Längsschnittuntersuchungen. Aus ihnen ermittelt man die Wahrscheinlichkeit für günstige bzw. ungünstige Entwicklungen. Normalerweise erhöht sich beispielsweise mit der Anzahl der Risikofaktoren die Wahrscheinlichkeit eines ungünstigen Entwicklungsverlaufs. Nun gibt es aber längsschnittliche Befunde, die zeigen, dass Kinder sich trotz ungünstiger Bedingungen positiv entwickeln. Daher musste man als Erklärung den Begriff der Widerstandsfähigkeit, der Resilienz, einführen. Resilienz ist eine Erscheinung, die zunächst der Vorhersagbarkeit von Entwicklung zuwiderläuft. Also suchte man wiederum nach Bedingungen, die Resilienz vorhersagen. Offenbar stellt sie sich nur ein, wenn hinreichend externe und interne Ressourcen zur Verfügung stehen (s. die ausführliche Beschreibung v. Resilienzfällen bei Werner und Smith 1982). Man könnte aber umgekehrt vorgehen und nach Entwicklungsverläufen suchen, die wie Resilienz nicht in das allgemeine Muster der Vorhersagbarkeit passen. Dies würde bedeuten, nach Bedingungen zu suchen, die die Varianz des Denkens und Handelns vergrößern und die Korrelationen zwischen vorauslaufenden Bedingungen und dem Entwicklungsergebnis verringern. Die Suche nach Chancen der Vergrößerung menschlicher Freiheitsgrade müsste zu einem wichtigen Forschungsziel werden.

Beispiel

Es gibt genügend biografische Beispiele für Selbstgestaltung von Entwicklung, bei denen der Protagonist auch extrem ungünstige Bedingungen überwand. Als Beispiel sei der Fall des „Klavierflüsterers" Arno Stocker herausgegriffen. Er kommt am 11. Oktober 1956 mit spastischer Lähmung zur Welt. Sein Gehirn ist geschädigt, er ist fast blind. Die damalige Medizin der fünfziger Jahre stempelt ihn als Pflegefall ab. Da schenkt ihm der Großvater eine Platte von Enrico Caruso. Der Junge hört immer wieder die Platte ab und bringt sich so das Sprechen bei. Sein musikbegeisterter Opa bringt es fertig, mit dem Jungen am 16. März 1962 nach Hamburg zu reisen und trotz Mangels an Geld Eintritt zu einem Konzert von Maria Callas zu erhalten, weil die Sängerin ihm eine Nische besorgt, wo die beiden dem Konzert folgen können. Das Erlebnis dieses Abends hat den Jungen zeitlebens geprägt und ihn der Musik zugeführt. Trotz spastischer Lähmung spielt er als Kind in kleinen öffentlichen Konzerten Klavier. Neben seinem Großvater gab es eine zweite Schlüsselfigur in seinem jungen Leben, sein Lehrer an der Schule für lernbehinderte Kinder. Er vermittelt ihm eine breite humanistische Bildung am Nachmittag beim „Nachsitzen". Der Junge, der sich beim Schreiben schwer tut, hat ein phantastisches Gedächtnis und merkt sich alles ohne schriftliche Notizen. Er soll sogar Schillers Lied von der Glocke nach einmaligem Hören rezitiert haben. Trotz seiner Schreib- und Sehbehinderung gelingt ihm der Hauptschulabschluss. In abenteuerlicher Weise erwirbt er sich Kenntnisse im Klavierstimmen und Klavierbau. In einem ständigen Auf und Ab bis hin zur völligen Mittellosigkeit und mit Aufenthalten in der Psychiatrie und im Gefängnis wird er zum internationalen renommierten Klavierstimmer, der Horowitz auf seinen Konzertreisen begleitet und einen neuartigen Konzertflügel kreiert. Er findet Menschen, die ihn stützen, an seine Fähigkeiten glauben und ihm immer wieder Mut einflößen, und Menschen, die ihn betrügen, im Stich lassen und ihn ausnehmen. Am Ende gewinnt er eine Frau, die zu ihm hält, besitzt internationale Anerkennung in seinem Metier und wird auch für die Medien interessant, die ihn wegen seines ungewöhnlichen Lebenslaufes interviewen und der Öffentlichkeit vorstellen.

Diese Lebensgeschichte klingt wie ein Märchen, aber sie belegt, was eine Person mit denkbar ungünstigen Voraussetzungen aus ihrem Leben machen kann. Entscheidend für diese Resilienz waren Personen, die ihn trotz der negativen Diagnosen von Ärzten gefördert haben, vor allem sein Großvater, der Lehrer der Förderschule und Maria Callas, die ihn sogar nach New York zu einem Gesangsmeisterkurs einlud. Aber aus seiner Lebensbeschreibung geht vor allem seine eminente Willenskraft hervor, mit der er seine Behinderung gemeistert und sich aus allen Niederlagen immer wieder selbst am eigenen Schopfe aus dem Sumpf gezogen hat (Stocker 2010).

Am Rande seien noch einige Persönlichkeiten erwähnt, die ebenfalls paradigmatisch für die Selbstgestaltung von Entwicklung stehen. Paulus hat trotz großer Entbehrungen und chronischer Krankheiten die beschwerlichen Reisen auf sich genommen und das Christentum in Kleinasien, Griechenland und Italien verkündet. Schumann musste sich seine Kompositionen oft qualvoll abringen, weil er unter permanenter gesundheitlicher Beeinträchtigung litt. Wilma Rudolph hat ihre durch Kinderlähmung bedingte körperliche Schwäche überkompensiert und wurde Olympiasiegerin.

Kreativität und Freiheit

Unsere Alltagserfahrung lehrt uns eigentlich, dass es mit der Freiheit nicht so weit her ist. Staat, Bürokratie und Finanzamt haben uns fest im Griff. Und auch sonst gibt es so viele berufliche und private Pflichten, dass es müßig erscheint, über theoretisch vorhandene Freiheitsgrade zu diskutieren. Das Thema Freiheit und Pflicht wird uns später noch beschäftigen, ebenso das Thema Willensfreiheit. Jetzt geht es nur um die Frage nach den Freiheitsgraden in unserem Alltagsleben. Zugegeben, der Alltag ist ausgefüllt mit Aufgaben, die festzuliegen scheinen, und es sind so viele Vorschriften einzuhalten, dass scheinbar kein Platz mehr für individuelle Entfaltung zur Verfügung steht. Die Biografie vieler Personen, die unverdrossen ein ihnen wichtig erscheinendes Ziel verfolgen, zeigt jedoch, dass offenkundig auch ungewöhnliche Wege eingeschlagen werden. Man denke nur an die Rekordhalter im Guinness-Buch der Rekorde, an die Extrembergsteiger, an die vielen Skifahrer abseits der Piste (die im wahrsten Sinn des Wortes andere Wege gehen), an die Hobbybastler, Laienwissenschaftler und Künstler aller Art, die auf ein gesichertes bürgerliches Leben verzichten.

Die Evolution hat uns eine Gabe verliehen, mit der wir Freiheit gewinnen können: die Kreativität. Wo es keine Alternativen zu geben scheint, können wir welche entwerfen. Wo es keine Hilfe zu geben scheint, können wir nach inneren und äußeren Ressourcen Ausschau halten. Wo der Ernst des Lebens uns hoffnungslos einzuschränken und zu überwältigen droht, können wir in Formen des Spiels ausweichen und zunächst risikofrei mit Lösungswegen und Lösungen umgehen. Jede Behauptung, es gäbe keine Alternative, ist falsch und sollte unser Denken niemals blockieren. In westlichen Gesellschaften gibt es heute mehr Freiheitsgrade für individuelle Entfaltung als jemals zuvor in der Menschheitsgeschichte. Auch bezüglich der Denkfreiheit und damit der Entwicklung kreativer Lösungen sind wir freier als je zuvor. Weder religiöse noch andere ideologische Zwänge sind uns auferlegt. In einem Klima der Aufklärung könnte sich der Mensch und mit ihm die Gesellschaft zu der Offenheit entwickeln, die Popper schon vor mehr als einem halben Jahrhundert angedacht hat. Dass es massive Versuche gibt, uns diese Freiheitsmöglichkeiten zu rauben, ist bekannt. Werbung und Konsumdenken nehmen uns der Potenz nach mehr Freiheitsgrade als alle politischen und administrativen Vorschriften zusammen.

16.4 Wille und Willensfreiheit

Die Beschäftigung mit der Freiheit des Menschen führt zwangsläufig zur Frage der Willensfreiheit. Gibt es sie oder sind wir Sklaven unserer Triebe und Bedürfnisse sowie äußerer Zwänge? Willensfreiheit wird gerne verwechselt mit völliger Beliebigkeit der Entscheidung und des Handelns. Dazu sagt schon Leibniz:

> Nichts ist also abwegiger, als den Begriff des freien Willens umdeuten zu wollen in irgendein unerhörtes und sinnloses Vermögen, ohne Grund zu handeln oder nicht zu handeln; niemand, der bei Sinnen ist, wünscht sich so etwas. (Leibniz, Ausg. 1967, S. 83)

Weitgehend akzeptiert sind drei Bedingungen, die erfüllt sein müssen, wenn von Willensfreiheit die Rede ist (Walter 2004):

1. Die Person muss eine Wahl zwischen Alternativen haben; sie muss anders handeln bzw. sich anders entscheiden können, als sie es tatsächlich tut. (Die Bedingung des Anders-Handeln- oder Anders-Entscheiden-Könnens) → Alternativität.
2. Welche Wahl getroffen wird, muss entscheidend von der Person selbst abhängen. (Urheberschaftsbedingung) → Urheberschaft.
3. Wie die Person handelt oder entscheidet, muss ihrer Kontrolle unterliegen. Diese Kontrolle darf nicht durch Zwang beeinträchtigt worden sein. (Kontrollbedingung) → Autonomie.

Singer und Roth und viele andere behaupten, es gibt keine Willensfreiheit, da alles determiniert ist. Ein Verbrecher ist nicht für seine Taten verantwortlich, weil er nicht anders handeln konnte. Diesem Argument kann man nicht folgen. Aber um es zu entkräften, muss man sich mit dem Begriff des Determinismus auseinandersetzen. Was ist eigentlich Determinismus? Von Determinismus spricht man, wenn alle Ereignisse kausal bestimmt sind. Rückwirkend betrachtet gibt es für jedes Ereignis eine lückenlose Kausalkette (in der Quantenphysik ist das allerdings nicht der Fall, doch sie soll hier außen vor gelassen werden). In der Vorschau jedoch sind Ereignisse komplexerer Natur nicht vorhersagbar, weil wir die Bedingungen, die zu einem gewissen Zeitpunkt zusammenkommen, nicht kennen bzw. nicht unter Kontrolle haben. Da solche Bedingungen auch zufällig zusammenwirken, sind die Freiheitsgrade sehr hoch, was bereits in den Bereichen Evolution, Kultur und Ontogenese gezeigt wurde. Auch Zufall ist eine Kausalbedingung, denn er hat eine Wirkung auf zukünftige Ereignisse.

Philosophen, die meinen, dass die Bedingungen 1.-3. auch in einer deterministischen Welt erfüllt sein können, nennt man Kompatibilisten (Vereinbarkeitsvertreter), Philosophen, die das bestreiten, Inkompatibilisten. Inkompatibilisten, die der Meinung sind, dass es in unserer Welt freie Entscheidungen gibt (und dass daher der Determinismus falsch sein muss), nennt man Libertarier. Kompatibilisten, die davon überzeugt sind, dass es in unserer Welt freie Entscheidungen gibt, obwohl der Determinismus wahr ist, werden manchmal als weiche Deterministen bezeichnet. Philosophen, die glauben, dass unsere Entscheidungen niemals frei sind, heißen Freiheitspessimisten (Stuckenberg 2009).

Die Frage der Willensfreiheit lässt sich philosophisch auch in drei verschiedene Aspekte aufspalten: Handlungsfreiheit, Willensfreiheit und Urheberschaft. Sie sollen im Folgenden etwas näher beleuchtet werden.

Thomas Hobbes und David Hume sagen, dass es für unsere Freiheit allein darauf ankommt, das tun zu können, was wir tun wollen. Wir dürfen nicht durch äußere Zwänge gehindert worden sein, Handlungen auszuführen, für die wir uns entschieden haben (Hobbes, 1651/1996, 1654/1969; Hume, 1758/1993). Diese Art von Freiheit wird *Handlungsfreiheit* genannt. Handlungsfreiheit ist mit dem Determinismus vereinbar. Verzichtet man darauf, dass der zielsetzende Wille frei ist und beginnt man nach der getroffenen Willensentscheidung mit der Suche nach Freiheit, so existiert sie, wenn keine äußeren und inneren Zwänge das Handeln behindern. Hat sich beispielsweise jemand zum Ziele gesetzt, das Rauchen aufzugeben, so könnten innerer Zwang (Drogenabhängigkeit) und

Verführung von außen die Handlungsdurchführung behindern. In diesem Falle bedarf es eines starken Willens und geschickter Strategien, um das Handlungsziel durchzusetzen. Man kann also festhalten: eine Person ist in ihrem Handeln frei, wenn sie tun kann, was sie tun *will*.

Willensfreiheit beginnt demgegenüber bei der Frage, ob wir frei sind, uns beliebige Ziele zu setzen (Kane, 1998). Willensfreiheit kann jedoch nicht mit völliger Beliebigkeit gleichgesetzt werden. Eine vernünftige Definition lautet: Eine Person ist in ihrem Wollen frei, wenn sie die Fähigkeit hat, zu bestimmen, welche Motive, Wünsche und Überzeugungen handlungswirksam werden sollen. Willensfreiheit setzt nach Locke (1689/1981) (Ausg. 1989) zum einen die Fähigkeit voraus, vor dem Handeln innezuhalten und darüber nachzudenken, was in der Situation zu tun richtig wäre, zum andern, dass man dem Ergebnis der eigenen Überlegung gemäß entscheiden (und dann entsprechend handeln) kann. Das Moment der Reflexion vor der Entscheidung ist auch in Willensmodellen der empirischen Psychologie berücksichtigt, wie weiter unten noch zu erläutern sein wird.

Es ist auch eine Vereinigung von Handlungs- und Willensfreiheit möglich, wie wir sie bei Kant und Frankfurt finden. Nach Harry Frankfurt beruhen Handlungen auf Wünschen erster Stufe. Wünsche zweiter Stufe sind solche, die Wünsche erster Stufe zum Gegenstand haben. Frei ist das Wollen einer Person dann, wenn ihr Handeln von Wünschen erster Stufe bestimmt wird, von denen sie auf zweiter Stufe will, dass sie handlungswirksam werden (Frankfurt 1971, 1988).

Kants Auseinandersetzung mit der Willensfreiheit und dem Freiheitsbegriff überhaupt gehört zu den gründlichsten Gedanken, die zu diesem Thema entwickelt wurden. Auf die Darstellung seiner Ideen zur transzendentalen Freiheit in der „Kritik der reinen Vernunft" soll hier verzichtet werden. Wir konzentrieren uns auf seine Vorstellung von Willensfreiheit in der „Kritik der praktischen Vernunft". Dort ist Willensfreiheit die Fähigkeit des Menschen, sich aus Freiheit Werte und Ziele zu setzen und diese im Handeln zu verfolgen, unabhängig von äußerer oder innerer Fremdbestimmung. (Kant Ausg. 2003). Nach dem Freiheitsbegriff Kants ist Freiheit nur mit Hilfe der Vernunft möglich. Der Mensch erkennt das Gute und richtet sein eigenes Verhalten daran aus. Da nur der sich bewusst pflichtgemäß, also moralisch verhaltende Mensch frei ist, sind „freies Handeln" und „moralisches Handeln" bei Kant Synonyme. Anders ausgedrückt: Der freie und gute Wille sind eins. Bei Kant bedingen daher auch Freiheit und Pflicht einander wechselseitig. Nur die pflichtgemäße Entscheidung ist auch eine freie Entscheidung und umgekehrt. Lustentscheidungen widersprechen dem Freiheitsbegriff. Die Freiheit zu tun, was man will ist eben nicht, das zu tun, wozu man Lust hat, weil die Lust den Menschen von der eigenen Freiheitsentfaltung abhält. Nicht einmal die Wahlfreiheit gehört notwendig zum freien Willen, weil es für pflichtgemäßes moralisches Handeln nicht darauf ankommt, dass verschiedenen Möglichkeiten zur Auswahl stehen. Auch bei nur einer einzigen Handlungsmöglichkeit kann der Mensch frei sein, solange er die Wahrnehmung dieser Option aufgrund seiner Vernunft als für moralisch richtig ansieht.

Bei Kant implizieren Willensfreiheit und Sittengesetz sich also gegenseitig. Ohne die Freiheit könnte es kein moralisches Gesetz geben. Denn es ist unsinnig, von einem unfreien

Wesen zu verlangen, dass es dem Sittengesetz folgen soll. Andererseits erkennen wir unsere Freiheit nur, weil wir eine Vorstellung von dem moralischen Gesetz in uns haben. Wie aber bestimmt sich ethisches Handeln? Kant vermeidet eine inhaltliche Festlegung, da Gesellschaften und konkrete Situationen nicht vorherbestimmbar sind, und vertritt eine formale Ethik mit dem bekannten kategorischen Imperativ: Handle stets so, dass die Maxime deines Willens zu einer allgemeinen Gesetzgebung erhoben werden kann. Gerade wegen dieses Ansatzes ist der kategorische Imperativ auch heute noch aktuell. Er eignet sich auch für ethische Fragen jenseits menschlicher Beziehung, nämlich der ökologischen Ethik, der es um den Schutz des Lebens und den Erhalt unseres Planeten geht.

Schiller hat die moralische Pflicht, die sich prinzipiell gegen das Lustprinzip richtet, ironisch mit zwei Distichen kommentiert (Schiller Ausg. 1907, Bd. 1):

> Gerne dien ich den Freunden, doch tu ich es leider mit Neigung.
> Und so wurmt es mir oft, dass ich nicht tugendhaft bin.
> Da ist kein anderer Rat! Du mußt suchen, sie zu verachten.
> Und mit Abscheu alsdann tun, wie die Pflicht dir gebeut.

Eine weitere viel diskutierte Komponente der Willensfreiheit ist der Begriff der *Urheberschaft*. Wünsche sind meine ureigensten Wünsche, wenn ich sie als die meinen anerkenne und wenn ich bereit bin, für sie Verantwortung zu übernehmen (Stuckenberg 2009). Die eigenen Wünsche und Überlegungen können aber sehr wohl determiniert sein. In der psychologischen Forschung geht es immer auch um die Herkunft von Wünschen und Motiven, die zur Willensentscheidung führen. Unter dieser Perspektive sind Entscheidungen auch dann frei, wenn sie von vorangegangenen Ereignissen kausal hervorgerufen wurden, weil es meine Entscheidungen angesichts der Vielfalt von Wünschen und Gedanken sind. Allerdings gibt es dabei eine Einschränkung. Letzturheberschaft als radikale Forderung für Urheberschaft kann es nicht geben. Der Begriff meint: Frei können meinen Entscheidungen nur dann sein, wenn meine Wünsche und Präferenzen ausschließlich auf mich und nicht auf andere Umstände zurückgehen, die mir meine Wünsche eingepflanzt haben. Nun sind gewiss alle unsere Wünsche auch durch Umwelteinflüsse mitbedingt, von Grund auf schon durch den Prozess der Enkulturation, der uns eine Palette von Präferenzen (sie beginnen schon bei Nahrungspräferenzen) vermittelt und zur Elimination anderer Bedürfnisse und Wünschen führt. Es wäre absurd anzunehmen, Personen könnten in diesem Sinne tatsächlich die letzte Quelle und der Ursprung aller ihrer Ziele und Absichten sein.

Definiert man Willensfreiheit und ihre Komponenten im obigen eingeschränkten Sinne, dann ist sie durchaus mit dem Determinismus vereinbar. Einige plakative Formulierungen seien hier abschließend aufgeführt (zitiert nach Vollmer 1999):

- Freiheit ist Einsicht in die Notwendigkeit. (Hegel)
- Willensfreiheit besteht letztlich nur in der Nichtvoraussagbarkeit unserer (determinierten!) Entscheidungen und Handlungen. (Planck 1936)
- Willensfreiheit ist die Fähigkeit, das zu tun, was wir am meisten zu tun wünschen, also dem stärksten Impuls nachzugeben. (Jeans 1944)

- Willensfreiheit ist Abwesenheit von äußerem Zwang. „Wenn die Handlung aus seinem eigenen Charakter kommt, dann sagen wir, dass er frei handelte." (Carnap 1974)
- Willensfreiheit ist Dominanz des rationalen Steuerungssystems über dasTriebhaft-Instinktive. (Büchel 1981, S. 256).

Diese letzte Formulierung deckt sich weitgehend mit John Lockes und Kants Ansicht und dient auch in der empirischen Forschung als Grundlage. In keiner dieser Formulierungen ist von Willensfreiheit als totale Beliebigkeit des Entscheidenkönnens die Rede. Um es noch einmal zu sagen, eine so verstandene Willensfreiheit wäre Unsinn.

Resümee

Willensfreiheit in dem alltagssprachlichen Sinn völliger Beliebigkeit gibt es nicht, sie macht auch keinen Sinn. Sonst wäre der Berserker, der blindwütig voranschreitet und nach Laune rechts und links ausschlägt, das Ideal der Willensfreiheit. Willensfreiheit kann nur in Verbindung mit der rationalen Kontrolle und reflektierten Entscheidung angesichts verfügbarer Alternativen definiert werden. Diese Sichtweise liegt auch der folgenden Darstellung zu Grunde. Nun geht es nämlich darum, ob die so definierte Willensfreiheit auch psychologisch realisiert werden kann. Philosophen können des Langen und Breiten definieren und Forderungen stellen. Ob der Mensch von seiner Psychostruktur her solchen Vorstellungen gerecht werden kann, muss man empirisch prüfen. Dies soll im folgenden Abschnitt geschehen.

16.5 Wille und Willensfreiheit in der psychologischen Forschung

Weder die Philosophen, noch die Soziologen und Neurowissenschaftler haben hinreichend Kenntnis von der psychologischen Forschung zum Willen genommen. Dadurch allein schon ist das Bild, das sie vom Willen vermitteln, einseitig. Im Folgenden sollen einige wichtige Befunde vorgestellt werden, ohne deren Berücksichtigung eine Diskussion über Willen und Willensfreiheit unbefriedigend bleibt.

Widerlegung der Willensfreiheit durch Experimente von Libet

Libet (1979) forderte Personen auf, eine einfache Bewegung der Hand auszuführen, wenn sie Lust dazu hätten, und sich den Zeitpunkt ihrer Entscheidung anhand einer vor ihnen postierten schnelllaufende Uhr (mit einer Umdrehung in 2,56 s) genau zu merken. Währenddessen maß Libet die Bereitschaftspotenziale im Gehirn. Das Bewusstsein, die Finger bewegen zu wollen, trat fast eine halbe Sekunde nach dem Moment auf, in dem das

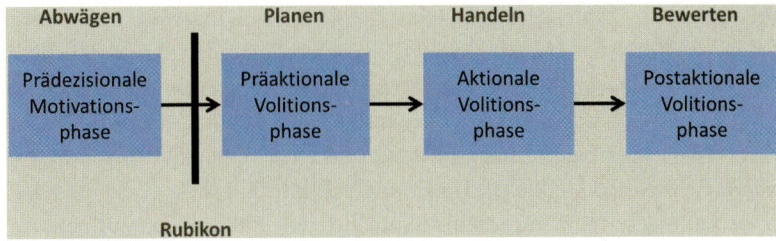

Abb. 16.1 Das Rubikon-Modell der Willenshandlung. (Rolf Oerter, verändert nach Heckhausen 1989, S. 21)

Gehirn bereits die Vorbereitung für die Aktion begonnen hatte. Es gab allerdings große individuelle Unterschiede. Dieses Ergebnis wurde mehrfach bestätigt, unter anderem durch Haggard und Eimer (1999).

Die Entscheidung einer Handlung fällt schon auf unbewusster Ebene, bevor man sie bewusst erlebt. Diesen Befund hat man als Beweis dafür herangezogen, dass es keine Willensfreiheit gibt. Was bei der Diskussion nicht beachtet wird, ist das Faktum, dass das Gehirn (nämlich die Top-down-Prozesse, s. Kap. 15) zuvor den Auftrag, den Finger zu bewegen, an andere Gehirnregionen weiter gegeben hat, gewissermaßen mit dem Befehl, nach Belieben eine Bewegung auszuführen. Wenn man so will, steht vor der unbewussten Entscheidung der Willensakt, etwas im Sinne der Instruktion tun zu wollen. Natürlich dauert es dann eine Zeit, bis der („beliebige") Bewegungsimpuls wieder bewusst wird. Außerdem wird Willensfreiheit in dem hier diskutierten Zusammenhang ohnedies anders verstanden. Libet selbst sah seinen Befund übrigens nicht als Beleg für das Fehlen der Willensfreiheit an.

Totale Willensfreiheit als Beliebigkeit des Handelns kann es in einer kausal determinierten Welt jedoch auch unabhängig von solchen Experimenten nicht geben. Jede Erscheinung muss eine Ursache haben, und auch ein Willensakt fußt auf vorausgegangenen Impulsen, Motiven, Wünschen, Überlegungen.

Ergebnisse der Volitionsforschung

In der Psychologie hat man sich nach anfänglichen Bemühungen um die Willensforschung (Ach 1905; Lindworsky 1923; Lewin 1926) mehr als ein halbes Jahrhundert nicht mit dem Willen befasst. Man konzentrierte sich vielmehr auf Motivation als Schlüsselkonzept für den Ursprung von Handlungen. Erst Heckhausen und seine Mitarbeiter begannen, ein Volitionsmodell zu entwickeln und es empirisch systematisch zu untersuchen. Sie wählten den Begriff „Volition", weil „Wille" zu viele Nebenbedeutungen in der Alltagssprache hat. Abbildung 16.1 demonstriert ihr Willensmodell (Heckhausen 1989). Willenshandlungen gliedern sich danach in vier Phasen.

- Die prädezisionale Motivationsphase ist die Zeit des Abwägens von Bedürfnissen, Wünschen und Zielen. Irgendwann wird eine Entscheidung gefällt und der Rubikon überschritten. Die Metapher vom Rubikon verweist auf den zentralen Punkt des Modells: Wie Cäsar nach Überschreiten des Rubikon nicht mehr zurückkonnte, kommt es nach der Willensentscheidung zur Planung und Durchführung der Willenshandlung, die anderen Motive und Wünsche treten in den Hintergrund.
- In der darauffolgenden Planungsphase (präaktionale Volitionsphase) geht es darum, mit Hilfe von Vorsätzen, die später folgenden Handlungen vorzubereiten und möglichst effizient zu gestalten.
- Dann folgt die aktionale Volitionsphase, in der die nötigen Handlungen zur Zielrealisierung durchgeführt werden.
- Nach Erreichung des gesetzten Zieles wird bewertet, ob das Willensvorhaben geglückt ist (postaktionale Motivationsphase): Vergleich des Erreichten mit der Zielintention. Die Attraktivität der Folgen der Willenshandlung wird bewertet, und schließlich die Zielsetzung desaktiviert.

Beispiel

Ein reales Alltagsbeispiel mag das Modell veranschaulichen. Eine junge Frau, die Raucherin ist, lernt einen Mann kennen und verliebt sich in ihn. Der Mann verabscheut Rauchen und bringt sie in den Konflikt, entweder das Rauchen aufzugeben oder mit ihm in Konflikt zu leben bzw. ihn sogar aufgeben zu müssen. Sie befindet sich in der prädezisionalen Phase des Abwägens. Da beide gerne nach Griechenland reisen möchten, äußert sie, das Rauchen aufgeben zu wollen, wenn er mit ihr nach Griechenland reist. Er willigt sofort ein, und für sie ist damit der Rubikon überschritten, der Entschluss gefasst. Die präaktionale Phase geht sie mit einem Kontrastprogramm an. Das Wartestadium vor Abflug verbringt sie mit intensivem Rauchen, um sich ein letztes Mal den Genuss zu gönnen. Sobald sie mit ihrem Freund im Flugzeug sitzt, beendet sie das Rauchen und lässt es von da an auf immer sein (aktionale Phase). Die Bewertung ihrer Willensleistung (postaktionale Phase) fällt entsprechend positiv aus, zumal ihr Partner ihr seine Anerkennung ausdrückt und sich die Bindung zwischen beiden intensiviert und stabilisiert.

Willensentwicklung in der Ontogenese

Die Fähigkeit, eigene Affekte und Bedürfnisse zu kontrollieren, entwickelt sich früh. Wie bereits in Kap. 8 beschrieben, vermag das Kind etwa bei Schuleintritt seine Affekte schon gut zu regulieren. Die Entwicklung verläuft dabei über die gemeinsame externe Regulierung zur selbständigen internen Emotionskontrolle. Willenshandlungen als äußere Akte beginnen schon mit etwa sechs Monaten in Form der aktiven Wiederholung eines Effektes

(z. B. ein Mobile anstoßen). Im zweiten Jahr kämpft das Kind mit dem Konflikt zwischen Bindung und Autonomie. Einerseits möchte es sich schon selbständig machen und die Welt explorieren, andererseits benötigt es die sichere Bindung zur Pflegeperson. Aber mit zweieinhalb bis drei Jahren entdeckt es, dass sein Wollen sich gegen das Wollen anderer Personen behaupten kann. Es kommt zum Trotzverhalten, bei dem die Kinder oft nein sagen, ohne ein eigenes Ziel angeben zu können. Später (zwischen fünf und sieben Jahren) lernt das Kind, seine Bedürfnisse aufzuschieben und entwickelt Strategien, wie man Versuchungen widerstehen kann (etwa angesichts eines attraktiven Gebäcks an etwas anderes zu denken oder nicht hinzuschauen).

Im Jugendalter wachsen Willenskraft und rationale Kontrolle noch einmal stark an. Jugendliche sind nun zu Höchstleistungen im Durchhalten einer Tätigkeit, im Ertragen von Schmerz (z. B. bei Initiationsriten indigener Völker) und im Erreichen längerfristiger Ziele fähig. Ihre gleichzeitige Neigung zum extremen Ausleben von Affekten (etwa bei Rock- und Popkonzerten) darf darüber nicht hinwegtäuschen, diese Neigung hat mit der Rebellion gegen die kulturell auferlegte Affektkontrolle zu tun (s. u.).

Primäre und sekundäre Kontrolle

Für die Diskussion menschlicher Freiheit ist noch eine weitere Unterscheidung der Psychologie wichtig: primäre und sekundäre Kontrolle (Rothbaum et al. 1982). Unter primärer Kontrolle versteht man das Bewusstsein, durch die eigene Absicht und Handlung Effekte in der Umwelt herbei zu führen. Man erlebt sich als jemand, der die Umwelt kontrolliert. Sekundäre Kontrolle liegt dann vor, wenn man erkennt, dass die Umwelt in bestimmten Situationen nicht an die eigenen Bedürfnisse und Ziele angepasst werden kann, sondern dass man sich selbst an die gegebenen Umstände anpassen muss. Oft ergeht es einem wie dem von Kleinen Prinzen aufgesuchten Planetenbewohner, der die Sonne auf- und untergehen lässt. Auf die Bitte des Kleinen Prinzen, doch jetzt die Sonne untergehen zu lassen, antwortet er, dass er das erst am Abend machen könne (Antoine de Saint-Exupery: Der kleine Prinz). Die Anpassung an gegebene, nicht veränderbare Umstände fanden wir in unseren kulturvergleichenden Forschungen eher in kollektivistischen Kulturen, das Bewusstsein der primären Kontrolle eher in individualistischen Kulturen (Oerter et al. 1996). Beide Formen der Kontrolle haben mit Willenshandlungen zu tun. Bei der primären Kontrolle erlebt man unmittelbar den Effekt der eigenen Willensintention in der Umwelt, bei der sekundären Kontrolle besteht die Willensleistung darin, die eigenen Wünsche und Ziele umzuformulieren und sie den gegebenen Umständen anzupassen. Formen der sekundären Kontrolle sind bei uns in Misskredit geraten, aber sie könnten bei kreativer Nutzung in der Tat neue Freiheitsgrade schaffen. Wenn man ein Ziel nicht auf direktem Wege erreicht, d. h. durch primäre Kontrolle, dann hat man vielleicht Erfolg, wenn man sich zunächst den unabänderlichen Gegebenheiten anpasst und innerhalb dieses Rahmens agiert. Einstein hat sich mit der Anstellung als kleiner Beamter am Patentamt in Bern begnügt, vielleicht ein großes Glück für die Menschheit.

Parallele zwischen historischer und individueller Willensentwicklung

Die hier geschilderte Entwicklung erweckt den Eindruck, als ob die wachsende Selbstkontrolle und die Formen der äußeren und inneren Kontrolle generelle Gesetzmäßigkeiten menschlicher Entwicklung seien. Dies ist aber nicht der Fall, sondern es bedarf erneut der Korrektur durch Berücksichtigung der kulturellen Perspektive. Elias (1976) beschreibt die kulturelle Entwicklung des Abendlandes als fortschreitenden Zivilisationsprozess. „Zivilisierung" ist bei ihm eine langfristige Veränderung der Persönlichkeit, die auf einem Wandel der Sozialstruktur beruht. Er analysiert die Zeit von etwa 800 bis 1900 in Westeuropa. Die fortschreitende Differenzierung der Gesellschaft, verbunden mit dem technischen Fortschritt und einem ständigen Konkurrenzkampf resultieren in einer Zentralisierung der Gesellschaft, in der staatliche Macht und Geldwirtschaft dominieren. Die wachsende wechselseitige Abhängigkeit im Laufe der Jahrhunderte führte zur Notwendigkeit von Selbst- und Affektkontrolle. Der Zentralisierung innerhalb der Gesellschaft folgte zeitlich etwas später als die „Zentralisierung" in der Persönlichkeit in Form willentlicher Kontrolle der Emotionen, Triebe und Bedürfnisse. Im Einzelnen verändert sich die Persönlichkeitsstruktur nach Elias vor allem in vier Bereichen:

- Erhöhung der „Schamschwellen". Entblößung, intime Verrichtungen werden nicht mehr in der Öffentlichkeit praktiziert.
- Erhöhung der „Peinlichkeitsschwellen". Bestimmte Handlungen anderer wirken verstörend oder ekeleinflößend.
- „Psychologisierung". Verbesserung der Fähigkeit, andere zu verstehen und erhöhte Neigung, das Verhalten anderer psychologisch zu deuten.
- „Rationalisierung". Konsequenzen des eigenen Handelns werden vorausbedacht, wobei lange Handlungsketten berücksichtigt werden.

Inhaltlich ändert sich vor allen die Gewaltbereitschaft, sie sinkt im Laufe der Jahrhunderte. Sexualität wird (bis Anfang des 20. Jahrhunderts) zunehmend tabuisiert. Das Essverhalten wird verfeinert (z. B. Nutzung von Esswerkzeugen). Last not least werden die Ausscheidungsfunktionen aus der Öffentlichkeit verbannt.

Generell tritt zwischen Impuls und Handlung ein Akt der Kontrolle und Reflexion. Diese Darstellung des Zivilisationsprozesses von Elias gilt nicht mehr für das 20. Jahrhundert. Nun nämlich wird Selbstkontrolle in den Bereich von beruflicher Leistung und Konkurrenz kanalisiert, während bei Sexualität und im Konsum den Bedürfnissen freier Lauf gelassen wird. Die sexuelle Revolution führt gegenwärtig zu regelrechten Exzessen in der Selbstdarstellung. Facebook und Twitter dienen als Bühne für die Aufhebung jeglichen Schamgefühls. Die allseits gegenwärtige Verführung zum Konsum fordert dazu auf, Bedürfnisse ohne Aufschub zu befriedigen („du darfst"). Sexuelle Enthemmtheit und schrankenloser Konsum bilden das Gegengewicht zur intensiven Selbstkontrolle im Beruf. Aus der Perspektive von Elias könnte man sagen, dass der Zivilisationsprozess bis Anfang des 20. Jahrhunderts über sein Ziel hinausgeschossen ist und eine Korrektur in Richtung eines besseren Gleichgewichts erfahren hat. Dieses Gleichgewicht ist allerdings bezüglich der Freiheitsgrade des modernen Menschen nicht wünschenswert, denn es engt die menschliche Freiheit nun in doppelter Hinsicht ein. Zum einen schwächt Verführung zur schrankenlosen Bedürfnisbefriedigung die Willensfreiheit im oben definierten Sinn. Zum andern sind der Zwang zur Selbstkontrolle in Beruf und der Wettkampf um Statusgewinn ebenfalls eine Barriere für den freien Willen, weil sie die übrigen Optionen für Handlungen massiv einengen.

Resümee

Die psychologische Befundlage des heutigen Menschen belegt, dass Willensfreiheit im oben definierten Sinn und die mit ihr verbundene Verantwortung tatsächlich realisierbar sind. Damit können wir uns im Gegensatz zu den Behauptungen von Singer und Roth nicht der Verpflichtung für Aufgaben der Gegenwart und Zukunft entziehen. Wir tun auch nicht nur so, als ob wir einen freien Willen haben, sondern wir sind in der Lage nach rational begründeten Entscheidungen zu handeln, vor allem wenn wir Menschen um uns haben, die uns dabei stützen.

16.6 Freiheit als Verpflichtung für die Zukunft

Die Zukunft ist offen, nichts liegt fest, also auch nicht die Ethik. Wenn wir nach ethischen Prinzipien suchen, so bleibt nur eine formale Ethik, die keine Wertinhalte vorschreibt. Ich warne auch vor der Intuition und dem Wertgefühl, wie es Scheler (1986) propagiert. Die psychologische Forschung zeigt eindrucksvoll, wie uns Gefühle täuschen können. Sie als sichere Grundlage einer Ethik zu wählen, gilt allenfalls für die evolutionär noch vor unserer Existenz entstandenen Tendenzen zum prosozialen Verhalten. In einer so komplexen Gesellschaft wie der unsrigen reicht das nicht aus. Angesichts des jetzigen Diskussionsstandes lassen sich der Kantsche kategorische Imperativ und der repressionsfreie ethische Diskurs, wie ihn Habermas (1985) vorschlägt, verbinden. Für die ethischen Probleme der Gegenwart und Zukunft gibt es keine fertigen Rezepte. Sie müssen im Diskurs gelöst werden. Als moralisches Prinzip kann dabei nach wie vor der kategorische Imperativ gelten. Alles, was ausgehandelt wird, muss auch als Richtschnur für eine allgemeine Gesetzgebung brauchbar sein.

Plädoyer für eine ökologische Ethik

Reichen die beiden Prinzipien des kategorischen Imperativs und des repressionsfreien Diskurses als ethische Grundlage aus? Eigentlich schon, wenn man ihre Möglichkeiten ausschöpft. Das ist allerdings bisher noch nicht der Fall. Die Ethik kreist nur um den Menschen, sie ist anthropozentrisch oder homozentrisch. Versuchen wir eine Position außerhalb des Menschen einzunehmen und versetzen wir uns in die Lage eines Außerirdischen, der sich mit einem überlichtschnellen Raumschiff der Erde nähert und analysiert, was auf unserem Planeten geschieht – was wird er feststellen?

Zunächst wird es sich freuen, dass es Leben auf dem Planeten gibt, sodann verwundert konstatieren, dass sich alles Leben aus nur vier Nukleinbasen zusammensetzt (s. Kap. 1). Wo liegt also der Unterschied zwischen den verschiedenen Lebewesen? Doch wohl in der verschiedenen Komplexität. Es gibt Tiere mit großen Gehirnen, die offenkundig intelligent sind, aber eine Spezies unter ihnen erweist sich als Ungeziefer für den Planeten: Der Mensch. Er vermehrt sich unkontrolliert, weil er keine Feinde hat. Die wenigen Kriege haben keinen Einfluss auf seine ungebremste Vermehrung. Ständig wächst sein Fleischverbrauch, er hält sich Millionen Schweine und Rinder, die das Achtfache an Pflanzen brauchen, als er bei rein pflanzlicher Ernährung benötigen würde. Er ist zu einer Massentierhaltung übergegangen, die unappetitlich ist. Er hat in hundert Jahren Energiereserven verbraucht, die in Millionen Jahren entstanden sind. Er verpestet die Luft mit CO_2 und bewirkt einen Treibhauseffekt. Er überzieht die Kontinente mit Straßen und bedeckt den Planeten mehr und mehr mit seinen Megastädten. Die Liste seiner Sünden ist unendlich groß. Der Alien fragt sich, wie kann man den Planeten retten? Eine Ausrottung des Schädlings verbietet sich nach seiner Ethik, denn der Mensch hat noch eine andere Seite. Er hat Kunstwerke, Musik, Literatur und Wissenschaft hervorgebracht, die nach Kenntnis des Alien einmalig im Universum sind. Was also tun? Der Alien kommt auf vernünftige Ideen, auf die wir auch kommen könnten:

- Reduktion der menschlichen Population auf 1 Mrd. Es geht also nicht darum, ob wir 10 Mrd. (jüngste Zukunftsschätzung) ernähren können, sondern dass wird dies auf Kosten des Planeten tun würden. Dies ist von einer allumfassenden Ethik unvertretbar.
- Drastische Reduktion des Energieverbrauchs bezüglich:
  - Umstellung der Nahrung (weniger Fleisch)
  - Wärmeeinsparung
  - Einsparung elektrischer Energie
  - Verzicht auf fossile Energie und Atomenergie

Kehren wir zurück zur Erde. Bei uns gibt es ja auch das Ringen um eine ökologische Ethik. Sie bemüht sich als erstes um einen Naturbegriff. Man kann drei Formen unterscheiden:

- Die Natur als Material menschlicher Wunscherfüllung. Die Natur kann beliebig ausgebeutet werden, solange dies nur dem Menschen dient, da dieser der Natur übergeordnet ist. Dieser Naturbegriff ist für eine ökologische Ethik unbrauchbar, da er den Eigenwert von Natur nicht berücksichtigt.

- Natur ist unantastbar und Vorbild für menschliches Verhalten. Die natürliche Ordnung soll nicht gestört werden, das natürliche Gleichgewicht muss erhalten bleiben oder wieder hergestellt werden, der Mensch ist der Natur untergeordnet.
- Natur als Kosmos, als gemeinsamer Lebensbereich einer Vielfalt von Individuen und Arten. Der Mensch ist hier ein gleichgeordneter Teil der Natur. Zugleich gibt es in dieser Sichtweise eine Stufenordnung der Natur, die von Unbelebtem über Pflanzen und Tiere zu den Menschen führt.

Nach dem Grad der Einbeziehung der Natur kann man grob drei Positionen unterscheiden: Pathozentrismus, Biozentrismus und Holismus. Der *Pathozentrismus* (von pathos: Leid) ist ein ethischer Ansatz, der allen empfindungsfähigen Wesen einen moralischen Eigenwert zuspricht, jedoch anderen nicht leidensfähigen Wesen diesen moralischen Wert abspricht. Pathozentrische Ansätze nehmen häufig eine utilitaristische Grundposition ein, aus der sich die moralische Notwendigkeit des Tierschutzes ableiten lässt. So ergibt sich aus der Leidensfähigkeit von Tieren der Anspruch, Tiere nicht unnötig leiden zu lassen, was sich in Gesetzen zur Tierhaltung und zu Tierversuchen niederschlägt. Singer (2011) vertritt in diesem Rahmen die Position des Präferenzutilitarismus. Der Begriff *Präferenz* bezeichnet die generellen rationalen und emotionalen Interessen eines Wesens. Zur ethischen Beurteilung einer Handlung bedarf es der Berücksichtigung der Präferenzen aller betroffenen Wesen.

Der *Biozentrismus* geht noch etwas weiter: alle Lebewesen haben einen eigenen moralischen Wert unabhängig von ihrer Leidensfähigkeit. (Jonas, 1988). Der Mensch hat somit Pflichten gegenüber allen Lebewesen. Diese Variante geht auf Albert Schweitzer (Ausg. 1991) zurück, der die Ehrfurcht vor dem Leben in den Mittelpunkt seiner Ethik stellte. Die umfassendste Position vertritt der *Holismus*: die ganze Natur hat einen eigenen moralischen Wert und der Mensch hat Pflichten gegenüber der Natur als Ganzem. Die Einheit von Mensch und Natur kommt in der Tiefen-Ökologie („deep ecology') zum Ausdruck (Naess 1973 Merchant 1990). Die Tiefen-Ökologie argumentiert, dass die Natur ein subtiles Gleichgewicht eines komplexen Beziehungsgeflechts von Lebewesen ist. Die lebende Umwelt sollte als Ganzes respektiert werden, und der Natur sollte das Recht zu leben und zu blühen zugesprochen werden. Der Film „Breathing Earth" von Thomas Riedelsheimer beleuchtet diese Position eindrucksvoll.

Gegenwärtig handeln wir Menschen im Großen unethisch, wenn nicht sogar verbrecherisch:

- Wir zerstören die Welt durch Überbevölkerung,
- wir gestalten das Klima lebensfeindlich und
- wir beuten die Erde rücksichtslos aus.

Einige Vorschläge für den Weg zur offenen Gesellschaft

Die drei großen Aufgaben der Bevölkerungsreduktion, des Klimaschutzes und der Energieeinsparung sind Aufgaben der gesamten Menschheit und werden nicht von heute auf morgen gelöst werden. Aber es gibt auch konkrete Aufgaben, die wir unmittelbar angehen können. Einige seien genannt.

Optimale individuelle Entwicklungsförderung. Es ist ein ethisches Gebot, allen Menschen eine optimale Bildung angedeihen zu lassen, unabhängig von ihrer späteren beruflichen Tätigkeit. Jeder Mensch hat das Recht auf optimale Förderung, er sollte so viel an Einsicht, Wissen und Denkfähigkeit erwerben, wie ihm möglich ist. Wenn wir uns schon weltweit auf die Würde des Menschen als hohen Wert geeinigt haben, erscheint diese Forderung selbstverständlich.

Pädagogik ohne Scheuklappen. Die in Kap. 5 dargelegte hohe Aggressivität des Menschen und die Konsequenzen dieses Sachverhaltes sind noch nicht in die Pädagogik eingegangen. Dort ist der Mensch immer noch von Grund auf gut. Heranwachsende sollten wissen, dass der Mensch zur Bestie werden kann, wenn die zivilisatorischen Schranken fallen und dass jeder einzelne lernen muss, seine Affekte unter Kontrolle zu halten. Anhand aktueller Beispiele von Kriegen, Amokläufen, Affekthandlungen, die fast täglich in den Zeitungen berichtet werden, kann der Mechanismus der Freisetzung von Aggression diskutiert werden. Auch in anderer Hinsicht gibt es Scheuklappen in der Pädagogik. Es gelingt uns nicht, die Kinder aus bildungsfernen Schichten angemessen zu fördern. Alle sophistizierte Wissenschaft und Forschung hat diesen einfachen Sachverhalt nicht aus der Welt geschafft. In anderen Ländern sind die sozialen Unterschiede weniger gravierend, aber doch vorhanden. Somit wird ein Grundrecht des Menschen permanent verletzt. Es gibt einige rühmliche Ausnahmen, die den Versuch unternehmen, sozial benachteiligte Kinder rechtzeitig zu fördern, aber tiefgreifende Maßnahmen, wie rechtzeitige Förderung in der Kinderkrippe, Einrichtung von Ganztagsschulen, Sonderprogramme für Kinder und – last not least – eine gezielte Diagnostik werden kaum in Angriff genommen.

Kampf gegen Ideologien jeder Art. Das Eintreten für die offene Gesellschaft verlangt zugleich die Ablehnung jeglicher Ideologie, die absolute Gültigkeit ihrer Aussagen und Forderungen in Anspruch nimmt. Solche Ideologien sind Religionen, politische Utopien und realstaatliche Herrschaftsformen, in denen keine Meinungsfreiheit geduldet wird. Wer glaubt, wir seien jenseits von Ideologien, halte sich nur vor Augen, dass kein Politiker es wagen würde, sich als Atheist oder Agnostiker zu bekennen, Sarazin in dem einen oder anderen Punkt recht zu geben oder gegen die Wachstumsideologie anzutreten. Ideologien sind wieder auf dem Vormarsch und bedeuten in Form des religiös motivierten Terrorismus eine ernsthafte Gefahr. Für die nächste Zukunft zeichnet sich ab, dass der Terrorismus zur größten Bedrohung des Weltfriedens werden könnte. Ideologien haben in der Menschheitsgeschichte viel Elend gebracht. In den letzten tausend Jahren Religionskriege, Hexenverfolgung, Inquisition, Blockade des wissenschaftlichen Fortschritts durch Denkverbote, Nationalsozialismus, Kommunismus (in seiner krassesten Form unter Stalin in der UDSSR und in Kambodscha, wo Pol Pot Zwangsumsiedlungen und Exekutionen größten Ausmaßes durchführen ließ). Es wird Zeit, Ideologien aufzugeben, egal welche harmlose Form sie scheinbar haben mögen. Auch Moral kann zur gefährlichen Ideologie werden, wie Bischof (2012) zeigt.

Förderung von Wissenschaft und Kunst. Wenn wir, wie oben bereits versucht, die Außenperspektive einnehmen und fragen, was das Besondere des Menschen im Kosmos ist, so bleiben nur unsere wissenschaftlichen Erkenntnisse und die Kunst (einschließlich Musik, Tanz, Sport, Literatur). Dass es Wesen gibt, die den Kosmos beobachten und seine Gesetzen nachspüren, ist alles andere als selbstverständlich. Erkenntnisfortschritt ist daher ethisches Gebot. Kunst und Wissenschaft sind das einzige, was die Menschen wirklich über das Tier erhebt, das, was aus meiner Sicht den eigentlichen Sinn menschlicher Existenz ausmacht.

Eine neue Aufklärung als Rahmen. Es gibt viele Möglichkeiten, Verhaltensänderungen herbeizuführen. Auf der Grundlage der hier skizzierten Ethik ist allerdings nur ein Weg möglich – der Weg der Aufklärung. Zwang, Indoktrination, Verbote sind der falsche Weg. Denn dann wird Ethik zur Ideologie. Aufklärung bedeutet zunächst einmal, Bildung zu vermitteln. Sie sollte nicht nur für die Kenntnis des naturwissenschaftlichen Wissensstandes sorgen, sondern auch für Einsichten in die Stärken und Schwächen des Menschen, in die systemischen Wirkungen von Politik, Finanzwesen und Wirtschaft sowie in mögliche Freiheitsgrade, die sich uns eröffnen, wenn wir kreativ sind.

Aufklärung darf trotzdem nicht als Belehrung von Besserwissenden an Unwissende verstanden werden, sondern als Wissensentwicklung in Form von Diskursen und als Ko-Konstruktion, ein Prozess, der in jeder individuellen Entwicklung bei der Enkulturation stattfindet. Besteht nämlich erst einmal ein gewisser Grundstock an Wissen, so lässt sich Weiteres vorteilhafter im sozialen Austausch erwerben, bei dem Lehrer und Schüler gleichgestellt und damit ebenbürtig sind. Es zählt nur das Argument, die rationale Auseinandersetzung mit Problemen. Fast alle Inhalte außerhalb der Mathematik und der Naturwissenschaften (aber auch dort gibt es grundsätzliche Probleme) sind hinterfragbar und diskussionswürdig. Wenn es um die großen Probleme der Geburtenkontrolle und der Energieeinsparung geht, gibt es ohnedies keine Patentlösung. An diesen Fragen muss, wie schon gesagt, die ganze Menschheit arbeiten.

Gespräch der Himmlischen

Dionysos: Also auf die Idee des Alien wären wir wohl nie gekommen. Die Reduktion der menschlichen Bevölkerung bedeutet ja einen gewaltigen Einschnitt für uns Götter. Je mehr Menschen, desto mehr Opfer für uns. Man sagt uns ja nach, dass wir vom Opfergeruch, der zum Himmel steigt, leben. Je weniger Menschen, desto weniger Opfer, desto weniger Götter und Religionen.

Athene: Das Merkwürdige ist, dass Buddha ja keine Religion verkündete, sondern eine Lehre, eine Anweisung, wie man ins Nirwana gelangt.

Apoll: Die Menschen können nicht anders, sie haben ihn vergöttlicht, sie beten zu ihm und behängen ihn mit Gold. Nun aber zurück zu diesem Kapitel. Mit gefällt als

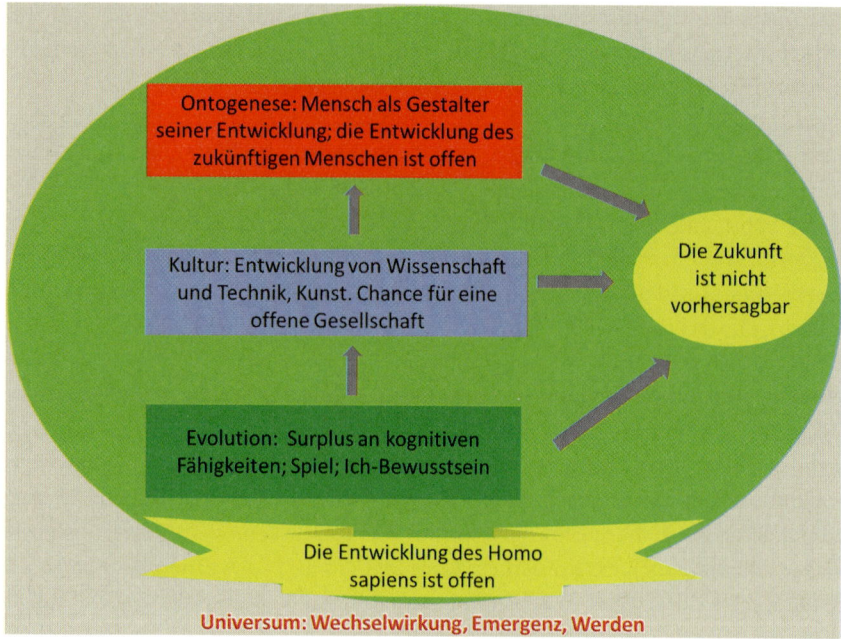

Abb. 16.2 Die drei Freiheiten des Menschen. (Urheberrecht beim Autor)

kunstsinniger Gott die Freiheit, der hier das Wort geredet wird. Ohne Freiheit gibt es keine Kunst und keine Musik. Der Mensch wäre nicht kreativ. Deswegen kann ich mich nicht mit der Idee des ansonsten wirklich kreativen Asimov anfreunden, dass man die Zukunft der menschlichen Geschichte statistisch berechnen könne. Je mehr Daten, desto genauer wüsste man, was zukünftig passiert.

Athene: Da befindet er sich in guter Gesellschaft. Viele Wissenschaftler sind wohl seiner Meinung. Wenn ich mir überlege, wie man die drei Freiheiten, die evolutionäre, die kulturell-gesellschaftliche und die ontogenetische, zusammenkriegen kann, dann könnte das so aussehen (zeichnet). Auf allen drei Ebenen ist die Vorhersagbarkeit zukünftiger Entwicklung gering, es gibt viel Offenheit und Freiheitsgrade. Die Evolution hat dem Menschen ein Mehr an kognitiven Fähigkeiten beschert, mehr als er zum Überleben benötigt. Damit hat er sich von Denkzwängen der naiven Zeitvorstellung und des dreidimensionalen Raumes befreit. Die Gabe des Spiels hat ihm unglaubliche künstlerische und wissenschaftliche Leistungen geschenkt, die sich in den jeweiligen kulturellen Entwicklungen ausgeformt haben. Die Ontogenese schließlich erweist sich ebenfalls als offen, der Mensch wird zum Gestalter seiner Entwicklung. Damit ist auch die zukünftige Entwicklung des Menschen offen. Er kann sich vernichten, zurückentwickeln oder er kann sich höher entwickeln, so wie ihr aneckender Philosoph Friedrich Nietzsche sich das vorgestellt hat. Es gibt keine Orakel, kein Bleigießen, keine Vogelschau, die die Zukunft vorhersagen könnten (Abb. 16.2).

Apoll: Diesmal verzichte ich auf die „Darstellung im Tempel", denn die Tempel, so herrlich sie sind, gehören der Vergangenheit an. Ob du wohl recht hast, dass sich die Menschen befreien können? Bis jetzt sind die meisten ja noch recht abhängig von Göttern. Wenn es ihnen schlecht geht, ist das die Strafe von Göttern; geht es ihnen gut, kommt das auch von den Göttern. Der Mensch hat, das haben wir ja an uns oft genug erlebt, im Zustand großen Glücks das Bedürfnis, jemand für dieses Glück zu danken, er benötigt einen Partner, das ist eben Gott oder die Heiligen. Düster finde ich aber die neu gewonnene Freiheit, die sofort wieder in die Pflicht genommen wird. Ich halt's da lieber mit Schillers Distichen.

Athene: Gerade das ist der große Fortschritt der Menschheit, seit ihr großer Philosoph Immanuel Kant Freiheit mit Pflicht in Verbindung gebracht hat. Das moralische Gesetz steht über allem, auch über uns. Es ist nicht die kindlich-romantische Freiheit, sondern eine ernste Freiheit, die verpflichtet.

Dionysos: Da sind mir die Lustphilosophen, die Epikureer, lieber, die sind zwar gegen meine Bacchanalien, aber ihr Ziel ist doch, möglichst viel Glück und Lust zu gewinnen.

Aphrodite: Wann geht es wohl den Menschen mal besser, wann sind sie wirklich frei?

Athene: Wenn die Menschen alle Götter abgeschafft haben und ihrer nur noch in Ehrfurcht und Rührung als Anreger für Kunst, Weisheit und Moral gedenken, sind sie frei.

Dionysos: Wenn sie die aristotelische Mitte zwischen Körper und Geist, zwischen schrankenlosem Genuss und lebensfeindlicher Askese immer wieder neu bestimmen.

Apoll: Also die Mitte zwischen Dionysos und Apoll!

Aphrodite: Wenn sie keine Orakel mehr brauchen und die ungewisse Zukunft als Chance für Freiheit nutzen.

Athene: Wenn sie die einst begonnene Aufklärung fortsetzen, die steckengeblieben ist.

Apoll: Wenn sie sich ihrer Einmaligkeit im Universum bewusst werden und die Verantwortung für den Planeten übernehmen.

Alle (lächelnd): Dann errichten sie sich selbst das Paradies, ihre alte Sehnsucht wird Wirklichkeit.

Wir können ihnen nun nicht mehr helfen, uns gibt es nur noch als Idee in ihren Köpfen. (Sie werden durchsichtig und lösen sich mehr und mehr auf; aus dem Nichts erklingt jedoch ein gemeinsamer Ruf:) *Der Mensch darf nicht das letzte Wort der Evolution sein!*

Literatur

Ach, N. (1905). *Über die Willenstätigkeit und das Denken.* Göttingen: Vandenhoeck & Ruprecht.

Beckermann, A. (2004a). Biologie und Freiheit. In H. Schmidinger & C. Sedmak (Hrsg.), *Der Mensch – ein freies Wesen?* Darmstadt: Wissenschaftliche Buchgesellschaft.

Beckermann, A. (2004b). Free will in a natural order of the world. In A. Beckermann & C. Nimtz (Hrsg.), *Philosophie und/als Wissenschaft.* Paderborn: Mentis.

Beckermann, A. (2008). *Gehirn, Ich.* Freiheit Paderborn: Mentis.

Berauer, G. (2012). *Vom Irrtum des Determinismus.* Berlin: LIT.

Bischof, N. (2012). *Moral. Ihre Natur, ihre Dynamik und ihr Schatten.* Wien: Böhlau Verlag.

Botkin, D. B. (2000). *No man's garden: Thoreau and a new vision for civilization and nature* (S. 42, 39). Washington: Shearwater.

Carnap, R. (1974). *Einführung in die Philosophie der Naturwissenschaft.* München: Nymphenburger Verlagshandlung (Engl. 1966; Ullstein-Taschenbuch 1989).

Elias, N. (1976). *Über den Prozeß der Zivilisation: Soziogenetische und psychogenetische Untersuchungen* (Bd. 2). Frankfurt a. M.: Suhrkamp.

Frankfurt, H. (1971). Freedom of the will and the concept of a person. *Journal of Philosophy, 68,* 5–20.

Frankfurt, H. (1988). *The importance of what we care about.* New York: Cambridge University Press.

Gahr, M., Metzdorf, R., Schmidt, D. & Wickler, W. (2008). Bi-directional sexual dimmorphism of the song control nucleus HVC in a songbird with unison song. PLoS One, 27.08.2008.

Habermas, J. (1985). *Theorie des kommunikativen Handelns* (Bd. 2, 3rd Aufl.). Frankfurt a. M: Suhrkamp.

Haggard, P., & Eimer, M. (1999). On the relation between brain potentials and the awareness of voluntary movements. *Experimental Brain Research, 126,* 128–133.

Hamilton, W. D. (1963). The evolution of altruistic behavior. *The American Naturalist, 97,* 354–356.

Heckhausen. H. (1989). *Motivation und Handeln.* Heidelberg: Springer.

Hegel, F. (1968). Gesammelte Werke (Akademieausgabe). In Verbindung mit der Deutschen Forschungsgemeinschaft (Hrsg.) von der Rheinisch-Westfälischen Akademie der Wissenschaften. Hamburg: Meiner (Abk.: GW).

Heinrich, B., & Bugnyar, T. (2007). Intelligenztests für Kolkraben. *Spektrum der Wissenschaft, 2007*(7), 24–31.

Hobbes, T. (1651/1996). *Leviathan.* Hamburg: Meiner.

Hobbes, T. (1654/1969). Of liberty and necessity. In von D. D. Raphael (Hrsg.), Wiederabdruck in: *British Moralists: 1650–1800* (Bd. 1, S. 61–70). Oxford: Oxford University Press.

Hume, D. (1758/1993). *Eine Untersuchung über den menschlichen Verstand* (Übers. von R. Richter, mit einer Einleitung hg. von J. Kulenkampff). Hamburg: Felix Meiner.

Jeans, J. (1944). *Physik und Philosophie.* Zürich: Rascher.

Jonas, Hans (1988): Das Prinzip Verantwortung. Versuch einer Ethik für die technologische Zivilisation. Frankfurt a.M.: Suhrkamp.

Kane, R. (1998). *The significance of free will.* Oxford: Oxford University.

Kant, I. (2003). Kritik der praktischen Vernunft. (Hrsg.) von Horst D. Brandt und Heiner F. Klemme, Hamburg: Meiner.

Klausig, H. (2007). Innovation und Verantwortung in der Wirtschaft. Vortrag in der Hanns-Seidel-Stiftung am 16. Juli 2007.

Leibniz, G. E. (1967). *Confessio philosophi* (S. 83). Frankfurt a. M: Klostermann.

Lewin, K. (1926). Vorsatz, Wille und Bedürfnis. *Psychologische Forschung, 7,* 330–385.

Libet, B. (1985). Unconscious cerebral initiative and the role of conscious will in voluntary action. Behavioral and Brain Sciences, 8, 529–566.

Lindworsky, J. (1923). *Der Wille: Seine Erscheinungen und seine Beherrschung* (3rd Aufl.). Leipzig: Bart.

Locke, J. (1689/1981) Versuch über den menschlichen Verstand (Bd. 1. 4., durchgesehene Auflage in 2 Bänden). Hamburg: Felix Meiner.

Lorenz, K. (1965). *Über tierisches und menschliches Verhalten.* München: Piper.

Meyer A. (2008). Evolution ist überall. Gesammelte Kolumne „Quantensprung" des Handelsblattes Böhlau 2008.

Mayr, E. A. (2005). *Das ist Evolution.* München: Goldmann.

Merchant, C. (1990). *The death of nature.* New York: Harper One.

Næss, A. (1973). The shallow and the deep, long-range ecology movement. *Inquiry, 16,* 95–100.

Oerter, R., Oerter, R., Agostiani, H., Kim, H.-O., & Wibowo, S. (1996). The concept of human nature in East Asia. Etic and emic characteristics. *Culture & Psychology, 2*(1), 9–51.

Planck, M. (1936). Vom Wesen der Willensfreiheit. In M. Planck (Hrsg.), *Vorträge und Erinnerungen* (S. 301–317). Stuttgart: Hirzel. (1949; zahlreiche Nachdrucke bei der Wissenschaftlichen Buchgesellschaft, Darmstadt).

Popper, K. R. (1971/1965). *Das Elend des Historizismus.* Tübingen: Mohr Siebeck.

Popper, K. R. (1992/1957). *Die offene Gesellschaft und ihre Feinde.* Tübingen: Mohr Siebeck.

Rothbaum, F., Weisz, J. R., & Snyder, S. S. (1982). Changing the world and changing the self: A two-process model of perceived control. *Journal of Personality and Social Psychology, 42*(1), 5–37.

Scheler, M. (1986). *Der Formalismus in der Ethik und die materiale Wertethik.* München: Francke-Verlag.

Schiller, F. (1907). *Sämtliche Werke* (Bd. 1). Leipzig: Max Hesses Verlag.

Schweitzer, A. (1991). *Die Ehrfurcht vor dem Leben – Grundtexte aus fünf Jahrzehnten* (6th Aufl.). München: Beck.

Singer, P. (2011). *Practical ethics* (3rd Aufl.). Cambridge: Cambridge University Press.

Sommer, V. (2008). *Schimpansenland.* München: Beck.

Spengler, O. (1922/1923). *Der Untergang des Abendlandes. Umrisse einer Morphologie der Weltgeschichte* (Bd. 2). München: Beck.

Stocker, A. (2010). *Der Klavierflüsterer.* München: Kailash Verlag.

Stuckenberg, C.-F. (2009). Willensfreiheit und strafrechtliche Schuld. Antrittsvorlesung, gehalten am 1. Juli 2009 an der Universität des Saarlandes, Saarbrucken.

Tinbergen, N. (1948). Physiologische Instinktforschung. *Experientia, 4*(4), 121–133.

Toynbee (1949/1958) Der Gang der Weltgeschichte, 2 Bd., Zürich 1949 und 1958 (im Europa Verlag erschienene dt. Fassung der Somervell-Ausgabe, übersetzt v. Jürgen von Kempski).

Toynbee, A. (1934–1954). *A study of history* (Bd. I–X). London: Oxford University Press. (Axel Meyer (2011). DVD-Seminar Evolution. Zeit Akademie. Frankfurt?).

Vollmer, G. (1999). Hätte ich auch anders handeln können? Willensfreiheit und Verantwortung in einer Welt voller Sachzwänge. In H. Hesse & B. Rebe (Hrsg.), *Vision und Verantwortung. Festschrift für Manfred Bodin zum 60. Geburtstag* (S. 587–595). Hildesheim: Olms.

Walter, H. (2004). Willensfreiheit, Verantwortlichkeit und Neurowissenschaft. In: *Psychologische Rundschau* (Bd. 55, Nr. 4). Göttingen: Hogrefe Verlag.

Werner, E. E., & Smith, R. S. (1982). *Vulnerable, but invincible: A longitudinal study of resilient children and youth.* New York: McGraw-Hill.

Personenverzeichnis

A

Ach, 417
Albert, D.J., 99
Alexander, G.M., 84, 86
Alt, K.W., 25
Ammann, K., 98
Antweiler, C., 156, 157
Arbib, M.A., 35
Asendorpf, J.B., 167
Atkinson, Q., 89, 152
Atran, S., 207, 287
Atzwanger, K., 257
Austen, G., 248
Ayala, F.J., 64
Azéma, M., 70

B

Bäßler, J., 184
Bagemihl, B., 89
Baillargeon, R., 197, 201
Baldwin, J.M., 227
Balter, M., 27
Bandura, A., 178
Bar-Yosef, O., 26, 27
Barbas, H., 48
Batson, C.D., 300
Baumert, J., 130
Beck, F., 376
Benacerraf, B.B., 202
Berauer, G., 399
Berger, L., 24
Berger, P.L., 128
Berger, R., 151
Berman, M., 99
Berry, J.W., 132, 158
Berry, J.W. , 159

Birnholz, J.C., 202
Bischof, N., 219, 357–360, 369, 425
Bischof-Khler, D., 214
Bischof-Köhler, D., 214, 215, 359
Bischof-Köhler, D., 85, 93, 103
Blaisdell, A.P., 201
Blanchard, R., 91
Blume, M., 285
Blurton, J.N., 140
Boesch, C., 102, 103
Bogaert, A.F., 91
Bond, M.H., 132
Booth, A., 99
Bosma, H., 179
Bourdieu, P., 264–266
Bower, T.G.R., 196
Bowlby, J., 82
Böhme, G., 273
Braun, K., 82
Breckle, H.E., 76
Briggs, D., 10
Bril, B., 132
Brooks, J., 385
Bruhn, H., 123
Bruner, J.S., 204, 228
Buss, D.M., 87
Bygren, L.O., 276
Byrne, P., 328

C

Cahill, L., 83–86
Camilleri, C., 111
Campbell, 97
Camperio-Ciani, A., 90, 91
Cantlon, J.F., 314
Capiluppi, C., 90

R. Oerter, *Der Mensch, das wundersame Wesen*,
DOI 10.1007/978-3-658-03322-4, © Springer Fachmedien Wiesbaden 2014

Sachverzeichnis